Physik 1 – Eine unkonventionelle Einführung

Romano Rupp

Physik 1 – Eine unkonventionelle Einführung

Springer Spektrum

Romano Rupp
Institut Jožef Stefan
Ljubljana, Slowenien

ISBN 978-3-662-64505-5 ISBN 978-3-662-64506-2 (eBook)
https://doi.org/10.1007/978-3-662-64506-2

Die Deutsche Nationalbibliothek verzeichnet diese Publikation in der Deutschen Nationalbibliografie; detaillierte bibliografische Daten sind im Internet über http://dnb.d-nb.de abrufbar.

Planung/Lektorat: Margit Maly
Springer Spektrum ist ein Imprint der eingetragenen Gesellschaft Springer-Verlag GmbH, DE und ist ein Teil von Springer Nature.
Die Anschrift der Gesellschaft ist: Heidelberger Platz 3, 14197 Berlin, Germany

Vorwort

Dies ist der erste Band eines dreibändigen Physikkurses. Verweise auf den zweiten und dritten Band werden nachfolgend mit P2 bzw. P3 abgekürzt. Die mathematischen Anforderungen sind zu Anfang des Physikkurses bewusst gering gehalten. Dadurch wird Studienanfängern Zeit gegeben, Lücken in ihren mathematischen Kenntnissen durch die meist parallelen mathematischen Vorlesungen des ersten Semesters zu schließen. Durch dieses Konzept hoffe ich, der typischen Frustration jener Physikanfänger vorzubeugen, die von Schultypen kommen, an denen die mathematische Ausbildung nicht im Vordergrund stand. Mit dem Fortschreiten des physikalischen Stoffs werden zunehmend mathematische Kenntnisse benötigt, die das Schulwissen übersteigen. Daher wurden einige erforderliche Kenntnisse in den mit M# (wobei # eine fortlaufende Nummer ist) gekennzeichneten mathematischen Ergänzungskapiteln knapp zusammengestellt.

Die Reihenfolge des Stoffs weicht von derjenigen vieler Physiklehrbücher ab. Üblicherweise stellen diese die Newtonsche Mechanik an den Anfang. Stattdessen werden am Beispiel einer vorläufigen Theorie des Lichtes zunächst grundlegende *Methoden der Physik* (Hypothesenbildung, Erstellung abstrakter Modelle, Umgang mit Messunsicherheiten usw.) veranschaulicht (Kap. 1). Es folgt die *Geometrische Optik* (Kap. 2). Für diese Wahl gibt es drei gewichtige Gründe: Erstens ist sie aus der historischen Perspektive heraus richtig. Zweitens setzt die Geometrische Optik als mathematisches Rüstzeug nur Kenntnisse der Geometrie auf dem Niveau der Mittelschule voraus. Drittens legt die in Kap. 2 erworbene Vertrautheit mit der geometrischen Argumentation und linearen Koordinatentransformationen den Grundstein für das Verständnis der nachfolgenden *Theorie von Raum und Zeit*.

Aus Gründen der Vereinfachung und zwecks Fokussierung auf die wesentlichen Aspekte werden *Kinematik* (Kap. 3) und *Mechanik* (Kap. 4) eindimensional dargeboten, dafür aber von Anfang an relativistisch. Die Kinematik ist eine Metatheorie und legt das Fundament nicht nur für die Physik, sondern für die ganze Naturwissenschaft. Die Spezielle Relativitätstheorie wird nicht aus den ursprünglichen Einsteinschen Postulaten abgeleitet, sondern aus drei fundamentalen Postulaten über Raum und Zeit. Grundlage für die daran anschließende (relativistische) *Mechanik* (Kap. 4) ist der Begriff der *Erhaltungsgröße*. Die zentralen Erhaltungsgrößen der Mechanik, Energie und Impuls, werden auch für die Ausarbeitung der nichtrelativistischen Mechanik (Kap. 5 und 6) konsequent zugrunde gelegt. Dadurch kommt dem Kraftbegriff nicht mehr die zentrale Rolle zu, die er in der *Dynamik* bzw. der *Newtonschen Mechanik* (Kap. 6) gewöhnlich einnimmt. Auf das Phänomen der Dissipation, d. h. des scheinbaren Verschwindens mechanischer Energie, wird in Kap. 7 eingegangen.

In Kap. 8 werden einige ausgewählte Themen aus der *Kontinuumsphysik der Materie* mit dem Ziel besprochen, den Boden für die nachfolgende Einführung in die Thermodynamik zu bereiten. Dem Physikanfänger werden hierbei einige für die Thermodynamik typische Betrachtungsweisen und theoretische Methoden anhand der ihm nunmehr vertrauten Mechanik präsentiert. Das zentrale Problem, mit dem sich die *Thermodynamik* (Kap. 9) beschäftigt, ist die Beschreibung der in makroskopischen Systemen beobachteten Irreversibilität bestimmter Prozesse. Mit der thermischen Energie wird erstmals eine nichtmechanische Energieform eingeführt und an diesem Beispiel das Muster gezeigt, wie neue Energieformen theoretisch aufgestellt werden. Auch hier weiche ich vom traditionellen Weg ab, auf dem zunächst Temperatur und Wärme besprochen werden. Stattdessen wird schon gleich zu Beginn die *Entropie* eingeführt, weil diese extensive Zustandsvariable der thermischen Energieform der Schlüsselbegriff der Thermodynamik ist. Unter den Schlagwörtern „chemische Energie“ (Kap. 10) und „elektrische Energie“ (Kap. 11) werden im Anschluss zwei weitere Beispiele für nichtmechanische Energieformen vorgestellt. Kap. 12 befasst sich mit Transportphänomenen und Kap. 13 mit der Ausbreitung von Störungen des thermodynamischen Gleichgewichts in Raum und Zeit.

Zur Notation sei angemerkt, dass es der Klarheit wegen wünschenswert ist, unterschiedliche physikalische Größen durch unterschiedliche Formelzeichen darzustellen. Aber auch wenn man traditionsgemäß griechische Buchstaben hinzunimmt und unterschiedliche Schriftarten verwendet, ist der Zeichenvorrat zu klein, um selbst die Begriffe eines Anfängerlehrbuchs zu umfassen. Man kann sich noch mit Indizes behelfen. Wenn man in einem Lehrbuch unübliche oder unübersichtliche Formelsymbole vermeiden möchte, welche das Lesen einer Gleichung und damit das Verständnis erschweren könnten, darf man sie jedoch nur sparsam einsetzen. Schlussendlich kann man Homonyme, d. h. gleichnamige Symbole für unterschiedliche Begriffe bzw. Größen, leider nicht völlig vermeiden, wenn man viele Gebiete der Physik in einem Buch darstellen möchte. So bezeichnet beispielsweise das Formelzeichen ρ in Kap. 8 die *Dichte,* in Abschn. 12.8 aber den *spezifischen elektrischen Widerstand.* Im Kontext der Mechanik (Kap. 4) steht E für die *Energie,* im Kontext des elastischen Materialverhaltens (Abschn. 8.1) bezeichnet es aber den *Elastizitätsmodul* E. Studierende müssen daher lernen, aus dem Kontext heraus zu erkennen, auf welche Größe sich ein Formelzeichen bezieht. Um Missverständnisse möglichst zu vermeiden, halte ich mich in diesem Buch an die Leitlinie, dass die einem Formelzeichen zuzuordnenden Begriffe bzw. Größen sich im lokalen Kontext eines jeweiligen Kapitels nicht überschneiden.

Ich verwende durchgehend den von der ETH Zürich auch für den deutschen Sprachraum empfohlenen *Dezimalpunkt* und nicht das nur in Deutschland und

Österreich übliche Dezimalkomma. Alle Gattungs- oder Berufsbezeichnungen sind grundsätzlich geschlechtsneutral zu verstehen.

Ljubljana
den 7. Oktober 2021

Romano Rupp
(romano.rupp@univie.ac.at)

Danksagung

An vorderster Stelle möchte ich der Fakultät für Physik an der Universität Wien (Österreich) danken, die mir Freiheit gab, diesen unkonventionellen Kurs den Studierenden der ersten beiden Semester vorzutragen, und damit auch die Möglichkeit, ihn aus der lehrenden Praxis heraus zu entwickeln. In den ersten Jahren, in denen ich die Vorlesung gehalten habe, war der Kurs eine permanente Baustelle, denn ich hatte kein Vorbild und kein Lehrbuch, auf das ich mich stützen konnte, und so möchte ich auch jenen Studierenden danken, welche die Geduld aufgebracht haben, meinen nicht immer ausgereiften Ideen und den vielen Änderungen zu folgen. Das Institut „Jožef Stefan" in Ljubljana (Slowenien) und die Nankai-Universität in Tianjin (China) haben mir Gelegenheit gegeben, das Manuskript in Diskussion mit den Kollegen weiter zu verbessern.

Ich danke Bogdan Pammer, Herbert Hartl, Angelika Ambrusch und Ewa Partyka-Jankowska, die mich bei der Anfertigung der Abbildungen unterstützt haben. Allen, die dazu beigetragen haben, Tippfehler, Schlampereien oder sachliche Fehler auszumerzen, möchte ich an dieser Stelle ebenfalls danken, insbesondere Hamed Barzegar, Franz Embacher, Viktor Gröger, Darko Hanzel, Heinz Kabelka, Gerhard Krexner, Wolfgang Lucha, Lukas Perner, Ghislain Rupp und Corinna Weiss. Wolfgang Lucha möchte ich zudem für die Gespräche und unsere Exkursionen zu Großforschungsanlagen danken, die mir das eine oder andere Licht haben aufgehen lassen.

Alle Grafiken wurden mit GeoGebra erstellt. Ich möchte dafür danken, dass mir dieses exzellente Programm zur Verfügung gestellt wurde.

Inhaltsverzeichnis

1 Methoden der Physik

1.1 Hypothesen

Das Phänomen Licht hat Menschen schon seit jeher beschäftigt. Die Tora, Grundlage des jüdischen Glaubens, geht bereits ab dem dritten Satz auf das Licht ein:

ויאמר אלהים יהי אור ויהי אור:

Gott sprach, es werde Licht und es wurde Licht

וירא אלהים את האור כי טוב ויבדל אלהים בין האור ובין החשך:

Gott sah, dass das Licht gut war und Gott schied das Licht von der Finsternis

ויקרא אלהים לאור יום ולחשך קרא לילה ויהי ערב ויהי בקר יום אחד:

Gott nannte das Licht Tag und die Finsternis Nacht.

Es wurde Abend, es wurde Morgen, ein Tag.

Die Sätze enthalten Definitionen und Behauptungen. Sie setzen voraus, dass die in ihnen auftretenden Begriffe (wie *Gott, Licht, gut* usw.) für den Rezipienten der Botschaft selbstverständlich sind. Gläubige vertrauen den Glaubenssätzen ihrer religiösen Gemeinschaft. Die das nicht tun, werden als Ungläubige angesehen, und wenn sie gar den Glauben an einen Gott als Basisannahme nicht akzeptieren, als Gottesleugner. Manche Religionen verlangen eine bedingungslose Unterwerfung unter die Glaubensaussagen und -traditionen, ahnden einen Abfall vom Glauben mit Strafen oder erheben einen Alleinvertretungsanspruch auf die Wahrheit, womit alle anderen Überzeugungen – egal welche – von vornherein als falsch gebrandmarkt sind. Religiöse Aussagen werden als unverrückbar und wahr vorausgesetzt. Eine Erwägung anderer Aussagen steht nicht zur Disposition.

Die Grundhaltung jener Menschen, die sich der Wissenschaft widmen wollen, ist eine andere. Ihren als *Hypothesen* bezeichneten Annahmen liegen i. Allg. Naturerfahrungen und Beobachtungen zugrunde. Im Gegensatz zu Glaubensaussagen stehen sie grundsätzlich unter skeptischem Vorbehalt: Sie werden nur so lange als

R. Rupp, *Physik 1 – Eine unkonventionelle Einführung*,
https://doi.org/10.1007/978-3-662-64506-2_1

gültig angesehen, wie ihnen nichts Überzeugendes widerspricht. Einer Hypothese wird Offenheit zugebilligt und Tragfähigkeit abverlangt. Offenheit bedeutet, dass es jederzeit möglich ist, auch andere Hypothesen zu erwägen. Es ist jederzeit möglich, eine Hypothese zu verwerfen und einen anderen Standpunkt einzunehmen. Die physikalische Methode beruht auf dem Vertrauen, dass sich fruchtbare Hypothesen im wissenschaftlichen Diskurs durchsetzen werden, dass Wissenschaftler sich durch Argumente und Einsicht von Hypothesen überzeugen lassen. Tragfähigkeit bedeutet, dass eine Hypothese weitreichende Schlüsse ermöglicht, die empirisch geprüft werden können, vielfach überprüft wurden und sich dabei bewährt haben. Eine wissenschaftliche *Theorie* geht i. Allg. von einem System grundlegender Hypothesen aus, den *Postulaten* bzw. *Axiomen* der Theorie. Es handelt sich um eine Auswahl einer kleinen Anzahl von Hypothesen, die logisch unabhängig sind. Diese dürfen sich nicht widersprechen und auch die aus ihnen gezogenen Schlüsse nicht.

Mit wachsender Erfahrung kann der Fall eintreten, dass eines der Postulate oder ein daraus folgender Schluss durch eine Beobachtung falsifiziert wird. Dann muss die Theorie verworfen und nach einer neuen Theorie gesucht werden. In der Regel wird man die alte Theorie dabei nicht in Bausch und Bogen verdammen, weil sich der ursprüngliche Erfahrungsschatz, aus dem ihre Postulate induktiv erschlossen wurden, ja nicht geändert hat. Im Rahmen der durch die neue Theorie geklärten Voraussetzungen, unter denen die ursprüngliche Erfahrung möglich war, werden auch ältere Theorien oft weiterverwendet, etwa weil sie sich für gewisse Einsichten und Anwendungsbereiche als bequemer oder zugänglicher erweisen.

Aufgrund von Naturerfahrungen formuliert die Physik also zunächst Hypothesen und versucht, die Realität auf deren Basis zu deuten. Um ein Verständnis für diese physikalische Methode zu entwickeln, soll die physikalische Vorgangsweise exemplarisch nachvollzogen werden, indem wir von einigen Ur-Erfahrungen über das Licht ausgehen. Die Erfahrung des Menschen mit Quellen des Lichtes beschränkte sich ursprünglich auf Sonne, Mond, Sterne und das Feuer. Mit ihr eng verbunden war stets die Erfahrung von Dunkelheit: Wo Licht ist, kann man auch den Schatten erfahren, und treten wir in den Schatten der Erde ein, so wird es Nacht. Heute stehen uns viel bequemere Lichtquellen zum Experimentieren zur Verfügung, z. B. Glühlampen, Leuchtdioden und Laser. Mit ihnen kann man drei hier als Hypothesen formulierte Ur-Erfahrungen der Menschheit leicht nachvollziehen:

1. **Lichtwege sind Geraden:** Sie ist die wichtigste Hypothese über das Licht, Grundlage der Vermessungstechnik, und auch Astronomen nahmen beim Deuten von Himmelserscheinungen an, dass der Lichtweg zwischen Erscheinung und Beobachter ein gerader ist.
2. **Licht kann Licht folgenlos durchdringen:** Die Erfahrung, dass ein Objekt durch ein anderes hindurchgehen kann, ohne dass man irgendeine Änderung beobachtet, kennt man aus anderen Bereichen der Alltagserfahrung nicht. *Wasserstrahlen* durchdringen zum Beispiel nicht einfach folgenlos andere Wasserstrahlen. *Lichtstrahlen* können hingegen einander ohne erkennbare gegenseitige Beeinflussung kreuzen.

3. **Licht ist instantan da:** Ob Licht eine endliche Zeitspanne benötigt, um von einem Ort zum anderen zu gelangen, kann man nicht ohne Weiteres feststellen. Licht scheint Räume instantan zu erfüllen. Genauso wie das Licht, erfüllt auch die Dunkelheit den Raum scheinbar instantan: Unsere Beobachtungen lassen nicht erkennen, ob sich die Dunkelheit nach dem Abschalten einer Lichtquelle mit einer endlichen Geschwindigkeit im Raum „ausbreitet" oder nicht.
Die Berechtigung, dennoch von einer *Lichtausbreitung* zu sprechen, die von Lichtquellen ausgeht, beruht auf der Feststellung einer Ursache-Folge-Beziehung: Ändert man den Schattenwurf einer Hand, indem man die Lage der Hand ändert, dann ist ursächlich der Willensimpuls da, die Lage der Hand zu ändern. Dem folgt dann die Änderung des Schattens. Das legte bereits in der Antike die Vermutung nahe, dass Licht sich nicht instantan ausbreiten kann. Galileo Galilei hat versucht, die Hypothese einer instantanen Lichtausbreitung experimentell zu falsifizieren. Er blendete eine Laterne auf, und ein weit von ihm entfernter Gehilfe sollte seine Laterne aufblenden, sobald er das Licht von Galileis Laterne erkannte, und so das Lichtsignal zu ihm zurückschicken. Galilei maß die Zeitspanne zwischen Absenden und Wiedereintreffen des Lichtsignals. Unter Berücksichtigung der Reaktionszeit des Gehilfen blieb keine Zeitspanne mehr übrig, die für eine Ausbreitung mit einer endlichen Geschwindigkeit hätte sprechen können. René Descartes entschied sich daher 1620 für die Hypothese, dass sich Licht unendlich schnell ausbreitet, also *instantan* von einem Ort zum anderen gelangt. Das ist auch die einfachste Hypothese, die mit dem experimentellen Resultat von Galilei im Einklang ist. Da sie bis 1676 nicht falsifiziert werden konnte, wollen wir sie hier vorerst akzeptieren. Dadurch wird unsere vorläufige Theorie des Lichts reine Geometrie: *Geometrische Optik.* Diese ist eine statische Theorie, in welcher die Begriffe Zeit und Geschwindigkeit nicht vorkommen.

Die drei genannten Naturerfahrungen stellen wir in diesem und im nächsten Kapitel als vorläufige Hypothesen über das Licht an den Anfang unserer Überlegungen. Streng genommen ist aus heutiger Sicht keine davon richtig: Im Schwerefeld verläuft Licht „gekrümmt", es wechselwirkt (geringfügig) mit sich selbst und hat eine endliche Ausbreitungsgeschwindigkeit. Zunächst einmal werden wir aber all das erst einmal ignorieren und die Konsequenzen unserer ersten Annäherung an eine Theorie des Lichtes betrachten.

1.2 Mathematik

Die Physik setzt Begriffe nicht als selbstverständlich voraus, sondern fordert eine Begriffsklärung. Für die in den obigen Postulaten der Geometrischen Optik auftretenden Begriffe der Geradlinigkeit bzw. Geraden wird das durch die Mathematik geleistet. Die im 4. Jh. v. u. Z. (4. Jahrhundert vor unserer Zeitrechnung) von Euklid entwickelte euklidische Geometrie ist eine Theorie über einen abstrakten mathematischen Raum: den *euklidischen Raum.* Sie klärt u. a. die Begriffe „Gerade", „Winkel" und „Strecke". Die *Gerade* wird beispielsweise als kürzeste Verbindungslinie zwischen zwei Punkten definiert. Ferner zieht die euklidische Geometrie logische

Tab. 1.1 Griechische Buchstaben

α	alpha	η	eta	ξ, Ξ	xi	ϕ, φ, Φ	phi
β	beta	$\theta, \vartheta, \Theta$	theta	π, Π	pi	χ	chi
γ, Γ	gamma	κ	kappa	ρ, ϱ	rho	ψ, Ψ	psi
δ, Δ	delta	λ, Λ	lambda	σ, Σ	sigma	ω, Ω	omega
ϵ, ε	epsilon	μ	my	τ	tau		
ζ	zeta	ν	ny	Υ	ypsilon		

Schlüsse aus nur wenigen im Voraus gesetzten Grundannahmen, ihren Axiomen. Diesen Schlüssen kann man das Attribut „wahr" zuordnen. Ihnen widersprechende Aussagen sind falsch. „Wahr" und „falsch" sind Attribute, die nur an der Fakultät für Mathematik und an der Fakultät für Theologie eine Rolle spielen, wenn auch aus verschiedenen Gründen.

Im Rahmen der euklidischen Geometrie sind u. a. folgende Aussagen wahr:

- Die Winkelsumme im Dreieck ist 180°.
- Das Verhältnis von Kreisumfang zu Kreisdurchmesser ist die Zahl π.
- Es gilt der Lehrsatz des Pythagoras (6. Jh. v. u. Z.).

In der Mathematik und Physik werden traditionell auch Buchstaben aus dem griechischen Alphabet als Symbole verwendet, wie hier zum Beispiel das Symbol „π". Wenn Ihnen etwas griechisch vorkommt („That's Greek to me!"), können Sie sich in Tab. 1.1 jederzeit vergewissern.

Am Beispiel unserer Theorie des Lichts stellt sich das Verhältnis von Mathematik, einer „reinen" Formalwissenschaft, und der „trüben" Naturwissenschaft nun folgendermaßen dar: Die Physik geht von der Hypothese aus, dass für den realen Raum, d. h. für den Raum gemäß unserer Erfahrung bzw. für den Raum, den wir mit unseren Sinnesorganen und Instrumenten erkunden, die Axiome des euklidischen Raums erfüllt sind. Das ist keine mathematische Aussage mehr, sondern eine *physikalische Hypothese.* Mit ihr wird der euklidische Raum zum physikalischen Modell des physisch erfahrbaren Raums erklärt. Damit setzt man zugleich voraus, dass alle über den euklidischen Raum logisch ableitbaren Schlüsse für den physikalisch erkundbaren Raum ebenfalls wahr sind. Vor dem Hintergrund der Begriffe der euklidischen Geometrie hat die Aussage, dass Lichtwege Geraden sind, nun einen konkreten Sinn: Wenn ein Lichtstrahl zwei beliebige Punkte durchläuft, dann zeichnet der Lichtpfad die kürzeste Verbindungslinie zwischen ihnen aus.

Die Identifikation des physikalischen Raums mit dem euklidischen Raum ermöglicht umgekehrt, die euklidische Geometrie im Schulunterricht graphisch zu präsentieren. Geometrische Konstruktionen können hierbei allein mit Zirkel und Lineal durchgeführt werden. Die Anschaulichkeit der visuellen Erfahrung erleichtert das Auffinden und fördert die Akzeptanz der mathematischen Sätze. Doch keiner der mit einem Zirkel konstruierten „Kreise" ist ein Kreis im streng mathematischen Sinne (er wird z. B. mit ein wenig zittrigen Händen und einem Zirkelstift gezogen, der eine gewisse Breite hat). Ob die mathematischen Sätze wahr sind, lässt sich daher auch niemals durch solche empirisch-anschaulichen Konstruktionen beantworten. Das Etikett, wahr zu sein, kann grundsätzlich nie einer Erkenntnis zukommen, die empirisch und somit a posteriori, d. h. im Nachhinein gewonnen wurde. Die Allgemeingültigkeit bzw. das apodiktische Wahrheitsattribut ergibt sich allein aus der mathematischen Analyse bzw. logischen Herleitung ausgehend von den fünf Axiomen Euklids. Wenn diese gesetzt sind, dann haben alle daraus logisch gefolgerten Sätze einen Wahrheitsgehalt a priori. So lange, wie man keine Zweifel an der Identifikation des physikalischen Raums mit dem euklidischen Raum hat, sind sie damit auch für den physikalischen Raum wahr.

Mathematische Axiome sind empirisch nicht widerlegbar, denn sie haben mit Naturerfahrung einfach nichts zu tun. Sie müssen nur untereinander widerspruchsfrei sein. Ansonsten können sie als freie Produkte des fantasiebegabten menschlichen Geistes einfach a priori gesetzt werden, wie es dem Mathematiker beliebt. Mit physikalischen Hypothesen ist das anders. Sie können nämlich durch Naturbeobachtungen prinzipiell falsifiziert werden. Zentrale Aufgabe der experimentellen Physik ist es, die einem physikalischen Modell entspringenden theoretischen Schlüsse einer Prüfung durch das Experiment zu unterziehen. Je häufiger eine physikalische Theorie einer experimentellen Prüfung unterzogen wurde und sich dabei bewährte, desto größer wird das Vertrauen, das man der Theorie entgegenbringt.

Was nun, wenn eines Tages eine Naturbeobachtung gemacht wird, die irgendeiner der mathematischen und somit denknotwendigen Aussagen über den physikalischen Raum widerspricht? Welche Konsequenzen hätte es, wenn Messungen eines Tages zeigen, dass es ein Dreieck gibt, dessen Winkelsumme zweifelsfrei und unbestreitbar größer als 180° ist? Da jeder der mathematischen Schlüsse aus den Axiomen der euklidischen Geometrie unbezweifelbar wahr ist, folgt daraus, dass die physikalische Ausgangshypothese nicht zutreffend ist, d. h., dass der physikalische Raum nicht euklidisch sein kann. Es genügt bereits eine einzige bestätigte Beobachtung, die irgendeiner der mathematisch erschlossenen Aussagen über den physikalischen Raum widerspricht, um die Hypothese der Euklidizität des physikalischen zu Fall zu bringen. Angesichts der möglicherweise ungeheuer vielen vorherigen empirischen Beobachtungen, welche die Hypothese der Euklidizität bestätigten, mag dieses harte Verdikt erstaunen. Aber aus der Tatsache, dass sehr viele empirische Beobachtungen zuvor mit dieser Hypothese im Einklang waren, lässt sich nur schließen, dass im Rahmen der zuvor angewandten Beobachtungs- und Messmethoden die Hypothese der Euklidizität des Raums eine ausreichende Näherung war.

Die Mathematik beschäftigt sich mit dem Problemkreis des widerspruchsfrei Denkbaren und des durch formale Beweise logisch voneinander Ableitbaren. Ihre philosophische Heimat ist der Rationalismus. Die Grundlage der Physik ist das sinnlich Erfahrbare und das daraus (durch Nachdenken) Erschließbare. Das zweite, das Erschließbare, hat wie in der Mathematik seine Heimat im Rationalismus. Hinzu kommt aber das erstere, die sinnliche Erfahrung, deren philosophische Heimat der Empirismus ist. Die Grenzen der Erkenntnis der Mathematik werden allein (!) durch die Grenzen des menschlichen Denkens gesetzt. Die Grenzen der physikalischen Erkenntnis werden hingegen einerseits durch die Mathematik gesetzt, weil physikalische Erkenntnisse über die Zusammenhänge verschiedener empirischer Befunde aus theoretischen Denkprozessen hervorgehen, und andererseits durch die Grenzen der menschlichen Sinnlichkeit (hier in der Wortbedeutung von Immanuel Kant gemeint: Empfänglichkeit der Sinnesempfindungen), weil die Physik aus dem Empirischen schöpft. Sie heißt ja nicht zuletzt Physik, weil sie sich auf Physisches bezieht bzw. auf eine real vorhandene Natur (Realismus). Eine physikalische Aussage kann also einerseits daran scheitern, dass sie *nicht wahr* ist, also bei der logischen Herleitung ein Denkfehler begangen wurde, und andererseits daran, dass sie *nicht richtig* ist, also durch eine Naturbeobachtung falsifiziert wurde. Eine Aussage kann mathematisch wahr sein, aber physikalisch nicht richtig. Die Mathematik entwickelt i. Allg. mehrere unterschiedliche Modelle, die selbstverständlich alle widerspruchsfrei sind. Die Physik schließt durch empirische Falsifikation jene aus, die im Widerspruch zur Erfahrung, also unrichtig sind. Gewöhnlich wird eines jener mathematischen Modelle, welche den physikalischen Ausleseprozess „überleben", weil sie nicht im Widerspruch zur Erfahrung stehen, dann ausgewählt, um als physikalisches Paradigma in die physikalischen Lehrbücher aufgenommen zu werden.

Bis Anfang des 20. Jahrhunderts schien die Euklidizitätshypothese beispielsweise unumstritten und hatte sich in allen Experimenten bewährt. In seinem Werk *Kritik der reinen Vernunft* setzte der Philosoph Immanuel Kant sogar voraus, dass der euklidische Raum der einzig denkbare und damit der einzig mögliche Raum sei. Daraus folgerte er, dass er a priori gegeben ist. Die Mathematiker Gauß, Bolyai und Lobatschewski zeigten jedoch, dass sich auch nichteuklidische Räume mathematisch widerspruchsfrei denken ließen. Daher war bereits gegen Ende des 19. Jahrhunderts unter Physikern Allgemeingut, dass die alleinige Denkmöglichkeit eines euklidischen Raums, wie das von Philosophen der Kantschen Schule, beispielsweise von Arthur Schopenhauer, behauptet wurde, falsch war. Der Physiker und Philosoph Ludwig Boltzmann (1905) stellte explizit klar, dass die Identifikation des dreidimensionalen euklidischen Raums mit dem physikalischen Raum eine physikalische Hypothese und somit eine Aussage a posteriori ist:

> Überhaupt war Schopenhauer in dem, was er als apriorisch bezeichnete, nicht besonders glücklich. So bezeichnet er als apriorisch klar, dass der Raum drei Ausdehnungen hat. Heute wissen die Forscher, dass „a priori" ein mehr als dreidimensionaler Raum denkbar, dass auch ein nicht euklidischer Raum nicht undenkbar ist. Natürlich handelt es sich nicht darum, ob der erfahrungsgemäße Raum ein euklidischer ist oder nicht, es handelt sich vielmehr darum, was a priori evident, was bloßer Erfahrungssatz ist. (Boltzmann 1905)

Um 1820 führte Gauß eine spektakuläre Vermessung eines großräumigen Dreiecks durch. Sowohl was die Abmessungen des Dreiecks betraf als auch die Präzision der Messung, blieb sie für fast ein Jahrhundert unübertroffen. Man kann seine Messergebnisse als ersten ernst zu nehmenden experimentellen Test der Euklidizitätshypothese ansehen (Jammer 1960). Da sich im Rahmen seiner Messunsicherheit jedoch kein Widerspruch zur Hypothese ergab, hatte Boltzmann auch keine Veranlassung zu bezweifeln, dass der erfahrungsgemäße Raum ein euklidischer war.

Erst die von Albert Einstein im Jahr 1915 entwickelte Allgemeine Relativitätstheorie zeigte die Möglichkeit auf, dass Gravitation eine Raumkrümmung bewirken kann. Die theoretischen Schlüsse aus seiner Theorie haben die empirische Bewährungsprobe bestanden. Die Hypothese, dass der physikalische Raum euklidisch ist, ist nach heutigem Kenntnisstand also nicht richtig. Für irdische Verhältnisse ist der Effekt der Raumkrümmung jedoch so winzig, dass er hier erst einmal außer Acht gelassen werden soll, d. h., in den ersten beiden Bänden dieses einführenden Buchs soll der physikalische Raum durch das einfachere Modell des euklidischen Raumes beschrieben bleiben.

1.3 Quantifizierung

Ein weiterer Charakterzug der Naturwissenschaft ist ihr Bestreben, die Natur nicht nur qualitativ zu beschreiben, sondern auch quantitativ. Beispielsweise kann man eine im Gelände zurückgelegte Entfernung durch Abzählen der Schritte bestimmen. Der entscheidende Vorgang ist hierbei das Vergleichen, bei dem das Merkmal eines Objekts (die Entfernung) als das Soundso-Vielfache des Merkmals eines anderen Objekts (die Schrittweite) erkannt wird.

Messwerte werden durch Vergleich mit einer Einheit ermittelt.

Das setzt selbstverständlich erst einmal eine Vergleichbarkeit der Merkmale voraus, d. h., der Vergleich muss sich auf die gleiche *physikalische Größe* beziehen. Ferner muss man

1. ein *Vergleichsverfahren*
2. eine *physikalische Einheit*

definieren. Schauen wir uns nachfolgend einige Beispiele für diese Vorgangsweise an.

Längen Die Strecke zwischen zwei Ortspunkten wird durch Längenmessung bestimmt. Die größenordnungsmäßige Richtvorstellung für unsere heutige Maßeinheit der Distanz, das *Meter,* ist die Schrittweite des Menschen. Die Armeen der antiken Welt hatten Schrittzählspezialisten: Es ist erstaunlich, mit welcher Genauigkeit die Schrittzähler von Alexander dem Großen vor mehr als 2300 Jahren die Etappenstrecken zwischen Makedonien und Indien gemessen haben. Nun ist die Schrittweite bei Menschen unterschiedlich, und eine Distanzangabe wird sicher besser, wenn man sie *objektiviert* und auf eine Einheitslänge bezieht, beispielsweise indem man Entfernungen mit einem Feldzirkel misst (Abb. 1.1a), der mit einem wohldefinierten Maß für die Länge geeicht worden ist.

Historisch wurden sehr unterschiedliche und oft nur regional gebräuchliche Längenmaße von den jeweiligen Eichbehörden festgelegt. Heute verwendet man das *Meter* als *internationale Längeneinheit.* Wie das Meter heutzutage als Eichnormal definiert ist, kann erst in Abschn. 3.5.3 dargestellt werden. Unabhängig davon nach

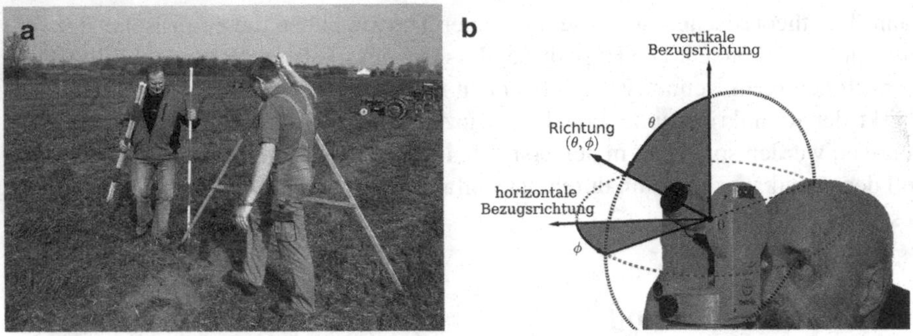

Abb. 1.1 **a** Entfernungsmessung mit dem Feldzirkel. **b** Richtungsmessung mit dem Theodoliten. Grundlage ist die Annahme, dass sich Licht geradlinig ausbreitet. Die Richtung (θ, ϕ) wird durch den *Polarwinkel* θ relativ zu einer vertikalen Bezugsrichtung (Zenit) und den *Azimutwinkel* ϕ relativ zu einer horizontalen Bezugsrichtung quantifiziert. (**a** Mit freundlicher Erlaubnis durch das Portal Miłośników Starej Techniki Rolniczej RetroTRAKTOR. **b** E. Partyka-Jankowska/R. Rupp)

Tab. 1.2 Präfixe für die Bezeichnung der Zehnerpotenzen

Präfix	Potenz	Präfix	Potenz	Präfix	Potenz	Präfix	Potenz
–	1	Mikro	10^{-6}	–	1	Mega	10^{6}
Dezi	10^{-1}	Nano	10^{-9}	Deka	10^{1}	Giga	10^{9}
Centi	10^{-2}	Pico	10^{-12}	Hekto	10^{2}	Tera	10^{12}
Milli	10^{-3}	Femto	10^{-15}	Kilo	10^{3}	Peta	10^{15}

welchem Verfahren die Streckenmessung tatsächlich geschieht, wollen wir im Folgenden alle Messinstrumente für gerade Strecken als *Lineale* bezeichnen. Lineale kann man sich als gerade Maßstäbe vorstellen, die mit einer Längenskala versehen sind. Längen kann man dann z. B. mit einem Zirkel abtragen und durch Vergleich mit einem Lineal bestimmen.

Wenn man also eine Länge mit einem Zirkel abnimmt und feststellt, dass man den Zirkel zehnmal abtragen muss, bis man die Längeneinheit von einem Meter erreicht, dann entspricht jeder dieser zehn Abschnitte einem Dezimeter. „Dezi-" ist eines der gebräuchlichen Präfixe, die man einer Einheit voranstellt, wenn man Zehnerpotenzen einer Einheit angeben will (Tab. 1.2). Die Entwicklung des Maßes der Länge erfolgte über mehrere Zwischenschritte, die sich für andere physikalische Größen historisch in ähnlicher Weise vollzogen:

1. Der erste Schritt ist der Übergang von einem individuellen oder subjektiven Maß zu einem objektivierten Maß, etwa durch eine objektivierte Messvorschrift.
2. Der zweite Verbesserungsschritt besteht in der Erstellung von Übereinkünften, also von Konventionen. Diese wurden zunächst auf der Ebene von Regionen umgesetzt und mündeten schließlich in der Entwicklung einer internationalen Einheitenkonvention, dem Système international d'unités (kurz: *SI-System*).

Lediglich Liberia und die USA haben sich dem SI-System noch nicht angeschlossen. Daher ist es insbesondere für diese beiden Länder manchmal nötig, Einheiten zu konvertieren. Wie genau man dabei sein muss, hängt sehr von der Aufgabenstellung ab. 1999 verglühte beispielsweise die NASA-Sonde Mars Climate Orbiter, weil die Navigationssoftware von Lockheed Martin (das ist die Firma, die Südkorea mit ihren Abwehrraketen vor nordkoreanischen Angriffsraketen schützen soll) in der US-Krafteinheit (lbf) ausgelegt war. Die NASA verwendete SI-Einheiten, und die richtige Einheitenkonversion wäre gewesen: $1\,\text{lbf} = 4.4482216152605\,\text{N}$. Die Kosten der fehlerhaften Einheitenkonversion betrugen rund 200 Mio. EUR.

Winkel Traditionell misst man Winkel im *Gradmaß,* indem man dem vollen Umfang eines Kreises einen Winkel von 360° zuordnet und den Winkel durch Bruchteile davon angibt. Die Zahl 360 wurde deshalb ausgewählt, weil man sie durch 2, 3, 4 usw. ganzzahlig teilen kann, also bequem ganzzahlige Winkel für eine Reihe von Bruchteilen des vollen Kreiswinkels angeben kann. Ein Kreisbogen s, der ein Viertel des vollen Kreises beträgt, repräsentiert zum Beispiel einen Winkel α von $\alpha = 360°/4 = 90°$. Winkel kann man aber auch direkt durch das Verhältnis

$$\alpha = s/r$$

des Kreisbogens zum Kreisradius r angeben. Das ist die Winkelangabe im *Bogenmaß.* Die Winkelmessung wird hierbei auf die bereits zuvor definierte Längenmessung zurückgeführt.

In beiden Fällen ist das Maß des Winkels eine reine Zahl. Dennoch muss Klarheit darüber herrschen, ob ein Winkel im Gradmaß oder im Bogenmaß angegeben ist. Daher verwendet man im ersten Fall die Kennzeichnung (engl. „tag“) „deg“ oder das Gradsymbol „°“, um klarzustellen, dass der Winkel im Gradmaß angegeben ist, und für das Bogenmaß die Kennzeichnung „rad“. Während das Meter eine Einheit darstellt, sind solche Kennzeichnungen nur *Hilfsmaßeinheiten.* Sie sind jedoch ebenfalls im SI-System definiert. Traditionell wird der Winkel von $1° = 1\,\text{deg}$ in 60 Winkelminuten unterteilt ($1° = 60'$). Eine Winkelminute wird mit $1'$ bezeichnet und in 60 Winkelsekunden unterteilt ($1' = 60''$). Diese Unterteilung ist manchmal rechnerisch unbequem. Daher kann man Winkel auch dezimal angeben, z. B. $30' = 0.5°$. Da wir voraussetzen, dass der Raum euklidisch ist, hat der Winkel des vollen Kreisumfangs im Bogenmaß den Wert 2π bzw. 2π rad. Ein Winkel von 90° im Gradmaß entspricht daher einem Winkel von $\pi/2$ im Bogenmaß.

Richtungen Eine *Richtung* im Raum kann durch zwei Winkelmessungen relativ zu zwei *Bezugsrichtungen* quantitativ erfasst werden, beispielsweise wie in Abb. 1.1b durch den relativ zum Zenit bzw. zur polaren Bezugsrichtung gemessenen *Polarwinkel* θ und den *Azimutwinkel* ϕ. Das aus dem Arabischen stammende Wort „Zenit“ bedeutet „Kopfrichtung“, das Wort „as-sumūt“ bedeutet „die Richtungen“.

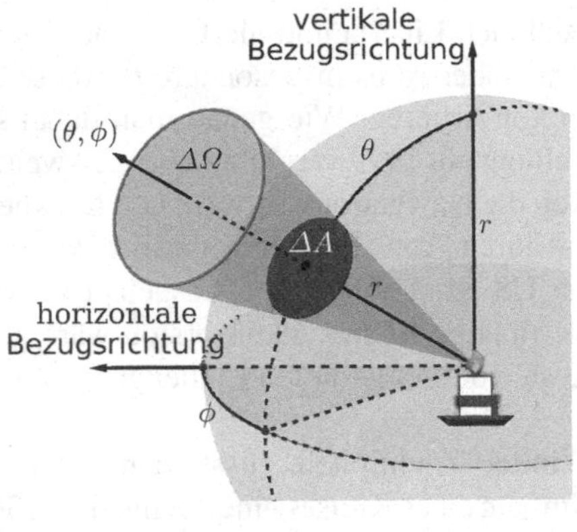

Abb. 1.2 Der Raumwinkel $\Delta\Omega = \Delta A/r^2$ ergibt sich aus der gekrümmten Fläche ΔA der vom Kegel berandeten Kugelkalotte und dem Radius r der Kugel. Geht von der sich im Zentrum der Kugel befindlichen Lichtquelle ein Lichtfluss $\Delta\Phi_v$ in den in Richtung (θ, ϕ) liegenden Raumwinkel $\Delta\Omega$, so strahlt sie mit der Lichtstärke $I_v = \Delta\Phi_v/\Delta\Omega$ in diese Richtung. (R. Rupp)

Raumwinkel Der *Raumwinkel* Ω ist analog zum Winkel im Bogenmaß definiert. Der durch eine Fläche ΔA auf der Sphäre einer Kugel mit dem Radius r aufgespannte Raumwinkel ist

$$\Delta\Omega = \Delta A/r^2.$$

In Abb. 1.2 wurde beispielsweise die Fläche ΔA einer Kugelkalotte gewählt. Der Raumwinkel ist ebenfalls bloß eine Zahl und wird durch den „tag" *Sterad* bzw. „sr" markiert. Die volle Kugeloberfläche $A = 4\pi r^2$ entspricht einem Raumwinkel $\Omega = A/r^2 = 4\pi r^2/r^2 = 4\pi$ bzw. $\Omega = 4\pi$ sr, wenn man noch die Kennzeichnung „sr" zwecks Klarstellung hinzufügt.

Einheiten der visuellen Photometrie

Zu den Erscheinungen des Lichts, die das Auge wahrnehmen kann, gehören seine Stärke und seine Farbe. Bis Mitte des 19. Jahrhunderts waren die visuellen Eindrücke die einzige Möglichkeit, diese Erscheinungen zu charakterisieren, denn für radiometrische Messungen fehlten insbesondere grundlegende Begriffe wie *Energie* und *Leistung*. In diesem Abschnitt werde ich das messtechnische Grundprinzip einer visuellen *Vergleichsmethode* bzw. Abgleichmethode exemplarisch erläutern, bei dem hier speziell die Lichtstärke durch Vergleich mit einer gut spezifizierten Standardkerze quantifiziert wird.

Der physiologische Eindruck von Licht auf Menschen ist individuell verschieden und daher nicht objektivierbar. Objektivierbar ist hingegen, ob zwei Lichteindrücke gleich sind oder nicht. Ansatzpunkt der Messmethoden der visuellen Photometrie ist der glückliche Umstand, dass die menschliche Sehempfindung sowohl hinsichtlich der Diskriminierung von Farbeindrücken als auch von Helligkeitseindrücken erstaunlich leistungsfähig ist. Die nachfolgend vorgestellten Messgrößen sind mit einem Index „v" für „visuell" gekennzeichnet. Das soll daran erinnern, dass sie durch visuelle Beobachtung nach dem Vergleichsprinzip gemessen wurden.

Wir wollen zunächst qualitativ festlegen, was wir messen wollen und wie wir die physikalische Größe sowie die Einheit für quantitative Angaben benennen wollen: Es soll etwas gemessen werden, das unserer Vorstellung der von einer Lichtquelle pro Zeiteinheit ausgehenden Lichtmenge entspricht. Diese Größe soll als *Lichtstrom* (bzw. Lichtfluss) Φ_v bezeichnet und in der Einheit *Lumen* gemessen werden:

$$[\Phi_v] = \text{Lumen} = \text{lm}$$

Wie für dieses Beispiel, folgen wir der Notation, dass die Größe, deren Einheit angegeben werden soll, zwischen eckige Klammern gesetzt wird. Hinter dem Gleichheitszeichen folgen die Bezeichnungen für die Einheit (hier die SI-Einheit Lumen), ihre Abkürzung (hier: lm) und dann manchmal auch ihre Darstellung durch die Basiseinheiten oder andere Einheiten. Der totale Lichtfluss, der von einer Quelle ausgeht, verteilt sich i. Allg. auf unterschiedliche Raumrichtungen in unterschiedlicher Stärke. Den auf den Raumwinkel bezogenen Anteil des totalen Lichtflusses in Richtung (θ, ϕ) nennt man *Lichtstärke* und bezeichnet die Größe mit dem Symbol I_v. Wenn die Lichtstärke für alle Richtungen konstant ist, dann strahlt die Lichtquelle in alle Richtungen gleich ab. Der Anteil des Lichtstroms $\Delta\Phi_v$, der auf einen einen Raumwinkel $\Delta\Omega$ entfällt, ist dann proportional zu letzterem, und die Proportionalitätskonstante ist die *Lichtstärke*

$$I_v = \frac{\Delta\Phi_v}{\Delta\Omega}.$$

Die Einheit der Lichtstärke ist die photometrische SI-Basiseinheit *Candela:*

$$[I_v] = \text{Candela} = \text{cd} = \text{Lumen/Sterad} = \text{lm/sr}$$

Die Lichtstärke einer typischen Haushaltskerze beträgt beispielsweise $I_v \approx 1$ Candela. Von einer Lichtquelle, die in alle Raumrichtungen (d. h. in einen Raumwinkel von 4π sr) mit einer Lichtstärke von 1 Candela abstrahlt, geht demnach ein totaler Lichtstrom von ungefähr 12 lm bzw., noch gröber approximiert, von $\Phi_v \approx 1 \times 10^1$ lm aus. Wenn man bloß eine grobe Richtvorstellung für eine physikalische Größe kommunizieren will, gibt man nur ihre *Größenordnung* an. Damit ist gemeint, dass man nur die Zehnerpotenz und manchmal auch noch die gerundete führende Ziffer der Größe mitteilt. Wenn man im obigen Beispiel zur Vereinfachung eines Vergleichs nur die Größenordnung des Lichtflusses einer Haushaltskerze angeben möchte, dann sagt man, dass sie in einer Größenordnung von $\mathcal{O}(\Phi_v) = 1\times10^1$ lm bzw. *größenordnungsmäßig* bei 10 lm liegt. Das Symbol $\mathcal{O}$ signalisiert die Bildung der Größenordnung.

Trifft ein Anteil $\Delta\Phi_v$ des Lichtstrom orthogonal auf eine Fläche ΔA auf, so ruft er dort eine *Beleuchtungsstärke*

$$E_v = \Delta\Phi_v/\Delta A$$

hervor. Während Lichtstrom und Lichtstärke das Licht aussendende Objekt charakterisieren, bezieht sich die Beleuchtungsstärke auf den Empfänger: Sie ist gleich dem pro Empfängerfläche auftreffenden Lichtfluss und wird in der Einheit *Lux* gemessen:

$$[E_v] = \text{Lux} = \text{lx} = \text{lm/m}^2$$

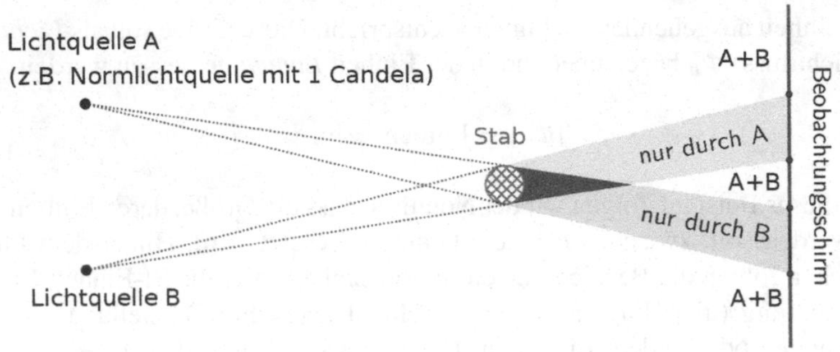

Abb. 1.3 Visuelle Photometrie nach der Schattenmethode (in Draufsicht). Ein Stab wirft zwei Halbschatten. Ob Helligkeit bzw. Farbe der Halbschatten der Lichtquellen A bzw. B gleich sind, lässt sich visuell sehr gut entscheiden. (R. Rupp)

Die Grundidee für die nachfolgend skizzierte einfache Methode zur Messung der Lichtstärke beruht auf folgenden (idealisierenden) Überlegungen: Man nimmt an, dass eine Kerze isotrop leuchtet, d. h., dass die Lichtstärke für alle Richtungen gleich ist. Entzündet man zwei gleiche Kerzen, dann beleuchtet jede unter gleichen Umständen (gleiche Abstände usw.) eine Fläche mit gleicher Stärke, und somit werden auch der Farbeindruck und die Lichtstärke visuell als gleich empfunden. Vorausgesetzt, dass Beobachtungsumstände und Farbeindruck gleich sind, kann man die Lichtstärke, die eine unbekannte Lichtquelle in einen bestimmten Raumwinkel entsendet, danach bemessen, ob man zwei, drei oder mehr Kerzen benötigt, um Gleichheit der Lichtstärke zu empfinden. Daher kann man ein Maß für die Lichtstärke dadurch definieren, dass man eine genau spezifizierte *Standardkerze* und genau spezifizierte Beobachtungsumstände für einen Vergleich heranzieht.

Eine punktförmige Modelllichtquelle hat per definitionem keine Richtungspräferenz (genau das impliziert die Aussage „punktförmig") und strahlt in alle Richtungen gleich viel Licht ab. Wenn sie sich im Inneren einer Kugel mit dem Radius r befindet, so nimmt die Beleuchtungsstärke auf der Kugeloberfläche mit zunehmendem Radius proportional zu r^{-2} ab, weil diese quadratisch mit dem Radius zunimmt und sich stets der gleiche von der Quelle ausgehende Lichtstrom darauf verteilt. Um den gleichen Helligkeitseindruck in einem Abstand von 2 m zu erzielen, den man mit einer Kerze im Abstand von 1 m erzielt, braucht man also eine Lichtquelle, die einen vierfach größeren Lichtfluss erzeugt bzw. die eine Lichtstärke hat, die der von vier Kerzen entspricht.

Abb. 1.3 zeigt eine der Möglichkeiten zur Messung der Lichtstärke, nämlich die Schattenmethode: Ein Stab wirft zwei Halbschatten auf einen Projektionsschirm. Der dortige Lichteindruck stammt von jeweils nur einer der beiden Lichtquellen A oder B, während außerhalb des Halbschattens beide Quellen A + B zum Lichteindruck beitragen oder im Kernschattenbereich gar keine. Wenn sowohl Farb- als auch Helligkeitseindruck der beiden zu vergleichenden Halbschatten auf dem Schirm übereinstimmen, dann haben auch die beiden Lichtquellen die gleiche Lichtstärke. Wenn man es mit farbgleichen Lichtquellen zu tun hat, dann kann man das Abstandsgesetz $E_v \propto r^{-2}$ für den Abgleich und damit zur Messung der Lichtstärke heranziehen.

Tab. 1.3 Basisgrößen, physikalische Dimensionen und Basiseinheiten (Abkürzungen: Symb. für Symbol, el. Stromst. für elektrische Stromstärke)

Basisgröße	Symb. für die Basisgröße	Symb. für die Dimension	Symb. für die SI-Einheit	Name der SI-Einheit
Zeit	t	T	s	Sekunde
Länge	l	L	m	Meter
Masse	m	M	kg	Kilogramm
el. Stromst.	I	I	A	Ampere
Temperatur	T	Θ	K	Kelvin
Stoffmenge	n	N	mol	Mol
Lichtstärke	I_v	J	cd	Candela

Im Rahmen des Strahlenmodells des Lichts kann man sich das von Lichtquellen ausgehende Licht als ein Bündel von Lichtstrahlen vorstellen. Üblicherweise wählt man die Anzahl der dargestellten Strahlen so, dass sie dem Lichtfluss entsprechen. Die Strahlen des Lichtbündels repräsentieren die *Flusslinien* des Lichtes. Später werden Sie ähnliche der Veranschaulichung dienende Methoden kennenlernen, beispielsweise die Stromlinien fließender Gase und Flüssigkeiten oder die elektrischen Feldlinien. Optische Gegebenheiten lassen sich durch das Strahlenmodell dadurch veranschaulichen, dass man entsprechende Skizzen qualitativ nach der Faustregel interpretieren kann, dass dort „mehr Licht ist", wo die Dichte der Lichtstrahlen höher ist.

Symbole Für die Kommunikation mit Fachkollegen ist es sehr wichtig, jede physikalische Größe in einem physikalischen Text, einem Praktikumsprotokoll oder einer Publikation klar zu definieren. Zur Größe gehört ein Symbol zur Verwendung in Formeln (üblicherweise kursiv), eine Einheit nebst ihrem Symbol (üblicherweise nicht kursiv) zum Angeben von Messergebnissen und fallweise eine physikalische Dimension und ihr Symbol zwecks Einordnung der Größe. Einige Beispiele mit den üblichen Symbolen sind in Tab. 1.3 aufgeführt. So lange Sie die Symbole klar definieren, können Sie sie frei wählen, aber man ist gut beraten, sich nach Möglichkeit an die in der Fachliteratur gängigen Symbole zu halten.

Physikalische Dimension Zur Warnung möchte ich vorab feststellen, dass der Begriff der *Dimension einer physikalischen Größe,* von dem dieser Abschnitt handelt, nichts mit dem Begriff zu tun hat, der in der Mathematik mit Dimension bezeichnet wird. Wenn man etwa in der Mathematik von den drei Dimensionen des Raumes spricht, dann meint man etwas anderes als wenn man über physikalische Dimensionen spricht. Letztere sind Elemente eines Klassifikationsschemas, das physikalische Größen anhand des Typus ihrer Einheiten nach *Größenarten* sortiert. Diese Kategorisierung geht von den sieben Basisgrößen des SI-Systems und ihren Einheiten aus (Tab. 1.3).

In diesem Schema wird Zahlen und Hilfsmaßeinheiten (wie z. B. Sterad) die physikalische Dimension 1 zugeordnet. Winkel und Raumwinkel haben daher beide die Dimension 1. Etwas inkonsistent bezeichnet man solche physikalischen Größen im Physiker-Slang als *dimensionslose Größen.*

Wenn man die Dimension einer physikalischen Größe angeben will, schreibt man ein „dim" vor die Größe. Die Gleichung

$$\dim I_v = \mathsf{J}$$

besagt somit, dass die Größe Lichtstärke (I_v) die Dimension Lichtstärke (J) hat. Bei Basiseinheiten haben Größe und Dimension die gleiche Bezeichnung und i. Allg. ein verwandtes Symbol.

Bei abgeleiteten Größen ist das anders. Beispielsweise hat auch die Größe Lichtfluss (Φ) die Dimension Lichtstärke:

$$\dim \Phi = \dim I_v \cdot \dim \Omega = \mathsf{J} \cdot 1 = \mathsf{J}.$$

Beide Größen gehören zur selben Größenart *Lichtstärke.* Sie haben deshalb die gleiche Dimension J, weil der Raumwinkel Ω bloß eine Zahl ist und daher die Dimension 1 hat.

Die Dimension der mit A bezeichneten physikalischen Größe Fläche ist

$$\dim A = \mathsf{L}^2$$

und folglich ist die Dimension der Größe Beleuchtungsstärke

$$\dim E_v = \mathsf{J}\mathsf{L}^{-2}.$$

In physikalischen Gleichungen müssen die physikalischen Dimensionen auf der linken und rechten Gleichungsseite stets übereinstimmen. Wenn man eine längere Rechnung durchgeführt hat, ist es manchmal hilfreich, dieses einfach zu prüfende Kriterium dazu heranzuziehen, um Rechenfehler aufzuspüren.

1.4 Näherung

Aus der Sicht der Theorie liefern Rechnungen exakte Ergebnisse bzw. exakte Zahlen. Aber möchte man immer das exakte Ergebnis ausrechnen? Es gibt eine Reihe von Gründen, warum man sich stattdessen mit einer Näherung begnügt, beispielsweise, weil man sich die Zeit für eine aufwendige Rechnung ersparen möchte. Da empirische Ergebnisse grundsätzlich mit einer gewissen Unsicherheit behaftete Schätzungen sind (Abschn. 1.6), ist es in der Physik innerhalb gewisser Regeln durchaus zulässig, „ungenau" zu rechnen.

Die Zahl π Je nachdem, wie es im Hinblick auf die Messunsicherheit für den Vergleich mit einer Messung nötig ist, wird man bei Rechnungen für die Zahl π

Tab. 1.4 Wichtige Näherungsformeln einiger Funktionen für $x \ll 1$

$\frac{1}{1+x} \approx 1 - x$	$\sqrt{1+x} \approx 1 + \frac{1}{2}x$
$\ln(1+x) \approx x$	$\exp(x) \approx 1 + x$
$\sin x \approx \tan x \approx x$	$\sinh x \approx \tanh x \approx x$
$\cos x \approx 1 - \frac{1}{2}x^2$	$\cosh x \approx 1 + \frac{1}{2}x^2$

eine zweckmäßige Näherung einsetzen. Liegt die empirische Schätzgenauigkeit beispielsweise bei 1 %, dann genügt es, für die Zahl π (die ja eigentlich unendlich viele Dezimalstellen hat) die auf drei signifikante Stellen verkürzte *Näherung* $\pi \approx 3.14$ zu verwenden.

Näherungsformeln für einige Funktionen In Tab. 1.4 sind die Näherungsformeln einiger Funktionen durch Ausdrücke in Potenzen einer dimensionslosen Größe x angegeben. Die Näherungen gelten für $x \ll 1$. Das Symbol $\ll$ bedeutet *„sehr klein gegen"*, d. h., $x \ll 1$ bedeutet hier, dass die Größe x *sehr klein gegen* 1 sein muss.

Als Argument der Winkelfunktionen Sinus (sin), Kosinus (cos) und Tangens (tan) ist in Tab. 1.4 der Winkel x im Bogenmaß einzusetzen. Üblicherweise schreibt man das Argument einer Funktion in Klammern hinter den Funktionsbezeichner. Ist das Funktionsargument der Sinusfunktion x, so sollte man also $\sin(x)$ schreiben. Wenn es nicht zu Missverständnissen kommen kann, lässt man die Klammern bei trigonometrischen Funktionen aber weg und schreibt daher z. B. nur $\sin x$. Bei der Exponentialfunktion $e^x = \exp(x)$ lässt man die Klammern auf der rechten Seite hingegen nicht weg.

Nähert man in einem mathematischen Ausdruck mehrere darin auftretende Funktionen, so muss man aus Konsistenzgründen darauf achten, dass man stets bis zu Gliedern gleicher Potenz in x nähert und keines davon vergisst. Wenn man die Näherung bei der niedrigsten Potenz ($\neq x^0$) abbricht, die nicht verschwindet, spricht man von *Näherung erster Ordnung.*

Näherung für kleine Winkel Abb. 1.4 zeigt den Kreissektor eines Kreises mit dem Radius r sowie ein rechtwinkliges Dreieck. Der Mittelpunktswinkel des Kreissektors ist α, seine Bogenlänge ist s und seine Sekante $\bar{s}$. Die Gegenkathete des rechtwinkligen Dreiecks zum Winkel α ist a, die Ankathete c und die Hypotenuse gleich dem Radius r. Augenscheinlich gilt stets $s > \bar{s} > a$ sowie $r > c$. Wie man aus Abb. 1.4 ablesen kann, gilt für genügend kleine Winkel α näherungsweise

$$
\begin{aligned}
s &\approx \bar{s} \approx a, \\
r &\approx c, \\
\alpha &= s/r \approx \sin\alpha \approx \tan\alpha.
\end{aligned}
$$

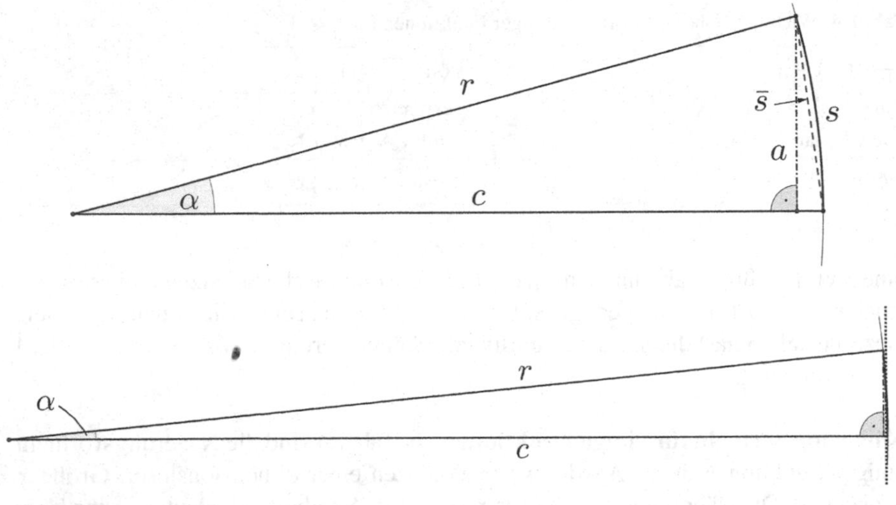

Abb. 1.4 Geht man von großen zu kleinen Winkeln α über, werden Bogenlänge s, Sekante $\bar{s}$ und Gegenkathete a näherungsweise gleich groß. Ferner werden Radius r und Ankathete c näherungsweise gleich. (R. Rupp)

1.5 Präparation und Messung

Einer Messung geht üblicherweise die Vorbereitung einer geeigneten bzw. günstigen Messsituation voraus. Diese Vorbereitung nennt man *Präparation.* Um die Hypothese der Geradlinigkeit der Lichtausbreitung für die Geodäsie bzw. Vermessungstechnik nutzen zu können, muss ein möglichst paralleles und in seiner Ausdehnung möglichst eng begrenztes Lichtbündel präpariert werden. Diesem Ziel kann man sich beispielsweise, wie in Abb. 1.5 gezeigt, durch ein Rohr der Länge d mit zwei Blenden an den beiden Enden annähern.

Die erste begrenzt in der Blendenebene (an der Lichteintrittsseite) die Querschnittsfläche des Strahlenbündels. Die zweite schaltet stark divergente Lichtstrahlen aus und begrenzt so den Winkel, um den die Strahlen des Bündels (an der Lichtaustrittsseite) von der Zentralrichtung abweichen können. Dadurch wird die

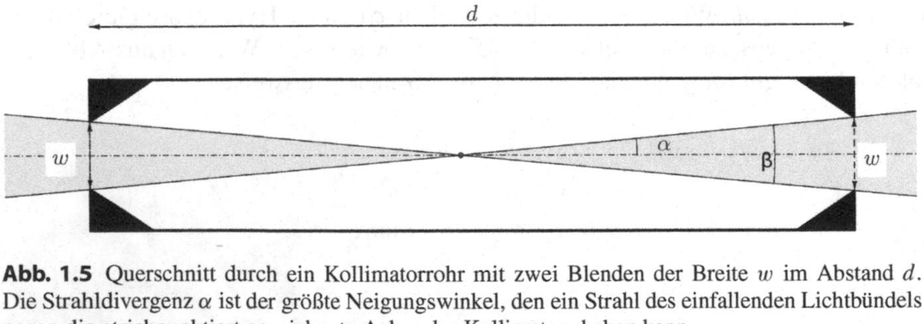

Abb. 1.5 Querschnitt durch ein Kollimatorrohr mit zwei Blenden der Breite w im Abstand d. Die Strahldivergenz α ist der größte Neigungswinkel, den ein Strahl des einfallenden Lichtbündels gegen die strichpunktiert gezeichnete Achse des Kollimators haben kann

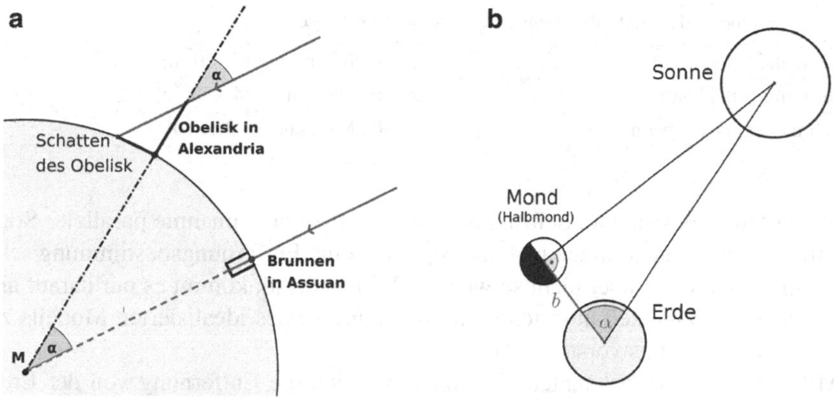

Abb. 1.6 **a** Messung des Erdumfangs durch Eratosthenes. **b** Messung des Abstands Erde–Sonne durch Aristarch. (R. Rupp)

Parallelausrichtung des Bündels verbessert. Das Parallelausrichten eines Bündels nennt man *Kollimation.* Ein Lichtbündel wird umso besser kollimiert, je enger die Blenden sind und je weiter sie voneinander entfernt stehen. Als Maß für die Güte einer Kollimation kann man den Öffnungswinkel β oder die *Strahldivergenz* $\alpha = \beta/2$ heranziehen. Da man bei der Kollimation ohnehin kleine Öffnungswinkel anstrebt, genügt es, diese durch die Näherung kleiner Winkel abzuschätzen. Für das in Abb. 1.5 gezeigte Kollimatorrohr bzw. Visier mit Öffnungsdurchmesser w und Länge d kann die Strahldivergenz in dieser Näherung durch $\alpha \approx w/d$ angegeben werden. Wenn beide Blenden eines Visiers beispielsweise $w = 1$ mm breit sind und ihr Abstand $d = 1$ m beträgt, dann beträgt die Strahldivergenz ungefähr $\alpha \approx w/d = 0.001\,\text{rad} = 1 \times 10^{-3}\,\text{rad}$.

Die geschilderte Methode der Kollimation mittels zweier Blenden hat den Nachteil, dass man eine Verbesserung der Kollimation mit einer Abnahme des Lichtflusses bezahlt. In der Praxis versucht man, die Präparation so zu gestalten, dass man einen für die Messaufgabe möglichst günstigen Kompromiss zwischen Lichtfluss und Kollimationsgüte erzielt.

Die beste kollimierte natürliche Lichtquelle großer Lichtstärke, die den Wissenschaftlern der griechischen Antike zur Verfügung stand, war die Sonne. Das Sonnenlicht fällt mit einem Öffnungswinkel von ungefähr $0.01\,\text{rad} = 1 \times 10^{-2}\,\text{rad}$ auf die Erde ein. Das entspricht ungefähr einem halben Grad, und man kann das Licht fast schon parallel nennen.

Diese ausgezeichnete Kollimation der „Sonnenstrahlen" wurde ca. im 3. Jh. v. u. Z. von Eratosthenes zur allerersten Abschätzung des Erdumfangs ausgenutzt: Für die Zeit der Sommersonnenwende war ihm bekannt, dass ein tiefer Brunnen in Assuan das Sonnenlicht zur Mittagszeit reflektiert. Somit trifft es senkrecht zur Wasserfläche auf (und somit zur Erdoberfläche). Alexandria liegt im Norden von Assuan. Hier maß er ebenfalls zur Mittagszeit den Winkel des Schattenwurfs eines Obelisken. Aus diesen Fakten und der bekannten Entfernung zwischen beiden Orten konnte er den Erdumfang berechnen (Abb. 1.6a). Diese Großtat gehört zu den Sternstunden

Tab. 1.5 Seit mehr als 2000 Jahren ungefähr bekannte Distanzen

Umfang der Erde	ca. 40 000 km $= 4 \times 10^7$ m
Entfernung zum Mond	ca. 400 000 km $= 4 \times 10^8$ m
Durchmesser der Erdbahn	ca. 300 Mio. km $= 3 \times 10^{11}$ m

der Menschheitsgeschichte. Selbstverständlich war seine Annahme paralleler Sonnenstrahlen streng genommen nicht richtig und seine Entfernungsbestimmung sehr ungenau. Das alles ist aber nicht so wichtig: In der Physik kommt es nur darauf an, ob die Schätzgenauigkeit ausreicht, um im Rahmen eines idealisierten Modells zu einer neuen Erkenntnis vorstoßen zu können.

Mit dem nunmehr bekannten Erdradius ließ sich die Entfernung von der Erde zum Mond aus der Kombination von Beobachtungen und Winkelmessungen bei Mond- und Sonnenfinsternis erschließen. Auf Grundlage dieser neuen Basislinie b (Abb. 1.6b) konnte Aristarch vor mehr als 2000 Jahren schließlich durch *Triangulation,* d. h. durch die Ausmessung eines Dreiecks, die Entfernung von der Erde zur Sonne bestimmen. Dazu maß er den Winkel α zwischen der Sichtlinie auf den Mond und der Sonne zu einem Zeitpunkt, als er zugleich einen exakten Halbmond beobachten konnte. Wie in Abb. 1.6b skizziert, fällt dann das Licht der Sonne auf den Mond orthogonal zur Sichtlinie Erde–Mond ein. Damit sind eine Seite und zwei Winkel des Dreiecks bekannt, und daraus folgt die Entfernung der Sonne. Drei dieser seit der Antike bekannten Distanzen finden Sie in Tab. 1.5.

Auch in der frühen Neuzeit bleibt die Triangulation die grundlegende Methode der Landvermessung. Abb. 1.7 illustriert die Methode der Entfernungsmessung durch die Bestimmung des Winkels, unter dem eine gegebene Strecke auf einer Messlatte gesehen wird. Sie beruht darauf, dass der Winkel umso kleiner wird, je weiter die Messlatte entfernt ist.

Als Winkelmessgerät wird meist ein Theodolit verwendet, wie er z. B. in Abb. 1.1b gezeigt ist. Er hat zwei Drehkreise, einen Horizontalkreis und einen Vertikalkreis, deren Drehachsen orthogonal zueinander stehen und sich in einem Bezugspunkt schneiden. Zwei Richtungen heißen *normal* bzw. *orthogonal* bzw. rechtwinklig zueinander, wenn sie einen Winkel von 90° miteinander einschließen. *Senkrecht* bzw. *vertikal* wird eine Richtung genannt, wenn sie parallel zur lokalen Richtung des freien Falls ist. Man ermittelt sie z. B. durch das Senkblei bzw. *Senklot.* Eine *waagerechte* Richtung steht orthogonal zur senkrechten Richtung und wird z. B. mit einer *Wasserwaage* bestimmt. Zur Präparation eines Theodolits gehört, dass er zuerst mit dem Lot so ausgerichtet wird, dass die Drehachse des Horizontalkreises senkrecht steht. Die entgegengesetzt zu der zum Erdmittelpunkt zeigende Richtung der Drehachse weist zum Zenit und ist Bezugsrichtung für den Polarwinkel θ, der an der Winkelteilung des Vertikalkreises abgelesen wird. Der Winkel ϕ in der waagerechten Ebene bzw. der Horizontalebene wird am Horizontalkreis abgelesen und heißt *Azimutwinkel.*

Abb. 1.7 Die Digedags helfen dem Erfinder James Watt bei der Landvermessung. Der Comic ist Kult bei den Geophysikern. (Aus dem Mosaik von Hannes Hegen, Heft 69, „Der Kanonenraub zu Glasgow". Mit freundlicher Erlaubnis durch den Tessloff Verlag, Nürnberg)

Die erste „kosmische" Entfernungsbestimmung der Neuzeit wurde im 17. Jh. durch Cassini mit einer irdischen Basislinie durchgeführt. Er bestimmte den Winkel, unter dem der Mars von Paris und Cayenne (Guayana) aus beobachtet wird, also mit einer sehr großen Basislinie, die durch terrestrische Triangulation genau genug bekannt war. Daraus lässt sich mithilfe der Keplerschen Planetengesetze die mittlere Entfernung zwischen Erde und Sonne berechnen. Dieser mittlere Radius der Erdbahn stellt die für die Astronomie wichtige Längeneinheit *Astronomische Einheit* dar (au = astronomical unit):

$$1\,\text{Astronomische Einheit} = 1\,\text{au} \simeq 1.5 \times 10^{11}\,\text{m}.$$

Das derzeit (bis zum Jahr 2022) von der Erde aus mit mehr als 150 au am weitesten ins Weltall vorgedrungene Objekt, zu dem noch Funkkontakt besteht, ist die 1977 gestartete Sonde Voyager 1.

Der Radius der Erdbahn ist dann die Basislinie für die Entfernungsbestimmung der nächsten Sterne. Diese Methode der Triangulation zur kosmischen Entfernungsmessung ist durch die Winkelauflösung der Teleskope begrenzt. Bei einer Auflösung von einer Winkelsekunde kann man damit Entfernungen von rund 200 000 au bestimmen. Diese Entfernung heißt *Parsec* (Parallaxensekunde):

$$1\,\text{Parsec} = 1\,\text{pc} \simeq 2 \times 10^{5}\,\text{au} \simeq 3 \times 10^{16}\,\text{m}$$

Der uns nächstliegende Stern (Proxima Centauri) ist beispielsweise ungefähr 1 pc von uns entfernt. Abb. 1.8 zeigt die uns am nächsten benachbarten Sonnensysteme, deren Entfernungen allesamt mittels Triangulation ermittelt werden können. Spätestens auf der Skala dieser Entfernungen wird offensichtlich, dass das, was man als Messung bezeichnet, nichts als eine gute Schätzung darstellt:

Alle Messungen sind Schätzungen!

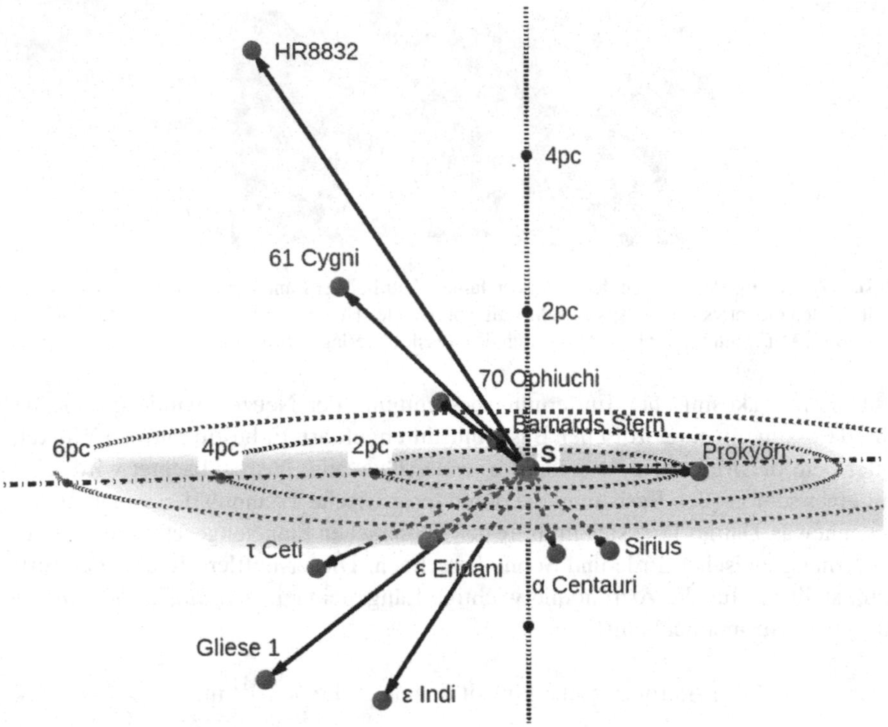

Abb. 1.8 Sterne im Umkreis von einigen Parsec um unser Sonnensystem (S). Die Kreise liegen in der Äquatorebene. Die Ebene der Ekliptik schneidet sie entlang der strichpunktierten Linie. (R. Rupp)

1.6 Messunsicherheit

Physikern stehen drei Möglichkeiten zur Verfügung, um zu einer quantitativen Beschreibung der Natur zu kommen:

1. Raten
2. Schätzen
3. Fachmännisches und vorschriftsmäßiges Schätzen

Das fachmännische und vorschriftsmäßige Schätzen nennt man *Messen.* Es liegt in der Natur des Schätzens und somit des Messens, dass dem Ergebnis immer eine gewisse Unsicherheit anhaftet. Daher besteht eine *Messung* stets aus einer Schätzung der interessierenden Größe (Messwert) sowie einer Schätzung der Schätzunsicherheit (Messunsicherheit). Je weiter man es in der Kunst des Schätzens, also des Messens, bringt, desto mehr kann man die Unsicherheit der Daten verringern und damit die Güte der Messung steigern. Wie bereits zuvor angesprochen, ist eine fachmännische Präparation der Messung die Grundlage einer guten Schätzung.

Systematische Messfehler Für Messungen verwenden Physiker in der Regel Messwert-Schätzinstrumente, die man meist kurz als *Messinstrumente* bezeichnet. Es kann in der Praxis vorkommen, dass man eines auswählt, welches nicht zweckmäßig, nicht gut genug gebaut oder schlecht geeicht ist. Wenn man mehrere Alternativen für eine Messung hatte (diese Wahl hat man aber nicht immer) und sich eine fehlerhafte ausgesucht hat, dann hat man einen Fehler begangen, d. h., die Schätzung wird nicht fachmännisch ausfallen. Die aus solchen Fehlern resultierenden Abweichungen nennt man *systematische Messfehler*. Wenn man erst einmal dahintergekommen ist, dass sie auftreten, und man auch noch die Ursache herausfindet, dann kann man sie manchmal vermeiden oder zumindest reduzieren, indem man beispielsweise den Bau des Instruments oder die Messmethode bzw. -methodik verbessert. Beispielsweise kann das Teleskop eines Theodolits eine systembedingte Missweisung nach rechts oder nach links von der zu visierenden Richtung aufweisen. Diese systematische Messabweichung des Instruments kann man dadurch kompensieren, dass man das Fernrohr um 180° um seine Horizontalachse und anschließend um 180° um die Vertikalachse dreht. Eine linke Missweisung geht dann in eine gleich große rechte Missweisung über. Wenn man daher aus beiden Messwerten den Mittelwert bildet, mittelt sich die Missweisung heraus.

Zufallsbedingte Messunsicherheiten Auch wenn man alle systematischen Messfehler beseitigt hat und die Messungen mit der gleichen Güte der Präparation durchführt, werden sich zwei Messungen i. Allg. unterscheiden. Wenn ein Geometer beispielsweise Messungen im Gelände durchführt, dann hängt das Resultat davon ab, wie viel Erfahrung der Geometer hat und wie viel Mühe, Sorgfalt und Zeit er für eine Messung aufwendet. Das Resultat könnte davon abhängen, ob die Messung kurz nach einem Streit mit seinem Vorgesetzten stattfand oder nach einer durchzechten Nacht, ob er einen Kaffee getrunken hat oder ob er am Ende des Arbeitstages im Gelände müde geworden ist. Solche Einflussfaktoren sind nicht systematisierbar, und folglich sind die Messwerte und Messabweichungen es auch nicht. Denn lägen systematisierbare Einflussfaktoren vor, beispielsweise weil man einen Trend erkennen oder es irgendwie schaffen würde, den Einfluss systematisch zu beschreiben, dann könnte man ihn auch prinzipiell korrigieren, d. h., es würde auf die Korrektur eines systematischen Fehlers hinauslaufen.

Man muss sich leider mit der Tatsache abfinden, dass Messresultate i. Allg. von einer Vielzahl komplexer Einflussfaktoren abhängen können, die man einfach nicht alle unter Kontrolle hat. In Hinblick auf diese kann man nur die Achseln zucken und es aufgeben, weiter nach systematischen Ursachen zu suchen. Die meist in einem gewissen begrenzten Bereich schwankenden Messresultate, die trotz aller Bemühungen auftreten, die Messungen unter kontrollierten gleichen Bedingungen ablaufen zu lassen, nennt man *zufällig*. Damit soll ausgedrückt sein, dass man keine weiteren Anstrengungen unternehmen will, sie weiter zu systematisieren.

> Schwankungen der Messergebnisse, die man nicht mehr weiter systematisieren kann oder will, heißen *zufällig*.

Was ist Zufall? Dass man Schwankungen als zufällig deklariert, liegt oft daran, dass man vor den Auswirkungen einer großen Vielzahl komplexer Einflüsse einfach kapituliert. Manchmal wäre es vielleicht möglich, gewisse Einflussfaktoren durch vermehrte Anstrengung besser zu kontrollieren, aber man entscheidet sich bewusst dafür, darauf zu verzichten, weil sich der nötige Aufwand hinsichtlich der zu klärenden Fragestellung nicht rechtfertigen ließe, es unsinnig wäre oder zuhause die Kinder auf einen warten. Aber selbst wenn man bereit wäre, alle Anstrengungen auf sich zu nehmen, ließe sich das Ziel der vollständigen Kontrolle einer Messung u. U. nicht erreichen, weil man für die gemeinsame Unsicherheit zweier Messgrößen auf eine prinzipielle untere Schranke stößt, die durch die Heisenbergsche Unschärferelation gesetzt ist (s. Band P2).

Wenn Physiker aus Resignation, Pragmatismus oder Einsicht aufgegeben haben, die Ursache dafür herauszufinden, warum sich zwei Messergebnisse unterscheiden, obwohl die Messungen nach Maßgabe der Möglichkeiten in gleicher Weise präpariert wurden, dann schreiben sie es dem *Zufall* zu. Wird zu den Schwankungen eines physikalischen Messwerts bei wiederholten Messungen die Feststellung getroffen, dass sie per Zufall eingetreten sind, dann möchte man damit kundtun, dass man es nicht mehr für sinnvoll hält, weiter nach einer kausalen Erklärung für unterschiedlich ausfallende Messresultate zu suchen.

Standards für Messwert und Messunsicherheit Liegt Datenmaterial aus sehr vielen Messungen unter gleichen oder systematisch variierten Bedingungen vor, dann kann die zufällige Verteilung der Messwerte durch eine statistische Analyse charakterisiert und quantifiziert werden. Diese Analyse verbessert die Qualität der Messwertangabe und gibt Aufschluss darüber, in welchem Maße es gelungen ist, die unkontrollierbaren Einflussfaktoren zu reduzieren, bzw. wie aussagekräftig das Messresultat ist. Manchmal gelingt es dadurch auch, systematischen Messfehlern auf die Spur zu kommen und sie zu eliminieren.

Nachfolgendes Beispiel soll die grundlegende Problematik und den Umgang mit Messunsicherheiten illustrieren: Ein Geometer habe die Aufgabe, im Feld von einem Ausgangspunkt aus eine Strecke von genau 3 km mit einem Feldzirkel abzumessen und dort einen Grenzstein einzuschlagen. Genau? Nun, so genau er eben kann! Dazu wendet er den standardmäßig auf 2.000 m eingestellten Zirkel 1500-mal an. Das ist dann eine Strecke mit einer *nominalen Distanz* von 3 km. Wenn die Messung dieser Entfernung nun mehrfach, etwa von n unterschiedlichen Geometern durchgeführt wird, so wird es nicht allzu sehr überraschen, wenn die abgesteckten Endpunkte nicht übereinstimmen. Das wird auch dann zu erwarten sein, wenn die Geometer alle ihr Handwerk verstehen, ihre Feldzirkel präzise geeicht worden sind etc., sie also keine systematischen Messfehler begangen haben. Die Abweichungen sind nicht systematisierbar und daher als *zufällig* anzusehen. Jeder einzelne j-te Feldzirkelschritt $x_{i,j}$ der $j = 1, \ldots, 1500$ Schritte des i-ten Geometers ($i = 1, \ldots, n$) unterliegt dem Zufall und entspricht nur ungefähr der nominalen Schrittweite von 2.000 m. In der Praxis wird die Schrittweite davon ein wenig nach oben oder nach unten hin abweichen, denn da muss die Strecke auch schon mal im Matsch oder bei Schneefall über Äcker und Wiesen hinweg abgesteckt werden (Abb. 1.1). Unter solchen Umständen wäre es offensichtlicher Unsinn, wenn man versuchen wollte, die unendlich vielen möglichen Einflussfaktoren akribisch zu erfassen oder zu berücksichtigen. Damit ist auch die vom i-ten Geometer gemessene Gesamtstrecke

$$X_i = \sum_{j=1}^{1500} x_{i,j}$$

zufallsbedingt, d. h., es werden sich i. Allg. n unterschiedliche Strecken X_i mit $i = 1, \ldots, n$ (also $X_1, X_2, \ldots, X_n$) von ungefähr 3 km ergeben. Sind die Abweichungen zufällig, so gibt es auch kein Kriterium a priori, welche dieser Strecken man als die Strecke von 3 km deklarieren sollte. Wenn nur eine Messung ($n = 1$) gemacht wurde, dann bleibt einem nichts anderes übrig, als diese eine zu akzeptieren, aber wenn mehrere vorliegen, so gibt es mehrere Möglichkeiten, eine verlässlichere Schätzung (d. h. Messung) auszuwählen, als wenn man sich einen der Werte der n Geometer willkürlich herausgriffe. Eine davon ist der *Median.* Man bestimmt ihn, indem man die Messungen der Größe nach reiht und denjenigen nimmt, der in dieser Reihung der mittlere ist. Bei $n = 11$ ist beispielsweise der sechste der elf in den Boden eingeschlagenen Grenzsteine der Median.

Eine andere Möglichkeit ist der *arithmetische Mittelwert* $\bar{X}$. Da die wirklichen Strecken nicht bekannt sind, geht man vom r-ten Grenzstein als Referenz aus und misst die Abweichungen $\Delta X_i = X_i - X_r$ des i-ten Grenzsteins vom Referenzstein. Diese Abweichungen kann man z. B. problemlos mit einem einfachen Metermaß so bestimmen, dass die Unsicherheit unter 1 cm bleibt. Dann berechnet man den Mittelwert

$$\overline{\Delta X} = \frac{1}{n} \sum_{i=1}^{n} \Delta X_i \tag{1.1}$$

der Abweichungen und schlägt einen Grenzstein im Abstand $\overline{\Delta X}$ vom Referenzstein ein. Dieser Grenzstein hat vom Ausgangspunkt einen Abstand, der gleich dem arithmetischen Mittelwert

$$\bar{X} = X_r + \overline{\Delta X} \tag{1.2}$$

der gemessenen Abstände ist. Wenn man nämlich alle Abstände $X_1, X_2, \ldots, X_n$ tatsächlich kennen würde, ergäbe sich aus

$$\bar{X} = \frac{1}{n} \sum_{i=1}^{n} X_i = X_r + \frac{1}{n} \sum_{i=1}^{n} \Delta X_i \tag{1.3}$$

eben dieser arithmetische Mittelwert.

Damit Schätzungen für Messwert und Abweichung objektiv miteinander vergleichbar werden und gewährleistet ist, dass Physiker von derselben Größe reden, wenn sie einen Schätzwert angeben, hat man sich sinnvollerweise auf Konventionen über Schätzungen geeinigt. Physikalisch korrekt gibt man demnach einen Messwert immer in der Form

$$(\text{Messwert} \pm \text{Messunsicherheit})\ \text{Einheit} \tag{1.4}$$

an, also z. B.

$$(3000.00 \pm 0.15)\ \text{m}.$$

Die Angabe besteht aus zwei Schätzwerten, die gemäß der geltenden Konventionen zu bilden sind, und am Ende fügt man immer die physikalische Einheit hinzu. Die Begriffe „Messwert" und „Messunsicherheit" beziehen sich also auf Größen, die nach bestimmten nationalen oder internationalen Regeln bzw. Standards geschätzt wurden. Die derzeitig gültige internationale Konvention ist im „Guide to the Expression of Uncertainty in Measurement" beschrieben.

Der erste Schätzwert in Gl. 1.4 ist der *Standardmesswert* oder, kurz, der *Messwert.* Wenn Daten aus mehreren Messungen zur Verfügung stehen, dann folgt man in der Physik meist der Konvention, den *arithmetischen Mittelwert* $\bar{X}$ gemäß Gl. 1.3 als Messwert anzugeben.

Der zweite Schätzwert ist die nach den derzeit geltenden Konventionen berechnete *Messunsicherheit* bzw. *Unsicherheit.* Nun hat der Mittelwert logischerweise die Eigenschaft, dass die Abweichungen der einzelnen Messwerte einmal positiv und einmal negativ sind, so dass sich die Abweichungen gemäß Gl. 1.3 in Summe gerade herausheben:

$$\sum_{i=1}^{n}(X_i - \bar{X}) = 0 \tag{1.5}$$

Aus diesem Grund geht man von der Summe der Quadrate der Abweichungen aus. Da wegen Gl. 1.5 nur $n-1$ der n Summanden voneinander unabhängig sind, definiert man als Maßzahl der *standardisierten Konvention* für die Messunsicherheit die *Standardabweichung*

$$\sigma = \sqrt{\frac{1}{n-1}\sum_{i=1}^{n}(X_i - \bar{X})^2}. \tag{1.6}$$

Wenn $n = 1$, also nur eine einzige Messung vorliegt, so kann man daraus alleine gar nichts über die Messunsicherheit sagen, d. h., σ ist dann undefiniert. Wenn die Zahl n hingegen sehr groß ist, macht es keinen nennenswerten Unterschied, ob man durch n oder $n-1$ dividiert. Daher verwendet man wegen

$$\sum_{i=1}^{n}(X_i - \bar{X})^2 = \sum_{i=1}^{n} X_i^2 - 2\bar{X}\sum_{i=1}^{n} X_i + n\bar{X}^2 = \sum_{i=1}^{n} X_i^2 - 2n\bar{X}^2 + n\bar{X}^2$$

oft näherungsweise

$$\sigma \approx \sqrt{\frac{1}{n}\sum_{i=1}^{n} X_i^2 - \bar{X}^2} \tag{1.7}$$

als Schätzwert der Standardabweichung, denn das lässt sich schneller berechnen. Das Verhältnis $\sigma/\bar{X}$ wird *relative Abweichung* genannt.

Eine weitere Konvention betrifft die Angabe der Anzahl der signifikanten Ziffern bei der Ablesung von einem Messinstrument oder bei der Angabe eines Messergebnisses. Sie werden oben vielleicht gestutzt haben, als ich für die zwei Meter des Feldzirkels immer 2.000 m angegeben habe. Warum nicht eine Null mehr oder eine weniger? Der Grund liegt darin, dass der Feldzirkel nur auf Millimeter genau geeicht bzw. gefertigt ist. Die Konvention ist, dass die vorletzte Ziffer, die man angibt, sicher sein sollte. Die letzte Ziffer kann im Rahmen des Unsicherheitsbereichs schwanken. Wenn die Fertigungstoleranz z. B. nur gestattet, Feldzirkel mit einer Schrittgenauigkeit von ± 3 mm herzustellen, dann würde man angeben: (2.000 ± 0.003) m bzw. eine Toleranz von $0.003\,\text{m}/2.000\,\text{m} = 1.5\,‰$. Wenn man weiter keine verlässliche Information über die Unsicherheit hat, weil keine statistische Auswertung vorgenommen wurde, würde man beispielsweise die Messunsicherheit mit 1.5 ‰ abschätzen und die Gesamtstrecke mit 3.000 km oder besser mit der Behelfsschätzung (3.000 ± 0.0045) km angeben.

Um ein Gefühl dafür zu bekommen, wie sich die Formel für die Standardabweichung auswirkt, betrachten wir fünf Geometer A, B, C, D und E, welche die Strecke von 3 km abstecken. Die Distanz X_A, gemessen von Geometer A, sei dabei die geringste. Die nachfolgenden beiden Beispiele wurden so gewählt, dass Mediane und Mittelwerte übereinstimmen.

Beispiel 1.1

Von X_A mögen die anderen gemessenen Distanzen $X_\text{B}, X_\text{C}, X_\text{D}$ und X_E folgendermaßen nach oben hin abweichen:[1] $\Delta X_\text{B} = 0$, $\Delta X_\text{C} = 20\,\text{cm}$, $\Delta X_\text{D} = \Delta X_\text{E} = 40\,\text{cm}$. Das Symbol Δ steht hier für die Bildung von Differenzen, und ΔX_B soll hier die Differenz zwischen X_B und X_A bedeuten, also $\Delta X_\text{B} = X_\text{B} - X_\text{A}$, und entsprechend für die Ergebnisse der anderen Geometer. Die mittlere Abweichung von X_A ist $(2 \times 0 + 20 + 2 \times 40)\,\text{cm}/5 = 20\,\text{cm}$, und daher ist der Grenzstein für die nominale Entfernung 3 km auf die Position $\bar{X} = X_\text{A} + 20\,\text{cm}$ zu setzen. Die Summe aller Abweichungen von diesem Mittelwert ist null, aber für die Quadrate errechnet man $\sum(X_i - \bar{X})^2 = 1600\,\text{cm}^2$ und somit eine Standardabweichung $\sigma = 20\,\text{cm}$, was auch ohne Rechnung aus Abb. 1.9 oben offensichtlich ist.

◀

[1] Selbst wenn Sie diese Abweichungen auf einen Zehntel Millimeter genau messen könnten, würde es für das Ergebnis keinen Sinn machen, das so genau anzugeben. Eine Angabe auf Zentimeter, das zeigt die nachfolgende Analyse, reicht völlig aus.

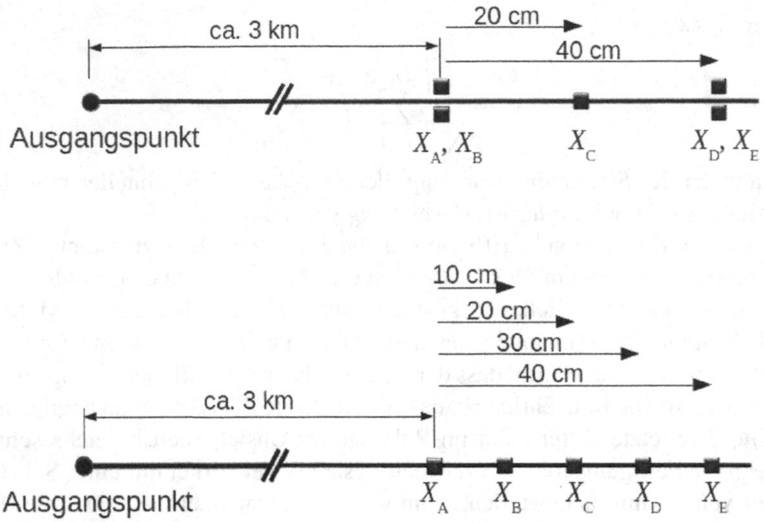

Abb. 1.9 Verteilung der von fünf Geometern A, B, C, D und E gesetzten Grenzsteine nach Abmessung einer Entfernung von 3 km ab dem Ausgangspunkt. Obere Skizze: Beispiel 1.1. Untere Skizze: Beispiel 1.2. Zur Erläuterung siehe Text. (R. Rupp)

Beispiel 1.2

Von X_A weichen die anderen Distanzen folgendermaßen nach oben hin ab: $\Delta X_\mathrm{B} = 10\,\mathrm{cm}$, $\Delta X_\mathrm{C} = 20\,\mathrm{cm}$, $\Delta X_\mathrm{D} = 30\,\mathrm{cm}$, $\Delta X_\mathrm{E} = 40\,\mathrm{cm}$. Der Mittelwert $\bar{X}$, dem wir die nominale Entfernung 3 km zuordnen, liegt dann ebenfalls auf der Markierung $\bar{X} = X_\mathrm{A} + 20\,\mathrm{cm}$. Die Summe aller Abweichungen von diesem Mittelwert ist gleichfalls null. Man errechnet aber $\sum(X_i - \bar{X})^2 = 1000\,\mathrm{cm}^2$ und somit eine Standardabweichung $\sigma \approx 16\,\mathrm{cm}$.

◄

In Beispiel 1.1 würde man die Messung mit $3.0000\,\mathrm{km} \pm 20\,\mathrm{cm}$ und in 1.2 mit $3.0000\,\mathrm{km} \pm 16\,\mathrm{cm}$ angeben. Die Angabe $\pm 20\,\mathrm{cm}$ bzw. $\pm 16\,\mathrm{cm}$ stellt die Unsicherheit dar, mit welcher die Zuverlässigkeit der Messung hier quantifiziert wurde, und sie ist für Beispiel 1.2 kleiner, was man mit einem Blick auf Abb. 1.9 leicht verstehen kann. Bei beiden Beispielen ist die zweite Ziffer der Messunsicherheit die statistisch unsichere, und man gibt die Unsicherheit bis auf eben diese Ziffer gerundet an. Mehr Ziffern sind nicht nötig, aber weniger dürfen es auch nicht sein. Jedenfalls sind das die Konventionen, an die man sich als Physiker halten sollte, wenn man Messergebnisse fachmännisch angeben will. Man sollte aber weder das Messresultat für die tatsächliche Entfernung halten noch die statistische Abweichung für die tatsächliche Abweichung. Aufgrund der Fertigungstoleranz des Feldzirkels kann die Abweichung von der tatsächlichen Entfernung weit größer ausfallen – und das gilt auch für die tatsächliche Abweichung. Bei der Angabe der Unsicherheit sollte man also i. Allg. erläutern, wie man zu ihrer Beurteilung gekommen ist. Man darf sich nicht einfach auf die stumpfe Anwendung einer Formel zurückziehen. Bei der Analyse eines Messresultats ist kritisches Urteilsvermögen gefragt.

Da hier recht ausführlich auf zufallsverteilte Messresultate eingegangen wurde, mag der Eindruck entstehen, man müsste stets eine größere Messreihe durchführen, um ein Messresultat gültig angeben zu können. Das ist nicht nur zeitraubend, sondern oft auch unnötig. Eine plausible Schätzung kann man fallweise auch anders gewinnen: Ein Schullineal hat beispielsweise eine Millimeterteilung, und man kann bestenfalls auf einige Zehntel Millimeter abschätzen. Es ist vernünftig anzunehmen, dass Eichfehler des Lineals und andere Einflüsse nicht viel größer ausfallen. Daher ist es auch ohne Durchführung einer Messreihe eine gute Schätzung, wenn man die Messunsicherheit z. B. mit ± 0.5 mm spezifiziert.

Zu einer langen Messreihe mit einer anschließenden sorgfältigen statistischen Analyse wird man dann greifen müssen, wenn man beispielsweise sonst keine Handhabe hat, die Unsicherheit ausreichend genau abzuschätzen, wenn man feineren Einflüssen auf die Spur kommen will oder wenn man eine besonders hohe Verlässlichkeit der Angabe zur Schätzgenauigkeit anstrebt. Langwierige statistische Untersuchungen sind beispielsweise unumgänglich, wenn man die Güte unterschiedlicher Messgeräte bzw. Messverfahren charakterisieren will, um das optimale Verfahren für ein Messvorhaben auszuwählen. Vorausgesetzt, dass die Messungen nach jedem der zu vergleichenden Verfahren fehlerfrei und fachmännisch durchgeführt werden, ist dasjenige Verfahren als das beste zu bewerten, welches die kleinste Messunsicherheit aufweist.

1.7 Präzisierung

Alle bisherigen Überlegungen gingen von der Geradlinigkeit der Lichtausbreitung aus. Diese Hypothese hat sich bis hierher hervorragend bewährt. Trotzdem kann es geschehen, dass man mit einer Beobachtung konfrontiert wird, die einer bewährten Hypothese widerspricht. Wenn man beispielsweise Zucker in einen Trog schüttet und ihn mit Wasser auffüllt, so läuft der Lichtstrahl darin nicht mehr geometrisch geradlinig, sondern gekrümmt (Abb. 1.10). Wie gehen Physiker mit diesem Widerspruch um? Das bis hierhin Bewährte will man nicht gleich über Bord werfen, denn es war ja eine äußerst erfolgreiche Naturbeschreibung. Man fragt daher nach der Ursache des unerwarteten Phänomens bzw. nach den *Bedingungen der Möglichkeit der ursprünglichen Erfahrung*. Der Ursache für die Krümmung des Lichtstrahls kann man leicht auf die Spur kommen: Die Zuckerkonzentration ist nicht überall gleich! Sie nimmt von oben nach unten hin zu, d. h., das Medium ist inhomogen. Durch weitere Untersuchungen kann man feststellen, dass sich das Licht dem ideal geradlinigen Verlauf umso mehr annähert, je homogener das Medium ist, das es durchquert. Aus dieser Erfahrung heraus wagt man eine neue Hypothese:

Lichtwege sind Geraden, wenn sie in einem homogenen Medium verlaufen.

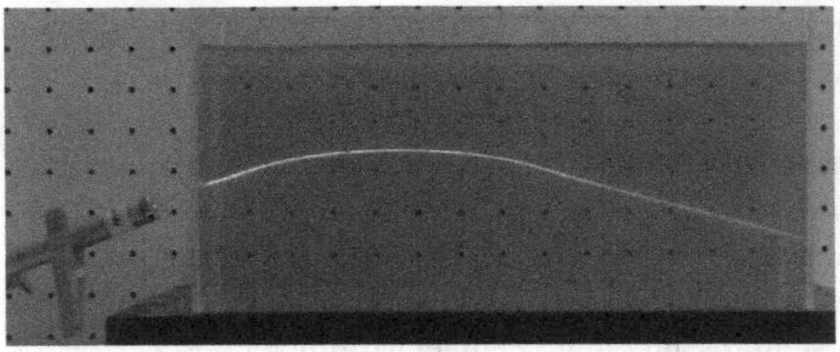

Abb. 1.10 Gekrümmter Lichtstrahl in einem inhomogenen Medium. Der von einem Laser (links) ausgehende Strahl durchquert einen Tank mit einer Zuckerlösung, deren Konzentration von oben nach unten hin zunimmt. (H. Kabelka)

Diese nachgebesserte Hypothese ersetzt nun die ursprüngliche Hypothese „Lichtwege sind Geraden“ aus Abschn. 1.1. Diese Art der evolutionären *Präzisierung* einer physikalischen Hypothese ist, wie sich noch an vielen Beispielen zeigen wird, ein Grundmuster beim Fortschreiten physikalischer Erkenntnis. Interessant ist die gerade formulierte Hypothese auch deshalb, weil sie sich auf ein Medium bezieht, das es in dieser Perfektion nicht gibt. Keines der Medien, mit denen man im Alltag zu tun hat (z. B. Gläser oder die Luft der Atmosphäre), ist bei strenger Betrachtung (absolut) homogen. Die Hypothese bezieht sich auf ein idealisiertes (böse Zungen sagen auch „erträumtes“) Medium. Dieses nur in der Theorie existierende (absolut) homogene Medium wird den weiteren Schlüssen zugrunde gelegt.

Geometrische Optik

2

Die *Geometrische Optik* ist eine statische Theorie, in welcher die Begriffe „Zeit" und „Geschwindigkeit" nicht vorkommen. Dadurch wird sie reine Geometrie. Ob man beispielsweise Lichtstrahlen von der Lichtquelle zum Auge konstruiert oder vom Auge zur Lichtquelle, ist für Überlegungen im Rahmen der Geometrischen Optik daher egal.

2.1 Reflexion und Brechung

Ein besonders markanter Spezialfall der Lichtausbreitung in inhomogenen Medien liegt vor, wenn zwei unterschiedliche homogene Medien A und B eine ebene Grenzfläche miteinander haben. In den jeweils homogenen Bereichen, d. h. innerhalb der Medien A und B, ist die Lichtausbreitung geradlinig. Die Grenzfläche stellt jedoch eine massive Inhomogenität dar. Hier ändert sich der Verlauf des Lichts dramatisch (Abb. 2.1). In dem Medium, von dem her der Lichtstrahl einfällt, beobachtet man *reflektierte* Strahlen. Wenn das zweite Medium transparent ist, beobachtet man dort auch *transmittierte* Strahlen (d. h. durch die Grenzfläche hindurch tretende Strahlen). Die Geometrische Optik beschäftigt sich nur mit den rein geometrischen Aspekten dieses Phänomens.

Für die Protokollierung eines physikalischen Experiments muss man üblicherweise zuerst Konventionen einführen, mit denen gewisse Bezugselemente so präzisiert werden, dass ein Experimentator jederzeit (auch nach Jahrtausenden) Messungen unter gleichen Versuchsbedingungen wiederholen und empirische Ergebnisse überprüfen kann. Die Festlegung der verwendeten Begriffe ist – neben einer genauen Beschreibung der Experimentierbedingungen – eine wichtige Voraussetzung für die Prüfung der *Reproduzierbarkeit* einer Messung. Für die Beschreibung der an ebenen Grenzflächen auftretenden Phänomene beim Lichtstrahlverlauf sind unter anderem die Begriffe „Flächennormale", „Einfallsebene" und „Drehsinn" wichtig.

R. Rupp, *Physik 1 – Eine unkonventionelle Einführung*,
https://doi.org/10.1007/978-3-662-64506-2_2

Abb. 2.1 Lichtbrechung. Der einfallende Lichtstrahl hat ein strichförmiges Profil. Die obere Hälfte verläuft in Luft geradlinig, die untere Hälfte erfährt beim Übergang in Wasser eine Brechung. An der oberen Lichtmarke kann der Winkel α des einfallenden Strahls (hier $\alpha \approx 30°$) und an der unteren der Winkel β für den gebrochenen Strahl (hier $\beta \approx 22.5°$) abgelesen werden. (H. Kabelka/K. Olenik)

Flächennormale und Einfallsebene Für die Geometrie der Brechung und Reflexion kann es nur darauf ankommen, wie der einfallende Strahl und die Grenzfläche relativ zueinander orientiert sind. Die Orientierung einer Fläche im Raum beschreibt man meist durch die *Flächennormale,* d. h. durch eine orthogonal zur Fläche stehende Gerade. Errichtet man die Flächennormale zur Grenzfläche dort, wo die Gerade des einfallenden Strahls auf die Grenzfläche G auftrifft (Abb. 2.2a), so spannen diese beiden Geraden die *Einfallsebene* E auf. Alle auftretenden Strahlen (einfallender, reflektierter und transmittierter) liegen in dieser Einfallsebene. Abb. 2.2b zeigt ihren Verlauf in Draufsicht auf die Einfallsebene. Bezugslinie für alle Winkelangaben ist die Flächennormale N.

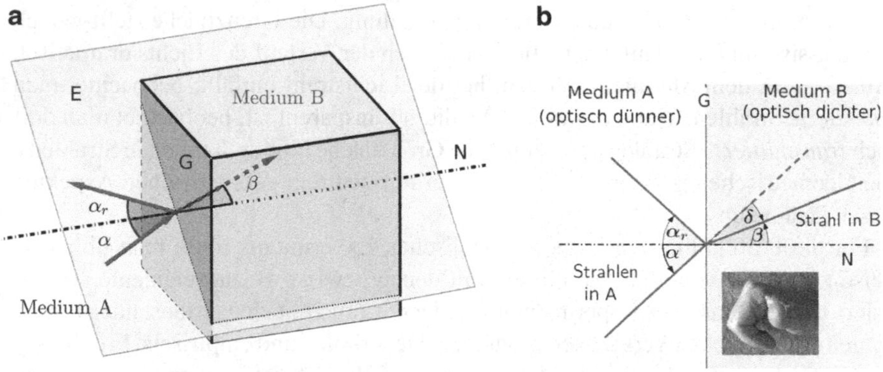

Abb. 2.2 **a** Ein aus dem Medium B bestehender Würfel ist in eine aus dem Medium A bestehende Umgebung eingebettet. An der Grenzfläche G (dunkel hervorgehoben) treten Reflexion und Brechung auf. Die Flächennormale N (strichpunktierte Linie) und alle Strahlen liegen in der Einfallsebene E. **b** Strahlverlauf in der Draufsicht auf die Einfallsebene. Die Winkel α und α_r (beide im Medium A) sowie der Winkel β (im Medium B) werden relativ zur Flächennormale als Bezugslinie gemessen. Bezugslinie für den Ablenkwinkel δ ist hingegen die Verlängerung des einfallenden Strahls (gestrichelt). Die Pfeilrichtung für die Winkel gibt ihren Drehsinn relativ zu ihrer jeweiligen Bezugslinie an. Der Drehsinn der rechten Hand ist der positive. (R. Rupp)

Drehsinn Als Konvention für den *Drehsinn* bzw. für das Vorzeichen eines Winkels verwendet man üblicherweise die rechtshändige Vorzeichenkonvention: Setzt man die rechte Hand so auf die in Abb. 2.2b gezeichnete Draufsicht auf die Einfallsebene, dass der Daumen nach oben zeigt, dann sind die Finger im mathematisch positiven Drehsinn gekrümmt, d. h., Winkel sind *positiv, wenn sie bei Draufsicht gegen den Uhrzeigersinn verlaufen.* In Abb. 2.2b sind die Winkel α und β beispielsweise positiv und die Winkel α_r und δ negativ.

2.1.1 Reflexionsgesetz

Auf der Einfallsseite können reflektierte Strahlen auftreten. Verläuft der einfallende Strahl im Medium A, dann verläuft dort auch der reflektierte Strahl (Abb. 2.2b). Das vor Jahrtausenden empirisch aufgefundene *Reflexionsgesetz*

$$\alpha_r = -\alpha. \tag{2.1}$$

beschreibt die Beziehung zwischen einfallenden und reflektierten Strahlen.

2.1.2 Brechungsgesetz

Das Phänomen, dass sich der Winkel α des im Medium A verlaufenden Strahls und der Winkel β im Medium B i. Allg. unterscheiden (Abb. 2.2b), bezeichnet man als *Brechung.* Das Medium mit dem größeren der beiden Winkel ist das *optisch dünnere* Medium. Für den in Abb. 2.2b dargestellten Fall ist also A das optisch dünnere Medium und B das *optisch dichtere.*

Die älteste uns bekannte experimentelle Untersuchung der Beziehung zwischen den Winkeln α und β zweier Medien A und B wurde im 2. Jh. n. u. Z. von Claudius Ptolemäus durchgeführt. Die in Tab. 2.1 tabellierten Messresultate von Ptolemäus sind in Abb. 2.3 für die Brechung an der Grenzfläche Luft–Glas graphisch

Tab. 2.1 Vor ungefähr 2000 Jahren durch Ptolemäus ermittelte Messwerte für die Lichtbrechung (Smith 1996)

α	β		
	Luft–Wasser	Luft–Glas	Wasser–Glas
10°	8.0°	7.0°	9.5°
20°	15.5°	13.5°	18.5°
30°	22.5°	19.5°	27.0°
40°	28.0°	25.0°	35.0°
50°	35.0°	30.0°	42.5°
60°	40.5°	34.5°	49.5°
70°	45.5°	38.5°	56.0°
80°	50.0°	42.0°	62.0°

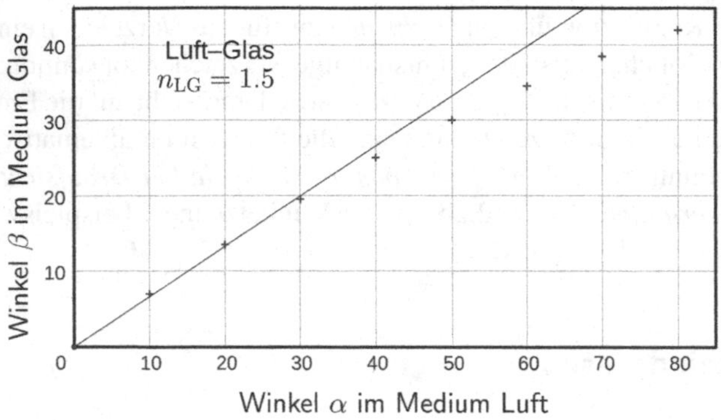

Abb. 2.3 Im Diagramm ist der Winkel α in Luft gegen den Winkel β in Glas aufgetragen. Die Daten entstammen Tab. 2.1. Die Größe der Kreuze entspricht der Messunsicherheit von ungefähr 0.5°. (R. Rupp)

aufgetragen. Wie man daraus erkennt, werden α und β im Grenzfall kleiner Winkel proportional zueinander. Daher kann man den Zusammenhang für kleine Winkel näherungsweise durch das *lineare Brechungsgesetz*

$$\alpha \approx n_{AB}\,\beta \tag{2.2}$$

beschreiben. Gl. 2.2 genügte, um schon sehr früh (vor ca. 1000 Jahren) ein erstes Verständnis für grundlegende brechende optische Elemente und darauf aufbauende Instrumente zu entwickeln. Der Historie folgend, werden auch wir uns zunächst mit einer Näherung für kleine Winkel und somit dem linearen Brechungsgesetz zufrieden geben. Die in Gl. 2.2 auftretende Proportionalitätskonstante n_{AB} heißt *Brechzahl* bzw. *Brechungsindex*. Sie hängt von den beiden Materialien A und B ab, die an der Grenzfläche zusammentreffen. Ist A das optisch dünnere und B das optisch dichtere Medium, dann ist $n_{AB} > 1$. Wertet man die Daten von Ptolemäus für kleine Winkel aus, so ergibt sich die Brechzahl $n_{LG} \approx 1.5$ für die Grenzfläche Luft–Glas mit A = L(uft) und B = G(las). Glas ist somit optisch dichter als Luft.

Empirisch zeigt sich, dass die Brechzahlen jeweils dreier Medien A, B und C miteinander in der Beziehung

$$n_{AC} = n_{AB}\,n_{BC} \tag{2.3}$$

stehen. Das bestätigen auch die in Abb. 2.3a tabellierten Daten für die drei Grenzflächen Luft–Glas, Luft–Wasser und Wasser–Glas, die Ptolemäus ermittelt hat. Daher muss man auch kein Tabellenwerk mit den Brechwerten aller möglichen Materialkombinationen aufstellen. Es genügt, wenn man ein spezielles Referenzmedium V auswählt und die Brechzahlen relativ zu diesem Referenzmedium tabelliert. Die Brechzahlen zweier beliebiger Medien folgen dann aus dieser Tabelle und aus Gl. 2.3. Als gemeinsames Referenzmedium V hat man das *Vakuum* gewählt, d. h., die Brechzahlen sind üblicherweise relativ zum absoluten Vakuum tabelliert und werden dann als n_A, n_B, ... bezeichnet, wobei man den Index V des allen gemeinsamen Referenzmediums unterdrückt. Diese Brechzahlen können als Materialeigenschaften der

Medien A, B, ... angesehen werden. Das Vakuum der Geometrischen Optik ist als das Medium mit der kleinsten Brechzahl aller Medien definiert und ergibt sich als extrapolierter Grenzfall der optisch dünnen Medien. Seine Brechzahl wird per definitionem gleich 1 gesetzt. Die Brechzahl n_L von Luft unterscheidet sich nur ganz wenig von der des Vakuums, so dass man sie näherungsweise meist auch gleich 1 setzen kann.

Warum fällt es allen Physikern leicht, den Zeugnissen des Ptolemäus über die von ihm beobachteten Phänomene der Lichtbrechung Glauben zu schenken, während einige Physiker sich schwer damit tun, den Zeugnissen der vier Evangelisten über die Phänomene der Heilung durch die Wunder Jesu zu glauben? Beide Berichte bzw. Zeugnisse stammen ja schließlich aus etwa derselben Zeit des Altertums. Der für die Naturwissenschaft entscheidende Punkt ist die *Reproduzierbarkeit.* Reproduzierbar bedeutet, dass unter gleichen Versuchsbedingungen wiederholt ausgeführte Experimente im Rahmen einer als tolerierbar erachteten Messunsicherheit gleich ausfallende Ergebnisse liefern. Grundvoraussetzung ist, wie bereits oben betont, dass man die Versuchsbedingungen genauestens protokolliert. Ptolemäus hat neben den Ergebnissen zum Phänomen der Lichtbrechung auch die Umstände seiner Messung so genau festgehalten, dass sie jederzeit nachvollzogen und überprüft werden können. Wenn man seine Messungen heutzutage überprüft (wie z. B. mit der in Abb. 2.1 gezeigten Anordnung in meiner Vorlesung im Jahr 2017 geschehen), so erhält man die gleichen Ergebnisse, auch wenn inzwischen fast zwei Jahrtausende vergangen sind. Gl. 2.2 ist verlässlich (für kleine Winkel!), ja sogar der Zahlenwert der Brechzahl kann im Rahmen der Messunsicherheit verlässlich reproduziert werden. Das Vertrauen in die Berichte von Ptolemäus über seine empirischen Resultate und Beobachtungen wird durch Tausende von diesbezüglichen Beobachtungen und Untersuchungen späterer Physiker bestärkt. Über eine Zeitspanne von 2000 Jahren hinweg haben sie noch nie einen Zweifel an der Reproduzierbarkeit des Phänomens aufkommen lassen (vgl. „Die Zeit ist homogen", in Abschn. 3.2).

2.1.3 Brechung an zwei ebenen Flächen

Nachfolgend treten nur zwei Medien A und B auf. Die Brechzahl $n_{AB} = n_B/n_A$ des Mediums B relativ zum Medium A soll zur Vereinfachung der Notation einfach mit n bezeichnet werden (d. h. $n = n_{AB}$). Anstelle von Gl. 2.2 schreiben wir im Folgenden für das lineare Brechungsgesetz also einfach

$$\alpha = n\beta.$$

Ablenkwinkel Der Winkel, um den ein auf eine Grenzfläche einfallender Strahl von seinem geradlinigen Verlauf (gestrichelte Linie in Abb. 2.2b) durch die Brechung abgelenkt wird, ist der *Ablenkwinkel* δ. In Abb. 2.2, in der nur eine Grenzfläche durchquert wird, ist der Ablenkwinkel durch

$$\delta = \beta - \alpha \approx (1 - n)\beta \tag{2.4}$$

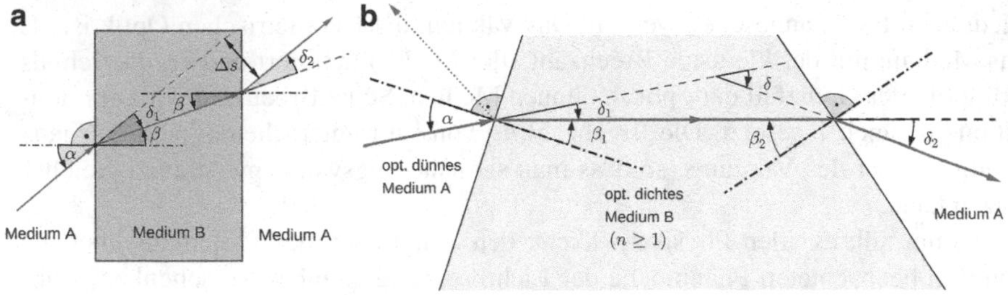

Abb. 2.4 **a** Brechung an einer planparallelen Platte. **b** Strahlablenkung durch ein Prisma. In beiden Fällen ist angenommen, dass das Medium B das optisch dichtere Medium ist, d. h. $n > 1$. (R. Rupp)

gegeben. Verbleibt ein Strahl innerhalb einer Ebene (der Einfallsebene) und durchquert dabei mehrere Grenzflächen, beispielsweise m Grenzflächen, an denen der Strahl jeweils um $\delta_1, \ldots, \delta_m$ abgelenkt wird, so resultiert daraus insgesamt eine Ablenkung δ, welche gleich der Summe dieser Ablenkungen ist, d. h.

$$\delta = \sum_{j=1}^{m} \delta_j.$$

Ist α der Einfallswinkel auf die erste Grenzfläche, dann ist der Ausfallswinkel hinter der letzten Grenzfläche gleich $\alpha + \delta$.

Planparallele Platte Bei einer *planparallelen Platte* (Abb. 2.4a) wird die Ablenkung δ_1 an der ersten Grenzfläche durch die Ablenkung $\delta_2 = -\delta_1$ an der zweiten Grenzfläche wieder rückgängig gemacht. Die Brechung an den beiden parallelen Grenzflächen führt insgesamt also zu keiner Strahlablenkung, d. h., es ist $\delta = \delta_1 + \delta_2 = 0$.[1]

Prisma Da planparallele Platten keine Ablenkung hervorrufen, benötigt man für die Ablenkung eines Strahls zwei gegeneinander geneigte Grenzflächen. Solche brechenden optischen Elemente, die man in optischen Experimenten und Instrumenten verwendet, um Lichtstrahlen abzulenken, werden wegen ihrer geometrischen Form als *Prisma* bezeichnet.

Abb. 2.4b zeigt den Strahlverlauf durch ein Prisma für den Fall, dass B optisch dichter (relative Brechzahl $n > 1$) als das umgebende Medium A ist. Sind β_1 bzw. β_2 die Winkel des im Medium B verlaufenden Strahls relativ zu den beiden Flächennormalen, so sind umgekehrt gesehen $-\beta_1$ bzw. $-\beta_2$ gerade die Winkel, um welche die beiden Flächennormalen gegen diesen Strahl geneigt sind. Die beiden Grenzflächen sind also im Winkel

$$\varepsilon = \beta_1 - \beta_2$$

[1] Wie Abb. 2.4a zeigt, tritt jedoch ein Parallelversatz des Strahls um eine Strecke Δs auf, der mit zunehmendem Einfallswinkel α und zunehmender Plattendicke anwächst.

relativ zueinander geneigt (Vorzeichenkonvention und Pfeilrichtungen in Abb. 2.4b beachten! Beispielsweise ist in dieser Skizze β_1 positiv und β_2 negativ). Manchmal ist es hilfreich sich vorzustellen, dass die Flächennormale gewissermaßen eine Art „Griff" ist, der fest im Winkel von 90° zur Fläche montiert ist. Dreht man also den „Griff" (bzw. die Flächennormale) um β, dann muss sich auch die damit starr verbundene Fläche um den gleichen Winkel β drehen.

An der ersten Grenzfläche (von der Brechzahl 1 zur Brechzahl n) erfährt der Strahl die Ablenkung $\delta_1 = \beta_1 - \alpha \approx (1-n)\beta_1$ und an der zweiten (von der Brechzahl n zur Brechzahl 1) die Ablenkung $\delta_2 \approx (n-1)\beta_2$. Insgesamt erfährt der Strahl eine Ablenkung um $\delta = \delta_1 + \delta_2 \approx (1-n)(\beta_1 - \beta_2)$. Für die Gesamtablenkung

$$\delta \approx (1-n)\varepsilon \tag{2.5}$$

eines Prismas erhält man also das bemerkenswerte Resultat, dass sie nicht vom Einfallswinkel α abhängt. Das trifft selbstverständlich nur so lange zu, wie alle auftretenden Winkel ausreichend klein sind, denn die Ablenkungen wurden mit dem linearisierten Brechungsgesetz berechnet (d. h. mit Gl. 2.2). Für $\varepsilon = 0$ liegt ein Sonderfall eines Prismas vor, nämlich eine planparallele Platte mit $\delta = 0$.

2.1.4 Snelliussches Brechungsgesetz

Ptolemäus gab seine Messungen mit einer vernünftigen impliziten Messunsicherheit von einem halben Grad an (Tab. 2.1). Das entspricht der Strahldivergenz der von ihm verwendeten Sonnenstrahlen. Er gab also die Messunsicherheit so an, wie wir es in etwa nach den heutigen Konventionen auch tun würden (Abschn. 1.6). Dementsprechend wurde in Abb. 2.3 die Größe der Kreuze für die graphisch dargestellten Daten gewählt. Seine Messunsicherheit ist klein genug, um für große Winkel die Diskrepanz zwischen den Messungen und dem approximativen linearen Brechungsgesetz (Gl. 2.3) augenfällig werden zu lassen. Wir wollen in diesem Abschnitt die historischen Bedingungen beleuchten, welche schließlich die Aufstellung des korrekten Brechungsgesetzes ermöglichten.

Das Christentum, das im Jahre 380 n. u. Z. zur Staatsreligion im Römischen Reich wurde, hat wesentlich zum Verlust des Wissens der antiken Naturwissenschaften beigetragen. Das Byzantinische Reich „saß" auf den antiken Quellen, doch das Christentum machte der antiken Wissenschaftskultur in wenigen Jahrzehnten den Garaus. Die letzten Vertreter der hellenistischen Philosophie und Wissenschaft wurden von christlichen Geistlichen oder Herrschern verfolgt, gefoltert, hingerichtet oder ermordet. Die Ermordung der Physikerin und Mathematikerin Hypatia im Jahr 415 steht stellvertretend dafür, wie auch die ersten Ansätze einer Frauenemanzipation, die sich in der Hellenistischen Zeit allmählich entwickelt hatten, durch religiöse Eiferer zunichte gemacht wurden. Sankt Justinian – „Sankt", weil er von der orthodoxen Kirche als christlicher Heiliger verehrt wird – ließ nicht nur „heidnische" Schriften der antiken Mathematiker, Physiker und Philosophen verbrennen, sondern auch die letzte noch lehrende Platonische Akademie seines Kaiserreiches schließen. Für die

Abb. 2.5 Blütezeit der morgenländischen Wissenschaften: al-Chwarizmi (Algebra), Abu I-Wafa (Tangensfunktion), al-Biruni, Abu Sad al-Ala ibn Sahl (Bestimmung des Erdradius), al-Haitham (Erfindung der Lupe), al-Tusi (trigonometrische Funktionen, Gesetz der Massenerhaltung)

Wissenschaftskultur des Abendlands brach damit ein mehr als 1000-jähriges dunkles Zeitalter an.

Vier Jahrhunderte nach dieser kulturellen Katastrophe im Abendland ging mit dem Aufkommen einer im Vergleich zum damaligen Christentum wesentlich toleranteren Religion im Morgenland wieder die Sonne auf: Zwischen 800 und 1200 kamen Wissenschaft und Kultur durch die Wiederentdeckung der antiken hellenistischen Quellen im *Goldenen Zeitalter des Islam* wieder zur Blüte (Abb. 2.5). Durch den Gebrauch der arabischen Ziffern, die Einführung der Zahl 0, des Dezimalsystems und der nach dem persischen Universalgelehrten al-Chwarizmi benannten „Algorithmen" sowie der nach seinem im Jahr 825 erschienenen Buch *al-gabr* benannten Algebra werden kompliziertere algebraische Rechnungen möglich.

Für das Aufstellen eines auch für größere Winkel richtigen Brechungsgesetzes müssen die trigonometrischen Funktionen bekannt sein, wie z. B. $\cos\alpha$, $\sin\alpha$, oder $\tan\alpha$. Im 10. Jahrhundert bewies der persische Wissenschaftler Abu I-Wafa den Sinussatz und erstellte Tabellen der trigonometrischen Funktionen. Im Jahr 984 fand Abu Sad al-Ala ibn Sahl dann schließlich die korrekte Form des Brechungsgesetzes für zwei Medien mit den Brechzahlen n_A und n_B:

$$n_A \sin\alpha = n_B \sin\beta \tag{2.6}$$

Für kleine Winkel gilt im Bogenmaß näherungsweise (Physiker rechnen Winkel fast immer im Bogenmaß!)

$$\sin\alpha \approx \alpha, \tag{2.7}$$

d. h., das durch Gl. 2.2 formulierte lineare Brechungsgesetz ist als Grenzfall kleiner Winkel im allgemeineren Brechungsgesetz enthalten. Dies ist ein Musterbeispiel für den evolutionären Charakter der historischen Entwicklung der Physik: Ältere,

Abb. 2.6 Peuerbachs Sonnenuhr an der Südseite des Wiener Stephansdoms. (Mit freundlicher Erlaubnis durch Peter Diem und das Austria-Forum; https://austria-forum.org)

ungenaue Gesetze oder Theorien werden in der Weise abgelöst, dass sie als Grenzfall in den neuen, genaueren Gesetzen oder Theorien bestehen bleiben. Dies liegt daran, dass sich die Naturphänomene, die zur älteren Theorie geführt haben, ja nicht geändert haben.

Aufkommender religiöser Fundamentalismus beendete zwar auch die Blütezeit der morgenländischen Naturwissenschaften, doch das Wissen wurde fruchtbringend an den Okzident weitergereicht. Eine zentrale Rolle für die Übertragung der morgenländischen Wissenschaftskultur in den europäischen Raum spielte das Kalifat von Córdoba (s. spanische Briefmarke in Abb. 2.5). In der Folge entstand durch Renaissance und Humanismus eine Neuorientierung an der Antike. Reformation und Aufklärung führten schließlich auch das Abendland aus einer langen Periode der Dunkelheit heraus. Das Wissen über die trigonometrischen Funktionen erreichte das christliche Abendland relativ spät: Die erste Sinustabelle des Abendlands wurde erst Mitte des 15. Jahrhunderts durch Georg von Peuerbach erstellt (Abb. 2.6). Für den abendländischen Kulturraum wurde das heute nach Willebrord Snell als *Snelliussches Brechungsgesetz* bekannte Gesetz (Gl. 2.6) erst sechs Jahrhunderte nach Abu Sad al-Ala ibn Sahl wiederentdeckt.

Totalreflexion Wenn das Medium A das optisch dichtere Medium ist, gibt es für das Snelliussche Brechungsgesetz (Gl. 2.6) keine Lösungen mehr, sobald der Einfallswinkel α den durch

$$\sin \alpha_T = n_\mathrm{B}/n_\mathrm{A} \tag{2.8}$$

bestimmten Grenzwinkel α_T der Totalreflexion übersteigt, d. h. sobald $\alpha > \alpha_T$ wird. Damit fällt die Brechung aus, d. h., es ist dann nicht mehr möglich, dass Licht in das Medium B eintritt. Folglich wird das Licht vollständig bzw. *total* reflektiert. Diese Totalreflexion ist beispielsweise die physikalische Ursache des Naturphänomens der Fata Morgana. Die Messung des Reflexionswinkels α_T der Totalreflexion ist Grundlage einiger Methoden zur raschen und präzisen Bestimmung der Brechzahl und damit der als *Refraktometer* bezeichneten Messgeräte, mit denen man, wie beispielsweise mit dem Abbe-Refraktometer[2], die Brechzahl auf vier bis fünf Stellen

[2]Ernst Abbe, Physiker und Sozialreformer, gründete die Carl-Zeiss-Stiftung und gehörte zu den ersten Unternehmern, die den Achtstundentag für ihre Arbeiter einführten.

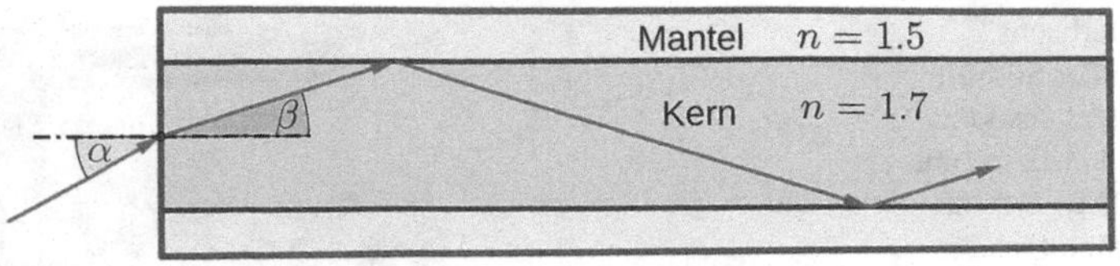

Abb. 2.7 Verlustarme Lichtleitung durch Totalreflexion in einem Kern, dessen Brechzahl ($n = 1.7$) höher ist als die des Mantels ($n = 1.5$). Der Eintrittswinkel α an der Stirnfläche muss so klein sein, dass $90° - \beta$ den Winkel α_T der Totalreflexion nicht überschreitet. (R. Rupp)

genau messen kann. Sie werden unter anderem in der Chemie, Pharmazie oder bei der Lebensmittelkontrolle eingesetzt.

Optische Datenübertragung Seit Ende des 20. Jahrhunderts wird die Totalreflexion zur verlustarmen Lichtleitung über große Distanzen verwendet. Lichtleitfasern bestehen aus einem hochbrechenden Kern und einem Mantel mit geringerer Brechzahl (Abb. 2.7). Sie ermöglichen eine Informationsübertragung, deren Datenrate weit höher ist als die kabelgebundener elektrischer Signale.

2.2 Bilder

2.2.1 Das physikalische Bild

> Wir machen uns innere Scheinbilder oder Symbole der äußeren Gegenstände, und zwar machen wir sie von solcher Art, dass die denknotwendigen Folgen der Bilder stets wieder die Bilder seien von den naturnotwendigen Folgen der abgebildeten Gegenstände. (Hertz 1894)

Obwohl Abb. 2.8 nur in einigen wenigen Charakteristika mit realen Objekten übereinstimmt, rekonstruiert unser Verstand sie so, dass die Darstellung für uns einen Sinn ergibt. Der Bezug, den wir zwischen Bild und gedachtem Gegenstand herstellen, ist unsere Interpretation. Unsere Erfahrung kann z. B. nahelegen, auf dem Gemälde zwei Kinder zu erkennen, die das Schattenbild eines Hasen auf eine Projektionsfläche werfen. Dass dies aber nur eine der möglichen Interpretationen ist, wird klarer, wenn man den Aspekt des Schattenwurfs herausgreift: Sieht man nichts weiter als den Schatten auf der Projektionsfläche, so kann man sich ihn durch einen Hasen hervorgerufen denken oder durch eine bestimmte Konfiguration zweier Hände. Beides kann man in den Schatten hineininterpretieren. Vexierbilder sind beispielsweise geradezu darauf angelegt, mit der Ambivalenz möglicher Interpretationen eines Bilds zu spielen.

Ein Bild ist weder eine identische Kopie noch ein Klon des Objekts. Es reicht aus, wenn es genügend Merkmale hat, so dass ein bestimmtes Objekt darin wiedererkannt wird oder das Bild mit einer bereits bekannten Erfahrung in Einklang gebracht werden kann oder dass es im Verstand gewisse Vorstellungen bzw. Assoziationen auslöst, die eine sinnvolle Deutung ermöglichen. Kurzum, Bilder erfüllen ihren Zweck, *wenn sie Sinn stiften.* Im Extremfall genügt es, wenn Bilder nur in

Abb. 2.8 „Schattentheater". Nach einem Gemälde von Ferdinand du Puigaudeau. (Mit freundlicher Genehmigung durch Marthe Rupp)

einem einzigen für die Interpretation wesentlichen Merkmal mit dem Objekt übereinstimmen. Weitere Übereinstimmungen müssen sie nicht unbedingt haben. Bilder lassen i. Allg. nicht zu, eindeutig auf den Gegenstand zurückzuschließen und können daher auch mehr als eine Deutung haben.

Für Physiker ist das Denken in Bildern bzw. Modellen schon aufgrund der Einsicht eine Selbstverständlichkeit, dass ihnen die vollständige Realität eines „Ding an sich" (I. Kant), des „wahren" Objekts der Natur, wegen der Begrenztheit unserer Sinneswahrnehmungen in der Regel verborgen bleibt. Daran ändert auch der Einsatz von Instrumenten zur Erweiterung unserer Sinneswahrnehmungen nichts. Physiker können nur Aussagen über die *Erscheinungen* treffen, d. h. nur darüber sprechen, wie die Dinge ihnen und ihren Instrumenten gegenüber in Erscheinung treten (s. auch Abschn. 5.1.6). Von diesen Erscheinungen der Dinge machen sie sich Bilder, untersuchen deren Relationen und versuchen, die sich daraus ergebenden Konsequenzen zu verstehen. Diese Verstandestätigkeit spielt sich meist in einer mathematischen Modellwelt ab, dem *physikalischen Bild* der Realität. Manchmal ist dieses nur eine sehr skizzenhafte Karikatur der Wirklichkeit. Die Begriffe der Modellwelt können völlig abstrakt sein, und es kann sogar so sein, dass nur die mathematischen Beziehungen zwischen den abstrakten Begriffen des physikalischen Bilds sinnstiftende Bedeutung haben. Die Modellwelt muss insbesondere nicht alle Details der Realität abbilden. Das *physikalische Modell* muss jedoch so klar definiert sein, dass man darüber logische Urteile fällen kann (Mathematik) und dass man das Resultat der Überlegungen experimentell prüfen kann (Empirie). Sollte die Prüfung den theoretischen Resultaten selbst dann noch widersprechen, wenn man die unvermeidbare Messunsicherheit mit in Rechnung stellt, ist das physikalische Bild nicht zutreffend und muss verworfen werden. Die grundlegende Bedeutung des Experiments für die Naturwissenschaften liegt also darin, dass es Möglichkeiten bietet, nicht zutreffende Bilder zu erkennen und auszumustern. Die typischen Arbeitsschritte der physikalischen Methode bestehen aus dem Entwurf eines (oft nur von einigen wenigen Fakten bzw. Resultaten *explorativer Experimente* ausgehenden) physikalischen Modells, seiner logischen Analyse und der empirischen Überprüfung der Konsequenzen des Modells durch *diskriminative Experimente.* Dies soll nun am Beispiel einfacher Projektionen veranschaulicht werden.

2.2.2 Zentralprojektionen

Abbildungen durch einen Schattenwurf bzw. durch eine Lochkamera stellen *Zentralprojektionen* dar.

Kartesische Koordinaten Positionsangaben im euklidischen Raum werden im Folgenden durch kartesische Koordinaten notiert. Im dreidimensionalen Raum wählt man dazu einen *Bezugsrahmen,* der aus drei orthogonal zueinander stehenden Bezugsachsen besteht, die sich in einem Bezugspunkt schneiden. Die Bezeichnung *Bezugsrahmen* folgt dem englischen Wort *frame of reference.* Im Deutschen ist das Wort *Bezugssystem* geläufiger. Es streicht heraus, dass es sich um ein System aus mehreren Bezugselementen (hier dem Bezugspunkt und den -achsen) handelt. In diesem Buch werde ich beide Wörter gleichbedeutend verwenden. Den Bezugspunkt legen wir als Nullpunkt bzw. Ursprung des Koordinatensystems fest. Die Koordinatenachsen, hier parallel zu den Bezugsachsen, bezeichnet man z. B. als x-, y- und z-Achse. Ein Zahlentripel (x, y, z) gibt dann die Koordinaten des Punkts $P(x, y, z)$ bezüglich des Bezugsrahmens an. Im Zweidimensionalen genügt die Angabe zweier Koordinaten (z. B. die x- und y-Koordinate). Für zwei auf der x-Achse liegende Punkte mit den Koordinaten x_1 und x_2 wollen wir der Einfachheit halber voraussetzen, dass die Koordinatendifferenz $\Delta x = x_2 - x_1$ so skaliert ist, dass ihr Betrag gleich dem metrischen Abstand der beiden Punkte ist.

Schattenwurf Das in Abb. 2.9 skizzierte geometrische Modell des in Abb. 2.8 dargestellten *Schattenwurfs* besteht in einer strahlenoptischen Projektion von einer zweidimensionalen Fläche auf eine andere. Im Strahlenmodell der geometrischen Optik dürfen sich Strahlen in einem Punkt kreuzen, ohne sich gegenseitig zu beeinflussen (s. entsprechende Hypothese in Abschn. 1.1). Daher spricht auch nichts dagegen, vom Modell einer punktförmigen Lichtquelle auszugehen. Man mag einwenden, dass es punktförmige Lichtquellen in der Realität nicht gibt und dass z. B. eine Kerzenflamme sicher keine ist. Aber solange etwas nicht durch die Postulate eines Modells verboten ist, darf man im Rahmen der Spielregeln des Modells erlaubte „Gedankenexperimente" durchführen, und das heißt hier, dass es nicht von vornherein unzulässig ist, die Konsequenzen einer punktförmigen Lichtquelle zu durchdenken. Der Tatsache, dass Lichtquellen erfahrungsgemäß ausgedehnt sind, kann man dann im Nachgang gerecht werden, indem man sie als dichte Ansammlung punktförmiger Lichtquellen auffasst. Es macht also keine prinzipiellen Schwierigkeiten, die theoretischen Resultate für punktförmige Quellen auf Quellen endlicher Ausdehnung zu erweitern.

Im Modell der punktförmigen Lichtquelle gehen alle Lichtstrahlen von einer im Punkt L befindlichen Quelle aus und verbinden genau einen abzubildenden Punkt A der Objektebene mit genau einem auf einer Projektionsfläche liegenden Bildpunkt B

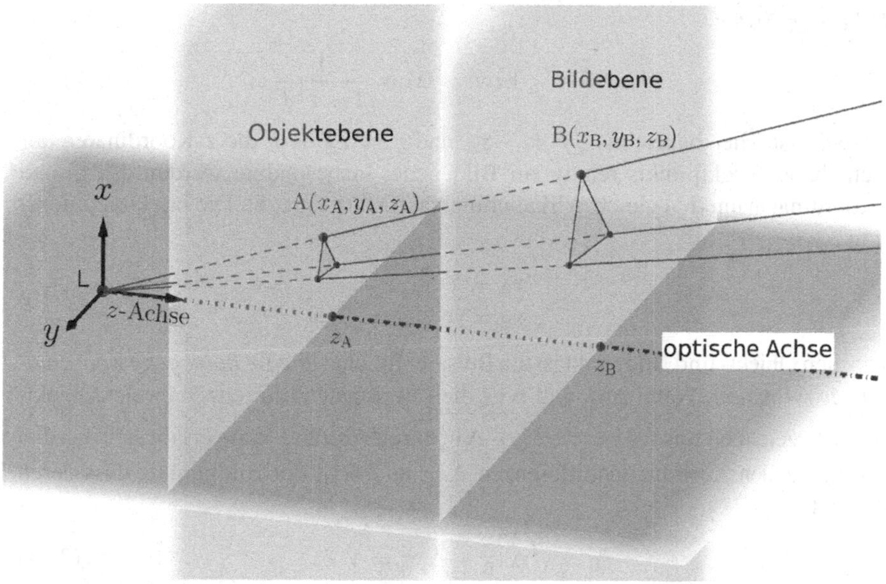

Abb. 2.9 Modell des Schattenwurfs. Konstruktion des durch eine punktförmige Lichtquelle L von einem Objekt A entworfenen Schattenbilds B. Die strichpunktierte Linie ist die optische Achse des Abbildungssystems. (R. Rupp)

(Abb. 2.9). Eine Abbildung, bei der jeder durch den Bildpunkt B gehende Strahl von genau einem Objektpunkt A herkommt, heißt *stigmatisch* (d. h. punktförmig). Die stigmatische Abbildung repräsentiert den Idealfall der absolut scharfen Abbildung.

Für die mathematische Analyse des Schattenwurfs kann man sich beispielsweise ein kartesisches Koordinatensystem aussuchen, dessen Ursprung man in den Punkt L legt und dessen z-Achse man orthogonal zur Objektebene wählt. Sie können das selbstverständlich auch anders machen, aber Sie sind gut beraten, wenn Sie sich bei der Wahl des Koordinatensystems von offensichtlichen Symmetrien des zu analysierenden Problems leiten lassen. Gewöhnlich vereinfacht das Überlegung und Rechnung.

In Abb. 2.9 durchstößt die z-Achse die Objektebene bei der Koordinate z_A. Die ebene Projektionsfläche ist die *Bildebene* und wird bei z_B durchstoßen. Bei der Abbildung wird ein Objektpunkt A mit den Koordinaten (x_A, y_A, z_A) auf einen Bildpunkt B mit den Koordinaten (x_B, y_B, z_B) abgebildet.

Sind Objekt- und Bildebene parallel zueinander, dann haben alle Bildpunkte die gleiche Koordinate z_B. Unter diesen Umständen wird jede in der Objektebene liegende Gerade auf eine dazu parallele Gerade in der Bildebene abgebildet. Da die von L ausgehenden Strahlen somit von parallelen Geraden geschnitten werden, kann der Strahlensatz angewandt werden: Jede beliebige in der Gegenstandsebene liegende Strecke wird auf eine dazu parallele Strecke abgebildet, die um denselben

Skalierungsfaktor

$$V = \frac{z_\mathrm{B}}{z_\mathrm{A}} \quad \text{bzw.} \quad V = \frac{1}{1 - z/f} \tag{2.9}$$

gestreckt ist. Hier bezeichnen $f = -z_B$ und $z = z_A + f$ die z-Koordinaten des Loch- bzw. Objektpunkts relativ zur Bildebene. Insbesondere werden die x- und y-Koordinaten um den gleichen Skalierungsfaktor V gestreckt. Die bijektive Zuordnung

$$\begin{aligned} x_\mathrm{B} &= V\, x_\mathrm{A}, \\ y_\mathrm{B} &= V\, y_\mathrm{A} \end{aligned} \tag{2.10}$$

zwischen Objekt- und Bildpunkt ist ein Beispiel für eine *lineare homogene Koordinatentransformation.* Wenn Δx_A und Δy_A die Koordinatendifferenzen zweier Objektpunkte bezeichnen und $\ell_\mathrm{A} = \sqrt{\Delta x_\mathrm{A}^2 + \Delta y_\mathrm{A}^2}$ ihren Abstand, dann ergibt sich aus den entsprechenden Koordinatendifferenzen Δx_B und Δy_B der Bildpunkte, dass deren Abstand

$$\ell_\mathrm{B} = \sqrt{\Delta x_\mathrm{B}^2 + \Delta y_\mathrm{B}^2} = V\, \ell_\mathrm{A} \tag{2.11}$$

unabhängig von der Orientierung der Strecke ℓ_A um den gleichen Faktor V vergrößert wird. Die Abbildung bzw. der Faktor V sind daher bezüglich der z-Achse *rotationssymmetrisch.* Wenn man ein optisches Abbildungssystem um eine Achse drehen kann, so dass das Bild dabei unverändert bleibt, bezeichnet man diese rotationssymmetrische Achse des optischen Systems als *optische Achse.*

Aufgrund von Gl. 2.11 wird jede in der Objektebene liegende Figur auf eine geometrisch ähnliche Figur abgebildet. Eine rotationssymmetrische Abbildung realisiert somit eine *Ähnlichkeitstransformation* von einer Ebene auf eine andere. Dabei bleiben alle in einer Figur auftretenden Winkel unverändert, d. h., Winkel sind unter Ähnlichkeitstransformationen *invariant.*

Ist eine Abbildung nicht rotationssymmetrisch, dann ist es auch keine Ähnlichkeitstransformation mehr. Beim Schattenwurf ist das leicht einzusehen. Denn wenn Bild- und Objektebene gegeneinander geneigt sind, dann ist der Skalierungsfaktor V offensichtlich nicht mehr für alle Richtungen in der Bildebene gleich. Ein in der Objektebene liegender Kreis wird dadurch beispielsweise auf eine Ellipse abgebildet.

Lochkamera Auch für Abbildungen mit einer Lochkamera (Abb. 2.10a) kann man sich leicht davon überzeugen, dass strenge Ähnlichkeitsabbildungen nur mit einem rotationssymmetrischen optischen Abbildungssystem möglich sind: Im Modell, das in Abb. 2.11 gezeigt ist, verläuft eine zur Objektebene orthogonale Gerade durch den Lochpunkt L. Die Bildkonstruktion ergibt nur dann ein dem Objekt ähnliches Bild, wenn auch die Bildebene orthogonal zu dieser Gerade ist. Dann ist das Abbildungssystem rotationssymmetrisch, und diese Gerade ist die optische Achse. Vergleicht man Abb. 2.9 mit Abb. 2.11, so besteht der Unterschied nur darin, dass z_A und z_B beim Schattenwurf das gleiche, für die Lochkamera aber ein entgegengesetztes Vorzeichen haben. Infolgedessen ist der Skalierungsfaktor $V = z_\mathrm{B}/z_\mathrm{A}$ beim Schattenwurf stets

Abb. 2.10 Lochkamera. **a** Verwendung einer Camera obscura als Zeichenhilfe. **b** Natürliche Lochkamera: Die kreisrunden Flecken (sog. Sonnentaler) sind Bilder der Sonne, welche von (unregelmäßig geformten) kleinen Lücken zwischen den Blättern des Baums entworfen werden. (**a** Mit freundlicher Genehmigung durch Marthe Rupp. **b** Mit freundlicher Genehmigung durch H.J. Schlichting, © Hans Joachim Schlichting)

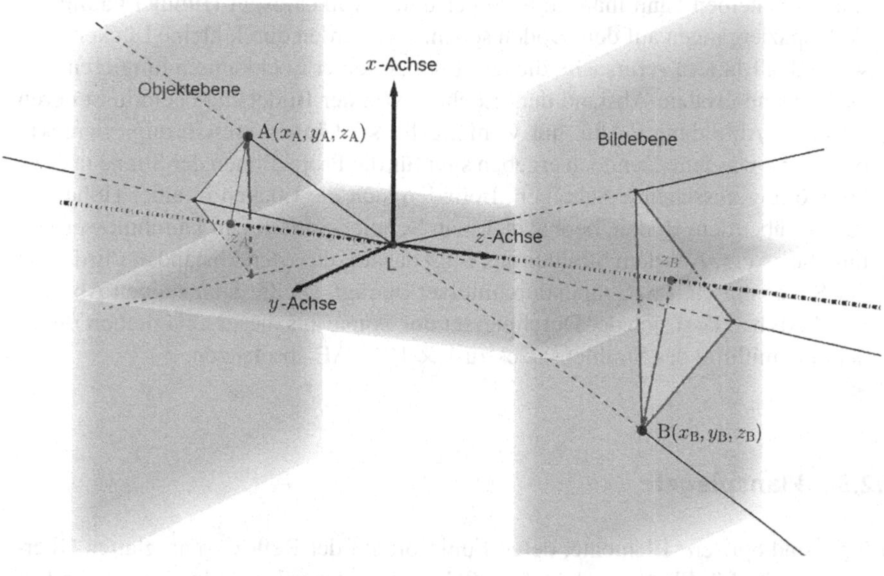

Abb. 2.11 Modell für die Abbildung mit einer Lochkamera. Sie liefert nur dann eine Ähnlichkeitsabbildung, wenn Objekt- und Bildebene parallel sind. Die gestrichelt gezeichnete z-Achse (optische Achse) steht orthogonal zu diesen Ebenen und verläuft durch den Lochpunkt L. Der in der Objektebene liegende Objektpunkt A mit den Koordinaten (x_A, y_A, z_A) wird auf den in der Bildebene liegenden Bildpunkt B mit den Koordinaten (x_B, y_B, z_B) abgebildet. (R. Rupp)

positiv, während er bei der Lochkamera negativ ist. Daher steht das Bild beim Schattenwurf aufrecht und bei der Lochkamera „auf dem Kopf", d. h., es ergibt sich ein Bild, das im Vergleich zu dem des Schattenwurfs um 180° um die z-Achse gedreht ist. Drehungen ändern nicht die Händigkeit. Beim Schattenwurf ist stets $V > 1$. Deshalb entsteht immer ein vergrößertes Bild. Bei der Lochkamera kann das Bild hingegen sowohl größer als das Objekt ausfallen (für $z_B > |z_A|$), als auch kleiner (für $z_B < |z_A|$).

Das bis hierher besprochene Basismodell kann für endliche Ausdehnung der Lichtquelle bzw. des Lochs, wie oben bereits erwähnt, entsprechend erweitert werden. Alle aus solchen geometrisch-optischen Modellen abgeleiteten Konsequenzen können empirisch auf die Zweckmäßigkeit des physikalischen Bilds hin geprüft werden. Sie haben sich in vielen Experimenten im Rahmen der Beobachtungsgenauigkeit als zutreffend erwiesen. Bei feinen Untersuchungen hoher Genauigkeit treten jedoch Abweichungen zutage, die im Rahmen der Theorie der Geometrischen Optik nicht verstanden werden können. Sie haben mit dem Phänomen der Beugung zu tun, mit dem wir uns erst später befassen werden (Band P2). Für nicht allzu ambitionierte experimentelle Beobachtungen liefert das Modell der strahlenoptischen Projektion jedenfalls eine akzeptable und zweckmäßige erste Beschreibung.

Beispiel 2.1: Sonnentaler

Abb. 2.10b zeigt sogenannte Sonnentaler (Schlichting 1995). Die kleinen kreisrunden Scheiben kann man im Sommer unter wolkenlosem Himmel häufig bei Waldspaziergängen auf dem Boden sehen. Sie werden durch kleine Lücken zwischen den Blättern verursacht, die als „Löcher" einer Lochkamera fungieren. Bei ausreichend großem Abstand der „Löcher" von der Bildebene beeinflusst deren Form die Abbildung i. Allg. nur wenig, d. h., sie können kreisförmig, viereckig oder sonst wie sein. Dennoch ergeben sich für die Projektionen der Sonne in etwa kreisförmig aussehende Scheiben. Befinden sich die Lücken in einer Höhe von ca. 5 m über dem Boden, beobachtet man Scheiben mit einem Durchmesser von ungefähr 5 cm. Aus dem Strahlensatz folgt daraus, dass der Abstand der Erde von der Sonne nur ca. 100 Sonnendurchmesser beträgt. Da die Sonne einen Abstand von 1 AE hat, lässt sich der Durchmesser der Sonne aus dieser alltäglichen Beobachtung mithilfe des Strahlensatzes zu 1×10^{-2} AE abschätzen.

◄

2.2.3 Planspiegel

Spiegel sind optische Elemente, deren Funktion auf der Reflexion an glatten Oberflächen beruht. Für Planspiegel ist die reflektierende Oberfläche eine Ebene. Anders als z. B. im Fall der Lochkamera, kann man sich für die Bildkonstruktion hier nicht auf eine vorgegebene Projektionsfläche stützen. Den Bildpunkt erhält man anders, nämlich indem man den Strahlverlauf für jeden von einem abzubildenden Punkt A ausgehenden Strahl mithilfe des Reflexionsgesetzes (Gl. 2.1) konstruiert. Dabei zeigt sich, dass alle Strahlen nach der Reflexion so verlaufen, als ob sie von einem gemeinsamen Schnittpunkt B kämen, der hinter der Spiegelfläche zu liegen scheint. Er ergibt sich aus der Rückverlängerung der reflektierten Strahlen (gestrichelte Linien in Abb. 2.12). Da die Strahlen nicht tatsächlich von B ausgehen, bezeichnet man diesen scheinbaren bzw. virtuellen Ausgangspunkt B dieser Strahlen als den *virtuellen Bildpunkt:* Der für die Konstruktion des Strahlenverlaufs verwendete Punkt B liegt *hinter* der spiegelnden Ebene, und dort verlaufen einfach keine Strahlen.

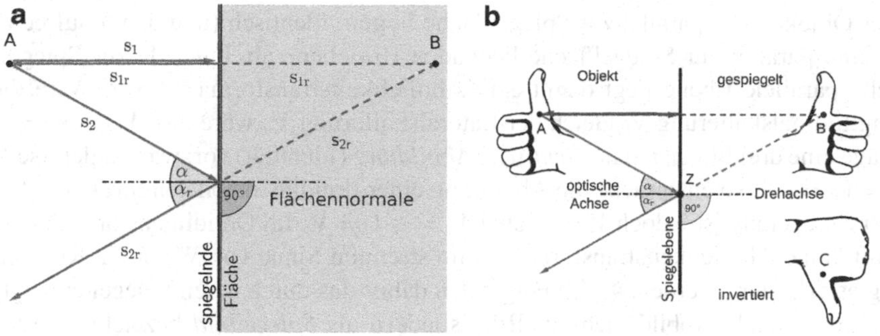

Abb. 2.12 **a** Reflexion an einer spiegelnden Ebene (dicke Linie). Man konstruiert zuerst die Flächennormale (strichpunktiert) sowie den Verlauf zweier beliebiger Strahlen, die vom Objektpunkt A ausgehen. Der durch Rückverlängerung der Konstruktionsstrahlen (gestrichelt) sich ergebende Schnittpunkt ist der virtuelle Bildpunkt B. **b** Konstruktion aller Bildpunkte eines räumlichen Objekts (Hand). Das Bild B, hat eine zum Objekt A entgegengesetzte Händigkeit und stellt ein Spiegelbild dar. Man kann die Entstehung des Spiegelbilds als Kombination einer Punktspiegelung des Gegenstands A am *Inversionszentrum* Z zu einem invertierten Objekt C und einer anschließenden Drehung von C um die Drehachse zum Bild B auffassen. (**a** R. Rupp. **b** R. Rupp/K. Olenik)

Wenn es nur darauf ankommt, den Punkt B durch geometrische Konstruktion aufzufinden, braucht man selbstverständlich nicht alle Strahlen zu verfolgen. Es genügt, den Schnittpunkt zweier beliebiger Strahlen zu finden. Wenn es möglich ist, wählt man für die geometrische Konstruktion besonders einfache „Konstruktionsstrahlen". Für die Konstruktion kommt es selbstverständlich nicht darauf an, ob entlang der gezeichneten Konstruktionslinien tatsächlich Licht verläuft oder nicht, denn es ist eine gedankliche Konstruktion im Rahmen einer geometrischen Analyse des Modells. Für die Reflexion gibt es nur einen „einfachen" Konstruktionsstrahl, nämlich den Strahl s_1 in Abb. 2.12a, der orthogonal auf den Planspiegel auftrifft (oder auftreffen würde). Er wird in sich zurückreflektiert, also mit $\alpha_r = 0$. In der Rückverlängerung verläuft er entlang s_{1r}. Nun nimmt man noch einen beliebigen anderen Konstruktionsstrahl s_2, und damit ist der (virtuelle) Bildpunkt B bestimmt.

Im Unterschied zum Schattenwurf ist man frei, jede beliebige zur Spiegelebene orthogonale Achse als optische Achse heranzuziehen. (Beim Schattenwurf muss sie durch den Punkt L gehen.) Der Schnittpunkt der optischen Achse mit der Spiegelebene sei ein Punkt Z, in den ein kartesisches Koordinatensystem so gelegt wird, dass die z-Achse entlang der optischen Achse verläuft. Wie die geometrische Konstruktion in Abb. 2.12 zeigt, transformieren sich die Koordinaten (x_A, y_A, z_A) eines abzubildenden Punkts A bei einer Spiegelung folgendermaßen in die Koordinaten (x_B, y_B, z_B) des virtuellen Bildpunkts B:

$$\begin{aligned} x_B &= V\, x_A = x_A \\ y_B &= V\, y_A = y_A \\ z_B &= V_l z_A = -z_A \end{aligned}$$

Für die x-y-Ebene ist der laterale Skalierungsfaktor $V = 1$, und damit ist die Spiegelung rotationssymmetrisch um die optische Achse. Sie bildet Umrisse, die in einer Objektebene parallel zur Spiegelfläche liegen, identisch (und damit aufrecht) auf eine parallel zur Spiegelfläche liegenden Bildebene ab. Für jede zur Spiegelfläche parallele Ebene liegt damit eine Ähnlichkeitstransformation vor. Wäre die Longitudinalskalierung V_l gleich der Lateralskalierung V, wäre also $V_l = V = 1$, so läge eine dreidimensionale *identische Abbildung* (Identität) vor; wäre andererseits $V = V_l = -1$, so entspräche die Abbildung einer dreidimensionalen *Inversion*. Bei einer Spiegelung ist jedoch $V = 1$, aber $V_l = -1 \neq V$. Im Dreidimensionalen liegt damit keine Ähnlichkeitstransformation im strengen Sinne vor. Wenn die Klarstellung es erfordert, werden wir im Folgenden daher das durch einen Spiegel erzeugte dreidimensionale Abbild nicht als Bild, sondern als *Spiegelbild* bezeichnen. Eine allgemeine Pyramide wird durch Spiegelung zwar wieder auf eine allgemeine Pyramide mit gleichen Winkeln und Längen abgebildet, aber die gespiegelte Pyramide (das dreidimensionale Spiegelbild der Pyramide) lässt sich weder durch Translationen noch durch Drehungen mit der ursprünglichen Pyramide zur Deckung bringen. Bei einem Bild im strengen Sinne einer Ähnlichkeitstransformation ist das hingegen stets möglich.

Wie Abb. 2.12b zeigt, kann man sich ein Spiegelbild als durch die Aufeinanderfolge zweier Abbildungsoperationen hervorgegangen denken, nämlich einer Inversion und einer Drehung von 180° um die Flächennormale. Eine Inversion bzw. Punktspiegelung hat einen invarianten Punkt, der in sich selbst abgebildet wird. In Abb. 2.12b ist das der Punkt Z. Die Inversion ordnet jedem Objektpunkt A einen Punkt C derart zu, dass Z die Strecke $\overline{AC}$ halbiert. Dabei wird die *Händigkeit* vertauscht. Da Drehungen die Händigkeit unberührt lassen, führt nicht nur eine Inversion, sondern auch die Spiegelung zu einer Vertauschung der Händigkeit (Abb. 2.12b). Im Gegensatz zu einem Bild ist im Spiegelbild damit der Drehsinn vertauscht. Durch eine Spiegelung geht beispielsweise der durch die Krümmungsrichtung der Finger der rechten Hand veranschaulichte Drehsinn in den Drehsinn der linken Hand über und eine rechtshändige Schrift in eine linkshändige. Auch das Spiegelbild einer Uhr hat einen anderen Drehsinn (salopp gesprochen, „gegen den Uhrzeigersinn"). Wenn man ein Spiegelbild wieder spiegelt, also zwei Spiegelungen durchführt, entsteht ein virtuelles dreidimensionales Bild im Maßstab 1:1, weil zwei Inversionen und zwei Drehungen um 180° wieder auf den Ausgangszustand zurückführen.

2.2.4 Theorie der perfekten strahlenoptischen Abbildung

Alle zuvor besprochenen Beispiele gehören zu den strahlenoptischen Abbildungen, d. h. zu den Abbildungen, bei denen Strahlen bzw. Geraden, die im Objektraum verlaufen, auf ebensolche abgebildet werden, die im Bildraum verlaufen.

Eine strahlenoptische Abbildung ist perfekt, wenn sie erstens stigmatisch ist (d. h. einen Punkt auf einen Punkt abbildet) und wenn, zweitens, das dabei entstehende (reelle oder virtuelle) Bild *ähnlich* oder *spiegelähnlich* ist. In diesem Abschnitt stellen wir die Frage nach den allgemeinen Gesetzmäßigkeiten perfekter strahlenoptischer Abbildungen. Dabei geht es nicht um eine physikalische Frage, bei der z. B. das

Ausbreitungsmedium oder die Natur der Strahlung (z. B. Licht-, Neutronen- oder Elektronenstrahlung) von irgendeiner Bedeutung wäre. Die einzig relevante Eigenschaft der Strahlung, die wir voraussetzen wollen, ist, dass sie sich (wie z. B. Licht in homogenen Medien) *geradlinig* ausbreitet. Wir zielen also auf folgende mathematische Fragestellung ab: Wie sehen Abbildungen von der Menge der Objektpunkte auf die Menge der Bildpunkte aus, wenn man fordert, dass die Abbildung *geradentreu* ist, d. h., dass sie jede durch einen Objektpunkt A gehende Gerade auf eine durch den Bildpunkt verlaufende Gerade abbildet (und zwar für jeden Objektpunkt)?

Geradentreue Abbildungen werden in der Mathematik als *Kollineationen* bezeichnet. Wir interessieren uns hier nicht für die allgemeinst möglichen Kollineationen, sondern nur für jene spezielle Untergruppe der Kollineationen, deren Abbildungen nicht nur geradentreu, sondern auch geometrisch ebenentreu sind. Damit ist hier gemeint, dass es sich um Kollineationen handelt, die bei der Abbildung ebener geometrischer Objekte ein geometrisch ähnliches oder spiegelähnliches Bild erzeugen. Diese Forderung wird von rotationssymmetrischen Kollineationen erfüllt, den „treuen Kollineationen". Dem in der Physik üblichen Sprachgebrauch folgend geben wir der rotationssymmetrischen Achse der Abbildung den Namen *optische Achse* (Abschn. 2.2.2). In bestimmten Sonderfällen gibt es Kollineationen, die sogar räumliche Figuren strahlenoptisch perfekt abbilden und damit auch raumtreu sind. Ein Beispiel hierfür ist die gerade zuvor vorgestellte Abbildung durch Planspiegel (Abschn. 2.2.3).

Punkte eines Objektraums seien relativ zu einem kartesischen Koordinatensystem S mit den Koordinaten (x, y, z) spezifiziert. Sie werden durch eine Koordinatentransformation

$$(x, y, z) \longmapsto (x', y', z')$$

auf Punkte abgebildet, die im Bildraum die Koordinaten (x', y', z') bezüglich eines Koordinatensystems S′ haben. Im Folgenden werden auch alle anderen bezugsabhängigen Größen mit einem Strich gekennzeichnet, wenn sie sich auf einen bildseitigen Bezugsrahmen beziehen. Ohne Strich beziehen sie sich auf den objektseitigen.

Perfekte Abbildungen bilden jeden Punkt A des Objektraums auf genau einen Punkt B des Bildraums ab. Damit ist die Abbildung zwischen den beiden *konjugierten* Punkten A und B *bijektiv*. Mit dem Wort „konjugiert" drückt man aus, dass eine Beziehung zwischen zwei Objekten, Größen o. Ä. besteht, die von ihrer Funktion her auch umgekehrt gilt, wie hier für die einander eineindeutig zugeordneten Punkte A und B. In diesem Verständnis verwendet man den Begriff „konjugiert" zum Beispiel auch, wenn man von einer „komplexen Zahl" und ihrer „konjugiert komplexen Zahl" spricht oder von einer „Zustandsvariablen" und ihrer „konjugierten Zustandsvariablen" (Abschn. 8.6).

Ähnlichkeitsabbildungen Uns interessieren perfekte Ähnlichkeitsabbildungen, d. h. Abbildungen, bei denen aus einer im Objektraum liegenden geometrischen Figur eine im Bildraum liegende geometrisch ähnliche Figur hervorgeht. Zu diesen Abbildungen gehören beispielsweise identische, gedrehte oder verschobene Bilder räumlicher Figuren. Für diese drei Abbildungen ist der Skalierungsfaktor $V = 1$.

Wir wollen uns in diesem Abschnitt jedoch mit Abbildungen beschäftigen, die eine zweidimensionale, in einer Ebene des Objektraums *(Objektebene)* liegende Figur in eine geometrisch ähnliche, in einer Ebene des Bildraums *(Bildebene)* liegende Figur nicht nur mit $|V| = 1$, sondern auch mit einer beliebigen anderen Skalierung $|V| \neq 1$ abbilden können.

Ohne Beschränkung der Allgemeinheit liege die Objektebene in der x-y-Ebene. Die zu ihr konjugierte Bildebene sei die x'-y'-Ebene. Zur Vereinfachung seien die Koordinatenachsen beider Räume gleich orientiert. Ferner werde der Koordinatennullpunkt der Objektebene auf den Koordinatennullpunkt der Bildebene abgebildet. Verschiebungen in der x'-y'-Ebene lassen wir der Einfachheit halber ebenfalls außer Betracht. Dann liegen die z- und z'-Achse auf der gleichen Geraden. Diese repräsentiert die *optische Achse.*

Ähnlichkeitsabbildungen sind rotationssymmetrisch um die optische Achse, d. h., sie stauchen oder strecken das Bild in jeder Richtung senkrecht zur optischen Achse um den gleichen Skalierungsfaktor V. Die dem entsprechende lineare homogene Koordinatentransformation

$$x' = V\,x, \tag{2.12}$$

$$y' = V\,y \tag{2.13}$$

zwischen den konjugierten Ebenen (Objektebene und Bildebene), die nun untersucht werden soll, bildet Kreise beispielsweise auf Kreise und Dreiecke auf ähnliche Dreiecke ab. Diese werden durch die durch Gl. 2.12 und 2.13 definierte Abbildung weder gedreht noch lateral verschoben. Das Objekt wird lediglich um einen Faktor V vergrößert bzw. verkleinert dargestellt. Selbstverständlich darf der Faktor V weder von x noch y abhängen, weil sich sonst i. Allg. kein ähnliches Bild mehr ergeben würde. Er darf aber sehr wohl von der Lage der Objektebene abhängen, d. h. von der z-Koordinate, welche die Objektebene auf der zu ihr orthogonalen z-Achse hat. Im Allgemeinen ist $V = V(z)$ also eine Funktion von z. Da sich x- und y-Koordinate in gleicher Weise transformieren, ersparen wir uns etwas Schreibarbeit, indem wir nur noch die x- und z-Koordinate betrachten, d. h., wir diskutieren nur noch die Transformation

$$x' = V(z)\,x \tag{2.14}$$

und ihre Umkehrtransformation

$$x = V'(z')\,x'.$$

Letztere hat einen i. Allg. von V verschiedenen Skalierungsfaktor V', der von der Lage der Bildebene und damit von der durch die Koordinate z' gegebenen Position der Bildebene abhängt. Da stigmatische Ähnlichkeitstransformationen bijektiv sein müssen, gilt für die beiden konjugierten Skalierungsfaktoren trivialerweise

$$V(z)\,V'(z') = 1. \tag{2.15}$$

Hauptebene Diejenige Objektebene, für welche ein Bild mit dem Skalierungsfaktor 1 (bzw. dem Maßstab 1:1) erzeugt wird, nimmt eine Sonderstellung ein, weil auch die Umkehrabbildung aus der Bildebene eine gleich große Figur in der Objektebene erzeugt. Diese beiden konjugierten Ebenen mit dem Abbildungsmaßstab 1:1 werden von nun an als Bezugsebenen verwenden. Sie werden als objekt- bzw. bildseitige *Hauptebenen* bezeichnet. Zur Vereinfachung der Rechnung weisen wir ihnen die Koordinate $z = 0$ bzw. $z' = 0$ zu, d. h., das Koordinatensystem wird gerade so eingerichtet, dass für die Hauptebenen per Definition gilt:

$$V(0) = V'(0) = 1$$

Treue Kollineationen Wir fordern nun zusätzlich, dass die geschilderte Ähnlichkeitsabbildung eine *Kollineation* ist. Das bedeutet, dass sie einen Gegenstandspunkt A so abbildet, dass alle im Objektraum durch ihn gehenden Geraden auf Geraden abgebildet werden, die sich im Bildraum im zu A konjugierten Bildpunkt B schneiden. Wie wir gleich beweisen werden, ist das der Fall, wenn der Skalierungsfaktor gemäß

$$V(z) = \frac{1}{1 - z/f} \tag{2.16}$$

von z abhängt (vgl. mit Gl. 2.9). Hier ist f eine freie, für die Abbildung charakteristische Konstante. Der Skalierungsfaktor der Umkehrtransformation ist dann formal durch

$$V'(z') = \frac{1}{1 - z'/f'} \tag{2.17}$$

mit einer anderen freien Konstanten f' zu notieren.

Die Koordinatentransformation zwischen der z- und z'-Koordinate erfüllt (wegen Gl. 2.15) die *Newtonsche Gleichung*

$$(z - f)(z' - f') = ff'. \tag{2.18}$$

Diese Koordinatentransformation ist nicht linear. Dennoch bildet sie zusammen mit Gl. 2.14 wunschgemäß alle Geraden, die durch irgendeinen Punkt A des Objektraums verlaufen, auf Geraden ab, die sich in dem zu A konjugierten Bildpunkt B kreuzen. Diese bemerkenswerte Eigenschaft soll nun bewiesen werden.

Der Objektpunkt A habe Koordinaten (x_a, a). Die Koordinaten (x_b', b') seines Bildpunkts B erhält man aus den beiden *Abbildungsgleichungen*

$$\frac{a/f}{b'/f'} = -\frac{x_a}{x_b'}, \tag{2.19}$$

$$\frac{1}{a/f} + \frac{1}{b'/f'} = 1 \tag{2.20}$$

der projektiven Geometrie.

Gl. 2.20 ergibt sich aus der Newtonschen Gleichung (Gl. 2.18), indem man dort die Koordinaten $z = a$ und $z' = b$ einsetzt. Setzt man $x = x_a$ und $x' = x'_b$ in Gl. 2.14 ein und $z = a$ in Gl. 2.16, ergibt sich Gl. 2.19, wenn man berücksichtigt, dass gemäß Gl. 2.20 gilt: $1 - \frac{1}{a/f} = \frac{a/f-1}{a/f} = \frac{1}{b'/f'}$.

Durch den Punkt A verlaufe eine objektseitige Gerade

$$x = x_a + m(z - a)$$

mit irgendeiner Steigung m. Setzt man hier Gl. 2.16 und die Newtonsche Gleichung ein, so kommt man über den Zwischenschritt

$$\frac{x'}{z' - f'} = \frac{x'_b}{b' - f'} - mf\left(\frac{1}{z' - f'} - \frac{1}{z'_b - f'}\right)$$

nach etwas Rechnerei[3] zum Resultat, dass das Bild dieser Gerade wieder eine Gerade ist, nämlich die *Bildgerade*

$$x' = x'_b + m'(z' - b') \tag{2.21}$$

mit der Steigung

$$m' = \left(\frac{a - f}{f'}\right)m - \frac{x_a}{f'}. \tag{2.22}$$

Sie verläuft durch den zu A konjugierten Bildpunkt B. Damit ist bewiesen, dass die durch die obigen Gleichungen beschriebene Koordinatentransformation bzw. Abbildung eine Kollineation ist, denn sie bildet jede (!) durch A verlaufende Gerade mit der Steigung m auf eine durch den Punkt B verlaufende Gerade mit der Steigung m' ab. Die Steigungen transformieren sich dabei linear.

Wenn die Parameter f und f' entgegengesetztes Vorzeichen haben, so verlaufen Objekt- und Bildgerade für zunehmendes z in der gleichen Richtung und andernfalls in der entgegengesetzten Richtung. Das führt dazu, dass im letzteren Fall (genauso wie bei einer Spiegelung) die Händigkeit vertauscht wird, d. h., die treue Kollineation erzeugt dann streng genommen kein (ähnliches) Bild, sondern ein (ähnliches) Spiegelbild.

Brennebene und Brennpunkt Wie man aus Gl. 2.22 ersieht, spielen die Ebenen mit den Koordinaten $z = f$ bzw. $z' = f'$ eine besondere Rolle. Sie werden als objekt- bzw. bildseitige *Fokalebene (Brennebene)* bezeichnet. Alle Strahlen, die von einem Punkt in der objektseitigen Brenneben ausgehen, werden gemäß Gl. 2.22 auf Bildgeraden abgebildet, die alle die gleiche Steigung haben: Bildseitig verlaufen sie als parallele Strahlen mit der Steigung $m' = -x_a/f'$. Im Umkehrschluss bedeutet

[3] Rechnerei ist oft mühevoll und langweilig. Leider verlangt Ihnen das Physikstudium hin und wieder etwas Ausdauer und Hartnäckigkeit hierfür ab. Wie sagte einst Tatjana Szewczenko: „Nur die Harten kommen in den Garten“.

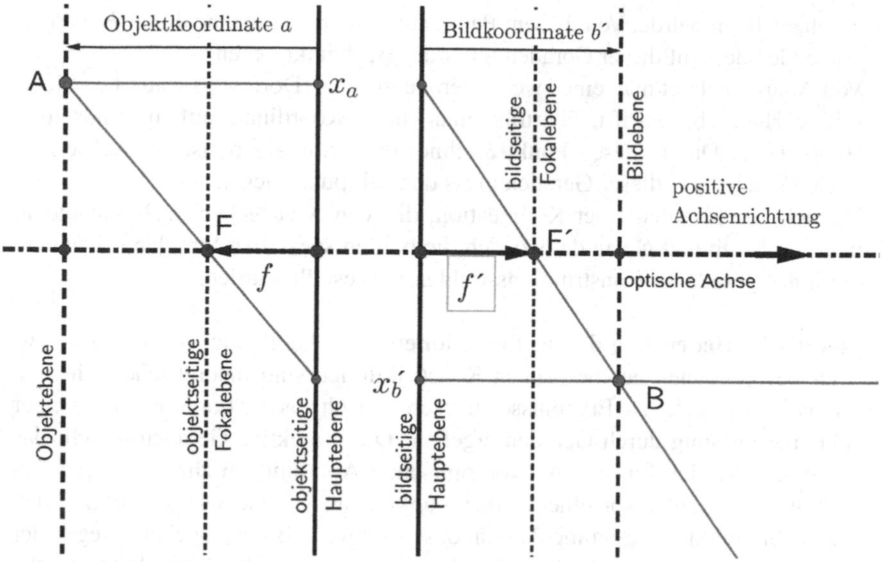

Abb. 2.13 Geometrische Konstruktion des Bildpunkts B einer projektiven Abbildung. (R. Rupp)

das, dass alle Strahlen, die objektseitig parallel sind und die Steigung $m = -x_a'/f$ haben, sich in einem Punkt der bildseitigen Brennebene schneiden, nämlich im Punkt (x_a, f'). Insbesondere werden parallel zur optischen Achse verlaufende Strahlen auf den Punkt abgebildet, an dem die optische Achse die Brennebenen schneidet. Das sind die *Brennpunkte* bzw. *Fokuspunkte* F und F' (Abb. 2.13). Hierbei ist F der objektseitige und F' der bildseitige Fokuspunkt.

Für die Abbildungen der projektiven Geometrie (d. h. Kollineationen, die zugleich Ähnlichkeitstransformationen sind) gelten damit die folgenden beiden mathematischen Sätze über Strahlen parallel zur optischen Achse:

Abbildungssätze der projektiven Geometrie

1. Alle Objektstrahlen parallel zur optischen Achse werden auf den Brennpunkt F' abgebildet.
2. Alle Objektstrahlen, die den Brennpunkt F passieren, verlaufen bildseitig parallel zur optischen Achse.

Das ermöglicht eine sehr einfache und anschauliche geometrische Konstruktion des Bildpunkts B für einen vorgegebenen Objektpunkt A:

1. Von A aus zeichnet man eine Parallele zur optischen Achse. Dort, wo sie die objektseitige Hauptebene schneidet, besteht die Abbildung in einer Übertragung der Koordinate x_a im Maßstab 1:1 auf die bildseitige Hauptebene. Das läuft auf dasselbe hinaus, wie wenn man die Parallele bis zur bildseitigen Hauptebene

durchzeichnen würde. Von diesem Punkt aus zeichnet man eine durch F' verlaufende Gerade. Auf dieser Geraden muss der Bildpunkt liegen.
2. Von A aus zeichnet man eine zweite Gerade durch F. Dort, wo sie auf die objektseitige Hauptebene trifft, überträgt man die x-Koordinate auf die bildseitige Hauptebene. Durch diesen Punkt zeichnet man eine zur optischen Achse parallele Gerade. Auf dieser Geraden muss der Bildpunkt liegen.
3. Da sich alle Strahlen einer Kollineation, die von A ausgehen, in B schneiden, liegt der Bildpunkt genau da, wo sich die beiden speziellen Strahlen schneiden, die Ihnen gerade als Konstruktionsstrahlen vorgestellt wurden.

Physikalische Bedeutung der Kollineationen Die Abbildungsgleichungen bzw. die hier besprochenen geometrischen Konstruktionen sind theoretische, d. h. rein mathematisch hergeleitete Ergebnisse, die sich logisch aus der Forderung nach einer perfekten Abbildung durch Geraden ergeben. Die projektive Geometrie stellt das physikalische Modell für jede Art von optischen Abbildungen zur Verfügung, bei denen (gerade) Strahlen von einem Objektpunkt ausgehen und als (gerade) Strahlen in einem Bildpunkt so zusammenlaufen, dass sich treue Bilder ergeben. Wegen der Allgemeinheit des mathematischen Modells kann man es nicht nur auf lichtoptische Abbildungen anwenden, sondern genauso gut auf elektronenoptische, neutronenoptische oder andere physikalisch-technische Abbildungen.

In der Lichtoptik werden wir das Modell der treuen Kollineation insbesondere für den Vergleich mit der i. Allg. unvollkommenen Abbildung durch tatsächliche physikalische Abbildungssysteme heranziehen, also als Referenz für die Abbildung durch Licht mittels realer Spiegel, Linsen oder komplexerer optischer Systeme.

2.3 Sphärische optische Elemente

Die Grundbausteine *optischer Komponenten* (z. B. Mikroskopobjektive) werden als *optische Elemente* bezeichnet (Beispiel: Linsen). Optische Systeme bzw. Instrumente (Beispiel: Mikroskope) setzen sich i. Allg. aus mehreren optischen Komponenten zusammen. Grundlage für das Verständnis optischer Elemente sind die Gesetzmäßigkeiten für Reflexion und Brechung. Ist die Grenzfläche eines optischen Elements nicht mehr plan, müssen Reflexion und Brechung lokal konstruiert werden. Dazu benötigt man den Begriff der *Tangentialebene* (Abb. 2.14). Für jeden beliebigen Punkt P einer gekrümmten Grenzfläche ist dies die Ebene, welche die Grenzfläche für eine gewisse Umgebung eines Punkts P nur in ebendiesem Punkt berührt. Die *lokale Flächennormale* steht orthogonal bzw. normal zur Tangentialebene und geht durch den Punkt P. Die Gesetze der Reflexion und Brechung wendet man für diesen Punkt P so wie bisher an, aber bezüglich seiner lokalen Flächennormalen.

Im vorliegenden Abschnitt werden optische Elemente mit sphärisch gekrümmten Grenzflächen vorgestellt und in Abschn. 2.4 daraus zusammengesetzte Systeme besprochen. Wenn es um abbildungsoptische Anwendungen geht, interessiert erstens die Frage, wie man eine perfekte optische Abbildung technisch zumindest näherungsweise realisieren kann, und zweitens, wie die charakteristischen Parameter f

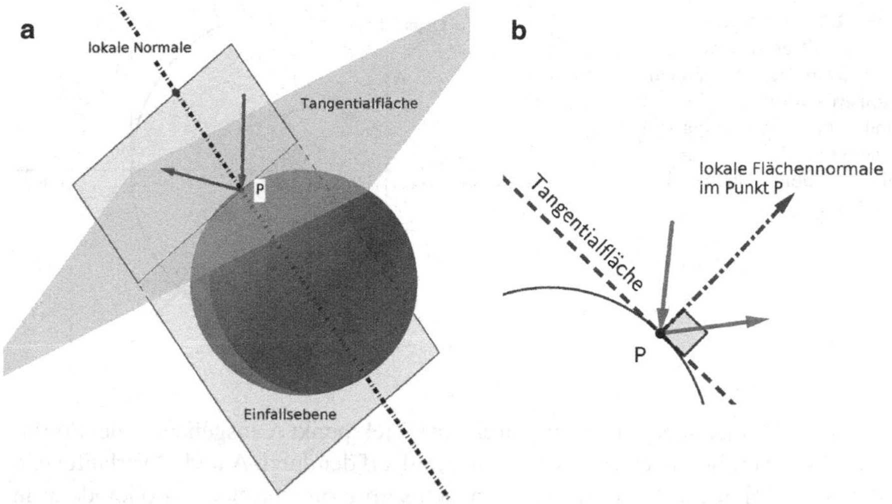

Abb. 2.14 **a** Lokale Flächennormale und Tangentialebene im Punkt P einer gekrümmten Fläche. **b** Zweidimensionale Darstellung in der Einfallsebene. (**a** R. Rupp. **b** H. Hartl/R. Rupp)

und f' jener perfekten Abbildung, welche das näherungsweise Modell der realen Abbildung darstellt, mit den Geometrie- und Materialeigenschaften der optischen Elemente oder Systeme zusammenhängen und wo die Hauptebenen liegen.

Abschn. 2.3.1 und 2.3.2 beschränken sich auf eine geometrisch-optische Näherung erster Ordnung, was im Wesentlichen auf eine Näherung für kleine Winkel hinausläuft. Das ist für ein grundsätzliches Verständnis der abbildungsoptischen Funktion erst einmal ausreichend. Wenn man ein wirklich gutes Teleskop oder Mikroskop aus optischen Elementen aufbauen will, muss man selbstverständlich genauere Betrachtungen und Berechnungen anstellen, was in diesem Einführungsbuch nur als Ausblick angedeutet werden kann (Abschn. 2.4.4).

2.3.1 Sphärische Spiegel

Liegt die reflektierende Fläche eines Spiegels auf einer Sphäre mit dem Radius r, so handelt es sich um einen *sphärischen Spiegel.* Mit Radius wird in diesem Buch stets eine Größe bezeichnet, die eine Länge darstellt und positiv ist. Sphärische Spiegel werden sowohl für Aufgaben der Abbildung als auch der Beleuchtung eingesetzt. In diesem Abschnitt diskutieren wir zunächst ihre Funktion als abbildungsoptisches Element.

Trivialerweise muss die optische Achse durch den Mittelpunkt M des sphärischen Spiegels gehen und orthogonal zur Ebene stehen, deren Abbildung man erreichen will, also orthogonal zur Objekt- und Bildebene. Nur dann ist die Skalierung durch das Abbildungssystem rotationssymmetrisch, was ja die Grundvoraussetzung für eine optimale Ähnlichkeitsabbildung ist.

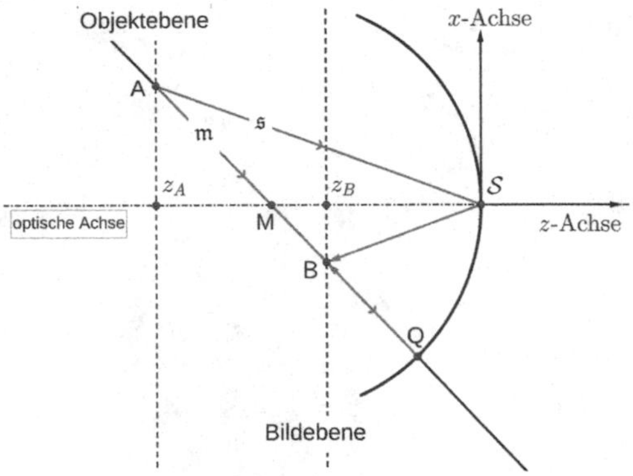

Abb. 2.15 Strahlverläufe in der Einfallsebene eines Konkavspiegels. Allgemeine Konstruktion der Strahlen $\mathfrak{m}$ und $\mathfrak{s}$ für die Abbildung von einem Objektpunkt A auf einen reellen Bildpunkt B. (R. Rupp)

Für zwei spezielle Strahlen, die von einem Objektpunkt A ausgehen, ist der Strahlverlauf von vornherein evident: Liegt ein Strahl auf der durch A und M verlaufenden Geraden, wird er im Auftreffpunkt Q in sich selbst zurückreflektiert (Gerade $\mathfrak{m}$ in Abb. 2.15). Trifft er im Scheitelpunkt $\mathcal{S}$ auf, dann wird er symmetrisch zur optischen Achse reflektiert (Gerade $\mathfrak{s}$ in Abb. 2.15). Diese beiden Strahlen schneiden sich im Bildpunkt B.

Betrachtet man eine Objektebene, welche die Strecke zwischen Mittelpunkt M und Scheitelpunkt $\mathcal{S}$ in zwei gleich lange Abschnitte teilt (Abb. 2.16a), so bilden die drei Punkte $\mathcal{S}$, A und M ein gleichschenkliges Dreieck, und weil gegenüberliegende Winkel gleich sind, bilden die vier Punkte $\mathcal{S}$, A, M und C dann ein Parallelogramm. Daher sind die Strahlen $\mathfrak{m}$ und $\mathfrak{s}$, die von einem beliebigen Punkt dieser speziellen Objektebene ausgehen, ausgangsseitig stets parallel. Daraus folgt, dass diese Objektebene die objektseitige Fokalebene ist. Umgekehrt kreuzen sich die parallelen Strahlen $\mathfrak{m}$ und $\mathfrak{s}$ wieder im selben Punkt. Damit ist diese Ebene zugleich die bildseitige Fokalebene. Da die objekt- und bildseitige Brennebene zusammenfallen, ist $f = f'$. Folglich wird stets ein Spiegelbild erzeugt.

Für eine Objektebene, die durch den Mittelpunkt M geht, verbleiben Strahlen, die am Punkt Q reflektiert werden, in ebendieser Ebene, d. h., sie ist zugleich die Bildebene. Somit ist $b' = a$. Aus Gl. 2.19 folgt dann $x_b' = -x_a$, was auch aus Abb. 2.16b unmittelbar ersichtlich ist. Ferner folgt aus Gl. 2.20, dass $a = b' = 2f$. Der Mittelpunkt der Sphäre liegt somit $2f$ von der Hauptebene entfernt, während der Fokuspunkt die Entfernung f hat. Daraus folgt dass beide Hauptebenen identisch sind und diese gemeinsame Hauptebene durch den Scheitelpunkt $\mathcal{S}$ geht. Da auch $f = f'$, kann der bis hierher verwendete Strich zur Unterscheidung der Bezugssysteme für sphärische Spiegel von nun an entfallen. Damit gilt:

$$f = -r/2 \quad \text{für Konkavspiegel} \qquad (2.23)$$

$$f = +r/2 \quad \text{für Konvexspiegel} \qquad (2.24)$$

Konvex- und Konkavspiegel unterscheiden sich nur durch die Lage ihrer Brennebene relativ zur Hauptebene. Im Grenzfall, dass die Brennebene mit der Hauptebene zusammenfällt ($f = 0$), liegt ein Planspiegel vor.

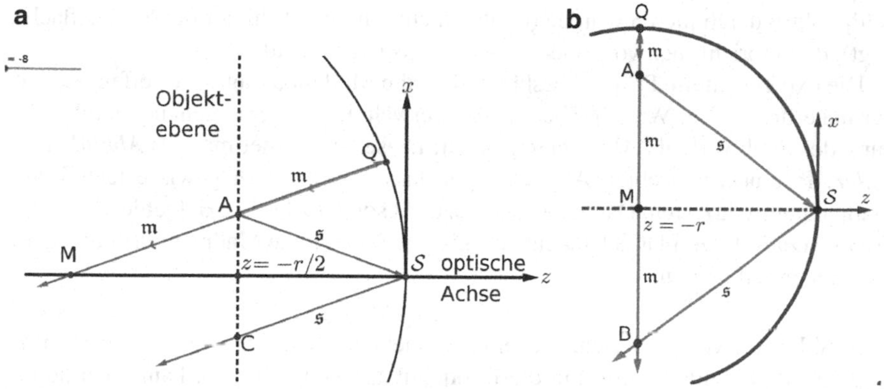

Abb. 2.16 **a** Konstruktion der parallelen Strahlverläufe für den Spezialfall $z_A = -r/2$. **b** Konstruktion der Strahlverläufe für den Spezialfall $z_A = -r$. (R. Rupp)

Zusammenfassend kann man feststellen, dass sich der Strahlverlauf sphärischer Spiegel durch das geometrische Modell einer treuen Kollineation approximieren lässt, für welches sich Gl. 2.19 und 2.20 auf folgende Abbildungsgleichungen reduzieren:

$$\frac{b}{a} = -\frac{x_b}{x_a} \tag{2.25}$$

$$\frac{1}{a} + \frac{1}{b} = \frac{1}{f} \tag{2.26}$$

Hier sind die Koordinaten a und b relativ zum Scheitelpunkt einzusetzen. Der Abbildungsmaßstab ist $V = x_b/x_a$, wobei x_b die x-Koordinate des Bildpunkts ist und x_a die des Objektpunkts.

Da f für Konvexspiegel positiv ist, a aber negativ, ist b stets positiv und das Spiegelbild somit virtuell und aufrecht ($V \geq 0$). Wegen $b \leq -a$, ist $V \leq 1$. Folglich entwerfen Konvexspiegel immer ein verkleinertes Spiegelbild.

Mithilfe des Reflexionsgesetzes kann man den Verlauf auch aller sonstigen von A ausgehenden Strahlen konstruieren. Diese schneiden sich i. Allg. nicht exakt im Bildpunkt B des Modells einer perfekten Abbildung. Solange sich die Strahlen aber nur um kleine Winkel von den speziellen Strahlen $\mathfrak{m}$ oder $\mathfrak{s}$ unterscheiden, verfehlen ihre Auftreffpunkte in der Bildebene des Modells den Punkt B nur knapp. Deshalb bleibt der Punkt B für einen erstaunlich großen Winkelbereich der von A ausgehenden Strahlen näherungsweise der tatsächliche Bildpunkt. Infolgedessen erweist sich die Abbildung durch sphärische Spiegel als näherungsweise stigmatisch.

Am Strahl $\mathfrak{m}$ ist leicht nachzuvollziehen, dass jede in der Objektebene liegende Strecke mit demselben Faktor V skaliert in die Bildebene abgebildet wird. Die Abbildung mit sphärischen Spiegeln ist folglich auch in guter Näherung ebenentreu. Wenn die Strahlen so verlaufen, dass sie tatsächlich den Bildpunkt B durchqueren, dann spricht man von einem *reellen* (Spiegel-)Bild. Wenn sie so verlaufen, *als ob* sie den

Bildpunkt B durchqueren würden (es aber nicht tun, weil B hinter der Spiegelfläche liegt), dann spricht man von einem *virtuellen* (Spiegel-)Bild.

Die experimentelle Prüfung bestätigt, dass die Modellaussagen zutreffen, jedoch nur näherungsweise. Wie aber bereits oben erwähnt, zeigt eine genaue Durchrechnung des Strahlverlaufs Abweichungen auf. Diese bezeichnet man als *Abbildungsfehler*. Ihre unerwünschten Auswirkungen lassen sich durch gewisse technische Maßnahmen reduzieren. Damit befasst sich insbesondere das Spezialgebiet der *Technischen Optik*. Exemplarisch möchte ich hier zwei mögliche Maßnahmen aufzeigen, die man ergreifen kann:

1. Strahlen, die von A ausgehen, aber die Bildebene allzu weit vom (idealen) Bildpunkt B schneiden und somit die Bildqualität beeinträchtigen, kann man durch Blenden ausschalten. Die so erzielte Verbesserung der Bildschärfe geht allerdings auf Kosten der Beleuchtungsstärke des Bilds. Daher muss man sich Gedanken über den für das gewünschte Anwendungsziel optimalen Kompromiss machen.
2. Strahlen parallel zur optischen Achse eines sphärischen Spiegels schneiden diese in einem Punkt, der umso weiter von seinem nominalen Brennpunkt F entfernt ist, je weiter sie von der optischen Achse entfernt sind. Sphärische Spiegel verhalten sich also streng genommen nur für achsennahe Strahlen so, wie es das Modell einer treuen Kollineation vorhersagt. Wenn man jedoch statt eines Spiegels mit einer sphärisch gekrümmten Fläche einen Spiegel mit einer parabolisch gekrümmten Fläche (Parabolspiegel) heranzieht, dann schneiden sich alle(!) Parallelstrahlen im selben Brennpunkt F. Daher verwendet man Parabolspiegel vorzugsweise für die Abbildung sehr weit entfernter Objekte, also für Teleskope. Beispielsweise werden astronomisch weit entfernte Röntgenquellen durch Satellitenteleskope mit Parabolspiegeln[4] erkundet. Für Abbildungen im Nahbereich sind Parabolspiegel hingegen passend dimensionierten sphärischen Spiegeln unterlegen.

Abschließend seien noch kurz zwei Anmerkungen über den Einsatz gekrümmter Spiegel für beleuchtungstechnische Anwendungen erwähnt:

1. Da Sonnenlicht fast parallel ist, kann man die Beleuchtungsstärke durch einen sphärischen Spiegel bzw. einen Parabolspiegel „aufkonzentrieren". Die maximale Beleuchtungsstärke ergibt sich im Brennpunkt F, und das ist auch der Grund, weshalb man ihn als Brennpunkt bezeichnet. Ein dort befindlicher Körper, der das Licht absorbiert, kann dadurch sehr hohe Temperaturen erreichen.
2. Bekanntlich nimmt die Beleuchtungsstärke eines Strahlbündels einerseits quadratisch mit der Entfernung und andererseits quadratisch mit der Strahldivergenz ab. Für Leuchttürme möchte man die Abnahme der Beleuchtungsstärke möglichst

[4] Ein Beispiel ist der vom Deutschen Zentrum für Luft- und Raumfahrt (DLR) gebaute Röntgensatellit ROSAT, dessen Spiegel laut *Guinness-Buch der Rekorde* die glattesten Oberflächen der Welt waren.

klein halten und setzt die Lichtquelle zu diesem Zweck in den Brennpunkt eines sphärischen Spiegels bzw. eines Parabolspiegels.

2.3.2 Linsen

Alle optischen Komponenten, deren abbildungsoptische Manipulation von Strahlung (Licht, Elektronen, Ionen usw.) nicht auf Reflexion beruht, heißen *Linsen.* Will man geometrisch ähnliche Abbildungen erzielen, müssen Linsen rotationssymmetrische optische Komponenten sein. In diesem Abschnitt soll die lichtoptische Abbildung durch eine *sphärische Linse* untersucht werden. Sie besteht aus einem Medium, welches durch zwei sphärische Flächen mit den Mittelpunkten M_1 bzw. M_2 und den Radien r_1 bzw. r_2 vom umgebenden Medium abgegrenzt wird. Die optische Achse (Symmetrieachse) verläuft durch die beiden Mittelpunkte und definiert die beiden Scheitelpunkte $\mathcal{S}_1$ und $\mathcal{S}_2$. Für die optische Achse legen wir eine positive Bezugsrichtung fest. Relativ zum Scheitelpunkt $\mathcal{S}_1$ habe der Mittelpunkt M_1 bezüglich dieser Bezugsrichtung die Koordinate R_1. Entsprechend ist R_2 die Koordinate von M_2 relativ zum Scheitelpunkt $\mathcal{S}_2$. Für die in Abb. 2.17 gezeigte bikonvexe Linse und eine positive Bezugsrichtung nach rechts ist beispielsweise Koordinate R_1 positiv und R_2 negativ. Ist die relative Brechzahl n des Mediums der Linse zu derjenigen der Umgebung bekannt, so kann man den Verlauf eines jeden von einem Objektpunkt A ausgehenden Lichtstrahls mithilfe des Brechungsgesetzes berechnen. Dieser mühsamen Aufgabe werden wir uns hier aber nicht unterziehen, sondern streben an, die Linse durch das *Ersatzmodell* einer treuen Kollineation zu beschreiben, welches den tatsächlichen Strahlverlauf für dieses einführende Lehrbuch ausreichend genau approximiert.

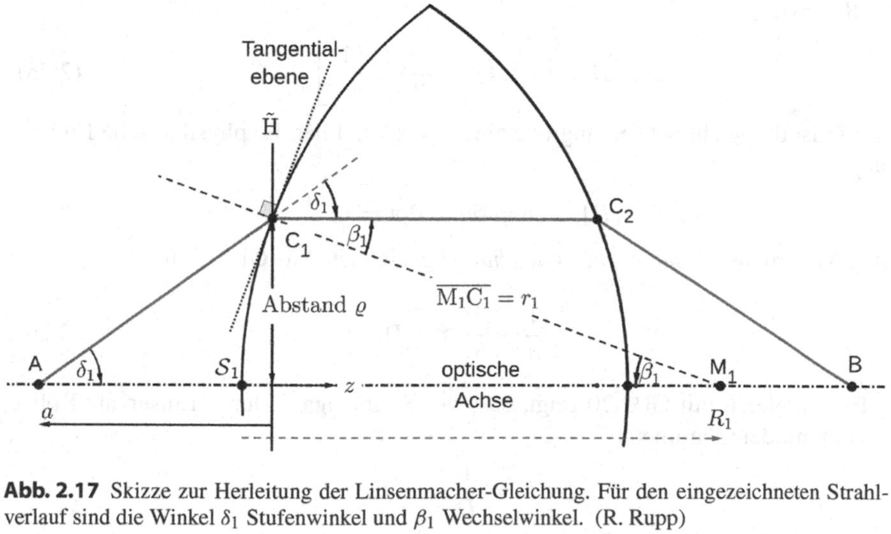

Abb. 2.17 Skizze zur Herleitung der Linsenmacher-Gleichung. Für den eingezeichneten Strahlverlauf sind die Winkel δ_1 Stufenwinkel und β_1 Wechselwinkel. (R. Rupp)

Wir betrachten dazu Strahlen, die im Inneren der Linse in einem Abstand ϱ parallel zur optischen Achse verlaufen, also Strahlen in einem Zylindermantel vom Radius ϱ um die optische Achse. Diese schneiden sich aufgrund der Brechung allesamt in zwei Punkten auf der optischen Achse. Nennen wir einen davon Objektpunkt A und den anderen Bildpunkt B. Jeder von A ausgehende Strahl, der in diesem Zylindermantel verläuft, wird im selben Bildpunkt abgebildet. Ferner geht auch noch der in der optischen Achse verlaufende ungebrochene Strahl durch B.

Zylindermantel und Linsenoberfläche schneiden sich auf zwei Kreisen mit dem Radius ϱ. Ihre Durchstoßungspunkte in der x-z-Ebene sind in Abb. 2.17 mit C_1 bzw. C_2 bezeichnet. Die Ebenen $\tilde{H}$ und $\tilde{H}'$, auf denen die Kreise liegen, wählen wir als Bezugsebene zweier Koordinatensysteme. Die z-Koordinate des Objektpunkts A bzw. die z'-Koordinate des Bildpunkts B relativ zu diesen Bezugsebenen seien mit a bzw. b' bezeichnet.

Im Punkt C_1 erfolgt die Brechung des Strahls an der dort berührenden Tangentialfläche (punktiert gezeichnete Linie in Abb. 2.17). Der brechende Winkel bezüglich der Flächennormalen in C_1 ist β_1. Er tritt im Punkt M_1 nochmal als Wechselwinkel auf. Der Ablenkwinkel $\delta_1 \approx (1-n)\beta_1$ (Gl. 2.4) tritt in A nochmals als Stufenwinkel auf. Wenn die Winkel klein genug sind, können sie durch $\beta_1 \approx \varrho/R_1$ und $\delta_1 \approx \varrho/a$ approximiert werden. Für die zweite sphärische Fläche ergibt sich analog $\delta_2 \approx (n-1)\beta_2 \approx -\varrho/b'$ und $\beta_2 \approx \varrho/R_2$. Die von der Linse bewirkte Gesamtablenkung des Strahls ist damit

$$\delta = \delta_1 + \delta_2 \approx \left(\frac{1}{a} - \frac{1}{b'}\right)\varrho \approx -D\,\varrho. \tag{2.27}$$

Anders als beim Prisma, bei dem der Ablenkwinkel δ konstant ist, nimmt $|\delta|$ proportional zum Abstand ϱ von der optischen Achse zu, und zwar umso stärker, je größer die *Brechkraft*

$$D = (n-1)\left[-\frac{1}{R_1} + \frac{1}{R_2}\right] \tag{2.28}$$

ist. Sie ist die wichtigste Kenngröße einer Linse und hat die physikalische Einheit *Dioptrie:*

$$[D] = \text{Dioptrie} = \text{dpt} = \text{m}^{-1}$$

Gl. 2.28 wird als *Linsenmacher-Gleichung* bezeichnet. Aus Gl. 2.27 folgt

$$\frac{1}{a} - \frac{1}{b'} \approx -D. \tag{2.29}$$

Ein Vergleich mit Gl. 2.20 zeigt, dass der Strahlengang durch Linsen als Kollineation mit dem Parameter

$$f' = \frac{1}{D} = -f$$

approximiert werden kann. Für Strahlen mit kleinem Abstand ρ (d. h. für achsennahe Strahlen) rücken die Ebenen $\tilde{H}$ bzw. $\tilde{H}'$ an die durch den Scheitelpunkt verlaufenden

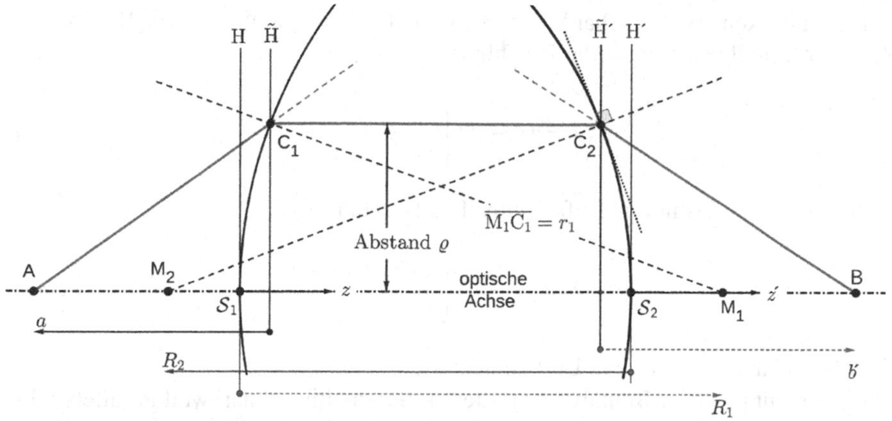

Abb. 2.18 Skizze zur Herleitung der Linsenmacher-Gleichung. Lage der nominellen Hauptebenen H und H′. (R. Rupp)

Ebenen H bzw. H' heran, d. h., die Hauptebenen des geometrischen Modells sind für achsennahe Strahlen somit gleich den beiden Scheitelebenen der Linse. Für achsennahe Strahlen haben die Fokalebenen im Modell damit die Koordinaten $f = -1/D$ bzw. $f' = 1/D$ relativ zu diesen Hauptebenen (=Scheitelebenen). Mit zunehmendem Achsenabstand ρ rücken C_1 und C_2 nach innen (Abb. 2.18). Das wirkt sich so aus, dass die Fokalebenen mit zunehmendem Abstand ρ immer näher an die Hauptebenen heranrücken und somit f immer kleiner wird. Abweichungen vom Modell einer perfekten Abbildung werden als Unzulänglichkeit der Linse aufgefasst, d. h. als ein Fehler der Linse relativ zur erwünschten treuen Abbildung. Sie werden deshalb als *Linsenfehler* bezeichnet. Den gerade analysierten Linsenfehler bezeichnet man als als *sphärische Aberration.*

Fassen wir zusammen: Für Strahlen, deren Winkel gegen die optische Achse klein ausfallen, können Linsen näherungsweise durch das mathematische Modell einer treuen Kollineation mit den Abbildungsgleichungen

$$V \approx \frac{b'}{a},$$
$$\frac{1}{a} - \frac{1}{b'} \approx \frac{1}{f} \tag{2.30}$$

beschrieben werden, deren Hauptebenen H bzw. H′ durch die Scheitelpunkte gehen. Der einzige freie Parameter f hängt über

$$\frac{1}{f} = (1-n)\left[-\frac{1}{R_1} + \frac{1}{R_2}\right] \tag{2.31}$$

mit der relativen Brechzahl n sowie den Koordinaten R_1 bzw. R_2 der Mittelpunkte M_1 bzw. M_2 relativ zu den Hauptebenen zusammen.

Für eine bikonvexe Linse hat M_1 die Koordinate $R_1 = +r_1$ und M_2 die Koordinate $R_2 = -r_2$. Infolgedessen ist die Brechkraft

$$D = (n-1)\left[\frac{1}{r_1} + \frac{1}{r_2}\right] \tag{2.32}$$

einer konvexen Glaslinse in Luft positiv. Die Brechkraft

$$D = (1-n)\left[\frac{1}{r_1} + \frac{1}{r_2}\right] \tag{2.33}$$

einer bikonkaven Glaslinse in Luft ist negativ.

Linsen mit positiver Brennweite f' stellen Sammellinsen dar, weil Parallelstrahlen ($a \to -\infty$) in einem reellen bildseitigen Brennpunkt F' zusammenlaufen ($b' \to -f = f'$). Linsen mit negativer Brennweite f' sind Zerstreuungslinsen, weil die Strahlen von einem virtuellen bildseitigen Brennpunkt auszugehen scheinen. Ist $n > 1$, so fungieren bikonvexe Linsen als Sammellinsen und bikonkave als Zerstreuungslinsen (wegen Gl. 2.33). Für $n < 1$ ist es umgekehrt.

Wie aus der Herleitung hervorgeht, können sphärische Linsen die Abbildungsgleichungen für treue vergrößernde oder verkleinernde Abbildungen nur näherungsweise erfüllen. Sie tun das aber umso besser, je kleiner die Winkel sind, welche die beteiligten Strahlen gegen die optische Achse haben. Solche Strahlen, die nur sehr kleine Winkel gegen die optische Achse haben, heißen *paraxiale Strahlen.* Für diese Strahlen erweist sich Gl. 2.30 also als ein recht brauchbares Modell zur Beschreibung der Funktionsweise einer Linse.

Beispiel 2.2: Abschätzung der Brennweite

Um die Brennweite einer Sammellinse grob über Gl. 2.30 abzuschätzen, kann man ein ausreichend weit entferntes Objekt abbilden, wie z. B. die Lampe an der Decke eines Zimmers. Den Abstand $|b'|$ des Bilds vom bildseitigen Scheitelpunkt der Linse kann man dann als (sehr groben) Schätzwert für deren Brennweite f' heranziehen.

◄

Modell der dünnen Linse Werden Linsen immer dünner, so rücken ihre beiden Scheitelpunkte und damit die Hauptpunkte immer näher zusammen. Im Grenzfall gelangt man so zur Modellvorstellung der „dünnen Linse". Die Linse wird hierbei durch ein projektives Abbildungsmodell beschrieben, bei dem die Hauptebenen zusammenfallen. Da dabei auch die beiden Koordinatensysteme zusammenfallen, lassen wir den Strich für die bildseitigen Größen dünner Linsen von nun an entfallen. Die Koordinaten des Bildpunkts B werden also z. B. mit (x_b, b) bezeichnet. Wie aus Abb. 2.19 ersichtlich, durchläuft ein Strahl den Mittelpunkt M der Hauptebene ohne Ablenkung. Für „dünne Linsen" bietet sich dieser *Mittelpunktstrahl* daher als weiterer bequemer geometrischer Strahl zur Konstruktion des Bildpunkts an.

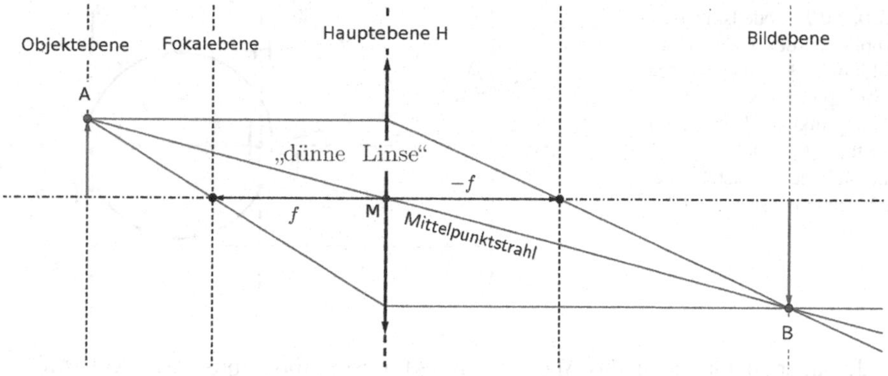

Abb. 2.19 Projektive Abbildung im vereinfachten geometrischen Modell „dünne Linse“ mit den drei primären geometrischen Konstruktionsstrahlen für einen Bildpunkt B. (R. Rupp)

2.3.3 Das Auge

Die biologische Evolution des Auges strebt eine möglichst perfekte Abbildung an, strebt also eine Abbildung an, die möglichst ähnlich zu einer Kollineation wirkt. Daher muss man sich nicht darüber wundern, dass man umgekehrt das mathematische Modell einer Kollineation als Augenmodell heranziehen kann. Obwohl das menschliche Auge ein recht komplex aufgebautes optisches System und weit davon entfernt ist, eine perfekte einfache sphärische Linse zu sein, genügt sogar das stark vereinfachte Kollineationsmodell einer dünnen Linse mit den Abbildungsgleichungen

$$V = \frac{x_b}{x_a} \approx \frac{b_e}{a}, \tag{2.34}$$

$$-\frac{1}{a} + \frac{1}{b_e} \approx D_e, \tag{2.35}$$

um seine grundsätzliche Funktionsweise zu verstehen.

Das Bild soll auf der Retina (Netzhaut des Auges) entstehen und somit in einer unveränderlichen Entfernung von der „Augenlinse“ (d. h. von der Hauptebene). Deren fixe Bildkoordinate ist in Abb. 2.20 mit b_e bezeichnet. Das tiefgestellte „e“ steht hier für „eye“ (engl. „Auge“). Wenn man Objekte scharf sehen möchte, die sich in unterschiedlicher Objektweite a befinden, so kann das nach Gl. 2.35 nur durch entsprechende Anpassung der Brechkraft D_e des Auges geschehen. Tatsächlich vermag das Auge seine Brechkraft zu verändern und zu steuern und hat damit die prinzipielle Fähigkeit zur Anpassung bzw. *Akkommodation*.

Mit Gl. 2.35 kann man die optimale Brechkraft für die Betrachtung sehr weit entfernter Gegenstände durch den Grenzfall $a \to \infty$ zu $D_{fern} = 1/b_e$ abschätzen. Infolgedessen ist sie durch den Augendurchmesser des Menschen (ca. 2 cm) begrenzt. Da die Bildweite etwas kleiner ist, liegt die optimale Brechkraft für Fernsicht bei ca. $D_{fern} \approx 60$ dpt. Einen scharfen Blick in die Ferne gibt es daher nur für Menschen, die in der Lage sind, ihre Brechkraft auf diesen Wert herunterzuregeln.

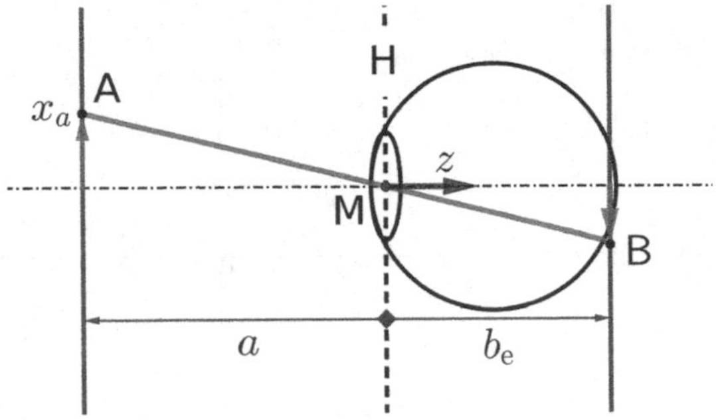

Abb. 2.20 Modellskizze zur Abbildung des Auges. Der Bildpunkt B wird durch den Schnittpunkt des Mittelpunktstrahls mit der im Abstand $|b_e|$ von der Hauptebene H feststehenden Bildebene konstruiert. (R. Rupp)

Je näher ein Objekt an das Auge heranrückt, desto größer muss die Brechkraft

$$D_e = D_{fern} - \frac{1}{a} = D_{fern} + \frac{1}{|a|}$$

des Auges werden (die Koordinate a ist negativ!). Augen haben jedoch eine Brechkraft D_{max}, die sie nicht überschreiten können. Folglich kann ein gewisser Sehabstand $|a_{min}|$ nicht unterschritten werden. Dieser liegt (wie man an sich selbst ausprobieren kann) bei $|a_{min}| \approx 10\,\text{cm}$. Die Fähigkeit des Auges, seine Brechkraft zu verändern, ist somit auf einen Variationsbereich von ungefähr $1/10\,\text{cm} = 10\,\text{dpt}$ beschränkt. Das Auge normalsichtiger Menschen kann seine Brechkraft also nur in den Grenzen

$$D_{fern} \approx 60\,\text{dpt} \quad \lessapprox \quad D_e \quad \lessapprox \quad D_{max} \approx 70\,\text{dpt} \tag{2.36}$$

variieren. Für fernsichtige Menschen ist die maximale Brechkraft kleiner als 70 dpt. Kurzsichtige Menschen sind hingegen nicht in der Lage, ihre minimalst mögliche Brechkraft D_{min} bis hinunter auf die für gute Fernsicht erforderliche Brechkraft von 60 dpt herabzusetzen.

Die Abbildung eines Objekts auf die Retina fällt umso größer aus, je näher man das Objekt an das Auge heranrückt (Gl. 2.34, Abb. 2.20). Aus dem kleinstmöglichen Sehabstand von 10 cm für scharfe Abbildung folgt, dass der größtmögliche Skalierungsfaktor ungefähr bei $|V_{max}| = b_e/\,|a_{min}| \approx {}^{2\,\text{cm}}/_{10\,\text{cm}} = 0.2$ liegt.

Wie man mit dem eigenen Auge beim kleinstmöglichen Sehabstand (ca. 10 cm) austesten kann, lassen sich keine Strukturen mehr auflösen, die wesentlich kleiner als $x_a \approx 0.05\,\text{mm}$ sind. Das liegt daran, dass die Fähigkeit des Auges, Details eines Objekts auflösen zu können, von der Dichte der Sehzellen auf der lichtsensitiven Netzhaut abhängt. Analog zur Digitalkamera kann man die Sehzellen als die „Pixel" bzw. Bildpunkte auf der Retina ansehen. Ihr Abstand p lässt sich aus den obigen Daten und Gl. 2.34 abschätzen: $p \approx x_a\,|V_{max}| = 10\,\mu\text{m}$. Schätzt man die lichtsensitive Netzhautfläche mit ca. $1\,\text{cm}^2$ ab, so käme man, grob überschlagen, auf eine Anzahl von effektiven Photorezeptoren des Auges, die in der Größenordnung von einem Megapixel ($1\,\text{cm}^2/100\,\mu\text{m}^2 = 10^6$) liegt.

Wenn ein Objekt eine Struktur mit einem Abstand x_a hat (z. B. zwei Punkte im Abstand x_a), das ein Bild erzeugt, dessen Bildabstand $|x_b|$ kleiner als der Pixelabstand p ist, dann wird nur noch eine einzelne Sehzelle angesprochen und die Struktur als

Punkt wahrgenommen. Sie kann nicht mehr aufgelöst werden. Das hat zur Folge, dass die durch das Brechkraftintervall (Gl. 2.36) begrenzte Akkommodationsfähigkeit des Auges sowohl seine Fähigkeit einschränkt, sehr feine Strukturen weit entfernter Gegenstände (D_{min}) als auch sehr feine Strukturen im Nahbereich (D_{max}) auflösen zu können.

Die Obergrenze D_{max} der Brechkraft ist selbstverständlich von Mensch zu Mensch unterschiedlich. Kurzsichtige Menschen können z. T. noch erheblich unterhalb eines Sehabstands von 10 cm scharf sehen und folglich noch feinere Strukturen auflösen als andere Menschen. Vor Erfindung der Lupe wurden daher sehr feine Kunst- und Juwelierarbeiten von Handwerkern ausgeführt, die stark kurzsichtig waren.

2.4 Optische Instrumente

Die Lesebrille wurde im späten 13. Jahrhundert in den wirtschaftlich aufstrebenden Stadtrepubliken der Toskana erfunden. In Florenz (1321) und Pisa (1341) werden jene Universitäten gegründet, die das Wissen der morgenländischen Gelehrten für den abendländischen Raum rezipieren. Die Toskana wird zur Wiege der Wiedergeburt der Antike, ihrer *Renaissance,* und knüpft mit der Wiederentdeckung des Platonismus wieder dort an, wo die Entwicklung der antiken Wissenschaft „im Westen“ abgebrochen ist. In Pisa und Florenz erhält der junge Student Galileo Galilei (1564–1641) jene Bildung, die ihn schon bald befähigen wird, die Physik zu revolutionieren.

Nicht zuletzt der hohe Stand der Brillenmacherkunst im Florenz der Renaissance ermöglichte ihm den erfolgreichen Bau seiner optischen Instrumente. Mit seinem Fernrohr machte er sensationelle Beobachtungen. Unter anderem entdeckte er die vier großen Jupitermonde. Sie waren der schlagende Beweis, dass es etwas gab, das sich definitiv nicht um die Erde drehte und dass die Heilige Schrift daher eine nachweisbare Falschaussage enthielt. Daran entzündete sich der Konflikt zwischen dem Wissenschaftler Galilei und der katholischen Kirche. Ein feierliches Begräbnis wurde nicht nur ihm (Abb. 2.21a), sondern auch seiner Tochter verweigert, und das, obwohl letztere der Auflage nachkam, jede Woche sieben Psalmen zur Buße für ihren Vater zu beten. Das erscheint harsch, aber Theologen war klar, was Galileis Erkenntnis bedeutete: Wenn sich auch nur eine einzige Aussage der Heiligen Schrift objektiv als falsch nachweisen ließ, dann gab es kein Halten mehr. Dann konnte man auch jeden anderen Satz der Heiligen Schrift in Zweifel ziehen. Es musste ein Weg gefunden werden zu entscheiden, welche Sätze richtig und welche falsch waren. Dieses durch die Physik aufgeworfene Problem wurde von der katholischen Kirche erst spät, aber logisch korrekt gelöst, nämlich durch das im ersten Vatikanischen Konzil aufgestellte Dogma von der Unfehlbarkeit des Papstes. Nachdem sich der Vatikan im Jahr 2008 von der Verurteilung Galileis durch die Inquisition distanzierte, war endlich der Weg frei, in Rom die erste öffentliche Statue für den Vater der modernen Naturwissenschaften aufzustellen. Sie wurde durch den chinesisch-amerikanischen

Abb. 2.21 **a** Das Grabmal Galileo Galileis in der Kirche Santa Croce in Florenz durfte erst 200 Jahre nach seinem Tod errichtet werden. (R. Rupp) **b** Galilei-Statue, gestaltet durch den Künstler Tsung-Dao Lee. Dieser erhielt 1957 den Nobelpreis für Physik (Abschn. 9.1.1). (Mit freundlicher Genehmigung durch Sander Säde)

Nobelpreisträger Tsung-Dao Lee entworfen und von der chinesischen Staatsregierung mitfinanziert (Abb. 2.21b).

Nachfolgend werden optische Systeme besprochen, die aus zwei Linsen bestehen. Die Theorie dazu wird ausführlich im Anhang 14.1 dargestellt. Für die nachfolgenden Abschnitte genügt es jedoch, wenn man weiß, wie sich zwei unmittelbar aufeinanderfolgende dünne Linsen verhalten.

2.4.1 Unmittelbar aufeinanderfolgende Linsen

Wenn man zwei Linsen mit den Brechkräften $D_{\mathrm{I}} = 1/f_{\mathrm{I}}$ und $D_{\mathrm{II}} = 1/f_{\mathrm{II}}$ unmittelbar hintereinander anordnet, so dass der Abstand $|d|$ der Hauptebenen sehr klein gegen die Beträge der Brennweiten ist, genügt es oft, näherungsweise den Grenzfall $d \to 0$ der im Anhang 14.1 hergeleiteten Gleichungen zu betrachten. Dann verhält sich auch das zweilinsige Gesamtsystem wieder wie eine „dünne Linse“ mit nur einer einzigen Hauptebene $\mathrm{H}' \approx \mathrm{H} \approx \mathrm{H}_{\mathrm{II}} \approx \mathrm{H}_{\mathrm{I}}$ und einer Brechkraft (Anhang, Gl. 14.6)

$$D \approx D_{\mathrm{I}} + D_{\mathrm{II}}, \tag{2.37}$$

welche gleich der Summe der Brechkräfte D_{I} und D_{II} seiner beiden Komponenten ist.

2.4.2 Brille und Lupe

Brille Wenn man eine Linse der Brechkraft $D_{\mathrm{I}} = D$ unmittelbar vor das Auge setzt (so dass die Näherung $d \approx 0$ gerechtfertigt ist), spielt das Auge die Rolle der Linse L_{II} eines zweilinsigen Systems mit der Brechkraft $D_{\mathrm{II}} = D_{\mathrm{e}}$ des Auges. Dann beträgt die effektive Brechkraft des Gesamtsystems gemäß Gl. 2.37

$$D_{\mathrm{eff}} = D + D_{\mathrm{e}}. \tag{2.38}$$

Wenn eine Person fernsichtig ist, aber im Nahbereich wegen fehlender Brechkraft nicht mehr akkommodieren kann, lässt sich das durch eine Brille mit Linsen positiver Brechkraft ausgleichen, d. h. mit Sammellinsen. Wenn Kurzsichtigkeit vorliegt und man Gegenstände in großer Entfernung nicht mehr scharf sehen kann, ist die Mindestbrechkraft D_{min} des Auges zu hoch. Das kann durch Linsen mit negativer Brechkraft (Zerstreuungslinsen) behoben werden. Die üblicherweise benötigten Korrekturen sind geringfügig: Es genügen Brillengläser von nur wenigen Dioptrien. Wenn bei einer Kataraktoperation hingegen die Augenlinse entfernt werden muss, sind die Anforderungen an die Linse anspruchsvoller. Dann braucht man nämlich im Prinzip Linsen mit einer Brechkraft von ca. 20 dpt (die Cornea (Hornhaut), die ja nicht entfernt wird, trägt mit ca. 40 dpt bei).

Lupe Der morgenländische Wissenschaftler al-Haitham erkannte und beschrieb erstmals den Vergrößerungseffekt von Sammellinsen und wurde damit zum Entdecker der *Lupe.* Hält man nämlich Sammellinsen mit sehr hoher Brechkraft D vor das Auge, so kann man D_{max} stark erhöhen und folglich das Objekt weit näher an das Auge heranführen als 10 cm. Indem man die Objektweite $|a_L|$ nunmehr verringern kann, erhöht sich gemäß Gl. 2.34 die Bildgröße (was aus Abb. 2.20 sofort ersichtlich ist, wenn man die Mittelpunktstrahlen betrachtet).

Die Vergrößerung der Lupe definiert man so, dass man die Abbildung des unbewaffneten Auges für eine Normentfernung $|a_0| = 25$ cm mit derjenigen vergleicht, welche sich bei ungefähr gleicher Brechkraft D_{e} des Auges mithilfe einer Lupe der Brechkraft D ergibt. Die Abbildungsgleichungen sind:

$$\frac{1}{a_0} + D_{\mathrm{min}} = D_{\mathrm{e}} \tag{2.39}$$

$$\frac{1}{a_L} + D_{\mathrm{min}} = D + D_{\mathrm{e}} \tag{2.40}$$

Im ersten Fall ist das Abbildungsverhältnis $V_0 = b_e/a_0$ und im zweiten Fall $V_L = b_{\mathrm{e}}/a_L$. Für eine Lupenlinse mit der Brennweite $f' = 1/D$ ergibt sich als Abschätzung für die Lupenvergrößerung

$$m_L = \frac{V_L}{V_0} = \frac{a_0}{a_L} = 1 + a_0 D = 1 + \frac{25\,\mathrm{cm}}{f'}.$$

Die Normentfernung $|a_0| = 25\,\text{cm}$ ist eine Konvention und wurde so gewählt, dass das Objekt in beiden zu vergleichenden Fällen erfahrungsgemäß mit ungefähr gleich geringer Akkommodationsanstrengung beobachtet wird.

2.4.3 Fernrohr und Mikroskop

In diesem Abschnitt wird exemplarisch die Funktion von optischen Instrumenten besprochen, die sich primär aus zwei optischen Einzelkomponenten zusammensetzen, die einen großen Abstand voneinander haben. Gemäß ihrer Funktion im Abbildungssystem bezeichnet man sie als *Objektiv* (L_I) bzw. *Okular* (L_{II}).

Objektiv Während es mit der Lupe eine prinzipielle Lösung für die Abbildung von Objekten mit höherer Auflösung gibt, weil man das Objekt näher an das mit der Lupe bewaffnete Auge heranbringen kann, gibt es keine analoge Lösung für ferne Objekte. Man scheitert nämlich nicht an Gl. 2.35 und damit an der Brechkraft, sondern an Gl. 2.34. Mit zunehmender Entfernung $|a|$ wird die Bildgröße

$$x_b \approx \left|\frac{b_\text{e}}{a}\right| |x_a|$$

eines Objekts der Größe x_a unweigerlich immer kleiner, und wenn sie schließlich kleiner als der Abstand p zweier Sehzellen geworden ist, dann wird das Bild nur noch als ein Punkt wahrgenommen. Mondkrater haben beispielsweise eine Entfernung von rund 400 000 km. Wenn ihr Durchmesser kleiner als $x_a \approx (1\times10^{-5}\times4\times10^{8}/2\times10^{-2})\,\text{m} \approx 200\,\text{km}$ ist, dann sind sie für das Auge allenfalls noch als strukturloser Punkt wahrnehmbar.

Um bei gegebener Sehzellendichte das Auflösungsvermögen zu steigern, müsste man b_e vergrößern. Aber dazu bräuchte man größere Köpfe bzw. verlängerte Augäpfel. Das hat die Natur nicht vorgesehen. Man kann diesen grundlegenden Gedanken aber mit „künstliche Augen“ realisieren, bei denen die Bildweite $b > b_\text{e}$ größer ist als die des Auges. Die Linsen bzw. optischen Systeme, welche solche „künstlichen Augen“ zur Abbildung eines Objekts sind, bezeichnet man generell als *Objektive*. Für ein *Teleskop* braucht man langbrennweitige Objektive, d. h. Objektive mit geringer Brechkraft, denn das Auflösungsvermögen eines Teleskops wächst mit seiner Bildweite, und deshalb fallen gute Teleskope auch immer so lang aus.

Die Idee, die gerade für das Teleskop erläutert wurde, kann man auch auf die Betrachtung kleiner Objekte im Nahbereich anwenden, indem man die Abbildung ebenfalls mit einem Objektiv als „künstlichem Auge“ durchführt und gleichfalls b sehr viel größer als b_e macht. Das geschieht in dem in Abb. 2.22a gezeigten *Mikroskop* mit einem kurzbrennweitigen Objektiv L_I. Der Vorteil des Mikroskops gegenüber der Lupe ist, dass die Brechkraft des Objektivs für die gleiche Vergrößerung kleiner bleiben kann, weil die Vergrößerung $|V|$ des zweilinsigen Gesamtsystems gemäß Gl. 14.4 (Anhang 14.1) gleich dem Produkt der Vergrößerung $|V_I|$ des Objektivs (Linse L_I) und der Vergrößerung $|V_{II}|$ des Okulars (Linse L_{II}) ist (Gl. 14.4). Durch diese Auf-

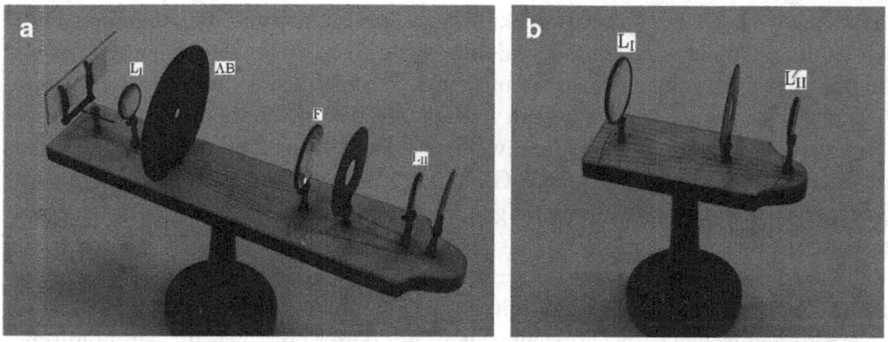

Abb. 2.22 **a** Mikroskop mit Objekthalter, Objektiv (L_I), Aperturblende (AB), Feldlinse (F) und Feldblende. Das in der Ebene der Feldblende entstehende Zwischenbild wird mit einer Lupe (L_{II}) beobachtet. **b** Galilei-Fernrohr (terrestrisches Fernrohr) bestehend aus einer Sammellinse L_I als Objektiv und einer Zerstreuungslinse L_{II} als Okular. (Historische. Sammlung d. Fak. f. Physik d. Univ. Wien, F. Sachslehner/E. Partyka-Jankowska/R. Rupp)

teilung können Linsenfehler, d. h. Abweichungen von einer perfekten Abbildung, dramatisch verringert werden.

Okular Sowohl beim Teleskop als auch beim Mikroskop stellt sich das Problem, wie man das vergrößerte Bild betrachten soll, denn das Auge besteht ja nicht nur aus der Retina, die man einfach nur in die Bildebene platzieren müsste, sondern hat mit der Augenlinse selbst ein vorgeschaltetes Abbildungssystem. Man muss daher ähnlich wie mit der Brille Anpassungen für diese „Augenlinse" vornehmen.

Die sicher radikalste Lösung wäre, das Auge herauszuoperieren (Scherz), und etwas moderater wäre, die Linsenwirkung des Auges mit einer Zerstreuungslinse schlicht optisch „wegzukompensieren". Letzteres ist die Grundidee des Galilei-Fernrohrs, auf die wir später noch einmal zurückkommen. Wenn das Objektiv jedoch ein reelles Bild entwirft, so kann man es sich mithilfe einer Lupe in Lupenentfernung (d. h. in der Entfernung der Lupenbrennweite) ansehen. Dieses von der Objektivlinse L_I entworfene reelle Bild bezeichnet man als *Zwischenbild.* Es wird durch die sich aus Auge und Lupenokular zusammensetzende Linse L_{II}, deren effektive Brechkraft D_{eff} gleich der Summe der Brechkraft des Auges und des Lupenokulars ist (Gl. 2.38), vergrößert auf die Retina abgebildet. Letzteres ist für Mikroskope die optimale Variante, weil die Gesamtvergrößerung $|V| = |V_I||V_{II}|$ des Mikroskops, wie bereits erwähnt, das Produkt der Objektivvergrößerung $|V_I|$ und der Lupenvergrößerung $|V_{II}|$ ist.

Galilei-Fernrohr und astronomisches Fernrohr Für die oben erwähnte Lösung, die Linsenwirkung des Auges optisch zu kompensieren, würde man eine Zerstreuungslinse benötigen, welche im Vergleich zu einer Brille für Kurzsichtige eine wesentlich stärkere negative Brechkraft von ungefähr −60 dpt haben müsste. Wegen der damit in Kauf zu nehmenden großen Linsenfehler und auch wegen der schwierigen Herstellung ist das wenig empfehlenswert. Für das in Abb. 2.22b gezeigte Galilei-Fernrohr ist das aber auch unnötig, denn man kommt bereits ganz gut mit

Zerstreuungslinsen geringerer Brechkraft aus. Das Okular und die Augenlinse bilden dann zusammen eine Linse L_{II}, deren bildseitige Brennweite f_{II} größer ist als die des Auges. Kombiniert man sie mit einer Sammellinse L_I mit der Brennweite f_I und wählt man $d > f_{II}$, so erhält man gemäß Gl. 14.6 (Anhang 14.1) ein optisches Gesamtsystem mit einer Brennweite f', die größer ist als die des Auges und mit einer Hauptebene H′, die gemäß Gl. 14.7 weiter von der Retina entfernt ist. Das Gesamtsystem wirkt also, um im obigen Vergleich zu bleiben, wie das Auge eines größeren Kopfes.

Galilei-Fernrohre sind etwas kürzer als astronomische Fernrohre, weil letztere ein reelles Zwischenbild erzeugen, das mit einem Lupenokular betrachtet wird. Das Bild eines astronomischen Fernrohrs steht zudem „auf dem Kopf", was für astronomische Beobachtungen ohne Belang ist, bei terrestrischen Anwendungen hingegen stört.

Blenden und Feldlinsen In Abb. 2.22a sind außer Objektiv und Okular auch mehrere Blenden sowie eine Feldlinse zu erkennen. Die Blenden haben den Zweck, Strahlen auszugrenzen, die zu Abbildungsfehlern führen würden, und sind damit ein ganz wesentlicher Bestandteil eines optischen Abbildungssystems. Ein Beispiel dafür ist die *Aperturblende,* die sich i. Allg. in der Brennebene des Objektivs befindet und Strahlen blockiert, die allzu große Winkel gegen die optische Achse haben.

Die in der Zwischenbildebene positionierte Feldlinse lenkt vom Zwischenbild ausgehende Strahlen, welche das Okular verfehlen würden, so ab, dass sie durch die Okularöffnung verlaufen und vergrößert dadurch das Sichtfeld.

2.4.4 Petzvals Revolution der Geometrischen Optik

Obwohl es Ende des 17. Jahrhunderts im Prinzip möglich war, optische Komponenten genauer zu berechnen und damit zu optimieren, bestand zunächst kein Bedarf, denn die Technologie der Linsenherstellung steckte noch in den Kinderschuhen. Mitte des 19. Jahrhunderts war die Perfektion der Linsenherstellung so weit gediehen, dass es nun auch Sinn machte, über die Korrektur von Linsenfehlern genauer nachzudenken. Schon aufgrund der einschränkenden Voraussetzungen bei der Herleitung der Linsenmachergleichung in Abschn. 2.3.2 sind zwei Linsenfehler offensichtlich:

1. **Sphärische Aberration:** Sie tritt auf, weil der Schnittpunkt von Parallelstrahlen umso weiter vom Brennpunkt abweicht, je weiter diese von der optischen Achse entfernt sind.
2. **Astigmatismus:** Dieser Fehler tritt in dem Maße in Erscheinung, wie die Situation der Abbildung von der perfekten Rotationssymmetrie abweicht. Das kann etwa daran liegen, dass die Achse eines Strahlenbüschels nicht parallel zur optischen Achse ist oder daran, dass das optische System nicht rotationssymmetrisch ist, weil der Radius der Krümmung in der x-Ebene ein anderer ist als für die y-Ebene. Der Extremfall einer astigmatischen Linse ist die Zylinderlinse. Astigmatische Linsenfehler eines optischen Systems (z. B. des Auges) können beispielsweise

Abb. 2.23 Traditionelle Physikexkursion am 2. November zum Wiener Zentralfriedhof. Die am Ehrengrab Petzvals von den Studenten aufgestellte Kerze stammt aus der Einführungsvorlesung (Zeitmaß, Abschn. 3.2.1) an der Univ. Wien. (O.T. Jussel/R. Rupp)

durch Kombination mit einer entsprechend orientierten Zylinderlinse korrigiert werden.

Die bahnbrechenden Arbeiten zur Korrektur von Linsenfehlern wurden unter der Leitung von Josef Maximilian Petzval durchgeführt (Abb. 2.23). Gegen Ende des 19. Jahrhunderts revolutionierten sie die Optik. Für seine präzisen Berechnungen konnte er sich auf eine militärische Computereinheit mit einer Rechenleistung von 13 Artillerieoffizieren stützen, die ihm vom österreichischen Erzherzog Ludwig zur Verfügung gestellt wurde. Aufgrund ihrer Ausbildung waren Artillerieoffiziere für Routineberechnungen besonders qualifiziert und wurden damals als Rechner (im englischen Sprachraum auch als „Computer" bezeichnet, also Soldaten, welche die Aufgabe des numerischen Berechnens erledigten) für aufwendige Rechenaufgaben verwendet. Auf der Grundlage seiner Berechnung der Strahlenverläufe durch refraktive optische Systeme konnten schließlich jene lichtstarken Objektive verwirklicht werden, ohne die der Siegeszug der Fotografie undenkbar gewesen wäre. Das Verständnis der Ursachen der Linsenfehler und die darauf beruhende Verbesserung der Mikroskopobjektive durch Petzval und Ernst Abbe trugen wesentlich zur Revolution in der Medizin gegen Ende des 19. Jahrhunderts bei. Durch das Aufkommen leistungsstarker elektronischer Computer erhielt die „Computational Physics" Mitte des 20. Jahrhunderts einen weiteren dramatischen Entwicklungsschub. Mithilfe von Ray-Tracing-Programmen können seither auch Strahlverläufe in den komplexesten Linsensystemen mit einer bis dahin unerreichten Genauigkeit berechnet werden.

Kinematik

3

Die *Kinematik* klärt die Basisbegriffe „Raum“, „Zeit“, „Geschwindigkeit“ und „Beschleunigung“. Sie ist daher die Grundlage jeder Theorie, welche diese Begriffe enthält. Deren Beschreibungen relativ zu unterschiedlichen Bezugsrahmen sind durch das Galileische Relativitätspostulat und die *Raumzeitkonstante* $c = 299792458\,\mathrm{m/s}$ miteinander verknüpft. Da Mechanik, Elektrodynamik und Quantenphysik auf dem theoretischen Fundament ruhen, das in diesem Kapitel gelegt wird, tritt die Konstante c auch in diesen Theorien auf.

3.1 Raum

Wenn ein Raum mehr als eine Dimension hat, stellt sich die Frage, welche Verbindung zwischen den Dimensionen des Raums besteht, also die Frage nach der Geometrie des Raums. Die in Kap. 2 vorgestellte Geometrische Optik beantwortet diese Frage, indem sie den Euklidischen Raum zum Modell des physikalischen Raums erklärt. Sie gibt dem Experimentator auch Werkzeuge in die Hand, um den Raum zu erkunden und die Hypothese zu prüfen. Der Begriff des Euklidischen Raums impliziert u. a. die Eigenschaften der *Homogenität* und *Isotropie.* Wir wollen nur diese beiden Eigenschaften für den physikalischen Raum als grundlegend voraussetzen.

Der Raum ist homogen und isotrop.

Homogenität Mit der Zuschreibung, dass der Raum *homogen* ist, drücken Physiker die Überzeugung aus, dass es physikalische Gesetze gibt, die überall gelten, also an jedem Ort der ungeheuren Weiten des Kosmos genauso wie im Heimatlabor. Dass eine Welt, die relativ zu unserer um Milliarden parsec verschoben wäre, den gleichen Gesetzen folgt wie unsere, scheint sehr plausibel zu sein. Aber ob die als

R. Rupp, *Physik 1 – Eine unkonventionelle Einführung*,
https://doi.org/10.1007/978-3-662-64506-2_3

allgemeingültig erachteten Gesetze auf den Planeten entfernter Galaxien tatsächlich exakt so gelten wie bei uns, hat noch niemand vor Ort wirklich prüfen können. Sie bleibt eine Arbeitshypothese.

Isotropie Mit der Zuschreibung, dass der physikalische Raum *isotrop* ist, meint man, dass es keine Vorzugsrichtung gibt bzw. dass alle Naturvorgänge auch in einer Welt, die relativ zu unserer gedreht wäre, nach den gleichen Gesetzen abläuft. Galileo Galilei (1632) hat in seinem *Dialogo* einige Beobachtungen beschrieben, welche die Hypothese der Isotropie nahelegen:

> Schließt euch in einem möglichst großen Raum unter dem Deck eines großen Schiffes ein. Verschafft euch dort Mücken, Schmetterlinge und ähnliches fliegendes Getier, sorgt auch für ein Gefäß mit Wasser und kleinen Fischen darin. Beobachtet nun sorgfältig, wie die fliegenden Tierchen nach allen Seiten des Zimmers fliegen. Auch die Fische werden ohne irgendwelche Umstände gleichermaßen nach allen Richtungen schwimmen. Galilei (1632)

Seine Beobachtungen beanspruchen erst einmal nur lokale Gültigkeit, aber wenn man die Hypothese lokal anerkennt, so gilt sie wegen der vorausgesetzten Homogenität des Raums dann auch überall. Keine der vielen experimentellen Tests, die in den letzten Jahrhunderten gemacht wurden, haben der Hypothese der Isotropie bislang etwas anhaben können.

Bezugssysteme (Bezugsrahmen) Wegen der Homogenität des Raums gibt es in ihm keinen natürlichen „Orientierungspunkt" und wegen seiner Isotropie auch keine natürlichen „Vorzugsorientierungen". Wenn man mitteilen will, wo sich etwas befindet, so kann das folglich nur in Relation zu einem *Bezugspunkt* geschehen, den man per Vereinbarung festlegen muss. Genauso sind auch Richtungsangaben nicht absolut, sondern *relativ,* d. h., man muss Konventionen über Richtungen, Winkel und Orientierungen einführen. Zugbegleiter werden Sie nicht einfach zum Ausstieg nach links auffordern, sondern zum Beispiel mit der Durchsage „Ausstieg in Fahrtrichtung links" relativ zu einer *Bezugsrichtung,* welche hier die Fahrtrichtung ist. Auch in Abschn. 2.1 haben wir Winkel relativ zu einem Bezugselement definiert, nämlich relativ zur Flächennormalen, und Ablenkungen relativ zur Richtung des einfallenden Strahls.

Ein aus mehreren Bezugselementen bestehendes System wird als *Bezugssystem* bzw. *Bezugsrahmen* (Englisch: *frame of reference*) bezeichnet (in diesem Buch werden beide Bezeichnungen gleichbedeutend verwendet). In einem eindimensionalen Raum genügt beispielsweise ein Bezugssystem, das aus nur zwei Elementen besteht: einem Bezugspunkt und einer Bezugsrichtung. Für jede weitere Dimension eines Raums höherer Dimension braucht man ein Bezugselement mehr. Da man unterschiedliche Konventionen über Bezugselemente vereinbaren kann, können unterschiedliche Bezugssysteme bzw. Bezugsrahmen vorliegen.

Koordinatensysteme Um quantitative Positionsangaben machen zu können, ist außer der Festlegung eines Bezugsrahmens noch eine Vereinbarung über ein *Koordinatensystem* erforderlich. Gebräuchlich sind kartesische Koordinaten

(Abschn. 2.2.2), Kugelkoordinaten oder Zylinderkoordinaten. Die beiden letztgenannten werden erst später eingeführt (s. Band P2).

Dasselbe Koordinatensystem kann unterschiedlichen Bezugsrahmen und demselben Bezugsrahmen können unterschiedliche Koordinatensysteme zugeordnet sein. Je nachdem, ob eine, zwei oder drei Koordinaten erforderlich sind, um eine Position (relativ zu einem Bezugspunkt) eindeutig festzulegen, liegt ein ein-, zwei- oder dreidimensionaler Raum vor.

Um Angaben relativ zu einem Bezugsrahmen auf einen anderen Bezugsrahmen zu übertragen bzw. zu transformieren, benötigt man einen Übersetzungsschlüssel, beispielsweise in Form von Gleichungen für *Koordinatentransformationen.*

3.1.1 Lineare Koordinatentransformationen

Koordinatentransformationen von einem Koordinatensystem S in ein Koordinatensystem S′ definiert man durch Transformationsgleichungen. Das sind Gleichungen, die erklären, wie die Koordinaten von S′ aus denjenigen von S auszurechnen sind. Im Spezialfall einer *linearen Koordinatentransformation* bleiben dabei lineare Beziehungen erhalten. Wenn in S also eine lineare Gleichung zwischen den Koordinaten vorliegt, dann ergibt sich auch für S′ wieder eine lineare Gleichung. Geradengleichungen sind daher unter der Gruppe der linearen Transformationen invariant, d. h., ihre Form (nämlich eine Geradengleichung) bleibt unverändert. Geometrisch anschaulich gesprochen bildet eine lineare Transformation also eine Gerade auf eine Gerade ab.

Zweidimensionale lineare Koordinatentransformationen

Zur Illustration werden wir in diesem Abschnitt die allgemeinste homogene lineare Koordinatentransformation in einem euklidischen Raum mit zwei Dimensionen betrachten. S sei ein zweidimensionales kartesisches Koordinatensystem mit den Koordinaten (x, y) und S′ ein zweidimensionales kartesisches Koordinatensystem mit den Koordinaten (x', y'). Der Apostroph bzw. Strich bei S′ und x' bzw. y' stellt hier nichts weiter als ein Merkmal zur Unterscheidung der Systeme bzw. Koordinaten dar. Größen ohne Apostroph wie x, y usw. bezeichnet man als „ungestrichene Größen“. Sie sind hier relativ zu S angegeben. Gestrichene Größen wie x', y' usw. sind hingegen relativ zu S′ angegeben. Eine Transformation heißt homogen, wenn der Nullpunkt $(x, y) = (0, 0)$ auf den Nullpunkt $(x', y') = (0, 0)$ abgebildet wird. Die durch

$$\begin{aligned} x' &= \alpha\, x + \delta\, y \\ y' &= \gamma\, y + \varepsilon\, x \end{aligned} \tag{3.1}$$

erklärte Koordinatentransformation mit vier beliebigen Skalaren α, δ, γ und ε ist die allgemeinste homogene lineare Koordinatentransformation, die man sich ausdenken kann. Überzeugen wir uns nun davon, dass sie eine lineare Beziehung bezüglich S in eine lineare Beziehung bezüglich S′ transformiert, indem wir die Gerade $y = ux$

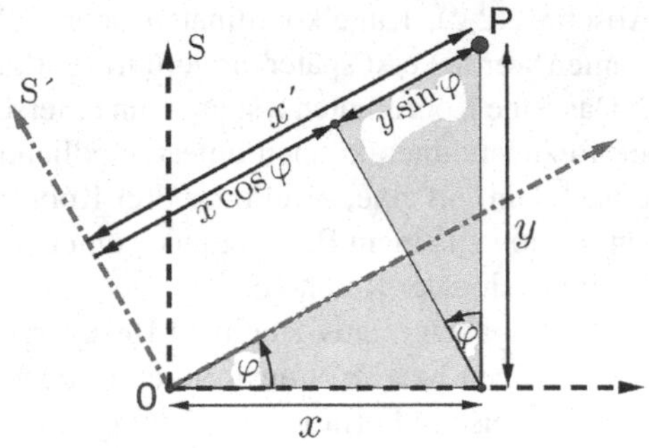

Abb. 3.1 S und S′ sind zwei kartesische Koordinatensysteme, die um den Winkel φ relativ zueinander gedreht sind. Der Punkt P hat die Koordinaten (x, y) bzw. (x', y'). (R. Rupp)

mit der Steigung u in S betrachten.[1] Sie stellt eine lineare Beziehung zwischen den Koordinaten x und y in S dar. Indem man sie in die Gleichungen der Koordinatentransformation (Gl. 3.1) einsetzt, erhält man durch

$$x' = (\alpha + \delta\, u)x,$$
$$y' = (\varepsilon + \gamma\, u)x$$

eine Parameterdarstellung der sich bezüglich S′ ergebenden Kurve. Eliminiert man aus diesen beiden Gleichungen den Parameter x, so zeigt sich, dass diese Kurve in S′ ebenfalls eine Gerade ist. Sie hat die Form $y' = u'x'$ mit der Steigung

$$u' = \frac{\varepsilon + u\gamma}{\alpha + u\delta}. \tag{3.2}$$

Gedrehte kartesische Koordinatensysteme

Wir untersuchen nun einen wichtigen Spezialfall des gerade diskutierten allgemeinen Falls zweidimensionaler Koordinatentransformationen zwischen S und S′. Die Bezugspunkte (Nullpunkte) sollen wie zuvor zusammenfallen (homogene Koordinatentransformationen). Die kartesischen Koordinatensysteme sollen gleich sein, aber die Bezugsachsen von S′ seien, wie in Abb. 3.1 gezeigt, um den Winkel φ relativ zu den Bezugsachsen von S gedreht. Je nach Bezugsrahmen hat der Ortspunkt P die Koordinaten (x, y) bzw. (x', y'). Wie man aus Abb. 3.1 ablesen kann, besteht folgender Zusammenhang zwischen diesen Koordinaten:

$$x' = \cos\varphi\;\, x + \sin\varphi\;\, y \tag{3.3}$$
$$y' = \cos\varphi\;\, y - \sin\varphi\;\, x \tag{3.4}$$

Gl. 3.3 und 3.4 bilden ein homogenes lineares Gleichungssystem. Diese Koordinatentransformation ist ein Spezialfall der durch Gl. 3.1 gegebenen allgemeinen linearen

[1]Oft sagt man etwas lässig „in S", wo man genau genommen sagen müsste „relativ zu S" bzw. „in Bezug auf S".

Koordinatentransformation

$$
\begin{aligned}
x' &= \alpha(\varphi)\, x + \delta(\varphi)\, y \\
y' &= \gamma(\varphi)\, y + \varepsilon(\varphi)\, x,
\end{aligned}
\tag{3.5}
$$

bei dem die Koeffizienten $\alpha = \gamma = \cos\varphi$ und $\delta = -\varepsilon = \sin\varphi$ von einem gemeinsamen *Parameter* abhängen, nämlich dem Drehwinkel φ. Zur Vorbereitung auf die Spezielle Relativitätstheorie (Abschn. 3.5) wird sie im nächsten Abschnitt aus einem Äquivalenzprinzip hergeleitet.

3.1.2 Äquivalenzprinzip für gedrehte Bezugsrahmen

Wir setzen zunächst nichts weiter als einen isotropen Raum voraus. Für Bezugsrahmen, deren Bezugspunkte zusammenfallen, die aber relativ zueinander gedreht sind, darf man hier von folgendem Äquivalenzprinzip ausgehen:

Relativ zueinander gedrehte Bezugsrahmen sind äquivalent.

Geometrische Feststellungen, die man in einem Bezugsrahmen macht, gelten in gleicher Weise in dazu äquivalenten Bezugsrahmen. Aus diesem Äquivalenzprinzip wollen wir nun einige Folgerungen ziehen. Um die Darstellung einfach zu halten, werden die nachfolgenden Betrachtungen für eine Ebene durchgeführt. Gegeben seien zwei Bezugsrahmen S und S′ mit gemeinsamem Bezugspunkt, bezüglich denen Ortspositionen durch die Koordinaten (x, y) bzw. (x', y') von zwei rechtwinkligen Koordinatensystemen repräsentiert werden (Abb. 3.2).

Das Äquivalenzprinzip verlangt u. a. Folgendes: Stellt man fest, dass die Verbindungslinie zweier in S beschriebener Punkte eine Gerade ist, dann ist sie auch für S′ eine Gerade. Daher müssen lineare Relationen unter der Transformation der Koordinaten von S zu jenen von S′ erhalten bleiben. Wie bereits in Abschn. 3.1.1 gezeigt wurde, wird das von linearen Koordinatentransformationen geleistet. Man kann also von der allgemeinst möglichen linearen Koordinatentransformation gemäß Gl. 3.5 ausgehen. Sie transformiert eine Gerade mit der Steigung u in eine Gerade mit der Steigung

$$
u' = \frac{\varepsilon + u\gamma}{\alpha + u\delta}. \tag{3.6}
$$

Die Koeffizienten α, γ, δ und ε sollen nun als Funktion der Steigung v bestimmt werden, welche die Koordinatenachsen von S und S′ relativ zueinander haben (Wenn es nicht erforderlich ist, lasse ich das Funktionsargument v der Übersichtlichkeit halber oft weg, aber denken Sie es sich immer dazu, denn die vier Koeffizienten sind Funktionen (!) und keine Konstanten).

Die x'-Achse von S′ hat bezüglich S′ selbst verständlichweise die Steigung null, d. h., es ist $u' = 0$. Bezüglich S sei ihre Steigung $u = v$. Setzt man diese beiden Werte in Gl. 3.6 ein, so folgt daraus $\varepsilon = -v\gamma$.

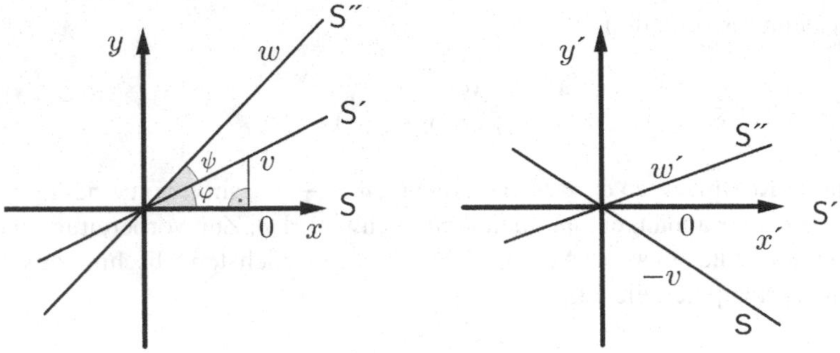

Abb. 3.2 (**a**) Die Steigungen der x-Achsen der Koordinatensysteme S, S′ und S″ relativ zu S sind 0, v und w. (**b**) Bezüglich S′ sind es die Steigungen $v' = -v$, 0 und w'. Das Transformationsgesetz, mit dem man eine bezüglich S gegebene Steigung u einer allgemeinen Geraden in ihre Steigung u' bezüglich S' umrechnet, ist Gl. 3.6. (R. Rupp)

Die x-Achse hat bezüglich S′ die entgegengesetzte Steigung $u' = -v$. Ihre Steigung bezüglich S ist verständlicherweise wieder $u = 0$. Setzt man diese Werte wiederum in Gl. 3.6 ein, so erhält man $\alpha = \gamma$.

Mit der Abkürzung $h = \delta/\gamma$ ergibt sich also

$$u' = \frac{u - v}{1 + h(v)u} \tag{3.7}$$

als Transformationsgleichung der Steigungen bezüglich der beiden Koordinatensysteme. Für Gl. 3.7 soll daran erinnert werden, dass sowohl $\delta = \delta(v)$ als auch $\gamma = \gamma(v)$, wie oben erwähnt, Funktionen der relativen Steigung v sind und somit ist es auch $h = h(v)$.

Als letzte Aufgabe verbleibt, noch die Funktion $h(v)$ zu bestimmen. Dazu betrachtet man ein weiteres Koordinatensystem S″, dessen Achsen eine Steigung w relativ zu S haben. Eine Steigung u bezüglich S transformiert sich analog zu Gl. 3.7 zur Steigung

$$u'' = \frac{u - w}{1 + h(w)u} \tag{3.8}$$

bezüglich S″. Setzt man nun in Gl. 3.7 die Steigung $u = w$ ein, ergibt sich die Steigung w' von S″ relativ zu S′, und wenn man in Gl. 3.8 die Steigung $u = v$ einsetzt, ergibt sich die Steigung v'' von S′ relativ zu S″. Diese beiden Steigungen sind gerade entgegengesetzt gleich, d. h., es ist $v'' = -w'$. Somit gilt

$$\frac{w - v}{1 + h(v)w} = -\frac{v - w}{1 + h(w)v}.$$

Daraus folgt $h(v)w = h(w)v$. Da diese Beziehung für beliebige v und w zu gelten hat, muss die Funktion h eine lineare Funktion der Form $h(v) = Kv$ mit einer noch zu bestimmenden geometrischen Konstanten K sein. Damit ist nun auch der Koeffizient

$$\delta(v) = Kv\gamma(v) \tag{3.9}$$

durch die Funktion γ ausgedrückt und das Gesetz

$$u' = \frac{u - v}{1 + Kuv} \tag{3.10}$$

ermittelt, wie sich die Steigungen bezüglich zweier äquivalenter Bezugsrahmen S und S′ transformieren, wenn die Achsen von S′ relativ zu S die Steigung v haben. Setzt man die Koeffizienten in Gl. 3.1 ein, so erhält man die zugehörigen Gleichungen für die Koordinatentransformationen:

$$x' = \gamma(v)(x + Kvy) \tag{3.11}$$

$$y' = \gamma(v)(y - vx) \tag{3.12}$$

Die Steigung ist das Verhältnis von Gegenkathete und Ankathete eines rechtwinkligen Dreiecks. Für den euklidischen Raum wurde dieses Verhältnis von Abu I-Wafa als Funktion des Winkels φ der Gegenkathete tabelliert (Abschn. 2.1.4). Das ist die Tangensfunktion. Für das in Abb. 3.2 gezeigte Dreieck mit der Steigung v ist

$$v = \tan\varphi.$$

Gemäß dem Additionstheorem

$$\tan(\psi + \varphi) = \frac{\tan\psi - \tan\varphi}{1 + \tan\psi\tan\varphi}, \tag{3.13}$$

der Tangensfunktion transformieren sich Steigungen gemäß

$$u' = \frac{u - v}{1 + uv}. \tag{3.14}$$

Vergleicht man dies mit Gl. 3.10, erkennt man, dass der euklidische Raum sich durch $K = 1$ auszeichnet.

Setzt man in Gl. 3.11 $y = 0$, dann lautet die Transformationsgleichung $x' = \gamma(v)x$. Sie kann nicht von der Richtung der Drehung bzw. dem Vorzeichen der Steigung abhängen. Folglich ist $\gamma(v) = \gamma(-v)$. Wenn man nun noch eine Drehung um einen Winkel φ (Hintransformation) und eine darauf folgende Drehung um den Winkel $-\varphi$ (Rücktransformation) betrachtet (die insgesamt eine identische Transformation ergeben muss), dann ergibt sich nach kurzer Rechnung (ein Zwischenschritt ist Gl. 3.47), dass

$$\gamma(v) = \frac{1}{\sqrt{1 + v^2}}. \tag{3.15}$$

Damit ist die Koordinatentransformation für gedrehte Bezugsrahmen im euklidischen Raum hergeleitet.

Mit

$$\gamma(\varphi) = \frac{1}{\sqrt{1 + \tan^2 \varphi}} = \cos \varphi,$$

erhält man schließlich die Koordinatentransformation in der bereits in Abschn. 3.1.1 abgeleiteten Form:

$$\begin{aligned} x' &= \cos\varphi\, x + \sin\varphi\, y, \\ y' &= -\sin\varphi\, x + \cos\varphi\, y \end{aligned} \tag{3.16}$$

Sie geht also aus zwei Voraussetzungen hervor, nämlich dass gedrehte Bezugsrahmen äquivalent sind und dass der Raum euklidisch ist.

Durch Quadrieren kann man leicht nachrechnen, dass aus den Transformationsgleichungen (Gl. 3.11 und 3.12) folgt, dass

$$x'^2 + y'^2 = x^2 + y^2. \tag{3.17}$$

Man bezeichnet die Summe der Koordinatenquadrate als Invariante, weil sie unabhängig vom Bezugsrahmen stets den gleichen Wert hat. Sie ist keine relative, d. h. beim Wechsel des Bezugsrahmens sich verändernde Größe, sondern eine absolute Größe, d. h. eine Größe, die für alle Bezugsrahmen gleich ist. Im vorliegenden Fall bezeichnet man die Invariante $l = \sqrt{x^2 + y^2}$ als *Länge*.

3.2 Zeit

Tempus æquabiliter fluit. Die Zeit verfließt gleichförmig. (Newton, 1687)

Die Zeit ist homogen.

Genauso wie das Postulat über die Homogenität des Raums ist auch das Newtonsche Postulat über die Homogenität der Zeit eine metaphysische Zuschreibung. Sie drückt die Überzeugung der Physiker aus, dass es Gesetzmäßigkeiten gibt, die zu Lebzeiten der Pharaonen oder Dinosaurier genauso galten, wie sie auch in einer Million Jahren, und auch dann noch gelten werden, wenn unsere Sonne längst erloschen sein wird. Wer an die Homogenität der Zeit glaubt, der glaubt daran, dass Vorgänge unter sonst gleichen Bedingungen jederzeit in gleicher Weise ablaufen, unabhängig davon, wann sie gestartet wurden. Zugespitzt könnte man sogar sagen: Aus dem Glauben an das ewige Leben der physikalischen Gesetze und Naturkonstanten zieht man die Berechtigung, die in den letzten 400 Jahren aufgefundenen physikalischen Gesetze bis zum Urknall extrapolieren zu dürfen, also auf 14 000 000 000 Jahre hinaus.

3.2.1 Uhren

Geräte zur Messung der *Dauer* eines Vorgangs heißen *Uhren.* Die besondere Bedeutung des Postulats von der Homogenität der Zeit liegt darin, dass es die Grundlage für die Definition von *Uhren* ist. Alle Verfahren zur Messung der Dauer eines Vorgangs beruhen auf der Annahme, dass es nicht darauf ankommt, wann der Vorgang gestartet wurde. Hat man z. B. mehrere Kerzen, die genau gleich lang sind, den gleichen Docht und Durchmesser haben und aus demselben Material bestehen, dann ist deren Brenndauer unter gleichen Bedingungen (gleiche Luftzusammensetzung, gleicher Luftdruck usw.) gleich lang, und zwar – wegen des Newtonschen Postulats von der Homogenität der Zeit – egal, wann sie angezündet wurden. Die Brenndauer hängt nicht vom Zeitpunkt ab, wann der Vorgang gestartet wurde.

Im Sinne des Wiener Philosophen Ernst Mach ist die Messung der Zeit ein Vergleich der Änderung der Zustände eines Dings gegen jene eines anderen (Mach, 1883). Bei der „Kerzen-Uhr" werden die Zustände der Kerze als Maß der Dauer mit jenen eines Objekts verglichen, die sich während der Dauer der Beobachtung ändern (oder auch nicht).

Wenn die Dauer eines interessierenden Vorgangs länger als die Brenndauer T einer einzelnen Kerze ist, kann man eine gerade abgebrannte Kerze sofort durch eine neue ersetzen. Man kann so eine periodisch laufende Uhr hinbekommen. Wie in Abb. 3.3 skizziert, wird die Zeit dann in Zeiteinheiten T von abgebrannten Kerzen gemessen. In der Natur lassen sich Phänomene finden, die von sich aus periodisch oder näherungsweise periodisch sind. Ein Beispiel ist der Umlauf der Erde um die Sonne, der dem Umlauf der Sternbilder entspricht und das periodische Phänomen der Jahreszeiten hervorruft. Ein weiteres Beispiel ist die Rotation der Erde mit der Periode von 24 h, welche der Rotation der Fixsternsphäre entspricht. Tatsächlich gehörte es bis 1967 zu den vornehmsten Aufgaben der Astronomie, durch genaue Beobachtung der Drehung der Erde gegen den Fixsternhimmel die Zeiteinheit *Sekunde* zu definieren.

Für technisch-praktische Uhren wählt man oft exakt periodische Vorgänge, wie sie bei Pendeln, Schwingquarzen oder atomaren Übergängen auftreten. Letzteres ermöglicht die Realisierung der derzeit genauesten Uhren, der *Atomuhren.* Die Basiseinheit

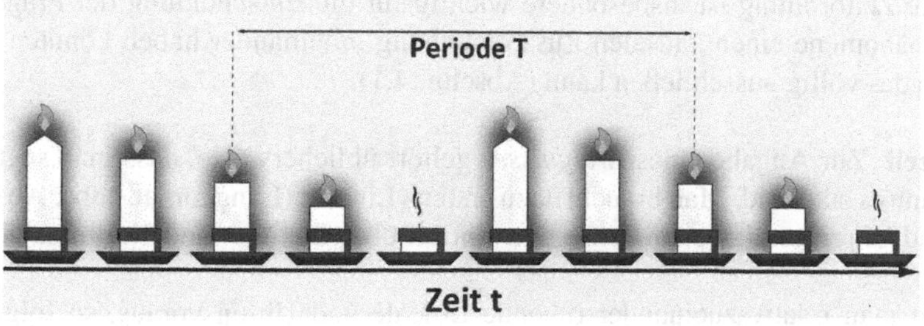

Abb. 3.3 Die Kerzenlänge als Zeitmaß. (H. Hartl/R. Rupp)

der Zeit t ist die Sekunde:

$$[t] = \text{Sekunde} = \text{s}$$

Sie wird heute durch Atomuhren realisiert, welche auf einem bestimmten Energieübergang eines bestimmten Cäsiumisotops beruhen.

Zeitordnung Nehmen Sie an, dass Sie die Kopie eines Videos erhalten, das die Bewegung eines Pendels aufgezeichnet hat. Ihnen wird nun gesagt, dass man mit dem Originalvideo ein wenig herumgespielt hat, es mal in der einen wie in der anderen Richtung abgespielt, und beim Aufzeichnen der Kopie nicht aufgepasst hat, von welchen der beiden Fälle man bei der Aufzeichnung der Kopie abgefilmt hat. Wie können Sie herausfinden, ob die Kopie den Vorgang in der korrekten Zeitrichtung oder in der umgekehrten zeigt?

Das wird Ihnen leichtfallen, wenn Sie eine Abnahme der Schwingungsamplitude feststellen können. Wenn Sie diese aber innerhalb der Abspieldauer des Videoclips nicht feststellen können, dann können Sie die Frage der Zeitrichtung nicht entscheiden. Wenn auf dem Video neben dem Pendel aber eine brennende Kerze zu sehen ist und diese innerhalb der Videosequenz sichtlich abbrennt, dann können Sie wiederum leicht entscheiden, was die korrekte Abspielrichtung ist. Das Abbrennen der Kerze ist ein irreversibler Vorgang, bei dem die Kerze während des Brennens kleiner wird. Wenn man mehrere Kerzen beobachtet, von denen man nicht weiß, wann sie angezündet wurden, so gilt für alle, dass sie während des Brennvorgangs kleiner werden. Noch nie ist der Fall beobachtet worden, dass eine davon durch den Brennvorgang wächst. Hier besteht ein grundsätzlicher Unterschied zwischen einem idealen Pendel und einer Kerze. Beim Pendel wird die Amplitude mal kleiner, aber sie wächst auch wieder an. Im Idealfall mag der Vorgang sogar tatsächlich periodisch und reversibel sein. Bei der brennenden Kerze beobachtet man hingegen ausschließlich eine Abnahme ihrer Länge. Der Vorgang ist irreversibel. *Erst irreversible Vorgänge definieren eine Zeitordnung* bzw. eine Richtung für den zeitlichen Verlauf von Naturvorgängen. Sie gestatten uns zu beurteilen, was Vergangenheit ist und was Zukunft. Eine zeitliche Reihung („... vor ... nach ..." oder „... früher ... später ...") ist nur möglich durch Vergleich mit irreversiblen Vorgängen, d. h. Vorgängen, bei denen jeder Zustand nur einmal eingenommen wird. Das schließt periodische Vorgänge aus. Die Zeitordnung ist insbesondere wichtig für die Entscheidung der Frage, ob zwei Phänomene einen kausalen Zusammenhang miteinander haben könnten oder ob man das völlig ausschließen kann (Abschn. 4.1).

Lokalzeit Zur Angabe eines *Ereignisses* gehört üblicherweise, dass man sagt, wo und wann es stattfand. Man braucht dazu erstens Lineale (Längenmaßstäbe, Abschn. 1.3) und Uhren und zweitens eine Konvention über Bezugs- und Koordinatensysteme.

Setzt man relativ zueinander ruhende Lineale und Uhren voraus, so folgt aus dem Postulat der Homogenität von Raum und Zeit, dass sie überall und zu jeder Zeit gleichartig realisiert werden können, denn sie sind ja nur an relativ zueinander verschobenen Orts- bzw. Zeitpositionen realisiert worden, an denen die gleichen physikalischen Gesetze gelten. Für die nachfolgenden Überlegungen wird von einem postulatgemäß zulässigen Bezugssystem ausgegangen, bei dem überall ruhende baugleiche Lineale und Uhren vorliegen.

Nicht nur jede Positionsangabe, sondern auch jede Zeitangabe stellt (wegen der Homogenität der Zeit) eine Angabe *relativ* zu einem Referenz- oder Bezugspunkt dar. Referenzereignisse für die Zeitkoordinate kann man zunächst einmal nur lokal festlegen. Für einen Ort B wie Bethlehem gibt man die lokale Zeit beispielsweise relativ zum fiktiven Geburtszeitpunkt von Jesus Christus an und am Ort C wie Chongju in Nordkorea relativ zum fiktiven Geburtszeitpunkt von Kim Il-Sung. Um zu verdeutlichen, dass die Zahlenwerte der Zeitkoordinate von einer willkürlichen lokalen Vereinbarung über den Zeitnullpunkt abhängen, werde ich vorläufig jeder Zeitangabe ein in eckigen Klammern angegebenes Ortsetikett hinzufügen. Die Zeitkoordinate der in Bethlehem stattfindenden Ereignisse ist also die Jesus-Zeit $t[B]$ relativ zum Referenzereignis am Ort B und die Zeitkoordinate in C die Kim-Zeit $t[C]$. Obwohl die Homogenität des Raums garantiert, dass man an beiden Orten Uhren mit identischem Gang bauen kann, wird ein Bewohner von C nichts mit der Angabe der Zeitkoordinate eines Ereignisses in B anfangen können, weil die Referenzereignisse unterschiedlich sind.

3.2.2 Einsteinsche Uhrensynchronisation

Was es bedeuten soll, dass zwei am gleichen Ort auftretende Ereignisse gleichzeitig stattfinden, ist trivial. Was es jedoch bedeuten soll, dass zwei Ereignisse an unterschiedlichen Orten gleichzeitig stattfinden, ist wegen der Willkürlichkeit der lokalen zeitlichen Referenzereignisse bis hierhin nicht geklärt.

Das Einstellen von Uhren auf den gleichen Zeitnullpunkt nennt man *Synchronisation*. Albert Einstein hat aufgezeigt, wie man für Uhren, die sich an unterschiedlichen Orten befinden, eine Synchronisation durchführen kann, und damit dem Begriff der *Gleichzeitigkeit zweier Ereignisse* einen klaren physikalischen Sinn verliehen. Das Besondere an seinem Synchronisationsverfahren ist, dass es sich ausschließlich auf die zuvor formulierten Hypothesen über Raum und Zeit stützt und sonst keine weiteren Annahmen einfordert. Die Einstein-Synchronisation ist allerdings an die Voraussetzung geknüpft, dass die Uhren relativ zueinander ruhen müssen. Über sich relativ zueinander bewegende Uhren können wir – außer der trivialen Feststellung, dass sie sich wegen der Isotropie des Raums für entgegengesetzte Bewegungsrichtungen gleich verhalten müssen – erst einmal gar nichts sagen.

Um die Grundidee der Einstein-Synchronisation zu verstehen, betrachten wir eine Reise von Albert (A), die aus einem Hinweg von Bethlehem (B) nach Chongju (C) bzw. von B nach C besteht und aus einem Rückweg, der A auf genau dem gleichen Weg von C nach B führt, also in die entgegengesetzte Richtung. Albert reist zur Zeit $t_0[B]$ aus B ab (0 = Startereignis). Er trägt diese Uhrzeit in sein Reisetagebuch ein und vermerkt durch die eckige Klammer [B] mit dem Ortsetikett B, dass sie auf der lokalen Uhr in Bethlehem abgelesen wurde. Als Albert in Chongju ankommt, zeigt die dortige Uhr gerade $t_1[C]$ in Kim-Zeit (1 = Ereignis von Alberts Ankunft in Nordkorea). Albert notiert sich auch diese Kim-Zeit in sein Reisetagebuch und reist umgehend zurück. Es ergebe sich nun, dass Albert zur Zeit $t_2[\mathrm{B}]$ wieder zum Ausgangsort B zurückkehrt (2 = Rückkehrereignis) und dass Hin- und Rückweg – abgesehen von der unterschiedlichen Richtung – gleich verlaufen sind (wie man das nachprüfen kann, wird gleich erklärt). Wegen der Homogenität der Zeit und der Isotropie des Raums ist die Dauer der Hinreise gleich der Dauer der Rückreise und durch

$$\Delta t = \frac{1}{2}\left(t_2[\mathrm{B}] - t_0[\mathrm{B}]\right) \tag{3.18}$$

gegeben. Dadurch ist das Ereignis von Alberts Ankunft in Chongju sowohl aus der Notiz in seinem Reisetagebuch in Kim-Zeit bekannt als auch durch die Zeitkoordinate $t_1[\mathrm{B}] = t_0[\mathrm{B}] + \Delta t$ in B-Zeit. Infolgedessen können beide Uhren synchronisiert werden (indem man z. B. einen Boten per Reisekamel nach Nordkorea schickt, der diese Informationen überbringt). Von nun an dürfen wir für jeden Ort voraussetzen, dass sich Zeitangaben auf die gleiche Zeitkoordinate beziehen. Das für die Unterscheidung der lokalen Zeiten benötigte Symbol (eckige Klammer mit Orts-Etikett) kann nunmehr entfallen. Relativ zu einem Bezugssystem S kann man sich von nun an auf die gleiche *Systemzeit t* beziehen, die auf den synchronisierten Uhren abgelesen werden kann. Voraussetzung für das Verfahren der Einstein-Synchronisation ist, und das soll hier noch einmal ausdrücklich betont werden, dass die Uhren relativ zum Bezugsrahmen und damit relativ zueinander ruhen. Der Begriff der *Gleichzeitigkeit* zweier Ereignisse, die an unterschiedlichen Orten B und C stattfinden, erhält erst durch Albert Einsteins Uhrensynchronisation einen konkreten Sinn: Die Gleichzeitigkeit zweier räumlich getrennter Ereignisse ist dadurch definiert, dass sie auf den beiden am jeweiligen Ort der Ereignisse befindlichen synchronisierten Uhren zur gleichen Uhrzeit (Systemzeit) stattfinden.

Die noch offene Frage ist, wie man feststellen kann, ob der Hin- und Rückweg gleich verlaufen sind. Dazu denken wir uns den Weg von B nach C in ausreichend kleine Teilstrecken eingeteilt und geben Albert eine Taschenuhr mit. Hin- und Rückrichtung sind genau dann gleich verlaufen, wenn er für jede Teilstrecke auf der relativ zu ihm in Ruhe befindlichen Taschenuhr die gleiche Zeitdifferenz in der einen wie der entgegengesetzten Richtung abliest. Diese Prüfung kann man beliebig verfeinern, indem man immer kleinere Teilstrecken wählt. Wichtig ist, dass das Prüfverfahren nichts anderes ausnutzt als die Tatsache, dass der Gang der bewegten Uhr von der *Richtung* der Bewegung unabhängig ist (!), und das ist wegen der vorausgesetzten Isotropie des Raums der Fall. Der Betrag der Relativgeschwindigkeit selbst geht in das Prüfverfahren nicht ein!

3.3 Differentialrechnung (M1)

In diesem Abschnitt werden einige mathematische Hilfsmittel aus der Analysis zur Differentialrechnung vorgestellt, die im Folgenden benötigt werden.

Die *Ableitung*

$$f'(x_0) = \frac{df}{dx}(x_0) = \lim_{\Delta x \to 0} \frac{f(x_0 + \Delta x) - f(x_0)}{\Delta x} \tag{3.19}$$

beschreibt die Änderung $df = f'(x)dx$ einer von der Variablen x abhängigen Funktion $f(x)$ im Punkt x_0. Wonach abgeleitet wird, geht gewöhnlich aus dem explizit angegebenen Argument hervor. Wenn jedem Punkt $x = x_0$ der Funktionswert $f'(x_0)$ zugeordnet wird, liegt die Ableitungsfunktion $f'(x)$ vor. Wenn man vom *Differenzieren einer Funktion* spricht, dann meint man, dass man die *Ableitung einer Funktion* bildet.

Für die Linearkombination zweier Funktionen f und h kann man leicht nachrechnen, dass

$$[\alpha f(x) + g(x)]' = \alpha f'(x) + g'(x) \quad \text{(Linearität)} \tag{3.20}$$

gilt, wobei α hier eine Konstante sein soll. Für ihr Produkt gilt[2]

$$[f(x)g(x)]' = f'(x)g(x) + f(x)g'(x) \quad \text{(Produktregel).} \tag{3.21}$$

Wenn das Funktionsargument (x) sowieso klar ist, lässt man es manchmal weg, um die Formel besser lesbar zu machen. Für Gl. 3.21 schreibt man dann kurz gefasst $(fg)' = f'g + fg'$.

Berechnet man zuerst $g(x)$ und setzt den resultierenden Wert als Argument in die Funktion f ein, so bezeichnet man diese aufeinanderfolgende Ausführung der Funktionen als Verkettung und notiert sie mit dem Verkettungssymbol „$\circ$“: $(f \circ g)(x) = f(g(x))$. Für ihre Ableitung gilt[3]

$$(f \circ g)'(x) = f'(g(x))g'(x) \quad \text{(Kettenregel).} \tag{3.22}$$

Beispiel 3.1

Für die Funktion $f(x) = x^n$ mit einer natürlichen Zahl n ergibt die Produktregel $(x^n)' = (x^{n-1})'x + x^{n-1} = (x^{n-2})'x^2 + x^{n-1} + x^{n-1} = \ldots$ usw. Nach n Schritten erreicht man $(x^0)' = 0$. Folglich gilt $(x^n)' = nx^{n-1}$. Für jede rationale Zahl q gibt es eine ganze Zahl m, so dass qm ganzzahlig ist. Dann folgt durch Anwendung der Kettenregel: $((x^q)^m)' = m(x^q)^{m-1}(x^q)'$, und andererseits ist $((x^q)^m)' = qmx^{qm-1}$. Daraus folgt für jede rationale Zahl q:

---

[2] $(f(x)g(x))' = \lim_{\Delta x \to 0} \frac{f(x+\Delta x)g(x+\Delta x) - f(x)g(x)}{\Delta x}$. Wegen $f(x+\Delta x)g(x+\Delta x) - f(x)g(x) = f(x+\Delta x)g(x+\Delta x) - f(x+\Delta x)g(x) + f(x+\Delta x)g(x) - f(x)g(x) = f(x+\Delta x)[g(x+\Delta x) - g(x)] + [f(x+\Delta x) - f(x)]g(x)$ folgt dann $(fg)' = f'g + fg'$.

[3] $(f \circ g)'(x) = \lim_{\Delta x \to 0} \frac{f(g(x+\Delta x)) - f(g(x))}{\Delta x} = \lim_{\Delta x \to 0} \left(\frac{f(g(x+\Delta x)) - f(g(x))}{g(x+\Delta x) - g(x)} \frac{g(x+\Delta x) - g(x)}{\Delta x} \right)$ $= f'(g(x))\, g'(x)$

$$(x^q)' = qx^{q-1}. \tag{3.23}$$

◀

Beispiel 3.2

Für die Gleichung $f(x)/f(x) = 1$ verwenden wir der Übersicht halber wieder die Kurzschreibweise $f/f = 1$, bei der das Funktionsargument (x) unterdrückt wird. Wir differenzieren die linke und die rechte Gleichungsseite. Dies nennt man oft auch *implizites Differenzieren.* Mit der Produktregel folgt $(f/f)' = f'(1/f) + f(1/f)' = 0$ und somit

$$\left(\frac{1}{f}\right)' = -\frac{f'}{f^2} \quad \text{(Quotientenregel).} \tag{3.24}$$

◀

Beispiel 3.3

Die Umkehrfunktion der Funktion $\sin x$ wird mit $\sin^{-1} x$ bzw. $\arcsin x$ bezeichnet (der Kehrwert wird hingegen mit $(\sin x)^{-1} = 1/\sin x$ bezeichnet). Es ist also $(\sin \circ \arcsin)(x) = \sin(\arcsin x) = x$. Durch Differenzieren beider Seiten der Gleichung nach der Kettenregel ergibt sich $\cos(\arcsin x) \arcsin' x = 1$. Wegen $\cos(\arcsin x) = \sqrt{1 - \sin^2(\arcsin x)}$ folgt für die Ableitung der arcsin-Funktion:

$$\arcsin'(x) = \frac{1}{\sqrt{1 - x^2}}. \tag{3.25}$$

Die Funktion $\arcsin(x)$ ist nur im Bereich $-1 \leq x \leq 1$ definiert. Das beschränkt den Definitionsbereich der Ableitungsfunktion auf $-1 < x < 1$. ◀

Weitere wichtige Ableitungen sind in Tab. 3.1 tabelliert. Die Funktion $\sinh x = (e^x - e^{-x})/2$ ist der Sinus hyperbolicus, die Funktion $\cosh x = (e^x + e^{-x})/2$ der Cosinus hyperbolicus.

Die übliche Kennzeichnung der Ableitung ist der Strich „'“. So macht man das insbesondere, wenn f die Funktion einer Ortsvariablen bzw. Ortskoordinate ist und schreibt für die *Ortsableitung* f'. In der Physik kommen aber oft auch Funktionen

Tab. 3.1 Ableitungen einiger wichtiger Funktionen

Funktion	Ableitung	Funktion	Ableitung
$y = \exp(x) = e^x$	$y' = \exp(x)$	$y = \ln x$	$y' = 1/x$
$y = \sin x$	$y' = \cos x$	$y = \cos x$	$y' = -\sin x$
$y = \sinh x$	$y' = \cosh x$	$y = \cosh x$	$y' = \sinh x$

der Zeit vor. Wenn f eine Funktion der Zeit t ist, dann kennzeichnet man die erste Ableitung einer Funktion $f(t)$ i. Allg. durch einen übergestellten Punkt „˙". Die mit

$$\dot{f}(t) = \frac{df}{dt} \tag{3.26}$$

notierte *Zeitableitung* beschreibt die differentielle Änderung $df = \dot{f}(t)dt$ der Funktion $f(t)$ im Zeitpunkt t.

3.4 Geschwindigkeit und Beschleunigung

Eine Bewegung heißt *geradlinig,* wenn sie auf einer geraden Linie erfolgt. Ein Beispiel ist die Bewegung eines Objekts auf einer geraden Bahn. Synchronisierte Uhren vorausgesetzt, genügt für die Beschreibung der Bewegung neben der Zeitkoordinate t dann eine einzelne Koordinate für die Ortsposition. Entlang der Bewegungsrichtung legen wir die x-Achse eines Koordinatensystems. Die Bewegung eines Objekts kann dann durch seine Koordinate $x(t)$ als Funktion der Zeitvariablen t relativ zu diesem eindimensionalen räumlichen Koordinatensystem beschrieben werden.

Ort-Zeit-Diagramme

Bewegungen kann man so, wie in Abb. 3.4 gezeigt, durch graphische „Fahrpläne" in einem *Ort-Zeit-Diagramm* (x-t-Diagramm) veranschaulichen. In dieses trägt man die bei einer Bewegung beobachteten Ereignisse (d. h. die Punkte mit den *Ereigniskoordinaten* (t, x)) ein. Die dabei entstehenden Kurven bzw. Linien werden als *Weltlinien* bezeichnet. Weltlinie A zeigt an, dass das Objekt trotz voranschreitender Zeit am gleichen Ort verbleibt, d. h., es ist die Weltlinie eines ruhenden Objekts. Eine Bewegung heißt *gleichförmig,* wenn gleiche Streckenabschnitte in gleichen Zeiten zurückgelegt werden. Bei den Weltlinien B und C ist das der Fall. Die *Geschwindigkeit* ist für beide Weltlinien konstant, aber sie ist für C größer als für B, denn im ersten Fall wird eine längere Strecke in der gleichen Zeitspanne zurückgelegt. Eine Bewegung, die nicht gleichförmig ist (Weltlinie D in Abb. 3.4a) oder im x-y-Diagramm keine geradlinige Darstellung hat (Bahnkurve E in Abb. 3.4b), wird als

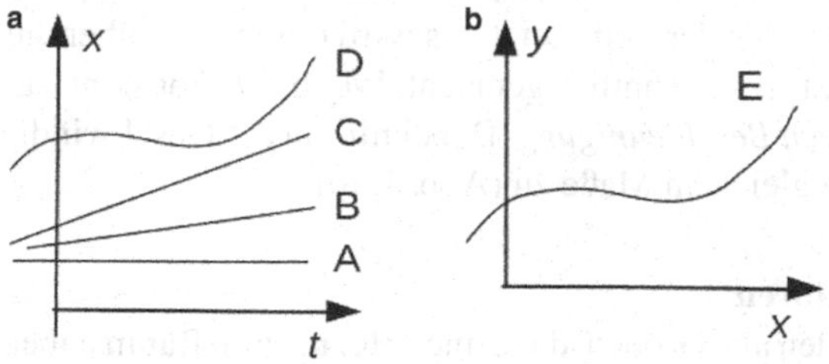

Abb. 3.4 (a) *Weltlinien* im Ort-Zeit-Diagramm für verschiedene Objekte. A ruht. B und C bewegen sich gleichförmig, C schneller als B. D bewegt sich beschleunigt (da nicht gleichförmig). (b) *Bahnkurve* im x-y-Diagramm. E bewegt sich beschleunigt (da nicht geradlinig). (R. Rupp)

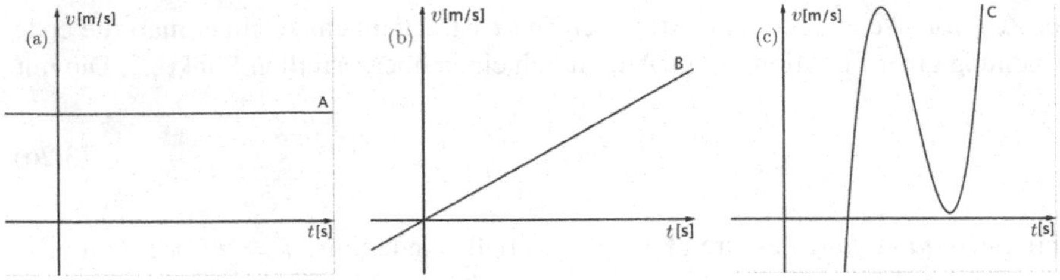

Abb. 3.5 Graphische Darstellung eindimensionaler Bewegungen im v-t-Diagramm: (**a**) gleichförmige, (**b**) gleichförmig beschleunigte und (**c**) allgemeine beschleunigte Bewegung. Pro forma sind hinter der Größenbezeichnung in eckigen Klammern Einheiten angegeben. (B. Pammer/R. Rupp)

beschleunigte Bewegung bezeichnet. Es ist klar, dass die grade genannten Klassifikationen davon abhängen, auf welches Bezugssystem sie bezogen sind, d. h., es sind Klassifikationen *relativ* zu einem bestimmten Bezugssystem.

Momentangeschwindigkeit
Die zeitliche Änderung des Orts eines Objekts, d. h. seine Geschwindigkeit bzw. *Momentangeschwindigkeit*

$$v(t) = \dot{x}(t) = \frac{dx}{dt} \tag{3.27}$$

ergibt sich durch Differentiation der Funktion $x(t)$ nach der Zeit.

Beschleunigte Bewegung
Für eine geradlinige Bewegung entlang der x-Achse kann man das zeitliche Verhalten der Geschwindigkeit durch ein Geschwindigkeits-Zeit-Diagramm (v-t-Diagramm) veranschaulichen. Abb. 3.5a zeigt eine gleichförmige (unbeschleunigte) Bewegung, 3.5b den Spezialfall einer *gleichförmig beschleunigte* Bewegung und 3.5c eine allgemeine beschleunigte Bewegung mit Phasen des Abbremsens und Beschleunigens. Die *Beschleunigung*

$$a(t) = \dot{v}(t) = \ddot{x}(t) = \frac{d^2x}{dt^2} \tag{3.28}$$

ist gleich der ersten Ableitung der Geschwindigkeit und somit gleich der zweiten Ableitung des Orts nach der Zeit. Letzteres wird durch zwei über die Ortskoordinate geschriebene Punkte „¨" kenntlich gemacht. Wenn $a(t)$ konstant ist, spricht man von einer *gleichförmigen Beschleunigung.* Dabei nimmt die Geschwindigkeit in gleichen Zeitabschnitten in gleichem Maße zu (Abb. 3.5b).

Skalare und Vektoren
In der Physik werden alle Größen, die keinen Bezug zum Raum haben und daher auch nicht von Raumtransformationen bzw. einem Wechsel des räumlichen Bezugsrahmens betroffen sind, als *Skalare* bezeichnet. Beispiele für Skalare sind Zeit, Masse, Temperatur oder elektrische Ladung. *Vektoren* im physikalischen Verständnis sind physikalische Größen, die ein sehr spezifisches Transformationsverhalten gegenüber

Raumtransformationen bzw. dem Wechsel des räumlichen Bezugsrahmens zeigen. Ihr Charakteristikum ist, dass sie bei einer Rauminversion (= Punktspiegelung) die Richtung wechseln, wie beispielsweise der Geschwindigkeitsvektor. Im Eindimensionalen ist die aus der Ortskoordinate bestehende Größe x ein Vektor.

Durch Ableitung eines Vektors nach einem Skalar ergibt sich wieder ein Vektor. So ist z. B. $\frac{dx}{dt} = v$ der Geschwindigkeitsvektor und $\frac{dv}{dt} = a$ der Beschleunigungsvektor. Wenn man die Richtung der Bezugsachse umdreht, wechseln sie alle das Vorzeichen, während die Zeitkoordinate t, ein Skalar, von dieser Operation selbstverständlich nicht berührt ist. Daher transformiert sich die Geschwindigkeit gemäß $v \rightarrow -v$. Der Pfeil „$\rightarrow$" symbolisiert hier die Operation der Rauminversion.

Multipliziert man Skalare miteinander, so ist das Resultat ein Skalar (z. B. t^2), denn der Skalar t bleibt von einer Rauminversion unberührt ($t \rightarrow t$). Multipliziert man einen Vektor mit einem Skalar, so bleibt das Ergebnis ein Vektor. Z. B. transformiert sich das Produkt vt gemäß $vt \rightarrow -vt$. Multipliziert man einen Vektor so mit einem Vektor, dass das Ergebnis ein Skalar ist, schreibt man das Produkt mit einem Multiplikationspunkt „$\cdot$" zwischen den beiden Faktoren. Das *Skalarprodukt* $v \cdot a$ der beiden Vektoren Geschwindigkeit v und Beschleunigung a stellt also eine Größe mit dem Transformationscharakter eines Skalars dar. Bei einer Rauminversion geht jeder der beiden Faktoren in sein Negatives über ($v \rightarrow -v$, $a \rightarrow -a$), aber das Ergebnis eines Skalarprodukts bleibt von einer Rauminversion unberührt: $v \cdot a \rightarrow (-v) \cdot (-a) = v \cdot a$. Im Eindimensionalen gilt für das Skalarprodukt zweier Vektoren a und v:

$$v \cdot a = \begin{cases} +|v||a| & \text{bei gleicher Richtung,} \\ -|v||a| & \text{bei entgegengesetzter Richtung.} \end{cases} \tag{3.29}$$

Das Ergebnis ist absolut. Es hängt nur davon ab, welche Richtung die beiden Vektoren *relativ zueinander* haben, und zwar unabhängig davon, welche Bezugsrichtungen für das Koordinatensystem gewählt wurden.

Wenn man testen will, ob eine Gleichung keinen Fehler enthält, überprüft man zuerst, ob die physikalischen Dimensionen beider Gleichungsseiten gleich sind, und anschließend, ob der skalare bzw. vektorielle Charakter beider Seiten übereinstimmt (z. B. indem man untersucht, wie sich die Gleichung unter einer Rauminversion verhält). Durch Inversion ändern beispielsweise alle Terme in Gl. 3.28 ihr Vorzeichen. Es ist somit eine *Vektorgleichung.*

3.5 Spezielle Relativitätstheorie

Die *Spezielle Relativitätstheorie* wurde vor mehr als einem Jahrhundert von *Albert Einstein* entwickelt. Sie befasst sich mit einer speziellen Klasse von relativ zueinander bewegten Bezugssystemen, welche den Voraussetzungen des Relativitätsprinzips von Galileo Galilei genügen. Für diese Klasse von Bezugssystemen beantwortet Einsteins Theorie die Frage, wie die Ereigniskoordinaten für relativ zueinander bewegte Bezugssysteme zu transformieren sind. Bei der Speziellen Relativitätstheorie geht es um den Zusammenhang von Raum und Zeit. Um ihre grundlegenden Ideen möglichst einfach herauszuarbeiten, genügt es daher, zunächst nur räumlich eindimensionale Bewegungen zu betrachten. Die Erweiterung der Kinematik auf den dreidimensionalen Raum erfolgt erst im zweiten Band (s. Band P2). In der von Einstein später entwickelten Theorie der Gravitation, die auch als Allgemeine Relativitätstheorie bekannt ist, ist die Spezielle Relativitätstheorie als Grenzfall enthalten (s. Band P3).

3.5.1 Galileisches Äquivalenzprinzip

Zu den Mitgliedern der Accademia dei Lincei (Abb. 3.6) gehörten viele berühmte Physiker wie Galileo Galilei, Albert Einstein und Enrico Fermi.[4] Galilei hat die bereits in Abschn. 3.1 zitierten Beobachtungen, die er für einen ruhenden Bezugsrahmen schildert, um solche erweitert, die man in Bezugsrahmen machen kann, die sich sowohl geradlinig als auch gleichförmig zueinander bewegen:

> Nun lasst das Schiff sich mit jeder beliebigen Geschwindigkeit bewegen. Wenn die Bewegung gleichförmig und geradlinig ist, werdet ihr bei allen Erscheinungen nicht die geringste Veränderung eintreten sehen. Aus keiner derselben werdet ihr entnehmen können, ob das Schiff fährt oder still steht. Die Fische im Wasser werden sich nicht mehr anstrengen müssen, um nach dem vorangehenden Teile des Gefäßes zu schwimmen als nach dem hinteren. Sie werden sich vielmehr mit gleicher Leichtigkeit nach dem Futter begeben, auf welchen Punkt des Gefäßrandes man es auch legen mag. Auch die Mücken und Schmetterlinge werden ihren Flug ganz ohne Unterschied nach allen Richtungen fortsetzen. Niemals wird es vorkommen, dass sie gegen die dem Hinterteil zugekehrte Wand gedrängt werden, gewissermaßen müde von der Anstrengung, dem schnell fahrenden Schiffe nachfolgen zu müssen. Und doch sind sie während ihres langen Aufenthalts in der Luft von ihm getrennt. Galilei (1632)

Seine Beobachtungen legen nahe, dass jeglicher Vorgang in all jenen Bezugssystemen, die sich in Ruhe oder in gleichförmig-geradliniger Bewegung zueinander befinden, in ununterscheidbar gleicher Weise abläuft. Wir vereinbaren nun, diesen induktiven Schluss als ein grundlegendes Prinzip festzulegen und nennen es *Galileisches Äquivalenzprinzip* bzw. *Relativitätsprinzip*. Es betrifft nicht nur die Physik, sondern alle Naturwissenschaften, also auch Chemie, Astronomie, Biologie usw. (Galilei fand es u. a. durch Experimente mit Fischen!)

Das Relativitätsprinzip klassifiziert Bezugssysteme in solche, die untereinander äquivalent sind, und solche, die es nicht sind. Alle Bezugssysteme, die sich geradlinig und gleichförmig zueinander bewegen, gehören zur selben Äquivalenzklasse, d. h. zur selben *Galilei-Klasse*. Albert Einstein führte für die zu einer bestimmten Galilei-Klasse gehörenden äquivalenten Raum-Zeit-Koordinatensysteme die Bezeichnung „*Galilei-Koordinatensysteme*“ ein (Einstein (1920)). Wir werden sie manchmal auch kurz *Galilei-Systeme* nennen. Relativ zu diesen bewegen sich die Galilei-Systeme

---

[4] Als Opfer der italienischen Rassengesetze hatte Fermi allerdings kein völlig ungetrübtes Verhältnis dazu.

Abb. 3.6 Handschriftliches Faksimile des „Dialogo“, signiert von „Galileo Galilei Linceo“. (Studentische Exkursion d. Univ. Wien zur Academia dei Lincei nach Rom, M. Ziegler/R. Rupp)

anderer Galilei-Klassen folglich entweder nicht geradlinig oder nicht gleichförmig und somit beschleunigt.

Die Kinematik kann nur feststellen, ob sich ein Objekt *relativ* zu einem gewählten Bezugssystem beschleunigt bewegt. Ob sich ein Objekt beschleunigt bewegt oder nicht, hängt von der Wahl der Galilei-Klasse ab, bezüglich der man seine Bewegung beschreibt, und ist damit ein relativer Begriff. Beschleunigte Bewegung in einem absoluten Sinn gibt es nicht!

Relativitätsprinzip
(Galileisches Äquivalenzprinzip)

Bezugssysteme derselben Galilei-Klasse sind relativ zueinander unbeschleunigt. Alle Naturphänomene laufen in ihnen gleich ab. Für einen Beobachter, der relativ zu einem dieser Galilei-Systeme ruht, sind sie ununterscheidbar.

Alle Bezugssysteme derselben Galilei-Klasse sind äquivalent.

3.5.2 Die Postulate der Speziellen Relativitätstheorie

Die Spezielle Relativitätstheorie geht von den bis hierhin besprochenen theoretischen Festlegungen über die physikalischen Begriffe „Raum“ und „Zeit“ aus und verknüpft sie über das Relativitätsprinzip zu einer Theorie der „Raumzeit“. Sie geht also von den folgenden drei Postulaten der Kinematik aus:

1. Homogenität der Zeit
2. Homogenität und Isotropie des Raums
3. Äquivalenz aller Galilei-Systeme einer Galilei-Klasse

Die Physikergemeinde hat beschlossen, ihr Standardmodell der Raumzeit auf diese drei Prinzipien zu gründen. So lange keines dieser drei Prinzipien durch eine empirische Beobachtung falsifiziert werden kann, beanspruchen auch alle Schlussfolgerungen, die sich daraus ergeben, Gültigkeit für die physikalische (reale) Raumzeit. So verrückt uns auch die eine oder andere logische (bzw. mathematische) Folgerung aus dem Modell zunächst erscheinen mag, beispielsweise die Zeitdilation, so bleibt einem schlussendlich nichts anderes übrig, als sie als ein Faktum der realen Welt anzuerkennen.

Da nur eine eindimensionale geradlinige Bewegung betrachtet werden soll, braucht man neben der Zeitkoordinate t nur eine einzige Raumkoordinate, die hier als x-Koordinate bezeichnet sei. Wir wählen irgendeine beliebige Galilei-Klasse aus und versuchen im Folgenden, die Koordinatenbeziehungen zwischen ihren äquivalenten Bezugssystemen herauszufinden. Wovon darf man sich dabei als gesicherte Grundlage leiten lassen?

Für alle äquivalenten Bezugssysteme darf man davon ausgehen, dass sie Raum und Zeit als homogen und den Raum als isotrop beschreiben, denn das Galilei-Prinzip gewährleistet, dass alle Galilei-Systeme gleichwertig sind. Deshalb lassen sich auch Lineale und Uhren nach dem gleichen physikalischen Rezept bauen, und damit sind sie gleich. Diese Feststellung genügt uns. Um die technischen Details brauchen wir uns nicht weiter zu kümmern, also ob man z. B. überall den Durchmesser eines Wasserstoffatoms für die Längeneinheit und die Schwingungsfrequenz der Strahlung eines seiner energetischen Übergänge für die Zeiteinheit heranzieht oder ob man irgendetwas Praktischeres vereinbart. Wir setzen einfach für die nachfolgenden Überlegungen voraus, dass die gleichen (Galilei-Prinzip) Lineale und Uhren in allen Galilei-Systemen existieren, die überall (Homogenität des Raums) und immer (Homogenität der Zeit) baugleich sind, denn wir sind dazu berechtigt: Man kann sie denken, ohne in Widerspruch zu den Postulaten zu geraten. Bei theoretischen Überlegungen oder bei Gedankenexperimenten kommt es nämlich nicht darauf an, ob man tatsächlich eine perfekte technische Lösung vorzeigen oder realisieren kann, sondern nur darauf, ob die gesetzten Postulate sie prinzipiell zulassen. Mit anderen Worten, es ist nicht wichtig, dass man in allen Galilei-Systemen tatsächlich Uhren baut, welche exakt gleich ticken, sondern es ist nur wichtig, dass man aufgrund der Postulate davon ausgehen darf, dass es möglich ist, überall Uhren nach dem gleichen physikalischen Bauplan zu verwirklichen.

Für jedes Galilei-System betrachten wir nun einen Bezugspunkt. Die Bezugspunkte seien die Nullpunkte von daran fixierten Koordinatensystemen (Galilei-Koordinatensysteme (Einstein (1920))). Den Koordinatensystemen wird mit den überall vorhandenen baugleichen Linealen das gleiche Längenmaß verpasst. Im Bezugspunkt sei eine Uhr permanent installiert, d. h., sie soll relativ zum Bezugspunkt ruhen. Von allen nach dem gleichen Bauplan realisierten Uhren, die sich woanders befinden und relativ zum Bezugspunkt ruhen, ist wegen der vorausgesetzten Homogenität des Raums sicher, dass sie im gleichen Takt „ticken". Synchronisiert man sie nach dem Einstein-Verfahren, so ist damit auch der Begriff der Gleichzeitigkeit für relativ zueinander ruhende Uhren klar definiert: Sie zeigen die gleiche Uhrzeit bzw. die gleiche Zeitkoordinate wie die Uhr am Bezugspunkt an. Um das Relativitätsprinzip für die nachfolgenden Überlegungen nutzen zu können, stellen wir nun noch die Forderung auf, dass für alle Bezugssysteme das gleiche Synchronisationsverfahren anzuwenden ist, und wählen hierfür die Einsteinsche Uhrensynchronisation aus. Damit gibt es für jedes Galilei-System eine durch die gleiche Prozedur festgelegte *Systemzeit.* Zwei physikalische Ereignisse an unterschiedlichen Orten sind somit bezüglich dieses Galilei-Systems genau dann *gleichzeitig*, wenn die am Ort des jeweiligen Ereignisses ruhenden synchronisierten Uhren die gleiche Systemzeit anzeigen. Die Frage, ob die Systemzeiten aller Systeme übereinstimmen oder nicht, d. h. die Frage, ob es eine absolute Zeit gibt, können wir nicht entscheiden und lassen sie daher offen.

3.5.3 Transformation der Geschwindigkeit

Die relative Gleichzeitigkeit genügt vollauf, um die Geschwindigkeit zu einem wohldefinierten Begriff zu machen. Die Hypothese einer absoluten Gleichzeitigkeit, wie sie z. B. Newton voraussetzte, braucht man dafür nicht. Damit stehen nun alle Begriffe zur Verfügung, die nötig sind, um in diesem Abschnitt die Frage zu beantworten, nach welchem Gesetz sich Geschwindigkeiten transformieren, wenn man von einem Bezugssystem auf ein anderes dazu äquivalentes Bezugssystem übergeht.

Zu Beginn meiner Erörterung möchte ich erst einmal einige Bezeichnungen und Konventionen erläutern, die nachfolgend verwendet werden:

1. Wir werden über drei äquivalente Bezugssysteme sprechen, die mit S, S′ (gesprochen: „S Strich") und S″ (gesprochen: „S zwei Strich") bezeichnet werden. Die Striche werden hier zwecks Unterscheidung gesetzt. Größen, die relativ zu S angegeben sind, werden ohne Strich angegeben. Für solche relativ zu S′ wird der Strich einmal gesetzt, und für solche bezüglich S″ wird er zweimal gesetzt. Wenn ein Ereignis in den Koordinaten von S beschrieben wird, dann werden die Koordinaten nachfolgend also mit (t, x) bezeichnet, wenn sie bezüglich S′ angegeben werden, mit (t', x') und bezüglich S″ mit (t'', x''). Wenn im Folgenden eine Größe mit einem Strich auftritt, dann ist sie relativ zu S′ zu verstehen. Ist eine Geschwindigkeit im Folgenden z. B. mit u' notiert, so ist sie relativ zum Bezugssystem S′ aufzufassen, ohne dass das von nun an dazugesagt wird.
2. Wenn sich der Bezugspunkt eines Bezugssystems S′ mit einer Geschwindigkeit v relativ zu einem Bezugssystem S bewegt, werden wir die etwas saloppe Formulierung verwenden, dass sich das Bezugssystem S′ mit der Geschwindigkeit v relativ zu S bewegt. Jedes bezüglich S′ ruhende Objekt bewegt sich dann selbstverständlich gleichfalls mit v relativ zu S.
3. Bezugspunkte unterschiedlicher Galilei-Systeme bewegen sich relativ zueinander gleichförmig. Bezüglich S soll der Bezugspunkt von S′ beispielsweise während

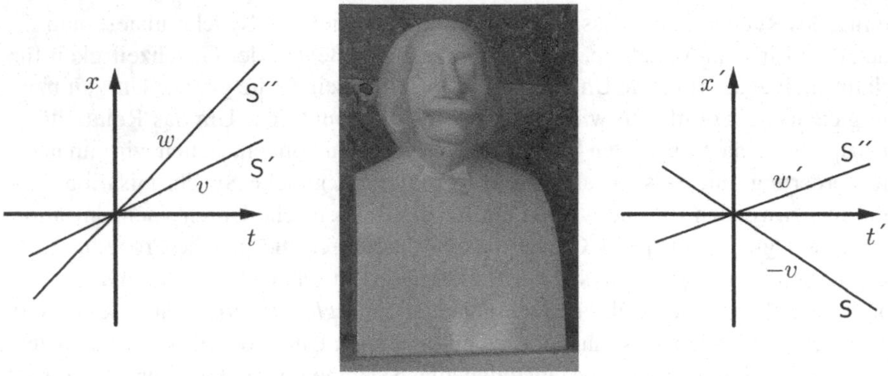

Abb. 3.7 (**a**) Weltlinien des Ursprungs der äquivalenten Bezugssysteme S' und S'' dargestellt in S. (**b**) Büste Albert Einsteins in der Walhalla bei Regensburg. (**c**) Weltlinien des Ursprungs der Galilei-Systeme S und S″ dargestellt in S′. (a,c: R. Rupp. b: Mikhail Chamonine)

einer auf den in S synchronisierten Uhren abgelesenen Zeitspanne Δt eine Distanz zurücklegen, die einer Koordinatendifferenz Δx im System S entspricht. Dann bewegt er sich (bezüglich S) mit der Geschwindigkeit $v = \Delta x/\Delta t$. Abb. 3.7a zeigt ein Beispiel für die Weltlinie seines Bezugspunkts im Raumzeit-Diagramm des Bezugssystems S. Der Bezugspunkt eines anderen, dazu äquivalenten Bezugssystems S″ wird sich i. Allg. mit einer anderen Geschwindigkeit w bewegen und folgt damit einer anderen Weltlinie.

4. Zur Vereinfachung wurde für Abb. 3.7a vorausgesetzt, dass zur Zeit $t = 0$ die Bezugspunkte gerade zusammenfallen, d. h., für die örtliche Ereigniskoordinate gilt $x = x' = x'' = 0$. Wenn die Systemuhren am gleichen Punkt zusammenkommen, dann kann man dem Ereignis der Begegnung der Bezugspunkte der drei Bezugssysteme die gleichen zeitlichen Ereigniskoordinaten $t = t' = t'' = 0$ zuordnen.

Alle Weltlinien äquivalenter Bezugssysteme werden bezüglich S, wie in Abb. 3.7a gezeigt, durch gerade Linien dargestellt. Aufgrund des Äquivalenzprinzips gilt das bezüglich jedes anderen Bezugssystems der gleichen Galilei-Klasse auch. Wenn man daher, wie in Abb. 3.7c gezeigt, die Weltlinien der Galilei-Systeme S und S″ relativ zu S′ aufträgt, so sind das in unserer Weltliniendarstellung ebenfalls gerade Linien.

Fragt man nun nach der Koordinatentransformation $t' = t'(t, x)$ bzw. $x' = x'(t, x)$, mit welcher die Koordinaten bezüglich eines relativ zu S sich mit v bewegenden Systems S′ für vorgegebene Koordinaten bezüglich S zu berechnen sind, dann schränkt die Forderung, dass sich dabei gerade Weltlinien in gerade Weltlinien transformieren müssen (also lineare Beziehungen zwischen Ort und Zeit in ebensolche), die möglichen Transformationen gewaltig ein: Es kann sich nur um lineare Transformationen handeln!

> Die Transformation der Ereigniskoordinaten zweier Bezugssysteme der gleichen Galilei-Klasse ist linear.

Die allgemeinst mögliche Transformation kann man also analog zu Gl. 3.5 durch

$$\begin{aligned} t' &= \alpha(v)\, t + \delta(v) \cdot x\,, \\ x' &= \gamma(v)\, x + \varepsilon(v)\, t \end{aligned} \tag{3.30}$$

beschreiben. Aus Konsistenzgründen sind die Koeffizienten α und γ hierbei Skalare und die Koeffizienten δ und ε Vektoren. Beispielsweise ist in der ersten Zeile die Zeit selbstverständlich ein Skalar, denn sie ändert sich nicht bei einer Rauminversion. Da somit auch der zweite Summand ein Skalar sein muss, x aber ein Vektor ist, muss auch δ ein Vektor sein und ein Skalarprodukt dafür sorgen, dass der Summand insgesamt zu einem Skalar wird. Die vier Koeffizienten hängen selbstverständlich von der Geschwindigkeit v ab, mit der sich S′ bewegt, was hier als Argument explizit kenntlich gemacht wurde. Analog zu Gl. 3.2 folgt mit den Bezeichnungen $u = x/t$ und $u' = x'/t'$ daraus das Gesetz der Geschwindigkeitstransformation:

$$u' = \frac{\gamma(v)u + \varepsilon(v)}{\alpha(v) + \delta(v) \cdot u}$$

Wenn sich ein Objekt mit der Geschwindigkeit $u = v$ bewegt, so muss die Transformationsgleichung $u' = 0$ ergeben. Umgekehrt muss sich für $u' = -v$ die Geschwindigkeit $u = 0$ ergeben. Daraus folgt $\varepsilon = -v\gamma$, $\alpha = \gamma$ und somit

$$u' = \frac{u - v}{1 + h(v) \cdot u}, \tag{3.31}$$

wobei $h(v) = \delta(v)/\gamma(v)$. Aufgrund des Äquivalenzprinzips muss die funktionale Form des Transformationsgesetzes für ein System S″, das sich mit der Geschwindigkeit w relativ zu S bewegt, gleich sein, d. h., es muss gelten:

$$u'' = \frac{u - w}{1 + h(w) \cdot u} \tag{3.32}$$

Wenn man nun in Gl. 3.31 die Geschwindigkeit $u = w$ einsetzt, mit der sich S″ relativ zu S bewegt, erhält man die Geschwindigkeit w', mit der sich S″ relativ zu S′ bewegt. Setzt man in Gl. 3.32 hingegen die Geschwindigkeit $u = v$ ein, mit der sich S′ relativ zu S bewegt, erhält man die Geschwindigkeit v'', mit der sich S′ relativ zu S″ bewegt. Diese beiden Geschwindigkeiten sind entgegengesetzt gleich, d. h., es ist $v'' = -w'$ bzw.

$$\frac{w - v}{1 + h(v) \cdot w} = -\frac{v - w}{1 + h(w) \cdot v}.$$

Analog zu Abschn. 3.1.2 folgt daraus $h(v) = Kv$, wobei K eine skalare Konstante sein muss. Somit gilt

$$\delta(v) = Kv\gamma(v), \tag{3.33}$$

und daraus folgt das *relativistische Gesetz der Geschwindigkeitstransformation:*

$$u' = \frac{u - v}{1 + K u \cdot v} \tag{3.34}$$

Die Raumzeitkonstante c Der Skalar K hat für jedes Bezugssystem einer Galilei-Klasse den gleichen Wert. Anders ausgedrückt: Der Wert von K ändert sich nicht, wenn man von einem Galilei-System zu einem anderen übergeht. Größen, die wie K bei einer Koordinatentransformation zwischen Bezugssystemen unverändert bleiben, bezeichnet man als *Invarianten der Transformation.*

In Abschn. 3.5.1 haben wir festgestellt, dass es in der Kinematik keine absolute Beschleunigung gibt und somit auch keine ausgezeichnete Galilei-Klasse. Die einfachste Annahme, die dem Rechnung trägt, ist, dass alle Galilei-Klassen gleichwertig sind und die Invariante K nicht von der Relativbeschleunigung abhängt. Damit ist sie auch für alle Galilei-Klassen gleich.

Die kinematische Theorie kann zur Frage nach dem Vorzeichen und dem Zahlenwert von K nichts aussagen, aber sehr wohl etwas darüber, wie man K messen kann, wenn man das bis hierhin analysierte kinematische Modell der Raumzeit mit der physikalischen Raumzeit des uns gegebenen Kosmos identifiziert. Dann besagt die Theorie, dass sich K durch Messung von Relativgeschwindigkeiten experimentell ermitteln lässt. Um das klar zu sehen, führen wir zuerst auf der linken und rechten Seite von Gl. 3.34 das Skalarprodukt mit dem Vektor v aus, um aus dieser Vektorgleichung eine Gleichung von Skalaren zu machen. Anschließend löst man die sich ergebende Gleichung

$$v \cdot u' = \frac{v \cdot (u - v)}{1 + K u \cdot v} \tag{3.35}$$

nach K auf:

$$K = \frac{v \cdot (u - v - u')}{(v \cdot u)(v \cdot u')}. \tag{3.36}$$

Was und wie zu messen ist, sagt uns also erst die Theorie! Um K zu bestimmen, muss man somit nur die Geschwindigkeiten u und u' eines Objekts in zwei äquivalenten Bezugssystemen sowie die Relativgeschwindigkeit v dieser Bezugssysteme zu messen. Dabei ist es gleichgültig, welche Galilei-Klasse man sich für die Untersuchung aussucht, denn für alle ergibt sich das gleiche K.

Durch Auswertung von Gl. 3.36 findet man im Bereich der Messunsicherheit für Galilei-Systeme in allen Experimenten

$$K \approx -1 \times 10^{-17}\,\mathrm{s}^2/\mathrm{m}^2.$$

Wir leben also in einer Welt, in der K diesen (negativen) Zahlenwert hat. Es hat sich eingebürgert, einen positiven Skalar

$$c = \sqrt{-1/K} \tag{3.37}$$

einzuführen, der die physikalische Dimension einer Geschwindigkeit hat. Er ist eine der bedeutendsten universellen Konstanten der Natur und wird in diesem Buch als *Raumzeitkonstante* bezeichnet.[5] Der Zahlenwert

$$c \approx 3.00 \times 10^8\,\mathrm{m/s}$$

dieser Naturkonstanten lässt sich über Gl. 3.36 mit beliebigen Teilchen bestimmen, indem man die Geschwindigkeiten u und u' eines Teilchens in zwei äquivalenten Bezugssystemen S und S′ misst, welche eine Geschwindigkeit v relativ zueinander haben: Welche Objekte bzw. Teilchen man heranzieht, um die Experimente durchzuführen und Gl. 3.36 auszuwerten, ist völlig egal und allenfalls eine Frage der messtechnischen Zweckmäßigkeit.

Definition der Längeneinheit Meter Man hat sich inzwischen darauf geeinigt, den Zahlenwert der skalaren Raumzeitkonstanten nicht etwa ausgehend von einem Meternormal (z. B. dem Urmeter) zu messen, sondern durch die Definition

Raumzeitkonstante

$$c = 299792458\,\mathrm{m/s} \tag{3.38}$$

festzulegen. Dann ergibt sich die Längeneinheit *Meter* umgekehrt aus diesem definitorischen Wert der Raumzeitkonstanten c und der in allen Galilei-Systemen identisch durch einen energetischen Übergang eines im jeweiligen System ruhenden Cäsiumatoms definierten Zeiteinheit *Sekunde.* Das Gesetz

$$u' = \frac{u - v}{1 - u \cdot v/c^2} \tag{3.39}$$

[5]Da die Maxwellschen Gleichungen räumliche und zeitliche Ableitungen enthalten, müssen die Begriffe „Raum“ und „Zeit“ bereits geklärt sein, bevor man diese überhaupt formulieren kann. In diesem Buch wird die Theorie der Raumzeit daher auch nicht ausgehend von einem aus den elektromagnetischen Gleichungen hervorgehenden Begriff konstruiert und die Größe c auch nicht als Lichtgeschwindigkeit bezeichnet. Sie hat weder etwas mit Licht zu tun (sie ist eine Größe der Kinematik!), noch ist sie eine Geschwindigkeit (da sie bei Rauminversion nicht das Vorzeichen ändert, ist sie ein Skalar (Gl. 3.37 und 3.42).

der Geschwindigkeitstransformation zieht man heute also umgekehrt zur Darstellung der Einheit Meter heran. Wie man diese operationale Definition in den Eichbüros tatsächlich technisch umsetzt, hängt von der Frage ab, mit welchem Messverfahren und mit welchen Teilchen man die kleinste Messunsicherheit erzielen kann. Man wird Teilchen vorziehen, die eine möglichst hohe Geschwindigkeit haben und experimentell leicht handhabbar sind. Photonen sind eine in dieser Hinsicht günstige, aber keinesfalls zwingende Wahl.

3.5.4 Transformation der Ereigniskoordinaten

Setzt man $\alpha = \gamma$, $\varepsilon(v) = -\gamma(v)v$, sowie $\delta(v) = -\gamma(v)v/c^2$ in die Transformationsgleichungen für die Ereigniskoordinaten (Gl. 3.30) ein, so erhält man

$$t' = \gamma(v)(t - v \cdot x/c^2) \tag{3.40}$$

$$x' = \gamma(v)(x - v\,t). \tag{3.41}$$

Die so angeschriebenen Transformationsgleichungen für Ereigniskoordinaten heißen *Lorentz-Gleichungen* (vgl. mit Gl. 3.11).[6]

Sie wurden 1905 von *Albert Einstein* als grundlegend für die Naturbeschreibung erkannt. Diese Leistung wurde von der Bayerischen Staatsregierung durch Aufstellung einer Büste Einsteins in Walhalla gewürdigt (Abb. 3.7b). Walhalla ist die Ruhmeshalle des deutschen Volks und bezeichnet gemäß der germanischen Mythologie den himmlischen Königssaal Odins. Da ist der Einstein jetzt.

Die bayerische Landeshauptstadt München ist die Stadt der Relativität. Hierhin schrieb Galileo Galilei Briefe an seinen Bruder, den bayerischen Hofkapellmeister Michelangelo Galilei. Hier ging Albert Einstein zur Schule, wurde Friedrich Adler Direktor des Deutschen Museums und verstarb Ernst Mach. Letzterer war Doktorvater von Friedrich Adler und der erste, der die Newtonsche Kinematik vom relativistischen Standpunkt ausgehend grundlegend kritisierte. Friedrich Adler (Österreicher), Albert Einstein (Deutscher) und ihre Ehefrauen Katja Germanitschkaja (Russin) und Mileva Maric (Serbin) lebten in Zürich unter dem Dach des gleichen Hauses. Die vier befreundeten Physiker werden dort nicht nur über Relativitätstheorie debattiert haben, denn 1914 brach der erste Weltkrieg aus. 3000 deutsche Hochschullehrer begrüßten ihn enthusiastisch mit einem nationalistischen Manifest. Einstein hingegen setzte seine Universitätskarriere aufs Spiel und wagte mit drei weiteren Intellektuellen den Protest: Sie unterzeichneten den „Aufruf an die Europäer". Adler war zwar Dozent für theoretische Physik, galt in Physikerkreisen aber auch als durchaus praktisch veranlagt. Er erschoss den österreichisch-ungarischen Ministerpräsidenten Stürgkh, einen der Mitverantwortlichen für den Kriegsausbruch. Adler drohte die Hinrichtung am Würgegalgen. Einstein eilte nach Wien, um die Verteidigung

---

[6] Die Gleichungen wurden von Hendrik Lorentz auf der Grundlage einer heute obsoleten Theorie (Äthertheorie) hergeleitet.

seines Freundes vor Gericht zu unterstützen. Die feine Ironie der Geschichte ist, dass es ausgerechnet Stürgkh war, der den Freund seines Mörders zum Professor für Physik berufen hatte. Es war Einsteins erster Lehrstuhl.

In die Herleitung der mathematischen Form der Lorentz-Gleichungen gehen nur die Homogenität und Isotropie des Raums, die Homogenität der Zeit sowie das Relativitätsprinzip ein. Das waren dann auch schon alle Zutaten. Zweifelt man die Einsteinsche Relativitätstheorie an, so ist das gleichbedeutend damit, dass man Zweifel an einem dieser drei axiomatischen Eckpfeiler der Physik hat, aus denen die Relativitätstheorie logisch zwingend folgt. Wegen ihrer Allgemeingültigkeit ist die Spezielle Relativitätstheorie die *Grundlage jeder anderen naturwissenschaftlichen Theorie.* Aus diesem Grund finden wir den Skalar c unter anderem auch in den grundlegenden Gleichungen des Elektromagnetismus. Historisch hatte Einstein die Spezielle Relativitätstheorie ursprünglich auf ein Postulat über die Lichtgeschwindigkeit gegründet. Mehr als ein Jahrhundert nach seiner epochalen Publikation *„Zur Elektrodynamik bewegter Körper"* hat sich die Sicht auf seine Theorie radikal gewandelt. Unsere heutige Auffassung ist: Die Spezielle Relativitätstheorie hat mit Licht nichts zu tun. Es ist genau umgekehrt. Licht hat mit Relativitätstheorie zu tun! Denn auch das Verhalten von Licht unterliegt den Rahmenbedingungen der Kinematik.

Symmetrische Formulierung der Lorentz-Gleichungen Da c keine Geschwindigkeit ist (mit anderen Worten, kein Vektor, sondern ein Skalar), kann man mit

$$x_0 = ct \tag{3.42}$$

und $x_1 = x$ Koordinaten gleicher physikalischer Dimension einer Länge einführen. Durch diese Einheitenkonversion mit der durch Gl. 3.38 definierten dimensionsbehafteten Konstanten c lassen sich die Lorentz-Gleichungen in der symmetrischen Form

$$x_0' = \gamma(x_0 - v \cdot x_1/c), \tag{3.43}$$

$$x_1' = \gamma(x_1 - v\, x_0/c) \tag{3.44}$$

hinschreiben. Diese Formulierung hat u. a. den Vorteil, dass man sie sich leicht merken kann.

Umkehrtransformation Die Formeln für die Umkehrtransformation, d. h., die Gleichungen für die Berechnung der Koordinaten in S aus jenen in S′, ergeben sich dadurch, dass man die „gestrichenen" und die „ungestrichenen" Größen überall in den Transformationsgleichungen austauscht und $v' = -v$ einsetzt. Mit $\gamma(-v) = \gamma(v)$ erhält man

$$\begin{aligned} t &= \gamma(v)[t' + \tfrac{v}{c^2} \cdot x'], \\ x &= \gamma(v)[x' + vt'] \end{aligned} \tag{3.45}$$

bzw.

$$\begin{aligned} x_0 &= \gamma(v)[x_0' + v \cdot x_1'/c], \\ x_1 &= \gamma(v)[x_1' + v x_0'/c]. \end{aligned} \tag{3.46}$$

Relativität der Gleichzeitigkeit Wir schauen uns die Menge aller Ereignisse an, die in S' an unterschiedlichen Orten, aber zur gleichen Zeit t' stattfinden, d. h. die Menge der bezüglich S' gleichzeitig stattfindenden Ereignisse. Um es einfach zu halten, sei dies der Zeitpunkt $t' = 0$. Aus der Zeittransformation (Gl. 3.40) folgt, dass dann

$$t = v \cdot x/c^2.$$

Das bedeutet aber, dass die Ereignisse in S *nicht mehr gleichzeitig* stattfinden. Für einen Ort, der in S die Koordinate x hat (und somit in S' die Koordinate $x' = x/\gamma(v)$), findet das Ereignis zu einer Zeit statt, die je nach x'- bzw. x-Koordinate unterschiedlich ausfällt, und das heißt eben, dass die Ereignisse nicht mehr zur selben Zeit bzw. nicht mehr gleichzeitig stattfinden. Gleichzeitigkeit ist damit relativ. Ob wir von zwei Vorgängen sagen, dass sie gleichzeitig stattfinden, hängt davon ab, ob man gerade dasjenige spezielle Bezugssystem gewählt hat, in dem das so ist. Relativ zu anderen Galilei-Systemen werden diese Vorgänge i. Allg. nicht als gleichzeitig beschrieben. Verantwortlich dafür ist der in Gl. 3.40 auftretende Beitrag $v \cdot x/c^2$. Wäre er null, dann wären alle Vorgänge gleichzeitig. Wie sich nachfolgend herausstellen wird, hat der Beitrag für den Koeffizienten γ zur Folge, dass dieser keine Konstante sein kann und damit insbesondere nicht gleich 1.

Der Lorentz-Faktor Dieser einführende Band wird sich nicht mit dem Problemkreis der Zeitumkehr-Symmetrie $t \to -t$ befassen. Daher wird γ als positiv vorausgesetzt. Für ein Bezugssystem S$''$, das sich mit der Geschwindigkeit w' relativ zu S$'$ bewegt, lautet die Lorentz-Gleichung für die Zeittransformation

$$t'' = \gamma(w')(t' - w' \cdot x'/c^2).$$

Hier tritt wieder der Summand $w' \cdot x'/c^2$ auf, der für die Relativität der Gleichzeitigkeit verantwortlich ist. Wenn man in diese Gleichung den Spezialfall $w' = -v$ einsetzt, dann hat man die Ereigniskoordinaten wieder auf das ursprüngliche Bezugssystem S zurücktransformiert, und somit ist dann $t'' = t$. In die Gleichung

$$t'' = \gamma(-v)(t' + v \cdot x'/c^2) = t$$

setzt man Gl. 3.40 und 3.41 ein. Zur Vereinfachung tut man das am Besten für $x = 0$ und erhält (mit $v^2 = v \cdot v$)

$$1 = \gamma(-v)\gamma(v)(1 - v^2/c^2)\,. \tag{3.47}$$

Für eine Uhr am Ort $x = 0$ transformiert sich die Zeit gemäß $t' = \gamma(v)\,t$. Das darf natürlich nicht von der Bewegungsrichtung abhängen. Tauscht man daher $v \to -v$

aus, so folgt $\gamma(v) = \gamma(-v)$ und somit (in Analogie zu Gl. 3.15)

$$\gamma(v) = \frac{1}{\sqrt{1 - v^2/c^2}}. \tag{3.48}$$

Die hierdurch definierte Größe γ heißt *Lorentzfaktor*. Aus der Relativität der Gleichzeitigkeit folgt daher aus Konsistenzgründen, dass der Lorentz-Faktor keine Konstante sein kann, sondern gemäß Gl. 3.48 von der Relativgeschwindigkeit zwischen Galilei-Systemen abhängt. Gl. 3.47 ist nur für $v^2 < c^2$ erfüllbar (denn für die Interpretation von Gl. 3.40 als Koordinatentransformation der Zeit muss man für den darin auftretende Faktor γ sinnvollerweise fordern, dass er reell und endlich ist). Daraus folgt:

Der Betrag der Relativgeschwindigkeit äquivalenter Bezugssysteme ist kleiner als c.

Transformation von Zeit- und Ortsintervallen Die Zeitdifferenz zweier Ereignisse A und B sei $\Delta t = t_B - t_A$ bzw. $\Delta t' = t'_B - t'_A$ und ihre Ortsdifferenz $\Delta x = x_B - x_A$ bzw. $\Delta x' = x'_B - x'_A$. Da die Lorentz-Gleichungen (Gl. 3.40) linear sind, gelten sie in gleicher Weise für Zeit- und Ortsintervalle, d. h., es ist

$$\Delta t' = \gamma(v)(\Delta t - v \cdot \Delta x/c^2), \tag{3.49}$$

$$\Delta x' = \gamma(v)(\Delta x - v\,\Delta t). \tag{3.50}$$

3.5.5 Transformation der Beschleunigung

> It used to be argued that it would be necessary to pass to Einstein's general relativity in order to handle acceleration, but this is completely wrong. Penrose (2004)[7]

Um die Gleichung für die Transformation der Beschleunigung herzuleiten, geht man von irgendeinem Bezugssystem S aus. Die Beschleunigung $a = \frac{du}{dt}$ eines Teilchens ergibt sich hier aus der Differenz du der Geschwindigkeit zu einer Zeit t und derjenigen zu einem etwas späteren Zeitpunkt $t+dt$, wobei dt ein differentielles Zeitintervall ist. Nun betrachtet man andere zur Galilei-Klasse von S gehörende Bezugssysteme. Eines davon sei das sich mit der konstanten Geschwindigkeit v relativ zu S bewegende Bezugssystem S'. In S' ist die Beschleunigung $a' = \frac{du'}{dt'}$ des Teilchens analog definiert. Sie ergibt sich aus seiner Geschwindigkeit zu einer Zeit t' und derjenigen zu einer Zeit, die um das differentielle Zeitintervall dt' später liegt.

[7] Roger Penrose erhielt 2020 den Nobelpreis für Physik.

Um den Zusammenhang dieser beiden Beschleunigungen abzuleiten, differenziert man Gl. 3.39 (unter Verwendung der Produktregel (Gl. 3.21) und der Quotientenregel (Gl. 3.24)) zunächst nach dt', so dass auf der linken Seite die Beschleunigung

$$a' = \frac{du'}{dt'} = \frac{1 - u \cdot v/c^2 + (u - v) \cdot v/c^2}{(1 - u \cdot v/c^2)^2} \frac{du}{dt'} \tag{3.51}$$

für das sich mit konstanter Relativgeschwindigkeit v bewegende System S' steht. Mithilfe der differentiellen Version von Gl. 3.49,

$$dt' = \gamma(v)(dt - v \cdot dx/c^2),$$

folgt mit $dx = udt$ schließlich die Transformationsgleichung

$$a' = \frac{1 - u \cdot v/c^2 + (u - v) \cdot v/c^2}{\gamma(v)(1 - u \cdot v/c^2)^3} a. \tag{3.52}$$

Wählt man mit $v = u$ für S' speziell das momentane Ruhesystem des Teilchens, so reduziert sich Gl. 3.52 auf

$$a' = \gamma^3(u)a. \tag{3.53}$$

Dieser Gleichung kann man eine andere Interpretation geben, denn $a = a'/\gamma^3(u)$ kann man als Beschleunigung $a(u)$ eines Teilchens auffassen, das bezüglich S die Geschwindigkeit u hat (entsprechend ist die Beschleunigung a' bezüglich des Ruhesystems gleich derjenigen eines Teilchens mit der Geschwindigkeit $u = 0$ relativ zu S, also gleich $a(0)$). Die Gleichung

$$a(u) = a(0)/\gamma^3(u). \tag{3.54}$$

gibt also die Beschleunigung eines Teilchens als Funktion der Geschwindigkeit u an, die es in einem Bezugssystem S hat. Wenn man das gleiche beschleunigte Teilchen von verschiedenen Bezugssystemen der gleichen Galilei-Klasse aus beobachtet, so ist seine Beschleunigung in demjenigen Bezugssystem kleiner, in dem es den größeren Geschwindigkeitsbetrag hat. Mit anderen Worten: Je schneller es ist, desto kleiner ist seine Beschleunigung.

Dieses experimentell gut bestätigte Faktum wird leider manchmal vom Newtonschen Standpunkt aus interpretiert: Die abnehmende Beschleunigung wird dabei einer mit der Geschwindigkeit zunehmenden Trägheit zugeschrieben bzw. als Zunahme einer dynamischen Masse gedeutet. Das ist falsch. Die Masse ist kein Begriff der Kinematik, sondern der Mechanik (Kap. 4). Von Mechanik ist an dieser Stelle des Buchs aber noch nicht die Rede. Wie die Herleitung von Gl. 3.53 zeigt, ist die mit zunehmender Geschwindigkeit u immer kleiner werdende Beschleunigung $a(u)$ ein lupenreiner *kinematischer Effekt.*

3.5.6 Zeitdilatation

Die Messung der Dauer eines Vorgangs erfordert grundsätzlich zwei Zeitablesungen auf der gleichen Uhr. Will man die Dauer zweier Vorgänge miteinander vergleichen, braucht man also für jeden der beiden zwei Zeitablesungen und somit vier.

Symmetrie zweigleisiger Bahnstrecken Auf einer zweigleisigen Bahnstrecke seien zwei Züge. Ob sie in gleicher oder entgegengesetzter Richtung unterwegs sind oder ob einer davon auf dem Bahngleis stehengeblieben ist, spielt keine Rolle. Für uns genügt zu wissen, dass der Betrag ihrer Relativgeschwindigkeit $|v|$ ist. Die Züge bestehen aus vielen Personenwaggons und noch viel mehr Zugabteilen, in denen die Passagiere sitzen. In jedem Abteil befindet sich eine Uhr. Routinemäßig führt die „Relativistische Eisenbahngesellschaft" zu jeder Fahrt eine Synchronisation aller Borduhren des Zuges nach dem Einstein-Verfahren durch.

Mileva sitzt in einem der beiden Züge und Albert im anderen. Beide sehen die Personenabteile des jeweils anderen Zuges an sich vorbeiziehen und können dabei nicht nur die Zeitangabe der eigenen Uhr ablesen, sondern auch diejenige der Uhr des Abteils, das ihnen momentan gerade gegenüber ist. Als kinematische Beschreibungsbasis wählt Mileva ein Bezugssystem S relativ zu dem ihr Zug ruht: ihr Ruhesystem. Albert wählt ein entsprechendes Bezugssystem S': sein Ruhesystem. Sie sieht seinen Zug mit der Geschwindigkeit $|v|$ an sich vorbei brausen und er ihren Zug mit dem gleichen Geschwindigkeitsbetrag. So lange die Relativgeschwindigkeit konstant ist, gehören die beiden Bezugssysteme zur selben Galilei-Klasse, d. h., es sind Galilei-Systeme derselben Klasse. Daher kann man sich für die weiteren Betrachtungen auf die Lorentzgleichungen stützen.

Wir wollen die nachfolgende Analyse vereinfachen: Erstens erhalten beide eine Reservierungskarte, die sie im örtlichen Nullpunkt ihrer Ruhesysteme platzieren, d. h., es ist $x = 0$ für Mileva und $x' = 0$ für Albert. Zweitens wollen wir annehmen, dass beide Uhren ihrer Abteile im Moment ihrer Begegnung gerade Mitternacht anzeigen, d. h., sie begegnen sich für Mileva um $t = 0$ Uhr, für Albert um $t' = 0$ Uhr. Die beiden Uhren, auf denen diese Ablesungen stattfanden, werden sich im Laufe ihres Uhrenlebens nie wieder begegnen. Sie werden nie wieder ihre Zeit unmittelbar miteinander vergleichen können. Wie traurig.

Dafür kann Alberts Uhr ihre Zeitkoordinate mit vielen anderen fröhlichen Uhren vergleichen, die auf Milevas Zug mit Milevas Uhr synchronisiert worden sind. Alle Ereignisse mit der Ereignisbeschreibung *„Albert vergleicht seine Zeitkoordinate t' mit der Zeitkoordinate t der gerade an ihm vorbeifahrenden Uhr von Milevas Zug"* haben für S die Koordinaten $(t, x) = (t, vt)$ und für S' die Koordinaten $(t', x') = (t', 0)$. Setzt man diese Koordinaten in die Lorentz-Gleichungen

$$t' = \gamma(v)\left(t - \frac{v}{c^2} \cdot x\right) \tag{3.55}$$

$$\text{bzw.} \quad t = \gamma(v)\left(t' + \frac{v}{c^2} \cdot x'\right)$$

ein, so erhält man für beide Galilei-Systeme übereinstimmend das Ergebnis

$$t = \gamma t'$$

(z. B. über $t' = \gamma(v)\left(1 - v^2/c^2\right)t = t/\gamma(v)$). Albert sieht auf der gegenüberliegenden Uhr in Milevas Zug eine um den Faktor γ größere Uhrzeit als er auf seiner eigenen Uhr abliest. Umgekehrt ist das genauso: Für das analoge Ereignis mit der Ereignisbeschreibung *„Mileva vergleicht ihre Zeitkoordinate t mit der Zeitkoordinate t′ der gerade an ihr vorbeifahrenden Uhr von Alberts Zug"* erhält man für alle Galilei-Systeme übereinstimmend das analoge Resultat, dass Mileva auf der gegenüberliegenden Uhr in Alberts Zug eine um den Faktor γ größere Uhrzeit als auf ihrer eigenen Uhr abliest.

Um die Aussage zu illustrieren, sei mal angenommen, dass $\gamma(v) = 3$ ist. Dafür ist eine Geschwindigkeit erforderlich, die nur Züge der oben genannten fiktiven Eisenbahngesellschaft erreichen. Nicht nur für die beiden speziellen Galilei-Systeme, die wir bis hierhin betrachtet haben (die Ruhesysteme von Albert und Mileva), sondern für alle Galilei-Systeme ihrer Galilei-Klasse erhält man übereinstimmend die folgenden beiden Ergebnisse: Zeigt Alberts Uhr 2 Uhr morgens an, fährt er an einer Uhr vorbei, die 6 Uhr morgens anzeigt. Zeigt Milevas Uhr 2 Uhr morgens an, fährt sie ebenfalls an einer Uhr vorbei, die 6 Uhr morgens anzeigt. So muss das auch sein, denn eine physikalische Aussage kann ja nicht davon abhängen, welchen der mathematisch äquivalenten Beschreibungsrahmen man gerade für die Analyse heranzieht.

Aber bedeutet Alberts bemerkenswertes Erlebnis, dass auf den ihm begegnenden Uhren mehr Zeit als auf seiner Uhr verflossen ist? Das wird er aufgrund seiner Beobachtung nie beweisen können. Für einen Vergleich der Dauer, die auf jeder dieser Uhren vergangen ist, fehlt nämlich die zweite Begegnung. Durch die Einsteinsynchronisation ist zwar jede der Uhren von S durch zwei(!) Zeitablesungen mit der gleichen Systemuhr von S verbunden; sie ist aber nur durch eine einzige Zeitablesung mit einer Systemuhr von S' verbunden. Daher ist für Albert auch kein Vergleich des Zeitmaßes möglich. Wenn Mileva um Mitternacht ihren Wecker auf 6 Uhr gestellt hat, dann wird er losrappeln, wenn Albert auf der ihm gerade gegenüber liegenden Uhr die Zeit 6 Uhr abliest, denn beide Ereignisse finden in S gleichzeitig statt. Bezüglich S' sind sie aber nicht gleichzeitig. Das Ereignis der Uhrenbegegnung findet um $t'_1 = 2\,\text{Uhr}$ statt. Setzt man die Ereigniskoordinaten $(t_2, x_2) = (6\,\text{Uhr}, 0)$, zu denen der Wecker bei Mileva rappelt, in die Lorentz-Gleichungen ein, so folgt $t'_2 = \gamma(v)t_2 = 18\,\text{Uhr}$. Ein Abteil von Alberts Zug, welches das Rappeln gerade unmittelbar gegenüber wahrnimmt, wird Albert also mitteilen, dass seine Ehehälfte erst in den frühen Abendstunden aufgestanden ist. So befremdlich diese Resultate Ihnen auch erscheinen mögen: Sie stellen sicher, dass die Feststellungen bezüglich S und S' gleich ausfallen. Ein Widerspruch ergibt sich nicht, denn alle Uhren ihres Zuges sind mit ihrer Uhr synchronisiert worden und alle Uhren seines Zuges mit seiner Uhr. Zwischen den beiden Synchronisationen gibt es aber keine Verbindung, aus der sich ein valider Vergleich von Zeitspannen zwischen beiden Bezugssystemen konstruieren ließe.

Kinematik alleine ist noch keine Physik! Aus den mathematischen Spielregeln für die Umrechnung der Koordinaten des einen Beschreibungsrahmens in den anderen kann nicht quasi aus dem Nichts physikalische Realität entspringen. Außer der Bedingung der logischen Konsistenz brauchen die Lorentz-Gleichungen überhaupt nichts zu erfüllen: Mit Naturereignissen haben sie nichts zu tun.

Begegnung zweier Reisender mit der Realität Wir betrachten nun den Fall, dass Mileva und Albert sich nach einem ersten Treffen voneinander entfernen, umkehren und sich dann zum zweiten Mal treffen. Beide können am Ende des Rundtrips ihre Reisedauer auf mitgeführten Taschenuhren durch zwei Ablesungen auf jeweils derselben Uhr ermitteln und miteinander vergleichen.

Um es für das Verständnis einfach zu halten, betrachten wir einen Bewegungsablauf, der sich von einem Bezugssystem S aus gesehen folgendermaßen darstellt: Mileva bewegt sich zunächst mit konstanter Geschwindigkeit v_1 vom Treffpunkt weg. Zum Zeitpunkt $t = \tau/2$ ändert sie ihre Geschwindigkeit und kehrt mit konstanter Geschwindigkeit $-v_1$ wieder zurück. Albert bewegt sich zunächst mit konstanter Geschwindigkeit v_2 vom Treffpunkt weg. Zum Zeitpunkt $t = \tau/2$ ändert er seine Geschwindigkeit und kehrt mit konstanter Geschwindigkeit $-v_2$ wieder zurück. Beide werden also zum durch den Zeitparameter $t = \tau$ gegebenen Zeitpunkt wieder am Treffpunkt sein, um den spannenden Zeitvergleich auf ihren mitbewegten Taschenuhren durchführen zu können. Von Mileva aus gesehen, entfernt sich Albert und kehrt nach einer Weile wieder zu ihr zurück. Von Albert aus gesehen, entfernt sich aber Mileva und kehrt nach einer Weile wieder zu ihm zurück. Wie schon erwähnt, wurde das Beispiel zur Vereinfachung gerade so gewählt, dass die Reise aus vier Reiseabschnitten besteht, die relativ zu S mit konstanten Geschwindigkeiten v_1, $-v_1$, v_2 und $-v_2$ durchlaufen werden. Daher kann man zur Analyse auf vier Bezugssysteme zurückgreifen, die zur selben Galilei-Klasse wie S gehören, d. h., man kann den Gesamtablauf abschnittsweise mit Hilfe der Lorentzgleichungen analysieren. Für Mileva vergeht die durch t parametrisierte Reisedauer $\Delta t_M = \tau/\gamma(v_1)$ und für Albert die Reisedauer $\Delta t_A = \tau/\gamma(v_2)$. Ist $|v_1| < |v_2|$, dauert der Rundtrip für Mileva länger, und folglich wird Albert beim Wiedersehen jünger als Mileva sein. Das ist insbesondere dann der Fall, wenn $v_1 = 0$, also für den Spezialfall, dass das Bezugssystem S für die ganze Dauer τ des Rundtrips zugleich das Ruhesystem von Mileva war. Für diesen Spezialfall vergeht für jede relativ zu Mileva ruhende Uhr (Kerzen, Katzen, instabile Nuklide und selbstverständlich Mileva selbst, alles ist eine Uhr!) im Vergleich zur Dauer des Rundtrips für Albert mehr Zeit. Dieses Phänomen bezeichnet man als *Zeitdilatation.* Ist $v_1 = v_2$ oder $v_1 = -v_2$, konstatieren beide die gleiche Reisedauer, und somit tritt zwischen Alberts und Milevas Uhren *kein Zeitunterschied* auf.

Alle Vorgänge und Prozesse in Objekten, die relativ zum Bezugssystem S ruhen, laufen schneller ab als wenn sich die Objekte relativ dazu bewegen. Das bedeutet: *die Zeit läuft für bewegte Objekte langsamer ab*! Manchmal betrachtet man die Wirkung auf den Zeigerumlauf von Uhren und formuliert diese Erkenntnis recht anschaulich so: Bewegte Uhren „laufen“ langsamer.

Keines der Ruhesysteme von Mileva oder Albert ist über die Gesamtdauer τ des Rundtrips ein Galilei-System aus der Galilei-Klasse von S, es sei denn, es ist $v_1 = 0$ bzw. $v_2 = 0$. Da über S nichts festgelegt worden ist, hätte man dafür ohne weiteres das Ruhesystem auswählen können, das mit dem ersten Abschnitt der Reise von Mileva zusammenfällt. Der Nachteil dabei ist bloß, dass der Rechenaufwand dann wegen der fehlenden Symmetrie etwas größer ist. Aber egal wie man die Analyse durchführt: Stets ergibt sich das gleiche Resultat! Das Ergebnis der Rechnung ist unabhängig davon, welches der zur gleichen Galilei-Klasse gehörenden Bezugssysteme man sich für die Beschreibung aussucht. Egal an welchem Galilei-System man für die Analyse festhält: Auf die Beschreibungsbasis kommt es einfach nicht an. Sie sind äquivalent! Die physikalische Realität hängt nicht davon ab, welches von mehreren zueinander äquivalenten Bezugssystemen man für die Analyse zugrunde legt: Galilei-Koordinatensysteme sind Koordinatensysteme für die Beschreibung von Abläufen durch Ereigniskoodinaten und mehr nicht. Unsere Untersuchung im Rahmen der Kinematik zeigt auf, dass eine Zeitdilation auftreten *kann* (!). Es zählt zu den Phänomenen, die physikalisch widerspruchsfrei gedacht werden können bzw. die möglich sind (aber nicht notwendigerweise geschehen). Das Phänomen der Zeitdilatation werden wir in Abschn. 4.5.4 am Beispiel des Zwillingsparadoxons wieder aufgreifen.

3.5.7 Ereignisintervalle

Die Größen

$$\Delta s = \sqrt{c^2 \Delta t^2 - \Delta x^2} \quad \text{bzw.} \quad \Delta s' = \sqrt{c^2 \Delta t'^2 - \Delta x'^2} \tag{3.56}$$

bezeichnet man als *Ereignisintervalle.* Ist $c^2 \Delta t^2 - \Delta x^2 > 0$, so handelt es sich um *zeitartige Ereignisintervalle.* Nur diese interessieren uns.

Indem man Gl. 3.49 und 3.50 verwendet und die Zeit- und Ortsintervalle in Gl. 3.56 einsetzt, kann man leicht nachrechnen, dass $c^2 \Delta t^2 - \Delta x^2 = c^2 \Delta t'^2 - \Delta x'^2$ bzw.

$$\Delta s' = \Delta s.$$

Ereignisintervalle haben folglich in allen Galilei-Systemen den gleichen Wert, d. h., sie sind unveränderliche Größen.

Ereignisintervalle sind Invarianten der Lorentz-Transformation.

Aus

$$\Delta t^2 - \Delta x^2 / c^2 = \Delta t'^2 - \Delta x'^2 / c^2 \tag{3.57}$$

erhält man folgende Aussage:

Die Zeitspanne, die zwischen zwei Ereignissen vergeht, ist relativ, d. h., sie hängt vom Bezugssystem ab. Sie fällt bezüglich desjenigen Bezugssystems größer aus, in dem der örtliche Abstand der Ereignisse größer ist, und umgekehrt.

Für ein Objekt, das sich gleichförmig bewegt, gibt es offensichtlich ein Bezugssystem, das von allen dazu äquivalenten Bezugssystemen den kleinsten Zeitabstand zwischen zwei lokalen Ereignissen aufweist, nämlich dasjenige, in dem das Ortsintervall null ist. Sein Zeitabstand kann nicht mehr unterboten werden. Man bezeichnet ihn als *Eigenzeit.* Dieses spezielle Bezugssystem S ist dasjenige, in dem das Objekt ruht, d. h., dass hier $\Delta x = 0$. Bezüglich jedes anderen Galilei-Systems S' bewegt sich das Objekt mit der Geschwindigkeit $\pm v$. Folglich haben die Ereignisse hier den Ortsabstand $\Delta x' = \pm v \Delta t'$ und somit ist $c^2 \Delta t^2 = c^2 \Delta t' 2 - v^2 \Delta t'^2 = (1 - v^2/c^2) \Delta t'^2$. Für jedes andere Galilei-System S' fällt das Zeitintervall

$$\Delta t' = \gamma(v) \Delta t$$

um den Lorentz-Faktor $\gamma(v) = 1/\sqrt{1 - v^2/c^2}$ größer als die Eigenzeit aus. Wenn Sie dieser Aspekt der Geometrie der Raumzeit interessiert, können Sie im Anhang 14.2 etwas mehr darüber erfahren.

3.5.8 Newtonsche Kinematik

Alltagserfahrung mit makroskopischen Objekten spielt sich gewöhnlich in einem Geschwindigkeitsbereich ab, für den $|v| \ll c$ ist. In diesem Grenzfall reduziert sich die Kinematik auf die *Newtonsche Kinematik.* Diese beschäftigt sich nur mit den *Newtonschen Bezugssystemen* einer Galilei-Klasse. Alle Galilei-Systeme einer Klasse, die zu den Newtonschen Bezugssystemen gehören, bewegen sich drelativ zueinander mit $|v| \ll c$. Für sie läuft das Gesetz der Geschwindigkeitstransformation (Gl. 3.39) näherungsweise auf eine einfache Addition

$$u \approx u' + v \tag{3.58}$$

der Geschwindigkeiten hinaus, das Gesetz der *Geschwindigkeitsaddition.*

Wenn man nicht gerade über hochpräzise Messinstrumente verfügt, kann man Gl. 3.55 bei kleinen Relativgeschwindigkeiten durch

$$t' \approx t \tag{3.59}$$

und das Gesetz der Beschleunigungstransformation (Gl. 3.53) durch

$$a' \approx a$$

approximieren. Zeit und Beschleunigung sind in der Newtonschen Kinematik damit keine relativen Begriffe mehr, sondern absolute:

Zeit und Beschleunigung sind für Newtonsche Bezugssysteme gleich!

Das bedeutet insbesondere, dass die Zeit von keinen äußeren Umständen abhängt, d. h., die auf Uhren angezeigte Zeit hängt scheinbar nicht von den Bewegungsumständen der Uhren ab. In der Newtonschen Kinematik spielt es keine Rolle, ob eine Uhr bewegt wird oder nicht. Diese Hypothese besticht zunächst einmal durch ihre Einfachheit. Sie ist auch zulässig, denn sie erfüllt offensichtlich auch das Relativitätsprinzip. Führt es zur richtigen Naturbeschreibung, wenn man von den physikalisch einfachsten der zulässigen Hypothesen ausgeht? Ist das Einfachste zugleich das Richtige?

Überraschenderweise scheint das in der Physik tatsächlich meistens der Fall zu sein. Das liegt aber oft daran, dass man sich dafür entscheidet, sich auf die einfachste Theorie festzulegen, solange sie nicht falsifiziert worden ist. Denn warum soll man sich mit schwierigeren Theorien herumplagen, wenn sie im Rahmen der Messunsicherheit gleich richtig sind, d. h., wenn die schwierigere Theorie nicht mehr leistet als die einfachere? Wenn mehrere Theorien die Fakten erklären, sollte man nach der Auffassung von Heinrich Hertz bzw. Ernst Mach die einfachste und somit denkökonomischste Theorie als die paradigmatische Theorie bzw. als das Standardmodell auswählen (Ockhams Rasiermesser).

Die Newtonsche Hypothese der absoluten Zeit kann man einem experimentellen Test unterwerfen. Beispielsweise kann man eine Taschenuhr mit der Geschwindigkeit v gleichförmig von B nach C und wieder zurück transportieren. Dann sollte die auf der mit Taschenuhr angezeigte Dauer $\tau(v)$ für die Rundreise nach Newton exakt gleich der Dauer $\tau(0)$ sein, die man nach der Rückkehr für die Reise auf der lokalen Standuhr in B abliest.

Mit den experimentellen Möglichkeiten, die zur Zeit von Newton zur Verfügung standen, ergab sich im Rahmen der Messunsicherheit tatsächlich, dass $\tau(v) = \tau(0)$, und dabei blieb es auch für mehr als zwei Jahrhunderte. Für die Newtonsche Kinematik kommt man in Gl. 3.34 also mit $K = 0$ und infolgedessen mit $\gamma(v) = 1$ bequem aus. Das vereinfacht die Kinematik erheblich: Die Newtonsche absolute Zeit macht sowohl die Messung der Geschwindigkeit als auch die Synchronisation von Uhren sehr einfach. Denn wenn die Zeit nicht vom Bewegungszustand abhängt, kann man sie jederzeit auf einer bewegten Uhr ablesen.

So lange die Newtonsche absolute Zeit nicht falsifiziert war, war es auch vernünftig, von ihr auszugehen. Die Newtonsche Kinematik, bei der Raum und Zeit unverbunden nebeneinander stehen, war die ökonomischste der denkbaren Theorien und wurde für Jahrhunderte zum Standardmodell der Kinematik.

4 Mechanik

Im vorangegangenen Kapitel ging es um die Beschreibung von Ereignissen durch Ereigniskoordinaten einer Äquivalenzklasse von Bezugssystemen. Und mehr nicht. Wenn man von der empirischen Festlegung des zunächst freien Parameters c absieht, dann hat das alles mit Physik erst einmal nichts zu tun. Es ist reine Mathematik. Auch die Begrenzung der Geschwindigkeit der Bezugssysteme (s. Folgerung aus Gl. 3.48) durch einen Parameter c ist erst einmal nur eine Konsequenz der Forderung nach mathematischer Konsistenz, aber keine Physik. Ab diesem Kapitel soll es nun endlich um Physik gehen. Wir werden damit beginnen, physikalische Konsequenzen aus dem Galileiprinzip selbst zu ziehen.

Wenn man räumliche Verhältnisse eines Problems darstellen will, wählt man üblicherweise ein kartesisches Koordinatensystem (wie z. B. in Abb. 2.11 und nicht irgendein krummliniges Koordinatensystem. Es vereinfacht viele Überlegungen. Aus einem ähnlichen Grund werden wir für die Darlegung der Mechanik von Galilei-Systemen derselben Galilei-Klasse ausgehen. Ein Galilei-System ist gewissermaßen für den Ereignisraum das, was ein kartesisches Koordinatensystem für den euklidischen Raum ist.

Die Mechanik befasst sich mit der Klärung der Gesetze für Bewegungsänderungen. Um die wesentlichen Konzepte klar herausarbeiten zu können, beschränken wir uns wieder auf eindimensionale Bewegungen. Die Erweiterung auf Bewegungen im dreidimensionalen Raum ist nicht schwierig, soll aber erst später erfolgen (s. Band P2).

4.1 Geschwindigkeit von Wirkungsausbreitungen

Die Kinematik ist die mathematische Metatheorie aller dynamischen Theorien der Physik, so auch der Mechanik und der Elektrodynamik. Daher skalieren auch deren Grundgleichungen mit der Raumzeitkonstante c. Dynamische Theorien befassen sich mit der Übertragung von Wirkungen. Das kann durch ein Signal geschehen,

R. Rupp, *Physik 1 – Eine unkonventionelle Einführung*,
https://doi.org/10.1007/978-3-662-64506-2_4

beispielsweise die Übertragung einer Information, denn man kann einen etwaigen Signalempfänger anweisen, sofort lokal eine Wirkung auszulösen, wenn er das verabredete Signal erhält. Das Absenden des Signals ist die *Ursache* der Wirkung, und die lokale Wirkung nach Eintreffen des Signals ist deren *Folge*. Immanuel Kant hat in seinem Werk *Kritik der reinen Vernunft* dem „Grundsatz der Zeitfolge nach dem Gesetze der Kausalität" einen eigenen Abschnitt gewidmet. Er schreibt darin u. a.:

> Wenn ich also wahrnehme, dass etwas geschieht, so ist in dieser Vorstellung erstlich enthalten, dass etwas vorhergehe, weil eben in Beziehung auf dieses die Erscheinung ihr Zeitverhältnis bekommt, nämlich, nach einer vorhergehenden Zeit, in der sie nicht war, zu existieren. Aber ihre bestimmte Zeitstelle in diesem Verhältnisse kann sie nur dadurch bekommen, dass im vorhergehenden Zustande etwas vorausgesetzt wird, worauf es jederzeit, d. i. nach einer Regel, folgt: woraus sich denn ergibt, dass ich erstens nicht die Reihe umkehren, und das, was geschieht, demjenigen voransetzen kann, worauf es folgt: zweitens dass, wenn der Zustand, der vorhergeht, gesetzt wird, diese bestimmte Begebenheit unausbleiblich und notwendig folge. (Kant (1787))

Die kausale Verknüpfung beinhaltet zweierlei: erstens eine Zeitfolge und zweitens die Behauptung ihrer Notwendigkeit, d. h., dass die Zeitfolge so und niemals anders sei. Uns interessiert hier nur der erstgenannte Aspekt: Ein Ereignis A kann nur dann als Ursache eines Ereignisses B angesehen werden, wenn es dem Ereignis B zeitlich vorangeht. Ereignis B *folgt* auf A und heißt daher die *Folge* B der *Ur-Sache* A. An dieser prinzipiellen Relation einer kausalen Verknüpfung zweier Ereignisse darf sich nichts ändern, wenn man zu einem anderen Galilei-System übergeht, denn sonst wären Galilei-Systeme keine äquivalenten Bezugssysteme mehr.

Es werde also zur Zeit $t = t' = 0$ an der Stelle $x = x' = 0$ ein Signal ausgelöst, das sich von dort bezüglich S mit der Geschwindigkeit u ausbreitet und nach einer Laufzeit Δt eine Wirkung am Ort $x = u\Delta t$ auslöst. Wenn der Zusammenhang kausal ist, tritt die Folge zeitlich später ein, und somit ist Δt positiv. Nach dem Äquivalenzprinzip (!) muss man das für alle Bezugssysteme derselben Galilei-Klasse einfordern, und daher darf auch die Zeitspanne

$$\Delta t' = \gamma(v)(\,\Delta t - v \cdot x/c^2) = \gamma(v)(1 - u \cdot v/c^2)\Delta t, \tag{4.1}$$

die gemäß den Lorentz-Gleichungen bis zum Eintreten der Folge bezüglich S′ verstreichen wird, nicht negativ sein. Bewegen sich Bezugssysteme S′ und Signal in die gleiche Richtung, so ist das Skalarprodukt $u \cdot v = |u||v|$ positiv. Da andererseits Gl. 4.1 für alle $|v| < c$ gelten muss, folgt aus der Kausalitätsforderung somit

$$|u| \le c \quad \text{(Signalgeschwindigkeit)}. \tag{4.2}$$

Die Raumzeitkonstante c ist folglich die größte Geschwindigkeit, mit der sich eine Wirkung ausbreiten kann. Aus dem Kausalitätsprinzip ergibt sich – egal von welcher Art die Wechselwirkung ist – die Forderung:

Wirkungen breiten sich maximal mit c aus. Dabei ist es unerheblich, wie sie übertragen werden (egal, ob durch Signale, Teilchen, Wellen, etc.).

Das ist eine gewaltige Einschränkung dessen, was für die Konstruktion eines wissenschaftlichen Weltbilds als denkbar zugelassen werden kann. Mit der vorstehenden Überlegung erhält die Raumzeitkonstante nun auch die Bedeutung einer *universellen Grenze für Geschwindigkeitsbeträge*.

Zuletzt möchte ich nochmals betonen, dass v und u in diesem Abschnitt sich auf zwei sehr unterschiedliche Dinge beziehen. Die Geschwindigkeit v bezeichnet die Relativgeschwindigkeit von Galilei-Systemen, u aber die Geschwindigkeit eines Signals relativ zu einem Galilei-System. Für diese beiden Größen muss man einen feinen, aber wichtigen Unterschied beachten, nämlich, dass für die Relativgeschwindigkeit von Galilei-Systemen der Fall $|v| = c$ verboten ist, der Fall einer Signalausbreitung mit $|u| = c$ jedoch erlaubt!

4.2 Grundbegriffe der Mechanik

Um auf die grundlegenden Ideen für die Aufstellung der Mechanik zu kommen, kann man sich von Erfahrungen inspirieren lassen, wie man sie beispielsweise beim Münzenschnippen gewinnen kann (Abb. 4.1). Schnippt man eine Münze gegen eine andere, so beobachtet man eine unüberschaubare Vielzahl von unterschiedlichen Vorgängen und Bewegungsänderungen, je nachdem, wie groß die Münzen sind, wo sie sich beim Stoß treffen oder welche Geschwindigkeit ihnen mitgegeben wurde. Es scheint aussichtslos, diese unendliche Vielfalt der in der Natur realisierten Fälle durch nur ein, zwei oder drei Grundsätze vollständig beschreiben zu wollen. Und dennoch – es geht!

Wie kommen Physiker zu ihren genial einfachen Gesetzmäßigkeiten, mit denen sie alle Stoßphänomene verstehen können? Das ist nicht leicht, und es führt auch kein geradliniger Weg zu solchen Gesetzen. Es ist vielmehr ein kreativer Prozess. Er geht von vielerlei experimenteller Vorerfahrungen aus. Es kann z. B. sein, dass jemand beim Billardspielen gerade jene Erfahrungen mit Stößen sammelt, die schließlich die

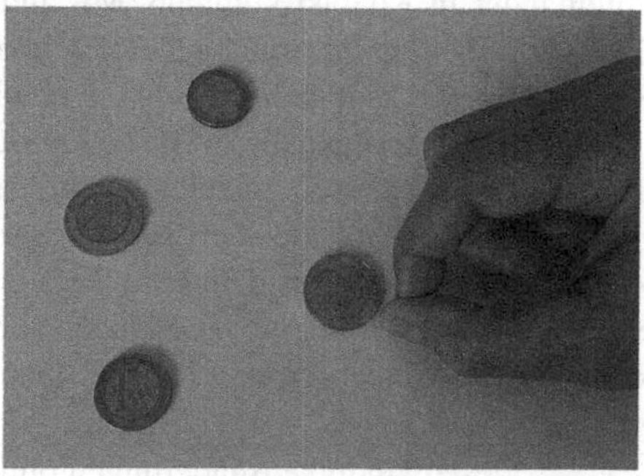

Abb. 4.1 Grunderfahrung zur Mechanik sammeln: Münzen schnippen. (I. Drevenšek-Olenik/R. Rupp)

erfolgreichen Ideen und Begriffe der Mechanik reifen lassen. Empirische Erfahrung ist unbestreitbar eine ergiebige Quelle der Inspiration. Aber erst der Prozess der Abstraktion und der geistigen Durchdringung macht den Erfahrungsschatz zu Physik. In diesem Kapitel möchte ich diesen Prozess mit Ihnen skizzenhaft nachvollziehen. Lassen Sie uns damit anfangen, dass wir einige Grundbegriffe definieren, die man aus spielerischen Experimenten extrahieren kann.

Substanz und Zustand In Experimenten lernt man zunächst einmal zwischen dem zu unterscheiden, was sich ändert, und dem, was sich nicht ändert: Die Münzen und Billardkugeln scheinen uns vor und nach dem Stoß gleich zu sein, während ihre Bewegung danach i. Allg. signifikant anders zu sein scheint als vorher. Dasjenige, was uns bei einem physikalischen Prozess unverändert zu bleiben scheint, fällt unter den Begriff der *Substanz*. Was veränderlich und somit nicht substanziell ist, fällt unter den Begriff des *Zustands*. Den Bewegungszustand eines Objekts kann man erst einmal durch seine Geschwindigkeit charakterisieren. Hat man einer Substanz den Wert ihrer Geschwindigkeit gewissermaßen als Etikett angeheftet, ist ihr Zustand – jedenfalls was die Bewegung anbetrifft – geklärt. Die Geschwindigkeit ist unser erstes Beispiel für eine *Zustandsvariable* bzw. *Zustandsgröße*. Geschwindigkeitsänderungen stellen *Zustandsänderungen* dar.

Stoß Die grundsätzliche Physik der Zustandsänderungen werden wir nachfolgend am Beispiel von Stoßprozessen herausarbeiten. Unter einem *Stoß* versteht man eine Zustandsänderung, die sich in einem zeitlich und räumlich eng begrenzten Bereich abspielt. Im idealisierten gedanklichen Modell geht sie *instantan* und *lokal* vonstatten. Betrachten Sie dazu als Beispiel zwei Münzen. Denken Sie sich dann den Einfluss ihrer Umgebung weg, so dass es näherungsweise genügt, sich ausschließlich mit den Zustandsänderungen dieser beiden Objekte zu befassen. Dann kann man sie so klein schrumpfen lassen, bis man näherungsweise mit der Modellvorstellung einer instantanen lokalen Wechselwirkung auskommt. Messungen und Überlegungen zum Stoß dieser Objekte gehen von einem zur Beschreibung gewählten Bezugssystem aus. Die Zustandsvariablen sind die Geschwindigkeiten relativ zu diesem Bezugssystem.

Wechselwirkung Wenn man eine Münze A auf eine zunächst relativ zur Tischplatte ruhende Münze B schnippt, dann bleibt B so lange in Ruhe, bis die beiden Münzen miteinander in Kontakt kommen. Mit anderen Worten, B bleibt in Ruhe, bis eine *Ursache* hinzukommt, welche die Geschwindigkeit ändert, nämlich der Stoß. Beim Stoß ändert sich aber nicht nur die Geschwindigkeit von B, sondern auch die von A!

Alle Beobachtungen dieser Art lassen sich zur Schlussfolgerung verallgemeinern, dass ein Objekt, das ein anderes beeinflusst, auch umgekehrt vom anderen Objekt beeinflusst wird. Objekte üben also eine wechselseitige Wirkung bzw. eine *Wechselwirkung* aufeinander aus. Die Ursache, hier der Stoß bzw. die Wechselwirkung, hat eine Zustandsänderung *beider* Münzen zur Folge. Ohne Wechselwirkung findet gar keine Zustandsänderung statt (woran sonst sollte man sie denn auch feststellen):

Geschwindigkeitsänderungen ohne Wechselwirkung gibt es nicht.

Für die Physik kommen nur solche Hypothesen in Frage, die nicht in einem Widerspruch zur Kinematik bzw. zum Relativitätsprinzip stehen. Das ist die grundsätzliche Bedingung, der alle physikalischen Aussagen unterliegen. Wenn eine Hypothese die Forderung nach Widerspruchsfreiheit zur Kinematik nicht erfüllen kann, ist sie nicht möglich. Wenn sie es kann, ist sie möglich und somit zulässig. Wenn man überprüft, ob obige Hypothese (dass es keine Geschwindigkeitsänderung ohne Wechselwirkung gibt) dieses Kriterium erfüllt, dann stellt sie sich als eine zur Kinematik konsistente Aussage heraus. Denn wenn ein Objekt bezüglich eines Bezugssystems seine Geschwindigkeit nicht ändert, dann ist das auch für alle Bezugssysteme derselben Galilei-Klasse wahr. Die Aussage gilt auch dann, wenn man zu einem anderen Galilei-System wechselt. Sie mag zwar durch einen Induktionsschluss aus den trüben Gewässern der Empirie gefischt worden sein, aber sie ist einer rationalen Prüfung unterzogen worden und hat sie bestanden.

Teilchen und physikalische Systeme Unter einem System versteht man aus Einzelteilen bestehendes Gesamtes: Ein Bezugssystem besteht beispielsweise aus seinen Bezugselementen und ein optisches System aus seinen optischen Komponenten. Entsprechend bezeichnet ein *physikalisches System* ein Objekt, das sich aus Einzelteilen zusammensetzt. Seine Teile nennen wir im Folgenden Teilsysteme oder *Teilchen.* Jedes Teilchen kann wiederum selbst teilbar sein, d. h., selbst ein physikalisches System darstellen, das sich seinerseits aus („kleineren") Teilchen zusammensetzt. Umgekehrt kann ein physikalisches System selbst wiederum Teilsystem bzw. Teilchen eines („größeren") physikalischen Systems sein.

Vollständige Systeme Will man die Natur einer Wechselwirkung empirisch erforschen, so ist es ratsam anzustreben, möglichst alle wechselwirkenden Teilchen zu erfassen und ihr gemeinsames Verhalten zu untersuchen. Dadurch wird es leichter, physikalische Aussagen aus den Beobachtungen zu induzieren (d. h. zu verallgemeinern).

Das ist leicht einzusehen, denn nehmen wir einmal den Extremfall an, dass wir nur ein einziges Teilchen eines Systems mehrerer wechselwirkender Teilchen in einem dunklen Raum beobachten können, aber alle anderen nicht. Stellen wir uns also beispielsweise vor, dass eine einzige Münze mit fluoreszierender Farbe bestrichen wurde und nur die Bewegung dieser so markierten Münze unter einer Ultraviolettlampe beobachtet werden kann. Für uns unbekannt, sei diese Münze Teil eines großen Systems vieler, allesamt für uns unsichtbarer Münzen, die aber auf die eine sichtbare Münze durch Stöße einwirken. Dann werden wir mysteriöse Zustandsänderungen dieses markierten Teilchens beobachten, aber wir können sie nicht zu irgendetwas in Beziehung setzen. Die Zustandsänderungen der Münze würden uns grundlos und spukhaft vorkommen. Um aus solchen speziellen Beobachtungen eine allgemeine Regel erraten zu können, um also *induzieren* zu können, ist das die denkbar ungünstigste Situation. Unter solchen Umständen hat man kaum eine Chance, Regeln aufzufinden, nach denen sich Wechselwirkungen vollziehen.

Wir wünschen uns stattdessen Situationen, die auch erforschbar sind. Der günstigste Fall ist, wenn alle (!) Beteiligten einer Wechselwirkung identifizierbar und ihre Zustandsänderungen erfassbar sind. In diesem Idealfall stellt das physikalische System ein *vollständiges System* dar.

Der besseren Durchschaubarkeit halber strebt man gewöhnlich an, ein vollständiges System auf ein solches zu reduzieren, das allein aus den wirklich beteiligten und somit relevanten „Spielpartnern" besteht, also auf ein vollständiges System, bei dem die Anzahl N der Teilchen so klein wie möglich ist (selbstverständlich ist $N \geq 2$, denn sonst gibt es einfach keine Wechselwirkung). Es ist zwar nicht schädlich, ein System zu wählen, das aus mehr Teilchen besteht, aber es ist erfahrungsgemäß von großem Vorteil, Modelle zu verwenden, in denen nur die wirklich beteiligten Teilchen vorkommen. Wenn man also fünf Münzen auf dem Tisch liegen hat und nur drei dieser Münzen Stoßprozesse miteinander erfahren, dann genügt es, diese drei Münzen als das vollständige System zu wählen, d. h., es genügt dann ein Modell, dessen Gesamtsystem aus $N = 3$ statt $N = 5$ Teilchen besteht.

Unter Umständen muss man eine günstige Situation durch eine geeignete Präparation (Abschn. 1.5) überhaupt erst herbeiführen, so dass man damit auskommt, den physikalischen Vorgang durch ein vollständiges System zu beschreiben, das aus nur ganz wenigen wechselwirkenden Teilchen besteht. Erst durch die Präparation, d. h. durch einen wohldurchdachten Eingriff, wird aus der einfachen Beobachtung ein physikalisches Experiment. Wenn man beispielsweise eine experimentelle Situation herbeiführen möchte, bei der nur zwei Münzen exklusiv miteinander wechselwirken, so muss man dafür sorgen, dass alle anderen Wechselwirkungsmöglichkeiten ausgeschlossen werden. Mit makroskopischen Objekten und unter üblichen Umständen ist das i. Allg. schwierig. Fremdeinwirkungen können jedoch zumindest reduziert werden, indem man entsprechende Anstrengungen unternimmt. Man kann das Stoßexperiment z. B. im Vakuum ablaufen lassen, d. h., in einem Gebiet, in dem sich sonst keine Materie und damit auch keine Luft befindet, oder man kann sich bemühen, den Einfluss störender langreichweitiger Wechselwirkungen (gravitativ, elektrisch, magnetisch) zu unterdrücken, usw. Zum Glück haben Physiker sehr viel Fantasie. Sie können sich sogar vorstellen, dass es nicht wirklich nötig ist, den idealen Fall tatsächlich zu realisieren, um zu einer allgemeinen Erkenntnis vorzustoßen. Oft genügt es für sie nämlich, wenn eine Serie von Experimenten aufzeigt, dass man unerwünschte Wechselwirkungen von Körpern mit ihrer Umgebung durch Verbesserung der Präparation immer weiter reduzieren kann. Die empirische Induktionsaussage folgt dann schlussendlich aus einer Extrapolation der experimentellen Erfahrung. *Zwar hat die Deduktion in der wissenschaftlichen Methodik den Vorzug der strengen Logik. Die Induktion aber hat den Vorzug, dass sie auch mit einer unvollständigen Faktenlage zurecht kommt.*

Das angestrebte Ziel einer vollständigen Kontrolle wird man oft nur näherungsweise erreichen können. Der Rest, den zu kontrollieren man aufgegeben hat, spielt Roulette (zum Begriff des Zufalls s. Abschn. 1.6). In der Praxis kann man auch bei Einsatz allerhöchster Experimentierkunst überwiegend nur näherungsweise davon ausgehen, dass man es mit einem vollständigen System zu tun hat. Genau genommen kann man von einem vollständigen System von Teilchen in einem absolut strengen Sinne ja nur dann sprechen, wenn man es vollständig isolieren kann *(isoliertes* bzw. *abgeschlossenes System).*

Insbesondere makroskopische physikalische Systeme wie Münzen, die in Luft auf rauen Tischplatten hin- und hergeschnippt werden, sind im Grunde genommen weit davon entfernt, streng vollständige Systeme im Sinne unserer Modellwelten zu sein. Aber sehr oft gelingt es dennoch, die Zahl der Partner mit relevanten Wechselwirkungsbeiträgen auf eine überschaubare Anzahl so einzugrenzen, dass man bei der theoretischen Analyse zumindest für eine gewisse Zeitspanne von einem quasivollständigen Modellsystem ausgehen darf. Für die nachfolgenden theoretischen Überlegungen wollen wir diesen Fall einfach setzen: Wir werden davon ausgehen, dass ein (quasi-)vollständiges Gesamtsystem G vorliegt, das durch eine überschaubar kleine Zahl von N Teilchen modelliert werden kann.

Additive bzw. extensive Zustandsgrößen Stellen wir uns ein isoliertes System G mit N Teilchen vor, die mit $j = 1, \ldots, N$ durchnummeriert sind. Deren zu irgendeinem Zeitpunkt vorliegende Zustände seien durch die Werte $\mathsf{z}_1, \mathsf{z}_2, \ldots, \mathsf{z}_N$ einer Zustandsvariablen z beschrieben. Das können zum Beispiel ihre Geschwindigkeiten $u_1, u_2, \ldots, u_N$ relativ zu einem irgendeinem Bezugssystem sein, d. h., die Zustandsvariable $\mathsf{z} = u$, durch die sie charakterisiert werden, wäre dann die Geschwindigkeit, und $\mathsf{z}_j = u_j$ bezeichnet den Wert der Geschwindigkeit für das j-te Teilchen. Das Gesamtsystem G kann selbst wiederum auf einer noch größeren Skala ein Teilchen G eines übergeordneten physikalischen Systems sein, und das wirft die Frage auf, welcher Wert $\mathsf{z}^{(\mathrm{G})}$ dem Teilchen G für besagte Zustandsvariable z zuzuordnen ist. Wenn also beispielsweise die Geschwindigkeiten $u_1, \ldots, u_N$ der einzelnen Teilchen bekannt sind, so kann man danach fragen, ob man daraus die Geschwindigkeit $u^{(\mathrm{G})}$ ableiten kann, mit der sich G bewegt. Das lässt sich erst einmal nur für den Fall beantworten, dass sich alle Teilchen von G mit der gleichen Geschwindigkeit bewegen. Die für alle Galilei-Systeme einzig sinnvolle Zuordnung für die Geschwindigkeit $u^{(\mathrm{G})}$ ist dann

$$u^{(\mathrm{G})} = u_1 = \cdots = u_N. \tag{4.3}$$

Über den allgemeinen Fall, bei dem alle Teilchen unterschiedliche Geschwindigkeiten haben, können wir jedoch vorerst keine Aussage treffen.

Wir wollen nun eine besondere Klasse von Zustandsgrößen definieren, für die man eine Aussage für Gesamtsysteme postuliert: Eine Zustandsgröße, für welche der Wert $\mathsf{z}^{(\mathrm{G})}$ des Gesamtsystems gleich der Summe der Werte seiner Teilchen bzw. Teilsysteme ist, für welche also

$$\mathsf{z}^{(\mathrm{G})} = \sum_{j=1}^{N} \mathsf{z}_j \tag{4.4}$$

gilt, bezeichnet man als *extensive* bzw. *additive* Zustandsgröße. Mit dieser Definition ist nicht gesagt, ob eine solche Zustandsvariable existiert, oder gar, wie sie gemessen werden kann. Gl. 4.4 liefert lediglich das Kriterium, an dem sich entscheidet, ob eine Zustandsvariable unter den Begriff der extensiven Zustandsvariablen fällt oder nicht. Wegen Gl. 4.3 ist jedenfalls klar, dass die Geschwindigkeit nicht darunter fällt. Ein Beispiel für eine additive Größe ist die elektrische Ladung (Abschn. 11.2).

4.3 Erhaltungsgrößen

Um die Zustände vor einem Stoß von den durch die Wechselwirkung danach geänderten Zuständen zu unterscheiden, verwende ich nachfolgend die Notation, dass alle Zustandsvariablen nach dem Stoß durch eine übergestellte Tilde (˜) gekennzeichnet werden. So bezeichnet z_j z. B. den Wert der Zustandsvariablen z des j-ten Teilchens vor und $\tilde{\mathsf{z}}_j$ denjenigen nach dem Stoß.

Ist z eine extensive Zustandsgröße, dann ist sie vor dem Stoß gemäß Gl. 4.4 gleich der Summe der Werte seiner Teilchen und nach dem Stoß ebenfalls. Der Wert

$$\tilde{\mathsf{z}}^{(G)} = \sum_{j=1}^{N} \tilde{\mathsf{z}}_j$$

der Zustandsvariablen nach dem Stoß muss aber i. Allg. nicht mit dem Wert $\mathsf{z}^{(G)}$ vor dem Stoß übereinstimmen. Wenn die das Gesamtsystem beschreibende Zustandsgröße jedoch die Besonderheit aufweist, vor und nach dem Stoß den gleichen Wert zu haben, wenn also stets

$$\mathsf{z}^{(G)} = \tilde{\mathsf{z}}^{(G)} \tag{4.5}$$

gilt, dann nennen wir sie eine *Erhaltungsgröße* der hier vorliegenden Wechselwirkung. Die Bilanzgleichung

$$\mathsf{z}^{(G)} = \sum_{j=1}^{N} \mathsf{z}_j = \sum_{j=1}^{N} \tilde{\mathsf{z}}_j = \tilde{\mathsf{z}}^{(G)} \tag{4.6}$$

wird als *Erhaltungsaussage* bezeichnet.

4.3.1 Bedingung der Möglichkeit von Erhaltungsaussagen

Wenn man eine Münze A mit der Geschwindigkeit u_A auf eine gleich große ruhende ($u_B = 0$) Münze B stoßen lässt, dann beobachtet man, dass A zur Ruhe kommt ($\tilde{u}_A = 0$) und die andere Münze mit der Geschwindigkeit $\tilde{u}_B = u_A$ davoneilt. Es erweckt den Eindruck, als ob die Bewegung von der einen auf die andere Münze bzw. Kugel übertragen worden ist oder eine Art „Bewegungsgröße" für das Gesamtsystem erhalten bleibt. Von solchen Erfahrungen kann man sich inspirieren lassen und danach fragen, ob es eine erhaltene Bewegungsgröße gibt, so dass man eine Erhaltungsaussage gemäß Gl. 4.5 *als allgemeines Naturgesetz* für Stöße formulieren kann. Dass die Geschwindigkeit selbst nicht dafür infrage kommt, ist schon deshalb klar, weil ihr die Grundvoraussetzung fehlt: Sie ist *keine extensive* Zustandsgröße.

Gl. 4.6 definiert, was eine Erhaltungsgröße ist, aber wie findet man so eine Zustandsvariable? Das ist nicht ganz einfach. Wir beginnen unsere Suche damit, dass wir ganz kantianisch die Frage nach der Bedingung der Möglichkeit von Erhaltungsgrößen aufwerfen, also nach der Bedingung ihrer Existenz fragen. Welche Kriterien muss eine extensive Zustandsvariable erfüllen, damit eine Erhaltungsaussage wie Gl. 4.5 als allgemeines Naturgesetz formuliert werden kann? Allgemeine Naturgesetze dürfen jedenfalls nicht im Widerspruch zum Relativitätsprinzip stehen. Was das für Konsequenzen hat, wollen wir uns nun anschauen.

Ist eine physikalische Größe z eine extensive Zustandsvariable, dann hat sie es in jedem Bezugssystem derselben Galilei-Klasse zu sein. Mit $\mathsf{z}_1, \ldots, \mathsf{z}_N$ seien die Werte der Teilchen und mit $\mathsf{z}^{(\mathrm{G})}$ der Wert des sich daraus zusammensetzenden Teilchens (d. h. des Gesamtsystems G) bezeichnet, wie sie sich bezüglich eines Bezugssystem S ergeben, und mit $\mathsf{z}_1', \ldots, \mathsf{z}_N', \mathsf{z}^{(\mathrm{G})\prime}$ die entsprechenden Werte bezüglich eines dazu äquivalenten Bezugssystems S′. Wenn $\mathsf{z}^{(\mathrm{G})}$ in S gleich der Summe der N Teilchenbeiträge ist (Gl. 4.4), dann muss Entsprechendes auch für S′ gelten, also

$$\mathsf{z}^{(\mathrm{G})\prime} = \sum_{j=1}^{N} \mathsf{z}_j'. \tag{4.7}$$

Wenn das nicht so wäre, wäre z keine extensive Zustandsgröße in einem allgemeinen (d. h. in einem dem Relativitätsprinzip genügenden) Sinne. Mit T sei ein Gesetz bzw. eine Transformationsfunktion bezeichnet, mit der die Werte einer Zustandsvariablen z, die bezüglich eines Bezugssystems S gegeben sind, in die Werte transformiert bzw. umgerechnet werden können, welche die Zustandsvariable bezüglich eines zu S äquivalenten Bezugssystems S′ hat. Für jeden der Werte in Gl. 4.7 soll also gelten:

$$\mathsf{z}_j' = T(\mathsf{z}_j)$$

Insbesondere soll auch für das Gesamtsystem $\mathsf{z}^{(\mathrm{G})\prime} = T(\mathsf{z}^{(\mathrm{G})})$ mit derselben Transformationsformel T gelten. Es ist klar, dass ein solches Transformationsgesetz T von der Relativgeschwindigkeit v zwischen den Bezugssystemen derselben Galilei-Klasse abhängen wird. Wenn eine Erhaltungsaussage in der Form von Gl. 4.6 gilt und dies ein allgemeines (d. h. relativistisches) physikalisches Gesetz sein soll, dann muss es in S′ die gleiche Form haben, d. h., die Bilanzgleichung muss bezüglich S′

$$\mathsf{z}^{(\mathrm{G})\prime} = \sum_{j=1}^{N} \mathsf{z}_j' = \sum_{j=1}^{N} \tilde{\mathsf{z}}_j' = \tilde{\mathsf{z}}^{(\mathrm{G})\prime} \tag{4.8}$$

lauten. Damit kommen wir nun zu einer zentralen Forderung: Für physikalische Prozesse kann man nur dann ein allgemeines physikalisches Gesetz in Form einer Erhaltungsaussage (d. h. einen *Erhaltungssatz*) für eine extensive Zustandsgröße z formulieren, wenn für die Transformation T, mit welcher die Zustandswerte von einem Bezugssystem S nach einem anderen Bezugssystem S′ derselben Galilei-Klasse umgerechnet werden, die Beziehung

$$T\left(\sum_{j=1}^{N} \mathsf{z}_j\right) = \sum_{j=1}^{N} T\left(\mathsf{z}_j\right) = \sum_{j=1}^{N} T\left(\tilde{\mathsf{z}}_j\right) = T\left(\sum_{j=1}^{N} \tilde{\mathsf{z}}_j\right) \tag{4.9}$$

erfüllt ist. Das schränkt die Transformation T für Erhaltungsgrößen auf die Gruppe der homogenen linearen Transformationen zwischen S und S′ ein. Nur für diese ist Gl. 4.9 möglich.

> Für eine Zustandsvariable existiert nur dann ein Erhaltungssatz, wenn sie sich beim Übergang zwischen äquivalenten Bezugssystemen *linear transformiert!*

Diese Feststellung stellt ganz allgemein einen engen Zusammenhang zwischen Erhaltungsgrößen und den Transformationsgesetzen für äquivalente Bezugssysteme her und ist, wie wir gleich sehen werden, eine Feststellung von außergewöhnlich großer Tragweite.

In der Praxis treten manchmal Probleme bei der Formulierung eines Naturgesetzes durch eine Erhaltungsaussage auf, die ich zum Abschluss dieses Abschnitts noch kurz ansprechen möchte.

Es kann sein, dass sich einige an einer Wechselwirkung beteiligten Teilsysteme oder Teilchen der Beobachtung entzogen haben. Dann sieht das so aus, als ob die Erhaltungsaussage verletzt wäre (d. h. nicht zuträfe). Diese Situation trat historisch z. B. beim β-Zerfall auf. Bei der Analyse des β-Spektrums sah es so aus, als ob die Energieerhaltung verletzt wäre. Bei solchen Aussichten werden selbst Atheisten wie Wolfgang Pauli schon mal tief religiös: Kurz bevor Wolfgang Pauli, Patenkind des bereits erwähnten Ernst Mach und ein begeisterter Tänzer, mit seiner Dame zu einem Ball entschwand, schlug er zur Rettung der Energieerhaltung vor, dass ein damals unbekanntes und noch nie in Erscheinung getretenes Teilchen existieren müsse. Dieses ehemalige „Geisterteilchen" wird heute Neutrino genannt. Er mutmaßte, dass dieses Teilchen allen Physikern mit ihren damaligen Nachweismethoden entgangen sei, und wettete sogar um eine Kiste Sekt, dass es nie gelingen würde, dieses Teilchen nachzuweisen. Bereits 26 Jahre später verlor er die Wette (Close (2010)).

Ein Erhaltungssatz lässt sich nur für streng vollständige Systeme aufstellen. Bei nicht vollständigen Systemen ist nun einmal leider auch die Bilanzgleichung nicht vollständig. Wenn in der Bilanzgleichung (Gl. 4.6) der N-te Summand fehlt, weil man ihn nicht ermitteln kann, dann ist i. Allg.

$$\sum_{j=1}^{N-1} \mathsf{z}_j \neq \sum_{j=1}^{N-1} \tilde{\mathsf{z}}_j,$$

weil i. Allg. ja auch $\mathsf{z}_N \neq \tilde{\mathsf{z}}_N$ gilt. Wäre hingegen $\mathsf{z}_N = \tilde{\mathsf{z}}_N$, hätte also die Zustandsvariable des N-ten Teilchens am Ende eines Stoßes den gleichen Wert wie am Anfang, dann hätte man genauso gut ein aus $N-1$ Teilchen bestehendes System als vollständig betrachten können, denn das N-te Teilchen wäre nicht an der Wechselwirkung beteiligt gewesen.

Hat eine Wechselwirkung, wie z. B. die Gravitation, unendliche Reichweite, kann man streng genommen nie davon sprechen, dass ein vollständiges System vorliegt. Man kann sich nämlich streng genommen nicht darauf beschränken, alleine die Sonne und ihre Planeten als ein vollständiges System zu betrachten, weil selbst entfernte Galaxien in Wechselwirkung mit jedem dieser Himmelskörper stehen. In diesem Falle hilft uns meist der glückliche Umstand, dass der Einfluss eines Beitrags, der von einem sehr weit entfernten Objekt herrührt, i. Allg. so gering ist, dass man ihn im Rahmen der Messunsicherheit vernachlässigen darf. Wenn man sich also nur auf die Sonne und ihre Planeten beschränkt, dann hat man ein *quasivollständiges* System gewählt, mit dem man sich erhofft, eine physikalische Frage zufriedenstellend beantworten zu können.

Die Methode der Naturbeschreibung durch Erhaltungsaussagen (bzw. Erhaltungssätze) ist genau deshalb so erfolgreich, weil es gewöhnlich genügt, nur eine beschränkte Anzahl von N Objekten und Beiträgen zu betrachten, die zusammen ein zumindest quasivollständiges System darstellen. Für dieses Modell wird erwartet, dass sich Gl. 4.6 zumindest für Betrachtungen innerhalb einer gewissen Zeitspanne und eines gegebenen Bereichs der Messunsicherheit als brauchbare Näherung erweist.

4.3.2 Grundlegende Erhaltungsgrößen der Mechanik

S′ bezeichne ein Bezugssystem, das sich mit der Geschwindigkeit v relativ zu einem anderen Galilei-System S bewegt. Für die Umrechnung der relativ zu S gegebenen Geschwindigkeit u_j des j-ten Teilchens eines physikalischen Systems auf die Geschwindigkeitskoordinate $u_j{}'$ von S′ befolgt die Geschwindigkeitstransformation

$$u_j{}' = T(u_j)$$

das durch Gl. 3.39 gegebene Transformationsgesetz. Wir wissen also ganz genau, wie die Zustandsvariable Geschwindigkeit für das j-te Teilchen zu transformieren ist, wenn man das Bezugssystem wechselt, nämlich mit der Formel

$$u_j{}' = T(u_j) = \frac{u_j - v}{1 - u_j \cdot v/c^2}.$$

Dass diese Transformation T nichtlinear ist, stört nicht, denn die Geschwindigkeit ist ja auch keine Erhaltungsgröße.

Aber auch lineare Transformationen zwischen Galilei-Systemen sind uns bereits bekannt, nämlich die Lorentz-Transformationen. Bis hierhin wurden sie nur dazu verwendet, um die Ereigniskoordinaten $(x_0, x_1) = (ct, x_1)$ zu transformieren. Man dreht nun gewissermaßen den Spieß um, geht von den linearen Lorentz-Transformationen aus und konstruiert Erhaltungsgrößen, die dazu kompatibel sind:

Man postuliert also, dass es für ein physikalisches System zwei Zustandsgrößen $z_0 = p_0$ und $z_1 = p_1$ gibt, von denen erstere genauso wie x_0 von einer Rauminversion nicht betroffen, also ein Skalar ist, und p_1 genauso wie x_1 bei einer Rauminversion sein Vorzeichen wechselt (also $p_1 \to -p_1$ bei einer Inversion) und somit eine vektorielle Größe ist. Analog zu Gl. 3.44 verlangt man, dass sich p_0 und p_1 gemäß

$$p_0{}' = \gamma(p_0 - v \cdot p_1/c)\,, \tag{4.10}$$
$$p_1{}' = \gamma(p_1 - v\, p_0/c). \tag{4.11}$$

transformieren.

Obwohl wir bis hierher über p_0 und p_1 nicht mehr wissen als ihr Transformationsgesetz, können wir sie damit bereits als Erhaltungsgrößen ansprechen, denn sie wurden so konstruiert, dass sie die mit Gl. 4.9 erhobene zentrale Forderung für äquivalente Bezugssysteme S und S′ erfüllen, die sich relativ zueinander bewegen.

Man kann leicht nachrechnen, dass es für diese (vorerst hypothetischen) Zustandsvariablen mit

$$P^2 = p_0^2 - p_1^2 = p_0{}'^2 - p_1{}'^2 \tag{4.12}$$

eine Invariante gibt. Als Invariante stellt P^2 ein vom Bezugssystem unabhängiges Charakteristikum des betrachteten physikalischen Systems dar, d. h., *P^2 ist eine absolute und keine relative Größe*!

Der Fall $P^2 > 0$ Aus Gl. 4.12 folgt für $P^2 > 0$, dass $|p_0| > |p_1|$. Die Relativgeschwindigkeit v zweier Galilei-Systeme unterliegt der Bedingung $|v|/c < 1$ und schließt die Unstetigkeitsstelle von γ aus der Betrachtung aus. Aus Gl. 4.11 darf man dann folgern, dass ein spezielles Galilei-System S′ existiert, das sich mit einer solchen Geschwindigkeit im Bereich $-1 < v/c < 1$ relativ zu S bewegt, dass die Zustandsvariable $p_1{}'$ in S′ den Wert $p_1{}' = 0$ hat. Es lässt sich also ein Galilei-System S′ mit

$$p_0{}' = P\,, \tag{4.13}$$
$$p_1{}' = 0 \tag{4.14}$$

finden. Dieses spezielle Galilei-System S′, das sich dadurch auszeichnet, dass hier der Vektor $p_1{}'$ verschwindet, bezeichnen wir mit R. Wenn sich R relativ zu irgendeinem Galilei-System S mit der Relativgeschwindigkeit u bewegt, so ergeben sich unabhängig vom Vorzeichen von P (das wir in Gl. 4.13 vorerst offen lassen) aus Gl. 4.10 und 4.11 die Zustandskoordinaten

$$p_0 = P\,\gamma(u), \tag{4.15}$$
$$p_1 = (P/c)\,u\gamma(u), \tag{4.16}$$

und daraus folgt

$$-1 < |u/c| = |p_1/p_0| < 1 \tag{4.17}$$

bzw.

$$p_1 = (p_0/c)u.$$

Wenn R die Geschwindigkeit $u = 0$ hat, fällt es selbstverständlich mit S zusammen, d. h., wenn die Zustandskoordinate p_1 eines physikalischen Systems relativ zu S den Wert $p_1 = 0$ hat, hat seine Zustandskoordinate Geschwindigkeit relativ zu S den Wert $u = 0$. Wegen dieser Beziehung zwischen den beiden Zustandskoordinaten u und p_1, die ein physikalisches System bezüglich S hat, sagen wir dann, dass es relativ zu S ruht. Wenn es eine beliebige andere Geschwindigkeit u hat, ist seine Zustandskoordinate p_1 als Funktion der Geschwindigkeit durch Gl. 4.16 gegeben. Für alle physikalischen Systeme mit $P^2 \neq 0$ ist daher auch $u^2 < c^2$.

Der Fall $P^2 = 0$ Aus Gl. 4.12 folgt für solche physikalischen Systeme (bzw. Teilchen) unabhängig vom Galilei-System (und damit bezüglich der betrachteten Galilei-Klasse absolut), dass

$$\left|\frac{p_1}{p_0}\right| = \left|\frac{p_1{}'}{p_0{}'}\right| = 1.$$

Da aus Abschn. 4.1 bekannt ist, dass physikalische Systeme (anders als Bezugssysteme einer Galilei-Klasse, denn diese sind auf $|v| < c$ beschränkt) die Geschwindigkeit c erreichen können und sich andererseits mit Gl. 4.17 der Grenzfall einer Teilchengeschwindigkeit $|u| = c$ für $|u/c| = |p_1/p_0| = 1$ tatsächlich anbietet, erkennt man, dass Teilchen widerspruchsfrei denkbar sind, die bezüglich aller Galilei-Systeme einen Geschwindigkeitsbetrag haben, der gleich c ist. Sie unterliegen der Bedingung, dass für ihre charakteristische Invariante $P = 0$ gilt. Bis hierhin sind sie bloß eine theoretische Möglichkeit. Über ihre reale Existenz ist noch nichts gesagt.

Einheitenkonversionen mit der Raumzeitkonstanten Gl. 3.38 definiert die Raumzeitkonstante c durch einen Zahlenwert und eine Einheit. Sieht man von der physikalischen Bedeutung der Größe einmal ab, so kann man etwas prosaischer sagen, dass c nichts weiter als eine Einheiten-behaftete Konstante ist. Man kann jede physikalische Größe mit irgendeiner Potenz von so einer Konstanten multiplizieren und damit eine neue Größe generieren, welche physikalisch-inhaltlich die gleiche Bedeutung hat wie zuvor, aber in anderen Einheiten angegeben ist. In Gl. 3.42 wurde beispielsweise die in der Einheit Sekunde angegebene Zeit t auf diese Weise in die Zeitkoordinate $x_0 = ct$ umgewandelt, welche in der Einheit Meter gemessen wird. Die so verwendete Konstante c dient lediglich der Einheitenumwandlung von Sekunde nach Meter, ohne irgendeine tiefere physikalische Bedeutung zu haben. Die Größe x_0 ist auch weiterhin die *Zeit,* wenn auch in einer anderen Einheit. (Eine Zeitspanne von einem Meter entspricht rund 3.3 ns, wenn man stattdessen die Einheit Sekunde wählt.)

Masse, Energie und Impuls Indem man P durch den Einheiten-Konversionsfaktor c dividiert, erhält man eine Größe

$$m = P/c, \tag{4.18}$$

die wir nachfolgend als *Masse* bezeichnen. Der Skalar

$$E = p_0 c \tag{4.19}$$

bekommt den Namen *Energie,* und der Vektor $p = p_1$ wird kurzerhand auf den Namen *Impuls* getauft. Mit den neuen Bezeichnungen und Symbolen kann man Gl. 4.12 durch

$$m^2 c^4 = E^2 - p^2 c^2 \tag{4.20}$$

ausdrücken.

Für Teilchen mit $m \neq 0$ gilt $|u| < c$. Für diese Teilchen (und nur für diese!) lässt sich Gl. 4.15 und 4.16 in der Form

$$E(u) = cp_0(u) = mc^2\,\gamma(u) = \frac{mc^2}{\sqrt{1 - u^2/c^2}} \quad \text{(Energie)}, \tag{4.21}$$

$$p(u) = p_1(u) = mu\,\gamma(u) = \frac{mu}{\sqrt{1 - u^2/c^2}} \quad \text{(Impuls)} \tag{4.22}$$

aufschreiben.

Die Masse m geht auf die von der Relativgeschwindigkeit unabhängige Größe P zurück und ist daher eine invariante bzw. absolute Größe des physikalischen Systems. Energie und Impuls sind hingegen relative Größen, was man ausweislich Gl. 4.21 und 4.22 daran erkennt, dass sie von der Geschwindigkeit u relativ zu einem Galilei-System abhängen. Gl. 4.20 stellt einen ganz allgemeinen Zusammenhang zwischen den relativen Größen und der (absoluten (!)) Masse eines Objekts her. Kennt man Energie und Impuls eines Körpers in egal welchem Galilei-System, so kann man mit Gl. 4.20 die Masse des Körpers ausrechnen. Für alle Bezugssysteme derselben Galilei-Klasse erhält man für die Masse dabei ein und denselben Wert, und dieser ist unabhängig von der Geschwindigkeit des Körpers.

Um den Größen E und p aber einen physikalischen Sinn zu geben (bis hierher sind es ja nichts weiter als mathematische Definitionen!), muss nun noch ein messtechnisches Verfahren definiert werden, mit dem der einzige noch freie Parameter m der Theorie bestimmt und sein Vorzeichen festgelegt werden kann.

4.3.3 Stoßprozesse

Wie beschreibt die bis hierher entwickelte Theorie rein formal den Stoß zweier Teilchen A und B? Der Stoß ist eine lokale kurzzeitige Wechselwirkung der Teilchen, durch welche deren Anfangsenergien E_A und E_B sowie die Anfangsimpulse p_A und

p_B unverzüglich in die Endenergien und -impulse übergehen (Abschn. 4.2). Diese Größen wurden als Erhaltungsgrößen konstruiert und daher erfüllen sie Erhaltungssätze nach dem Muster von Gl. 4.6, d. h.

$$E_A + E_B = \tilde{E}_A + \tilde{E}_B \tag{4.23}$$

$$p_A + p_B = \tilde{p}_A + \tilde{p}_B \tag{4.24}$$

Die Tilde markiert die Größen nach dem Stoß. Mit diesen beiden Gleichungen sind Stöße formal beschrieben.

Wenn die Massen der Teilchen beim Stoß unverändert bleiben, also $\tilde{m}_A = m_A$ und $\tilde{m}_B = m_B$, dann liegt ein *elastischer Stoß* vor. Aus Gl. 4.23 und mit Gl. 4.21 folgt für elastische Stöße, dass

$$\left[\gamma(u_A) - \gamma(\tilde{u}_A)\right] m_A + \left[\gamma(u_B) - \gamma(\tilde{u}_B)\right] m_B = 0. \tag{4.25}$$

Ob ein Stoß elastisch ist, verifiziert man, indem man das Stoßexperiment wiederholt. Wenn die Objekte A und B nach dem ersten Stoßexperiment auch für das zweite wieder mit den dabei die gleichen Anfangsgeschwindigkeiten verwendet werden und wenn sich die gleichen Endgeschwindigkeiten ergeben, dann waren alle Stöße *elastisch.* Ist das Kriterium der exakten Wiederholbarkeit (bzw. der *Reproduzierbarkeit*) erfüllt, dann können sich die Massen durch den Prozess trivialerweise nicht verändert haben.

4.3.4 Messverfahren für die Masse

Die Definition eines Messverfahrens für eine Größe besteht in der Definition ihrer Einheit und ihres Vergleichsverfahrens (Abschn. 1.3). Wir gehen dabei von der plausiblen Annahme aus, dass zwei Körper, die bis auf eine unterschiedliche Relativgeschwindigkeit ansonsten in jeder Hinsicht gleich sind, auch die gleiche Masse haben. Dazu müssen sie aus demselben Material bestehen (z. B. der selben Platin-Iridium-Legierung), die gleiche Struktur haben (z. B. Festkörper sein), die gleiche geometrische Gestalt haben (z. B. Zylinder mit 39 mm Höhe und Breite), usw. Wenn das alles so ist, soll der Schluss erlaubt sein, dass ihre Masse gleich ist. Beispielsweise kann man solch einen Referenzkörper in einem Tresor in Paris aufbewahren, Kopien davon anfertigen und diese Prototypen K mit dem ihnen eigenen Prototypwert m_K überall auf der Welt für Experimente zur Verfügung stellen. Ähnlich wie die Standardkerze die Einheit Candela darstellte (Abschn. 1.3), sollen diese Kilogrammprototypen K der definitorischen Masse $m_K = 1\,\text{kg}$ die SI-Masseneinheit *Kilogramm* repräsentieren:

$$[m_K] = \text{Kilogramm} = \text{kg}.$$

Nehmen wir nun an, dass ein Körper X aus einem anderen Material besteht und andere Form und Maße hat. Ob die Masse m von X und die Masse m_K des Referenzkörpers K gleich sind, lässt sich dann mit Stoßexperimenten feststellen. Je nach

Anforderung an die Messunsicherheit sollte man sie jedoch vielleicht etwas fachmännischer ausführen, als das beim in Abb. 4.1a gezeigten Münzenschnippen der Fall ist, aber es geht um dieselbe Idee.

In einem Bezugssystem S habe X vor dem Stoß die Geschwindigkeit u_X und K die Geschwindigkeit u_K. Nach dem Stoß seien die Geschwindigkeiten $\tilde{u}_X$ bzw. $\tilde{u}_K$. Die Energieerhaltung verlangt für einen elastischen Stoß

$$m\gamma(u_X) + m_K\gamma(u_K) = \tilde{m}\gamma(\tilde{u}_X) + \tilde{m}_K\gamma(\tilde{u}_K). \tag{4.26}$$

Hier sind m die unbekannte Masse des Körpers X und m_K die Masse des Prototyps vor dem Stoß, $\tilde{m}$ sowie $\tilde{m}_K$ jene nach dem Stoß. Die Gleichheit zweier Massen kann dann durch folgendes experimentelle Kriterium verifiziert werden:

Die Masse zweier Körper K und X ist genau dann gleich, wenn man für einen elastischen Zweikörperstoß feststellt, dass $u_K = \tilde{u}_X$ und $u_X = \tilde{u}_K$.

Bei der Verifikation der Gleichheit zweier Massen kommt es nicht auf die Zahlenwerte der Geschwindigkeiten selbst an, sondern nur auf die Feststellung der Gleichheit jeweils zweier Geschwindigkeiten. Daher erhält man für m unabhängig vom Galilei-System stets den gleichen (absoluten) Wert, wie es von der Relativitätstheorie ja auch gefordert wird. Damit ist nun auch die Mechanik an das System der Basiseinheiten des SI-Systems angeschlossen. Fassen wir für Kap. 1 bis 4 zusammen:

Gebiet	Größe	Einheit
Optik	Lichtstärke I_v	Candela
Kinematik	Zeit t	Sekunde
Mechanik	Masse m	Kilogramm

Die SI-Einheit der Energie E heißt *Joule:*

$$[E] = \text{Joule} = \text{kg}\,\text{m}^2\,\text{s}^{-2}$$

Der Impuls p wird in

$$[p] = \text{kg}\,\text{m/s}$$

gemessen.

Was bis hierher geschildert wurde, ist eine Illustration des theoretischen Prinzips der Massenbestimmung, nicht aber die tatsächliche Methode, wie sie z. B. in Eichbüros oder in der Alltagspraxis angewandt wird. Seit 2019 wird die Masseneinheit über das Plancksche Wirkungsquantum h dargestellt, dessen Wert und Einheit analog zur Naturkonstanten c durch eine Definition festgelegt ist. Um einen Massenprototypen herzustellen, kann man irgendein Messverfahren hernehmen, mit dem vor 2019 die

Naturkonstante h gemessen wurde und in welches neben Längen- und Zeitmessungen nur noch die Masse eingeht. Dieses wendet man dann einfach in der umgekehrten Richtung an, um bei bekanntem h mittels Längen- und Zeitmessungen die Masse zu ermitteln.

Da die Invariante P absolut ist, ist auch die Masse absolut. Wenn man beispielsweise sagt, ein Elektron hat eine Masse von rund 1×10^{-30} kg, dann ist bei dieser Mitteilung schlicht egal, auf welches Galilei-System sich der Sprecher oder der Hörer der Mitteilung bezieht. Wenn man hört, dass der Planet eines fernen Sonnensystems eine so und so große Masse hat, dann braucht man auch nicht zurückzufragen, auf welches Datum sich diese Information bezieht (um etwa die sich im Laufe eines Erdenjahrs ändernde Relativgeschwindigkeit zum fernen Planeten zu berücksichtigen). Wenn man hingegen sagt, dass sich etwas mit 5 km/h nach rechts bewegt, dann macht diese Angabe erst dann einen Sinn, wenn dem Hörer klar ist, auf welches Bezugssystem sich diese Angabe bezieht, also wie das Koordinatensystem des Sprechers relativ zum Koordinatensystem des Hörers orientiert ist bzw. wie sich die Galilei-Systeme, auf welche sich Sprecher und Hörer beziehen, relativ zueinander bewegen.[1]

Materie Die Masse des *Urkilogramms,* d. h. des in Paris aufbewahrten Massenprototyps, wurde als positiv definiert, nämlich mit dem positiven Wert 1 kg. Damit sind auch alle anderen Massen positiv, die aus dem oben geschilderten Vergleichsverfahren hervorgehen. Alle physikalischen Objekte mit positiver Masse zählen zur *Materie.* Deren Energie $E = m\gamma(u)c^2$ ist somit ebenfalls positiv. Für Materie ziehen wir aus Gl. 4.20 dementsprechend die positive Wurzel:

$$E(p) = \sqrt{m^2c^4 + p^2c^2}. \tag{4.27}$$

Masselose Teilchen Teilchen mit $m = 0$ werden *masselose Teilchen* genannt. Wie zuvor gefolgert wurde, bewegen sie sich in allen Galilei-Systemen mit einer Geschwindigkeit, deren Betrag gleich c ist. Da hinter Gl. 4.26 der Energieerhaltungssatz steckt, behalten wir aus Konsistenzgründen auch für die Energie dieser Teilchen die gleiche Festlegung bei wie für die Energie von Materie. Masselose Teilchen erfüllen entsprechend Gl. 4.27 die Energie-Impuls-Beziehung

$$E(p) = c|p|.$$

[1] Trotzdem hält sich noch heute in einigen physikalischen Lehrbüchern hartnäckig das Gerücht, dass es eine „geschwindigkeitsabhängige Masse“ bzw. „dynamische Masse“ gäbe. Diese Begriffe rühren jedoch von Vorstellungen her, die sich an der Newtonschen Physik orientieren (Abschn. 3.5.5). In der Mechanik gibt es keine „geschwindigkeitsabhängige Masse“, denn die Unabhängigkeit der Masse von der Geschwindigkeit ist die Voraussetzung für das Verfahren, mit dem man die Masse überhaupt messen kann.

4.4 Die Postulate der Mechanik

Dass eine physikalische Größe extensiv ist, ist keine Selbstverständlichkeit. Das Schöne an diesen Größen ist, dass sie uns gestatten, ein aus Teilchen aufgebautes Gesamtsystem auf die Eigenschaften seiner Teilchen zurückzuführen. Wenn sie darüber hinaus auch noch Erhaltungsgrößen sind, dann kann man mit ihnen Wechselwirkungsprozesse durch Bilanzgleichungen beschreiben. Die Vision, die zu Beginn dieses Kapitels formuliert wurde, lässt sich mit der skalaren Größe E, der Energie, und der vektoriellen Größe p, dem Impuls, tatsächlich widerspruchsfrei umsetzen. Diese beiden Größen lassen sich für jedes Teilchen eines physikalischen Systems aufstellen. Wechselwirkungen laufen so ab, dass für ein isoliertes vollständiges Gesamtsystem sowohl die Summe der Energien als auch die Summe der Impulse aller Teilchen erhalten bleibt. Wenn man *Galilei-Systeme* als Beschreibungsbasis heranzieht, dann lässt sich die Mechanik auf die folgenden Postulate gründen:

1. Energieerhaltung: Die Energie ist eine skalare extensive Größe. Alle physikalischen Vorgänge laufen so ab, dass die Gesamtenergie E eines isolierten physikalischen Systems erhalten bleibt.
2. Impulserhaltung: Der Impuls ist eine vektorielle extensive Größe. Alle physikalischen Vorgänge laufen so ab, dass der Gesamtimpuls p eines isolierten physikalischen Systems erhalten bleibt.
3. Masseninvarianz: Die Masse ist eine skalare Invariante und damit ein absolutes Charakteristikum eines isolierten physikalischen Systems. Sie ist zwar eine extensive Größe, aber *keine* Erhaltungsgröße.

Jedes mechanische Problem kann auf Grundlage dieser drei Postulate der Mechanik gelöst werden. Auch diese Postulate sind Hypothesen und im Rahmen der Physik nicht begründbar. Solange man keinen Anlass hat, an ihnen zu zweifeln, und solange keine experimentelle Erfahrung ihnen widerspricht, wird man an ihnen festhalten. Sie wurden aus empirischer Erfahrung induziert (z. B. analog zur Extrapolation der Erfahrung beim Münzenschnippen) und tragen deshalb immer den Vorbehalt „Soweit uns die Natur nicht eines Besseren belehrt ...". Zweifel an den drei Postulaten der Mechanik hat es in der Physikgeschichte immer wieder einmal gegeben. Der Philosoph Wladimir Iljitsch Lenin beschreibt beispielsweise die dramatische Situation der Physik seiner Zeit (1909) folgendermaßen:

> Diese Krise (der Physik) erschöpfe sich nicht darin, dass der große Revolutionär Radium das Prinzip der Erhaltung der Energie in Frage stelle. Auch alle anderen Prinzipien sind in Gefahr. Zum Beispiel das Lavoisiersche Prinzip oder das Prinzip der Erhaltung der Masse sei durch die Elektronentheorie der Materie untergraben. Nach dieser Theorie werden Atome von kleinsten mit positiver oder negativer Elektrizität geladenen Teilchen (Elektronen) gebildet, die in eine Umgebung getaucht sind, die wir Äther nennen. Die Experimente der Physiker liefern das Material, um die Bewegungsgeschwindigkeit der Elektronen und ihre Masse zu berechnen. Die Bewegungsgeschwindigkeit ist der Lichtgeschwindigkeit (300000 Kilometer pro Sekunde) vergleichbar, sie erreicht beispielsweise ein Drittel dieser Geschwindigkeit.

> Unter diesen Umständen muss eine zweifache Masse des Elektrons in Betracht gezogen werden. Lenin (1909)

In der Tat schien es kurz nach der Wende vom 19. ins 20. Jahrhundert so, als ob das neu entdeckte Radium eine gewaltige Energiemenge aus dem Nichts produzierte. Man konnte weder irgendwelche chemischen Umsätze noch Änderungen irgendeines physikalischen Parameters ausfindig machen, denen man die Energieproduktion hätte zuschreiben können. Beim β-Zerfall, bei dem Energie einfach verschwand, wurde die Frage nach der Gültigkeit der Energieerhaltung ebenfalls aufgeworfen, bis sie durch die Neutrinohypothese von Wolfgang Pauli beantwortet werden konnte.

Bei der scheinbaren Massenzunahme des Elektrons mit der Geschwindigkeit, die Lenin erwähnt, spricht er die zwischen 1901 und 1905 (also vor Einsteins Relativitätstheorie) von Walter Kaufmann durchgeführten Experimente an, deren Ergebnisse von Kaufmann damals durch eine „dynamische Masse" d. h. eine „geschwindigkeitsabhängige Masse", gedeutet wurden. Seine Deutung steht noch fest auf dem Boden der Newtonschen Physik. Seit Einsteins Relativitätstheorie weiß man aber, dass es diese sogenannte „relativistische Massenzunahme" nicht gibt. In der Einsteinschen Physik ist die Masse invariant, hat also bei jeder Geschwindigkeit den gleichen Wert.

Anders als der Energieerhaltungssatz gilt der Lavoisiersche Massenerhaltungssatz heute aber tatsächlich als widerlegt. Die von Lenin geschilderten Probleme der Physik um die Jahrhundertwende wurden beispielsweise bereits von Ludwig Boltzmann (1905) im Rahmen seiner Auseinandersetzung mit dem Kantianismus und der Philosophie Schopenhauers angesprochen:

> Ebenso folgert Schopenhauer aus dem Satz vom zureichenden Grunde, dass das Gesetz der Massenerhaltung a priori klar wäre. Gerade über dieses Gesetz hat Landoldt Versuche angestellt, welche es anfangs zu widerlegen schienen. Heute scheint es freilich wahrscheinlicher, dass sie diesem Gesetz nichts werden anhaben können. Allein es handelt sich nicht um das Resultat der Versuche, vielmehr bloß darum, ob überhaupt Versuche die Macht hätten, das Gesetz zu widerlegen, oder ob die Logik dem Zeiger der Waage Landoldts seinen Weg vorschreiben kann.[2] Zum zweiten sind Zweifel an der Richtigkeit dieses Gesetzes gelegentlich beim Radium aufgetaucht. Ich bin überzeugt, dass auch diese Versuche das Gesetz bestätigen werden. Aber es ist das ein Beweis, dass es kein apriorisches Gesetz ist. Wenn es nicht gelten würde, könnten wir vom logischen Standpunkte nichts entgegnen. Boltzmann (1905)

Die Energieerhaltung hat die Revolution der Einsteinschen Relativitätstheorie überlebt, die Massenerhaltung hingegen nicht. Unser heutiges Verständnis lässt sich prägnant so zusammenfassen:

- Die Energie ist *erhalten,* aber *nicht invariant.*
- Die Masse ist *invariant,* aber *nicht erhalten.*

[2] Hans Heinrich Landolt ist u. a. für sein Tabellenwerk Landoldt-Börnstein berühmt.

Tab. 4.1 Die Postulate der Kinematik und Mechanik

Kinematik	Mechanik
Prinzip der Homogenität der Zeit	Prinzip der Erhaltung der Energie
Prinzip der Homogenität des Raums	Prinzip der Erhaltung des Impulses
Relativitätsprinzip der Raumzeit	Invarianzprinzip der Masse

Die tiefere Ursache für die Beziehung zwischen der Zeit und der Energie einerseits sowie dem Raum und dem Impuls andererseits (Tab. 4.1) liegt aus relativistischer Sicht darin, dass die Größen den gleichen Äquivalenztransformationen bzw. Symmetrien unterliegen.

4.5 Innere Energie

4.5.1 Ruhesystem

Impuls p und Energie E eines aus mehreren Teilchen bestehenden Gesamtsystems G bleiben unverändert, selbst wenn sich Impulse und Energien seiner Teilchen durch systemintern ablaufende Wechselwirkungsprozesse verändern. Insbesondere folgt aus der Konstanz von p, dass sich isolierte physikalische Systeme gleichförmig und ohne Richtungsänderung bewegen. Dies sind physikalische Aussagen. Sie gelten in allen Bezugssystemen derselben Galilei-Klasse. Die Werte des Gesamtimpulses p und der Gesamtenergie E ändern sich jedoch, wenn man das Galilei-System wechselt, denn sie hängen von den Geschwindigkeiten ab, welche die Galilei-Systeme relativ zueinander haben.

Um es für das Verständnis einfach zu halten, betrachten wir das am Beispiel eines Gesamtsystem G, das nur aus zwei Teilchen A und B besteht. Ihre Massen seien m_A und m_B, ihre Impulse p_A bzw. p_B und ihre Energien $E_\mathrm{A} = \sqrt{m_\mathrm{A}^2 c^4 + p_\mathrm{A}^2 c^2}$ bzw. $E_\mathrm{B} = \sqrt{m_\mathrm{B}^2 c^4 + p_\mathrm{B}^2 c^2}$. Energie und Impuls des Gesamtsystems G sind dann

$$E = E_\mathrm{A} + E_\mathrm{B}, \tag{4.28}$$

$$p = p_\mathrm{A} + p_\mathrm{B}. \tag{4.29}$$

Die Erhaltungsgrößen p und E sind jedoch relativ! Ihre Werte hängen von der willkürlichen Wahl des Galilei-Systems ab und sind somit zum Teil unphysikalisch. Man kann diese vom Bezugssystem verursachte Äußerlichkeit „wegtransformieren", indem man jenes spezielle Galilei-System auswählt, für welches $p = 0$ gilt, d. h. das System, in dem der Impuls verschwindet. Dieses spezielle Galilei-System ist das *Ruhesystem* R des physikalischen Systems G.

4.5.2 Definition der inneren Energie

Die Energie $E(p = 0)$ im *Ruhesystem* R eines physikalischen Systems ist seine innere Energie. Man kann sie auch folgendermaßen definieren:

Innere Energie

$$\mathcal{U} \equiv mc^2 \tag{4.30}$$

Bis auf den Faktor c^2, der wegen der unterschiedlichen Einheiten benötigt wird, ist die Energie im Ruhesystem nämlich dasselbe wie die Masse

$$m = E(p = 0)/c^2$$

des Gesamtsystems (Gl. 4.27).

Relativ zu einem anderen Bezugssystem S, das sich mit der Geschwindigkeit $-v$ relativ zu R bewegt, bewegt sich G mit der Geschwindigkeit $u = +v$ und hat dort eine Energie

$$E = \sqrt{m^2c^4 + p^2c^2} = \frac{mc^2}{\sqrt{1 - u^2/c^2}} = \gamma(u)\mathcal{U}.$$

Wegen $\gamma \geq 1$ ist sie größer als die Energie $\mathcal{U}$ in seinem Ruhesystem. Die Differenz

$$E_{\text{ext}} = E - \mathcal{U} = \sqrt{m^2c^4 + p^2c^2} - mc^2 \tag{4.31}$$

ist die *äußere Energie* von G. Sie ist eine Äußerlichkeit, ein Artefakt, das aus der Wahl des Bezugssystems resultiert und dem keine echte physikalische Bedeutung zukommt. Im Ruhesystem verschwindet E_{ext}, und es verbleibt nur die physikalisch relevante Energie des Systems, nämlich seine *innere Energie* $\mathcal{U}$.

4.5.3 Laborsystem

Wenn man Experimente im Labor durchführt, ist es in der Regel so, dass das Ruhesystem R zu Beginn des Experiments unbekannt ist. Die experimentellen Daten werden daher zunächst relativ zu einem Bezugssystem S gemessen, das der Experimentator so festlegt, wie er es für zweckmäßig erachtet. Dieses Bezugssystem bezeichnet man als *Laborsystem.* Nach Abschluss der Datenaufnahme rechnet man die Daten zwecks theoretischer Analyse üblicherweise mittels einer Koordinatentransformation in das Ruhesystem R des physikalischen Systems um. In der Praxis erfolgen also die Beobachtungen bezüglich des vom Experimentator gewählten Laborsystems und die Analysen bezüglich des vom Theoretiker bevorzugten Ruhesystems, denn es hat den großen Vorteil, dass man sich nicht mit der „unphysikalischen“ äußeren Energie herumplagen muss.

Wenn man für ein Teilchen A im Labor die Geschwindigkeit u_A und die Masse m_A gemessen hat, dann ist sein Impuls

$$p_A(u_A) = \frac{mu_A}{\sqrt{1 - u_A^2/c^2}}. \tag{4.32}$$

Hat man die Impulse aller Teilchen eines physikalischen Systems ermittelt, kennt man auch seinen Gesamtimpuls p, denn er ist gleich der Summe der Teilchenimpulse. Dieser ist i. Allg. nicht null, und folglich ist das Laborsystem nicht das Ruhesystem. Daher sucht man anschließend diejenige Lorentz-Transformation, welche alle Impulse und Energien auf das Ruhesystem (in dem der Gesamtimpuls p null ist) transformiert, und berechnet damit die Werte der einzelnen Teilchen im Ruhesystem.

Von nun an wollen wir voraussetzen, dass die Daten eines physikalischen Systems umgerechnet auf das Ruhesystem vorliegen und werden alle Überlegungen der Einfachheit halber im Ruhesystems anstellen.

4.5.4 Zwillingsparadoxon

Dieser Abschnitt greift die Zeitdilatation (Abschn. 3.5.6) noch einmal in Zusammenhang mit der Impulserhaltung der Mechanik auf. Als Einstieg habe ich ein romantisches Märchen gewählt:

> A und B sind Zwillingsbären, die mutterseelenallein im leeren Weltall leben, Händchen halten und glücklich sind. Als sie eines Tages doch in heftigen Streit geraten, stoßen sie sich gegenseitig ab und bewegen sich anschließend mit konstanter Geschwindigkeit voneinander weg. Ganz allein wird ihnen jedoch mit der Zeit langweilig. Sie lösen daher irgendwann eine kurzzeitige anziehende Wechselwirkung aufeinander aus und bewegen sich mit konstanter Geschwindigkeit wieder aufeinander zu. Als sie am Ende wieder zusammenkommen, beschließen sie, den Rest ihres Lebens händchenhaltend miteinander zu verbringen. Und wenn sie nicht gestorben sind, so leben die Bärchen noch heute in Kočevje.[3]

Anfangs sind A und B relativ zueinander in Ruhe. Dann fliegt B von A mit konstanter Geschwindigkeit weg, wechselt nach einer Weile seine Geschwindigkeitsrichtung und kehrt mit konstanter Geschwindigkeit zu A zurück. Ist B anschließend jünger als A? Angenommen, Sie neigen dazu, das zu bejahen. Dann würde ich einwenden, dass man das auch umgekehrt sehen kann, dass sich nämlich A von B weg bewegt und wieder zu ihm zurückkehrt. Folglich müsste A jünger als B sein, denn rein kinematisch betrachtet, ist die Bewegungsrichtung relativ. Den sich damit abzeichnenden scheinbaren Widerspruch bezeichnet man als *Zwillingsparadoxon*. Er lässt sich im

---

[3]Dieses Refugium, bekannt für seine traditionsreichen Bärengeschichten, liegt in der Nähe des Elternhauses des Relativitätspioniers Ernst Mach (Mach’s heritage tutorial trail).

Rahmen der Kinematik nicht auflösen. Man kann auch weder von dem einen noch dem anderen Bären sagen, ob gerade er im Laufe seiner Bewegungshistorie eine Beschleunigung erfahren hat oder nicht, denn kinematisch ist auch Beschleunigung relativ. Das Relativitätsargument scheint folglich per Widerspruch zu beweisen, dass eine Zeitdilatation unmöglich und die Relativitätstheorie somit ein Schmarrn ist.

Das Zwillingsparadoxon lässt sich jedoch leicht aufklären. Am übersichtlichsten geht das, wenn man vom *Ruhesystem* R der beiden Bären ausgeht. Für dieses ist bekannt, wie sich die Impulse und damit die Geschwindigkeiten bei Wechselwirkungen ändern. Insbesondere für gleichgewichtige Zwillinge (besser: Zwillinge gleicher Masse) folgt aus der Impulserhaltung, dass ihre Geschwindigkeiten entgegengesetzt gleich sind. Folglich verläuft die Zeit für beide Bären (bzw. die lebenden Zwillingsuhren) gleich, was man wegen der Symmetrie ja auch erwartet. Auf mitgeführten Taschenuhren werden Bären gleicher Masse keinen Unterschied feststellen. Die Zeit vergeht für beide gleich. Bei der Feier ihres Wiedersehens werden sie sich daher darüber freuen können, dass sie *gleichaltrig* geblieben sind. Ansonsten wird sich die Zeit auf der Taschenuhr des untergewichtigen Bären gegenüber der des übergewichtigen als dilatiert erweisen. Der fettere Bär hat somit das Nachsehen: Er wird älter sein als sein Bruder. Für das praktische Leben folgt daher aus der Relativitätstheorie, dass man bestens beraten ist, maßvoll und vegetarisch zu essen (Einstein war Vegetarier).

Bringen wir noch einen dritten Bären ins Spiel, der zu Anfang ebenfalls relativ zu R ruht. Wenn er sich an keiner Wechselwirkung beteiligt, bleibt er bezüglich R in Ruhe. Die für ihn ablaufende Zeit ist die Eigenzeit des Ruhesystems. Relativ zu ihm wird daher die Zeit *beider* Zwillingsbären stets dilatiert sein.

Es ist nicht zwingend, das Ruhesystem heranzuziehen, um das Zwillingsproblem zu lösen. Jedes andere Bezugssystem derselben Galilei-Klasse tut es auch. Wählt man aber das Ruhesystem, ist die Aufklärung des Paradoxons am Einfachsten zu durchschauen.

Anders als zu Newtons Zeiten verfügt man heute über Uhren, die eine so hohe Zeitauflösung haben, dass man die Zeitdilatation nachweisen kann. 1971 wurden im sogenannten Hafele-Keating-Experiment Flugzeuge auf eine Rundreise geschickt, die eine Atomuhr an Bord hatten. Die auf dieser Borduhr angezeigte Reisezeit wurde mit derjenigen auf einer Atomuhr verglichen, die auf dem Boden zurückgeblieben war. Für diese Uhren mit einer unterschiedlichen Bewegungsgeschichte zeigte sich zweifelsfrei, dass die Reisezeiten nicht gleich ausfallen, denn die auf dem Boden stationierte Uhr war auf der Erde fixiert und blieb quasi im Schwerpunktsystem. Die Auswertung des Hafele-Keating-Experiments ist nicht ganz so einfach wie hier skizzenhaft dargestellt, weil auch die Gravitation bei der Zeitdilatation eine Rolle spielt.

Beispiel 4.1

Sind Elementarteilchen (wie etwa die *Myonen*) instabil, pflegen sie nach einer Weile zu zerfallen. Die *mittlere Lebensdauer* in ihrem *Ruhesystem* R, in dem sie die innere Energie $\mathcal{U}$ haben, sei τ. Sie ist als *Eigenzeit* gemessen, d. h. durch eine

Uhr, die in R ruht. Betrachtet man die Myonen von einem anderen zu R äquivalenten Bezugssystem (Galilei-System) aus, das sich mit der Geschwindigkeit $v \neq 0$ relativ zu R bewegt, fallen sowohl *Energie*

$$E = \gamma \mathcal{U}$$

als auch *Zerfallszeit*

$$\Delta t = \gamma \tau$$

um den Lorentz-Faktor $\gamma = \gamma(v)$ größer aus. ◀

4.5.5 Äquivalenz von Masse und Energie

Ein Teilchen G mit der inneren Energie $\mathcal{U} = mc^2$ soll zwei masselose Teilchen A und B aussenden, eines nach links und eines nach rechts. Vom *Ruhesystem* R aus betrachtet seien ihre Impulse entgegengesetzt gleich, d. h. $\tilde{p}_{\mathrm{A}} = -\tilde{p}_{\mathrm{B}} = \tilde{q}$. Jedes der beiden Teilchen trägt die gleiche Energie

$$\tilde{E}_{\mathrm{A}} = \tilde{E}_{\mathrm{B}} \equiv \tilde{E}/2$$

davon, aber ohne damit zugleich Masse davonzutragen. Im Ruhesystem R (auch Einstein hatte eine Vorliebe für Ruhesysteme) lautet der Energieerhaltungssatz

$$\mathcal{U} = \tilde{\mathcal{U}} + \frac{1}{2}\tilde{E} + \frac{1}{2}\tilde{E}. \tag{4.33}$$

Die Tilde markiert Größen nach dem Prozess der Emission, d. h., $\tilde{\mathcal{U}}$ bezeichnet die innere Energie von G nach der Emission. Zur Klärung der Frage, ob für G damit eine Massenänderung verbunden ist, verwenden wir Einsteins Trick: Wir schreiben die Gleichung der Energieerhaltung für ein Galilei-System S′ hin, das sich relativ zu R mit der Geschwindigkeit v bewegt. Sie lautet

$$E_G{}' = \tilde{E}_G{}' + \tilde{E}_A{}' + \tilde{E}_B{}'. \tag{4.34}$$

Die Energien $\tilde{E}_A{}'$ und $\tilde{E}_B{}'$ sind bezüglich S′ nicht mehr gleich. Mittels Gl. 4.10 erhält man nämlich:

$$\tilde{E}_A{}' = \gamma(\tilde{E}/2 - v \cdot \tilde{q}) \tag{4.35}$$

$$\tilde{E}_B{}' = \gamma(\tilde{E}/2 + v \cdot \tilde{q}). \tag{4.36}$$

Zieht man Gl. 4.33 von Gl. 4.34 ab, ergibt sich

$$E_G{}' - \mathcal{U} = \tilde{E}_G{}' - \tilde{\mathcal{U}} + \tilde{E}(\gamma - 1).$$

Die Energiedifferenzen $E_G{}' - \mathcal{U}$ und $\tilde{E}_G{}' - \tilde{\mathcal{U}}$ sind aber gerade die äußeren Energien, die G im Bezugssystem S′ vor und nach der Abstrahlung hat. Setzt man daher Gl. 4.31 ein, so erhält man mit $\tilde{\mathcal{U}} = \tilde{m}c^2$:

$$mc^2(\gamma - 1) = \tilde{m}c^2(\gamma - 1) + \tilde{E}(\gamma - 1)$$

und somit

$$m - \tilde{m} = \tilde{E}/c^2.$$

Daraus folgt die Erkenntnis, dass Masse und Energie äquivalent sind. Denn wenn ein Teilchen G mit anfänglicher Masse m reine Energie mittels masseloser Teilchen abstrahlt, also ohne zugleich Masse abzustrahlen, nimmt seine Masse um die (nach Einheitenumrechnung) in kg gemessene Energie $\tilde{E}/c^2$ ab.

4.6 Kinetische Energie

Die innere Energie irgendeines Teilchens sei $\mathcal{U}$. Seine Energie bezüglich eines Bezugssystems S sei $E = \sqrt{m^2c^4 + p^2c^4}$. Als kinetische Energie bezüglich S definiert man folgende relative (d. h. bezugssystemabhängige) Größe:

Kinetische Energie

$$E_{\text{kin}} \equiv E - \mathcal{U} \tag{4.37}$$

Sie ist stets positiv. Für masselose Teilchen fallen die Begriffe „Energie" und „kinetische Energie" zusammen.

Ist S speziell das Ruhesystem R, dann nimmt der Erhaltungssatz der Energie eines physikalischen Systems G folgende Form an:

$$\sum E_{\text{kin},i} + \sum \mathcal{U}_i = \mathcal{U}. \tag{4.38}$$

Hier ist $\mathcal{U}$ die invariante innere Energie des Gesamtsystems G, $\sum E_{\text{kin},i} = E_{\text{kin,A}} + E_{\text{kin,B}} + \ldots$ die Summe der kinetischen Energien aller Teilchen von G und $\sum \mathcal{U}_i = \mathcal{U}_\text{A} + \mathcal{U}_\text{B} + \ldots$ die Summe ihrer inneren Energien.

Innere Energien und Massen der Teilchen sind bis auf einen Skalierungsfaktor c^2 für die Einheiten dasselbe. Die Konsequenzen der Energieerhaltung kann man daher auch durch Massen formuliert darstellen. Wie sich das dann liest, sollen die nachfolgenden beiden Beispiele illustrieren.

1. $\text{G}^{(\text{I})}$ und $\text{G}^{(\text{II})}$ seien zwei physikalische Systeme. Jedes enthalte zwei Teilchen. Die Massen aller Teilchen seien gleich. Bezüglich ihres jeweiligen Ruhesystems mögen sich die in $\text{G}^{(\text{II})}$ enthaltenen Teilchen aber schneller bewegen und somit auch eine höhere kinetische Energie haben. In diesem Fall ist die Masse $m^{(\text{II})}$ des Systems $\text{G}^{(\text{II})}$ größer als die Masse $m^{(\text{I})}$ von $\text{G}^{(\text{I})}$.

2. In zwei identischen Kästen seien zwei identische Kreisel versteckt. Wenn sich der Kreisel im ersten Kasten schneller dreht als im zweiten, dann ist die Masse des ersten Objekts größer. Drehungen sind keine eindimensionalen Bewegungen mehr. Die Rolle des Ruhesystems wird hier durch das *Schwerpunktsystem* (s. Band P2) eingenommen.

Wechselwirkungsprozesse zwischen den Teilchen des Systems ändern deren kinetische und innere Energien. Die innere Energie $\mathcal{U}$ des Gesamtsystems bleibt von allen internen Wechselwirkungsprozessen jedoch unberührt, und daher gilt im Ruhesystem:

$$\sum E_{\mathrm{kin},i} + \sum \mathcal{U}_i = \sum \tilde{E}_{\mathrm{kin},i} + \sum \tilde{\mathcal{U}}_i, \tag{4.39}$$

wobei die Tilde Größen nach der Wechselwirkung bezeichnet. Mit $\Delta E_{\mathrm{kin},i} = \tilde{E}_{\mathrm{kin},i} - E_{\mathrm{kin},i}$ und $\Delta\mathcal{U}_i = \tilde{\mathcal{U}}_i - \mathcal{U}_i$ kann man den Energieerhaltungssatz durch

$$\sum \Delta E_{\mathrm{kin},i} + \sum \Delta\mathcal{U}_i = 0. \tag{4.40}$$

ausdrücken.

4.6.1 Zerfall eines physikalischen Systems

Ein physikalisches System G zerfalle gemäß der Zerfallsreaktion G $\rightarrow$ A+B in zwei Teilchen. Im Ruhesystem R von G besteht die Energie zu Beginn nur aus seiner inneren Energie $\mathcal{U}$, und nach dem Zerfall aus den Energien $\tilde{E}_\mathrm{A}$ und $\tilde{E}_\mathrm{B}$ der beiden resultierenden Teilchen. Die Energieerhaltung verlangt

$$\mathcal{U} = \tilde{E}_\mathrm{A} + \tilde{E}_\mathrm{B}.$$

Links stehen die Größen vor (ohne Tilde) und rechts nach dem Zerfall (mit Tilde). Zerlegt man die Energie der Teilchen wie in Gl. 4.38 nach ihrer inneren und kinetischen Energie, ist

$$\tilde{E}_{\mathrm{kin,A}} + \tilde{E}_{\mathrm{kin,B}} = \mathcal{U} - \mathcal{U}_\mathrm{A} - \mathcal{U}_\mathrm{B}\,. \tag{4.41}$$

Die Tilde wurde für die inneren Energien der Teilchen auf der rechten Seite weggelassen, weil sie Invarianten sind. Die Energieerhaltung (Gl. 4.41) sagt aus, dass die kinetische Energie der aus dem Zerfall resultierenden Bruchstücke durch innere Energie „bezahlt" wird. Da man kinetische Energien leicht ausrechnen kann, sobald die Messwerte für die Massen und Geschwindigkeiten vorliegen, bereitet eine ausreichend genaue Bestimmung der Größen auf der linken Seite von Gl. 4.41 i. Allg. keine Schwierigkeiten. Für die rechte Gleichungsseite kann man sich daran erinnern, dass die innere Energie $\mathcal{U} = mc^2$ von G zwar nicht dasselbe wie die Masse $m = \mathcal{U}/c^2$ ist, aber das Gleiche, nämlich eine mit dem Faktor c^2 auf die Einheit der Masse umgeschriebene innere Energie. Analog ist es mit den Massen $m_\mathrm{A} = \mathcal{U}_\mathrm{A}/c^2$ für A und $m_\mathrm{B} = \mathcal{U}_\mathrm{B}/c^2$ für B. Aus Gl. 4.41 folgt, dass die Summe der Massen der beiden Bruchstücke des Zerfalls kleiner ist als die Masse des ursprünglichen physikalischen Systems G, d. h. $m_\mathrm{A} + m_\mathrm{B} \leq m$. Wenn also beispielsweise ein Atom G ein Photon B (masseloses Teilchen) aussendet, dann ist die Masse m_A des mit A bezeichneten Atoms nach der Photonenemission kleiner als die Masse m_G des physikalischen Systems vor der Emission. Wenn in der Chemie beim exothermen Zerfall eines Moleküls kinetische Energie bzw. Wärme frei wird oder wenn ein Atomkern durch einen nuklearen Prozess zerfällt und dabei kinetische Energie freisetzt, so ist die Summe der Massen der Zerfallsprodukte stets kleiner als die Masse, die das zerfallene physikalische System vorher hatte. Den Massenunterschied

$$\Delta m = m_\mathrm{A} + m_\mathrm{B} - m \tag{4.42}$$

bezeichnet man als *Massendefekt*. Aber obwohl bewährte Messverfahren für Massen zur Verfügung stehen, ist deren Messunsicherheit oft zu groß, um einen Massendefekt auf direktem Wege valide nachweisen zu können. Beim derzeitigen (im Jahr 2022) Stand der Messtechnik ist es beispielsweise aussichtslos, den beim Zerfall eines chemischen Moleküls auftretenden Massendefekt feststellen zu wollen. Beim Zerfall instabiler Nuklide ist der Massendefekt hingegen enorm groß und lässt sich z. B. mit massenspektroskopischen Methoden ermittelt. In solchen Fällen ist es dann möglich, die dem Massendefekt äquivalente Änderung der inneren Energie mit der (weit bequemer messbaren) Bilanz der kinetischen Energie zu vergleichen. Die experimentelle Prüfung bestätigt die Gleichung

$$\tilde{E}_\mathrm{kin,A} + \tilde{E}_\mathrm{kin,B} + \Delta m c^2 = 0 \tag{4.43}$$

der Energieerhaltung und somit, dass die kinetischen Energien, die bei nuklearen Zerfallsprozessen deutlich in Erscheinung treten, durch die Bilanz der Massen der an der Reaktion beteiligten Teilchen erklärt werden können.

4.6.2 Inelastischer Stoß

Die Teilchen eines physikalischen Systems G können eine ihnen eigene innere Struktur besitzen und dadurch selbst wieder Systeme von Teilchen sein. Bei einem Stoß können sich dann nicht nur deren kinetische, sondern auch deren innere Energien ändern. Für die Energieerhaltung gehen wir von Gl. 4.40 aus.

Für einen Zweikörperstoß zwischen zwei Teilchen A und B lassen sich drei Fälle unterscheiden:

$$\Delta\mathcal{U}_A + \Delta\mathcal{U}_B \begin{cases} \leq 0 & \text{endothermer Stoß} \\ = 0 & \text{elastischer Stoß} \\ \geq 0 & \text{exothermer Stoß} \end{cases}$$

Elastische Stöße bewirken nur eine Umverteilung der kinetischen Energie zwischen den Teilchen. Bei einer *endothermen Reaktion* wird kinetische Energie in die innere Energie der Teilchen A und B absorbiert.

Letzterer Fall ist z. B. für die Teilchenphysik wichtig: Neue Elementarteilchen lassen sich dadurch produzieren, dass man ein „Projektilteilchen“ A auf ein „Targetteilchen B“ schießt. Dabei stehen nicht nur der Inhalt der inneren Energien beider Ausgangsteilchen für die Produktion neuer Teilchen zur Verfügung, sondern auch die (stets auf das Ruhesystem bezogenen!) kinetischen Energien von Projektil- und Targetteilchen (des von A und B gebildeten Gesamtsystems G).

Bei Reaktionen der Hochenergiephysik können sich die Massen der daran beteiligten Teilchen vor und nach einer Wechselwirkung enorm unterscheiden. Dann ist es üblich, die aus der Wechselwirkung resultierenden Teilchen als neue, von den alten verschiedene Teilchen aufzufassen, und den Vorgang als eine Wandlung der Substanz. Wenn die Massen eines Objekts vor und nach dem Stoß im Rahmen der Messunsicherheit gleich oder nahezu gleich geblieben sind, betrachtet man es nach dem Stoß hingegen als das gleiche Objekt wie vorher, bei dem sich aber die Akzidenzien geändert haben. Man sagt dann, dass man das Teilchen durch Energiezufuhr *angeregt* hat. In dieser philosophischen Sichtweise ist es als Substanz gleich geblieben, hat aber einen anderen Zustand inne als vor der Wechselwirkung. Erhöht sich die innere Energie durch Energiezufuhr also nur so wenig, dass die zugehörige Massenänderung im Rahmen der Messunsicherheit nicht feststellbar ist, bezeichnet man den Vorgang als *Anregung des Teilchens* und die aufgenommene Energie als *Anregungsenergie.* Beides, die Entstehung eines neuen Teilchens durch den inelastischen Stoß (Substanzwandel durch Vernichtung des alten und Erzeugung des neuen Teilchens) oder ein durch Anregung induzierter Übergang eines Teilchens in einen neuen Zustand (Zustandsänderung), sind mögliche Sichtweisen für endotherme Vorgänge.

4.7 Grenzfälle der Mechanik

Grenzfall großer Geschwindigkeit Wenn der Betrag $|u|$ der Geschwindigkeit eines Teilchens sehr groß ist und in der Größenordnung von c liegt, d. h., wenn

$$|u| \approx c, \tag{4.44}$$

wird auch der Impuls sehr groß. Infolgedessen kann die innere Energie $\mathcal{U} \equiv mc^2$ in Gl. 4.27 vernachlässigt werden. Energie und Betrag des Impulses sind dann, abgesehen vom Faktor c für die Umwandlung der physikalischen Einheit, dasselbe: d. h.

$$E \approx c\sqrt{p^2} = c\,|p|\,. \tag{4.45}$$

Die Teilchen verhalten sich dadurch fast so wie masselose Teilchen. Dieser Grenzfall ist unter anderem für die Elektrodynamik, die Astrophysik und die Teilchenphysik von Bedeutung.

Grenzfall kleiner Geschwindigkeit Ist $|u| \ll c$, gilt für den Impuls eines Teilchens der Masse m näherungsweise

$$p \approx mu. \tag{4.46}$$

Wegen $(\gamma - 1)c^2 \approx u^2/2$ (Tab. 1.4) folgt aus Gl. 4.37 für die kinetische Energie eines Teilchens

$$E_{\text{kin}} \approx \frac{1}{2}mu^2 \approx \frac{p^2}{2m}, \tag{4.47}$$

wobei u und p Geschwindigkeit und Impuls bezüglich des Ruhesystems eines physikalischen Systems sind, dem das Teilchen angehört.

Für den Alltagsbedarf sind diese Näherungen fantastisch genau. Im Rahmen der Messunsicherheit darf man daher ohne schlechtes Gewissen in Gl. 4.46 und 4.47 das Ungefährzeichen durch ein Gleichheitszeichen ersetzen. Dabei darf man eines trotzdem nie vergessen:

Gleichungen der Mechanik ohne c gibt es nicht. Alles andere sind *Approximationen*!

Phänomenologische Mechanik

5

In diesem Kapitel wird die Grundlage für die Theorie einer Näherung der Mechanik gelegt: für die *phänomenologische Mechanik*. Diese Theorie ist auf zwei Postulaten aufgebaut, welche im Bereich niederenergetischer Wechselwirkungen ohne Widerspruch zu den Experimenten und im Rahmen dieses Gültigkeitsbereichs damit auch konsistent und richtig ist. Ihr zentraler Begriff ist die *potentielle Energie*. Man führt sie ein, wenn die Massenänderungen bei Wechselwirkungen bzw. Prozessen so klein ausfallen, dass sie nicht mehr valide messbar sind.

5.1 Potentielle Energie

Potentielle Energien werden wir zunächst ausgehend von kinetischen Energien erschließen. Dem Begriff der kinetischen Energie (Abschn. 4.6) kommt also für den in diesem Kapitel gewählten Zugang eine Schlüsselrolle zu. Potentielle Energiebeiträge werden durch *phänomenologische Zustandsvariable* beschrieben. Die prinzipielle Vorgangsweise wird in diesem Kapitel zunächst am Beispiel der elastischen Energie und der Energie der Schwere vorgestellt.

5.1.1 Warum braucht man die potentielle Energie?

Lassen Sie mich zuallererst motivieren, wieso man dieses merkwürdige energetische Konzept überhaupt braucht.

Wenn sich die Summe der inneren Energien der Teilchen eines physikalischen Systems verringert, weil sich die Summe ihrer kinetischen Energien erhöht, wie z. B. beim Zerfall eines Systems (Abschn. 4.6.1), dann kann man die Änderung der kinetischen Energie daran ablesen, dass sich die Summe der Teilchenmassen ändert. Und mehr braucht es eigentlich nicht. Wenn man jedoch mit physikalischen Vorgängen zu tun hat, für die alle Geschwindigkeiten im Ruhesystem nicht sehr groß ausfallen,

R. Rupp, *Physik 1 – Eine unkonventionelle Einführung*,
https://doi.org/10.1007/978-3-662-64506-2_5

dann bleibt das ein frommer Wunsch, weil die Massenänderung so winzig klein ausfällt, dass sie mit geläufigen Messinstrumenten und Messmethoden nicht zugänglich ist.

Die der Massenänderung Δm (d. h. die Differenz zwischen der Summe der Massen aller Teilchen nach einer Wechselwirkung und der Summe der Massen vor der Wechselwirkung) proportionale Änderung $\sum \Delta \mathcal{U}_i = \Delta m c^2 \approx \mathcal{O}(mv^2)$ der inneren Energie muss nämlich mit den kinetischen Energien verglichen werden. Im Grenzfall kleiner Geschwindigkeiten liegen sie in der Größenordnung von mv^2, wobei v hier eine repräsentative Geschwindigkeit relativ zum Ruhesystem bezeichnen soll. Die Größenordnung der relativen Massenänderung $|\Delta m|/m$ liegt für physikalische Prozesse im Grenzfall langsamer Bewegungen daher bei

$$\mathcal{O}\left(\frac{|\Delta m|}{m}\right) \approx \mathcal{O}\left(\frac{v^2}{c^2}\right) .$$

Das Symbol $\mathcal{O}$ soll hier ausdrücken, dass es um einen Vergleich von Größenordnungen geht, dass also die Größenordnung der relativen Massenänderung in der Größenordnung des Verhältnisses v^2/c^2 liegt. Damit ist gemeint, dass die Zehnerpotenzen auf der linken und rechten Seite ungefähr gleich sind. Selbst wenn man es mit für irdische Verhältnisse recht hohen Geschwindigkeiten zu tun hat, bleibt der relative Massendefekt winzig: Für die Schallgeschwindigkeit $v \approx 3 \times 10^2$ m/s ergibt sich beispielsweise

$$\frac{|\Delta m|}{m} \approx \left(\frac{3 \times 10^2 \text{ m/s}}{3 \times 10^8 \text{ m/s}}\right)^2 = 1 \times 10^{-12} \,!$$

Wenn man die Masse makroskopischer Körper misst, dann ist die relative Messunsicherheit i. Allg. gewaltig viel größer als 1×10^{-12}, beispielsweise eine Million Mal größer, um nur mal eine realistische Vorstellung davon zu geben. Das führt dazu, dass man nur eine Zufallszahl erhält, wenn man versuchen würde, die Massenänderungen durch eine direkte Messung von Massen zu ermitteln. Mit solchen „Messwerten" kann man nichts anfangen. Das ist das Kernproblem, für das in diesem Kapitel eine Lösung vorgestellt wird.

Beispiel 5.1

Um ein Gefühl für die Größenordnung der bei einer Wechselwirkung auftretenden Massenänderung zu bekommen, schätzen wir sie für folgendes Beispiel ab: Wir betrachten zwei Wagen A und B mit einer Masse von $m \approx 0.1$ kg, die sich mit ihren zusammengedrückten Federn abstoßen. Wenn man die Wagen loslässt, so „zerfällt" dieses zusammengesetzte Gesamtsystem G in seine beiden Teile A und B (d. h. die Wagen mit ihrer jeweilige Feder). Sie streben mit zunehmender Geschwindigkeit in entgegengesetzter Richtung auseinander, während sich ihre jeweiligen Federn entspannen und deren Längen zunehmen (Abb. 5.1). Am Ende des Vorgangs mögen die beiden Teilsysteme jeweils eine Geschwindigkeit von größenordnungsmäßig 1 m/s erreichen. Die kinetische Energie der beiden Wagen

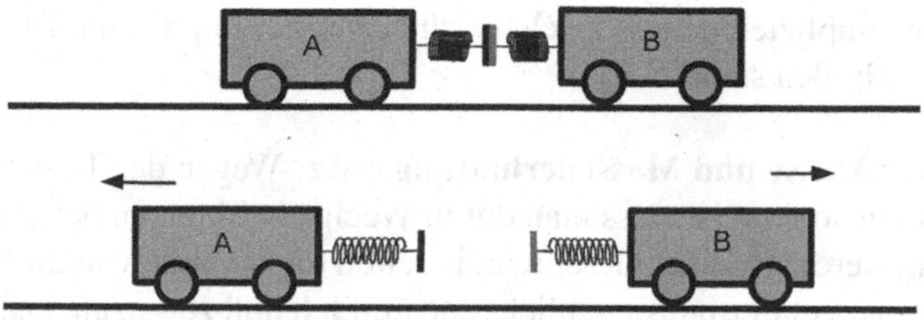

Abb. 5.1 Skizze zur Änderung der inneren Energie (vulgo Massenänderung). Die Wagen sind zunächst in Ruhe und die Federn zusammengedrückt. Lässt man sie los, dehnen sich die Federn aus, und zugleich nimmt die kinetische Energie sichtlich zu. (R. Rupp)

stammt aus der inneren Energie des ursprünglich ruhenden Gesamtsystems. Setzt man in Gl. 4.43 die Summe der beiden kinetischen Energien $E_{\text{kin,A}} + E_{\text{kin,B}} = 0.1\,\text{J}$ ein, so ergibt sich eine Abnahme von $\Delta m = -0.1\,\text{J}/9 \times 10^{16}\,\text{m}^2\text{s}^{-2} \approx -1 \times 10^{-15}\,\text{g}$. Auch mit den besten Messmethoden ist es unmöglich, eine so winzig kleine Änderung an einem makroskopischen Objekt nachzuweisen, das eine um den Faktor 10^{17} größere Masse hat. Der ernüchternde Schluss ist, dass man zwar im Prinzip ein Maß für Änderungen der inneren Energie hat, nämlich die Massenänderungen, es aber nicht sinnvoll einsetzen kann. ◀

Wir scheitern nicht am theoretischen Prinzip, sondern daran, dass die winzig kleinen Massenänderungen in der Messunsicherheit versinken und so zu unbrauchbaren Zufallsvariablen werden. Mit der Masse lassen sich deshalb keine auf der Energieerhaltung basierenden Schlüsse mehr ziehen. Die phänomenologische Mechanik „löst" dieses Problem, indem sie das Konzept der potentiellen Energie erfindet.

5.1.2 Die Postulate der phänomenologischen Mechanik

Die *phänomenologische Mechanik* ist die Näherung der Mechanik für den niederenergetischen Bereich bzw. den Bereich kleiner Geschwindigkeiten. Wir verwenden sie als einen praktisch handhabbaren Ersatz für die Mechanik. Sie lässt sich auf eine solide und konsistente Basis stellen, wenn man sie für abgeschlossene Systeme durch folgende Postulate einführt:

Postulate der phänomenologischen Mechanik

1. **Energieerhaltung:** Die mechanische Energie bleibt erhalten.
2. **Impulserhaltung:** Die extensive Zustandsvariable des kinetischen Energiebeitrags heißt Impuls und bleibt erhalten.
3. **Massenerhaltung:** Die Masse bleibt erhalten.

Diese Postulate implizieren, dass mechanische Energie, Impuls und Masse additive bzw. extensive Größen sind.

Additivität der Masse und Massenerhaltungssatz Wegen der Tatsache, dass die Messunsicherheit so groß ist, dass man durch Wechselwirkungen bewirkte Massenänderungen im Bereich kleiner Geschwindigkeiten nicht valide von null unterscheiden kann, ist es gerechtfertigt, sie schlicht und einfach null zu setzen. Daher gründen wir die phänomenologische Physik auf das Postulat der Massenerhaltung bzw. den *Massenerhaltungssatz*. Wenn also m_A bzw. m_B die Massen zweier Teilchen A und B vor einer Reaktion bzw. einem Stoß und die mit einer Tilde gekennzeichneten Größen $\tilde{m}_A$ bzw. $\tilde{m}_B$ die Massen nach dem Stoß sind, so gilt im Gültigkeitsbereich der phänomenologischen Mechanik für alle Wechselwirkungsprozesse

$$m_A + m_B = \tilde{m}_A + \tilde{m}_B \, . \tag{5.1}$$

Aus dem Massenerhaltungssatz folgt, dass die Masse im Rahmen der phänomenologischen Physik additiv (bzw. extensiv) ist, denn umgekehrt ist die Additivität der Masse ja wiederum die Grundvoraussetzung für Erhaltungssätze (Abschn. 4.3.1). Für ein physikalisches System mit der Masse m, das aus Teilchen mit den Massen $m_1, m_2, \ldots$ besteht, gilt also

$$m = \sum m_i \, . \tag{5.2}$$

In Lehrbüchern der klassischen Mechanik wird die Additivität der Masse manchmal nicht begründet und oft auch der Massenerhaltungssatz nicht explizit als Postulat eingeführt. Beides wird dort zuweilen stillschweigend als evident vorausgesetzt. Da wir die Mechanik in diesem Buch von Anfang an relativistisch entwickelt haben (und damit von Anfang an richtig), stehe ich an dieser Stelle vor der Herausforderung eines didaktischen Spagats, denn ich muss die üblicherweise gelehrte Physik aus der Mechanik zurückzugewinnen und so wieder Anschluss zu jener Darstellung der Physik zu finden, mit der Studenten z. B. in den physikalischen Praktika konfrontiert werden.

So lange man Physik im Bereich kleiner Geschwindigkeiten betreibt, braucht man kein schlechtes Gewissen zu haben, wenn man von der Hypothese ausgeht, dass die Masse additiv ist und erhalten bleibt: Kein einziges Experiment, das man innerhalb des Gültigkeitsbereichs der phänomenologischen Physik durchführt, wird dem widersprechen. Nachfolgend werden wir daher (im Bewusstsein, dass es sich um eine Näherung mit begrenzter Gültigkeit handelt) vorwiegend von der Additivität der Masse (Gl. 5.2) ausgehen. Für einen Relativisten bleibt dabei stets völlig klar, dass beide Hypothesen, die Additivität und die Erhaltung der Masse, falsch sind.[1] Ich spreche dieses Problem hier offen an, um es Ihnen bewusst zu machen, auch wenn ich von nun an (für den Rest dieses ersten Bandes) in die Fußstapfen der auf diesen Hypothesen beruhenden (prärelativistischen) Physik treten und ihren Konsequenzen folgen werde, denn so hat sie sich historisch entwickelt und so wird sie in Anfängerlehrbüchern traditionell gelehrt.

Energiesatz der phänomenologischen Mechanik Wie kann man mit der prekären Situation umgehen, welche die Energieerhaltungsaussage für den Bereich kleiner Geschwindigkeit erst einmal unbrauchbar bzw. wertlos macht? Führt man das Postulat der Additivität der Masse ein, ist der Energieerhaltungssatz nämlich „kaputt", denn er ist nicht mehr vollständig. Dennoch wollen wir an der Energieerhaltung festhalten, denn sie hat sich als ein übergeordnetes Prinzip der Physik herausgestellt. Die Lösung ist Phänomenologie! Damit begibt man sich aus dem Bereich der kristallklaren relativistischen Theorie in die trüben Gewässer der Empirie, aber es gibt nun einmal keinen anderen Ausweg. Lassen Sie mich den phänomenologischen Ansatz am oben betrachteten Beispiel zweier zunächst mit einer Feder verbundener Wagen erläutern.

Beobachtbar und damit einer validen Messung zugänglich ist für dieses Beispiel die mit der Änderung der kinetischen Energie einhergehende Formänderung der Feder. Schon mit wenigen Experimenten lässt sich in Erfahrung bringen, dass es einen empirisch gut reproduzierbaren Zusammenhang zwischen dieser Formänderung und der kinetischen Energie gibt.

Daher kann man auf den Gedanken kommen, den Energieerhaltungssatz dadurch „zu retten", dass man die Auslenkung x der Feder als ein Maß der im ursprünglichen System G gespeicherten Energie verwendet und die *Modellannahme* macht (Abschn. 5.5), dass dieser Energiebetrag durch den physikalischen Prozess anschließend vollständig in die kinetische Energie überführt wird, die man im Ruhesystem beobachtet. Der durch die Zustandsvariable „Auslenkung" phänomenologisch charakterisierte Energiebeitrag ist ein Beispiel für eine *potentielle Energie*.

Es kann nun sein, dass man noch weitere Größen identifiziert, die sich aufgrund von Energieänderungen sichtlich verändern. Nehmen wir an, dass die experimentelle Untersuchung ergibt, dass $\mathtt{n}$ davon voneinander unabhängig sind, d. h., dass es $\mathtt{n}$ unabhängige mechanische Zustandsvariable $\mathtt{z}_1, \ldots, \mathtt{z}_\mathtt{n}$ gibt. Dann muss man obige Idee ein wenig verallgemeinern und eine potentielle Energie $E_{\text{pot}}(\mathtt{z}_1, \ldots, \mathtt{z}_\mathtt{n})$ aufstellen, die von ebendiesen $\mathtt{n}$ unabhängigen Zustandsvariablen abhängt. Dass alle mechanischen Zustandsvariablen direkt erfassbare bzw. messbare Größen sein müssen, ist selbstverständlich, denn das ist ja gerade die Idee, Änderungen der inneren Energie approximativ durch solche phänomenologische Variablen zu charakterisieren.

[1] Strenge Relativisten wird es vermutlich nicht gefallen, wenn beispielsweise der Massenschwerpunkt im ersten Kurs der theoretischen Physik so definiert wird, dass dabei auf die Hypothese der Massenadditivität zurückgegriffen wird. Aber auf dieser Hypothese bauen die Curricula derzeit (2022) nun einmal auf. Mein Zugeständnis an die Lehrtradition ist, dass ich Ihnen ab diesem Kapitel ebenfalls „falsche" Physik erzähle, aber dafür wenigstens richtig (Scherz).

Das Ziel der Theorie, die wir entwickeln wollen, ist, ein physikalisches System durch ein phänomenologisches Modell zu beschreiben, das aus seinen kinetischen Energiebeiträgen und der potentiellen Energie besteht. Die Summe dieser *mechanischen Energiebeiträge* ist die *mechanische Energie* $\mathcal{E}$. Für das mechanische Modell postuliert man, dass die mechanische Energie einen Erhaltungssatz erfüllt. Wenn physikalische Prozesse stattfinden, bei denen sich nur die systeminternen kinetischen Energiebeiträge oder systemspezifischen Zustandsvariablen des Systems ändern, so soll gelten:

Energieerhaltungssatz der phänomenologischen Mechanik

$$\mathcal{E} = E_{\text{kin}} + E_{\text{pot}} = \tilde{E}_{\text{kin}} + \tilde{E}_{\text{pot}} = \tilde{\mathcal{E}} \tag{5.3}$$

Gl. 4.39 wird durch Gl. 5.3 als die phänomenologische Version der Energieerhaltung ersetzt und soll sich wie dort der Einfachheit halber auf das Ruhesystem aller miteinander wechselwirkenden Bestandteile beziehen, die das mechanische System ausmachen. Größen ohne Tilde bezeichnen solche vor dem Prozess und die mit Tilde solche nach dem Prozess (so bezeichnet $\tilde{\mathcal{E}}$ etwa die mechanische Energie nach dem Wechselwirkungsprozess). Das Modell setzt voraus, dass die kinetischen Energiebeiträge und die Zustandsvariablen das physikalische System vollständig beschreiben und dass das physikalische System abgeschlossen bzw. isoliert ist. Die Energiebeiträge sollen das Modell des Systems selbst repräsentieren, also eine Beschreibung dafür liefern, wie das System in seinem Inneren „tickt". Gl. 5.3 sagt für ein isoliertes physikalisches System aus, dass die Summe aller kinetischen Energiebeiträge sowie der potentiellen Energie *vor* einem physikalischen Prozess (ohne Tilde) gleich der Summe aller kinetischen Energiebeiträge und des potentiellen Energiebeitrags *nach* dem Prozess (mit Tilde) ist und liefert so das physikalische Bild des Systems. Alle Zustände, die das physikalische System einnehmen kann, müssen Gl. 5.3 erfüllen. Alle Zustandsänderungen können in der einen wie in der anderen Richtung erfolgen: Sie sind im Rahmen dieses Modells *reversibel.*

5.1.3 Potenzreihen für empirische Zusammenhänge

Potentielle Energien werden i. Allg. durch rein empirische Untersuchungen hergeleitet. Der Einfachheit halber betrachten wir ein Modell, das durch nur eine Zustandsvariable der potentiellen Energie beschrieben wird und bezeichnen diese mit z. Man stellt also eine Tabelle auf, welche die gemessenen Werte der Zustandsvariablen z und die zugehörigen, auf der Grundlage des mechanischen Energieerhaltungssatzes experimentell ermittelten Werte E_{pot} der potentiellen Energie enthält.

Über den funktionalen Zusammenhang $E_{\text{pot}}(z) = f(z)$ zwischen der Zustandsvariablen z und der potentiellen Energie, d. h., über die Funktion $f(z)$ weiß man in der Regel erst einmal gar nichts. Diese Situation tritt auch in anderen Fällen, in denen man empirische Zusammenhänge untersucht, oft auf. Wenn man aus der Theorie nicht einmal einen Tipp bekommen kann, von welcher Art die Funktion $f(z)$ ist, welche den Zusammenhang der empirischen Daten beschreiben soll, behilft man sich oft mit der Beschreibung durch eine *Potenzreihe*

$$f(z) = a_0 + a_1 z + a_2 z^2 + \cdots + a_n z^n \tag{5.4}$$

mit konstanten Koeffizienten $a_1, \ldots, a_n$. Beliebter ist die Beschreibung empirischer Daten durch die *Taylor-Reihe*

$$f(z) = k_0 + \frac{1}{1!} k_1 z + \frac{1}{2!} k_2 z^2 + \cdots + \frac{1}{n!} k_n z^n \tag{5.5}$$

(hier: um die Stelle $z = 0$) mit den konstanten Koeffizienten $k_1, \ldots, k_n$. Diese hängen mit den Ableitungen der Funktion f an der Stelle $z = 0$ auf folgende einfache Weise zusammen:

$$k_0 = f(0), \quad k_1 = f'(0), \quad k_2 = f''(0), \quad \ldots, \quad k_n = f^{(n)}(0)$$

Hier bedeuten $f'(0)$ die erste und $f^{(n)}(0)$ die n-te Ableitung der Funktion f nach der Zustandsvariablen z, wobei nach der Bildung der Ableitung der Wert $z = 0$ einzusetzen ist.

Ziel der empirischen Analyse ist, eine Potenzreihe anzugeben, welche den Messdaten optimal angepasst ist. Es gibt gute Computerprogramme, welche diese Aufgabe für Sie erledigen können.

5.1.4 Das Hookesche Gesetz

Abb. 5.2 skizziert eine Anordnung zur Charakterisierung der potentiellen Energie, welche in einer ausgezogenen Feder gespeichert ist, und Abb. 5.3a zeigt eine entsprechende experimentelle Realisierung, wie sie zu Demonstrationszwecken aufgebaut wurde: Am vorderen Ende einer waagerecht einjustierten Bahn ist eine Feder montiert. Man kann sie um eine Strecke x ausziehen. Diese *Auslenkung* x der Feder ziehen wir als Zustandsvariable für den elastischen Beitrag zur potentiellen Energie heran. Ihren Wert kann man auf dem mit einer Skala versehenen Röhrchen links

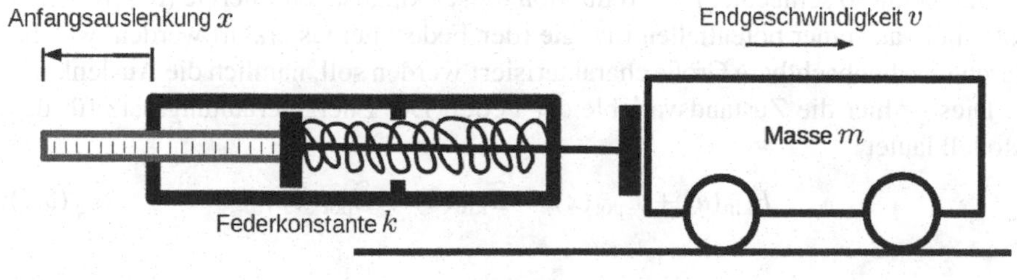

Abb. 5.2 Skizze zur experimentellen Charakterisierung der in einer Feder gespeicherten potentiellen Energie. Die innere Röhre wird um x ausgezogen und zieht die Feder damit ebenfalls um x aus (= Auslenkung der Feder). Dann lässt man sie los und misst die Endgeschwindigkeit v, die ein Wagen mit Masse m erreicht. (R. Rupp)

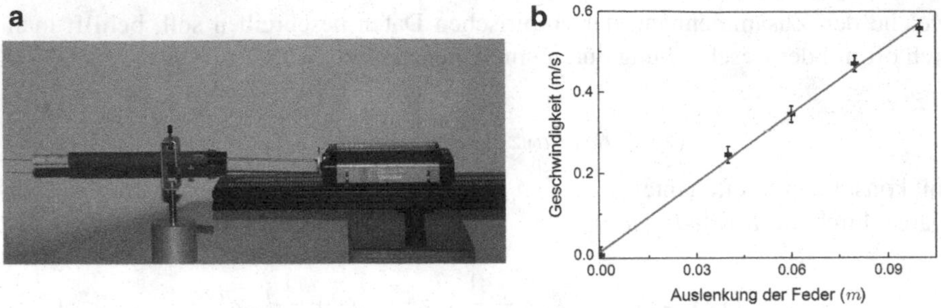

Abb. 5.3 Hookesches Gesetz: (**a**) Eine Feder wird um eine Strecke x ausgelenkt und losgelassen. Auf einen Wagen, der sich auf einer horizontalen Bahn befindet, wird Energie übertragen. Die dem Wagen erteilte Endgeschwindigkeit wird gemessen. (**b**) Die Endgeschwindigkeit ist proportional zur Federauslenktung. Die kleinen „Fehlerbalken" durch die Messpunkte visualisieren eine Abschätzung der Messunsicherheit. (E. Partyka-Jankowska/R. Rupp)

ablesen.[2] Als Modell für die Analyse legen wir also eine potentielle Energie $E_{\text{pot}}(x)$ fest, die nur von der Zustandsvariable x abhängen soll. Auf die Bahn wird ein Wagen gesetzt, der mit der Anordnung in Kontakt gebracht wird und zunächst in Ruhe ist, d. h., er hat zu Anfang die Geschwindigkeit $u = 0$ relativ zur Anordnung.[3] Wird die Feder losgelassen, setzt sich der Wagen in Bewegung. Er erreicht seine maximale Geschwindigkeit, sobald die Auslenkung auf den Wert $\widetilde{x} = 0$ zurückgegangen ist. Das markiert das Ende des physikalischen Prozesses. Dann hat die Geschwindigkeit $\widetilde{u}$ die Endgeschwindigkeit $\widetilde{u} = v$ erreicht. Die mit einer Tilde versehenen Werte bezeichnen wie in Gl. 5.3 wieder Werte am Ende des Prozesses.

Wie die in Abb. 5.3b aufgetragenen Messresultate zeigen, findet man zwischen der Auslenkung x zu Beginn und der Geschwindigkeit v am Ende den Zusammenhang

$$v \propto x \,. \tag{5.6}$$

Wenn der Wagen eine Masse m hat, dann kann man die kinetische Energie der Translationsbewegung, die am Ende des Prozesses entstanden ist, mit $\widetilde{E}_{\text{kin}} = \frac{1}{2}m\widetilde{u}^2 = \frac{1}{2}mv^2$ abschätzen. Das soll hier der einzige kinetische Energiebeitrag sein, den wir in unserem Modell berücksichtigen. Selbstverständlich ist das nur eine Näherung für die Summe aller tatsächlich beteiligten kinetischen Energiebeiträge, aber erst einmal keine so schlechte. Die Produktion dieser kinetischen Energie (des Wagens) soll allein aus einer potentiellen Energie (der Feder) heraus erklärt werden, welche durch eine beobachtbare Größe charakterisiert werden soll, nämlich die Auslenkung x. Dies ist hier die Zustandsvariable der Feder. Der Energieerhaltungssatz für das Modell lautet

$$E_{\text{kin}}(u) + E_{\text{pot}}(x) = \widetilde{E}_{\text{kin}}(\widetilde{u}) + \widetilde{E}_{\text{pot}}(\widetilde{x}) \,, \tag{5.7}$$

[2] Die Feder selbst befindet sich in der etwas dickeren Röhre und ist von außen nicht sichtbar.

[3] Da diese Anordnung mit der Erde fest verbunden ist, ist die Erde in guter Näherung das Ruhesystem des Prozesses.

wobei zu Anfang $u = 0$ und am Ende $\widetilde{u} = v$ sowie $\widetilde{x} = 0$ ist. Wegen Gl. 5.6 gilt also

$$E_{\text{pot}}(x) - \widetilde{E}_{\text{pot}}(0) = \widetilde{E}_{\text{kin}}(\widetilde{u}) = \frac{1}{2}mv^2 \propto x^2 .$$

Für die Anpassung an eine Taylor-Reihe in der Form von Gl. 5.5 genügt ein Summand, nämlich

$$E_{\text{pot}}(x) = \frac{1}{2}kx^2 \tag{5.8}$$

mit einer Konstante k. Das durch Gl. 5.8 beschriebene und empirisch gewonnene Gesetz heißt *Hookesches Gesetz*.

Die Konstante k charakterisiert die Steifigkeit der Feder und wird *Federkonstante* genannt. Für eine gegebene Auslenkung x nimmt die Endgeschwindigkeit

$$v = \sqrt{k/m}\, x \tag{5.9}$$

mit der Steifigkeit k (der Feder) zu und mit der Masse m (des Wagens) ab.

Hookesches Verhalten ist kein allgemeines, kein prinzipielles Gesetz der Physik, sondern eine empirische Beschreibung von Federn, die z. B. von Material, Verarbeitung oder Form der Feder abhängig ist. Ferner ist das Hookesche Gesetz nur innerhalb eines begrenzten Wertebereichs gültig. Dass es nicht für beliebig große x gelten kann, ist offensichtlich (vorher geht die Feder kaputt).

Im Rückblick sei daran erinnert, dass der aus dem physikalischen Modell hervorgehende und durch Gl. 5.8 beschriebene Ausdruck für die potentielle Energie erstens auf der optimistischen Annahme beruht, dass bereits eine einzige unabhängige Zustandsvariable (beispielsweise von größenordnungsmäßig 10^{23} Zustandsvariablen!) und allein die kinetische Energie der Translationsbewegung genügt, um Änderungen der inneren Energie des aus Wagen und Feder bestehenden makroskopischen Systems ausreichend genau zu erfassen, und zweitens, dass das Modell des isolierten Systems eine gute Näherung der Realität ist. So erstaunlich dieser Berufsoptimismus der Physiker auch für einen Laien sein mag, der Erfolg gibt ihnen – *näherungsweise* – recht. Wenn man das Experiment so unbedarft durchführt, wie wir es hier getan haben, und alle anderen energetischen Beiträge außer jenen, die in der Energiebilanz (Gl. 5.7) berücksichtigt wurden, vernachlässigt, dann hat man zweifellos einen systematischen Fehler begangen. Er lässt sich durch eine bessere Präparation verringern. Wir werden auf diesen Punkt noch noch zurückkommen (Abschn. 5.1.5).

Ockhams Rasiermesser Das Hookesche Gesetz (Gl. 5.8) ist ein mathematisches Modell für die Abhängigkeit der potentiellen Energie von der Auslenkung x, das aus empirischen Daten herausgelesen wurde. Es ist aber keineswegs das einzig mögliche mathematische Modell. Man hätte die Messdaten genauso gut durch das mathematische Modell

$$E_{\text{pot}}(x) = \frac{1}{2}k_2x^2 + \frac{1}{4!}k_4x^4 \tag{5.10}$$

mit zwei empirischen Konstanten k_2 und k_4 beschreiben können, höchstwahrscheinlich sogar viel besser.

Aber solange das einfachere mathematische Modell (mit $k_2 \neq 0$ und $k_4 = 0$) die Messdaten im Rahmen der streuenden Messergebnisse (d. h. in den Schranken der Unsicherheit) beschreibt, gibt es keinen Anlass, ein komplizierteres mathematisches Modell heranzuziehen. *Wenn mehrere Modelle die Messdaten beschreiben und kein logisches Argument eines davon ausschließt, dann sind alle gleich richtig,* und die Wahl des mathematischen Modells liegt im Ermessen des Physikers. Gewöhnlich wird er eine denkökonomische Wahl treffen, sich also für das Modell entscheiden, das ihm am einfachsten beim Durchdenken der möglichen Konsequenzen des erschlossenen Zusammenhangs weiterhilft. Im Fall der Messwerte und Messunsicherheit des vorliegenden Experiments (Abb. 5.3b) spricht das dafür, *Ockhams Rasiermesser* zu zücken und sich für Gl. 5.8 zu entscheiden.

5.1.5 Phänomene der Schwere

Abb. 5.4 skizziert ein Experiment, mit dem man Erfahrungen zum Phänomen der Schwere sammeln kann. Dabei setzt man zunächst einen Wagen auf eine Bahn. Das sei der Ausgangszustand Z. Neigt man die Bahn um einen Winkel α gegen die Horizontale, so beginnt der Wagen hinabzurollen. Während sich dadurch seine Position verändert, nimmt seine Geschwindigkeit und somit die kinetische Energie der Translationsbewegung des Wagens zu. Das wirft die Frage auf, woher diese Energie stammt. Sie kann ja nicht aus dem Nichts entstehen, sondern es muss ein energetisches Gegenkonto existieren, welches Energie abgibt. Wir versuchen das phänomenologisch zu beschreiben, d. h. durch eine potentielle Energie. Für diese müssen wir zuerst eine geeignete Zustandsvariable identifizieren. Nun ist die Änderung der Position des Wagens hier aber das einzige beobachtbare Merkmal, das man mit einer Änderung der Geschwindigkeit in einen Zusammenhang bringen kann. Um die Positionsänderung zu beschreiben, bieten sich verschiedene Variable an. Zwei

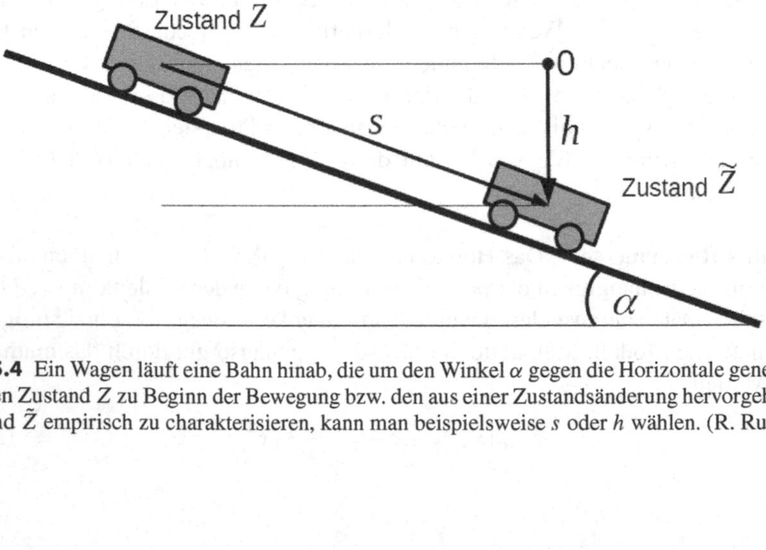

Abb. 5.4 Ein Wagen läuft eine Bahn hinab, die um den Winkel α gegen die Horizontale geneigt ist. Um den Zustand Z zu Beginn der Bewegung bzw. den aus einer Zustandsänderung hervorgehenden Zustand $\tilde{Z}$ empirisch zu charakterisieren, kann man beispielsweise s oder h wählen. (R. Rupp)

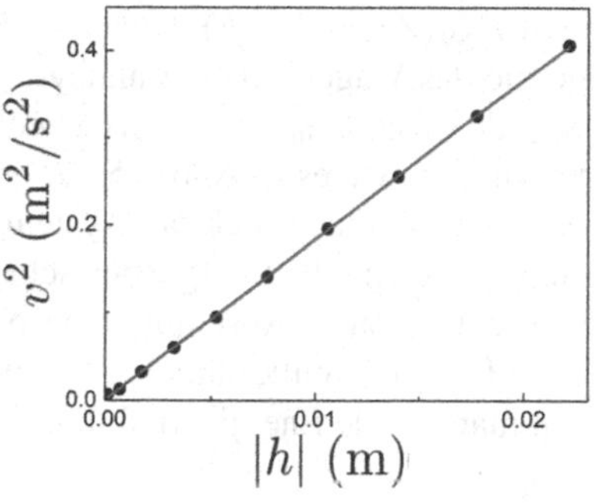

Abb. 5.5 (**a**) Durchführung des in Abb. 5.4 skizzierten Experiments, bei dem ein Wagen eine (schwach) geneigte Bahn hinabläuft. Gemessen wurde die Geschwindigkeit $v(h)$. (**b**) Trägt man v^2 gegen $|h|$ auf, ergibt sich empirisch ein linearer Zusammenhang. Fehlerbalken sind im Diagramm deshalb nicht eingetragen, weil sie kleiner wären als die Kreisscheibchen, welche die Messpunkte repräsentieren. (E. Partyka-Jankowska/R. Rupp)

davon wurden in Abb. 5.4 eingezeichnet. Mit der Änderung der kinetischen Energie ändert sich einerseits die Wegkoordinate s und andererseits die Koordinate h der durchlaufenen Höhe. Die beiden observablen Größen sind aber durch

$$|h| = |s| \sin \alpha \tag{5.11}$$

miteinander verknüpft, d. h., nur eine ist unabhängig. Welche davon man sich aussucht, ist völlig egal, denn man kann sie durch die Variablentransformation gemäß Gl. 5.11 ineinander umrechnen. Man wählt meist eine Variable, die es besonders einfach macht, das Problem zu durchdenken oder eine, welche Rechnungen vereinfacht. Um die Position des Wagens zu charakterisieren, möchte ich mich hier für die Positionskoordinate h als unabhängige Zustandsvariable einer potentielle Energie $E_{\mathrm{pot}}(h)$ entscheiden. In Abb. 5.4 beschreibt sie die Position relativ zu dem mit 0 bezeichneten Bezugspunkt und relativ zu der mit dem Pfeil angegebenen Bezugsrichtung. Trägt man für das in Abb. 5.5a gezeigte Demonstrationsexperiment das Quadrat der Geschwindigkeit v des Wagens gegen $|h|$ auf, so erhält man im Rahmen der Messunsicherheit den in Abb. 5.5b dargestellten linearen Zusammenhang mit

$$v^2 = 2k_S \cdot h\,. \tag{5.12}$$

Damit die Zahlenwerte später der üblichen Konvention entsprechen, wurde zur Vereinfachung schon hier ein Faktor 2 herausgezogen. Auf der linken Seite der Gleichung steht ein Skalar. Dafür, dass das auch auf der rechten Seite so ist, sorgt das Skalarprodukt, also das Produkt mit einem Proportionalitätsfaktor $2k_S$, der sich bei einer Rauminversion wie h transformiert (also ein Vektor ist). Da die linke Seite positiv ist, verlangt die Gleichung (unabhängig vom Koordinatensystem!), dass h und k_S die gleiche Richtung haben. Aus den vorliegenden Messdaten ergibt sich $|k_S| \approx 9\,\mathrm{m/s^2}$.

Zu Beginn des Vorgangs, also im Anfangszustand Z, soll die potentielle Energie durch $E_{\mathrm{pot}}(Z) = E_{\mathrm{pot}}(h = 0) = E_{\mathrm{pot}}(0)$ gegeben sein und am Ende des Vorgangs durch $E_{pot}(\tilde{Z}) = E_{pot}(h)$, wobei $\tilde{Z}$ den Endzustand bezeichnen soll. Die kinetische Energie des Wagens als Gesamtsystem ist zu Anfang null, d. h. $E_{kin}(Z) = 0$, und am Ende ist sie $E_{kin}(\tilde{Z}) = \frac{1}{2}mv^2$, wobei m die Masse des Wagens ist. Im konkreten Experiment, wie es in Abb. 5.5a gezeigt ist, werden neben der kinetischen Energie $\frac{1}{2}mv^2$ des Wagens als Gesamtsystem aber auch noch andere energetische Beiträge durch die potentielle Energie der Schwere „gefüttert". Dieses Problem wurde bereits im vorhergehenden Abschnitt angesprochen. Bezeichnet man diesen von der potentiellen Energie „mitbezahlten" Anteil summarisch als „sonstige Energie" E_{sonst}, so kann man für die Energieerhaltung des abgeschlossenen Systems die Gleichung

$$E_{pot}(0) = E_{pot}(h) + \frac{1}{2}mv^2 + E_{sonst}$$

aufstellen. Zur Illustration möchte ich Ihnen einige Beiträge nennen, aus denen sich E_{sonst} zusammensetzen kann: Dazu gehören Beiträge zur inneren Energie des Wagens, wie zum Beispiel die kinetische Energie seiner rotierenden Räder. Ferner gehören Beiträge dazu, welche sich aus der Wechselwirkung mit dem umgebenden Medium ergeben, wie zum Beispiel der Auftrieb (Abschn. 8.5.2). Außerdem wird Energie durch Aussendung von Schall oder Umwandlung in Wärme abgegeben (z. B. durch Dissipation bzw. Reibung (Kap. 7)). Wie schon diese kleine Aufzählung zeigt, kann es ganz schön kompliziert werden, wenn man durch Experimente einem mathematischen Modell auf die Spur kommen will, das die potentielle Energie der Schwere allein durch die Zustandsvariable h beschreibt. Um das zu erreichen, muss man alle anderen energetischen Möglichkeiten durch geeignete Durchführung des Experiments bzw. durch zweckmäßige Präparation ausschließen und anstreben, E_{sonst} so klein wie möglich zu machen.

In dem Maße wie das gelingt, strebt k_S gegen eine vektorielle Konstante g mit einem Betrag, der um ca. 10 % größer ausfällt. Wenn man den Wagen beispielsweise senkrecht nach unten fallen lässt ($\alpha = 90°$ in Abb. 5.4), hat man die kinetische Energie der Räder und die auf die Reibung zurückgehende Wechselwirkung mit der Bahn ausgeschaltet. Führt man das Experiment dann auch noch in der evakuierten Röhre des *Bremer Fallturms* aus, dann hat man auch noch den Einfluss des umgebenden Mediums und damit zugleich Auftrieb, Dissipation und Schallemission eliminiert. Wenn es schließlich gelingt, jeglichen sonstigen Einfluss auszuschalten und das Schwerephänomen durch die Präparation zu isolieren, dann erreicht man den Grenzfall des *freien Falls*. Für diesen erhält man

$$v^2 = 2\,g \cdot h \tag{5.13}$$

mit

$$|g| \approx 10\,\text{m/s}^2\,. \tag{5.14}$$

und der potentiellen Energie

$$E_{pot}(h) = -mg \cdot h + E_{pot}(0)\,. \tag{5.15}$$

Setzt man in dieser Gleichung noch willkürlich $E_{\text{pot}}(0) = 0$, weil es (wie wir später sehen werden) nur auf Änderungen der potentiellen Energie ankommt, so kann man die potentielle Energie der Schwere durch

$$E_{\text{pot}}(h) = -mg \cdot h \tag{5.16}$$

beschreiben.

Die Experimente zeigen, dass g nicht von dem chemischen Stoff abhängt, aus dem der Wagen gefertigt wurde. Mehr noch: g hängt von überhaupt nichts Körperspezifischem ab. Die einzige Eigenschaft des Körpers, die in Gl. 5.16 einfließt, ist seine Masse m (bzw. seine innere Energie). Das ist bemerkenswert. Deshalb soll dieser erstaunliche experimentelle Befund explizit festgehalten werden:

> Für alle Körper gleicher Masse m ist die potentielle Energie der Schwere unabhängig von deren sonstiger materieller Beschaffenheit.

5.1.6 Platons Höhlengleichnis und die Phänomenologie

> Dinge sind uns als außerhalb von uns befindliche Gegenstände unserer Sinne gegeben. Von dem, was sie an sich selbst sein mögen, wissen wir nichts. Wir kennen nur ihre Erscheinungen, d.h. die Vorstellungen, die sie dadurch in uns bewirken, dass sie auf unsere Sinne einwirken. Ich gestehe durchaus zu, dass es außerhalb von uns tatsächlich Körper gibt, d.h. Dinge, die wir, obzwar nach dem, was sie an sich selbst sein mögen, uns gänzlich unbekannt sind, durch die Vorstellungen kennen, welche ihr Einfluss auf unsere Sinnlichkeit uns verschafft. Denen geben wir die Benennung eines Körpers. Dieses Wort bedeutet also bloß die Erscheinung jenes uns unbekannten, aber nichtsdestoweniger wirklichen Gegenstandes. Kant (1783)

Im Platonschen Höhlengleichnis leben Menschen in einer Höhle. Sie können nur auf eine Wand blicken, auf der sie die Schattenbilder wahrnehmen können, die von Vorgängen entworfen werden, die außen stattfinden. Wenn Menschen außen unterschiedliche Gegenstände hin- und hertragen, so dass sie selbst verborgen bleiben, dann sehen die Höhlenbewohner nur das Schattentheater dieser Gegenstände. Wenn einer der Träger spricht, hallt das Echo von der Höhlenwand so zurück, als ob die Schatten sprächen. Daher meinen die Höhlenbewohner, die Schatten könnten reden. Sie betrachten die Schatten als Lebewesen und deuten alles, was geschieht, als deren Handlungen. Das, was sich auf der Wand abspielt, ist für sie die gesamte Realität. Sie entwickeln eine Wissenschaft von den Schatten und versuchen, in deren Auftreten und Bewegungen Gesetzmäßigkeiten festzustellen und daraus Prognosen abzuleiten.

Die Höhlenbewohner können zwar wahrnehmen, wie ihnen die Dinge erscheinen, nicht aber ihre Wirklichkeit selbst erfassen. Die Erscheinungen bezeichnet man als *Phänomene* und jene Wissenschaft der Höhlenbewohner, die sich an den Phänomenen orientiert, ist eine *phänomenologische Wissenschaft.*

Die potentielle Energie ist ein Paradebeispiel für einen Begriff aus der phänomenologischen Physik. Wenn in einem Physikhörsaal der Zerfall eines zunächst ruhenden Objekts in zwei gleiche Teile demonstriert wird, die sich nach dem Zerfall mit einer bestimmten Geschwindigkeit voneinander fortbewegen, ist man ganz außer Stande, die Wirklichkeit wahrzunehmen, also die Massenänderungen. Wie die Höhlenbewohner aus Platons Gleichnis nimmt man erst einmal nur die Erscheinung wahr, dass die kinetische Energie vor dem Zerfall null war, nachher aber von null verschieden ist. Da die Massenänderungen zu klein sind, um wahrgenommen zu werden, sieht es zunächst einmal so aus, als ob da Energie aus dem Nichts entsteht, also als ob der Energiesatz verletzt wäre. (Als man die Energieproduktion des Radiums entdeckte, sah es tatsächlich so aus, weil man sie auf keine bekannte Phänomenologie der Energie zurückführen konnte.) Wenn man aber durch genauere Beobachtung gewahr wird, dass beim Zerfallsexperiment zwischen beiden Objekten eine Feder gespannt ist, und durch noch genauere Beobachtung, dass diese vor und nach dem Zerfall eine Formänderung aufweist, dann kann man eine Energiebeschreibung angeben, die sich an dieser Erscheinung orientiert, nämlich an diesem *Phänomen* der Formänderung. Ähnlich wie die Höhlenbewohner entwickelt man durch die Einführung der potentiellen Energie als Funktion der Auslenkung der Feder eine Wissenschaft von den uns zugänglichen Schattenbildern der Wirklichkeit. (Diese Wirklichkeit ist die der Massenänderung entsprechende Änderung der inneren Energie!) Die nach der Wechselwirkung auftretende kinetische Energie wird einem phänomenologischen Zusammenhang zwischen der potentiellen Energie E_{pot} und der Dehnung x der Feder oder sonst einem geeigneten, für den experimentalphysikalischen „Höhlenbewohner" beobachtbaren Indikator zugeschrieben.

Die Bemühungen um den phänomenologischen Begriff der potentiellen Energie dauerten viele Jahrzehnte. Erst Albert Einstein gelang es 1905, die hinter dieser Erscheinung stehende „Realität", d. h. die Massenänderungen, zu erkennen und uns zu einem tieferen Verständnis der Natur zu führen. Die physikalische Methode benötigt aufmerksame Menschen, denen Phänomene überhaupt erst einmal auffallen und die sie kommunizieren können; Experimentalphysiker, welche die Zusammenhänge zwischen den Phänomenen erforschen und quantifizieren; theoretische Physiker, welche phänomenologische Theorien für die aufgefundenen Gesetzmäßigkeiten entwerfen; und schließlich jene herausragenden Geister, denen es gelingt, von dieser *Physik der Bilder unserer Wirklichkeit* auf eine höhere Stufe der Annäherung an die Realität aufzusteigen, wie es etwa Albert Einstein gelang. Von den Schatten, den Phänomenen, führt kein bruchloser logischer Weg zu den Erkenntnissen dieser Genies, sondern meist nur eine heuristische Eingebung, ein Geistesblitz. Je nachdem, ob sich die heuristische Idee bei allen späteren Prüfungen als tragfähig, widerspruchsfrei und erfolgreich erweist, wird sie in die Sammlung der Erkenntnisse der Physik über die „Realität" aufgenommen oder verworfen. Nun muss man sich leider eingestehen, dass dabei naturgemäß nie klar ist, ob nicht auch diese „Realität" sich eines Tages als eine nur phänomenologische erweist, also selbst wieder ein Schattenbild einer uns derzeit noch immer unbekannten Wirklichkeit darstellt.

5.2 Integralrechnung (M2)

In diesem Abschnitt werden einige mathematische Hilfsmittel aus der Analysis zur Integralrechnung vorgestellt, die im Folgenden benötigt werden.

Stammfunktion

Manchmal kennt man die Ableitung $f'(x)$ und möchte die *Stammfunktion* wissen, d. h. jene Funktion $f(x)$, von der die Ableitung $f'(x)$ stammt. Man verwendet dazu die Operation „Stammfunktion", welche eine Funktion $g(x)$ auf eine Funktion $f(x)$ mit der Eigenschaft $f'(x) = g(x)$ abbildet. Sie ist die Umkehrung der Operation der Differentiation mit dem Symbol $\frac{d}{dx}$, welche der Funktion $f(x)$ die Funktion $f'(x)$ zuordnet. Wenn man genug Erfahrung mit Ableitungen hat, kann man die Stammfunktion manchmal erraten, und wenn nicht, dann schlägt man sie in einer Integralsammlung nach.

Während die Differentiation ein eindeutiges Ergebnis liefert, ist die mathematische Operation „Stammfunktion" nicht eindeutig. Sie liefert Ergebnisse, die sich um eine unbestimmte Konstante C unterscheiden. Man bezeichnet sie als unbestimmtes Integral und notiert sie symbolisch mit

$$\int g(x)\,dx = \int f'(x)\,dx = f(x) + C\,. \tag{5.17}$$

Üblicherweise wählt man eines der sich um die freie Integrationskonstante C unterscheidenden Ergebnisse der Operation durch eine zusätzliche Bedingung aus, die man an die Lösung stellt. Das kann beispielsweise dadurch geschehen, dass man eine bestimmte *Anfangsbedingung* fordert.

Beispiel 5.2

Manchmal ist die Geschwindigkeit $v(t) = \dot{x}(t)$ bekannt, d. h. die Ableitung des Weges nach der Zeit, und der Weg $x(t)$ als Funktion der Zeit zu bestimmen. Dazu ist die Stammfunktion aufzusuchen. Nehmen wir als Beispiel den Fall einer gleichförmigen Bewegung mit

$$v(t) = v_0\,, \tag{5.18}$$

d. h. einer Bewegung mit konstanter Geschwindigkeit v_0. Wenn man die frei wählbare Konstante C in Gl. 5.17 dadurch festlegt, dass man einen bestimmten Ort x_0 zur Zeit $t = 0$ vorschreibt, also $x(0) = x_0$ als Anfangsbedingung verlangt, dann ergibt sich

$$x(t) = \int v\,dt + C = v_0 t + x_0\,. \tag{5.19}$$

◀

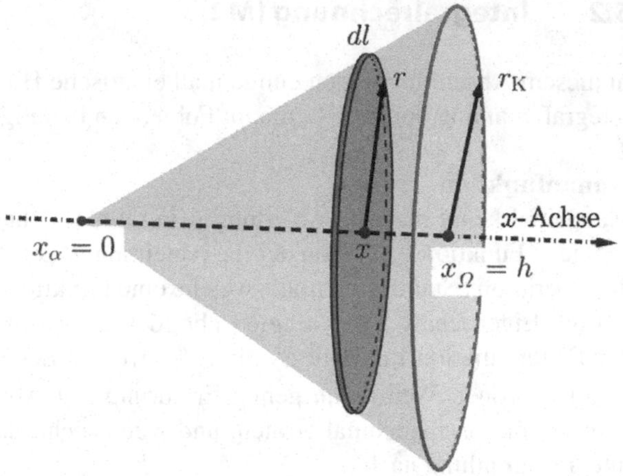

Abb. 5.6 Berechnung des Volumens eines Kegels durch Integration. Die infinitesimale Scheibendicke *dl* ist symbolisch gemeint. (R. Rupp)

Bestimmtes Integral
Das bestimmte Integral bildet eine Funktion $g(x)$ auf eine Zahl ab, welche man symbolisch durch

$$\int_a^b g(x)\,dx$$

bezeichnet. Das Ergebnis ist also eine Zahl und nicht wie beim unbestimmten Integral eine Funktion. Diese hängt von zwei Parametern a und b ab, welche die Grenzen eines kompakten Intervalls bezeichnen. Ist $f(x)$ die Stammfunktion von $g(x)$, so ist

$$\int_a^b g(x)dx = f(b) - f(a)\,.$$

Berechnung von Volumina
Das Volumen V_K des Körpers K erhält man als das bestimmte Integral

$$V_K = \int_0^{V_K} dV\,. \tag{5.20}$$

Die symbolische Schreibweise mit dem stilisierten Summenzeichen $\int$ deutet den Rechenweg an: Man zerlegt das Volumen V_K in infinitesimale Volumenelemente dV und „summiert“ diese vom Volumen 0 bis zum Volumen V_K auf.

Beispiel 5.3: Berechnung des Volumens eines Kegels

Das Volumen des in Abb. 5.6 gezeigten Kegels soll berechnet werden. An der Basis hat er den Radius r_K und die Höhe ist h. Entlang der x-Achse wächst sein

Radius mit $r(x) = (x/h)r_{\mathrm{K}}$ und seine Querschnittsfläche folglich mit $A(x) = \pi(r_K/h)^2x^2$ als Funktion von x an. Man kann den Kegel in kreisförmige Scheiben mit dem infinitesimalen Volumen

$$dV = A(x)dl \tag{5.21}$$

zerlegen, wobei dl die infinitesimale Dicke der Scheibe ist (als Länge ein positiver Skalar). Ein solches infinitesimales Volumen ist in Abb. 5.6 symbolisch dargestellt. Das Volumen des Kegels erhält man, indem man die Volumenelemente von einem Ende des Körpers zum anderen hin aufzusummiert bzw. integriert. Wenn die positive Richtung des Weges von x_α nach x_Ω führt und dx somit positiv ist, dann kann man das Integral gemäß

$$V_{\mathrm{K}} = \int_{x_\alpha}^{x_\Omega} A(x)\,dx \tag{5.22}$$

berechnen. Es zeigt sich, dass das Volumen

$$V_{\mathrm{K}} = \int_0^h A(x)\,dx = \int_0^h \pi(r_{\mathrm{K}}/h)^2x^2\,dx = \frac{1}{3}\pi r_{\mathrm{K}}^2 h\,.$$

eines Kegels ein Drittel des Volumens $V_{\mathrm{Z}} = \pi r_{\mathrm{K}}^2 h$ eines Zylinders gleicher Basisfläche ist. ◀

Das Beispiel eines Kegels ist recht einfach. Wenn man es mit einem komplizierteren Fall zu tun hat, für den die Stammfunktion nicht bekannt ist, berechnet man das Volumen näherungsweise numerisch, indem man Scheiben endlicher Dicke Δl wählt und das Integral durch eine Summe über endlich viele scheibenförmige Volumenelemente ersetzt. Das konkrete Berechnen kann man einem Computer überlassen.

5.3 Leistung

Nachdem die grundlegende Beschreibung eines physikalischen Systems (als isoliertes bzw. abgeschlossenes System) vorliegt, kann man zum Studium seiner Interaktion mit der Umgebung übergehen. Dazu geht man im nächsten Schritt zu offenen Systemen über. Ein mechanisches System heißt offen, wenn es nach außen Energie abgeben oder von außen empfangen kann, wenn es also nicht isoliert ist. Die *Rate,* mit der ein mechanisches System Energie abgibt oder empfängt, ist die *Leistung.* Mit *Rate* bezeichnet allgemein eine auf eine Zeitspanne bezogene Größe. Leistung ist daher die Energie, die pro Zeiteinheit abgegeben bzw. aufgenommen wird.

Per Konvention bezieht man die Leistung P auf das betrachtete System. *Wenn es Leistung nach außen abgibt, ist P positiv,* und die mechanische Energie $\mathcal{E}$ des

Systems nimmt infolgedessen ab. Nimmt es hingegen Leistung auf, ist es umgekehrt. Für ein mechanisches System ändert sich seine Energie $\mathcal{E}$ infolge der gerade ausgesprochenen Konvention gemäß

$$\frac{d\mathcal{E}}{dt} + P = 0\,. \tag{5.23}$$

Die *Stromstärke I* des Energieflusses ist gleich dem Betrag der Leistung und damit eine positive Größe:

$$I = |P| = \left|\frac{d\mathcal{E}}{dt}\right|$$

Sie ist gleich dem Betrag der pro Zeiteinheit zum System hin oder von ihm weg transportierten Energie und damit gleich dem Betrag der Rate der Energieänderung des Systems.

Leistung und (Energie-) Stromstärke werden in der Einheit *Watt* gemessen:

$$[P] = [I] = \text{Watt} = \text{W} = {}^{\text{J}}/_{\text{s}}$$

Umgekehrt kann man die Energieeinheit Joule auch durch die Leistungseinheit Watt ausdrücken:

$$1\,\text{Joule} = 1\,\text{Wattsekunde} = 1\,\text{Ws} \tag{5.24}$$

Bei der Leistung muss man auf die Vorzeichenkonvention achten: Gibt das System Energie nach außen ab, ist P positiv und folglich $P = I$. Wird dem System Energie zugeführt, so ist $P = -I$ und somit negativ und somit auch die pro Zeiteinheit nach außen abgegebene Energie, denn eine *positive* Energie*abgabe* ist eine *negative* Energie*zufuhr* und umgekehrt.

Nimmt die Energie $\mathcal{E}$ eines mechanischen Systems ab, so entspricht dem ein *Energiestrom der Stärke* $I = P$ nach außen. Wenn bei der „Stromrechnung" eines Stromlieferanten in Kilowattstunden (1 kWh = 3.6 Millionen Joule) abgerechnet wird, so zahlt man nicht für die elektrischen Ladungen, die geliefert wurden, sondern für die Energie, die der Energiestromlieferant abgegeben hat. Die „Stromrechnung" ist eine „Energiestrom"-Abrechnung, bei der die über den Abrechnungszeitraum T gelieferte Energie

$$|\Delta\mathcal{E}| = \int_0^T I(t)dt$$

in Rechnung gestellt wird.

Man kann Gl. 5.23 auch durch die *Stromstärke I* ausdrücken:

$$\frac{d\mathcal{E}}{dt} + I_{\text{ex}} - I_{\text{in}} = 0 \tag{5.25}$$

Hierbei muss wegen der unterschiedlichen Vorzeichen der Leistungsbeiträge zwischen der Stromstärke I_{ex} der aus dem System abfließenden Leistung und der Stromstärke I_{in} der in das System hineinfließenden Leistung unterschieden werden. Gl. 5.23 und 5.25 stellen *Kontinuitätsgleichungen* dar. Ist das Gesamtsystem abgeschlossen oder fließt ihm genauso viel Energie zu, wie es abgibt, so ist $\sum P = 0$. Dann reduziert sich die Kontinuitätsgleichung auf die Gleichung für die Erhaltung der mechanischen Energie. Die Kontinuitätsgleichung (Gl. 5.23) ist gewissermaßen eine Verallgemeinerung der Gleichung für die Energieerhaltung (Gl. 5.3).

5.4 Partielle Ableitung und Potential (M3)

Partielle Ableitungen und Potentiale werden hier am Beispiel einer Funktion $f(x, y)$ zweier allgemeiner Variabler x und y erläutert. Das Beispiel kann leicht auf Fälle ausgedehnt werden, in denen die Funktion von noch mehr Variablen abhängt.

Partielle Ableitung Hält man $y = y_0$ konstant, dann kann man $f(x, y)$ auch als eine Funktion von nur einer Variablen auffassen, nämlich x, und so wie üblich differenzieren. Das Ergebnis ist die *partielle Ableitung* nach x:

$$\left(\frac{\partial f}{\partial x}\right)_{y_0} = \frac{df(x, y_0)}{dx}$$

Sie ist durch das Symbol „∂" gekennzeichnet.

Die Änderung df der Funktion $f(x, y)$ an der Stelle (x_0, y_0) ergibt sich (unter bestimmten Voraussetzungen) durch den Ausdruck

$$df = \left(\frac{\partial f}{\partial x}\right)_{y_0} dx + \left(\frac{\partial f}{\partial y}\right)_{x_0} dy\,, \tag{5.26}$$

der sich aus den beiden partiellen Differentialen $\left(\frac{\partial f}{\partial x}\right)_{y_0} dx$ und $\left(\frac{\partial f}{\partial y}\right)_{x_0} dy$ zusammensetzt. Wenn das überall möglich ist, so stellt

$$df = \left(\frac{\partial f}{\partial x}\right)_{y} dx + \left(\frac{\partial f}{\partial y}\right)_{x} dy \tag{5.27}$$

das *totale Differential* dar.

In Gl. 5.27 wurde die jeweils bei der Differentiation konstant gehaltene Variable explizit als Index bei den runden Klammern angegeben. Wenn jedoch aus dem Zusammenhang klar ist, welche Variable bei der partiellen Ableitung konstant gehalten wird, was bei Gl. 5.27 der Fall ist, kann man diese Klammern samt Indizes auch weglassen und stattdessen die einfachere Formulierung

$$df = \frac{\partial f}{\partial x}dx + \frac{\partial f}{\partial y}dy \tag{5.28}$$

verwenden. Wir werden nachfolgend von beiden Schreibweisen Gebrauch machen.

Kettenregel für Funktionen mehrerer Variabler Die Größen x und y seien selbst Funktionen eines Parameters, der hier mit t bezeichnet sei. Es ist also $x = x(t)$ und $y = y(t)$. Die totale Ableitung der Funktion $f(x(t), y(t))$ nach dem Parameter t lautet

$$\frac{df}{dt} = \frac{\partial f}{\partial x}\frac{dx}{dt} + \frac{\partial f}{\partial y}\frac{dy}{dt}\,. \tag{5.29}$$

Sie ergibt sich symbolisch aus Gl. 5.28. Hier treten zwei Ableitungen auf, nämlich die mit dem Symbol „∂" bezeichnete partielle Ableitung, z. B. in $\frac{\partial f}{\partial x}$, und die mit dem Symbol „d" geschriebene totale Ableitung, z. B. in $\frac{df}{dt}$. Falls eine Funktion nur von einer Variablen abhängt, sind die totale Ableitung und die partielle Ableitung dasselbe wie die gewöhnliche Ableitung, und wir schreiben sie dann mit dem Symbol „d" wie in $\frac{dx}{dt}$. Ist $f = f(x)$ die Funktion nur einer Variablen $x = x(t)$ und diese wiederum eine Funktion von t, so schreibt man

$$\frac{df}{dt} = \frac{df}{dx}\frac{dx}{dt}\,. \tag{5.30}$$

Gl. 5.30 ist die bereits bekannte Kettenregel für die Differentiation (Gl. 3.22) und Gl. 5.29 somit nichts weiter als die Erweiterung der Kettenregel auf den Fall einer Funktion $f(x(t), y(t))$, die ihrerseits von mehreren Funktionen abhängt (hier von den beiden Funktionen $x(t)$ und $y(t)$).

Potential Falls für eine Funktion f das totale Differential df existiert, wird die Funktion auch als *Potential* bezeichnet. Das Potential

$$f = \int df + C \tag{5.31}$$

ist bis auf eine Konstante C bestimmt und stellt die Erweiterung des Begriffs der Stammfunktion auf den Fall der Funktionen mehrerer Variabler dar. Das Potential

$$f = f(x, y) = \int\limits_{(x_0, y_0)}^{(x, y)} df \tag{5.32}$$

hat dabei für jeden beliebigen Weg in einer kompakten Definitionsmenge seiner Variablen den gleichen Wert. Es ist also wegunabhängig, hängt aber von seinen Startvariablen x_0 und y_0 ab.

5.5 Mechanische Systeme

In diesem Abschnitt soll das theoretische Gerüst der phänomenologischen Mechanik klarer herausgearbeitet werden. Zu ihren zentralen Begriffen gehört der des *mechanischen Systems.*

5.5.1 Definition eines mechanischen Systems

Unter einem mechanischen System versteht man ein Modellsystem, das zur Abbildung eines realen Systems dient. Es ist definiert durch

1. die Festlegung der Anzahl $\mathfrak{f}$ seiner *Freiheitsgrade,*
2. die Wahl der unabhängigen *Zustandsvariablen* $z_1, \ldots, z_\mathfrak{f}$, welche diese Freiheitsgrade repräsentieren,
3. einen Ausdruck
$$\mathcal{E} = \mathcal{E}(z_1, \ldots, z_f) \tag{5.33}$$
für die *mechanische Energie* und
4. die Forderung, dass $\mathcal{E}$ für ein isoliertes System konstant ist.

Zustandsvariable müssen unmittelbar beobachtbare mechanische Größen sein. Energiebeiträge, für welche sich keine unmittelbar beobachtbaren Zustandsvariablen finden lassen, treten im mechanischen Modell also per Definition nicht auf. Nichtmechanischen Energiebeiträge werden später betrachtet (z. B. in Kap. 7, 9 und 11). Man strebt an, einen minimalen Satz an Zustandsvariablen zu identifizieren und zu verwenden, so dass die Beschreibung eindeutig ist. Die Anzahl der eindeutigen bzw. unabhängigen Zustandsvariablen bzw. der *Freiheitsgrade* des mechanischen Systems ist gleich der Zahl der Freiheitsgrade der kinetischen Energie zuzüglich der Freiheitsgrade der potentiellen Energie. Die Energiefunktion $\mathcal{E} = \mathcal{E}(z_1, \ldots, z_\mathfrak{f})$ ist die mathematische Beschreibung der Funktionsweise des mechanischen Systems.

Nehmen wir an, dass sich die Zustandsvariablen durch einen physikalischen Prozess gemäß

$$z_1, \ldots, z_\mathfrak{f} \longrightarrow \widetilde{z}_1, \ldots, \widetilde{z}_\mathfrak{f}$$

ändern. Die Variablen ohne Tilde sind diejenigen, die zu Beginn, und die Variablen mit Tilde am Ende des Prozesses vorliegen. Dann ändert sich auch die Energie gemäß

$$\mathcal{E}(z_1, \ldots, z_\mathfrak{f}) \to \widetilde{\mathcal{E}}(\widetilde{z}_1, \ldots, \widetilde{z}_\mathfrak{f}) .$$

Ist die Änderung infinitesimal klein, so wird die differentielle Energieänderung, welche das System durch differentielle Änderungen seiner Zustandsvariablen erfährt, durch das totale Differential

$$d\mathcal{E} = \frac{\partial \mathcal{E}}{\partial z_1} dz_1 + \cdots \frac{\partial \mathcal{E}}{\partial z_\mathfrak{f}} dz_\mathfrak{f} \tag{5.34}$$

beschrieben.

Für differentielle Änderungen der Zustandsvariablen des mechanischen Systems selbst (wenn man es also isoliert betrachtet, d. h. ohne Wechselwirkung mit der Außenwelt) gilt

$$\mathcal{E}(z_1, \ldots, z_f) = \widetilde{\mathcal{E}}(\widetilde{z}_1, \ldots, \widetilde{z}_f) = \mathcal{E}_0 = \text{const.} \tag{5.35}$$

bzw.

$$d\mathcal{E} = 0\,. \tag{5.36}$$

Die partiellen Ableitungen, wie z. B. $\frac{\partial \mathcal{E}}{\partial z_1}$, sind selbst wieder Funktionen von $z_1, \ldots, z_f$. Wenn die Änderungen der Zustandsvariablen zwar endlich, aber klein sind, kann man Gl. 5.36 näherungsweise durch

$$\Delta\mathcal{E} \approx \frac{\partial \mathcal{E}}{\partial z_1}\Delta z_1 + \cdots \frac{\partial \mathcal{E}}{\partial z_f}\Delta z_f \approx 0 \tag{5.37}$$

ausdrücken, wobei z. B. Δz_1 hier eine kleine, aber endliche Änderung der Zustandsvariablen z_1 bezeichnen soll.

Ähnlich wie in der Physik wird auch in der Mikroökonomie das sehr komplexe Verhalten einer Volkswirtschaft durch klar definierte mathematische Modelle abgebildet. Diese werden dann analysiert, und schließlich werden die theoretischen Ergebnisse mit den Daten empirischer Beobachtungen verglichen. Die innerhalb eines mechanischen Systems stattfindenden Energieumwandlungen kann man mit dem Geldwechsel vergleichen. In unserer Analogie entspricht der abstrakte Begriff „Energie" $\mathcal{E}$ dem abstrakten Begriff „Tauschwert" in der Volkswirtschaftslehre. Wenn eine kleine Menge Δz_1 in der Währung 1 in eine Menge Δz_2 einer anderen Währung 2 getauscht wird, so gilt

$$\Delta\mathcal{E} \approx \frac{\partial \mathcal{E}}{\partial z_1}\Delta z_1 + \frac{\partial \mathcal{E}}{\partial z_2}\Delta z_2 \approx 0\,.$$

Kennt man die aktuellen Wechselkurse $\frac{\partial \mathcal{E}}{\partial z_1}$ und $\frac{\partial \mathcal{E}}{\partial z_2}$ der Währungen, kann man damit ausrechnen, wie viel an Geldmenge Δz_2 in der Währung 2 man für Δz_1 erhält. Die Kurse sind Funktionen der makroökonomischen Geldmengen, die gerade auf dem Markt sind. Beim *Energieaustausch* zwischen zwei Energieformen (den Analoga der Währungen) 1 und 2 wird analog bilanziert, wobei die extensiven bzw. mengenartigen Größen Δz_1 und Δz_2 den Münzen bzw. dem Geldbetrag in unterschiedlichen Währungen und die dazu konjugierten intensiven Größen $\frac{\partial \mathcal{E}}{\partial z_1}$ und $\frac{\partial \mathcal{E}}{\partial z_2}$ den Wechselkursen entsprechen.

5.5.2 Konservative Wechselwirkungen

Wir betrachten Wechselwirkungen zwischen nur zwei mit A und B bezeichneten Systemen, welche $\mathfrak{f}_A$ bzw. $\mathfrak{f}_B$ Freiheitsgrade haben. Wenn sie ein gemeinsames mechanisches System bilden und die Wechselwirkung zwischen den beiden Teilsystemen folglich so abläuft, dass die Energie Gesamtsystem erhalten bleibt, dann hat das Gesamtsystem $\mathfrak{f} = \mathfrak{f}_A + \mathfrak{f}_B$ Freiheitsgrade. Die Menge der Zustandsvariablen ist dabei gleich der Vereinigung der Mengen der Zustandsvariablen beider Teilsysteme.

Diesen speziellen Typus der *Energie bewahrenden Wechselwirkungen* bezeichnet man auch als *konservative Wechselwirkungen* (in der Wortbedeutung „konservativ“ = „bewahrend, erhaltend“, wie z. B. beim Wort „Konserve“). Konservative Wechselwirkungen führen nur zu einem Energieaustausch zwischen den $\mathfrak{f}$ mechanischen Freiheitsgraden des isolierten Gesamtsystems. Der Betrag der Leistung P, der von einem Teilsystem abfließt, ist gleich dem Leistungsbetrag, der dem anderen System zufließt.

Der mechanische Erhaltungssatz der Energie besagt nur, dass Summen mechanischer Energiebeiträge durch physikalische Prozesse gegen gleichwertige Summen anderer mechanischer Energiebeiträge eingetauscht werden können. Über eine Zeitordnung sagt ein Erhaltungssatz gar nichts. Daraus folgt, dass der Energieaustausch bei konservativen Wechselwirkungen in der einen wie in der anderen Richtung physikalisch möglich ist:

Konservative Wechselwirkungen sind stets reversibel!

Alle rein mechanischen Wechselwirkungen sind per Definition reversibel. Wie man nichtreversible bzw. nichtkonservative Wechselwirkungen durch ein phänomenologisches Modell beschreibt, schieben wir vorerst einmal auf, nämlich bis zu Kap. 7 (Dissipation), denn sie gehen über den Begriff des mechanischen Systems hinaus. Auch wenn der Grenzfall der konservativen Wechselwirkungen bei makroskopischen Systemen nur höchst selten verwirklicht ist, verhalten sich reale Systeme oft näherungsweise so, dass das Modell des isolierten mechanischen Systems ein brauchbares Bild der Realität liefert.

Dynamik

6

Im Jahre 1687 revolutionierte Isaac Newton die Physik mit seinem Buch *Philosophiæ Naturalis Principia Mathematica (Die mathematischen Grundlagen der Naturphilosophie)*. Émilie du Châtelet verband seine Theorie mit der Differentialrechnung von Gottfried Wilhelm Leibniz. Mit ihrer Übersetzung im Jahr 1749 verhalf sie schließlich dem Werk Newtons auf dem europäischen Kontinent zum großen Durchbruch. Die *Newtonsche Mechanik* geht ursprünglich vom Kraftbegriff aus und wird nach dem altgriechischen Wort „dynamis" für Kraft auch als *Dynamik* bezeichnet.

6.1 Differentialgleichungen (M4)

Manchmal muss eine Funktion aus einem allgemeinen Zusammenhang zwischen der Funktion und ihren Ableitungen bestimmt werden. Ein solcher Zusammenhang stellt eine *Differentialgleichung* dar.

Der einfachste Fall einer Differentialgleichung liegt vor, wenn man die Ableitung einer Funktion kennt und ihre Stammfunktion auffinden muss. Das ist z.B. bei Gl. 5.18 der Fall, bei der man für die Funktion $x(t)$ der Variablen t die Ableitung kennt, nämlich

$$\dot{x} = v_0. \tag{6.1}$$

Das ist eine Differentialgleichung erster Ordnung. Sie hat die Lösung $x(t) = v_0 t + C$. Die Ordnung einer Differentialgleichung bestimmt die Anzahl der freien Konstanten. Im vorliegenden Fall gibt es daher nur eine freie Konstante. Diese wurde hier mit C bezeichnet.

Solche einfachen Differentialgleichungen wie Gl. 6.1 löst man durch Integration. Im Physikerjargon bedeutet es auch für komplexere Differentialgleichungen dasselbe, wenn man davon spricht, dass man eine Differentialgleichung *löst*, oder sagt, dass man eine Differentialgleichung *integriert*.

R. Rupp, *Physik 1 – Eine unkonventionelle Einführung*,
https://doi.org/10.1007/978-3-662-64506-2_6

Physiker widmen sich dem Ratespiel „Differentialgleichung lösen" mit der gleichen Inbrunst und Leidenschaft wie Normalsterbliche dem Sudoku. Ein wichtiger vorbereitender Schritt zum Auffinden der Lösung besteht darin, die Differentialgleichung zu klassifizieren:

- **Art:** Differentialgleichungen von Funktionen nur einer Variablen heißen *gewöhnliche Differentialgleichungen*. Für Funktionen mehrerer Variabler können auch auch partielle Ableitungen auftreten (Abschn. 5.4). Dann liegen *partielle Differentialgleichungen* vor.
- **Ordnung:** Die höchste auftretende Ableitung bestimmt die *Ordnung der Differentialgleichung*. Die Anzahl der freien (unbestimmten) Konstanten einer Lösung der Differentialgleichung ist gleich ihrer Ordnung.
- **Homogenität:** Eine Differentialgleichung ist *homogen,* wenn die Nullfunktion ($y = f(x) = 0$) zu den Lösungen gehört. Andernfalls ist sie *inhomogen.*
- **Linearität:** Sind f und g zwei Lösungen einer Differentialgleichung und ist a eine skalare Konstante, so ist die Differentialgleichung *linear,* wenn auch $af + g$ eine Lösung ist, ansonsten ist sie *nichtlinear.* Differentialgleichungen, in denen Funktion und Ableitungen nur in erster Potenz auftreten, sind linear.

Methode der Trennung der Variablen Eine bewährte Methode für die Lösung von Differentialgleichungen erster Ordnung ist die Methode der Trennung der Variablen. Sie soll hier an zwei Beispielen erläutert werden.

Beispiel 6.1

Die Differentialgleichung

$$y' - y = 0 \tag{6.2}$$

ist eine homogene lineare Differentialgleichung erster Ordnung. Man schreibt sie in der Form

$$\frac{dy}{dx} = y \tag{6.3}$$

um und sortiert formal nach der Variablen x und y auf der linken bzw. rechten Gleichungsseite:

$$\frac{dy}{y} = dx.$$

Anschließend integriert man beide Gleichungsseiten, d. h., man ermittelt die Stammfunktionen und fasst die auf beiden Gleichungsseiten auftretenden Integrationskonstanten zu einer Integrationskonstanten C zusammen:

$$\int \frac{1}{y} dy = \int dx$$

$$\ln y = x + C$$

Indem man nun auf beide Gleichungsseiten die Exponentialfunktion anwendet, erhält man mit $y = \exp(\ln y)$ und der Konstanten $a = \exp C$ die Lösung

$$y = a \exp x. \tag{6.4}$$

◀

Beispiel 6.2

Die Differentialgleichung

$$y' = \sqrt{1 - y^2} \tag{6.5}$$

ist eine inhomogene nichtlineare Differentialgleichung erster Ordnung. Man trennt wieder formal nach den Variablen x und y und integriert die linke und rechte Gleichungsseite:

$$\int \frac{1}{\sqrt{1 - y^2}} dy = \int dx \tag{6.6}$$

Ein kurzer Blick auf Gl. 3.25 genügt, um die Stammfunktion der linken Gleichungsseite herauszufinden. (Lassen Sie sich dabei nicht dadurch verwirren, dass die Variable in Gl. 3.25 mit x bezeichnet ist und in Gl. 6.6 mit y. Namen bzw. Bezeichnungen können Sie austauschen.) Wenn man die Integrationskonstante beider Seiten zu einer mit δ bezeichneten Integrationskonstanten zusammenfasst, so erhält man die allgemeine Lösung

$$\arcsin y = x + \delta$$

bzw.

$$y = \sin(x + \delta). \tag{6.7}$$

◀

Für die beiden oben genannten Beispiele wäre es nicht nötig gewesen, sie mit der Methode der Trennung der Variablen systematisch zu lösen. Die Differentialgleichung $y' - y = 0$ verlangt nämlich nichts anderes als eine Funktion $y = y'$ zu finden, deren Ableitung gleich der Funktion selbst ist. Man erkennt die Lösung (Gl. 6.4) daher unmittelbar, indem man Tab. 3.1 nach einer entsprechenden Ableitung durchsucht. Formt man Gl. 6.5 zu $y^2 + y'^2 = 1$ um, erkennt man die Lösung ebenfalls sofort durch Vergleich mit Tab. 3.1 und der bekannten Beziehung $\sin^2 x + \cos^2 x = 1$.

Wichtige Differentialgleichungen zweiter Ordnung Nur zwei der für die Physik wichtigen linearen Differentialgleichungen zweiter Ordnung sollen in diesem Abschnitt vorgestellt werden, nämlich die in Tab. 6.1 angegebenen Differentialgleichungen DG1 und DG2. Beides sind lineare homogene Differentialgleichungen. Lineare Differentialgleichungen erster Ordnung, wie z. B. Gl. 6.2, haben eine Fundamentallösung ($\exp x$ in Gl. 6.4) und entsprechend eine freie Konstante (a in Gl. 6.4).

Tab. 6.1 Wichtige Differentialgleichungen zweiter Ordnung und ihre Lösungen

	Differentialgl.	Lösung	Freie Konstanten
DG1	$y'' - y = 0$	$y = a\exp(x) + b\exp(-x)$ bzw. $y = c\ \cosh(x) + d\sinh(x)$	a, b $c = a + b$ $d = a - b$
DG2	$y'' + y = 0$	$y = a\cos x + b\sin x$	a, b

Solche Differentialgleichungen zweiter Ordnung haben deren zwei. Die Fundamentallösungen linearer Differentialgleichungen sind linear unabhängige Lösungsfunktionen, welche sich linear zur allgemeinen Lösung zusammensetzen. In DG2 sind das z. B. die linear unabhängigen Funktionen $\cos x$ und $\sin x$. *Lineare Unabhängigkeit* bedeutet hier, dass die Gleichung $a\cos x + b\sin x = 0$ nur die Lösung $a = b = 0$ haben kann, weil verlangt wird, dass sie für alle x aus dem Definitionsbereich der beiden Funktionen gelten soll.

Die in Tab. 6.1 angegebenen Lösungen können unmittelbar durch Vergleich mit Tab. 3.1 erraten werden: Durch zweifaches Differenzieren reproduzieren sich die Funktionen $\exp(x)$ und $\exp(-x)$, während sich die trigonometrischen Funktionen $\cos(x)$ und $\sin(x)$ zwar auch reproduzieren, aber mit einem negativen Vorzeichen.

In der Physik ist Raten eine zulässige Lösungsmethode. Wenn man glaubt, die Lösung einer Differentialgleichung erraten zu haben, ist das zunächst einmal nur eine Annahme. Man verifiziert sie, indem man die erratene Funktion einfach in die Differentialgleichung einsetzt. Wenn die Funktion die Differentialgleichung befriedigt, hat man eine Lösung gefunden. Diese ist nicht immer die allgemeinste Lösung. In allgemeinen Lösungen treten freie Konstanten auf, und zwar genauso viele, wie die Ordnung der Differentialgleichung angibt.

Sie können die in Tab. 6.1 angegebenen Lösungen verifizieren, indem Sie sie in die Differentialgleichung einsetzen. Da sie genauso viele freie Parameter haben, wie es Differentialgleichungen zweiter Ordnung haben müssen, nämlich zwei, sind es auch die allgemeinsten Lösungen.

Um die Antwort auf ein spezielles physikalisches Problem zu finden, werden die freien Konstanten meist durch zusätzliche Bedingungen festgelegt, die sich aus der Aufgabenstellung ergeben. Damit wird die allgemeine Lösung zu einer speziellen Lösung für das spezielle physikalische Problem. Für diese Vorgangsweise werden Sie in den nachfolgenden Abschnitten ausgiebig viele Beispiele kennenlernen.

6.2 Bewegungsgleichungen

Das Aufstellen und Lösen von Bewegungsgleichungen gehört zu den Standardaufgaben der Dynamik. In diesem Abschnitt geht es darum, Sie in einige Lösungsmethoden einzuführen und einige grundlegende Bewegungsformen kennenzulernen. Wir betrachten hier besonders einfache mechanische Systeme, welche durch nur zwei

Zustandsvariable phänomenologisch beschrieben werden können: eine Geschwindigkeit v für den kinetischen Energieanteil und eine Variable x, welche hier in einer doppelten Rolle auftritt, nämlich als Ortskoordinate entlang der x-Achse und dann als allgemeine Zustandsvariable des potentiellen Energieanteils (z. B. für die Auslenkung einer Feder). Das Energiemodell der hier betrachteten mechanischen Systeme soll also durch eine Energiefunktion

$$\mathcal{E} = \mathcal{E}(v, x) \tag{6.8}$$

zweier unabhängiger Variabler bzw. zweier Freiheitsgrade vorgegeben sein. Um damit Bewegungsgleichungen aufstellen zu können, muss man noch den Zusammenhang zwischen der Zustandsvariablen Geschwindigkeit, d. h. v, und der zeitlichen Änderung

$$\dot{x} = \frac{dx}{dt}$$

der Variablen x kennen. Um es für Anfänger einfach zu halten, sind die nachfolgenden Beispiele in diesem Kapitel so formuliert, dass

$$v = \dot{x}$$

ist. Die hier betrachteten mechanischen Systeme werden damit also durch eine Energiefunktionen der einfachen Form

$$\mathcal{E} = \mathcal{E}(\dot{x}, x)$$

modelliert, die von zwei Variablen abhängt.

Zuerst interessiert uns das Verhalten des Systems selbst, d. h., man untersucht zuerst einmal das isolierte System. Für dieses ist der mechanische Energieerhaltungssatz

$$\mathcal{E}(\dot{x}, x) = \mathcal{E}_0. \tag{6.9}$$

erfüllt. Die Energie ist dann für alle Prozesse konstant und gleich der Konstanten $\mathcal{E}_0$. Gl. 6.9 stellt eine *implizite Differentialgleichung erster Ordnung* dar. Über die Integrationskonstante $\mathcal{E}_0$ kann frei verfügt werden. Üblicherweise wird sie durch eine Anfangsbedingung festgelegt. Sie kann z. B. durch die Energie festgelegt werden, die dem System zum Zeitpunkt $t = 0$ mitgegeben wurde.

Um Sie in die Lösungsmethoden für Bewegungsgleichungen einzuführen, wurden für dieses Kapitel zwei Standardbeispiele ausgewählt, deren Kenntnis für Physikanfänger zum Pflichtprogramm gehört, nämlich der *freie Fall* und die *Schwingungsbewegung.*

Wir führen hier eine rein theoretische Untersuchung an einem Modell durch und überprüfen durch Experimente, inwiefern sich die Vorhersagen im Rahmen der Messunsicherheit verifizieren lassen bzw. die Realität widerspiegeln. Manchmal werden die theoretischen Ergebnisse in guter Näherung mit den empirischen Ergebnissen übereinstimmen. Dann hat man ein zufriedenstellendes Modell gefunden. Manchmal wird das nicht der Fall sein, und doch war die Anstrengung meist nicht umsonst, weil man aus dem Vergleich von Theorie und Experiment wertvolle Hinweise erhalten kann, wie sich das theoretische Modell verbessern lässt oder weil man zu neuen Einsichten kommt.

6.3 Freier Fall

Neben der kinetischen Energie sei noch die potentielle Energie der Schwere

$$E_{\text{pot}}(x) = -mg \cdot x \tag{6.10}$$

betrachtet. Hierin bezeichnet x den Ortsvektor eines Objekts, der seine Lage relativ zur x-Achse kennzeichnet, und g einen konstanten Vektor. Wir setzen voraus, dass nur diese beiden Beiträge Energie miteinander austauschen, und setzen das Energiemodell

$$\mathcal{E}(\dot{x}, x) = E_{\text{kin}}(\dot{x}) + E_{\text{pot}}(x) = \frac{1}{2}m\dot{x}^2 - mg \cdot x \tag{6.11}$$

in Gl. 6.9 ein. Daraus folgt die nichtlineare Differentialgleichung

$$\dot{x}^2 - 2\,g \cdot x = 2\mathcal{E}_0/m. \tag{6.12}$$

Eine mögliche Lösungsstrategie besteht darin, diese noch einmal nach der Zeit zu differenzieren. Die resultierende Differentialgleichung

$$\dot{x} \cdot (\ddot{x} - g) = 0$$

wird durch Lösungen der Differentialgleichungen $\dot{x} = 0$ oder $\ddot{x} - g = 0$ gelöst. Die erste davon besagt, dass die Geschwindigkeit null ist, und beschreibt somit keine Bewegung. Daher befassen wir uns nur mit der zweiten, der *Bewegungsgleichung*

$$\ddot{x} = g. \tag{6.13}$$

Indem man beide Gleichungsseiten dieser inhomogenen Differentialgleichung integriert, erhält man

$$\dot{x} = gt + C_1$$

und durch nochmalige Integration die*allgemeine Lösung*

$$x(t) = \frac{1}{2}gt^2 + C_1 t + C_2.$$

Lösungen von Differentialgleichungen zweiter Ordnung hängen stets von zwei freien Integrationskonstanten ab. Diese wurden hier mit C_1 und C_2 bezeichnet. Sie werden

i. Allg. durch Zusatzbedingungen an die Lösung festgelegt. Man kann sie beispielsweise durch *Anfangsbedingungen* auswählen, d. h. dadurch, dass man bestimmte Werte für $t = 0$ des Bewegungsanfangs verlangt. Das wollen wir hier tun. Indem wir die Anfangsbedingungen $x(0) = x_0$ und $\dot{x}(0) = v_0$ fordern, folgt dann als *spezielle Lösung*

$$x(t) = \frac{1}{2}gt^2 + v_0 t + x_0. \tag{6.14}$$

Wie man aus Gl. 6.13 erkennt, stellt g eine konstante Beschleunigung dar, welche der Körper beim freien Fall erfährt. Daher bezeichnet man g auch als *Fallbeschleunigung*.

6.4 Schwingungen

In diesem Abschnitt wird das energetische Modell eines mechanischen Systems untersucht, dem wieder zwei Beiträge zuerkannt werden: eine kinetische Energie mit der Zustandsvariablen $\dot{x}$ und eine potentielle Energie mit der Zustandsvariablen x.

Nehmen wir an, dass die Energie $\mathcal{E}_0$ zur Zeit $t = 0$ ausschließlich in Form von potentieller Energie vorliegt und der kinetische Beitrag zu Anfang null ist. Mit einsetzender Bewegung soll die potentielle Energie abnehmen, während die kinetische im gleichen Maße zunimmt. Das geht so lange, bis die potentielle Energie vollends aufgebraucht und in kinetische Energie umgewandelt worden ist. So weit ist der Vorgang genauso wie beim freien Fall.

Bei Schwingungsvorgängen päppelt die kinetische Energie des Systems jedoch anschließend wieder den potentiellen Energieanteil auf, bis sie wiederum aufgebraucht ist und die ganze Energie nun wieder als potentielle Energie vorliegt. Nach einer bestimmten Zeitspanne liegt also wieder die energetische Anfangssituation vor. Dann beginnt das Spiel von Neuem, und zwar für einen isolierten Oszillator exakt so wie zuvor, denn es gibt keinen Grund, warum der Vorgang auf einmal anders ablaufen sollte. Bereits diese Betrachtung lässt uns erwarten, dass solche Vorgänge zeitlich periodisch ablaufen werden, also *Schwingungen* darstellen. Das wird die Rechnung gleich bestätigen. Ein besonders wichtiger Modellfall ist der *harmonische Oszillator*, bei dem die Schwingung durch eine Sinus- bzw. Kosinusfunktion der Zeit beschrieben wird.

6.4.1 Hookescher Oszillator

Das mathematische Modell des Hookeschen Oszillators besteht aus seiner kinetischen Energie der Form $E_{\text{kin}} = \frac{1}{2}m\dot{x}^2$ und einer potentiellen Energie $E_{\text{pot}} = \frac{1}{2}kx^2$ der Hookeschen Form, die sich zu der während des physikalischen Prozesses erhalten bleibenden mechanischen Gesamtenergie $\mathcal{E}_0$ addieren:

$$\frac{1}{2}m\dot{x}^2 + \frac{1}{2}kx^2 = \mathcal{E}_0 \tag{6.15}$$

Die mechanische Energie wird hier also sehr reduktionistisch durch nur zwei Parameter beschrieben, nämlich eine Konstante m für den kinetischen und eine Konstante k für den potentiellen Energiebeitrag. Es ist üblich, m als Masse und k als Federkonstante zu bezeichnen.

Gl. 6.15 ist eine inhomogene nichtlineare Differentialgleichung erster Ordnung. Für inhomogene Differentialgleichungen ist es stets vorteilhaft, sie durch *Einführen dimensionsloser Variabler* auf ihren mathematischen Kern zurückführen, weil man sich dann bei der Rechnung nicht mehr mit lästigen Konstanten herumzuplagen hat. Das ist der übliche erste Arbeitsschritt für diese Differentialgleichungen, und es ist recht nützlich, wenn Sie sich schon früh daran gewöhnen. Dem folgend ersetzen wir die physikalische Variable x mit der Dimension einer Länge und die Variable t mit der Dimension einer Zeit als erstes durch die dimensionslosen Variablen

$$\xi = \sqrt{\frac{k}{2\mathcal{E}_0}}\, x = x/|x_0|, \tag{6.16}$$

$$\vartheta = \sqrt{\frac{k}{m}}\, t = \omega_0 t \tag{6.17}$$

und schreiben Gl. 6.15 in die Differentialgleichung

$$\left|\frac{d\xi}{d\vartheta}\right| = \sqrt{1-\xi^2} \tag{6.18}$$

um. Hierbei wurden die skalaren Konstanten

$$|x_0| = \sqrt{\frac{2\mathcal{E}_0}{k}},$$

$$\omega_0 = \sqrt{\frac{k}{m}}$$

eingeführt. Man erkennt Gl. 6.18 als eine bereits gelöste Differentialgleichung, nämlich Gl. 6.5. Deren allgemeine Lösung lautet

$$\xi(\vartheta) = \sin(\vartheta + \delta^*) \tag{6.19}$$

mit einer freien Konstanten δ^*. Gemäß Gl. 6.16 ist ξ als Vektor definiert. Daher muss man verlangen, dass δ^* sich bei einer Rauminversion gemäß $\delta^* \to \delta^* + \pi$. transformiert. Wir machen nun die obigen Substitutionen (Gl. 6.16 und Gl. 6.17) wieder rückgängig und erhalten für die Bewegung bzw. die *Trajektorie* die Beschreibung

$$x(t) = x_0 \sin(\omega_0 t + \delta). \tag{6.20}$$

Anstatt δ^* wurde dabei eine Konstante δ eingeführt, die unter Rauminversion invariant ist (d. h. einen Skalar). Der Vorfaktor x_0 der periodischen Funktion wird als

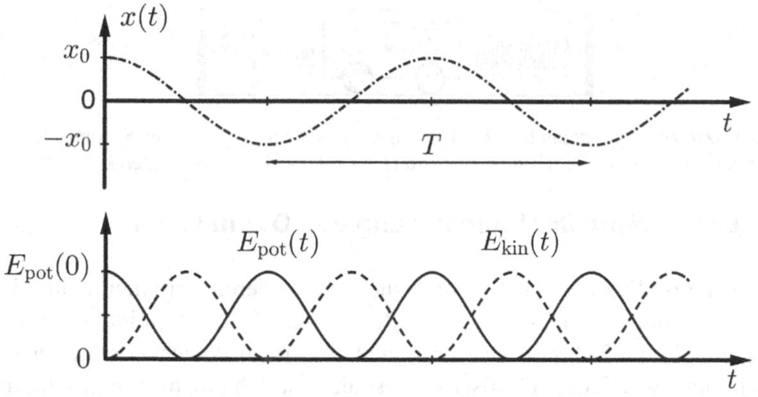

Abb. 6.1 a) Verlauf der eindimensionalen Auslenkung $x(t)$ und b) der beiden Energiebeiträge (kinetische Energie $E_{\text{kin}}(t)$ und potentielle Energie $E_{\text{pot}}(t)$) als Funktion der Zeit t für einen harmonischen Oszillator. (E. Partyka-Jankowska/R. Rupp)

Amplitude und die freie skalare Konstante δ als *Phase* bezeichnet. Das durch Gl. 6.20 beschriebene Bewegungsmodell heißt *harmonische Schwingung*.

Verlangt man als Anfangsbedingung beispielsweise $x(0) = x_0$, so ist $\delta = \pi/2$, und man erhält die spezielle Lösung

$$x(t) = x_0 \cos \omega_0 t. \tag{6.21}$$

Der Verlauf dieser Funktion ist in Abb. 6.1a gezeigt. Die Zeitspanne zwischen zwei gleichen Zuständen des Systems bezeichnet man als *Periode* bzw. *Periodendauer* T. Der Kehrwert $\nu = 1/T$ gibt an, wie häufig der gleiche Zustand pro Zeiteinheit eintritt, ist also die Häufigkeit bzw. *Frequenz*, mit welcher er pro Zeiteinheit eintritt. Der gleiche Zustand tritt ein, wenn das Argument der Kosinusfunktion einen Winkel von 2π durchlaufen hat, wenn also $\omega_0 T = 2\pi$. Die mit dem Faktor 2π multiplizierte Frequenz bezeichnet man als *Kreisfrequenz*

$$\omega_0 = 2\pi\nu = \sqrt{k/m} \tag{6.22}$$

Wenn keine Verwechslungsgefahr besteht und wenn aus dem Zusammenhang klar ist, dass man mit ω_0 die Kreisfrequenz meint, spricht man auch etwas schlampig von der „Frequenz“ ω_0. Der zeitliche Verlauf der potentiellen und der kinetischen Energie für den harmonischen Oszillator ist in Abb. 6.1b gezeigt. Die beiden Energiebeiträge oszillieren mit einer Frequenz, die doppelt (!) so groß ist wie die der Amplitude. Wie Sie im Rückblick sehen, verhält sich ein Hookescher Oszillator genau so, wie es in der Einleitung zu diesem Abschnitt beschrieben wurde: Die beiden Energiebeiträge wandeln sich periodisch ineinander um.

Abb. 6.2 Skizze zur experimentellen Realisierung eines schwingungsfähigen Systems. Die beiden Federn wirken gemeinsam so, wie eine einzelne Feder mit der Federkonstanten k. (R. Rupp)

6.4.2 Experimentelle Untersuchung von Oszillatoren

Es gibt viele Oszillatoren, die man untersuchen und deren Verhalten man mit dem Modell des harmonischen Oszillators vergleichen kann. Als Beispiel mag einer dienen, wie er in Abb. 6.2 skizziert ist. Er besteht aus einem Wagen, der auf einer Rollbahn zwischen zwei Federn elastisch eingespannt ist. Ich möchte einige experimentelle Erfahrungen schildern, die man bei der Untersuchung machen kann. Wenn man den Wagen aus der Ruhelage auslenkt und dann loslässt, schwingt er um eine Gleichgewichtslage (d. h. die ursprüngliche Ruhelage); es liegt also ein schwingungsfähiges System bzw. ein Oszillator vor. Misst man seine Auslenkung x als Funktion der Zeit, so findet man, dass sie im Rahmen der Messunsicherheit tatsächlich näherungsweise Gl. 6.21 folgt, d. h., der Oszillator kann näherungsweise durch das Modell des harmonischen Oszillators beschrieben werden – und somit sehr reduktionistisch durch nur zwei Parameter. Eine genauere Untersuchung kann aber zutage fördern, dass weder der Parameter m genau der Masse des Wagens entspricht noch der Parameter k genau der Federkonstanten. In diese beiden Parameter gehen u. U. andere Energiebeiträge ein wie z. B. die kinetische Energie der Räder. Interessanterweise beeinträchtigen sie die grundsätzliche Beschreibung durch das zweiparametrige Modell des harmonischen Oszillators aber nur wenig. Die auffälligste Abweichung der tatsächlichen Bewegung von derjenigen, die für einen harmonischen Oszillator erwartet wird, ist die Beobachtung, dass die Amplitude im Laufe der Zeit immer kleiner wird. Diese Diskrepanz zwischen theoretischer Erwartung und experimentellem Befund weist darauf hin, dass da noch Klärungsbedarf ist. Es zeigt sich, dass das experimentelle Ergebnis besser beschrieben wird, wenn man vom dreiparametrigen Modell des gedämpften Oszillators (Abschn. 6.4.6) ausgeht, d. h., wenn man einen periodischen Abfluss von Energie nach außen annimmt.

6.4.3 Die Schwingungsgleichung harmonischer Oszillatoren

Der Hookesche Oszillator ist ein Beispiel für einen *harmonischen Oszillator*. Ganz allgemein liegt ein harmonischer Oszillator vor, wenn man ihn durch eine Differentialgleichung der Form von Gl. 6.18 beschreiben kann, also durch

$$\left(\frac{d\xi}{d\vartheta}\right)^2 + \xi^2 = 1.$$

Analog zum freien Fall (Abschn. 6.3) kann diese nichtlineare Differentialgleichung erster Ordnung in eine lineare Differentialgleichung zweiter Ordnung überführt werden, indem man sie unter Beachtung der Produktregel einmal nach der Zeit differenziert. Mit $\frac{d\xi}{d\vartheta} \neq 0$ ergibt sich aus $\frac{d^2\xi}{d\vartheta^2}\frac{d\xi}{d\vartheta} + \frac{d\xi}{d\vartheta}\xi = 0$ (der Fall $\frac{d\xi}{d\vartheta} = 0$ ist trivial) die Bewegungsgleichung

$$\frac{d^2\xi}{d\vartheta^2} + \xi = 0$$

des harmonischen Oszillators. Das ist einerseits ein Schritt zurück, denn es wurde eine Differentialgleichung erster Ordnung gegen eine Differentialgleichung zweiter Ordnung eingetauscht, aber andererseits ein Schritt vorwärts, denn es wurde eine nichtlineare Differentialgleichung in eine lineare Differentialgleichung umformuliert.

Diese lineare Differentialgleichung zweiter Ordnung beschreibt alle harmonischen Oszillatoren. Sie ist eine wichtige Modellgleichung der Physik und heißt *Schwingungsgleichung*. Für den Spezialfall des Hookeschen Oszillators erhält man durch Rücksubstitution (Gl. 6.16 und Gl. 6.17) die Schwingungsgleichung

$$\ddot{x} + (k/m)x = 0.$$

Man kann sich leicht davon überzeugen, dass Gl. 6.21 eine Lösung der resultierenden Differentialgleichung

$$\ddot{x} + \omega_0^2 x = 0 \tag{6.23}$$

mit $\omega_0 = \sqrt{k/m}$ ist.

Eine lineare homogene Differentialgleichung n-ter Ordnung hat n linear unabhängige Lösungen. Gl. 6.23 hat also zwei unabhängige Lösungen. Diese sind $\cos\omega_0 t$ und $\sin\omega_0 t$. Die allgemeinste Lösung ist die Linearkombination

$$x(t) = a\cos\omega_0 t + b\sin\omega_0 t \tag{6.24}$$

mit zwei Konstanten a und b. Gl. 6.24 und Gl. 6.20 sind identisch. Der Zusammenhang $a = x_0 \sin\delta$ und $b = x_0\cos\delta$ ergibt sich aus den Additionstheoremen für trigonometrische Funktionen. Die zunächst freien Konstanten a und b werden üblicherweise durch Anfangsbedingungen festgelegt. Wenn man z. B. Ort und Geschwindigkeit zur Zeit $t = 0$ mit x_0 und v_0 festlegt, erhält man für Gl. 6.23 die spezielle Lösung

$$x(t) = x_0\cos\omega_0 t + \frac{v_0}{\omega_0}\sin\omega_0 t.$$

Für $v_0 = 0$ ergibt sich die mit Gl. 6.21 bereits aufgefundene spezielle Lösung.

6.4.4 Mathematisches Pendel

Es gibt sehr viele physikalische Probleme, die man zumindest näherungsweise auf die Form einer Schwingungsgleichung bringen kann, und daher ist das Modell des harmonischen Oszillators für die Physik so wichtig. Das Beispiel des mathematischen

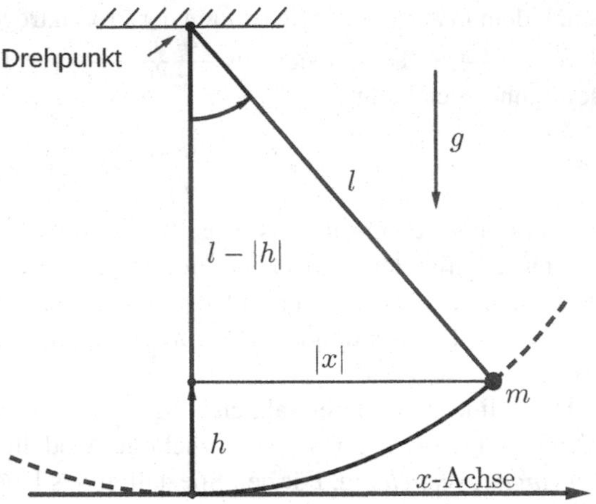

Abb. 6.3 Skizze zum mathematischen Pendel. (E. Partyka-Jankowska/R. Rupp)

Pendels soll diese Aussage illustrieren. Wenn Sie mir jetzt Inkonsequenz vorwerfen, dann haben Sie recht. Pendel vollführen räumlich zweidimensionale Bewegungen, während ich angekündigt hatte, im ersten Band des Physikkurses nur eindimensionale Bewegungen zu diskutieren. Aber ich werde mir nur ein kleines bisschen ... untreu, denn man kann die zweidimensionale Bewegung, wie ich gleich zeigen werde, auf eine Gerade projizieren und so auf eine eindimensionale Bewegung entlang der x-Achse abbilden.

Ein Pendel ist ein drehbar gelagerter Körper. Wie sich gleich zeigen wird, sind auch in einem Schwerefeld befindliche Pendel näherungsweise harmonische Oszillatoren. Um eine konkrete Vorstellung zu haben, denken Sie sich z. B. eine Kugel der Masse m, die über einen Faden der Länge l an einem Drehpunkt aufgehängt ist, so dass sie sich unter dem Einfluss der Schwere auf einem Kreisbogen (gestrichelte Linie in Abb. 6.3) um den Aufhängepunkt (=Drehpunkt) bewegen kann. Das reduktionistischste mechanische Energiemodell zu diesem Fadenpendel heißt *mathematisches Pendel*. Es besteht aus der kinetischen Energie $E_{\text{kin}} = \frac{1}{2}mv^2$ und der Schwereenergie $E_{\text{pot}} = -mg \cdot h$ als potentiellem Energiebeitrag. Für die in Abb. 6.3 gezeigte antiparallele Orientierung der Vektoren g und h ist $g \cdot h = -|g||h|$. Dem Energiemodell

$$\mathcal{E}(v, h) = \frac{1}{2}mv^2 + m|g||h| = \mathcal{E}_0 \qquad (6.25)$$

sieht man zunächst nicht an, dass es näherungsweise dasjenige des harmonischen Oszillators ist. Dass es dennoch so ist, liegt im Wesentlichen daran, dass die potentielle Energie als Funktion der Auslenkung für das vorliegende Problem ein Minimum hat.

Wir beschreiben die Auslenkung einer punktförmigen Modellkugel durch die Koordinate x auf der x-Achse relativ zur Ruhelage bei $x = 0$. Für kleine Auslenkungen $|x| \ll l$ gilt auch $|h| \ll l$. Somit folgt aus (Abb. 6.3)

$$l^2 = (l - |h|)^2 + x^2$$

in erster Näherung, dass

$$|h| \approx \frac{x^2}{2l}.$$

Die potentielle Energie ist somit näherungsweise eine quadratische Funktion der Auslenkung, d. h.

$$E_{\text{pot}}(x) \approx \frac{1}{2}kx^2$$

mit einer Konstanten $k = m|g|/l$, was für das mathematische Pendel zu einer potentiellen Energie führt, welche analog zur Form der Hookeschen potentiellen Energie ist (d. h. Gl. 5.8). Für kleine Auslenkungen gilt für das Längenelement auf der Kreisbahn $ds \approx dx$, und somit gilt für die Bahngeschwindigkeit der Kugel

$$v = \frac{ds}{dt} \approx \frac{dx}{dt} = \dot{x}.$$

Für kleine Auslenkungen gilt daher näherungsweise, dass

$$E_{\text{kin}} = \frac{1}{2}m\dot{x}^2.$$

Das mathematische Pendel wird somit näherungsweise durch das dem Hookeschen Oszillator analoge räumlich eindimensionale mechanische Energiemodell

$$\frac{1}{2}m\dot{x}^2 + \frac{1}{2}kx^2 = \mathcal{E}_0 \tag{6.26}$$

beschrieben und hat daher näherungsweise die gleiche Lösung

$$x(t) = x_0 \cos(\omega_0 t + \delta) \tag{6.27}$$

mit der Kreisfrequenz

$$\omega_0 = \sqrt{|g|/l} \tag{6.28}$$

und einem freien Skalar δ.

Wenn Sie darüber die Nase rümpfen, dass das mathematische Pendel nur eine Näherung für kleine Auslenkungen ist, dann sollten Sie nicht vergessen, dass auch das Hookesche Gesetz nur eine Näherung für kleine Auslenkungen ist. Es liefert nur so lange ein zufriedenstellendes Bild für eine reale Feder ab, wie die Auslenkung x ausreichend klein bleibt (s. Diskussion von Gl. 5.10).

In diesem Abschnitt wurde Ihnen exemplarisch eine Lösungsmethode für mechanische Probleme vorgestellt, die darauf beruht, ein mechanisches Problem durch eine geeignete Wahl einer Koordinate auf eine Bewegungsgleichung zurückzuführen, deren Lösung man bereits kennt: Durch die Variablentransformation von h nach x wurde die potentielle Energie von der Höhe auf die Auslenkung als Zustandskoordinate umgeschrieben. Durch den Wechsel von v nach $\dot{x}$ wurde auch die kinetische

Energie entsprechend umgeschrieben, so dass sich schließlich Gl. 6.26 als Bewegungsgleichung ergab.

Beispiel 6.3: Messung der Fallbeschleunigung mit einer Schlüsselkette

Ich trage meine Haustürschlüssel stets an einer Schlüsselkette. Sie hat eine Länge von ca. 0.5 m. Wenn ich ein Ende in der Hand halte und das andere, an dem die Schlüssel hängen, zehnmal pendeln lasse, braucht der Vorgang ca. 14 s. Die Periodendauer beträgt also $T \approx 1.4\,\mathrm{s}$. Bilde ich das energetische Verhalten der Schlüsselkette näherungsweise auf jenes des mathematischen Pendels ab und setze ich den Wert $T \approx 1.4\,\mathrm{s}$ in Gl. 6.28 ein, so erhalte ich für den Betrag der Fallbeschleunigung den experimentellen Wert $|g| \approx 10\,\mathrm{m/s^2}$. Die Genauigkeit mag überraschen, denn die Schlüsselkette bewegt sich im Medium Luft und hat noch ein paar andere energetische Beiträge als bloß die potentielle Energie der Schwere. Das bedeutet aber nur, dass andere Beiträge klein sind und vor allem nicht die für einen harmonischen Oszillator essentielle Beschreibung durch eine potentielle Energie stören, die proportional zum Quadrat der Auslenkung ist. ◄

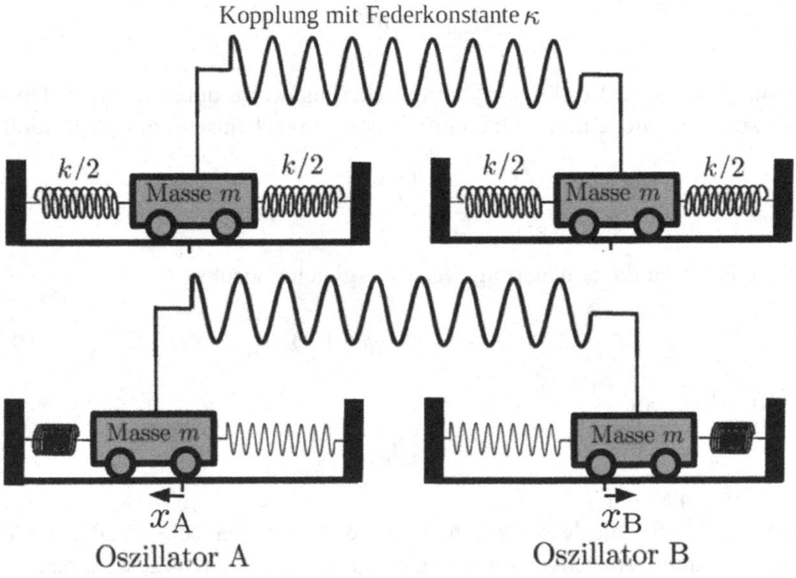

Abb. 6.4 Skizze zweier Oszillatoren, A und B die durch eine Feder mit der Federkonstanten κ gekoppelt sind (oben und unten zu zwei unterschiedlichen Zeitpunkten). (E. Partyka-Jankowska/R. Rupp)

6.4.5 Gekoppelte Oszillatoren

Wir wollen annehmen, dass zwei harmonische Oszillatoren A und B gegeben sind, welche durch das gleiche mechanische Energiemodell beschrieben werden, also $\mathcal{E}_A = \frac{1}{2}m\dot{x}_A^2 + \frac{1}{2}kx_A^2$ und $\mathcal{E}_B = \frac{1}{2}m\dot{x}_B^2 + \frac{1}{2}kx_B^2$. Sie sind in Abb. 6.4 *symbolisch* durch Wagen mit dem Parameter m für die kinetische Energie und Federn mit dem Parameter k für die potentielle Energie dargestellt. Hier bezeichnen x_A und x_B die Auslenkungen (der beiden Wagen) aus den jeweiligen Gleichgewichtspositionen. Die harmonischen Oszillatoren seien durch eine schwache Feder mit der Federkonstanten κ miteinander gekoppelt. Diese Feder liefert einen Beitrag $\frac{1}{2}\kappa(x_A - x_B)^2$ zur potentiellen Energie, der von beiden Auslenkungen abhängt. In das Energiemodell, das nun analysiert werden soll, gehen also zwei kinetische und drei potentielle Energiebeiträge ein:

$$\frac{1}{2}m\dot{x}_A^2 + \frac{1}{2}m\dot{x}_B^2 + \frac{1}{2}kx_A^2 + \frac{1}{2}kx_B^2 + \frac{1}{2}\kappa(x_A - x_B)^2 = \mathcal{E}_0 \tag{6.29}$$

Insgesamt soll das System abgeschlossen und die Summe $\mathcal{E}_0$ der mechanischen Energien daher eine Konstante sein.

Manchmal kann man die Lösung eines physikalischen Problems vereinfachen, indem man durch eine Koordinatentransformation auf günstigere Zustandskoordinaten übergeht. Dieses Lösungsverfahren möchte ich hier nun vorstellen. Durch die Koordinatentransformation

$$\xi_+ = \frac{1}{\sqrt{2}}(x_A + x_B),$$
$$\xi_- = \frac{1}{\sqrt{2}}(x_A - x_B)$$

führt man die Summen- und Differenzkoordinaten ξ_+ bzw. ξ_- ein. Damit lässt sich Gl. 6.29 folgendermaßen formulieren:

$$\mathcal{E}_0 = \frac{1}{2}m\dot{\xi}_+^2 + \frac{1}{2}k\xi_+^2 + \frac{1}{2}m\dot{\xi}_-^2 + \frac{1}{2}(k + 2\kappa)\xi_-^2$$

Nun genügt schon bloßes Hinschauen, um zu erkennen, dass dies die Summe der Energien zweier unabhängiger Oszillatoren mit den Frequenzen $\omega_+ = \sqrt{k/m}$ und $\omega_- = \sqrt{(k + 2\kappa)/m}$ darstellt. Daher kann man die Lösung für deren *Eigenschwingungen* sofort angeben:

$$\xi_+(t) = \xi_+(0)\cos\omega_+ t,$$
$$\xi_-(t) = \xi_-(0)\cos\omega_- t$$

Unter Eigenschwingungen versteht man ungekoppelte, unabhängige Schwingungen. Wie man die Koordinatentransformationen findet, durch welche ein System gekoppelter Oszillatoren in ein System ungekoppelter Oszillatoren transformiert wird, soll hier noch nicht besprochen werden. Vorerst genügt, dass Sie wissen, dass es so etwas gibt. Die Bewegung geht aus der Überlagerung der beiden Eigenschwingungen hervor, d. h., es ist

$$x_A = \frac{1}{\sqrt{2}}(\xi_+ + \xi_-),$$
$$x_B = \frac{1}{\sqrt{2}}(\xi_+ - \xi_-)$$

Die Konstanten $\xi_+(0)$ und $\xi_-(0)$ sind aus den Anfangsbedingungen zu bestimmen. Für den Fall, dass zu Beginn (d. h. für $t = 0$) nur der erste Wagen um $x_A(0) = x_0$ ausgelenkt und der zweite in seiner Ruhelage ist, d. h. $x_B(0) = 0$, ergibt sich $x_+(0) = x_-(0) = x_0/\sqrt{2}$ und somit

$$x_A(t) = \frac{1}{2}x_0\left[\cos\omega_+ t + \cos\omega_- t\right] = x_0 \cos\Delta\omega t\ \cos\omega t, \tag{6.30}$$
$$x_B(t) = \frac{1}{2}x_0\left[\cos\omega_+ t - \cos\omega_- t\right] = x_0 \sin\Delta\omega t\ \sin\omega t \tag{6.31}$$

Hierbei ist $\Delta\omega = \frac{1}{2}(\omega_- - \omega_+)$ und $\omega = \frac{1}{2}(\omega_+ + \omega_-)$. Im Experiment sieht das so aus, also ob der erste Wagen wie ein harmonischer Oszillator mit der mittleren Frequenz ω schwingt, wobei sich zugleich seine Amplitude periodisch ändert.

Schwebung Das gerade erwähnte Phänomen der periodischen Modulation der Amplitude wird als *Schwebung* bezeichnet. Für schwache Kopplung ($\kappa \ll k$) ändert sich die Energie

$$\mathcal{E}_A = \frac{1}{2}m\dot{x}_A^2 + \frac{1}{2}kx_A^2 \approx \frac{1}{2}kx_0^2\cos^2\Delta\omega t = k\left(\frac{x_0}{2}\right)^2(1+\cos\Omega t) \tag{6.32}$$

des Oszillators A periodisch mit der Differenzfrequenz $\Omega = \omega_- - \omega_+ = 2\Delta\omega$, die man als *Schwebungsfrequenz* bezeichnet. Verläufe von $x_A(t)$ und $x_B(t)$ sind in Abb. 6.5 dargestellt.

Die Schwebung ist ein Phänomen, das durch die Überlagerung zweier Schwingungen unterschiedlicher Frequenz zustande kommt. Wenn man beispielsweise zwei Gitarrensaiten bzw. Stimmgabeln anschlägt, die um eine (kleine) Differenz Ω gegeneinander gestimmt sind, so nimmt man einen Ton mit der mittleren Frequenz ω wahr, dessen Lautstärke ($\propto (1 + \cos\Omega t)$) mit der Schwebungsfrequenz Ω periodisch an- und abschwillt.

Leistungsübertragung Gekoppelte Pendel kann man auch aus einem anderen Blickwinkel betrachten. Mit $\omega_0 = \sqrt{(k+\kappa)/m}$ lässt sich Gl. 6.29 folgendermaßen umformulieren:

$$\frac{1}{2}m\dot{x}_A^2 + \frac{1}{2}m\omega_0^2 x_A^2 + \frac{1}{2}m\dot{x}_B^2 + \frac{1}{2}m\omega_0^2 x_B^2 = \mathcal{E}_0 + \kappa x_A \cdot x_B \tag{6.33}$$

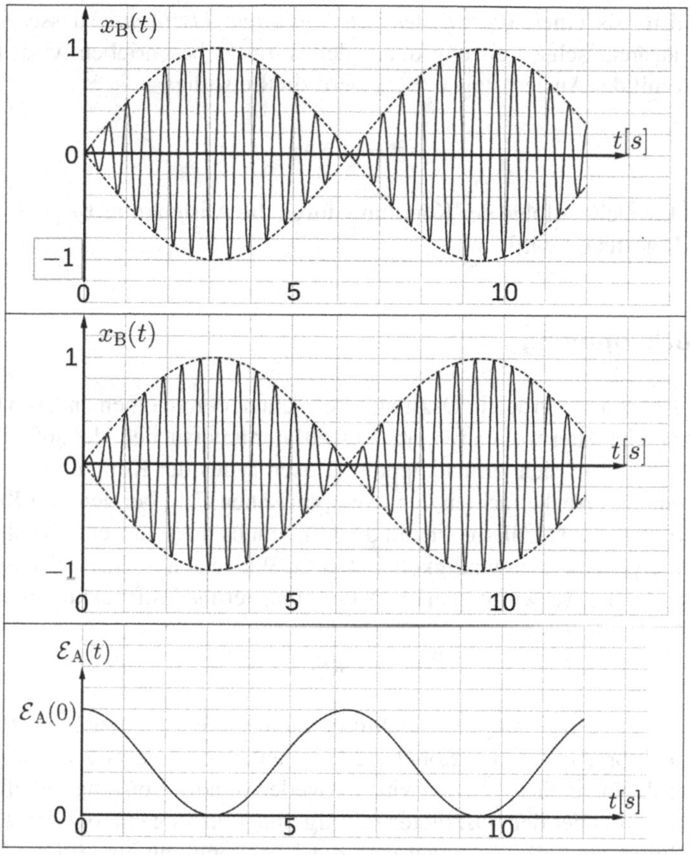

Abb. 6.5 Gekoppelte Oszillatoren. Die Amplituden $x_A(t)$ (Gl. 6.30) und $x_B(t)$ (Gl. 6.31) sowie die Energie $\mathcal{E}_A$ des Oszillators A (Gl. 6.32) sind als Funktion der Zeit t aufgetragen (hier für $x_0 = 1$, $\omega = 7\,\mathrm{s}^{-1}$, $\Delta\omega = 0.5\,\mathrm{s}^{-1}$). Die einhüllende Schwebungskurve ist gestrichelt gezeichnet. (R. Rupp)

Bildet man die zeitliche Ableitung, so erhält man

$$\left[\frac{d}{dt}\left(\frac{1}{2}m\dot{x}_A^2 + \frac{1}{2}m\omega_0^2 x_A^2\right) - \kappa \dot{x}_A \cdot x_B\right] + \left[\frac{d}{dt}\left(\frac{1}{2}m\dot{x}_B^2 + \frac{1}{2}m\omega_0^2 x_B^2\right) - \kappa \dot{x}_B \cdot x_A\right] = 0.$$

Ein Vergleich mit Gl. 5.23 zeigt, dass man das Gesamtsystem als ein abgeschlossenes System zweier Oszillatoren verstehen kann, welche miteinander wechselwirken, indem sie eine Leistung $P_A = -\kappa \dot{x}_A \cdot x_B$ bzw. $P_B = -\kappa \dot{x}_B \cdot x_A$ untereinander hin- und herverschieben. Wenn man nur einen der beiden mit der Auslenkung x ins Auge fasst, kann man ihn durch die Kontinuitätsgleichung

$$\frac{d}{dt}\left(\frac{1}{2}m\dot{x}^2 + \frac{1}{2}m\omega_0^2 x^2\right) + P = 0 \tag{6.34}$$

darstellen, d. h. als einen *getriebenen harmonischen Oszillator*, dessen mit der Außenwelt ausgetauschte Leistung durch den Term P beschrieben wird. Für den Oszillator A mit der Auslenkung $x = x_\mathrm{A}$ wird die Leistung

$$P = -\kappa \dot{x} \cdot x_\mathrm{B} \tag{6.35}$$

ausgetauscht, welche infolge der Kopplung durch die Auslenkung x_B eines zweiten Oszillators B gesteuert wird.

6.4.6 Rückkopplung

Im vorigen Abschnitt wurde ein Oszillator betrachtet, der an einen anderen Oszillator B gekoppelt ist. Hier wollen wir einen Oszillator untersuchen, der auf sich selbst zurück wirkt bzw. auf sich zurückkoppelt. Dieser Typus der Kopplung wird *Rückkopplung* genannt. Wir betrachten den exemplarischen Fall, bei dem die Kopplung darin besteht, dass der Oszillator die mit der Umgebung ausgetauschte Leistung proportional zur eigenen Geschwindigkeit $\dot{x}$ steuert. Wir setzen in Gl. 6.35 also $x_\mathrm{B} \propto \dot{x}$ und untersuchen die Auswirkungen eines Leistungsterms des Rückkopplungstyps

$$P = -2\gamma_R m \dot{x}^2, \tag{6.36}$$

wobei hier zur Vereinfachung der nachfolgenden Bewegungsgleichung (Gl. 6.37) bereits ein Faktor $2m$ aus der Kopplungskonstanten $\kappa = 2m\gamma_R$ herausgezogen wurde. Je nach Vorzeichen von γ_R wird entweder ständig Leistung zugeführt (γ_R positiv, P negativ) oder dem Oszillator ständig eine Leistung entzogen (γ_R negativ, P positiv). Im ersten Fall bezeichnet man die Rückkopplung als *Mitkopplung*. Sie verstärkt die Amplitude des Oszillators. Im zweiten Fall handelt es sich um eine *Gegenkopplung*. Sie dämpft die Amplitude, d. h., sie schwächt sie ab.

Führt man in Gl. 6.34 die Differentiation aus und setzt man den Leistungsterm (Gl. 6.36) ein, so erhält man die Bewegungsgleichung

$$\ddot{x} - 2\gamma_R \dot{x} + \omega_0^2 x = 0. \tag{6.37}$$

Das Systemverhalten wird also durch zwei konstante Modellparameter bestimmt: die (Kreis-)Frequenz ω_0 des Oszillators und die Rückkopplungskonstante γ_R. Im Grenzfall $\gamma_R = 0$ erhält man einen mit der Frequenz ω_0 schwingenden harmonischen Oszillator mit der Auslenkung $x(t) = x_0 \cos \omega_0 t$. Betrachtet man für Gl. 6.37 den Grenzfall $\omega_0 = 0$, so ist die Bewegung aperiodisch: Die Auslenkung $x(t) = x_0 \exp(\gamma_R t)$ wächst je nach Vorzeichen von γ_R entweder exponentiell an oder nimmt exponentiell ab. Gl. 6.37 ist eine homogene lineare Differentialgleichung zweiter Ordnung. Um eine Lösung für den allgemeinen Fall zu finden, gehen wir von dem *Ansatz* aus, dass man die Lösung in der Form

$$x(t) = f(t)g(t) \tag{6.38}$$

mit zwei zu bestimmenden Funktionen $f(t)$ und $g(t)$ schreiben kann *(Produktansatz)*. Ein Ansatz ist gewissermaßen ein mathematisch ausformulierter „Testballon“. Man bezeichnet damit den Ausgangspunkt eines Lösungsversuchs. Üblicherweise sind für einen vorgegebenen Ansatz die darin auftretende Konstanten oder Funktionen zu bestimmen. Wenn dies widerspruchsfrei gelingt, wird aus dem Ansatz eine Lösung. Ansonsten muss der Ansatz als missglückter „Testballon“ verworfen werden. Zur Verbesserung der Übersichtlichkeit werde ich in der nachfolgenden Rechnung das Funktionsargument „(t)“ unterdrücken und für den Produktansatz anstatt Gl. 6.38 vereinfacht bloß $x = fg$ schreiben. (Beachten Sie, dass g hier nicht die Fallbeschleunigung bezeichnet, sondern eine mathematische Funktion!) Der Produktansatz ist dadurch motiviert, dass die aus beiden Grenzfällen als Produkt zusammengesetzte Funktion $x(t) = x_0 \cos \omega_0 t \exp(\gamma_R t)$ die beiden Grenzfälle $\gamma_R = 0$ und $\omega_0 = 0$ richtig beschreiben würde. Setzt man

$$\begin{aligned} \dot{x} &= \dot{f}g + f\dot{g}, \\ \ddot{x} &= \ddot{f}g + 2\dot{f}\dot{g} + f\ddot{g} \end{aligned}$$

in Gl. 6.37 ein, ergibt sich

$$f\ddot{g} + 2(\dot{f} - \gamma_R f)\dot{g} + (\ddot{f} - 2\gamma_R \dot{f} + \omega_0^2 f)g = 0.$$

Man verfügt über die Funktion f so, dass der mittlere Term verschwindet. (Es kann schon mal passieren, dass so eine willkürliche Verfügung nicht alle Lösungen liefert. Physiker sind aber von Natur aus genügsame Menschen und oft schon froh, wenn sie überhaupt erst mal eine Lösung finden.) Die Gleichung $\dot{f} - \gamma_R f = 0$ wird durch

$$f(t) = \exp(\gamma_R t)$$

gelöst. Damit ist nur noch die Differentialgleichung

$$\ddot{g} + (\omega_0^2 - \gamma_R^2)g = 0 \tag{6.39}$$

für g zu lösen. Aus Tab. 6.1 ersieht man, dass eine Differentialgleichung vom Typ DG1 vorliegt, wenn Ausdruck $\omega_0^2 - \gamma_R^2$ negativ ist (aperiodischer Fall), und eine vom Typ DG2, wenn er positiv ist (Schwingfall):

- **Der aperiodische Fall ($\gamma_R^2 > \omega_0^2$): Mit**

  $$\ddot{g} - \gamma^2 g = 0 \quad \text{und} \quad \gamma = \sqrt{\gamma_R^2 - \omega_0^2} \tag{6.40}$$

  folgt die allgemeine Lösung

  $$x(t) = [a \exp(\gamma t) + b \exp(-\gamma t)] \exp(\gamma_R t). \tag{6.41}$$

Wenn man als Anfangsbedingung $x(0) = x_0$ und $\dot{x}(0) = 0$ fordert, ergibt sich aus Gl. 6.41 die spezielle Lösung

$$x(t) = x_0[\cosh(\gamma t) - \frac{\gamma_R}{\gamma} \sinh(\gamma t)] \exp(\gamma_R t). \tag{6.42}$$

Falls γ_R negativ ist, d. h., wenn eine Gegenkopplung vorliegt, wird dieser Fall auch als *Kriechfall* bezeichnet.

- **Der Schwingfall** ($\omega_0^2 > \gamma_R^2$)**:** Mit

$$\ddot{g} + \omega^2 g = 0 \quad \text{und} \quad \omega = \sqrt{\omega_0^2 - \gamma_R^2} \tag{6.43}$$

folgt die allgemeine Lösung

$$x(t) = x_0 \exp(\gamma_R t) \cos(\omega t + \delta) \tag{6.44}$$
$$= A(t) \cos(\omega t + \delta) \tag{6.45}$$

des *Schwingfalls*. Man kann sie als eine harmonische Schwingung auffassen, deren Amplitude $A(t) = x_0 \exp(\gamma_R t)$ ausgehend von $A(0) = x_0$ im Laufe der Zeit exponentiell zu- oder abnimmt. Ist γ_R positiv, so nimmt die Amplitude zu, und man bezeichnet die positive Rückkopplungskonstante $\gamma_R = \gamma_G > 0$ daher als *Gain* bzw. *Verstärkungskoeffizient*. Ist γ_R negativ, liegt negative Verstärkung vor, und es tritt eine *Dämpfung* der Schwingung auf. Dann führt man oft eine positive Dämpfungs- bzw. Abklingkonstante $\gamma_D = -\gamma_R$ ein. Bei einer *Dämpfung* des Oszillators klingt die Schwingung im Laufe der Zeit ab. Deshalb bezeichnet man die resultierende Bewegung als *gedämpfte Schwingung*.
Bezeichnet man die Periodendauer der Sinusschwingung mit $T = 2\pi/\omega$, so ist die sich im Grenzfall $\gamma_R = 0$ ergebende Schwingung eine *periodische Funktion* mit der Eigenschaft $x(t) = x(t + T)$. Die durch

$$x(t) = x_0 \exp(-\gamma_D t) \cos(\omega t + \delta) \tag{6.46}$$

beschriebene gedämpfte Schwingung hat diese Eigenschaft aber nicht und ist somit eigentlich auch keine periodische Funktion. Wenn man sich jedoch den in Abb. 6.6 gezeigten Graphen der gedämpften Schwingung anschaut, hat dieser dennoch etwas „Periodisches", weil die Funktion periodisch aufeinanderfolgende Maxima und Minima aufweist. Deshalb zählt man auch die gedämpfte Schwingung zur Klasse der periodischen Bewegungsmuster, und das rechtfertigt ihre Bezeichnung „gedämpfte Schwingung".
Legt man durch die Anfangsbedingungen $x(0) = x_0$ und $\dot{x}(0) = 0$ nicht nur die Anfangsamplitude x_0, sondern auch die Anfangsgeschwindigkeit auf null fest, folgt aus Gl. 6.46 die spezielle Lösung

$$x(t) = x_0[\cos(\omega t) + \frac{\gamma_D}{\omega} \sin(\omega t)] \exp(-\gamma_D t) \quad \text{(Schwingfall)} \tag{6.47}$$

für die gedämpfte Schwingung.

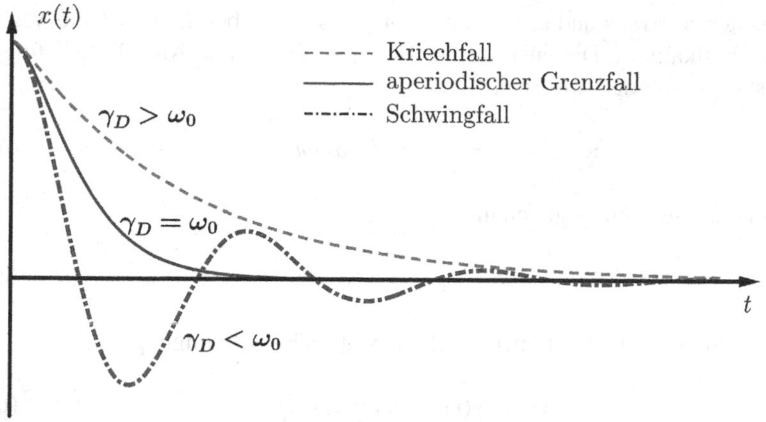

Abb. 6.6 Vergleich von Kriechfall, aperiodischem Grenzfall und Schwingfall. Für alle drei Kurven sind die Anfangsbedingungen sowie die Frequenz ω_0 gleich; die Dämpfungskonstante γ_D wird variiert. (R. Rupp)

- **Der aperiodische Grenzfall ($\omega_0^2 = \gamma_R^2$):** Die Differentialgleichung $\ddot{g} = 0$ hat die allgemeine Lösung $g(t) = a + bt$. Mit den speziellen Anfangsbedingungen $x(0) = x_0$ und $\dot{x}(0) = 0$ ergibt sich die spezielle Lösung

$$x(t) = x_0(1 - \gamma_R t)e^{\gamma_R t} \quad \text{(aperiodischer Grenzfall)}$$

des *aperiodischen Grenzfalls.*

In Abb. 6.6 werden die abklingenden Lösungen ($\gamma_D = -\gamma_G \geq 0$) für den gedämpften Schwingfall ($\omega_0 > \gamma_D$), den Kriechfall ($\omega_0 < \gamma_D$) und den aperiodischen Grenzfall ($\omega_0 = \gamma_D$) für jeweils die gleichen Anfangsbedingungen $x(0) = x_0$ und $\dot{x}(0) = 0$ bei festgehaltener Frequenz ω_0 miteinander verglichen. Im aperiodischen Grenzfall nähert sich die Amplitude dem stationären Gleichgewichtswert $x = 0$ am schnellsten an. In früheren Zeiten, in denen man noch Zeigerinstrumente verwendete, strebte man eine möglichst rasche Einstellung der Messwertanzeige an und bemühte sich daher, deren Dämpfung (genauer: die Dämpfungskonstante γ_D) so einzustellen, dass man dem aperiodischen Grenzfall möglichst nahe kam.

6.4.7 Resonanz

In diesem Abschnitt soll ein Oszillator mit der Eigenfrequenz ω_0 untersucht werden, der über eine externe Kopplung angetrieben wird, aber nicht rückwirken kann. Diese Situation wollen wir als (extern) *erzwungene Schwingung* bezeichnen. Ein sehr einfacher Modellfall einer erzwungenen Schwingung ist eine Schwingung, die durch einen harmonisch oszillierenden externen Antrieb mit einer Frequenz ω und konstanter Amplitude zustande kommt. Das ist realisiert, wenn man in Gl. 6.35 $x_B \propto \cos \omega t$ einsetzt. Zur Vereinfachung ziehen wir aus der Proportionalitätskonstante wieder einen Faktor m heraus und setzen $\kappa x_B = ma \cos \omega t$, wobei der konstante Vektor a hier die physikalische Dimension einer Beschleunigung hat. Aus Gl. 6.35 folgt für die Leistung damit der Ausdruck

$$P = -ma \cdot \dot{x} \cos \omega t \tag{6.48}$$

und somit die Bewegungsgleichung

$$\ddot{x} + \omega_0^2 x = a \cos \omega t. \tag{6.49}$$

Eine spezielle Lösung ist offensichtlich die stationäre Schwingung

$$x(t) = x_s \cos \omega t \tag{6.50}$$

mit der zeitlich konstanten Amplitude

$$x_s(\omega) = \frac{a}{\omega_0^2 - \omega^2}. \tag{6.51}$$

Diese als *Resonanzkurve* bezeichnete Funktion ist in Abb. 6.7 dargestellt. Fährt man sie als Funktion der Frequenz ω ab, wächst sie dramatisch an, wenn man sich der Resonanzstelle $\omega = \omega_0$ nähert. An der Resonanzstelle selbst würde die Amplitude unendlich groß werden und der Oszillator somit unendlich viel Energie in sich aufgesogen haben. Diese theoretische Vorhersage des Modells tritt selbstverständlich nie ein, weil dann entweder energetische Beiträge zum Tragen kommen, welche die Amplitude begrenzen (und die im vorliegenden Modell vernachlässigt wurden, wie z. B. Dämpfungsbeiträge), oder der Oszillator kaputt geht. Letzteres wird auch als *Resonanzkatastrophe* bezeichnet. Wenn Sie einen Suppenteller tragen und Ihre Schrittfrequenz ω zu nahe an die Eigenfrequenz ω_0 des Schwappschwingungsoszillators des mit Suppe gefüllten Tellers herankommt, kann sie überschwappen. Je nach Wert Ihres eventuell davon betroffenen Kleidungsstücks kann das für Sie persönlich eine große oder kleine Resonanzkatastrophe darstellen.

Die stationäre Amplitude wechselt an der Resonanzstelle ω_0 das Vorzeichen. Anstatt Gl. 6.51 kann man die Lösung aber auch mit einer positiven Amplitude

$$x_s(\omega) = \frac{a}{\sqrt{(\omega_0^2 - \omega^2)^2}} \tag{6.52}$$

schreiben, wenn man einen Antriebsterm mit einer Phasenverschiebung δ schreibt. Anstatt von Gl. 6.49 geht man also von der Bewegungsgleichung

$$\ddot{x} + \omega_0^2 x = a \cos(\omega t + \delta) \tag{6.53}$$

aus, wobei Antrieb und Oszillator für $\omega < \omega_0$ gleichphasig ($\delta = 0$) und für $\omega > \omega_0$ gegenphasig ($\delta = \pi$) sind.

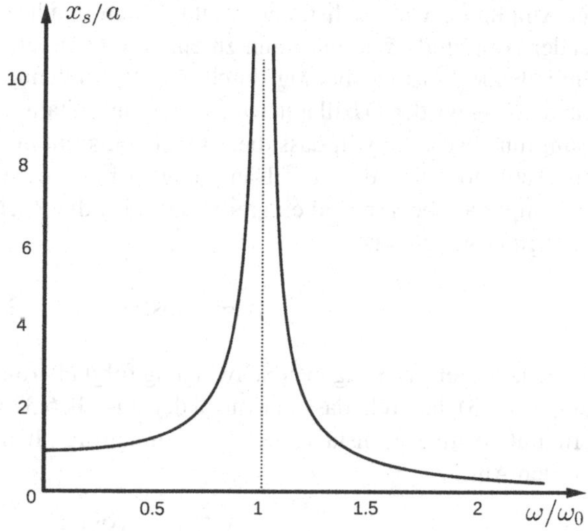

Abb. 6.7 Darstellung der Resonanzkurve (Gl. 6.51) eines harmonisch angetriebenen Oszillators als Funktion der Anregungsfrequenz ω. Für $\omega = \omega_0$ würde die stationäre Amplitude x_s unendlich groß werden. (R. Rupp)

6.4.8 Begrenzung der Resonanzamplitude

Oszillatoren wirken wie Energiespeicher. Wenn ihnen eine Leistung $P(t)$ von einer externen Quelle zufließt, so erhöht sich ihre innere Energie innerhalb einer Zeitspanne τ um

$$\Delta\mathcal{E}(\tau) = \int_0^\tau P(t)dt.$$

Ungebremstes Wachstum würde allerdings irgendwann zu einer Katastrophe führen, d. h., der Oszillator würde kaputt gehen. (Es gibt keine Oszillatoren mit unendlicher Amplitude.) In diesem Abschnitt soll gezeigt werden, dass sich eine Resonanzkatastrophe durch Aktivierung einer zweckmäßig dimensionierten Dämpfung verhindern lässt. Das gilt nicht nur für Oszillatoren, sondern auch für andere Systeme. (Beispiele: Bevölkerungswachstum und chinesische Ein-Kind-Politik, Kernreaktoren und Neutronen absorbierende Regelstäbe.) Wir betrachten dazu die Kontinuitätsgleichung

$$\frac{d}{dt}\left(\frac{1}{2}m\dot{x}^2 + \frac{1}{2}m\omega_0^2 x^2\right) = -P = m\cos(\omega t + \delta)\, a \cdot \dot{x} - 2\gamma_D m\, \dot{x}^2. \qquad (6.54)$$

Die mit dem Oszillator ausgetauschte Leistung setzt sich hier aus zwei Summanden zusammen: Zum einen aus dem von außen zufließenden Leistungsbeitrag der erzwungenen Schwingung (Gl. 6.48) und zum anderen aus der Gegenkopplung, die durch den positiven Dämpfungsparameter γ_D eingestellt werden kann (Gl. 6.36). Der erste Beitrag alleine würde im Resonanzfall die Auslenkung x und somit auch die Geschwindigkeitsauslenkung $\dot{x}$ unbegrenzt anwachsen lassen, der zweite verursacht einen Abfluss von Energie aus dem Oszillator. Da der erste Beitrag linear mit der Amplitude $\dot{x}$ anwächst, der zweite jedoch quadratisch, kommt es mit anwachsender Amplitude $\dot{x}$ irgendwann zu einem Gleichgewicht, bei dem der von außen einfließende Leistungsbeitrag durch den ausfließenden gerade kompensiert wird. Dann schwingt der Oszillator wieder mit einer stationären Amplitude. Infolge der Dämpfung erwarten wir, dass diese kleiner ausfällt als diejenige eines ungedämpften Oszillators und dass die Dämpfung insbesondere im Resonanzfall bezüglich der Amplitude begrenzend eingreift. Das wird die Rechnung gleich bestätigen. Die Bewegungsgleichung

$$\ddot{x} + \omega_0^2 x = a\cos(\omega t + \delta) - 2\gamma_D \dot{x} \tag{6.55}$$

der gedämpften erzwungenen Schwingung folgt also aus derjenigen der ungedämpften (Gl. 6.53) dadurch, dass man noch den aus Gl. 6.37 bekannten Gegenkopplungsterm mit positiver Konstante $\gamma_G = -\gamma_R$ hinzufügt. In diese Modellgleichung setzen wir den Ansatz

$$x(t) = x_s \cos\omega t \tag{6.56}$$

ein, weil wir nach einer stationären Lösung suchen bzw. nach einer speziellen Lösung der inhomogenen Differentialgleichung

$$\ddot{x} + 2\gamma_D \dot{x} + \omega_0^2 x = a\cos(\omega t + \delta). \tag{6.57}$$

Wegen $\cos(\omega t + \delta) = \cos\delta\cos\omega t - \sin\delta\sin\omega t$ (Winkeladditionstheorem) und weil Kosinus- und Sinusfunktion linear unabhängig sind, gewinnt man mit dem Ansatz (Gl. 6.56) die beiden Gleichungen

$$(\omega_0^2 - \omega^2)x_s = a\cos\delta$$
$$2\gamma_D \omega x_s = a\sin\delta.$$

Mit $\cos^2\delta + \sin^2\delta = 1$ folgt für die stationäre Amplitude

$$x_s = \frac{a}{\sqrt{(\omega_0^2 - \omega^2)^2 + (2\gamma_D\omega)^2}}$$

und für die Phasenverschiebung

$$\tan\delta = \frac{2\gamma_D\omega}{\omega_0^2 - \omega^2}.$$

In Abb. 6.8 sind einige Kurven für verschiedene Parameter γ_D/ω_0 einer gedämpften erzwungenen Schwingung aufgetragen, welche die Abhängigkeit der Amplitude x_s und des Phasenwinkels δ als Funktion von ω zeigen. Der *Resonanzfall*, bei dem die Amplitude maximal wird, tritt nicht mehr exakt bei ω_0 auf, aber bei nicht allzu großer Dämpfung ist immer noch näherungsweise $\omega \approx \omega_0$. Die Anregung eilt dem

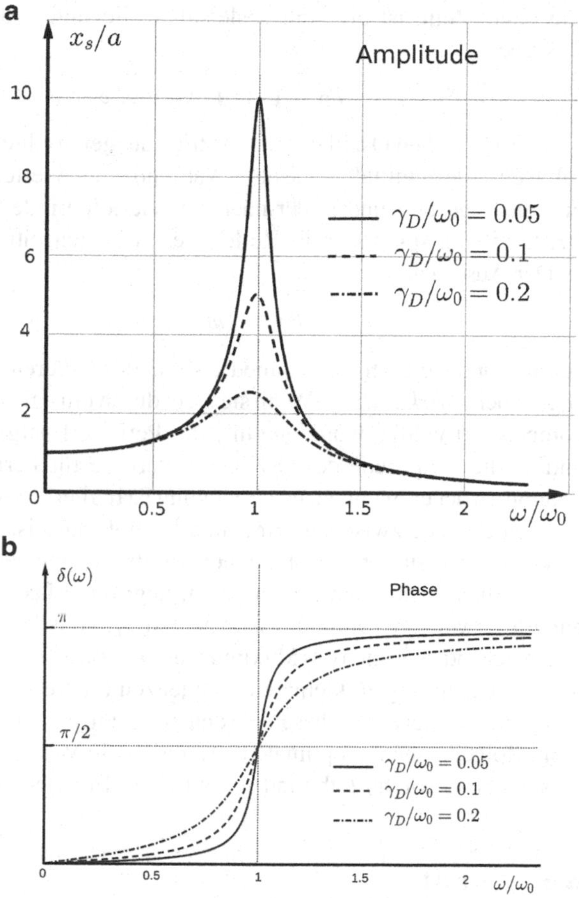

Abb. 6.8 Gedämpfte erzwungene Schwingung: Verlauf der stationären Amplitude x_s **a)** und der Phasenverschiebung δ **b)** als Funktion der externen Frequenz ω für unterschiedliche Dämpfungskonstanten γ_D. (R. Rupp)

Oszillator stets um δ voraus bzw. der Oszillator hinkt der Anregung stets um δ hinterher. Für $\omega = \omega_0$ ist der Phasenwinkel immer (!) $\delta = 90°$ bzw. $\delta = \pi/2$.

Im stationären Fall gilt für die linke Gleichungsseite der Kontinuitätsgleichung

$$\begin{aligned}\frac{d}{dt}\left(\frac{1}{2}m\dot{x}^2 + \frac{1}{2}m\omega_0^2 x^2\right) &= \frac{1}{2}mx_s^2 \frac{d}{dt}\left(\omega^2 \sin^2 \omega t + \omega_0^2 \cos^2 \omega t\right)\\ &= mx_s^2 \omega (\omega^2 - \omega_0^2) \cos \omega t \sin \omega t.\end{aligned}$$

Für die Ausdrücke auf der rechten Seite gilt

$$\begin{aligned}-am\dot{x}\cos(\omega t + \delta) &= (-amx_s\omega\cos\delta)\cos\omega t \sin\omega t + (amx_s\omega\sin\delta)\sin^2\omega t\\ -2\gamma_D m\,\dot{x}^2 &= \left(-2\gamma_D m\omega^2 x_s^2\right)\sin^2\omega t.\end{aligned}$$

Die obere Zeile ist die Antriebsleistung, die untere die Dämpfungsleistung. Der Ausdruck

$$P_B = (-ma \cdot x_s \omega \cos \delta) \cos \omega t \sin \omega t$$

stellt die zwischen Oszillator und Antrieb ausgetauschte *Blindleistung* dar. Über eine halbe Periode gemittelt ist sie null. Während einer Viertelperiode wird dem Oszillator Energie zugeführt und in der nächsten Viertelperiode wieder von ihm abgegeben. Der Oszillator spielt hier die Rolle eines zwischenzeitlichen Energiespeichers.

Der Ausdruck

$$P_W = (ma \cdot x_s \omega \sin \delta) \sin^2 \omega t$$

beschreibt die effektiv wirksame Leistung des äußeren Antriebs bzw. seine von ihm abgegebene *Wirkleistung*. Wenn sie nicht durch eine gleich große Dämpfungsleistung kompensiert würde, würde sie in jeder Periode Energie in den Oszillator pumpen und so die Amplitude des Oszillators Periode für Periode weiter vergrößern. Am Phänomen der erzwungenen Schwingung ist bemerkenswert, dass die Einstellung der exakten Balance zwischen Wirk- und Dämpfungsleistung selbstregulierend erfolgt und dass die resultierende stationäre Amplitude gegenüber Störungen stabil ist.

Wie man leicht nachrechnen kann, liegt das Maximum der Wirkleistung unabhängig (!) von der Dämpfungskonstanten γ_D stets bei ω_0. Das ist deswegen etwas überraschend, weil sich das Maximum der Amplitude, wie Abb. 6.8a zeigt, mit zunehmender Dämpfung zu kleineren Frequenzen hin verschiebt. Der Grund ist, dass die Blindleistung bei einer Phasenverschiebung von $\delta = \pi/2$ völlig ausfällt. Der Antrieb gibt infolgedessen die optimale bzw. maximale Wirkleistung stets bei einer Phasenverschiebung von $\pi/2$ ab (und somit bei der Frequenz ω_0).

6.5 Kraft

6.5.1 Newtonsche Bewegungsgleichung

In diesem Abschnitt wird ein mechanisches System betrachtet, dessen energetisches Modell aus einer kinetischen Energie $E_{\text{kin}}(\dot{x}) = m\dot{x}^2/2$ und einer potentiellen Energie $E_{\text{pot}}(x)$ besteht, wobei die Zustandskoordinate x die Ortskoordinate und die Zustandskoordinate $\dot{x}$ die Geschwindigkeitskoordinate sein soll. Wird eine Leistung P mit der Umgebung ausgetauscht, so folgt mit der Energiefunktion

$$\mathcal{E}(x, \dot{x}) = E_{\text{kin}}(\dot{x}) + E_{\text{pot}}(x) \tag{6.58}$$

und der Kontinuitätsgleichung (Gl. 5.23) für das mechanische System die Gleichung

$$\frac{d}{dt} E_{\text{kin}}(\dot{x}) = -\frac{d}{dt} E_{\text{pot}}(x) - P. \tag{6.59}$$

Unter Berücksichtigung der Kettenregel für die Differentiation und mit $p = m\dot{x}$ erhält man

$$\dot{p} \cdot \dot{x} = -\frac{dE_{\text{pot}}}{dx} \cdot \dot{x} - P. \tag{6.60}$$

Die sich auf die systeminterne Zustandsvariable x beziehende Größe

$$F_{\text{kons}}(x) = -\frac{dE_{\text{pot}}(x)}{dx} \tag{6.61}$$

wird als *konservative Kraft* bezeichnet. Die Charakterisierung „konservativ" hat folgenden Grund: Wenn, wie beim Beispiel des Hookeschen Oszillators (Abschn. 6.4.1), nur konservative Kräfte auftreten (also $P = 0$ ist), dann bleibt die aus kinetischer und potentieller Energie bestehende mechanische Energie erhalten bzw. konserviert.

Durch die Gleichung

$$P = -F_{\text{ext}} \cdot \dot{x} \tag{6.62}$$

definiert man eine *externe Kraft* F_{ext}. Ist die Leistung P positiv, dann haben die Vektoren F_{ext} und die Geschwindigkeit $\dot{x}$ die gleiche Richtung. Hierbei gibt das System Energie nach außen ab, und seine kinetische Energie nimmt ab. Ist im umgekehrten Fall P negativ, nimmt die kinetische Energie des Systems zu. Beachten Sie bitte, dass die äußere Kraft F_{ext} keine Funktion der Zustandsvariablen x des Systems ist. Sie hat mit dem mechanischen System nichts zu tun. Sie ist äußere Ursache der energetischen Änderungen des mechanischen Systems. Im statischen Fall (d. h. für $\dot{x} = 0$ bzw. $v = 0$) kommt es zu keiner Leistung P durch äußere Quellen – egal wie groß die externen Kräfte F_{ext} auch sein mögen.

Die aus Gl. 6.60 folgende Gleichung

$$\dot{p} \cdot \dot{x} = (F_{\text{kons}} + F_{\text{ext}}) \cdot \dot{x}$$

ist im Eindimensionalen nur erfüllbar, wenn $\dot{x} = 0$ oder wenn

$$\dot{p} = F_{\text{kons}} + F_{\text{ext}} = F. \tag{6.63}$$

Der erste Fall beschreibt keine Bewegung und interessiert deshalb nicht. Im zweiten Fall besagt Gl. 6.63, dass die zeitliche Änderung des Impulses gleich einer *Kraft* F ist, welche die Summe der konservativen und externen Kräfte ist. Ist die externe Kraft null, dann bleibt die mechanische Energie erhalten, d. h., die Summe aus kinetischer und potentieller Energie ist dann konstant.

Die Definition der Kräfte über die Energien bringt es mit sich, dass den Kräften eine Erbschaft in den Schoß fällt, nämlich die Additionseigenschaft der extensiven Größe Energie. Wenn sich also die potentielle Energie oder die zugeflossene Energie aus verschiedenen Einzelbeiträgen additiv zusammensetzt, dann setzen sich auch die Kräfte aus den Einzelbeiträgen additiv zusammen. Wenn n Kraftbeiträge beitragen, dann summieren sich n unterschiedliche Kraftbeiträge zu einer resultierenden Kraft F:

Newtonsche Bewegungsgleichung

$$\dot{p} = \sum_{i=1}^{n} F_i = F \tag{6.64}$$

Die *Newtonsche Bewegungsgleichung* (Gl. 6.64) ist eine Vektorgleichung. Sie drückt die Newtonsche Sicht zur Rolle der Kraft aus: Die Kraft ist die Ursache der Bewegungsänderung bzw. Impulsänderung. Das ist im Nachhinein der Grund für die Wahl des negativen Vorzeichens bei der Definition der konservativen Kräfte in Gl. 6.61.

In die Herleitung der Newtonschen Bewegungsgleichung gingen die nichtrelativistischen Ausdrücke für die kinetische Energie und den Impuls ein. Wenn Geschwindigkeiten auftreten, deren Betrag in der Größenordnung der Raumzeitkonstante c liegt, liefert die Newtonsche Bewegungsgleichung (Gl. 6.64) daher falsche Resultate. Aber für die „Alltagsphysik", d. h. für den Geschwindigkeitsbereich unserer Alltagserfahrungen, ist die Newtonsche Bewegungsgleichung eine recht passable Näherung.

Die Maßeinheit der Kraft heißt *Newton*:

$$[F] = \text{Newton} = \text{N} = \text{kg}\,\text{m}/\text{s}^2 \tag{6.65}$$

Setzt man in Gl. 6.64 für eine konstante Masse m die Näherung $p = m\dot{x}$ ein, so ergibt sich

$$m\ddot{x} \approx F. \tag{6.66}$$

Erst der Umstand, dass die Beschleunigung $a = \ddot{x}$ im Newtonschen Grenzfall $v = \dot{x} \to 0$ gemäß Gl. 3.53 zu einer Invarianten wird, für zwei beliebige Newtonsche Bezugssysteme S und S′ mit einer Relativgeschwindigkeit $v \ll c$ also näherungsweise eine absolute Größe wird, für welche

$$a \approx a' \tag{6.67}$$

gilt, führt dazu, dass die Gleichung *Kraft gleich Masse mal Beschleunigung,*

$$F = ma, \tag{6.68}$$

im Rahmen der Dynamik zu einem in allen Newtonschen Inertialsystemen gültigen physikalischen Gesetz mit einer invarianten Kraft F wird. Um es ganz klar zu sagen:

Nur für kleine Geschwindigkeiten und nur in Bezug auf Newtonsche Inertialsysteme ist Gl. 6.68 ein (näherungsweise) allgemeines Gesetz.[1]

Wenn man es nicht mit einem einzelnen Teilchen zu tun hat, sondern mit einem System aus N Teilchen, dann addiert man einfach die Energiebeiträge für alle Teilchen auf und erhält so die Energie des Gesamtsystems. Betrachtet man ein bestimmtes Teilchen, das mit allen übrigen Teilchen wechselwirkt, so agieren diese als externe Kräfte. Dabei wirken sich die Zu- und Abflüsse dieser „äußeren" Energie, die sich die N Teilchen untereinander zuschieben, in Summe aber nicht aus, denn für das Teilchensystem summieren sich positive Energiezuflüsse zu einem Teilchen j mit den von den anderen Teilchen an dieses Teilchen abgegebenen Energieströmen zu null. Daher gilt für ein isoliertes mechanisches Teilchensystem

$$\dot{p} = \sum_{j=1}^{N} \dot{p}_j = \sum_{j=1}^{N} F_j = 0,$$

wobei F_j hier die auf das j-te Teilchen wirkende Summe aller Kräfte der übrigen Teilchen ist.

6.5.2 Actio gleich reactio

Es sei G ein abgeschlossenes System mit seiner inneren Energie und der aus seiner (äußeren) kinetischen Energie bestehenden äußeren Energie. Die Energieerhaltung (Abschn. 4.4) würde es zulassen, dass innere Energie sich in äußere kinetische Energie umwandelt und umgekehrt. Die Impulserhaltung verhindert diesen „Münchhausen-Trick"[2], d. h., sie schließt einen solchen Prozess aus.

Wegen der Impulserhaltung ist eine Änderung der kinetischen Energie nur möglich, wenn (mindestens) zwei Systeme miteinander wechselwirken. Wenn sich das abgeschlossene System G beispielsweise aus zwei Teilsystemen A und B zusammensetzt, dann ist es möglich, dass Teilsystem A seine kinetische Energie (differentiell) ändert, indem die damit z. B. verbundene differentielle Impulsänderung dp_{A} durch eine differentielle Impulsänderung dp_{B} des zweiten Teilsystems B ausgeglichen wird. Wird die Impulsänderung von A gemäß der Newtonschen Bewegungsgleichung

$$\dot{p}_{\mathrm{A}} = F$$

durch eine Kraft F bewirkt, so muss es ein mit A wechselwirkendes System B geben, dessen Impuls sich mit einer in entgegengesetzter Richtung angreifenden

---

[1] Galilei-Systeme der speziellen Galilei-Klasse für welche Gl. 6.64 gilt, heißen Inertialsysteme (näheres dazu in Band P2). Frei nach Ernst Mach können Sie darunter vorerst Bezugssysteme verstehen, die relativ zum Ruhesystem der kosmischen Massen unbeschleunigt sind.

[2] In einer bekannten Lügengeschichte soll sich Baron Münchhausen am eigenen Schopf aus dem Sumpf gezogen haben.

Kraft ändert, d. h.

$$\dot{p}_{\mathrm{B}} = -F,$$

so dass für das aus den beiden wechselwirkenden Teilsystemen bestehende abgeschlossene Gesamtsystem G die Impulserhaltung

$$\dot{p}_{\mathrm{A}} + \dot{p}_{\mathrm{B}} = 0$$

gilt. Newton beschrieb dieses Wechselwirkungsprinzip durch die Parole *actio gleich reactio,* was besagen soll, dass die einwirkende Kraft gleich der rückwirkenden Kraft ist.

Wenn ein abgeschlossenes System aus zwei Teilsystemen A und B mit den Massen m_{A} und m_{B} besteht, ist jede Änderung der kinetischen Energie um $dE_{\mathrm{kin,A}} = p_{\mathrm{A}}dp_{\mathrm{A}}/m_{\mathrm{A}}$ mit einer Änderung des Impulses um dp_{A} verbunden. Das System B kommt aufgrund der Impulserhaltung daher zwangsläufig ins Spiel. Im Ruhesystem gilt stets $p_{\mathrm{A}} = -p_{\mathrm{B}}$ und mit $dE_{\mathrm{kin,B}} = p_{\mathrm{B}}dp_{\mathrm{B}}/m_{\mathrm{B}}$ folgt $dE_{\mathrm{kin,B}}/dE_{\mathrm{kin,A}} = m_{\mathrm{A}}/m_{\mathrm{B}}$. Falls die Masse m_{B} gegen unendlich geht, braucht die kinetische Energie von B in der Energiebilanz mit anderen Energiebeiträgen nicht berücksichtigt werden (denn sie geht gegen null). Das System B liefert dann nur den für die Wechselwirkung benötigten Impuls, spielt für die Energiebilanz aber keine Rolle.

6.5.3 Hamilton-Funktion

In Gl. 6.58 wurde eine Energiefunktion aufgestellt, die, um es einfach zu halten, nur eine Funktion von zwei Zustandskoordinaten war, nämlich der Positionskoordinate x und der Geschwindigkeit $\dot{x}$. Alternativ zur Geschwindigkeit kann man die kinetische Energie jedoch genauso gut durch die Variable Impuls ausgedrücken (Gl. 4.47). Die so formulierte Energiefunktion

$$\mathscr{H} = \mathscr{H}(p, x) = E_{\mathrm{kin}}(p) + E_{\mathrm{pot}}(x) \tag{6.69}$$

heißt *Hamilton-Funktion*. Sie ist zunächst einmal nichts weiter als eine andere Einkleidung der Energiefunktion zweier mechanischer Zustandsvariabler. In ihrer kanonischen Form ist die Hamilton-Funktion eine Funktion des Impulses p und weiterer Variabler (im vorliegenden Beispiel nur einer, nämlich der Variablen x). Das Adjektiv „kanonisch" bedeutet, dass die Formulierung der Energie mit dem Impuls p als unabhängiger Variabler die Standardform ist, in der man die Hamilton-Funktion angibt. Wenn Sie üblicherweise einen Kaffee zum Frühstück wählen, dann ist Ihr kanonisches Frühstück eben eines mit Kaffee und nicht mit Tee. Die Motivation für die Formulierung der Energiefunktion durch den Impuls p statt der Geschwindigkeit v hat damit zu tun, dass der Impuls p eine Erhaltungsgröße ist und die Geschwindigkeit nicht. Das ist ein Aspekt, auf den hier aber noch nicht weiter eingegangen werden soll.

Im Rahmen der Dynamik hängen die Zustandsvariablen der Hamilton-Funktion i. Allg. von der Zeit ab, d. h., es ist i. Allg. $p = p(t)$ und $x = x(t)$. Für die totale zeitliche Ableitung der Hamilton-Funktion gilt

$$\frac{d\mathscr{H}}{dt} = -P = F_{\text{ext}} \cdot \dot{x}, \tag{6.70}$$

denn die Hamilton-Funktion ist, wie bereits gesagt, nichts weiter als eine spezielle Einkleidung der in Gl. 5.23 auftretenden Energiefunktion. Unter Verwendung der Kettenregel (Gl. 5.29) erhält man

$$\frac{\partial \mathscr{H}}{\partial p} \cdot \frac{dp}{dt} + \frac{\partial \mathscr{H}}{\partial x} \cdot \frac{dx}{dt} = F_{\text{ext}} \cdot \dot{x} \tag{6.71}$$

bzw.

$$\frac{\partial \mathscr{H}}{\partial p} \cdot \frac{dp}{dt} = F \cdot \dot{x}, \tag{6.72}$$

wobei $F_{\text{kons}} = -\frac{\partial \mathscr{H}}{\partial x} = -\frac{\partial E_{\text{pot}}}{\partial x}$ der konservative Kraftbeitrag zur wirkenden Kraft

$$F = F_{\text{kons}} + F_{\text{ext}} \tag{6.73}$$

ist. Geht man vom relativistischen Ausdruck

$$E_{\text{kin}}(p) = \sqrt{p^2c^2 + m^2c^4} - mc^2 \tag{6.74}$$

für die kinetische Energie aus, so erhält man aus der partiellen Ableitung der Hamilton-Funktion nach dem Impuls, wie man leicht nachrechnen kann, die Geschwindigkeit

$$v = \frac{\partial \mathscr{H}}{\partial p}. \tag{6.75}$$

Mit $v = \dot{x}$ (und unter der Voraussetzung, dass $v \neq 0$) ergeben sich dann die *Hamiltonschen Bewegungsgleichungen*

$$\dot{x} = \frac{\partial \mathscr{H}}{\partial p}, \tag{6.76}$$

$$\dot{p} = -\frac{\partial \mathscr{H}}{\partial x} + F_{\text{ext}} = F. \tag{6.77}$$

Offensichtlich sind die Newtonsche und die Hamiltonsche Bewegungsgleichung äquivalent.

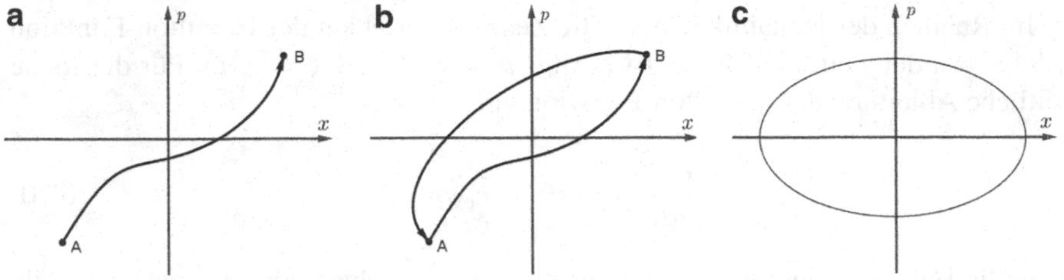

Abb. 6.9 Zustandsdiagramm (hier der Spezialfall eines Phasenraumdiagramms bzw. x-p-Diagramms) für einen Prozess, der in A beginnt und in B endet **a**), für einen von A über B nach A zurückführenden Kreisprozess, bei dem die Zustandsvariablen des Systems am Ende wieder den gleichen Wert haben, den sie zu Beginn hatten **b**), für einen idealen harmonischen Oszillator mit einer gegebenen Gesamtenergie $\mathcal{E}_0$ (c). (B. Pammer/R. Rupp)

6.5.4 Zustandsdiagramme

Die im Laufe eines physikalischen Prozesses eingenommenen Zustände eines Systems kann man sich in einer Art von „Koordinatensystem" graphisch veranschaulichen, bei dem jeder Zustandsvariablen eine Koordinatenachse zugeordnet ist (Abb. 6.9a). Diese Darstellung nennt man *Zustandsdiagramm*. Eine spezielle Spielart der Zustandsdiagramme, bei denen wie in Abb. 6.9a eine Variable eine Positionskoordinate x ist und die andere eine Impulskoordinate p, bezeichnet man als *Phasenraumdiagramme*.

Wenn ein Prozess mit Zustand A beginnt, dann wird die zeitliche Abfolge seiner Zustände durch einen Pfad im Phasenraum dargestellt (z. B. Abb. 6.9a). Das ist seine *Trajektorie*. Führt die Trajektorie wieder zum Ausgangszustand A zurück, wie in Abb. 6.9b, so spricht man von einem *Kreisprozess*. Ein Beispiel für ein isoliertes System, das einen Kreisprozess durchläuft, ist der ideale Oszillator, dessen Modellgleichung die sich aus Gl. 6.15 ergebende Hamilton-Funktion

$$\mathcal{H}(p, x) = \frac{1}{2m}p^2 + \frac{1}{2}kx^2 = \mathcal{E}_0$$

ist. Seine Trajektorie hat im Phasenraum die Form einer Ellipse. In der Geometrie haben Ellipsen in kartesischen Koordinaten x und y die allgemeine Form

$$\frac{x^2}{a^2} + \frac{y^2}{b^2} = 1,$$

wobei a und b Konstanten sind. Die Bewegung eines harmonischen Oszillators verläuft demnach so, dass ein Kreisprozess stattfindet, dessen periodisch durchlaufenen Zustände (x, p) im Phasenraumdiagramm auf einer Ellipse liegen. Wenn man zu irgendeinem Zeitpunkt von außen Energie zuführt und anschließend das System wieder abschließt, so durchläuft es anschließend im Zustandsraum wieder eine Ellipse, aber mit größer skalierten Bahnachsen.

Zustandsdiagramme werden ganz allgemein als Hilfsmittel verwendet, um den Ablauf von Prozessen zu beschreiben, zu veranschaulichen oder zu spezifizieren, bei denen es zu einem Austausch von Energien kommt. Die Zustandsdiagramme sind meist auf die Betrachtung von $\mathfrak{f} = 2$ Freiheitsgraden ausgelegt, seltener auf $\mathfrak{f} = 3$ Freiheitsgrade. Für noch mehr Freiheitsgrade kann man sich ohnehin nur durch Projektionen behelfen.

6.6 Arbeit

Wenn einem mechanischen System durch einen physikalischen Prozess von außen Energie zuströmt, so erhöht sich die mechanische Energie $\mathcal{E}$ des Systems. Das Zeitintegral über die von außen zugeführte und vom mechanischen System aufgenommene Leistung $P(t)$ bezeichnet man als die am System geleistete *Arbeit*

$$W = -\int_{t_\alpha}^{t_\Omega} P(t)\, dt. \tag{6.78}$$

Hier ist t_α der Zeitpunkt, an dem der Prozess begann, und t_Ω der Zeitpunkt, an dem er endete. Bekanntlich ist unsere Vorzeichenkonvention, dass zufließende Leistung ein negatives Vorzeichen hat. Aufgrund des negativen Vorzeichens in Gl. 6.78 nimmt daher die mechanische Energie eines Systems zu, wenn es Arbeit aufnimmt.

Durch die Zufuhr von Arbeit ändert sich mindestens eine ihrer Zustandsvariablen, i. Allg. jedoch mehrere. Nehmen wir an, dass sich nur eine Zustandsvariable z ändert, und zwar von einem Anfangswert z_α zu einem Endwert z_Ω.[3] Dann ist die aufgenommene Arbeit genauso groß wie die Änderung der mechanisch gespeicherten Energie:

$$\begin{aligned} W = \Delta\mathcal{E} &= \int_{\mathrm{z}_\alpha}^{\mathrm{z}_\Omega} \mathrm{Z}\, d\mathrm{z} \\ &= -\int_{t_\alpha}^{t_\Omega} P(t)\, dt. \end{aligned} \tag{6.79}$$

Hier ist $\mathrm{Z} = \frac{d\mathcal{E}}{d\mathrm{z}}$. Da mechanische Systemmodelle per Definition dissipationsfrei sind, ist die zugeführte Arbeit reversibel gespeichert und damit wieder vollständig abrufbar. Wenn die extern zugeführte Leistung $P(t)$ aus Quellen stammt, die selbst wieder mechanische Systeme darstellen, dann sind Aufnahme und Abgabe

[3] Ich habe hier deshalb griechische Buchstaben als Indizes gewählt, um sie von den Indizes zu unterscheiden, die oben zur Benennung unterschiedlicher Zustandsvariablen verwendet wurden. Der Buchstabe α ist der erste Buchstabe im mit α, β, ... d. h. „alpha,beta,..." beginnenden griechischen Alpha bet und steht für den Anfangswert; der Buchstabe Ω (omega) ist der letzte und steht für den Endwert.

von Arbeit ohne Einschränkung in beide Richtungen möglich. Mit anderen Worten: *der Begriff der Arbeit bezieht sich stets auf einen reversiblen Austausch von Energie* zwischen mechanischen Modellsystemen (bzw. auf den Austausch zwischen Energieformen innerhalb eines mechanischen Modellsystems).

Im Newtonschen Spezialfall, bei dem man die Bewegung von Teilchen mit ihren Orts- und Geschwindigkeitskoordinaten $x(t)$ und $\dot{x}(t)$ betrachtet, kann man Gl. 6.62 einsetzen und erhält

$$W = -\int_{t_\alpha}^{t_\Omega} P(t)\,dt = \int_{t_\alpha}^{t_\Omega} F_{ext}(t) \cdot \dot{x}(t)\,dt = \int_{x_\alpha}^{x_\Omega} F_{\text{ext}}(x) \cdot dx, \tag{6.80}$$

wobei $x_\alpha = x(t_\alpha)$ die Koordinate zu Beginn und $x_\Omega = x(t_\Omega)$ die Koordinate am Ende des Prozesses ist. Die Arbeit tritt hier als Wegintegral der externen Kraft auf, welche am mechanischen System angreift. Gl. 6.78 und Gl. 6.80 unterscheiden sich darin, dass im ersten Fall unter dem Integral das Produkt zweier Skalare steht ($P(t)\,dt$) und im zweiten Fall das Skalarprodukt zweier Vektoren ($F_{ext}(t) \cdot \dot{x}(t)dt$, Abschn. 3.4). In beiden Fällen wird das bestimmte Integral berechnet, indem skalare differentielle Beiträge summiert (integriert) werden.

Bei der Interpretation von Gl. 6.80 muss man vor einem möglichen Missverständnis warnen: Die Koordinate x, die hier auftritt, ist eine *Prozessvariable* und i. Allg. nicht immer Zustandsvariable des Systems! Sie parametrisiert den durch $P(t)$ mit dem Zeitparameter t beschriebenen Prozess der externen Energiezufuhr alternativ durch $F_{\text{ext}}(x)$ mit der Wegkoordinate x als beschreibendem Parameter. Ist die Arbeit $W(t)$ als Funktion der Zeit t bzw. als Funktion des Orts $x = x(t)$ zum Zeitpunkt t gegeben, so erhält man die Leistung durch Differentiation:

$$\frac{dW(t)}{dt} = \frac{d}{dt} \int_{x_\alpha}^{x(t)} F_{\text{ext}}(x') \cdot dx' = \frac{d}{dt} \left[G(x(t)) - G(x_\alpha)\right]$$

Hierbei wurde die Stammfunktion von $F_{\text{ext}}(x)$ mit $G(x)$ bezeichnet, und der Strich bei x' dient hier nur dazu, die Variable, über die integriert wird, von x zu unterscheiden. Bei der Ausführung der Differentiation von $G(x(t))$ muss man die Kettenregel beachten und erhält so

$$\frac{dW(t)}{dt} = F_{\text{ext}} \cdot \dot{x} = -P.$$

Leistungstransformation

Die physikalischen Gesetze lassen es zu, einem System über einen großen Zeitraum τ_1 hinweg von außen eine schwache Leistung P_1 zuzuführen, diese dort als mechanische Energie $\mathcal{E}$ zu speichern und dann dem System über einen kurzen Zeitraum τ_2 eine sehr starke Leistung $P_2 \gg P_1$ abzufordern. Nehmen wir zur Vereinfachung an, dass das System dabei einen Kreisprozess ausführt und am Ende des Prozesses im selben Zustand ist wie am Anfang und dass P_1 und P_2 während der Prozessdauer jeweils konstant sind. Dann ist die einzige Beschränkung für den Prozess, dass die vom System abgegebene Arbeit (positiv) nicht größer sein kann als der Betrag der aufgenommenen (negativ), d. h.

$$W_2 = P_2\tau_2 \leq -P_1\tau_1 = -W_1. \tag{6.81}$$

Mit Dissipation befassen wir und aber erst im nächsten Kapitel. Zur weiteren Vereinfachung der Argumentation legen wir hier daher den (physikalisch denkbaren) dissipationsfreien Grenzfall zugrunde. Das ist der reversible Grenzfall des Kreisprozesses, für den in Gl. 6.81 das Gleichheitszeichen gilt:

$$W_1 + W_2 = P_1\tau_1 + P_2\tau_2 = 0$$

Die Energieerhaltung lässt folglich zu, dass man höhere Leistung gegen längere Prozessdauer tauschen kann, wie es z. B. geschieht, wenn man einen Bogen langsam spannt und dann einen Pfeil abschießt. Ein Gepard kann beispielsweise auf kurze Zeit eine sehr hohe Leistung für die Jagd erbringen, aber dann muss sein Körper für eine längere Zeit ausruhen und mit geringerer Leistungszufuhr gewissermaßen „nachladen".

Weg-Kraft-Transformation

Eine Position sei durch eine Koordinate x spezifiziert, und mit $F_{\text{ext},1}$ sei eine konstante äußere Kraft bezeichnet, die an einem System angreift. Ein Prozess laufe so ab, dass sich die Anfangskoordinate $x_{1,\alpha}$ zur Endkoordinate $x_{1,\Omega}$ ändert, d. h., die Koordinatenänderung ist $\Delta x_1 = x_{1,\Omega} - x_{1,\alpha}$. Dem System wird dann eine Arbeit

$$W_1 = F_{\text{ext},1} \cdot \Delta x_1$$

zugeführt. Ist der Ausdruck negativ, so wird eine negative Arbeit zugeführt, was gleichbedeutend damit ist, dass das System Arbeit abgegeben hat.

In einem reversiblen Kreisprozess muss die im System gespeicherte mechanische Energie wieder abgegeben werde, d. h., das System muss eine gleich große Arbeit

$$W_2 = F_{\text{ext},2} \cdot \Delta x_2$$

leisten (d. h. abgeben). Da also $W_1 = -W_2$ sein muss, ist

$$F_{\text{ext},1} \cdot \Delta x_1 = -F_{\text{ext},2} \cdot \Delta x_2. \tag{6.82}$$

Wie man sieht, kann man zunächst eine Arbeit W_1 über einen längeren Prozessweg Δx_1 aufnehmen, im System zwischenspeichern (z. B. als einen der Beiträge zur potentiellen Energie) und anschließend über einen kürzeren Prozessweg Δx_2 wieder abgeben. Dabei wird für das „Ansparen" ein geringerer von außen angreifender Kraftbetrag benötigt, als anschließend vom System aus über den kurzen Prozessweg wirken kann. Man kann mit solchen Systemen also eine Kraft-Weg-Transformation erzielen. Diese wird durch Gl. 6.82 beschrieben.

Dissipation 7

7.1 Dissipativ gedämpfte Schwingungen

In Abschn. 6.4 haben Sic verschiedene Oszillatormodelle kennengelernt:

Oszillatormodell	Gesamtenergie des Oszillators
Harmonischer Oszillator	Konstant
Gekoppelter Oszillator	ändert sich periodisch
Gedämpfter Oszillator	Nimmt mit der Zeit ab

Das Charakteristische an den ersten beiden Modellen ist, dass sich der Ausgangszustand nach einiger Zeit wieder einstellt und dass der Bewegungsvorgang umkehrbar, d. h. *reversibel* ist. Beim gedämpften Oszillator wird der Ausgangszustand hingegen nie wieder erreicht. Liegt *dissipative Dämpfung* vor, so ist der Bewegungsvorgang auch technisch nicht umkehrbar: er ist *irreversibel*. Den Energieverlust des Systems bezeichnet man in diesem Fall als Dissipation. Auf den subtilen Unterschied zwischen den Begriffen „Dämpfung" und „Dissipation" werde ich später eingehen.

Die Abnahme der Energie eines dissipativ gedämpften Oszillators lässt sich durch die Annahme verstehen, dass er mit vielen anderen Systemen wechselwirkt, die sich aber nicht als mechanische Systeme beschreiben lassen. Für solche Systeme müssen wir leider damit leben, dass man aufgrund der Unzulänglichkeit unserer Messverfahren und -instrumente keine sichtbaren mechanischen Zustandsvariablen finden kann. Den irreversiblen Abfluss von Energie aus einem mechanischen System an mechanisch „unsichtbare" Systeme bezeichnet man als *Dissipation*. Durch Dissipation fließt Energie aus dem mechanischen System irreversibel „irgendwohin".

Die experimentelle Erfahrung zeigt, dass reale makroskopische Oszillatoren durch das Modell des gedämpften Oszillators am besten beschrieben werden. Das ist an und für sich nicht verwunderlich, denn das Modell des Hookeschen Oszillators

R. Rupp, *Physik 1 – Eine unkonventionelle Einführung*,
https://doi.org/10.1007/978-3-662-64506-2_7

berücksichtigt nur zwei von vielen Freiheitsgraden, die ein makroskopisches System haben kann. Das Modell zweier gekoppelter Oszillatoren hat bereits mehr Freiheitsgrade und zeigt, dass dann die innere Energie eines einzelnen der beiden Oszillatoren für sich allein betrachtet nicht mehr konstant ist (Abschn. 6.4.5). Der Ausgangszustand wird jedoch nach der doppelten Schwebungsperiode ($4\pi / \Omega$, vgl. Gl. 6.32) wieder regeneriert. Wenn ein System, das durch ein Modell mit nur zwei Freiheitsgraden beschrieben wird, mit einer extrem großen Zahl mechanisch unbeobachtbarer Freiheitsgrade wechselwirkt, geht die Regenerationsperiode schließlich gegen Unendlich und damit wird der Vorgang irreversibel: Die Schwingungsenergie makroskopischer Oszillatoren kennt für die stets endliche experimentelle Beobachtungszeit daher nur eine Entwicklungsrichtung, nämlich die ihrer Abnahme. Das ist der Grund, weshalb makroskopische Oszillatoren durch das Modell des gedämpften Oszillators mit einem phänomenologischen Parameter, der Dämpfungskonstanten γ_D, so gut beschrieben werden. Guten Ingenieuren gelingt es, die dissipative Dämpfung durch technische Maßnahmen erstaunlich stark zu reduzieren. Und je geringer die Dämpfungskonstante γ_D dabei wird, desto mehr nähert sich der gedämpfte Oszillator mit $\gamma_D \to 0$ dem Grenzfall des harmonischen Oszillators an, d. h., wenn die abfließende Leistung klein und die Beobachtungszeit klein genug ist, kann auch das Modell des harmonischen Oszillators eine zufriedendstellende Beschreibung eines realen Oszillators sein. Umgekehrt können Sie aber jeden Oszillator, der Ihnen als harmonischer Oszillator verkauft wird (also als ein sogenanntes Perpetuum mobile, d. h. ein System, das sich ohne neue Energiezufuhr ewig bewegt), als gedämpften Oszillator entlarven, wenn Sie sich nur eine genügend große Zeitspanne für die Beobachtung einräumen.

Der Unterschied zwischen Dämpfung und Dissipation ist wie gesagt subtil: Wenn beispielsweise eine schwingende Stimmgabel Energie durch Produktion von Wärme verliert, dann stellt das *Dissipation* dar. Dieser Vorgang ist absolut irreversibel. Wenn die Stimmgabel hingegen dadurch Energie verliert, dass sie Schall abstrahlt, dann spricht man von *Strahlungsdämpfung*. Letzterer Vorgang bleibt im Prinzip reversibel und ist in der Praxis zumindest teilweise reversibel: Der Schall lässt sich zumindest wieder zurückreflektieren, und die Stimmgabel kann dann wiederum durch Aufnahme von Schallenergie (ein wenig) zum Schwingen gebracht werden. Anstatt eines Reflektors kann man aber auch eine zweite Stimmgabel verwenden, die zunächst Schallenergie aufnimmt, zu schwingen anfängt und dann wieder Schallenergie abgibt. Diese Anordnung mit zwei Schwinggabeln wirkt dann wieder ähnlich wie ein Paar gekoppelter Oszillatoren.

7.2 Warum zeigen makroskopische Systeme Dissipation?

Jedes reale makroskopische System besteht aus extrem vielen Teilen, die miteinander wechselwirken. Im Kontinuumsmodell der Materie hätte man z. B. mit unendlich vielen Freiheitsgraden zu tun. Selbst das atomistische Modell der Materie hat noch immer eine ungeheuer große Zahl von Freiheitsgraden. Diese kann, um für Ihre Vorstellung einmal eine typische Größenordnung zu benennen, für makroskopische

Systeme z. B. bei 10^{23} Freiheitsgraden liegen. Mechanische Modelle können aber nur unmittelbar beobachtbare phänomenologische Größen enthalten. In der Praxis schränkt man ihre Zahl dann auch noch weiter ein, denn meist beschränkt man sich auf einige wenige dieser Zustandsvariablen, die man bequem messen kann und welche die Hauptbeiträge charakterisieren. Die Anzahl $\mathfrak{f}$ der mit mechanischen Modellen erfassten Freiheitsgrade ist daher überschaubar und liegt typischerweise irgendwo zwischen 2 und 100. Das bedeutet, dass man $(10^{23} - \mathfrak{f})$ Energiebeiträge nicht erfasst hat, also fast alle. Man geht meist optimistisch davon aus, dass die $\mathfrak{f}$ verfügbaren bzw. ausgewählten Freiheitsgrade trotzdem genügen, um zumindest eine Beschreibung der wesentlichen Züge eines physikalischen Prozesses zu gewinnen. In unglaublich vielen Fällen liefern mechanische Modelle tatsächlich ein zufriedenstellendes Bild des Verhaltens realer physikalischer Systeme. Das ist eigentliche ein netter Zug der Physik und macht sie uns so sympathisch.

Betrachten wir ein Beispiel: Der Wagen des in Abb. 5.5 gezeigten Demonstrationsexperiments, der mit der Schiene, auf der er sich bewegt, und der sonstigen Umgebung ein abgeschlossenes System darstellen würde, hat Räder, Achsen usw., die an dem untersuchten Vorgang beteiligt sind. Er wechselwirkt mit der umgebenden Luft, produziert Schall usw., und seine Schiene sowie Umgebung sind mit seiner Energie letztlich gekoppelt, ja jedes der kleinsten Teile von Wagen, Schiene und Umgebung kann sich gegen andere Teile bewegen und Energie in verschiedenster Form speichern oder abgeben. Wenn man also einen Wagen durch ein dermaßen reduktionistisches Energiemodell beschreibt wie es in Abschn. 5.1 geschah, so muss man sich der Ehrlichkeit halber eingestehen, dass man von der ungeheuer großen Zahl an Energiebeiträgen, welche da zusammenwirken, praktisch alle (!) Beiträge nicht berücksichtigt hat, bis auf jene ein, zwei, drei, ... wenigen Ausnahmen, für die man geeignete phänomenologische Variable zur Beschreibung der potentiellen Energie identifizieren konnte. Das sind die wenigen „sichtbaren Variablen“ bzw. Zustandsvariablen des mechanischen Systems, denen nahezu unendlich viele uns „verborgene Variable“ des physikalischen Systems gegenüberstehen. Deren Beiträge sind u. U. zwar nur zu einem ganz geringen Teil am Energieumsatz beteiligt, aber aufgrund ihrer ungeheuer großen Anzahl kann im Laufe der Zeit dennoch der deutlich messbare irreversible Effekt der *Energiedissipation* zutage treten.

7.3 Dissipationskinetik

Wenn dissipative Vorgänge auftreten, so kann man im Rahmen der Dynamik nur versuchen, durch empirische Untersuchungen ihre Kinetik zu beschreiben. Man kann das so anstellen, wie das in Abb. 7.1 am Beispiel eines Wagens demonstriert wird, der auf einer Schiene läuft. Als Bezugssystem wählen wir das Ruhesystem der Umgebung bzw. der Schiene. Dem Wagen erteilt man zunächst eine Anfangsgeschwindigkeit relativ zur Schiene (bzw. zur Umgebung). Anschließend beobachtet man, dass die Geschwindigkeit v des Wagens abnimmt, und zwar so lange, bis der Wagen relativ zu seiner Umgebung zur Ruhe gekommen ist. Damit nimmt auch die kinetische Energie ab – und am Ende ist sie aus Sicht der Dynamik spurlos verschwunden, denn

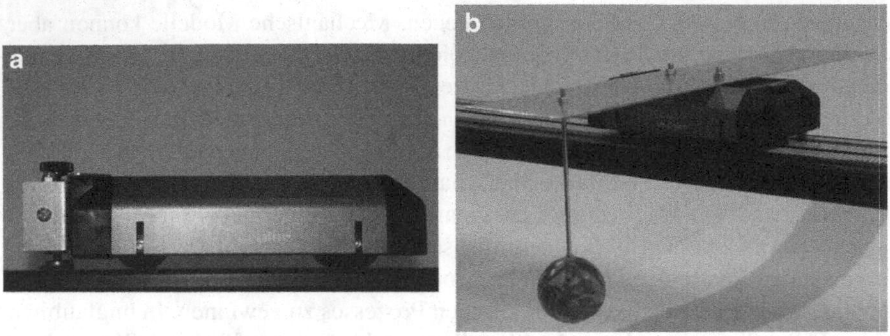

Abb. 7.1 Dissipationsgesetze. **a**) Wagen mit einer Filzplatte, die in einstellbarer Weise auf der Schiene schleift. **b**) Wagen mit Ausleger. Der Ball bewegt sich in einer mit Glyzerin gefüllten Wanne. (E. Partyka-Jankowska/R. Rupp)

es lässt sich keine Zustandsvariable für die Aufstellung einer potentiellen Energie finden.

Wie die dissipative Abnahme der kinetischen Energie erfolgt, hängt nicht von der Bewegungsrichtung ab, sondern nur vom Betrag $|v|$ der Geschwindigkeit. Um im Folgenden nicht ständig Betragsstriche setzen zu müssen, führe ich der besseren Lesbarkeit wegen das Symbol $\mathrm{v} = |v|$ für den Betrag der Geschwindigkeit ein.

Im Experiment misst man die Rate $\dot{\mathrm{v}}$, mit welcher der Betrag v der Geschwindigkeit als Funktion der Zeit t abnimmt. Abb. 7.1 zeigt zwei exemplarische Fälle: Im ersten Fall (Abb. 7.1a) lässt man dabei eine am Wagen befestigte Filzplatte über die Schiene schleifen (wie stark sie auf die Schiene drückt, lässt sich in diesem Experiment mit einer Schraube einstellen). Im zweiten Fall (Abb. 7.1b) wird ein Ball über einen Ausleger am Wagen befestigt. Den Ball lässt man sich in einer mit Glyzerin gefüllten Wanne bewegen. Abb. 7.2 zeigt, dass die Geschwindigkeit im ersten Fall linear mit der Zeit abnimmt, im zweiten Fall nichtlinear.

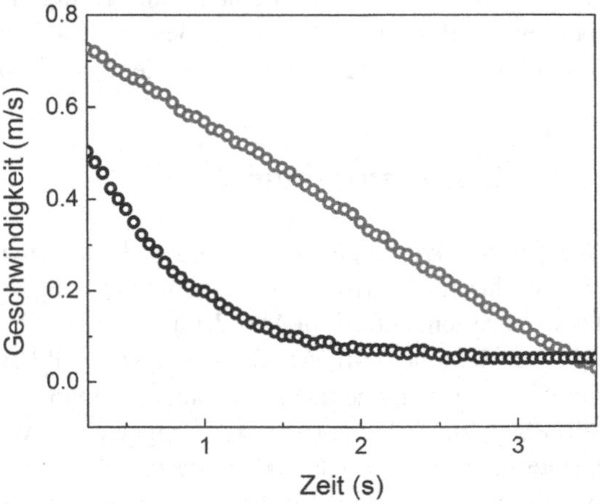

Abb. 7.2 Im ersten Fall (Abb. 7.1a, rot) nimmt die Geschwindigkeit linear mit der Zeit ab, im zweiten Fall (Abb. 7.1b, schwarz) nichtlinear. (E. Partyka-Jankowska/R. Rupp)

Selbstverständlich ist der Verlauf dieser Kurven für entgegengesetzte Bewegungsrichtungen gleich, denn das Phänomen hängt nur vom Betrag der Geschwindigkeit ab, und sobald v auf null gefallen ist, hört die Energiedissipation auf.

Durch Kurvenanpassung an die in Abb. 7.2 dargestellten Messdaten und eine Differentiation der Kurve nach der Zeit erhält man $\dot{\mathrm{v}}$ als Funktion von v. Trägt man $\dot{\mathrm{v}}$ gegen v auf, so ergibt sich für das erste Beispiel

$$\frac{d\mathrm{v}}{dt} = \begin{cases} -a_0 & \text{für } \mathrm{v} > 0 \\ 0 & \text{für } \mathrm{v} = 0 \end{cases} \tag{7.1}$$

und für das zweite

$$\frac{d\mathrm{v}}{dt} = -a_1 \mathrm{v}. \tag{7.2}$$

Ein Gesetz der Form $\dot{\mathrm{v}} \propto \mathrm{v}^0$ bezeichnet man als Gesetz der *Kinetik nullter Ordnung* und eines der Form $\dot{\mathrm{v}} \propto \mathrm{v}^1$ als Gesetz der *Kinetik erster Ordnung*. Der erste Fall wird genau genommen durch eine unstetige Funktion beschrieben. Diese wird auf der rechten Seite von Gl. 7.1 durch eine Fallunterscheidung dargestellt, welche aussagt, dass die Rate $d\mathrm{v}/dt$ von $-a_0$ schlagartig auf null abfällt, sobald die Relativbewegung verschwindet, d. h., sobald $v = 0$ wird.

Der Geschwindigkeitsbetrag v nimmt mit zunehmender Zeit stets ab. Durch diese Irreversibilität dissipativer Vorgänge wird die Zeitrichtung ausgezeichnet. Da in den Gleichungen ein negatives Vorzeichen auf der rechten Seite herausgezogen wurde, sind die beiden „Fitparameter" a_0 und a_1 positiv.

Die *dissipative Verlustleistung*

$$P_v = -\frac{d\mathcal{E}}{dt} = -\frac{dE_{\text{kin}}}{dt} = -\frac{m}{2}\frac{d}{dt}\left(v^2\right) = -mv\frac{dv}{dt} = -m\mathrm{v}\frac{d\mathrm{v}}{dt}$$

erhält man, indem man hier Gl. 7.1 bzw. Gl. 7.2 einsetzt. Für Dissipation nullter Ordnung ergibt sich damit

$$P_v = a_0 m \mathrm{v} \tag{7.3}$$

und für Dissipation erster Ordnung

$$P_v = a_1 m \mathrm{v}^2. \tag{7.4}$$

Die Verlustleistung P_v ist selbstverständlich stets positiv, denn sie stellt eine irreversible Energieabgabe des Systems nach außen dar. Den herausgezogenen Faktor m in beiden Formeln behalten wir aus Bequemlichkeit bei, denn in den nachfolgenden Rechnungen kürzt sich die Masse dadurch in den Bewegungsgleichungen heraus. Sie dürfen das hier aber nicht so missverstehen, dass die Verlustleistung proportional zur Masse wäre, denn die Abhängigkeit der Verlustleistung von der Masse wird auch noch dadurch bestimmt, wie die empirischen Parameter a_0 und a_1 von der Masse abhängen.

7.4 Bewegung in dissipativen Medien

Ohne irgendeine Wechselwirkung bewegt sich ein Körper, wie bereits dargelegt, mit konstanter Geschwindigkeit. Bewegt er sich jedoch relativ zu einem Medium, mit dem er dissipativ wechselwirkt, so nimmt der Betrag seiner Relativgeschwindigkeit ab. Dieser Sachverhalt wurde in Abschn. 7.3 durch phänomenologische Gesetze in der Form von Gl. 7.1 bzw. Gl. 7.2 beschrieben. Beides sind homogene Differentialgleichungen erster Ordnung. Sie können durch einfache Integration gelöst werden. Dadurch erhält man $\mathrm{v}(t)$. Der Bewegungsverlauf, d. h., die Strecke $\ell(t)$, die ein Körper als Funktion der Zeit t in einem dissipativen Medium zurücklegen kann, ergibt sich wegen $\mathrm{v} = \dot{\ell}$ durch eine weitere Integration.

Diese Rechnungen werden wir nun exemplarisch für die Kinetik erster und zweiter Ordnung ausführen. Das Ergebnis für $\mathrm{v}(t)$ wird nicht überraschend sein, denn es handelt sich bloß um die Umkehrung der Rechnungen, mit denen die Gesetze der Dissipationskinetik in Abschn. 7.3 gewonnen wurden. Eine für die Praxis wichtige Erkenntnis ist, dass man den Betrag der Anfangsgeschwindigkeit v_0 aus der maximalen Eindringtiefe ℓ_∞ in das dissipative Medium ermitteln kann, wenn das Dissipationsgesetz bekannt ist.

Bewegungsverlauf für Dissipationskinetik nullter Ordnung Verläuft die Wechselwirkung eines Körpers bzw. eines mechanischen Systems mit seiner Umgebung rein dissipativ nach dem kinetischen Gesetz nullter Ordnung, so liegt mit Gl. 7.1 eine einfache Differentialgleichung erster Ordnung vor. Durch Integration erhält man das Zeitgesetz

$$\mathrm{v}(t) = C - a_0 t .$$

Die freie Integrationskonstante C (Gl. 5.17) kann man beispielsweise dadurch festlegen, dass man zum Zeitpunkt $t = 0$ die Anfangsbedingung $\mathrm{v}(t = 0) = \mathrm{v}_0$ setzt. Dabei ist $\mathrm{v}_0 = |v_0|$ der Geschwindigkeitsbetrag, den der Körper zu Beginn der Bewegung ($t = 0$) relativ zu seiner Umgebung hat. Damit ergibt sich

$$\mathrm{v}(t) = \begin{cases} \mathrm{v}_0 - a_0 t & \text{für } t \leq T \\ 0 & \text{für } t \geq T \end{cases} . \tag{7.5}$$

Man muss in Gl. 7.5 eine Fallunterscheidung treffen, denn $\mathrm{v} = |v|$ kann nicht negativ werden. Ab dem Zeitpunkt $t = T$ mit $T = \mathrm{v}_0/a_0$, wo die Geschwindigkeit auf null gesunken ist, bleibt sie auch unverändert: In Gl. 7.1 wird $\dot{\mathrm{v}} = 0$, und der Körper verbleibt anschließend relativ zu seiner Umgebung in Ruhe. Die anfänglich vorhandene kinetische Energie wurde durch Dissipation innerhalb der Zeitspanne T vollständig aufgezehrt. Gl. 7.5 beschreibt – wenig überraschend – das in Abb. 7.1 durch die Messpunkte dargestellte Zeitverhalten der Geschwindigkeit.

Die Antwort auf die Frage, welche Strecke $\ell(\tau)$ ein Wagen in einem dissipativen Medium in einer Zeitspanne $\tau \leq T$ zurücklegen kann, der seine Bewegung zur Zeit $t = 0$ mit dem Geschwindigkeitsbetrag v_0 beginnt, erhält man aus Gl. 7.5 durch

Integration:

$$\ell(\tau) = \int_0^{\ell(\tau)} dl = \int_0^{\tau} \mathrm{v}(t)\,dt = \int_0^{\tau} (\mathrm{v}_0 - a_0 t)dt$$

Anschaulich gesprochen bedeutet das erste der Integrale, dass man infinitesimale Streckenelemente $dl = \mathrm{v}dt$ aufsummiert. Das Resultat für eine beliebige Zeitspanne τ der Bewegung lautet

$$\ell(\tau) = \begin{cases} \mathrm{v}_0\tau - \frac{1}{2}a_0\tau^2 & \text{für } \tau \leq T \\ v_0^2/2a_0 = \text{const.} & \text{für } \tau \geq T \end{cases} . \tag{7.6}$$

Der Wagen stoppt zur Zeit $\tau = T$, nachdem er die Strecke

$$\ell_\infty = v_0^2/2a_0$$

im dissipativen Medium zurückgelegt hat. Im Grenzfall $a_0 \to 0$ verschwindet die Dissipation. Aus Gl. 7.6 folgt dann erwartungsgemäß eine gleichförmige Bewegung mit dem konstanten Geschwindigkeitsbetrag v_0.

Bewegungsverlauf für Dissipationskinetik erster Ordnung Gl. 7.2 ist eine lineare homogene Differentialgleichung erster Ordnung mit einem konstanten Koeffizienten. Durch die Substitution

$$\vartheta = -a_1 t \tag{7.7}$$

bringt man sie erst auf die Standardform

$$\frac{d\mathrm{v}}{d\vartheta} = \mathrm{v}.$$

Es handelt sich um die bereits besprochene Differentialgleichung (Gl. 6.3) mit der Lösung

$$\mathrm{v}(\vartheta) = a \exp(\vartheta),$$

wobei a eine positive Konstante ist. Mit der Anfangsbedingung $\mathrm{v}(0) = \mathrm{v}_0$ und nachdem man durch Einsetzen von Gl. 7.7 wieder auf die Variable Zeit zurück substituiert hat, folgt

$$\mathrm{v}(t) = \mathrm{v}_0 \exp(-a_1 t).$$

Die exponentielle Abnahme von $\mathrm{v}(t)$ entspricht den schwarzen Messpunkten in Abb. 7.1. Den Weg $\ell(\tau)$, den ein Wagen in einem dissipativen Medium in einer Zeitspanne τ zurücklegen kann, erhält man wieder durch Integration der Wegelemente $dl = \mathrm{v}dt$ mit dem Ergebnis

$$\ell(\tau) = \int_0^{\tau} \mathrm{v}(t)\,dt = \ell_\infty \left[1 - \exp(-a_1\tau)\right] = 2\ell_\infty \exp(-\gamma_D\tau)\sinh(\gamma_D\tau), \tag{7.8}$$

wobei $\gamma_D = a_1/2$. Die durch Gl. 7.8 beschriebene Bewegung beginnt zum Zeitpunkt $t = 0$ mit der Geschwindigkeit v_0. Die maximale Entfernung, die der Wagen im dissipativen Medium zurücklegen kann, ist

$$\ell_\infty = \mathrm{v}_0/a_1.$$

Diese Entfernung wird nur im asymptotischen Grenzfall $\tau \rightarrow \infty$ erreicht, d. h. $\ell_\infty = \ell(\tau \rightarrow \infty)$.

7.5 Wie fallen Körper in dissipativen Medien?

Fällt ein Körper in Kontakt mit einem dissipativen Medium (z. B. Luft), so bedient die potentielle Energie der Schwere einerseits die Zunahme der kinetischen Energie und über die kinetische Energie andererseits den Energieverlust durch Dissipation. Letzteren beschreibt man durch die Verlustleistung P_v. Als Gleichung für die Leistungsbilanz erhält man

$$mv \cdot \dot{v} - mg \cdot v + P_v = 0, \tag{7.9}$$

wobei g die Fallbeschleunigung des idealen freien Falls bezeichnen soll. Für die obigen beiden Fälle der Dissipation betrachten wir sie nun näher:

- **Dissipation nullter Ordnung:** Setzt man $P_v = ma_0\mathrm{v}$, so erhält man aus Gl. 7.9 (wegen $v^2 = \mathrm{v}^2$; zur Erinnerung: $\mathrm{v} = |v|$) die Differentialgleichung

$$\dot{v} = g - a_0\frac{v}{\mathrm{v}}.$$

  Sie hat die Lösung

$$x(t) = \frac{1}{2}g_{\text{eff}}t^2 + v_0 t + x_0$$

  mit der effektiven Fallbeschleunigung $g_{\text{eff}} = g - a_0\frac{v}{\mathrm{v}}$. Setzt man hier $g = 0$, so erhält man die gleiche Aussage wie aus Gl. 7.6.
- **Dissipation erster Ordnung:** Falls die Verlustleistung empirisch durch $P_v = a_1 m v^2$ mit einer geschwindigkeitsunabhängigen Konstante a_1 beschrieben werden kann, erhält man die inhomogene Differentialgleichung

$$\dot{v} + a_1 v = g. \tag{7.10}$$

  Eine ihrer Lösungen ist die konstante Funktion, d. h. eine Bewegung mit der konstanten Geschwindigkeit $v_\infty = g/a_1$. Zu dieser Lösung kann man noch irgendeine Lösung der homogenen Differentialgleichung

$$\dot{v} + a_1 v = 0 \tag{7.11}$$

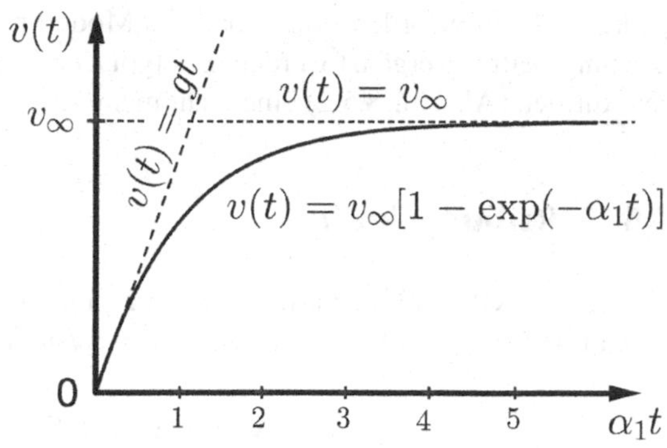

Abb. 7.3 Freier Fall im dissipativen Medium. Verlauf der Geschwindigkeit als Funktion der Zeit gemäß Gl. 7.13. Die gestrichelt gezeichneten Geraden sind die Lösungen der Grenzfälle $\dot{v} \gg a_1 v$ bzw. $\dot{v} \ll a_1 v$ von Gl. 7.10. (R. Rupp)

dazuaddieren, und das Ergebnis ist wieder eine Lösung von Gl. 7.10. Gl. 7.11 hat die Lösung (Gl. 6.4)

$$v = a \exp(-a_1 t) \tag{7.12}$$

mit einer frei verfügbaren Konstanten a. Die allgemeinste Lösung der inhomogenen Differentialgleichung ist die Summe der speziellen Lösung v_∞ und der Lösung $v_h = a \exp(-a_1 t)$ der homogenen Differentialgleichung, d. h., Gl. 7.10 wird allgemein durch

$$v = v_\infty + v_h = v_\infty + a \exp(-a_1 t)$$

gelöst. Da v_h im Grenzfall $t \to \infty$ verschwindet, nähert sich die Geschwindigkeit v asymptotisch gegen v_∞, d. h. $v(t \to \infty) = v_\infty$.

Wenn man die freie Konstante a durch die Anfangsbedingung $v(t = 0) = 0$ festlegt, erhält man die in Abb. 7.3 dargestellte Lösung

$$v(t) = v_\infty[1 - \exp(-a_1 t)]. \tag{7.13}$$

Sie besagt, dass die Geschwindigkeit am Anfang der Bewegung zunächst näherungsweise linear mit der Zeit anwächst, und zwar mit $v \approx gt$. Das ergibt sich aus der Näherung $1 - \exp(-a_1 t) \approx -a_1 t$ für kleine Zeiten (Tab. 1.4) und $v_\infty a_1 = g$. Wie bereits oben besprochen, strebt die Geschwindigkeit für $t \to \infty$ schließlich asymptotisch einer Endgeschwindigkeit v_∞ zu, d. h., für große Zeiten ($t \to \infty$) verläuft die Bewegung in exzellenter Näherung gleichförmig mit der konstanten Geschwindigkeit $v \approx v_\infty$ (deshalb wurde oben der Index „∞" für diese Geschwindigkeit gewählt). Wenn man aus großer Höhe mit einem Fallschirm abspringt ($v(0) = 0$), nimmt die Geschwindigkeit gemäß Gl. 7.13 zunächst linear und dann zunehmend sublinear zu, bis schließlich asymptotisch die konstante Endgeschwindigkeit v_∞ erreicht wird.

Welches der obigen Modelle man auf ein physikalisches Problem des freien Falls anwendet, hängt von der konkreten Aufgabenstellung ab, die man lösen muss. Wenn es das Problem erfordert, muss man das Modell noch durch weitere Energie- oder Leistungsbeiträge ergänzt werden. Ein typisches Beispiel sind Probleme, bei denen der Auftrieb (Abschn. 8.5.2) eine nicht mehr zu vernachlässigende Rolle spielt.

7.6 Reibungskraft

Fügt man zu Gl. 6.60 die Verlustleistung P_v hinzu, gilt für die Änderung der kinetischen Energie eines offenen mechanischen Systems

$$\frac{d}{dt}E_{\text{kin}}(\dot{x}) = (F_{\text{kons}} + F_{\text{ext}}) \cdot \dot{x} - P_v. \tag{7.14}$$

Analog zur Definition der externen Kraft (Gl. 6.62) definiert man durch

$$P_v = -F_R \cdot v \tag{7.15}$$

eine *Reibungskraft* F_R, wobei v hier die Geschwindigkeit relativ zum dissipativen Medium ist. Da die Verlustleistung P_v stets positiv ist, weil sie eine irreversible Abgabe von Energie beschreibt, folgt aus Gl. 7.15, dass Reibungskräfte stets entgegengesetzt zur Bewegung gerichtet sind, die sie relativ zu dem für die Dissipation verantwortlichen Medium haben. Mit anderen Worten: F_R ist stets entgegengesetzt zur Geschwindigkeit v gerichtet, mit dem sich das Objekt relativ zum Medium bewegt.

Wählt man einen Bezugsrahmen, bezüglich dessen das dissipierende Medium ruht, so ist $v = \dot{x}$. Damit ist

$$\dot{p} \cdot \dot{x} = (F_{\text{kons}} + F_{\text{ext}} + F_R) \cdot \dot{x}$$

und es ergibt sich die Newtonsche Bewegungsgleichung

$$\dot{p} = F_{\text{kons}} + F_{\text{ext}} + F_R = F, \tag{7.16}$$

wobei die Kraft F hier nun auch die Reibungskraft mit einschließt. Konservative Kräfte sind immer reversibel. Externe Kräfte können reversibel sein (beispielsweise, wenn es sich um Leistungsbeiträge handelt, die mit anderen mechanischen Systemen ausgetauscht werden), aber sie müssen nicht notwendigerweise reversibel sein. Reibungskräfte sind hingegen immer irreversibel, denn sie stehen außerhalb rein mechanischer Systembetrachtungen. Ob einem mechanischen System die Energie reversibel oder irreversibel entzogen wird, ist für die Impulsänderung in Gl. 7.16 aber völlig egal.

Fügt man die Reibungskraft zur totalen zeitlichen Ableitung der Hamilton-Funktion hinzu, so dass $\frac{d\mathcal{H}}{dt} = -P - P_v = (F_{\text{ext}} + F_R)\dot{x}$ anstatt Gl. 6.70 gilt, so erhält man die Hamiltonschen Bewegungsgleichungen

$$v = \frac{\partial \mathcal{H}}{\partial p},$$
$$F = -\frac{\partial \mathcal{H}}{\partial x},$$

wobei die Kraft F nun aber auch die Reibungskraft inkludiert, d. h. $F = F_{\text{kons}} + F_{\text{ext}} + F_R$.

7.7 Mechanisches Gleichgewicht

Wenn man mögliche physikalische Prozesse anhand eines mechanischen Energiemodells analysiert, spricht nichts dagegen, erst einmal den reversiblen Grenzfall zu betrachten.

Nehmen wir an, dass es für ein mechanisches System möglich ist, seine Energie durch Änderung seiner Zustandsvariablen zu verringern. Dann kann es Energie nach außen nicht nur reversibel, sondern auch irreversibel abgeben. So lange das möglich ist, geschieht das erfahrungsgemäß auch. Die Energie des Systems kann durch dissipative und somit irreversibele Vorgänge nur abnehmen. Das ist die einzig mögliche Prozessrichtung: Der Dissipationsvorgang ist eine Einbahnstraße. So lange ein physikalisches System seine Energie durch Änderung seiner Zustandsvariablen verringern und Energie dissipieren kann, macht es das erfahrungsgemäß auch. Solche Vorgänge laufen so lange von selbst ab, bis die mechanische Energie ein Minimum erreicht hat, d. h. einen Zustand, für den keine dissipative Energieabgabe mehr möglich ist. Dieser Zustand ist der *mechanische Gleichgewichtszustand*, für den keine von selbst ablaufenden zeitlichen Änderungen der Zustandsvariablen mehr zu beobachten sind.

Beispiel 7.1

Gibt man einem Wagen auf einer ebenen Bahn eine bestimmte kinetische Energie als Anfangsenergie mit, hat er zu Anfang eine Geschwindigkeit v_0 relativ zu seiner Umgebung (z. B. der ihn umgebenden Luft). Daher wird er Energie dissipieren, bis er relativ zu seiner Umgebung zur Ruhe gekommen ist. Wenn man ihn wieder in Bewegung setzen will, so zeigt unsere Alltagserfahrung, dann muss man ihm von außen Energie zuführen, so dass seine Geschwindigkeit relativ zur Umgebung wieder von null verschieden ist.[1] ◄

Beispiel 7.2

Die potentielle Energie eines mechanischen Systems sei gleich der Summe der Hookeschen Energie und der Schwereenergie, welche über dieselbe Zustandsvariable x gemäß

$$E_{\text{pot}}(x) = mg \cdot x + \frac{1}{2}kx^2$$

[1] Die Aristotelische Physik hat die Alltagserfahrung völlig zutreffend beschrieben: Soll sich ein Körper fortwähren bewegen, muss ihm ständig Energie zugeführt werden bzw. eine Kraft auf ihn wirken. Ansonsten hört die Bewegung aufgrund von Dissipation alsbald schon auf.

beschrieben ist. Indem x immer kleiner und schließlich negativ wird, kann die Schwere-Energie $mg \cdot x$ immer weiter abnehmen. Je größer aber $|x|$ wird, desto stärker wächst die elastische Energie der Feder an. Der Wert x_0 der Zustandsvariablen x des Systems, bei dem der Gleichgewichtszustand erreicht wird, ist das Minimum der potentiellen Energie und ergibt sich durch Nullsetzen der ersten Ableitung:

$$\frac{dE_{\text{pot}}}{dx} = mg + kx = 0$$

Daraus folgt für den Gleichgewichtszustand $x_0 = -mg/k$. Das ist die Ruhelage, bei der keine weiteren Änderungen der Zustandsvariablen x mehr stattfindet. Die potentielle Energie im Gleichgewichtszustand beträgt $E_{\text{pot}}(x_0) = -(mg)^2/2k$ relativ zum Referenzzustand $E_{\text{pot}}(0)$. Sie kann durch irreversible Prozesse nicht mehr weiter vermindert werden. ◀

Der Gleichgewichtszustand ist durch die Werte der Zustandsvariablen bestimmt, für welche die mechanische Energie ihr Minimum erreicht. Wenn man ein mechanisches System durch externe Energiezufuhr in einen *Nichtgleichgewichtszustand* versetzt, so kehrt es durch Dissipationsprozesse nach einiger Zeit wieder von alleine in den Gleichgewichtszustand zurück. Die Dissipation führt dadurch eine Richtung der Zeit ein, die in den Grundgleichungen der Mechanik zunächst einmal so nicht auftritt: Die Vorgänge entwickeln sich im Laufe der Zeit stets in Richtung des Energieminimums des mechanischen Systems. Manchmal hat ein System mehrere Minima, die auch noch unterschiedlich hoch ausfallen können. Dann ist das Minimum mit dem höheren Energiewert ein *metastabiler Zustand*. Solche Zustände sind stabil gegenüber kleinen, nicht aber gegen großen Schwankungen der Zustandsvariablen. Das tiefste der Minima der mechanischen Energie ist der stabile Zustand des mechanischen Systems.

Prinzip vom Minimum der mechanischen Energie

Makroskopische Systeme verringern ihre mechanische Energie erfahrungsgemäß so lange durch Dissipation, bis es keine erlaubte Zustandsänderung mehr gibt, mit der eine noch niedrigere Energie erreicht werden könnte. Die stabile Endlage, bei welcher die mechanische Energie ihr Minimum annimmt, ist der *mechanische Gleichgewichtszustand*.

Kontinuumsmechanik

8

Makroskopische Systeme bestehen aus einer Vielzahl von Objekten bzw. Teilsystemen, die meist ihrerseits weiter teilbar sind. Ein Beispiel für ein solches physikalisches Makrosystem ist unser Sonnensystem. Es besteht aus der Sonne, Kometen, interplanetarischem Staub usw. Das sind schon ziemlich viele Objekte. Aber in jedes kann man wieder hineinzoomen und ein solches Teilsystem selbst wiederum als Makrosystem ansehen. Jedes davon besteht wieder aus Teilsystemen, beispielsweise aus der Atmosphäre, Bergen, Meeren, Gasen, Steinen, Bären usw. Das sind auch wieder ziemlich viele Objekte. Da kann man wieder hineinzoomen usw. Auf irgendeiner Ebene des Zoomens wollen wir davon ausgehen, dass wir dabei auf ein Makrosystem stoßen, dessen Teile scheinbar nicht mehr diskretisiert werden können und für die angewandte Messmethode homogen erscheinen. Man modelliert es ab dann als *Kontinuum,* d. h. als ein beliebig oft – kontinuierlich – teilbares physikalisches System. Ziel dieses Kapitels ist, einfache Modelle für homogene und kontinuierliche Makrosysteme zu etablieren.

Aus dem Sonnensystem kann man aber auch herauszoomen. Dann wird das Sonnensystem – so gewaltig groß es auch erscheinen mag – auf der galaktischen Ebene näherungsweise zu einem strukturlosen Punkt, erst recht wenn man auf die Ebene von Galaxienhaufen und schließlich auf den Kosmos hinauszoomt. Wenn man in extremer Idealisierung unendlich weit herauszoomt, dann genügt ein Punkt als adäquates Modell des Systems. Genauer gesagt beschreibt man das Sonnensystem und seine Bewegung im Kosmos dann durch das Modell eines *Massenpunkts.* Die einzige Eigenschaft, die das abgeschlossene System auf dieser Ebene charakterisiert, ist seine Masse m bzw. seine innere Energie $\mathcal{U} = mc^2$.

Teilchen, deren innere Struktur nicht auflösbar ist oder nicht interessiert, bezeichnet man als *Punktteilchen.* Sie werden durch ihre invarianten Eigenschaften spezifiziert. Dazu gehören z. B. Masse, elektrische Ladung (Abschn. 11.2) oder Eigendrehimpuls (s. Band P2). Der *Massenpunkt,* bei dem allein die Masse zur Charakterisierung genügt, ist ein Spezialfall eines Punktteilchens. Wenn für ein Punktteilchen

R. Rupp, *Physik 1 – Eine unkonventionelle Einführung,*
https://doi.org/10.1007/978-3-662-64506-2_8

alleine die elektrische Ladung zur Charakterisierung genügt, spricht man von einer *Punktladung.*

- Reale Materie wird durch Materiemodelle beschrieben.
- Die beiden Extrempole physikalischer Materiemodelle sind *Punktteilchenmodelle* und *Kontinuumsmodelle.*

Die Kontinuumsmechanik ist eine mechanische Theorie des Verhaltens von Materie und damit ein Teilgebiet der Materialphysik. Sie geht vom Kontinuumsmodell der Materie aus. Bis Ende des 19. Jahrhunderts wurde Materie tatsächlich als etwas Kontinuierliches angesehen, das beliebig unterteilt werden konnte. Die Vorstellung, dass Materie aus diskreten Teilchen, etwa Molekülen oder Atomen, aufgebaut sein könnte, wurde damals von der großen Mehrheit der Physiker abgelehnt. Heute kommt dem *Kontinuumsmodell der Materie* selbstverständlich nur der Status einer Näherung zu. Aber sie entspricht der Alltagserfahrung des Menschen und ist in vielen Anwendungsbereichen der Ingenieurwissenschaften recht brauchbar. Die Kontinuumsphysik ist *phänomenologische Physik.* Sie verbleibt im Deskriptiven und versucht nicht zu ergründen, warum die experimentell aufgefundenen Zusammenhänge so sind, wie sie sind.

Eine erste grobe Einteilung der Materie kann man analog den vier antiken Elementen Erde, Wasser, Luft und Feuer durch die Attribute fest, flüssig, gasförmig oder plasmaartig erreichen. Die ersten drei sind Ihnen aus dem Alltagsleben geläufig. Das sind die drei *klassischen Aggregatzustände. Festkörper*und *Flüssigkeiten* fasst man zur *kondensierten Materie* zusammen, wenn man ihre (näherungsweise) Beibehaltung des Volumens bzw. die im Vergleich zu Gasen erheblich geringere Kompressibilität betonen will. Flüssigkeiten und Gase fasst man zu den *Fluiden* zusammen, wenn man eher die Fließfähigkeit bzw. Unbeständigkeit der Form herausstreichen möchte:

$$\text{kondensierte Materie} \left\{ \begin{array}{c} \text{Festkörper} \\ \left. \begin{array}{c} \text{Flüssigkeiten} \\ \text{Gase} \end{array} \right\} \text{Fluide} \end{array} \right.$$

Um diese Einführung in die Kontinuumsmechanik einfach zu halten, wird die Materie im Folgenden als *isotrop* angesehen. Das Modell der *isotropen Materie* ist eine gute Beschreibung für alle Gase, für die meisten Flüssigkeiten und sehr viele Festkörper. *Anisotrope Materie* (z. B. *Kristalle* oder *Flüssigkristalle*) wird später besprochen (s. Band P3). Meist werden wir die Materie der Einfachheit halber auch als *homogen* voraussetzen. Wenn man betonen möchte, dass ein betrachteter Materiebereich eines heterogenen Stücks Materie homogen ist, spricht man auch von einer *Phase.* Das Wort „Phase“ hat im Kontext mit Materie also eine andere Bedeutung als in Abschn. 6.4. Spricht man von einer flüssigen Phase, so meint man damit einen homogenen Bereich eines flüssigen Stoffes.

Wenn ein Physiker die Eigenschaften von Materie erforschen will, dann kann er nicht einfach „Materie“ untersuchen. Im Labor hat er mit einer konkreten *Probe* zu tun, d. h. einem Musterstück, nicht aber mit dem abstrakten Medium an sich.

- **Stoffmenge:** Eine Materialprobe wird durch eine bestimmte *Stoffmenge* repräsentiert. Diese ist proportional zur Masse. Daher ist es naheliegend, sie auch erst einmal durch die Masse m selbst zu spezifizieren, d. h., die Masse soll das vorläufige Maß der Stoffmenge sein. (Die endgültige Definition des Begriffs der Stoffmenge erfolgt in Abschn. 10.2.) Das charakteristische Instrument zur Stoffmengenbestimmung bzw. zum Stoffmengenvergleich ist die *Waage* (z. B. Küchenwaage).
- **Dichte:** Die Stoffmenge wächst mit dem Volumen V der Probe an:

$$m = \rho V$$

Die für den chemischen Stoff und seinen Aggregatzustand charakteristische Proportionalitätskonstante ρ wird als *Dichte* bezeichnet.

Der erste Schritt, der jeder Messung vorausgeht, ist üblicherweise eine *Probenpräparation.* Sie kann ganz entscheidend dafür sein, ob man für eine physikalische Fragestellung durch die Messung eine aufschlussreiche Antwort erhält oder nicht.

Die präparierten Proben haben i. Allg. unterschiedliche Größe, Form, Oberfläche usw., und all das beeinflusst – neben der Natur des Stoffes – selbstverständlich ebenfalls, was man daran messen kann. Der zweite wichtige Schritt einer materialphysikalischen Untersuchung besteht folglich darin, die Messung von den kontingenten (d. h. zufälligen) geometrischen Eigenheiten der vorgegebenen Probe zu entkleiden. Erst dadurch kann man zu den materialspezifischen Eigenschaften vorstoßen. Auch wenn Ihnen dieser grundlegende Schritt hier nachfolgend an Beispielen aus der Kontinuumsmechanik vorgestellt wird, so geht man auch in vielen anderen Gebieten sehr ähnlich vor. Später werden wir z. B. sehen, wie man an einer vorliegenden Materialprobe den elektrisch gemessenen Widerstand von seinen kontingenten geometrischen Faktoren befreit, um zur materialspezifischen Größe, dem *spezifischen* Widerstand, vorzustoßen (Gl. 12.47). Mit dem Zusatz „spezifisch“ weist man darauf hin, dass man nicht mehr bloß von einer Probeneigenschaft spricht, sondern von einer Eigenschaft, die für einen bestimmten Stoff charakteristisch ist, d. h. von einer stoffspezifischen Eigenschaft bzw. einer *Materialeigenschaft.*

8.1 Elastizität

Ein Körper besitzt eine Gestalt, die für ihn charakteristisch und *stationär* ist. Wenn man ihn in Ruhe lässt, ändert sie sich nicht. Wenn man aber beispielsweise eine Quietscheente (Abb. 8.1a) im Badezimmer drückt, ändert sie ihre Gestalt. Doch wenn man sie anschließend in Ruhe lässt, nimmt sie nach einer Weile von selbst wieder die Gestalt an, die sie ursprünglich hatte. Das ist die Gestalt, die sie im stationären

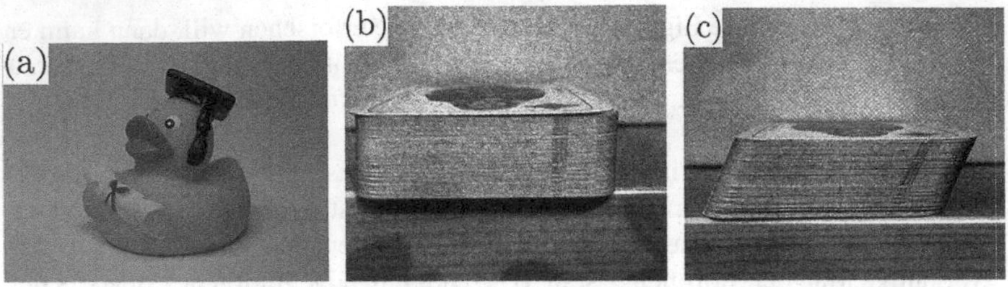

Abb. 8.1 **a**) Nahezu reversibel und somit elastisch deformierbare (akademische) Quietscheente. **b**) Ungeschertes Kartendeck mit Scherwinkel $\alpha = 0$. **c**) Um einen Winkel $\alpha \approx 25°$ geschertes Kartendeck. Die hier gezeigte Scherdeformation ist irreversibel und somit plastisch. (R. Rupp)

Zustand bzw. im Gleichgewicht hat *(Gleichgewichtszustand)* und woran jeder sie sofort als Quietscheente erkennt.

Elastizität beschreibt den Grenzfall vollständig *reversibler* Deformationen. Irreversible Deformationen bezeichnet man als *plastische Deformationen.* Ein Beispiel ist die plastische Deformation, welche einen Stapel Spielkarten[1] von der in Abb. 8.1b gezeigten Ausgangslage in die in Abb. 8.1c gezeigte Endlage überführt. In diesem Abschnitt werden ausschließlich elastische Deformationen untersucht.

Wenn man die energetischen Prozesse für die Gestaltänderung einer realen Quietscheente aufstellen will, dann kann das eine ziemlich komplizierte Sache werden. Das liegt unter anderem daran, dass man sie auf viele unterschiedliche Arten deformieren kann und deshalb von vornherein nicht klar ist, was eine geeignete Zustandsvariable wäre. Es soll hier daher gar nicht erst versucht werden, so etwas Schwieriges wie eine reale Quietscheente zu modellieren, denn dieses Buch ist eine Einführung in die Physik. Stattdessen sollen nur einige wichtige Standarddeformationen nebst den sie beschreibenden Zustandsvariablen vorgestellt werden: Dehnung (bzw. Stauchung), Scherung und Torsion sowie die reine Volumendeformation. Jede davon könnte als vollkommen elastischer (reversibler) oder vollkommen plastischer (nichtreversibler) Grenzfall realisiert sein oder irgendwo dazwischen liegen. In diesem und dem nächsten Abschnitt werden nur Modelle für vollkommen reversible bzw. elastische Deformationen von Medien besprochen, die von einem homogenen und isotropen Gleichgewichtszustand ausgehen. Die nachfolgend definierten materialspezifischen Größen E (Elastizitätsmodul), μ (Querkontraktion), G (Schermodul), k_T (Torsionsmodul) und K (Kompressionsmodul) sind nicht unabhängig voneinander. Ihr Zusammenhang soll an anderer Stelle besprochen werden (s. Band P3).

Wie wir in den nächsten Abschnitten sehen werden, haben die elastischen Konstanten E, G, k_T und K allesamt die physikalische Dimension einer *Energiedichte* (Energie pro Volumen) und damit des Drucks. Sie werden daher in Pascal gemessen (Abschn. 8.4).

[1] Kartenspiel herausgegeben von der Physikfakultät der Univ. Ljubljana. Damen, Könige und Buben zeigen Professorinnen und Professoren der Fakultät.

8.1.1 Dehnung

Um die Materialabhängigkeit des elastischen Verhaltens zu charakterisieren, kann man Stäbe als Materialprobe heranziehen und die Energieänderungen bestimmen, die bei *Dehnung* bzw. Stauchung entlang der Stabachse hervorgerufen werden.

Der Stab wird an beiden Enden eingespannt und entlang der Stabachse gedehnt (bzw. gestaucht). Als beobachtbare Zustandsvariable wählt man die Auslenkung x aus der Ruhelage und legt wie für Federn (Abschn. 5.1.4) das Hookesche Modellgesetz

$$E_{\text{pot}}(x) = \frac{1}{2}kx^2 \tag{8.1}$$

für die potentielle Energie zugrunde. Aus den Messungen erhält man so zunächst die Proportionalitätskonstante k der Probe.

Wenn der Stab einheitlich aus dem zu untersuchenden Material gefertigt ist, so hängt k bei gleichen Probenabmessungen nur noch vom Probenmaterial ab. Die materialspezifische Dehnungseigenschaft steckt also „irgendwie" in der „Federkonstante" k, und es geht nun darum, sie daraus zu extrahieren.

Im Gleichgewicht mit seiner Umgebung soll der Stab eine Länge l und einen Querschnitt A haben. Das ist die Probengeometrie, welche k gleichfalls beeinflusst. Um zu einer Definition für eine materialspezifischen Größe zu kommen, betrachten wir die Parallelschaltung und die Reihenschaltung von Stäben (Abb. 8.2):

- **Parallelschaltung:** Es seien N Stabproben mit gleicher Länge und gleichem individuellen Querschnitt A_1 parallel geschaltet. Wenn man alle um das gleiche x dehnt, so folgt aus der Tatsache, dass die potentielle Energie eine extensive Größe ist, dass sie proportional zu N anwächst. Da auch die gemeinsame Querschnittsfläche $A = A_N = NA_1$ proportional zu N anwächst, folgt daraus, dass

  $$k \propto A.$$

- **Reihenschaltung:** Wenn man N Stabproben mit gleicher Querschnittsfläche und der gleichen individuellen Länge l_1 in Reihe schaltet, indem man die Enden jeweils miteinander verbindet, so verteilt sich die Auslenkung x des Gesamtstabs der Länge $l = Nl_1$ gleichmäßig auf alle Stäbe der Länge l_1 und beträgt $x_1 = x/N$. Die potentielle Energie des Stabs wächst daher mit der Länge l gemäß

  $$E_{\text{pot}}(x) = \sum E_{\text{pot}}(x_1) = N\frac{1}{2}k_1x_1^2 = \frac{1}{2}(k_1/N)x^2$$

  an und somit gilt

  $$k \propto 1/l.$$

Aus beiden geometrischen Abhängigkeiten folgt

$$k = E\frac{A}{l}. \tag{8.2}$$

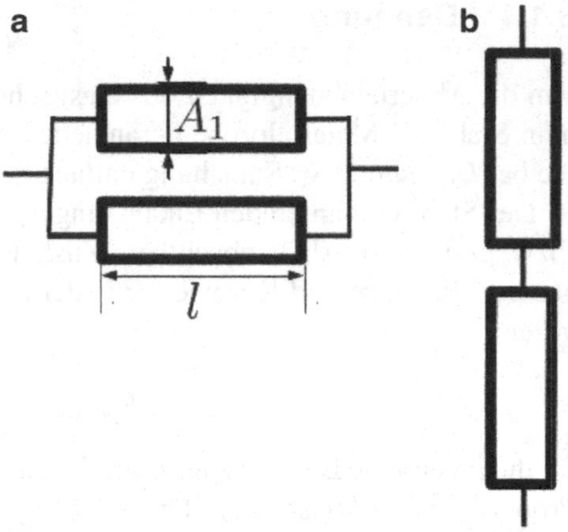

Abb. 8.2 **a**) Parallelschaltung und **b**) Reihenschaltung elastischer Stäbe mit Querschnittsfläche A_1 und Länge l. (R. Rupp)

Die elastische Konstante k einer homogenen Materialprobe ist proportional zur Querschnittsfläche und zum Kehrwert der Stablänge. Die noch verbleibende Proportionalitätskonstante E ist eine materialspezifische Konstante, die man als *Elastizitätsmodul* bezeichnet. Der Elastizitätsmodul von Eisen liegt beispielsweise in der Größenordnung von $E \approx 10^{11}\ \mathrm{J/m^3}$.

Dem hier aufgezeigten prinzipiellen Weg, wie man für eine Probe mit gegebenen Abmessungen eine materialspezifische Konstante herausarbeitet, werden Sie häufiger begegnen (für die spezifische elektrische Leitfähigkeit vgl. z. B. Gl. 12.47). Dem Hookeschen Gesetz

$$E_{\mathrm{pot}}(x) = \frac{1}{2} E \frac{A}{l} x^2$$

kann man eine andere Form geben, indem man die *relative Längenänderung* $\varepsilon = x/l$ als Zustandsvariable einführt. Mit dem Gleichgewichtsvolumen $V = Al$ ergibt sich dann

$$E_{\mathrm{pot}}(\varepsilon) = \frac{1}{2} V E \varepsilon^2. \tag{8.3}$$

Gl. 8.3 lässt sich dann so interpretieren, dass in einem um ε gedehnten Medium mit dem Elastizitätsmodul E eine *elastische Energiedichte*

$$E_{\mathrm{pot}}(\varepsilon)/V = \frac{1}{2} E \varepsilon^2$$

gespeichert ist. In einem homogenen Stab ist die potentielle elastische Energie gleichmäßig auf das ganze Volumen verteilt. Das ist auch so zu erwarten, weil die Energie eine extensive Größe ist. Daher werden wir nachfolgend auch andere spezifische Materialgrößen dadurch beschreiben, dass wir die Proportionalität zum Volumen V einer Materialprobe explizit sichtbar machen, indem wir den mit dem Probenvolumen skalierenden Faktor V stets so herausziehen wie in Gl. 8.3.

Poissonzahl Eine Dehnung geht immer mit einer Kontraktion der Querdimension einher. Für einen runden Stab der Dicke d ist die geometriebereinigte Zustandsvariable die relative Dickenänderung $\Delta d/d$. Für isotrope Materialien sind relative Dickenänderung und relative Längenänderung proportional zueinander, d. h., es ist

$$\frac{\Delta d}{d} = -\mu \frac{\Delta l}{l}. \tag{8.4}$$

Wenn man wie hier ein Minuszeichen herauszieht ist der materialspezifische Faktor μ positiv. Er heißt *Poissonzahl.*

8.1.2 Reine Formänderungen

Für allgemeine Deformationen gibt es zwei wichtige Grenzfälle, nämlich den einer *reinen Volumenänderung* und den einer *reinen Formänderung.* Reine Formänderungen sind Gestaltsänderungen, bei denen das Volumen konstant bleibt. Je nachdem, wie man eine Deformation an einer Quietscheente experimentell realisiert, wird man näher an dem einen oder anderen Grenzfall liegen und das entsprechende Energiemodell zur Beschreibung heranziehen: Wenn ein Taucher die Quietscheente zum Meeresboden mitnimmt, ist eine reine Volumenänderung das adäquatere Modell. Wenn man ihr den Hals verdreht, handelt es sich in guter Näherung um eine Torsion und damit eher um eine reine Formänderung.

Scherung Als Scherdeformation bzw. *Scherung* bezeichnet man eine Deformation, welche die in Abb. 8.1b gezeigte Ausgangslage (Scherwinkel $\alpha = 0$) in die in Abb. 8.1c gezeigte Endlage (Scherwinkel $\alpha \approx 25°$) überführt. Es ist offensichtlich, dass es sich um den Typus einer reinen Formänderung ohne Volumenänderung handelt. Abb. 8.1 zeigt die plastische Variante einer Scherdeformation. Für eine elastische Scherung kann man den Scherwinkel α als Zustandsvariable wählen und die elastische Energie durch die Taylor-Reihe um $\alpha = 0$ (Gleichgewichtszustand) darstellen. Da es nicht auf die Scherrichtung ankommt, können in der Reihenentwicklung nur gerade Potenzen von α auftreten. Meist genügt das erste Glied

$$E_{\text{pot}}(\alpha) = \frac{1}{2} V G \alpha^2 \tag{8.5}$$

dieser Reihenentwicklung, um die experimentellen Beobachtungen ausreichend genau zu beschreiben. Der materialspezifische Faktor G heißt *Schermodul.*

Torsion Ein zylindrischer Stab habe eine Länge l und einen Radius r. Wenn man Ober- und Unterseite um den Winkel φ gegeneinander verdreht sind, bezeichnet man diese Art der Deformation als *Torsion.* Auch die Torsion stellt eine reine Formänderung dar. Anders als bei der Scherung bleibt aber nicht nur das Volumen unverändert: Bei einer Torsion bleibt auch die Oberfläche $A_G = 2\pi(r^2 + rl)$ des zylindrischen Körpers, d. h. seine Grenzfläche A_G zum umgebenden Medium, unverändert. Da es nicht auf die Drehrichtung ankommt, können in der Taylor-Reihe für die potentielle Energie nur gerade Potenzen von φ auftreten. In erster Näherung ist daher

$$E_{\text{pot}}(\varphi) = \frac{1}{2} V k_T \varphi^2 \tag{8.6}$$

mit einer materialspezifischen Torsionskonstanten k_T.

Ideale Fluide Wenn der Schermodul G und die Torsionskonstante k_T eines homogenen Mediums verschwinden, ist jede Formänderung ohne „Energiekosten" (abgesehen von der Grenzflächenenergie; Abschn. 8.2.1) möglich, d. h., das Medium ist bei konstantem Volumen für jegliche Form im Gleichgewicht. Ein solches Medium repräsentiert den Modellfall des *idealen Fluids*.

8.1.3 Kompressibilität

Der Einfachheit halber betrachten wir hier ideale Fluide. Da sie ihre Form energieneutral ändern können, verbleibt die Volumendeformation als ihre einzige energetisch relevante elastische Gestaltsdeformation. Das Volumen des Gleichgewichtszustands eines idealen Fluids sei V_0. Um das Volumen zu ändern, muss man von außen Energie zuführen. Als Zustandsvariable wählt man die Volumenänderung $\Delta V = V - V_0$. Da der Gleichgewichtszustand ein Energieminimum ist, beginnt die Taylor-Reihe der potentiellen Energie mit dem quadratischen Glied:

$$E_{\text{pot}}(V) = \frac{1}{2}(K/V_0)\Delta V^2 = \frac{1}{2} V_0 K \left(\frac{\Delta V}{V_0}\right)^2 \tag{8.7}$$

Die positive materialspezifische Konstante K heißt *Kompressionsmodul.* Die Volumenänderung $\Delta V = \Delta V(V) = V - V_0$ ist eine Funktion der Variablen V. Daher erhält man den (mechanischen) Kompressionsmodul aus $E_{\text{pot}}(V)$, indem man zweimal nach V differenziert:

$$K = V_0 \frac{d^2 E_{\text{pot}}}{dV^2} \tag{8.8}$$

Der Kehrwert

$$\kappa = \frac{1}{K} \tag{8.9}$$

des (mechanischen) Kompressionsmoduls ist die *(mechanische) Kompressibilität*.

8.2 Grenzflächenphänomene

Mit diesem Abschnitt bewegen wir uns in das Teilgebiet der Technischen Physik. Dort geht es weniger um physikalische Grundlagenfragen, sondern mehr um konkrete anwendungsrelevante Fragen aus der Technik. Sie werden daher nicht allzu viel Physik lernen, aber ein paar Dinge, die Sie wissen sollten, bevor Sie damit loslegen, sich Ihren ersten Hubschrauber zu bauen. Da dieses Buch in erster Linie ein Physikbuch sein soll, werden wir uns nicht besonders ausführlich mit Technischer Physik befassen, sondern nur ein wenig hinein schnuppern, um eine Ahnung davon zu bekommen, was die den Ingenieur interessierenden Probleme sind und wie man sie anpackt.

8.2.1 Grenzflächenenergie

Das Besondere an der Torsion eines zylindrischen Körpers ist, dass nicht nur das Volumen unverändert bleibt, sondern auch die Grenzfläche A_G, die ihn von seiner Umgebung abgrenzt. Torsion lässt die innere Energie eines Fluids daher unverändert. Das Modell des *idealen Fluids* ist durch $k_T = 0$ definiert. Solange man weder Volumen noch die Fläche A_G verändert, die es von seiner Umgebung abgrenzt, kann man im Idealfall Flüssigkeits- oder Gasschichten relativ zueinander verdrehen, ohne dass man dazu Energie aufwenden muss (Torsion und Scherung unterscheiden sich hier ein wenig).

Sobald eine Deformation jedoch die Grenzfläche A_G verändert, tritt die Variable A_G als weitere unabhängige Zustandsvariable der potentiellen Energie in Erscheinung. Der Grenzflächenbeitrag der potentiellen Energie hängt davon ab, welche Medien A und B aneinandergrenzen, und folgt dem empirischen Gesetz

$$E_{\text{pot}}(A_G) = \epsilon_{\text{AB}} A_G. \tag{8.10}$$

Die Proportionalitätskonstante ϵ_{AB} wird als *spezifische Grenzflächenenergie* bezeichnet und hat die physikalische Einheit $[\epsilon_{\text{AB}}] = \text{J/m}^2$. Sie ist aber keineswegs nur für ein Material spezifisch, wie das z. B. für den Elastizitätsmodul E oder den Torsionsmodul G der Fall ist, sondern hängt von beiden aneinandergrenzenden Materialien A und B ab. Ist ϵ_{AB} positiv, kostet die Bildung von Grenzfläche Energie, und die beiden aneinandergrenzenden Stoffe versuchen, ihre gemeinsame Grenzfläche zu minimieren. Ist ϵ_{AB} hingegen negativ, versuchen die Stoffe möglichst viel gemeinsame Oberfläche zu bilden.

Fluid–Fluid Dass sich zwischen zwei Fluiden A und B überhaupt eine Grenzfläche ausbilden kann, ist nur möglich, wenn ϵ_{AB} positiv ist. Im anderen Fall kommt es zu einer vollständigen Auflösung des einen Fluids im anderen. Flüssigkeiten oder Gase mischen sich dann oder bilden eine Lösung miteinander. Wenn es sich um eine flüssige und gasförmige Phase des gleichen Stoffs handelt, dann verdampft die flüssige Phase.

Wenn ϵ_{AB} positiv ist und keine weiteren Energien eine Rolle spielen, nehmen Flüssigkeiten Konfigurationen mit minimaler Grenzfläche ein. Da die Kugel bei vorgegebenem Volumen die geringste Oberfläche aller Körperformen hat, streben Flüssigkeiten in Fluidumgebung eine Kugelgestalt an. Die Kugelgestalt von Flüssigkeitstropfen lässt sich besonders schön mit zwei Flüssigkeiten A und B gleicher

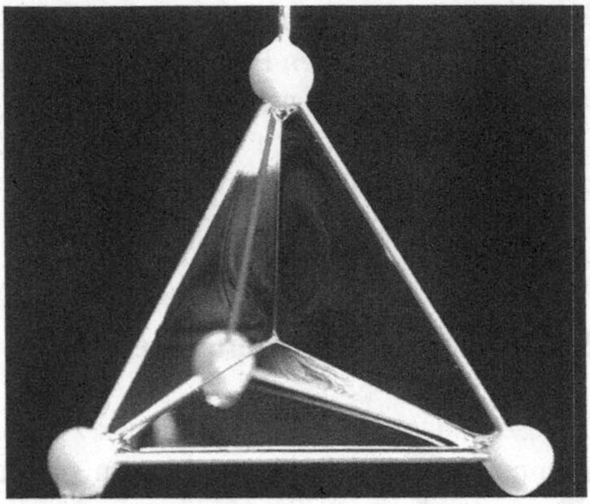

Abb. 8.3 Demonstration der Ausbildung von Minimalflächen durch Flüssigkeitslamellen. Die Randbedingungen sind durch einen Drahtrahmen vorgegeben. Für das Experiment wird Seifenwasser verwendet, weil es keine allzu große Grenzflächenenergie zu Luft hat. (P. Dangl/H. Kabelka/R. Rupp)

Dichte ρ und positiver Grenzflächenenergie ϵ_{AB} demonstrieren. Wenn noch andere Energiebeiträge ins Spiel kommen (z.B die Schwere eine Rolle spielt), weicht die Form eines Flüssigkeitstropfens mehr oder weniger von der Kugelgestalt ab. Die typische Ausbildung von Minimalflächen bei gegebenen Randbedingungen (Anhaften der Flüssigkeit an einem Drahtrahmen) lassen sich leicht durch Flüssigkeitslamellen demonstrieren (Abb. 8.3).

Fluid–Festkörper Da sich Fluide gewöhnlich nicht in einen Festkörper auflösen können, darf die Grenzflächenenergie ϵ_{FS} zwischen einem Fluid F und einem Festkörper S (Solid) auch negativ sein. Ist sie positiv, dann treten für das Fluid ähnliche Phänomene wie für Fluid–Fluid-Grenzflächen auf – zumal gewöhnlich nur ein Teil der Grenzfläche mit dem festen Körper gebildet wird und ein anderer Teil mit einem anderen Fluid. Fällt ein Spritzer Quecksilber auf den Boden, dann hat er teilweise eine Grenzfläche mit dem Boden und teilweise mit der Luft. Da das Quecksilber aber trotzdem überall von Grenzflächen mit positiver Grenzflächenenergie umgeben ist, bildet es näherungsweise Kügelchen aus.

Wenn die Grenzflächenenergie jedoch negativ ist und die Oberfläche eines festen Körpers in ein Fluid eingetaucht war, dann haftet anschließend eine dünne Fluidschicht darauf, die sich nicht so einfach entfernen lässt. Es kommt zur *Adhäsion.* Um die Fluidschicht trotzdem wegzubekommen, kann man z. B. den Körper erhitzen und so das Fluid abdampfen lassen. Zu dieser Maßnahme greift man beispielsweise, wenn man in einer Apparatur ein Ultrahochvakuum erreichen möchte.

Befindet sich eine dünne Flüssigkeitsschicht zwischen zwei Glasplatten, dann lassen sich die Platten nur schwer durch orthogonal zur Plattenfläche wirkende Kräfte trennen. Es ist aber möglich, sie tangential abzuscheren, denn der Schermodul von Fluiden ist (nahezu) null. Wenn eine Flüssigkeit F einen Teil der Grenzschicht mit einem Gas G bildet (Grenzflächenenergie ε_{FG}) und einen Teil mit einem Festkörper S (Grenzflächenenergie ϵ_{FS}), dann kommt es zur vollständigen Benetzung des Festkörpers, sobald die Bedingung $\epsilon_{FS} + \epsilon_{FG} < 0$ erfüllt ist.

Beiträge zur potentiellen Energie durch verschiedene Grenzflächen können miteinander, aber auch mit anderen energetischen Beiträgen konkurrieren. Betrachten wir dazu ein Beispiel: In Kapillaren vom Radius r steigt die zylindrische Flüssigkeitssäule so lange an, bis die Kosten für den aufzuwendenden gravitativen Beitrag zur potentiellen Energie bei einer Höhe h gerade gleich dem Gewinn an Energie durch die Bildung von Grenzfläche ist. Zur Berechnung der Energie der Schwere integriert (summiert) man die Beiträge aller Massenelemente dm. Wenn x die Höhe ist, auf der sich das Massenelement befindet, dann ist die potentielle Energie

$$\int g \cdot x\, dm,$$

wobei die Integration über alle Massenelemente $dm = \rho dV = \rho\pi r^2 dx$ führt. Für das zylindrische Volumenelement ist $dV = \pi r^2\, |dh|$. Die potentielle Energie setzt sich aus zwei unabhängigen Beiträgen zusammen:

$$E_{\mathrm{pot}}(h, A_G) = \int_0^h gx\rho\pi r^2 dx + \epsilon_{\mathrm{FS}}\, A_G$$

Im mechanischen Gleichgewicht nimmt die mechanische Energie ein Minimum an (Abschn. 7.7). Die notwendige Gleichgewichtsbedingung ist daher $dE_{\mathrm{pot}}(h, A_G) = 0$ bzw.

$$dE_{\mathrm{pot}}(h, A_G) = \frac{\partial E_{\mathrm{pot}}}{\partial h} dh + \frac{\partial E_{\mathrm{pot}}}{\partial A_G} dA_G = gh\rho\pi r^2 dh + \epsilon_{\mathrm{FS}} dA_G = 0$$

Mit dem Grenzflächenelement $dA_G = 2\pi r\, |dh|$ eines Zylinders der Höhe h ergibt sich für die Steighöhe der Flüssigkeit dann

$$h = -\epsilon_{\mathrm{FS}} \frac{2}{\rho g r} \tag{8.11}$$

der Flüssigkeit. Das in Abb. 8.4a gezeigte Demonstrationsexperiment veranschaulicht die umgekehrt proportionale Abhängigkeit $h \propto 1/r$ der Steighöhe h vom Radius r der Kapillare. Man kann Gl. 8.11 aber auch heranziehen, um die Grenzflächenenergie $\epsilon_{\mathrm{FS}} = -\rho g r h/2$ aus der Steighöhe der Flüssigkeit und den anderen i. Allg. bekannten Parametern abzuschätzen. Ist ϵ_{FS} positiv wie für die Grenzfläche Quecksilber–Glas, wird h negativ, und es kommt zu der in Abb. 8.4b demonstrierten *Kapillardepression.*

8.2.2 Haftung

In der Regel ist der Begriff der Kraft in der Physik von untergeordneter Bedeutung. Für das Phänomen der Haftung ist er, wie sich gleich zeigen wird, jedoch wichtig. Es seien zwei feste Platten B und C betrachtet, deren aneinandergrenzenden Flächen eben sind und die Flächengröße A haben. Da ein fester Körper im Vergleich zu einem Fluid extrem starr ist, kann sich seine Oberfläche jedoch nicht so ohne Weiteres der Oberfläche eines zweiten festen Körpers anpassen. Ferner kann man nur in dem

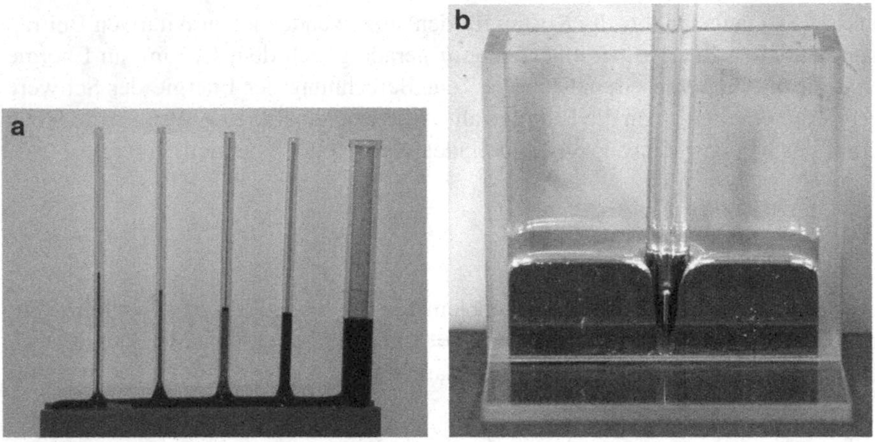

Abb. 8.4 **a**) Für negatives ϵ_{FS} nimmt die Steighöhe mit abnehmendem Kapillardurchmesser zu. Die Steighöhe der rot gefärbten Flüssigkeit ist umgekehrt proportional zum Radius r (hier: 0.8 mm, 1.3 mm, 3.0 mm, 4.2 mm und 14.5 mm). **b**) Demonstration der Kapillardepression an einer Quecksilber-Glas-Grenzfläche mit positivem ϵ_{FS}. (P. Dangl/H. Kabelka/R. Rupp)

Sinne von Ebenen sprechen, wie sie uns nach Maßgabe der technischen Möglichkeiten erscheinen, und das sind keine planen Ebenen im mathematischen Sinn. Damit soll gesagt sein, dass zwischen zwei festen Körpern in der Realität i. Allg. keine perfekte Grenzfläche vorliegt. Auch wenn man große Anstrengungen unternimmt und die Oberflächen der beiden Körper extrem plan und auf extrem geringe Rauheit hin poliert, erweisen sich die durch solche mechanische Technologien erzielbaren Oberflächen auf der mikroskopischen Skala immer noch als sehr rau und lassen keinen Kontakt über den gesamten Bereich A der aneinanderliegenden Flächen zu. Im Regelfall ist die Grenzfläche A_G des tatsächlichen Fest–fest-Kontakts zwischen den festen Körpern relativ zur Fläche A fast vernachlässigbar klein: $A_G \ll A$. Obwohl die spezifische Grenzflächenenergie ϵ_{BC} zwischen den festen Körpern B und C betragsmäßig groß und negativ ist, führt dieser Umstand dazu, dass die Adhäsion zwischen ihnen nur gering ist. Über den größten Teil der Fläche, nämlich $A - A_G \approx A$, sind die beiden Oberflächen nicht in Kontakt miteinander, sondern mit der dazwischen befindlichen Luft. Da die Kohäsion von Gas jedoch extrem klein ist, trägt die Luft nicht zur Haftung der beiden Körper aneinander bei. Es gibt verschiedene Strategien, wie sich die Haftung zweier fester Körpern aneinander verbessern lässt. Betrachten wir dazu zwei Körper B und C, die zwei Ebenen haben, die sich eng aneinanderschmiegend gegenüberliegen. Beide Ebenen sollen die gleiche Fläche A haben:

1. Man bringt eine Flüssigkeit zwischen die beiden Ebenen ein, deren spezifische Grenzflächenenergie zu den Materialien der beiden Körper negativ ist. Da die Kohäsion von Flüssigkeiten relativ zu Gasen extrem groß ist, wird es dadurch schwierig, die beiden Ebenen nun in der zu ihnen orthogonalen Richtung auseinanderzuziehen. Hingegen ist es leicht, die Flächen von B und C durch Absche-

ren in tangentialer Richtung zu trennen, weil Flüssigkeiten keine nennenswerte Scherfestigkeit haben.

2. Man bringt eine Flüssigkeit zwischen beide Ebenen, welche beide Ebenen vollständig benetzt, und sorgt dafür, dass diese erstarrt, so dass eine scherfeste Schicht über die ganze Fläche A hinweg auf den Ebenen der beiden Körper haftet. Somit ist nun $A_G \approx A$. Das ist die grundlegende Idee beim Kleben, Löten und Schweißen. Wenn man die Ebenen voneinander trennen will, muss nun auch in tangentialer Richtung eine Kraft aufgewandt werden, deren Betrag eine kritische Schwelle
$$|F_{\text{crit}}| = \mu_K A_G \approx \mu_K A \tag{8.12}$$
übersteigen muss. Der Wert des Koeffizienten μ_K hängt einerseits von der Wechselwirkung des Klebstoffs mit den Oberflächen ab (Adhäsion) und zum anderen vom inneren Zusammenhalt des Klebstoffs (Kohäsion). Manchmal ist die *Kohäsion,* also der Zusammenhalt eines homogenen Festkörpers B, geringer als die *Adhäsion* zwischen den aneinanderhaftenden festen Körper B und C und als die Kohäsion des Klebstoffs. Dann kommt es im Medium B zu einem *Bruch,* bevor der Betrag $|F_{\text{crit}}|$ der Mindestkraft für die Trennung von B und C erreicht werden kann. Wenn die Gefahr einer unerwünschten Klebung besteht, wie sie z. B. beim Braten in der Küche vorkommen kann, so kann man sich mittels einer Teflonbeschichtung der Pfanne dagegen vorsehen, weil für die meisten Materialien der Betrag der spezifischen Grenzflächenenergie mit Teflon sehr klein ist.
3. Die wirksame Grenzfläche A_G kann man vergrößern, indem man die Ebenen der Körper gegeneinanderpresst, also eine Kraft mit dem Betrag $|F_\perp|$ orthogonal zu den in Kontakt befindlichen Ebenen wirken lässt. Empirisch findet man für einen weiten Wertebereich, dass die wirksame Grenzfläche A_G einerseits proportional zur Fläche A anwächst und andererseits proportional zur pro Flächeneinheit wirksamen Normalkraft (also proportional zu $|F_\perp|/A$). Insgesamt gilt also $A_G \propto A(|F_\perp|/A) \propto |F_\perp|$. Infolgedessen wächst die *kritische Kraftschwelle*
$$|F_{\text{crit}}| = \mu_H |F_\perp| \tag{8.13}$$
der Presshaftung einfach nur proportional mit $F_\perp$. Solange der Betrag $|F|$ einer an den Platten angreifenden Kraft kleiner als der kritische Wert ist, also $|F| < |F_{\text{crit}}|$, passiert gar nichts. Für $|F| > |F_{\text{crit}}|$ reißt die Adhäsion ab, und es setzt i. Allg. eine beschleunigte Bewegung ein.[2] Der Wert des Haftkoeffizienten μ_H ist ein empirischer Parameter, der von den beteiligten Materialien, der Einwirkungsdauer der Kraft und der Oberflächenbeschaffenheit abhängen kann. Wenn man die Kraft $F_\perp$ wieder verringert, dann geht in der Regel F_{crit} aufgrund elastischer Effekte auch wieder zurück. Das ist aber nicht immer so. Wenn man beispielsweise extrem gut

[2] Nichts Ungewöhnliches: Stellen Sie einen Körper der Masse m auf den Tisch, hängen Sie eine Feder an und ziehen Sie ihn damit nach oben. An der zunehmenden Auslenkung der Feder erkennt man, dass eine zunehmende Kraft $F = kx$ angreift, aber es passiert erst einmal nichts. Eine Bewegung tritt erst ein, wenn die Kraft F den Wert $F_{\text{crit}} = mg$ überschreitet.

polierte Oberflächen durch Zusammendrücken in sehr guten Kontakt bringt, dann bildet sich die so erzielte Kontaktfläche unter Umständen nicht mehr vollständig zurück, auch wenn man die Kontaktflächen wieder entlastet.

8.2.3 Dissipation an Grenzflächen

Die Dissipation an Grenzflächen wird im Deutschen als *Reibung* bezeichnet. Der physikalische Terminus technicus „Reibung“ hat aber nicht unbedingt mit dem Begriff „reiben“ zu tun, auch wenn beide Wörter im Deutschen verführerisch ähnlich klingen.[3] Als Fachbegriff der *Tribologie* bezieht er sich auf jede Art und Weise, auf die zwei Stoffe in engen Kontakt gebracht werden können. Dieser enge Kontakt kann zwar auch durch gegenseitiges Aneinanderreiben zustande gebracht werden, muss aber nicht: Reibung im Sinne des hier verwendeten physikalischen Fachbegriffs kann auch durch gegenseitiges Anpressen zweier Stoffe realisiert werden. Zu den tribologischen Phänomenen gehören die gerade besprochene Haftung, die Grenzflächenenergie sowie die Reibungselektrizität (Abschn. 11.1). Diese tribologischen Phänomene zeigen, dass es an Grenzflächen zu einer Wechselwirkung zwischen aneinandergrenzenden Medien kommt. Wenn sich die Medien relativ zueinander bewegen, tritt eine Energiedissipation auf. Sie ist unabhängig von der Richtung der Relativbewegung und somit eine Funktion des Betrags $\mathrm{v} = |v|$ der Relativgeschwindigkeit v. Für die dissipative Verlustleistung P_v setzt man die Potenzreihe

$$P_v(\mathrm{v}) = \beta_1 \mathrm{v} + \beta_2 \mathrm{v}^2 + \beta_3 \mathrm{v}^3 + \cdots \tag{8.14}$$

an. Unter gewissen Umständen ist einer der Koeffizienten $\beta_1, \beta_2, \ldots$ sehr dominant. Wenn das der Fall ist, kann man oft die anderen Koeffizienten unberücksichtigt lassen und das Dissipationsphänomen durch eine einfache Potenzfunktion beschreiben. Das war beispielsweise so in Abschn. 7.3, wo $P_v(\mathrm{v}) = ma_0\mathrm{v} = \beta_1\mathrm{v}$ galt, wenn die Dissipationskinetik nullter Ordnung dominierte und $P_v(\mathrm{v}) = ma_1\mathrm{v}^2 = \beta_1\mathrm{v}^2$ wenn Dissipationskinetik erster Ordnung dominierte (der Faktor m wurde damals aus den Konstanten β_1 und β_2 nur für die Bequemlichkeit der Rechnung herausgezogen).

Gleitreibung Analog zur Haftung betrachtet man zwei feste Körper B und C, welche an einer Fläche A einander gegenüberstehen. In Abb. 7.1a ist das z. B. die Fläche, auf welcher sich Filzplatte (B) und Schiene (C) unmittelbar gegenüberstehen. Wie bereits aus der Diskussion der Haftung bekannt (Abschn. 8.2.2), ist A nicht wirklich die Fläche über welche die beiden Medien in Kontakt miteinander sind. Die tatsächliche Kontaktfläche A_G ist nur ein kleiner Bruchteil der Fläche A. Dieser ist proportional zum Kraftbetrag $|F_\perp|/A$, der pro Flächeneinheit auf gemeinsamen Fläche drückt (Abschn. 8.2.2), d. h., es ist wieder $A_G \propto (|F_\perp|/A)A \propto |F_\perp|$.

Wenn sich B und C relativ zueinander bewegen, tritt Dissipation auf. Empirisch stellt man für diesen Fall fest, dass die Verlustleistung proportional zu v ist, d. h., dass

[3] Reiben heißt im Englischen „to rub“, während Reibung als „friction“ bezeichnet wird.

die Gleitreibung einem Dissipationsgesetz $P_v(\mathrm{v}) = \beta_1 \mathrm{v}$ folgt. Der Koeffizient $\beta_1 \propto |F_\perp|$ hängt nur von der tatsächlichen Grenzfläche ab und damit nur vom Kraftbetrag $|F_\perp|$, mit der die Medien gegeneinandergepresst werden. Für diese *Gleitreibung* erhält man also das Gesetz

$$P_v = \mu_G |F_\perp| \mathrm{v}. \tag{8.15}$$

Die Proportionalitätskonstante μ_G ist der *Gleitreibungskoeffizient.* Er hängt nicht nur davon ab, woraus die Oberflächen der beiden Körper bestehen, sondern auch von der Oberflächenbeschaffenheit, z. B. von der Rauheit der beiden Oberflächen, und stellt einen von Probe zu Probe mehr oder weniger stark variierenden Durchschnittswert dar. Bis heute ist es noch nicht gelungen, ihn aus grundlegenden mikroskopischen Eigenschaften der Materie herzuleiten. Daher ist der Gleitreibungskoeffizient eher eine rein empirische Größe geblieben, die hauptsächlich zur Lösung von Aufgabenstellungen aus der Technik (z. B. im Maschinenbau) benötigt wird.

Viskosität Zur Definition der Viskosität betrachten wir die in Abb. 8.5 im Querschnitt skizzierte Messanordnung eines *Rotatonsviskosimeters.* Das Viskosimeter besteht aus einem Zylinder mit einem Durchmesser von $2r_0$, welcher in ein Fluid taucht, das sich in einem Gefäß mit dem Radius $r_0 + d$ befindet. Zylinder und Gefäß sollen sich relativ zueinander drehen. Wenn das Fluid sowohl an der Zylinder- als auch an der Gefäßoberfläche haftet, müssen sich daher auch die Fluidschichten, die sich zwischen den beiden Oberflächen befinden, relativ zueinander bewegen. Die Relativbewegung der Fluidschichten führt zu einer Energiedissipation bzw. zur *viskosen Reibung.*

Mit $\mathrm{u}(r) = |\mathrm{u}|(r)$ sei der Geschwindigkeitsbetrag einer Flüssigkeitsschicht der infinitesimalen Dicke dr im Abstand $r_0 + r$ relativ zur Zylinderwand bezeichnet. An der Zylinderwand ist also $\mathrm{u}(0) = 0$, während der Betrag der Geschwindigkeit relativ zum Zylinder für die an der Gefäßwand haftende Flüssigkeitsschicht mit $\mathrm{v} = \mathrm{u}(d)$ bezeichnet sein soll. Wenn man den Geschwindigkeitsbetrag des Zylinders relativ zum Gefäß konstant halten will, muss man dem Zylinder zur Kompensation der Verlustleistung P_v eine Leistung $P = P_v$ von außen zuführen, beispielsweise durch einen Motor. Misst man diese Motorleistung, so zeigt sich, dass die Ergebnisse experimenteller Untersuchungen für $d \ll r_0$ näherungsweise dem empirischen Gesetz

$$P_v \approx \eta A \frac{\mathrm{v}^2}{d} \tag{8.16}$$

folgen. Eine Voraussetzung für die näherungsweise Gültigkeit von Gl. 8.16 ist, dass man die dissipativen Verluste an der unteren Kreisfläche vernachlässigen darf. Erwartungsgemäß wächst dann die Verlustleistung mit der Fläche $A \approx 2\pi r_0 l$ an, mit der sich Fluidschichten relativ zueinander bewegen. Die Proportionalitätskonstante η hängt nicht von den Materialien ab, mit denen das Fluid in Kontakt ist, also den Materialien des Zylinders oder des Gefäßes, sondern ausschließlich vom Fluid selbst. Somit ist η eine materialspezifische Eigenschaft des Fluids. Sie wird *Viskosität* genannt. Viskose Reibung ist eine innere Angelegenheit des Fluids selbst und

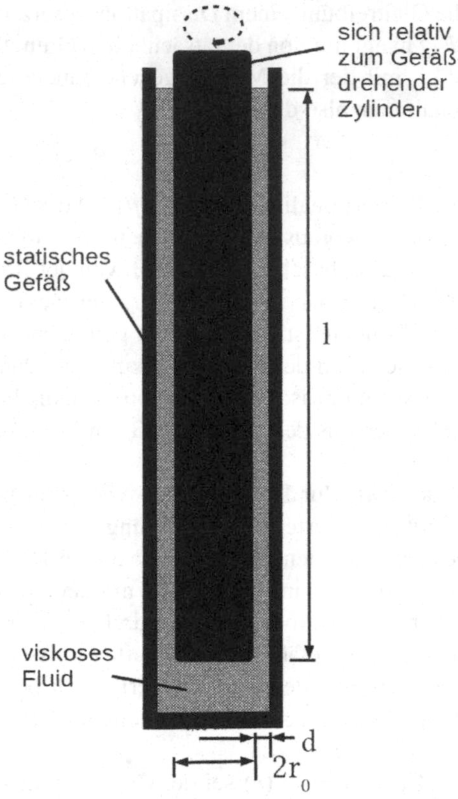

Abb. 8.5 Skizze eines Rotationsviskosimeters zur Messung der Viskosität. Gezeigt wird der Querschnitt der zylinderförmigen Anordnung. (R. Rupp)

gehört zur Kategorie der inneren Reibung eines Materials, während die Gleitreibung zur Kategorie der äußeren Reibung gehört, weil die Gleitreibungskonstante μ_G von beiden in Kontakt stehenden Materialien B und C abhängt.

Stokessches Reibungsgesetz Ein wichtiger Modellfall ist die Bewegung einer Kugel mit dem Kugelradius r_K in einem ausgedehnten Fluid der Viskosität η. Da das Fluid auf der Kugeloberfläche haftet, ist dort die Relativgeschwindigkeit null. Für weiter entfernte Flüssigkeitsschichten, etwa im Abstand r, möge $\mathrm{u}(r)$ größer ausfallen. In einem ausgedehnten Fluid werde schließlich in einer Entfernung d der Maximalwert $\mathrm{u(d)} = \mathrm{v}$ erreicht. Diese Entfernung d skaliert mit der Größe der Kugel und erweist sich als proportional zum Kugelradius, d. h., es ist $d \propto r_K$. Die effektiv wirksame Fläche A der Kugel skaliert mit der Dimensionierung ihrer Kugeloberfläche, d. h., es ist $A \propto r_K^2$. Setzt man diese Beziehungen in Gl. 8.16 ein, so erhält man $P_v \propto \eta(r_K^2/r_K)\mathrm{v}^2 = \eta r_K \mathrm{v}^2$. Aus einer Rechnung, die sehr aufwendig ist und deshalb hier nicht präsentiert werden soll (Herleitung z. B. in Schaefer und Päsler (1970)), erhält man für die Proportionalitätskonstante näherungsweise den Wert 6π. Damit ergibt sich schließlich das *Stokessche Reibungsgesetz*

$$P_v \approx 6\pi\eta r_K \mathrm{v}^2 \tag{8.17}$$

für kugelförmige Körper. Hierbei ist v der Geschwindigkeitsbetrag, mit welcher sich die Kugel relativ zu den Bereichen des Fluids bewegt, die sich in großer Entfernung von der Kugel befinden. Beispielsweise kann man mit Gl. 8.17 die Viskosität messen oder bei bekannter Viskosität beispielsweise auf den Radius mikroskopisch kleiner Kugeln schließen.

Kinematische Dissipation Mit zunehmender Geschwindigkeit der Bewegung eines Objekts relativ zu einem Fluid ändert sich der Charakter der Dissipation. Für ausreichend große Geschwindigkeiten findet man das Gesetz $P_v \approx \beta_3 \mathrm{v}^3$ der *kinematischen Dissipation*. Empirisch zeigt sich oft, dass der Koeffizient β_3 proportional zur Dichte ρ des Fluids ist und proportional zur Querschnittsfläche $A_\emptyset$, die das Objekt orthogonal zur Richtung der Relativbewegung darbietet. Das empirische Gesetz kann man daher in der Form

$$P_v = \frac{1}{2} c_W A_\emptyset \, \rho \mathrm{v}^3 \tag{8.18}$$

mit einer dimensionslosen Proportionalitätskonstante c_W aufschreiben. Das Hinzufügen des Faktors $\frac{1}{2}$ ist reine Konvention. Der c_W-Wert bzw. *Widerstandsbeiwert* hängt vom Profil bzw. der Form des Objekts ab und muss i. Allg. empirisch ermittelt werden. Er ist eine Größe der technischen Physik, die insbesondere für die Ingenieurwissenschaften wichtig ist (z. B. für die Aerodynamik).

Reynoldszahl Wenn man die Frage stellt, ab wann die viskose Dissipation eines sich in einem Fluid bewegenden Körpers in die kinematische Dissipation umschlägt, d. h., ab wann in Gl. 8.14 der Beitrag mit $\beta_3 \mathrm{v}^3$ gegenüber $\beta_2 \mathrm{v}^2$ dominiert, so erhält man eine einfache Abschätzung, indem man diese beiden Beiträge ins Verhältnis setzt. Für eine Kugel mit dem Radius r_K als typischem Parameter für die Leardimension l, d. h. $l \approx r_K$, und einer dargebotenen Querschnittsfläche $A_\emptyset \approx \pi l^2$, ergibt sich also

$$\frac{\frac{1}{2} c_W A_\emptyset \, \rho \mathrm{v}^3}{6\pi \eta r_K \mathrm{v}^2} = \frac{c_W}{12} \frac{\pi \rho l^2 \mathrm{v}^3}{\pi \eta l \mathrm{v}^2} \propto \mathrm{Re}.$$

Das Verhältnis hängt also neben formspezifischen Faktoren entscheidend davon ab, wie groß die *Reynoldszahl*

$$\mathrm{Re} = \frac{\rho l \mathrm{v}}{\eta} \tag{8.19}$$

ist. Die Reynoldszahl ist eine technische Kennziffer. Sie wird üblicherweise herangezogen, um grob abzuschätzen, mit welchem der beiden wichtigen Dissipationsfälle man es zu tun hat. Wenn man für eine Kugel eine Reynoldszahl von 1 überschreitet, so ist man z. B. bereits sicher im Bereich der kinematischen Dissipation. Insbesondere für Medien mit kleiner Viskosität können allerdings bereits vergleichsweise kleine Geschwindigkeiten „ausreichend groß“ für den Umschlag von viskoser zu kinematischer Dissipation sein.

Dass mit der Reynoldszahl Re nur größenordnungsmäßige Abschätzungen vorgenommen werden können, ist schon deshalb offensichtlich, weil oben nicht klar definiert wurde, was man in Gl. 8.19 für einen Körper komplexer Gestalt als Lineardimension l einsetzen sollte. Wenn man die Reynoldszahl für ein Großraumflugzeug wie den Airbus A350 abschätzen soll, wird man vielleicht $l = 50\,\mathrm{m}$ einsetzen, also einen Wert, der irgendwo zwischen den Werten für die Höhe, Länge und Breite des Flugzeugs liegt, und nicht etwa Werte von 50 cm oder 5 km.

8.3 Mechanische Materiemodelle mit mehreren Freiheitsgraden

In den vorangegangenen Abschnitten wurden verschiedene mechanische Energiebeiträge sowie geeignete Zustandsvariable, durch die man sie beschreiben kann, vorgestellt. Dabei haben wir so getan, als ob man jede einzelne Zustandsgröße isoliert betrachten kann. Streng genommen ist das aber nur dann möglich, wenn man alle anderen Zustandsgrößen konstant hält. Im Allgemeinen muss man jedoch energetische Modelle mit mehreren voneinander unabhängigen Zustandsparametern in Betracht ziehen.

Meist wählt man eine kleine Anzahl $\mathfrak{f}$ von Zustandsvariablen aus, die man für ein physikalisches Problem als relevant erkannt hat und die man auch tatsächlich experimentell kontrollieren und/oder messen kann. Diese unabhängige Parameter $z_1, \ldots, z_\mathfrak{f}$ legen den *Zustand* des mechanischen Modellsystems eindeutig fest. Die mechanische Energie

$$\mathcal{E} = \mathcal{E}(z_1, \ldots, z_\mathfrak{f}) \tag{8.20}$$

ist dann eine *Zustandsfunktion* dieser $\mathfrak{f}$ *Zustandsvariablen* bzw. *Zustandskoordinaten*. Unabhängigkeit einer Zustandsvariablen von den übrigen $\mathfrak{f} - 1$ anderen Zustandsvariablen bedeutet, dass man die $\mathfrak{f} - 1$ anderen Variablen konstant halten kann und dass die Energie dann alleine eine Funktion dieser einen Variablen ist. Die Änderung jeder Zustandsvariablen soll in diesem Sinne völlig frei und unabhängig von den Änderungen einer anderen Zustandsvariablen sein. Jede unabhängige Zustandsvariable stellt einen *Freiheitsgrad* des Modellsystems dar. Der Satz der unabhängigen Zustandsvariablen des Modells bildet den *Zustandsraum,* d. h. den Raum aller möglichen Zustände.

> Die Dimension des Zustandsraums ist gleich der Anzahl $\mathfrak{f}$ der Freiheitsgrade des Modells der mechanischen Energie eines Systems.

Um ein reales physikalisches System vollständig zu beschreiben, bräuchte man eigentlich extrem viele Zustandsvariable. Für kontinuierliche Materie bräuchte man dazu sogar unendlich viele Freiheitsgrade. Im Rahmen mechanischer Modelle werden jedoch alle Freiheitsgrade bis auf eben diese $\mathfrak{f}$ Ausnahmen ignoriert. Die grundlegende Modellannahme der phänomenologischen Mechanik ist, dass der mechanische Zustand eines physikalischen Systems durch die $\mathfrak{f}$ ausgewählten Freiheitsgrade mit den mechanischen Zustandsvariablen $z_1, \ldots z_\mathfrak{f}$ *eindeutig* festgelegt ist. Das bedeutet, dass die mechanische Energie stets einen eindeutigen Wert hat, der nicht vom

Weg bzw. Prozess abhängt, über den man zum Zustand gelangt ist. Die mechanische Energie $\mathcal{E}$ ist somit ein *Potential* (Abschn. 5.4) und hat ein *vollständiges Differential*

$$d\mathcal{E} = \frac{\partial \mathcal{E}}{\partial \mathrm{z}_1} d\mathrm{z}_1 + \cdots + \frac{\partial \mathcal{E}}{\partial \mathrm{z}_\mathfrak{f}} d\mathrm{z}_\mathfrak{f}. \tag{8.21}$$

Die partiellen Ableitungen

$$\mathrm{Z}_j = \mathrm{Z}_j(\mathrm{z}_1, \ldots, \mathrm{z}_\mathfrak{f}) = \frac{\partial \mathcal{E}(\mathrm{z}_1, \ldots, \mathrm{z}_\mathfrak{f})}{\partial \mathrm{z}_j} \tag{8.22}$$

sind Funktionen der $\mathfrak{f}$ unabhängigen Zustandsvariablen. Der allgemeine Ausdruck für das Differential der mechanischen Energie $\mathcal{E}(\mathrm{z}_1, \ldots, \mathrm{z}_n)$ eines Systems mit $\mathfrak{f} = n$ Freiheitsgraden lautet damit

$$d\mathcal{E} = \mathrm{Z}_1 d\mathrm{z}_1 + \cdots + \mathrm{Z}_n d\mathrm{z}_n. \tag{8.23}$$

Wenn man ein System so beschrieben hat, aber nachträglich entdeckt, dass noch eine weitere unabhängige Variable zu Energieänderungen relevant beiträgt, dann hat das System halt einen Freiheitsgrad mehr, also ist $\mathfrak{f} = n + 1$. Man fügt den neuen Beitrag als Summanden $\mathrm{Z}_{n+1} d\mathrm{z}_{n+1}$ zu Gl. 8.23 hinzu und hat die Modellbeschreibung dann mit

$$d\mathcal{E} = \mathrm{Z}_1\, d\mathrm{z}_1 + \cdots + \mathrm{Z}_n\, d\mathrm{z}_n + \mathrm{Z}_{n+1}\, d\mathrm{z}_{n+1} \tag{8.24}$$

vervollständigt. Die einzelnen Summanden in dieser Gleichung repräsentieren *Energieformen,*die sich durch ihre charakteristischen Zustandsvariablen unterscheiden.

Notation (Energieformen): Später werden auch nichtmechanische Energieformen wie die thermische oder elektrische Energie erörtert. Sie werden durch ihre charakteristischen nichtmechanischen Zustandsvariablen (z. B. Entropie oder elektrische Ladung) beschrieben. Die Zuordnung eines Eigenschaftsworts zur Energie kann missverstanden werden. An der Energie ist nichts chemisch, elektrisch, elastisch o. Ä.. Spricht man z. B. von „elastischer Energie“, so ist selbstverständlich nicht damit gemeint, dass die Energie elastisch ist oder elastische Eigenschaften hat, sondern dass man sich auf einen Summanden in Gl. 8.23 bezieht, der in Zusammenhang mit dem Phänomen der Elastizität steht und durch eine hierfür geeignete Zustandsvariable beschrieben wird, beispielsweise eine Federauslenkung oder das Volumen eines Körpers.

Das Konzept, wie man mit Systemen umgeht, die mehrere Freiheitsgrade haben, ist so weit sehr einfach und übersichtlich. Die Frage, welche Zustandsvariablen man für eine Beschreibung heranzieht, ist völlig offen, und im Prinzip kann man sich aussuchen, was immer sich als geeignet erweist. Es gibt mindestens zwei Möglichkeiten, manchmal mehr.

Häufig kann man die partiellen Ableitungen nach einer der ursprünglichen Zustandsvariablen auflösen. Nehmen wir an, dass man beispielsweise die j-te partielle Ableitung nach der i-ten Variablen z_i auflösen kann. Dann ist diese Variable als Funktion

$$\mathrm{z}_i = \mathrm{z}_i(\mathrm{z}_1, \ldots, \mathrm{z}_{i-1}, \mathrm{Z}_j, \mathrm{z}_{i+1}, \ldots, \mathrm{z}_\mathfrak{f})$$

gegeben, und wenn man dies dann in Gl. 8.20 einsetzt, so erhält man für die Energie eine Beschreibung

$$\mathcal{E} = \mathcal{E}(\mathrm{z}_1, \ldots, \mathrm{z}_{i-1}, \mathrm{Z}_j, \mathrm{z}_{i+1}, \ldots, \mathrm{z}_\mathfrak{f}).$$

Sie ist weiterhin eine Funktion von $\mathfrak{f}$ Variablen, welche den $\mathfrak{f}$ Freiheitsgraden entsprechen. An der Dimension des Zustandsraums hat sich durch diese Transformation der Zustandsvariablen nichts geändert. Allerdings ist die Zustandsvariable z_i nun durch die Zustandsvariable Z_j ersetzt worden. Wie man sieht, kann man auf diese Weise eine verwirrend große Zahl unterschiedlicher energetischer Beschreibungen eines physikalischen Systems generieren. Daher ist es nun an der Zeit, in dem verwirrenden Dschungel unterschiedlicher Zustandsvariablen für $\mathcal{E}$ ein wenig Ordnung schaffen und einen Standard für energetische Beschreibungen zu definieren.

8.3.1 Intensive Zustandsvariable

Da die Energie $\mathcal{E}$ eine extensive Größe ist, wächst sie mit der Systemgröße an, denn sie ist die Summe der Energien der Teilsysteme, aus denen sie besteht. Wenn man ein Stück homogener Materie vorliegen hat, z. B. ein Stück eines chemisch homogenen Stoffes, so wächst die Energie $\mathcal{E}$ ganz offensichtlich proportional zur Stoffmenge an. Aus Konsistenzgründen muss auch jeder der $\mathfrak{f}$ Summanden $\mathrm{Z}_j d\mathrm{z}_j$ in Gl. 8.23 proportional zur Stoffmenge sein. Daraus folgt, dass stets einer der beiden Faktoren z_j oder Z_j eine extensive Zustandsvariable sein muss. Diejenige Zustandsvariable, welche nicht extensiv ist, bezeichnet man als *intensive Zustandsgröße*. Die Begriffsbildung ist analog zu dem, was man unter extensiver/intensiver Landwirtschaft versteht: Man kann den Ertrag vergrößern, indem man die landwirtschaftliche Fläche unter Beibehaltung der Intensität der Bodenbearbeitung ausdehnt, oder man kann den Ertrag bei gleicher Fläche durch intensivere Bearbeitung steigern. Betrachten wir beispielsweise für ein Stück homogener Materie den differentiellen kinetischen Energiebeitrag vdp, wobei p der Impuls und v die Geschwindigkeit ist. Dann ist der Impuls eine extensive Zustandsvariable (denn er ist proportional zur Masse) und folglich die Geschwindigkeit die intensive Zustandsvariable.

8.3.2 Fundamentalform der Energie

Um ein einheitliches Beschreibungssystem für die energetische Beschreibung von Materie zu schaffen, führt man die *Fundamentalform der Energie* ein. Damit bezeichnet man eine standardisierte Formulierung der Energie $\mathcal{E}$, bei der man ausschließlich extensive Zustandsvariable verwendet.

Fundamentalform der Energie
Ein Energiemodell, in dem alle Zustandsvariablen $\mathfrak{z}_1, \ldots \mathfrak{z}_\mathfrak{f}$ extensive Zustandsgrößen sind, heißt Fundamentalform der Energie.

Alle sich aus den partiellen Ableitungen (Gl. 8.22) ergebende Zustandsvariablen einer Fundamentalform sind infolgedessen *intensive Zustandsgrößen* bzw. intensive Zustandsvariablen. Durch die Fundamentalform ist jeder extensiven Zustandsgröße damit eine intensive Zustandsgröße zugeordnet. Für einige dieser intensiven Zustandsvariablen führt man eigene Namen ein wie beispielsweise für den im nächsten Abschnitt betrachteten Druck. Die Fundamentalform der Energie ist eine Konvention, mit der ein Gerüst aus klar definierten Begriffen für energetische Modellsysteme mit mehreren Zustandsvariablen etabliert wird. Sie bringt Ordnung in den mit der Anzahl der Freiheitsgrade immer üppiger wuchernden Dschungel.

Betrachten wir beispielsweise ein System mit nur einem Freiheitsgrad (d. h. $\mathfrak{f} = 1$). Dieser soll gleich der kinetischen Energie sein. Als extensive Zustandsvariable wählen wir den Impuls p des Systems. Die Fundamentalform der Energie ist dann die Hamilton-Funktion

$$\mathcal{H} = \mathcal{H}(p) = E_{\text{kin}}(p).$$

Aus dem Differential

$$d\mathcal{H} = v dp$$

ergibt sich die intensive Zustandsvariable. Das ist hier die Geschwindigkeit $v = \frac{d\mathcal{H}}{dp}$.

8.4 Druck

Ein Energiemodell für Materie werde durch $\mathfrak{f}$ Freiheitsgrade beschrieben und liege in der Fundamentalform vor, d. h., alle Zustandsvariablen $\mathfrak{z}_1, \ldots, \mathfrak{z}_\mathfrak{f}$ seien extensive Zustandsvariable. Die erste Zustandsvariable sei das Volumen V des Mediums, d. h., es sei $\mathfrak{z}_1 = V$. Durch partielle Ableitung nach V ergibt sich aus der Fundamentalform

$$\mathcal{E} = \mathcal{E}(V, \mathfrak{z}_2, \ldots, \mathfrak{z}_f)$$

die intensive Zustandsvariable

$$\mathfrak{p} = \mathfrak{p}(V, \mathfrak{z}_2, \ldots \mathfrak{z}_\mathfrak{f}) = -\left(\frac{\partial \mathcal{E}}{\partial V}\right)_{\mathfrak{z}_2, \ldots, \mathfrak{z}_\mathfrak{f}}. \tag{8.25}$$

Sie wird als *Druck* bezeichnet. Der Druck $\mathfrak{p}$ ist per definitionem die negative partielle Ableitung der Energie nach dem Volumen, wobei alle anderen extensiven Zustandsvariablen der Fundamentalform festgehalten (konstant gehalten) werden. Selbstverständlich kann man auch (negative) partielle Ableitungen nach dem Volumen für andere Formulierungen der Energie bilden, für welche einige der Zustandsvariablen intensiver Art sind. Nur ist das Ergebnis nicht der Druck. Wenn also z. B. die extensive Variable $\mathfrak{z}_2$ z. B. gegen eine intensive Variable $\mathfrak{Z}_2$ ausgetauscht wurde, so dass

$$\mathcal{E} = \mathcal{E}(V, \mathfrak{Z}_2, \mathfrak{z}_3, \ldots, \mathfrak{z}_f),$$

dann ist

$$-\left(\frac{\partial \mathcal{E}}{\partial V}\right)_{\mathfrak{Z}_2, \mathfrak{z}_3, \ldots, \mathfrak{z}_f} \neq \mathfrak{p}$$

nicht (!) der Druck.

Der Druck ist i. Allg. selbst wieder eine Funktion der Zustandsvariablen V, und wenn mehrere Zustandsvariable für eine physikalische Situation relevant sind, selbstverständlich auch eine Funktion der anderen Zustandsvariablen. Im einfachsten Fall hängt die mechanische Energie nur vom Volumen V als einziger Zustandsvariablen ab und es liegt ein Energiemodell

$$\mathcal{E} = \mathcal{E}(V) \tag{8.26}$$

mit nur einem Freiheitsgrad vor. Dann ist der Druck

$$\mathfrak{p} = \mathfrak{p}(V) = -\frac{d\mathcal{E}(V)}{dV} \tag{8.27}$$

nur eine Funktion des Volumens V.

Da Energie und Volumen Skalare sind, ist auch der Druck eine skalare Größe. Die SI-Einheit des Drucks heißt *Pascal:*

$$[\mathfrak{p}] = \text{Pascal} = \text{Pa} = {}^{\text{J}}/_{\text{m}^3} \tag{8.28}$$

Unter den üblichen Bedingungen nahe dem Erdboden liegt dort der Luftdruck bei ungefähr 1 bar $= 1 \times 10^5$ Pa $=$ 100 kPa (100 Kilopascal). Das ist auch ungefähr der als *Normaldruck* bezeichnete Druck.

Jedem Stück Materie mit einem Volumen V ist durch Gl. 8.27 im Rahmen dieses Modells ein Druck $\mathfrak{p}(V)$ zugeordnet. Das negative Vorzeichen in Gl. 8.27 wurde für die Definition des Drucks deshalb eingeführt, damit der Druck positive Werte annimmt, wenn man es mit stabiler Materie zu tun hat. Das kann man sich klarmachen, indem man sich die Konsequenzen überlegt, die auftreten, wenn der Druck negativ wird. Dann kann ein Stück Materie Energie nach außen abgeben, indem es sich zusammenzieht, und somit auch Energie dissipieren. Bliebe der Druck negativ, so würde von alleine ein physikalischer Vorgang ablaufen können, bei dem so lange Energie dissipiert wird, bis das Volumen null geworden und die Materie verschwunden ist. Das wird nie beobachtet, denn bevor das eintreten könnte, greifen meist physikalische Mechanismen, die den Druck positiv werden lassen. Dadurch wird die Volumenabnahme begrenzt und die Materie stabilisiert.

8.4.1 Druckausgleich

Zwei Medien A und B mögen in einem Behälter mit konstantem Volumen

$$V = V_{\mathrm{A}} + V_{\mathrm{B}}$$

eingeschlossen sein, der dissipative Energieabgabe über die Grenzen des Behälters hinweg zulässt. Die beiden Volumina V_{A} und V_{B}, welche die Medien einnehmen, seien durch einen Kolben voneinander getrennt und durch Verschieben des Kolbens veränderbar (Abb. 8.6). Wenn wir der Einfachheit halber annehmen, dass die Energie der Medien durch Energiefunktionen $\mathcal{E}_{\mathrm{A}}(V_{\mathrm{A}})$ und $\mathcal{E}_{\mathrm{B}}(V_{\mathrm{B}})$ beschrieben wird, die nur von ihrem Volumen abhängt (volumenelastischer Energiebeitrag), so ist deren Summe die mechanische Gesamtenergie

$$\mathcal{E} = \mathcal{E}_{\mathrm{A}}(V_{\mathrm{A}}) + \mathcal{E}_{\mathrm{B}}(V_{\mathrm{B}}).$$

Ändert man die Volumina durch Verschieben des Kolbens differentiell um $dV_{\mathrm{A}} = -dV_{\mathrm{B}}$, so ändert sich die Gesamtenergie um

$$d\mathcal{E} = d\mathcal{E}_{\mathrm{A}} + d\mathcal{E}_{\mathrm{B}} = -\mathfrak{p}_{\mathrm{A}}\,dV_{\mathrm{A}} - \mathfrak{p}_{\mathrm{B}}\,dV_{\mathrm{B}} = (\mathfrak{p}_{\mathrm{B}} - \mathfrak{p}_{\mathrm{A}})dV_{\mathrm{A}}.$$

Kann dabei Energie dissipiert werden, so entspricht es der Erfahrung, dass, wenn sie möglich sind, solche irreversiblen Prozesse von selbst ablaufen. Wenn bei diesem Prozess mechanische Energie frei wird, d. h., wenn $d\mathcal{E} < 0$ ist, sind sie möglich. Der irreversible Prozess der Dissipation ist eine Einbahnstraße, bei der mechanische Energie abnehmen kann, bis sie ein Minimum erreicht hat. Das ist der mechanische Gleichgewichtszustand (Abschn. 7.7). Im Minimum ist $d\mathcal{E} = 0$ (für $dV_{\mathrm{A}} \neq 0$), und folglich herrscht im mechanischen Gleichgewicht überall der gleiche Druck, d. h., im Gleichgewicht gilt

$$\mathfrak{p}_{\mathrm{A}} = \mathfrak{p}_{\mathrm{B}}. \tag{8.29}$$

Ist zunächst $\mathfrak{p}_{\mathrm{A}} > \mathfrak{p}_{\mathrm{B}}$, dann kann sich das Volumen V_{A} des Mediums A auf Kosten des Volumens von B vergrößern. Die dabei frei werdende Energie wird, wie oben bereits gesagt, dissipiert und führt so zum *Druckausgleich.* Über Details des Prozesses, insbesondere die Geschwindigkeit, mit dem der Dissipationsvorgang abläuft, kann man zwar nichts aussagen, aufgrund der Erfahrung aber sehr wohl die Feststellung treffen, dass der Prozess immer stattfindet, wenn er möglich ist und sodann von alleine abläuft, bis der Gleichgewichtszustand erreicht ist, bei dem überall der gleiche Druck herrscht. Zu Beginn eventuell vorliegende Druckdifferenzen werden durch Dissipation abgebaut. Mit Erreichen des Gleichgewichtszustands sind sie verschwunden.

> In einem Medium, in dem sich nur der volumenelastische Beitrag ändern kann, liegt im Gleichgewichtszustand überall der gleiche Druck vor.

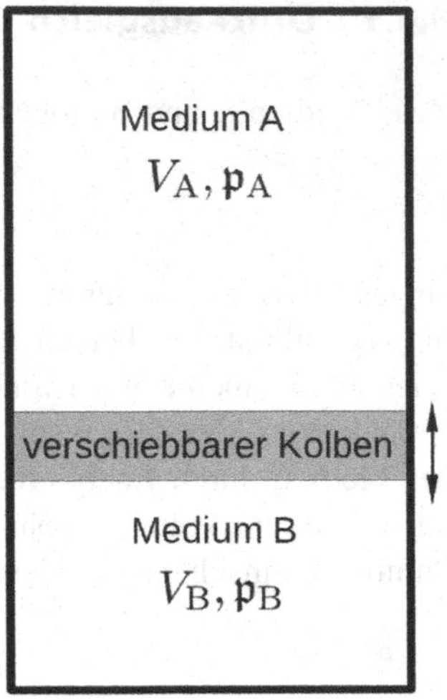

Abb. 8.6 Skizze zum Druckausgleich. (R. Rupp)

8.4.2 Schweredruck eines Fluids

Innerhalb eines im Erdschwerefeld mit der Fallbeschleunigung g ruhenden Fluids seien infinitesimal kleine Volumenelemente dV betrachtet. Da alle Volumenelemente in Ruhe sind, müssen sie im mechanischen Gleichgewicht sein. Wenn ein Volumenelement sich auf der Höhe h_A befindet und ein anderes bei der Höhe h_B, so muss daher gelten:

$$-gh_A\,dm_A - \mathfrak{p}_A\,dV = -gh_B\,dm_B - \mathfrak{p}_B\,dV$$
$$gh_A\rho_A\,dV + \mathfrak{p}_A\,dV = gh_B\rho_B\,dV + \mathfrak{p}_B\,dV$$

Hier bezeichnen $\mathfrak{p}_A$ bzw. ρ_A Druck bzw. Dichte der Fluidelemente auf der Höhe h_A und $\mathfrak{p}_B$ bzw. ρ_B die entsprechenden Größen auf der Höhe h_B. Folglich weisen die Fluidelemente eine Druckdifferenz

$$\Delta\mathfrak{p} = \mathfrak{p}_B - \mathfrak{p}_A = g(\rho_A h_A - \rho_B h_B)$$

auf. Diese Druckdifferenz wird als *Schweredruck* bezeichnet. Ist das Medium inkompressibel und die Dichte überall (näherungsweise) gleich, d. h., wenn überall $\rho_B = \rho_A = \rho$ gilt, so wächst die Druckdifferenz

$$\Delta\mathfrak{p} = \mathfrak{p}_B - \mathfrak{p}_A = -\rho g(h_B - h_A) = -\rho g \Delta h \tag{8.30}$$

proportional zur Höhendifferenz. Mit zunehmender Höhe nimmt der Druck ab. Für $g = 0$, $h_B = h_A$ oder für Fluide mit verschwindend kleiner Dichte ergibt sich der bereits zuvor diskutierte Grenzfall, nämlich der durch Gl. 8.29 beschriebene Druckausgleich.

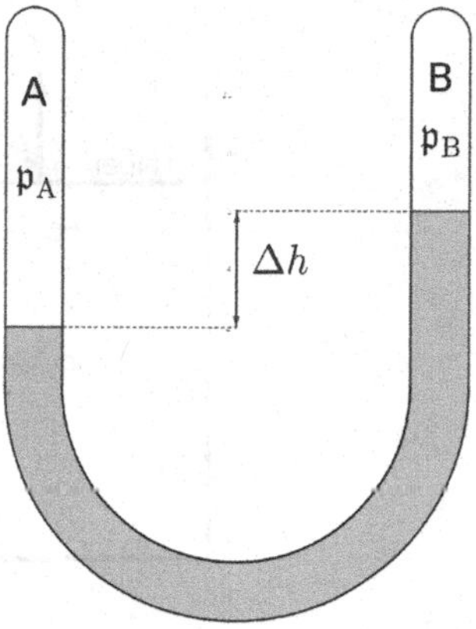

Abb. 8.7 Skizze eines U-Rohr-Manometers. Zwei Fluidbereiche mit je unterschiedlichem Druck $\mathfrak{p}_A$ und $\mathfrak{p}_B$ werden durch eine Sperrflüssigkeit (rot) voneinander getrennt. Die Druckdifferenz ergibt sich gemäß Gl. 8.30 aus der Höhendifferenz Δh. (R. Rupp)

Manometer Geräte zur Messung des Drucks heißen *Manometer.* Abb. 8.7 zeigt ein auf Gl. 8.30 beruhendes U-Rohr-Manometer, welches die Druckdifferenz zwischen den Medien A und B misst. Als Sperrflüssigkeit hat sich insbesondere Quecksilber bewährt.

8.4.3 Hydraulische Transformatoren

In Gl. 6.79 sei $\mathrm{z} = V$ das Volumen eines Gases und $\mathrm{Z} = \frac{d\mathcal{E}}{d\mathrm{z}} = \mathfrak{p}$ der Druck. Dann gibt das Gas die Energie

$$W = -\int_{V_\alpha}^{V_\Omega} \frac{d\mathcal{E}}{dV} dV = -\int_{V_\alpha}^{V_\Omega} (-\mathfrak{p}) dV = \int_{V_\alpha}^{V_\Omega} \mathfrak{p}\, dV \tag{8.31}$$

als Arbeit nach außen ab, wenn sich das Volumen vom Anfangsvolumen V_α zum Endvolumen V_Ω verändert. Für das Gas ist die Arbeit gleich dem Volumenintegral des Drucks. Ein Gas gibt demnach Arbeit nach außen ab, wenn sich das Volumen des Gases bei diesem Prozess vergrößert, denn das Integral $\int \mathfrak{p} dV$ ist dann positiv. Verkleinert sich das Volumen bei einem Prozess, so ist die abgegebene Arbeit negativ, und das bedeutet, dass dem Gas Energie von außen zugeführt werden muss, um diesen Prozess realisieren zu können.

Beschreibung von Volumenänderungen In Abb. 8.8 ist ein Fluid skizziert, das in einem zylindrischen Gefäß mit Querschnittsfläche A eingeschlossen ist und dessen Volumen durch einen Kolben verändert werden kann. Die Position des Kolbens sei durch eine Koordinate bezüglich der x-Achse gegeben. Wenn die Koordinate zu Anfang x_α war und am Ende x_Ω ist, so hat sich das Volumen proportional zu $\Delta x = x_\Omega - x_\alpha$ geändert, aber man muss beachten, dass i. Allg.

$$\Delta V \neq A \Delta x$$

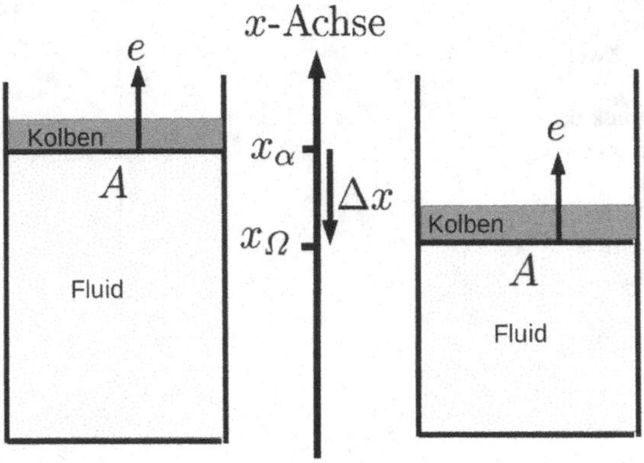

Abb. 8.8 Ein Kolben mit Fläche A wird von Koordinate x_α zur Koordinate x_Ω bewegt. Der Verschiebungsvektor Δx ist entgegengesetzt zum Richtungseinheitsvektor e gerichtet. Die Konvention ist, dass der auf der Kolbenfläche orthogonal stehende Einheitsvektor e vom Volumeninneren nach außen zeigt. Das Skalarprodukt $e \cdot \Delta x$ ist in diesem Beispiel negativ, und das Volumen nimmt um $\Delta V = A\, e \cdot \Delta x$ ab. (R. Rupp)

ist. Das Vorzeichen des Produkts $A\Delta x$ hängt offensichtlich von der Orientierung der Bezugsrichtung bzw. der x-Achse ab, die linke Gleichungsseite aber nicht, und deshalb kann man kein Gleichheitszeichen setzen. Die linke Seite der Ungleichung ist ein Skalar (ΔV), während auf der rechten Seite ein Vektor steht (A ist ein Skalar, aber Δx ein Vektor!).

Um zu einer Gleichung zu gelangen, führen wir eine vektorielle Größe e ein, die auf der Fläche A vom Volumeninneren nach außen gerichtet ist und den Betrag 1 hat. Vektoren vom Betrag 1 heißen *Einheitsvektoren.* Sie zeichnen eine Richtung aus. Das Ergebnis des Skalarprodukts $e \cdot \Delta x$ der beiden Vektoren e und Δx (Abschn. 3.4) hängt davon ab, ob die Kolbenfläche A nach außen oder nach innen verschoben wird. Im Eindimensionalen gibt es nur diese beiden Möglichkeiten:

$$e \cdot \Delta x = \begin{cases} +|\Delta x|, & \text{Verschiebung nach außen} \\ -|\Delta x|, & \text{Verschiebung nach innen} \end{cases}$$

Im ersten Fall nimmt dabei das Volumen zu und im zweiten Fall ab. Daher ist die Volumenänderung

$$\Delta V = A\, e \cdot \Delta x$$

positiv, wenn der Kolben nach außen bewegt wird (und das Volumen vergrößert), und negativ, wenn er nach innen bewegt wird (und das Volumen verkleinert). Die Gleichung ist nun auch formal richtig, denn auf beiden Gleichungsseiten stehen jetzt Skalare, und sie ist so formuliert, dass es nicht mehr darauf ankommt, in welche Richtung jenes Koordinatensystem zeigt, worauf sich die Koordinaten x_α und x_Ω beziehen.

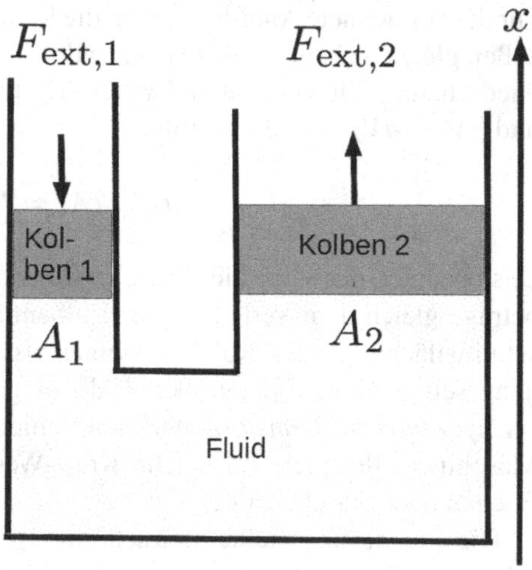

Abb. 8.9 Weg-Kraft-Transformation. Der skizzierte Transformator besteht aus einem Gefäß mit zwei Öffnungen, an die zwei in x-Richtung bewegliche Kolben angeschlossen sind. (R. Rupp)

Weg-Kraft-Transformation Abb. 8.9 skizziert das Modell einer Apparatur, mit der eine Weg-Kraft-Transformation (Abschn. 6.6) bewerkstelligt werden kann. Nachfolgend soll erläutert werden, wie dieser Transformator funktioniert.

Die Wände der Apparatur seien starr. In seinem Inneren befinde sich ein Fluid, dessen Volumen durch die beiden Kolben verändert werden kann. Das Fluid ist das Arbeitsmedium der „Maschine" und dient dazu, mechanische Energie als volumenelastische Energie zwischenspeichern zu können. Die Zustandsvariable des Systems ist dann das Volumen V des Fluids.

Wir betrachten folgenden Kreisprozess: Im ersten Takt wird das Volumen V des Fluids durch eine Verschiebung des Kolbens 1 infinitesimal um dx_1 zusammengedrückt. Die an das System abgegebene Arbeit

$$dW_1 = F_{\text{ext},1} \cdot dx_1$$

wird im System als mechanische potentielle Energie

$$dW_1 = d\mathcal{E} = -\mathfrak{p} dV_1$$

zwischengespeichert, wobei dV_1 die Volumenänderung ist. Im zweiten Takt wird eine gleich große Arbeit

$$dW_2 = F_{\text{ext},2} \cdot dx_2$$

wieder abgegeben. Die Volumenänderung ist im ersten Fall

$$dV_1 = A_1\, e_1 \cdot dx_1,$$

wobei A_1 die Querschnittsfläche des ersten Kolbens bezeichnet und e_1 der zugehörige Richtungseinheitsvektor ist. Im zweiten Fall gilt

$$dV_2 = A_2\, e_2 \cdot dx_2.$$

Für die gezeichnete Anordnung sind die Richtungen vom Inneren des Volumens nach außen gleich, d. h. $e_1 = e_2$. Da am Ende eines Kreisprozesses der Ausgangszustand wiederhergestellt wird, gelten für den Kreisprozess die Beziehungen $dW_1 + dW_2 = 0$ und $dV_1 + dV_2 = 0$. Somit folgt

$$F_{\text{ext},1}/A_1 = F_{\text{ext},2}/A_2.$$

Das bedeutet, dass sich die Kräfte so transformieren, dass das Verhältnis der Kraftbeträge gleich dem Verhältnis der Kolbenflächen ist. Ist die eingangsseitige Querschnittsfläche A_1 des Kolbens kleiner als die ausgangsseitige, dann ist die ausgangsseitige Kraft $F_{\text{ext},2}$ größer als die eingangsseitige. In ähnlicher Weise wie dieser *hydraulische Transformator* funktionieren auch andere primitive mechanische Maschinen. Beispiele für solche Kraft-Weg-Transformatoren sind Hebel, schiefe Ebenen oder Flaschenzüge.

Die gerade angestellte Betrachtung ist selbstverständlich eine rein mechanische Modellbetrachtung und berücksichtigt keine Dissipation. Wenn während des Kreisprozesses ein Teil der in den Transformator gesteckten Energie dissipiert wird, dann bekommt man selbstverständlich weniger Energie heraus, als man hineingesteckt hat, und kann damit das im idealen (reversiblen) Fall erzielbare Transformationsverhältnis nicht erreichen. Bei hydraulischen Transformatoren muss man beispielsweise den Prozess extrem langsam ablaufen lassen, um die viskose Dissipation des Arbeitsmediums, d. h. des Fluids, klein zu halten. Im idealen Modellfall betrachtet man daher den Grenzfall des *quasistatischen Prozesses.*

8.5 Enthalpie

Die Enthalpie ist ein wichtiger Begriff der Mechanik offener Systeme. Sie ist insbesondere für die technische Strömungsmechanik von Bedeutung (s. Band P2).

Ein Massenpunkt nimmt per Definition das Volumen $V = 0$ ein. Vergleicht man einen Massenpunkt A der Masse m mit einem ausgedehnten Körper B, der bei gleicher Masse m ein Volumen $V \neq 0$ einnimmt, so enthalten beide genau die gleiche innere Energie $\mathcal{U} = mc^2$. Um sie aus Energie materialisieren zu lassen, braucht man daher die gleiche Menge an Energie, nämlich mc^2. Wenn diese Materialisation jedoch im Kontakt mit einem umgebenden Fluid bei einem Gleichgewichtsdruck $\mathfrak{p}$ stattfinden soll, dann benötigt man für den ausgedehnten Körper B mehr Energie, weil man noch die Energie zur Verdrängung des Fluids aus dem Volumen V berücksichtigen muss. Für einen Massenpunkt ist die Verdrängungsenergie null, denn er hat kein Volumen. Wenn man den Massenpunkt aber zu einem ausgedehnten Körper mit dem Volumen V „aufbläst", ist die *Verdrängungsarbeit,* die dabei geleistet werden muss, gerade gleich dem konstanten Gleichgewichtsdruck $\mathfrak{p}$ multipliziert mit der Volumenänderung, und die ist gleich V. Die Verdrängungsarbeit ist also $\mathfrak{p}V$. Für die Bilanzierung der mechanischen Energie offener Systeme führt man die *Enthalpie*

$$\mathcal{H} = mc^2 + \mathfrak{p}V$$

bzw.

$$\mathcal{H} = \mathcal{U} + \mathfrak{p}V \tag{8.32}$$

als neue energetische Größe ein. Für einen Körper, einen Stoff oder ein Medium im Druckgleichgewicht mit der Umgebung ist sie gleichbedeutend mit der *Bildungsenergie* des Körpers.

8.5.1 Mechanische Enthalpie

Die Überlegung gilt analog für ein mechanisches System mit der mechanischen Energie $\mathcal{E}$. Für die Bilanzierung der mechanischen Energie offener Systeme führt man daher analog die *mechanische Enthalpie*

$$\mathcal{H} = \mathcal{E} + \mathfrak{p}V \tag{8.33}$$

ein. Die differentielle Enthalpieänderung

$$d\mathcal{H} = d\mathcal{E} + d(\mathfrak{p}V) = d\mathcal{E} + \mathfrak{p}dV + Vd\mathfrak{p} \tag{8.34}$$

ist gleich der Arbeit dW, die ein mechanisches System im Druckgleichgewicht mit der Umgebung abgeben kann, d. h., es ist

$$d\mathcal{H} = dW. \tag{8.35}$$

Die Aussage von Gl. 8.34 und Gl. 8.35 soll nun durch ein Beispiel erläutert werden. Zur Vereinfachung wird das Modell eines offenen mechanischen Systems betrachtet, dessen mechanische Energie $\mathcal{E}$ nur aus dem volumenelastischen (potentiellen) Energiebeitrag besteht. Das System soll in einem Fluid baden und mit ihm im Druckgleichgewicht sein.

Wenn das System sein Volumen um dV vergrößert, nimmt seine Energie um $d\mathcal{E} = -\mathfrak{p}dV$ ab. Daher könnte man meinen, dass es eine dementsprechende Arbeit abgegeben haben könnte. Um diesen Prozess aber auszuführen, muss jedoch exakt das gleiche Volumen dV des umgebenden Fluids verdrängt werden. Dazu muss Arbeit geleistet werden, und zwar die exakt gleich große Verdrängungsarbeit pdV. Da sich folglich die ersten beiden Summanden auf der rechten Seite von Gl. 8.34 aufheben, bleibt für die Enthalpieänderung nur $d\mathcal{H} = Vd\mathfrak{p}$ übrig, und nur die dementsprechende Arbeit $dW = Vd\mathfrak{p}$ kann von einem im Fluidbad befindlichen mechanischen System abgegeben werden. Wenn sich beim Prozess der Druck aber nicht ändert, also $d\mathfrak{p} = 0$ gilt, dann liefert das System keine Arbeit nach außen ab.

Dass man die Arbeit $Vd\mathfrak{p}$ zuführen muss, wenn man den Umgebungsdruck infinitesimal von $\mathfrak{p}$ auf $\mathfrak{p} + d\mathfrak{p}$ erhöht, kann man folgendermaßen einsehen: Man lässt das System beim Druck $\mathfrak{p}$ auf einen Massenpunkt schrumpfen, ändert den Druck auf $\mathfrak{p} + d\mathfrak{p}$ (dabei ändert sich die Energie $\mathcal{E}$ nicht) und bläst es anschließend wieder auf das Volumen V auf. Die Bilanz für die Verdrängungsenergie ist dann

$$(\mathfrak{p} + d\mathfrak{p})V - \mathfrak{p}V = Vd\mathfrak{p},$$

und das ist die Arbeit, die man bei einer Druckänderung gerade zuführen muss. Verringert man also den Druck, so wird die Enthalpie kleiner, und die Enthalpieabnahme stellt frei verfügbare Arbeit dar, die nach außen bzw. an andere Systeme abgegeben werden kann.

Die maximale Arbeit W, die ein mechanisches System abgeben kann, das sich im Druckgleichgewicht mit einem umgebenden Fluid befindet, ist gleich seiner Enthalpieänderung $\Delta\mathcal{H}$.

8.5.2 Auftrieb

In Abschn. 5.1.5 durchlief ein Wagen W der Masse m_W die Höhendifferenz $\Delta h = h_\Omega - h_\alpha$, wobei h_α seine Höhenkoordinate zu Anfang und h_Ω am Ende ist. Der Wagen repräsentiert eine bestimmte Stoffmenge, die ein Volumen $V = m_W/\rho_W$ einnimmt, wobei ρ_W die mittlere Dichte des Wagens ist. Im dissipationsfreien Grenzfall wird die Änderung der potentiellen Energie vollständig in kinetische Energie umgewandelt. Nun ist es aber nicht so, dass der Wagen auf der Höhe h_α ein Loch der Größe seines eigenen Volumens V im ansonsten luftgefüllten Raum hinterlässt und dass das entsprechende Luftvolumen V weggehext wird, das er am Ende auf der Höhe h_Ω einnimmt. Stattdessen wird eine Stoffmenge Luft von Wagen verdrängt und damit ein Volumen V, das dem des Wagens gleich ist. Dieses Volumen wird von der Luft dann auf der Höhe h_α eingenommen. Damit wurde eine Masse $m_L = \rho_L V$ der Luft auf die Höhe h_α angehoben. Die potentielle Energie ändert sich daher um

$$\Delta E_{\text{pot}} = m_W g\, \Delta h - m_L g\, \Delta h = (\rho_W - \rho_L) V g\, \Delta h.$$

Die Abnahme der potentiellen Energie ist also um $\rho_L g \Delta h$ geringer, als sie es im luftleeren Raum wäre. Dieses Phänomen wird *Auftrieb* genannt. Die Minderung der potentiellen Schwereenergie eines Körpers um die Schwereenergie des verdrängten Fluids wird als *Archimedisches Prinzip* bezeichnet.

Das Phänomen des Auftriebs lässt sich einfacher mit der Enthalpie beschreiben. Im betrachteten mechanischen Energiemodell seien nur die Schwereenergie und die kinetische Energie eines Körpers der Masse m berücksichtigt. Die Enthalpie des Körpers im Druckgleichgewicht mit einem ihn umgebenden Fluid ist dann

$$\mathcal{H} = \mathcal{E} + \mathfrak{p}V = \frac{1}{2}mv^2 - mgh + \mathfrak{p}V,$$

wobei V hier das Volumen des Körpers ist und $h_\alpha = 0$ sowie $h_\Omega = h$ sein sollen. Setzt man $m = \rho_K V$ mit der Dichte ρ_K des Körpers und $\mathfrak{p} = \rho g h$ für den Schweredruck einer inkompressiblen Flüssigkeit mit der Dichte ρ ein, so erhält man

$$\mathcal{H} = \left(\frac{1}{2}\rho_K v^2 + (\rho - \rho_K) g h\right) V.$$

Wenn sich die Höhe, auf der sich der Körper befindet, infinitesimal um dh verändert wird, ändert sich die Enthalpie um

$$d\mathcal{H} = [\rho_K v\, dv + (\rho - \rho_K) g\, dh]\, V = dW. \tag{8.36}$$

1. Wenn keine Arbeit abgegeben wird ($dW = 0$), so ist

   $$v\, dv = (1 - \rho/\rho_K) g\, dh,$$

   und der Körper erfährt die Beschleunigung

   $$\frac{dv}{dt} = (1 - \rho/\rho_K) g,$$

   wobei hier $v = dh/dt$ für die Momentangeschwindigkeit des Körpers eingesetzt wurde. Ob der Körper nach oben oder nach beschleunigt wird, hängt folglich davon ab, ob das Dichteverhältnis ρ/ρ_K größer oder kleiner als eins ist. Ist die Dichte des Körpers kleiner als die des umgebenden Fluids, wird er nach oben beschleunigt. Ein Beispiel dafür sind mit Helium gefüllte Ballons, die in Luft mit zunehmender Geschwindigkeit aufsteigen. Da es bei diesem Prozess zu einer Relativbewegung von Körper und Fluid kommt, ist er i. Allg. nicht reversibel. Im Grenzfall, dass das umgebende Medium das Vakuum mit der Dichte $\rho = 0$ ist, fällt der Körper unabhängig von seiner Dichte ρ_K stets mit der Beschleunigung $-g$ nach unten (freier Fall).
2. Eine Höhenänderung wird als quasistatisch bezeichnet, wenn sie in kontrollierter Weise so langsam durchgeführt wird, dass der kinetische Energiebeitrag für diesen Prozess vernachlässigt werden kann, d. h., wenn man in Gl. 8.36 $dv \approx 0$ setzen kann. Wenn der Körper zu Beginn des Prozesses in Ruhe war, so tritt bei solchen quasistatischen Prozessen keine Energiedissipation auf. Sie sind reversibel. Wie man aus Gl. 8.36 erkennt, erfordert eine reversible Höhenänderung um dh eine Zufuhr einer Arbeit dW von außen oder eine Abgabe von Arbeit nach außen, je nachdem, ob das Dichteverhältnis größer oder kleiner als eins ist.

8.6 Konjugierte Variable

Die Bedeutung des Wortes „konjugiert“ wurde bereits in Abschn. 2.2.2 erläutert. Wenn man von konjugierten Variablen spricht, so bezeichnet man damit ein Paar von Variablen, die in einer symmetrischen wechselseitigen Beziehung zueinander stehen. Wenn das konjugierte Variablenpaar ein Paar von Zustandsvariablen ist, so bezeichnet man sie als *konjugierte Zustandsvariable.* Darunter versteht man zwei Zustandsvariable, deren Produkt die physikalische Dimension einer Energie hat und die gemeinsam einen Freiheitsgrad der Energie beschreiben. Beispiele hierfür sind die Variablen Druck $\mathfrak{p}$ und Volumen V, welche den volumenelastischen Energiebeitrag beschreiben, oder die elektrische Ladung q und das elektrische Potential φ, welche den elektrischen Energiebeitrag beschreiben (Kap. 11).

Nachfolgend soll skizzenhaft durch drei Beispiele gezeigt werden, dass die *Legendre-Transformation* (Näheres hierzu in Anhang 14.3) eine symmetrische Beziehung zwischen zwei Funktionen (bzw. Potentialen) so herstellt, dass die (partielle) Ableitung nach der Variablen der einen Funktion gerade die Variable der anderen Funktion ist. Wenn eine solche symmetrische Beziehung besteht, dann bilden sowohl die beiden Funktionen als auch die beiden Variablen ein konjugiertes Paar.

Beispiel 8.1

Es sei eine Funktion

$$\mathscr{H}(p) = \frac{p^2}{2m} \tag{8.37}$$

einer Variablen p gegeben. Da diese Funktion nur eine Variable hat, sind Ableitung und partielle Ableitung dasselbe. Die Ableitung dieser Funktion nach der Variablen p definiert die konjugierte Variable

$$v = \frac{d\mathscr{H}}{dp} = p/m.$$

Substituiert man $p = mv$ in die durch Gl. 8.37 gegebene Funktion, so erhält man die zu $\mathscr{H}$ konjugierte Funktion

$$\mathscr{L}(v) = \frac{1}{2}mv^2$$

der Variablen v. Deren Ableitung ergibt wieder die zu v konjugierte Variable

$$p = \frac{d\mathscr{L}}{dv} = mv.$$

Die Beziehung ist offensichtlich wechselseitig. Die Variablen p und v sind konjugierte Variable und die Funktionen $\mathscr{H}(p)$ und $\mathscr{L}(v)$ konjugierte Funktionen. Sie teilen miteinander die symmetrische Beziehung

$$\mathscr{H} + \mathscr{L} = pv. \tag{8.38}$$

◀

Beispiel 8.2

Die mechanische Energie sei durch die Hamilton-Funktion $\mathscr{H}(p) = \sqrt{p^2c^2 + m^2c^4}$ gegeben, d. h. als Funktion der Impulsvariablen p dargestellt. Das Differential der Funktion ist

$$d\mathscr{H} = \mathrm{Z}(p)\,dp$$

mit

$$\mathrm{Z}(p) = \frac{d\mathscr{H}}{dp} = \frac{pc}{\sqrt{m^2c^4 + c^2p^2}}.$$

Ein Vergleich mit Gl. 4.17 zeigt, dass $\mathrm{Z}(p)$ die Geschwindigkeit ist, d. h., es ist

$$v = \mathrm{Z}(p).$$

Indem man den Impuls durch die Geschwindigkeit ausdrückt und in den Ausdruck für die Energie einsetzt, kann man durch Bilden der Ableitung zeigen, dass auch hier Impuls und Geschwindigkeit ein konjugiertes Variablenpaar bilden. Hierbei ist p eine extensive und v eine intensive Variable.
Ob man die Geschwindigkeit oder den dazu konjugierten Impuls als Zustandsvariable heranzieht, um einen Ausdruck für die kinetische Energie aufzustellen, ist Geschmackssache. Beides hat Vor- und Nachteile. Theoretiker ziehen extensive Zustandsgrößen vor, weil für diese klar ist, wie sich die Zustandsgröße des Gesamtsystems aus den Werten der Teilsysteme ergibt. Für den Experimentator spielen intensive Zustandsgrößen, wie z. B. Geschwindigkeiten, eine größere Rolle, weil sie meist unmittelbar aus der Beobachtung hervorgehen. Geht man von der Fundamentalform der Energie aus, so sind die zu den extensiven Zustandsgrößen konjugierten Zustandsvariablen stets intensive Größen. ◄

Beispiel 8.3

‚Die mechanische Energie sei in der Fundamentalform durch $\mathcal{E}(V)$ mit dem Volumen V als extensiver Zustandsvariablen gegeben. Dieses Modell hat nur einen Freiheitsgrad. Die Ableitung liefert den Druck

$$\mathfrak{p} = -\frac{d\mathcal{U}}{dV}$$

als intensive Zustandsvariable.
Für das Differential der Enthalpie wurde in Abschn. 8.5 gezeigt, dass

$$d\mathcal{H} = V d\mathfrak{p}.$$

Wenn man die Enthalpie daher speziell so formuliert, dass der Druck $\mathfrak{p}$ die Zustandsvariable ist, d. h., dass $\mathcal{H} = \mathcal{H}(\mathfrak{p})$, so gilt für die Ableitung

$$\frac{d\mathcal{H}}{d\mathfrak{p}} = V.$$

Daraus folgt, dass die mechanische Energie $\mathcal{E}(V)$ und die mechanische Enthalpie $\mathcal{H}(\mathfrak{p})$ wechselseitig konjugierte Funktionen sind und ihre Variablen $\mathfrak{p}$ bzw. V konjugierte Zustandsvariable. Man kann zeigen, dass die beiden Funktionen $\mathcal{E}(V)$

und $\mathcal{H}(\mathfrak{p})$ Legendre-Transformierte zueinander sind (Anhang 14.3). Analog zu Gl. 8.38 haben sie die symmetrische Beziehung

$$\mathcal{H} + \mathcal{E} = \mathfrak{p}V\,. \tag{8.39}$$

Es gibt also tatsächlich eine Funktion mit der physikalischen Dimension einer Energie, deren (partielle) Ableitung nach dem Volumen gleich dem Druck ist. Aber diese Funktion ist nicht die mechanische Energie, sondern die mechanische Enthalpie. ◀

Thermodynamik

9

Ein *abgeschlossenes mechanisches Modellsystem* mit der mechanischen Energie $\mathcal{E}$ enthält keine Beschreibung für die Dissipation. Der Austausch zwischen mechanischen Energiebeiträgen erfolgt per Definition stets reversibel. Irreversible Prozesse werden in der phänomenologischen Mechanik als dissipative Abgabe einer Leistung P_v an eine nicht weiter definierte Außenwelt beschrieben,

Ein *abgeschlossenes thermodynamisches Modellsystem* schließt die dissipierte Energie hingegen in die energetische Bilanz ein, indem es ihr einen speziellen Energiebeitrag hinzufügt: den thermischen Energiebeitrag. Dieser ist so gestaltet, dass das Phänomen der Irreversibilität physikalischer Abläufe im Modell der *phänomenologischen Thermodynamik* berücksichtigt ist. Aufgrund dieser Vervollständigung bleibt die innere Energie $\mathcal{U} = mc^2$ eines thermodynamischen Modellsystems auch dann konstant, wenn in ihm dissipative Prozesse ablaufen.

9.1 Die Hauptsätze der Thermodynamik

Die Energieform, die in diesem Kapitel neu eingeführt wird, ergänzt das Energiemodell der phänomenologischen Mechanik zum Energiemodell der phänomenologischen Thermodynamik. Das Vorgehen ist das Musterbeispiel für die Einführung neuer Energieformen und wird sich später noch an vielen Beispielen in ähnlicher Weise wiederholen (chemische Energie, elektrische Energie usw.). Ausgangspunkt sei ein mechanisches System, für welches zunächst n unabhängige phänomenologische Parameter bzw. Zustandsvariable zur Charakterisierung des mechanischen Energiezustands des Systems identifiziert werden konnten. Diese phänomenologischen bzw. „sichtbaren" Parameter werden zu den $\mathfrak{f} = n$ unabhängigen energetischen Freiheitsgraden eines mechanischen Modellsystems erklärt.

Physiker tun dabei so, als ob sie ein reales naturgegebenes Objekt mit all seiner inneren Komplexität auf nur zwei, drei, ... wenige Zustandsvariable abbilden könnten. Nun haben wir bereits gesehen, dass das nicht perfekt funktioniert, denn

R. Rupp, *Physik 1 – Eine unkonventionelle Einführung*,
https://doi.org/10.1007/978-3-662-64506-2_9

es treten dissipative „Energieverluste“ auf. Diese Prozesse lassen sich i. Allg. für eine gewisse Zeitspanne ignorieren, aber nicht auf Dauer. Es gibt zwei Möglichkeiten, damit umzugehen. Die erste haben wir bereits kennengelernt: Hält man am mechanischen Modell fest, bleibt einem nichts anderes übrig, als es zum offenen System zu erklären, welches die dissipierte Energie nach außen abgibt (Kap. 7). In diesem Kapitel wollen wir jedoch einen anderen Standpunkt einnehmen und danach trachten, das offene System zu einem abgeschlossenen System zu vervollständigen. Die dissipierte Energie soll ins Modell mit eingeschlossen werden. Dazu muss man einen neuen nichtmechanischen Freiheitsgrad hinzufügen. Der neue Energiebeitrag soll schlagwortartig als *thermische Energie* bezeichnet werden.

Genau genommen ist er der Sammelbegriff für eine gigantisch große Zahl winzig kleiner Energiebeiträge, für die man keine „sichtbaren“ Zustandsvariablen angeben kann. Die thermische Energie ist die Zusammenfassung sehr vieler mikroskopischer Energiebeiträge, deren Änderungen so winzig klein sind, dass man sie auf der makroskopischen Ebene zwar nicht durch eine mechanische Zustandsvariable erfassen kann, die sich aber im Laufe der Zeit dennoch zunehmend makroskopisch auswirken. Obwohl ihre Energiebeiträge im Einzelnen vernachlässigbar klein sind, summieren sie sich zu dem makroskopisch an der Zeitentwicklung der n mechanischen Freiheitsgrade ablesbaren Effekt der Dissipation, weil extrem viele dieser individuell nicht fassbaren mikroskopischen („unsichtbaren“) Freiheitsgrade an der Dissipation beteiligt sind: Auch Kleinvieh macht Mist!

Wir modellieren alle mechanisch „unsichtbaren“ Kleinstbeiträge durch einen einzigen zusammenfassenden Energiebeitrag: den *thermischen Energiebeitrag*. Er wird durch Hinzufügung einer extensiven Zustandsvariablen S zu jenen der Fundamentalform der mechanischen Energie beschrieben. Der neuen Zustandsvariablen S hat man den Namen *Entropie* gegeben.

Die Fundamentalform der inneren Energie $\mathcal{U}$ eines thermodynamischen Systems hängt also von der neuen extensiven Zustandsvariablen S und den n anderen extensiven Zustandsvariablen $\mathrm{z}_1, \ldots, \mathrm{z}_n$ ab, also aus insgesamt $\mathfrak{f} = n + 1$ relevanten Freiheitsgraden:

$$\mathcal{U} = \mathcal{U}(S, \mathrm{z}_1, \ldots, \mathrm{z}_n) \tag{9.1}$$

Die zur Entropie S konjugierte Zustandsgröße

$$T = T(S, \mathrm{z}_1, \ldots, \mathrm{z}_n) = \left(\frac{\partial \mathcal{U}}{\partial S}\right)_{\mathrm{z}_1,\ldots,\mathrm{z}_n} \tag{9.2}$$

wird als *Temperatur* bezeichnet. Eine differentielle Änderung der inneren Energie wird also durch

$$d\mathcal{U} = T\,dS + \frac{\partial \mathcal{U}}{\partial \mathrm{z}_1} d\mathrm{z}_1 + \cdots + \frac{\partial \mathcal{U}}{\partial \mathrm{z}_n} d\mathrm{z}_n \tag{9.3}$$

beschrieben. Der Beitrag TdS zum Energiedifferential repräsentiert den neuen thermischen Beitrag.[1]

Mit der Zuschreibung einer neuen Energieform und ihrer zueinander konjugierten Zustandsvariablen allein ist es aber nicht getan. Damit Gl. 9.3 zu einem auch die Dissipation umfassenden Modell für die innere Energie wird, muss das wesentliche empirische Charakteristikum dissipativer Prozesse modelliert werden, und das ist die für alle in der Natur beobachteten dissipativen Prozesse empirisch erfahrbare *Irreversibilität*.

> Zentrale Aufgabe der Thermodynamik ist die Modellierung der an makroskopischen Systemen beobachteten Irreversibilität.

In einem abgeschlossenen System ist die totale innere Energie unveränderlich, d. h., es gilt $d\mathcal{U} = 0$. Unsere empirische Erfahrung mit Systemen, die man in guter Näherung als abgeschlossen anerkennen kann, zeigt nun, dass alle Prozesse ausnahmslos so ablaufen, dass die Summe aller mechanischen Energiebeiträge nie zunimmt. Ein physikalischer Prozess kann folglich nur dazu führen, dass der thermische Energiebeitrag entweder gleich bleibt oder anwächst. Dieser Beitrag stellt das Gegenkonto dar, das dafür sorgt, dass der Energieerhaltungssatz erfüllt ist. Ihm kommt daher die Eigenschaft zu, äußerst selbstsüchtig zu sein: Er nimmt von allen anderen Energieformen Energie auf, gibt aber nichts zurück. Der thermische Energiebeitrag TdS ist sozusagen der Dagobert Duck aller Energieformen.

Die an makroskopischen Systemen beobachtbare Irreversibilität ist einfach eine Erfahrungstatsache, die nun modellmäßig formuliert werden muss. Das geht verblüffend einfach. Da über die Temperatur T bis hier hin nichts festgelegt ist, definiert man sie (per Konvention) als positive Größe. Fordert man nun noch, dass die Entropie S in abgeschlossenen Systemen nicht abnehmen darf (d. h. nur Prozesse auftreten können, für welche $dS \geq 0$), so werden reversible Prozesse durch $dS = 0$ und irreversible durch ein Anwachsen des thermischen Energiebeitrags bzw. der Entropie, d. h. durch $dS > 0$, modelliert. Die axiomatische Basis für das grundlegende Modell, das auch die Irreversibilität modellieren kann, sind daher die nachfolgenden drei *Hauptsätze (bzw. Postulate) der Thermodynamik*:

[1] „Stille Freiheitsgrade“ , d. h. Freiheitsgrade, die nicht am Energieaustausch teilnehmen und deren Zustandsvariable zeitlich konstant sind, braucht das Modell von vornherein nicht zu berücksichtigen, denn sie sind für Gl. 9.3 nicht relevant. Daher werden sie bereits in Gl. 9.1 weggelassen.

Die Hauptsätze der Thermodynamik

1. **Existenz des thermischen Energiebeitrags:** In einem abgeschlossenen System existiert neben den mechanischen Energiebeiträgen noch ein thermischer Energiebeitrag TdS, der die aus ersteren dissipierte Energie verbucht.

2. **Goldene Regel der Thermodynamik:** Die extensive Zustandsvariable S der thermischen Energieform heißt Entropie. In abgeschlossenen Systemen wird in der Regel keine Abnahme der Entropie beobachtet.

3. **Positivität der Temperatur:** Die intensive Zustandsvariable T der thermischen Energie heißt Temperatur. Sie ist positiv, d.h. $T > 0$.

Der dritte Hauptsatz der Thermodynamik ist bezüglich des Vorzeichens reine Konvention. Man hätte die Temperatur auch als negative Größe definieren können, aber dann hätte man die goldene Regel der Thermodynamik so formulieren müssen, dass in abgeschlossenen Systemen keine Entropiezunahme auftritt. Der eigentliche Kern des Postulats ist, dass es den Fall $T = 0$ ausschließt. Man kann dem Temperaturnullpunkt zwar beliebig nahe kommen, ihn aber nicht erreichen. Warum dieses Postulat nötig ist, wird in Abschn. 9.7 erläutert.

In einem abgeschlossenen System ist die Abgabe mechanischer Energie aus den n nichtthermischen Energieformen an die thermische Energieform ein zulässiger Prozess, denn die Entropie wächst dabei an. Differentiell formuliert darf die mechanische Energie um

$$\delta\mathcal{E} = \mathrm{Z}_1 d\mathrm{z}_1 + \cdots + \mathrm{Z}_n d\mathrm{z}_n$$

abnehmen und die thermische Energie im gleichen Maße um TdS anwachsen, so dass die Energie gemäß

$$d\mathcal{U} = TdS + \delta\mathcal{E} = 0$$

erhalten bleibt. Bei diesem Prozess nimmt die Entropie nämlich zu, d. h., es ist $dS > 0$ (zunehmende Entropie). Das Symbol δ soll deutlich machen, dass es sich bei $\delta\mathcal{E}$ um einen partiellen Differentialbeitrag zu $d\mathcal{U}$ handelt. Vergleicht man ihn nämlich mit dem vollständigen Differential von Gl. 8.23, so hängen die konjugierten Variablen $\mathrm{Z}_j = \frac{\partial\mathcal{U}}{\partial \mathrm{z}_j}$ nunmehr nicht nur allein von den mechanischen Variablen $\mathrm{z}_1, \ldots, \mathrm{z}_n$ ab, sondern zusätzlich auch von der nichtmechanischen Variablen S.

Schließt man eine Abnahme der Entropie aus und ist die Temperatur definitionsgemäß positiv, so ist der umgekehrte Prozess unmöglich: Keine der n nichtthermischen Energieformen kann Energie von der thermischen Energieform zurückgewinnen! Der

Prozess der Dissipation ist im Rahmen des durch die drei Hauptsätze axiomatisch eingeführten Modells somit *irreversibel.*

Isentrope Prozesse In einem abgeschlossenen System sind physikalische Prozesse nur dann reversibel, wenn die Entropie dabei konstant bleibt. Nur diese durch $dS = 0$ ausgezeichneten *isentropen Prozesse* können genauso gut in der einen wie in der umgekehrten Richtung ablaufen, denn Energieübertragungen von einer mechanischen Energieform in eine andere sind prinzipiell in jede Richtung möglich. Die in den vorhergehenden Kapiteln betrachteten mechanischen Prozesse erweisen sich somit als eine Untermenge der thermodynamischen Prozesse, nämlich die der isentropen Prozesse. Alle anderen thermodynamischen Prozesse (also die zur Komplementärmenge gehörenden Prozesse) können (für abgeschlossene Systeme) nicht durch mechanische Modelle beschrieben werden. So betrachtet ist die phänomenologische Mechanik ein Teilgebiet der phänomenologischen Thermodynamik.

Thermodynamisches Gleichgewicht Wenn irgendwelche Restriktionen, denen die mechanischen Zustandsvariablen unterliegen, dafür sorgen, dass keine weitere Energie aus den mechanischen Energieformen abgegeben werden kann, dann erreicht das thermodynamische System einen stationären Zustand: Es wird keine weitere zeitliche Änderung von Zustandsvariablen mehr beobachtet. Dieser zeitlich stationäre Zustand wird als *thermodynamisches Gleichgewicht* bezeichnet. Thermodynamische Prozesse können nur solange spontan ablaufen, bis die Entropie im Rahmen der Restriktionen, denen die mechanischen Zustandsvariablen unterliegen, das Maximum angenommen hat. Es ist also gleichbedeutend zu sagen, dass ein physikalisches System das thermodynamische Gleichgewicht erreicht hat, oder zu sagen, dass es die nach Maßgabe der Restriktionen maximale Entropie erreicht hat.

Wenn man im Sportstudio einen Ball in der Hand hält, so steht eine gewisse potentielle Energie zur freien Verfügung. Lässt man den Ball los, wird sie teilweise in kinetische Energie umgewandelt und teilweise dissipiert. Da man das Sportstudio getrost als abgeschlossenes System anerkennen kann, modelliert die Thermodynamik die Energieerhaltung dadurch, dass die dissipierte Energie als Zunahme der thermischen Energieform bilanziert wird. Die Irreversibilität des Vorgangs wird durch das Anwachsen der Entropie modelliert. Es laufen solange thermodynamische Prozesse ab, bei denen kinetische Energie reversibel in potentielle Energie und zurück umgewandelt wird und zugleich stets ein wenig davon irreversibel in thermische Energie überführt wird, bis der Ball nach einer gewissen Zeit schließlich auf dem Boden zur Ruhe gekommen ist und jegliche makroskopische und damit sichtbare spontane Bewegung aufhört. Der stationäre Zustand, der schließlich erreicht wird, ist der thermodynamische Gleichgewichtszustand unter der gegebenen Restriktion, welche der Boden erzwingt. Dieser Endzustand hat die maximal mögliche Entropie.

Wenn man nun zu irgendeinem Zeitpunkt eine der Restriktionen für die mechanischen Zustandsvariablen aufhebt, dann können wieder dynamische Prozesse aufleben und solange weiterlaufen, bis die Entropie im Rahmen der verbleibenden Restriktionen wieder ihr Maximum erreicht hat. Das durch $dS = 0$ gekennzeichnete Entropiemaximum ist das Kriterium dafür, dass das neue thermodynamische Gleichgewicht unter der Maßgabe der verbleibenden Restriktionen erreicht worden ist.

Wenn der Boden des Sportstudios eine Falltür zu einem Kellerraum hat (so etwas haben zugegebenermaßen die wenigsten Sportstudios), dann stellt das Öffnen der Falltür die Aufhebung der bisherigen Restriktion dar. Nach dem Öffnen wird sich der Ball wieder bewegen und der Vorgang der Umwandlung von potentieller in kinetische Energie (von der wieder ein bisschen Energie abgezwackt bzw. dissipiert wird) wieder losgehen. Er wird solange unter Anwachsen der Entropie ablaufen, bis die Entropie des Sportstudios ein neues Maximum erreicht hat. Im neuen thermodynamischen Gleichgewicht wird der Ball auf dem Kellerboden des Studios liegen und dort ruhen, weil eine weitere Energieumwandlung durch den als Restriktion wirkenden Kellerboden unterbunden ist. Die ursprüngliche potentielle Energie, die abgegeben wurde, ist auch weiterhin im abgeschlossenen Sportstudio, nur eben auf viele „unsichtbare" Energiebeiträge verteilt, d. h. auf Energiebeiträge, für die man keine mechanische Zustandsvariablen identifizieren kann.

Der „Zeitpfeil" Zuweilen wird der Entropie zugeschrieben, einen „Zeitpfeil" bzw. eine Richtung des zeitlichen Ablaufs in die Physik einzuführen, der in der Mechanik nicht vorhanden ist, oder gefolgert, dass ein abgeschlossener Kosmos auf den Wärmetod zuläuft. Das sind alles richtige Konsequenzen aus dem ... Modell! Die Hauptsätze der Thermodynamik sind ein Paradebeispiel für in Postulate gegossene induktive Schlüsse aus Naturbeobachtungen. Das sollte man nicht vergessen. Das Modell enthält den „Zeitpfeil", weil es so entworfen wurde, dass es unsere tägliche Erfahrung widerspiegelt: Auch Physiker machen täglich (!) die Erfahrung, dass ihr Kaffee auf dem Frühstückstisch ... im Laufe der Zeit ... kalt wird und niemals von alleine zu kochen anfängt. Aus dieser Beobachtung schließen sie induktiv auf die Hauptsätze.

Schließt jemand umgekehrt von den Hauptsätzen auf das mit dem Zeitpfeil zunehmende Erkalten des Kaffees, hat er vermutlich vergessen, wie man zu den Hauptsätzen gelangt ist. Für die Schlussfolgerung, dass unser Kosmos den Wärmetod sterben wird, weil der Kaffee kalt wird, braucht man den Begriff der Entropie ja nicht unbedingt. Der Mythos eines „Zeitpfeils", dessen Ursache im Anwachsen der Entropie liegen soll, eignet sich aber allemal, wenn Sie in pseudophilosophischen Tischgesprächen glänzen wollen.

9.1.1 Physiker und ihre Verbotstafeln

Typische Verbote der Physik sind oft so formuliert wie der zweite Hauptsatz der Thermodynamik. Ein anderes Beispiel für Verbote sind die Erhaltungssätze wie z. B. der Energie- oder Impulserhaltungssatz, auch wenn sie positiv formuliert sind. Man kann sie nämlich auch negativ formulieren: Alle Vorgänge, bei denen die Energie oder der Impuls eines abgeschlossenen Systems nicht erhalten sind, sind verboten. Sie werden später noch andere Erhaltungssätze kennenlernen, wie z. B. die Ladungserhaltung oder Leptonenzahlerhaltung, die im Grunde genommen gewisse physikalische Prozesse, die man erfahrungsgemäß nicht beobachtet, durch Verbote ausschließen.

Woher wissen die Physiker eigentlich so genau, dass alle anderen Vorgänge verboten sind? Woher weiß man, dass das von Wolfgang Pauli formulierte Pauli-Verbot absolute Gültigkeit hat? Nun, die Physiker wissen das eigentlich nicht. Es sind Hypothesen. Aber es sind solche, von denen bislang noch nie beobachtet wurde, dass es auch nur einen einzigen Vorgang gibt, der ihnen widerspricht. Ihre Glaubwürdigkeit wächst mit dem Gewicht der Physikgeschichte und mit der Tätigkeit der vielen Physiker auf der Welt, welche diese Hypothesen gewissermaßen täglich auf den Prüfstand stellen.

Und doch ist es in der Physikgeschichte vorgekommen, dass eine Beobachtung auftrat, die einer dieser Hypothesen widersprach, obwohl ganze Physikergenerationen über Jahrzehnte an die absolute Gültigkeit des Verbots geglaubt hatten, von der Wahrheit der Verbotshypothese überzeugt waren. Ein Beispiel hierfür ist die Paritätserhaltung. Man ging bis Mitte des 20. Jahrhunderts (!) davon aus, dass physikalische Gesetze symmetrisch gegenüber Raumspiegelungen sind. Das bedeutet, dass, wenn man sich einen physikalischen Vorgang in einem Spiegel betrachtet, man ihn in der gleichen Weise in der Natur auffinden kann, wie er im Spiegel aussieht. Die Physikerin Chien-Shiung Wu konnte jedoch experimentell zeigen, dass das für Vorgänge der schwachen Wechselwirkung nicht richtig ist.

Wenn Physiker auch nur eine einzige Ausnahme von einer ihrer als Verbote formulierten Hypothesen feststellen, dann geben sie die Hypothese schlicht und einfach auf oder schränken den Gültigkeitsbereich ein. Verbote muss man ohnehin immer mit dem Beipackzettel lesen: Das Verbot der Entropieabnahme gilt *nur für abgeschlossene Systeme*! Auf dem neuen Beipackzettel für die Paritätserhaltung steht heute: Alle Wechselwirkungen erfüllen die Paritätserhaltung – *mit Ausnahme der schwachen Wechselwirkung.*

Aber wie geht man mit Vorgängen um, welche durch Verbote der Physik nicht ausgeschlossen sind? Hier schlägt das positive Rechtsverständnis der Physiker zu (na, wenigstens etwas haben sie da von den Juristen gelernt!): *Was nicht verboten ist, ist erlaubt!* Wenn man für bestimmte Prozesse kein Verbot ausspricht, dann bedeutet das, dass man nicht vollständig ausschließen kann, dass sie auftreten könnten. Ein Beispiel ist die in der makroskopischen Welt beobachtete Nichtreversibilität von Prozessen wie z. B. beim gedämpften Oszillator. Die Erfahrung ist, dass man die Dämpfung mit technischen Verbesserungen und Tricks verkleinern kann. Sie hängt gewissermaßen von der Ingenieurskunst ab. Da man keine untere Schranke von vornherein angeben kann, von der sicher ist, dass sie nicht unterschritten werden könnte, muss alles bis hin zum Grenzfall des ungedämpften Oszillators zu den Möglichkeiten gezählt werden, welche in der Natur auftreten könnten. Genauso verhält es sich mit den reversiblen Prozessen der Thermodynamik: Sie sind der Grenzfall der erlaubten und damit denkbaren Prozesse, auch wenn sie im Regelfall nicht auftreten. Sie stehen insbesondere für theoretische Schlüsse frei zur Verfügung, denn verboten sind sie nicht.

Interessanterweise realisiert die Natur tatsächlich fast immer das, was nicht verboten ist. Als die Physiker Tsung-Dao Lee (Abb. 2.21) und Chen Ning Yang erkannten, dass die Paritätserhaltung für die schwache Wechselwirkung nicht zwingend war, da hieß das nur, dass so ein Prozess denkmöglich ist, aber bedeutete eigentlich noch nicht, dass er von der Natur tatsächlich realisiert ist. Das bewies erst das Experiment der Physikerin Chien-Shiung Wu. Den Nobelpreis gab es jedoch für die beiden Theoretiker, weil sie uns von der Denkschranke der Paritätserhaltung befreit hatten.

Mit der Verbotstafel der Entropieabnahme, welche durch den zweiten Hauptsatz der Thermodynamik formuliert ist, hat es eine besondere Bewandtnis: Wie Sie später noch lernen werden, gibt es so ein Verbot streng genommen eigentlich nicht. Es ist eine Ad-hoc-Hypothese, um die überwältigende Zahl an Erfahrungsberichten zur Dissipation in der Alltags- und Küchenphysik zu modellieren. Ich habe sie deshalb auch als *Goldene Regel der Thermodynamik* bezeichnet, also als Regel.

Auch wenn Sie von einer Brücke aus stundenlang auf eine Autobahn schauen, könnten Sie irgendwann induktiv zur Vermutung neigen, dass Autos auf Autobahnen nur in eine bestimmte spurbedingte Richtung fahren dürfen. Sie schließen daher auf die Hypothese „In die entgegengesetzte Richtung zu fahren ist verboten". Brillant. Überzeugt uns von Ihrem physikalischen Scharfsinn. Vorsichtshalber sollten Sie auch fest an sie glauben, wenn Sie verbotenerweise eine Autobahn zu Fuß überqueren wollen. Aber Geisterfahrer gibt es schon auch ...

Die Wahrscheinlichkeit, auf einen Geisterfahrer zu treffen, ist extrem gering. Aber das Wissen um die Existenz von Geisterfahrern macht den Unterschied zwischen phänomenologischen und statistischen Thermodynamikern aus (s. Band P2). In vorliegenden Band wollen wir uns jedoch erst einmal darauf beschränken, die Konsequenzen des durch die Hauptsätze der Thermodynamik definierten physikalischen Denkmodells auszuarbeiten. Es beschreibt in der Tat in zufriedenstellender Weise die empirischen Erfahrungen mit makroskopischen Systemen.

9.1.2 Arbeit und Wärme

Offene Systeme können von der Umgebung Energie aufnehmen oder an sie abgeben. Dieser Vorgang unterliegt dem Energieerhaltungssatz und wird daher als *Energieaustausch* bezeichnet. Für mechanische Systeme geschieht der reversible Austausch ausschließlich durch Aufnahme oder Abgabe von Arbeit W. Für offene thermodynamische Systeme gibt es neben diesem Modus noch einen zweiten, nämlich den Energieaustausch in Form von *Wärme* Q.

Definition der beiden Modi des Energieaustauschs eines offenen Systems

- Wenn die Entropie des Systems konstant bleibt, wird ausschließlich *Arbeit* ausgetauscht.
- Wenn alle Zustandsvariablen mit der Ausnahme der Entropie konstant bleiben, wird ausschließlich *Wärme* ausgetauscht.

Die hier angegebene Definition der Arbeit präzisiert den in Abschn. 6.6 für die Mechanik eingeführten Begriff der Arbeit. Im Allgemeinen ändern sich bei physikalischen Prozessen sowohl die Entropie als auch andere Zustandsvariable des Systems, d. h., i. Allg. wird dabei sowohl Wärme als auch Arbeit ausgetauscht.

Wird von einem System Wärme abgegeben oder aufgenommen, so bleibt diese Energieänderung zunächst einmal mechanisch unsichtbar: Sie kann an den unabhängigen extensiven mechanischen Zustandsvariablen der inneren Energie nicht abgelesen werden.

Die Entropie eines offenen thermodynamischen Systems muss bei einem Wärmeaustausch nicht zwangsläufig ansteigen. Sie darf auch abnehmen, denn der zweite Hauptsatz spricht über offene thermodynamische Systeme keine Einschränkung aus (er bezieht sich nur auf abgeschlossene Systeme!). Diese Tatsache wollen wir explizit festhalten:

> Offene Systeme haben die Möglichkeit, ihre Entropie durch Abgabe von Wärme zu vermindern.

Diese Möglichkeit unterliegt aber einer Restriktion: Wenn das System und die Umgebung, an welche die Wärme abgegeben wird, zusammen ein gemeinsames abgeschlossenes System bilden, so muss sich die Entropie der Umgebung mindestens um so viel erhöhen, wie sich die Entropie des offenen Systems verringert. Andernfalls ergäbe sich ein Konflikt mit dem zweiten Hauptsatz der Thermodynamik.

Die innere Energie $\mathcal{U} = \mathcal{U}(S, z_1, \ldots, z_n)$ eines offenen Systems nimmt zu, indem ihm Arbeit oder Wärme zugeführt wird. Sie nimmt ab, wenn das System Arbeit leistet oder wenn es Wärme abgibt. Durch die Begriffe „Wärme" und „Arbeit" wird eine durch das vollständige Differential beschriebene differentielle Änderung

$$d\mathcal{U} = T\,dS \;+\; \mathrm{z}_1\,dz_1 + \cdots + \mathrm{z}_n\,dz_n = \delta Q + \delta W \tag{9.4}$$

der inneren Energie aufgeteilt in eine Änderung des partiellen Differentials

$$\delta Q = T\,dS, \tag{9.5}$$

welches durch den Austausch von Wärme verursacht wird, und eine Änderung des partiellen Differentials

$$\delta W = \mathrm{z}_1\,dz_1 + \cdots + \mathrm{z}_n\,dz_n, \tag{9.6}$$

welches auf den Austausch von Arbeit zurückzuführen ist.

Der Grund für diese Aufteilung ist, dass man im ersten Fall die Einhaltung des zweiten Hauptsatzes überprüfen muss, im zweiten Fall nicht (weil der Austausch von Arbeit per Definition reversibel ist). Wenn sich die Entropie eines thermodynamischen Teilsystems um einen gewissen Betrag verringern soll, so geht das nämlich nur im Zusammenspiel mit einem zweiten Teilsystem, dessen Entropie mindestens um den gleichen Betrag zunimmt. Ist die Entropieänderung dS des ersten Systems negativ, muss es dazu notwendigerweise Energie abgeben, und zwar den Betrag $T\,dS$, weil die Temperatur per definitionem positiv ist. Das ist die als Wärme bezeichnete Energieabgabe.

Die Temperatur ist im Verlauf eines thermodynamischen Prozesses i. Allg. nicht konstant, sondern eine Funktion der Entropie. Wenn ein System seine Entropie von einem Anfangswert S_α zu einem Endwert S_Ω ändert und bei reinem Wärmeaustausch per Definition mit Ausnahme der Entropie alle anderen Zustandsvariablen unverändert bleiben, dann errechnet sich die ausgetauschte Wärme Q dadurch, dass alle differentiellen Beiträge aufintegriert werden:

$$Q = \int_{S_\alpha}^{S_\Omega} T(S)\,dS$$

Prozesse, bei denen ein Austausch von Wärme unterbunden ist, werden als *adiabatische Prozesse* bezeichnet. Wenn sich dabei nur eine der extensiven mechanischen Zustandsvariablen ändert, die hier mit z bezeichnet sein soll, so ist ihre konjugierte Zustandsvariable Z allein eine Funktion von z. Dann erhält man die von außen zugeführte Arbeit durch das Integral

$$W = \int_{\mathrm{z}_\alpha}^{\mathrm{z}_\Omega} \mathrm{Z}(\mathrm{z})\,d\mathrm{z}\,. \tag{9.7}$$

Hier bezeichne z_α den Wert der Zustandsvariablen z zu Beginn des Prozesses und z_Ω am Ende. Die nachfolgenden drei Ausdrücke sind konkrete Beispiele für Gl. 9.7, d. h. Beispiele dafür, in welcher Weise Arbeit bei einer adiabatischen Zustandsänderung aufgenommen werden kann:

$$W = \int_{x_\alpha}^{x_\Omega} F\,dx$$

$$W = \int_{V_\alpha}^{V_\Omega} \mathfrak{p}\,dV$$

$$W = \int_{p_\alpha}^{p_\Omega} v\,dp$$

Hier bezeichnet F eine konservative Kraft (z. B. die Hookesche Federkraft $F = kx$) und dx eine Änderung der Auslenkung, $\mathfrak{p}$ den Druck in einem homogenen Medium und dV eine Volumenänderung, v eine Geschwindigkeit und dp eine Impulsänderung.

9.2 Das Standardmodell der Thermodynamik

Um den Einstieg in die Thermodynamik für Physikanfänger nicht allzu schwierig zu machen, wird die Thermodynamik meist anhand energetischer Modelle mit nur zwei Freiheitsgraden erläutert. Der *thermische Energiebeitrag* ist fix, denn er ist für die Modellierung irreversibler Energieumwandlungen unverzichtbar. Als zweiten Beitrag kann man sich irgendeinen beliebigen anderen Energiebeitrag aussuchen, den man für die didaktische Illustration als zweckmäßig erachtet. Im *Standardmodell der Thermodynamik* wählt man hierfür die volumenelastische Energie (Abschn. 8.4). Da dieser repräsentative mechanische Energiebeitrag für die Beschreibung des Materialverhaltens von Fluiden besonders wichtig ist, hat das energetische Standardmodell eine hohe Relevanz für die Materialphysik und die Chemie. Das Standardmodell geht von den beiden extensiven Zustandsvariablen Entropie S und Volumen V aus bzw. von der Fundamentalform

$$\mathcal{U} = \mathcal{U}(S, V). \tag{9.8}$$

Die innere Energie $\mathcal{U} = mc^2$ ist eine Zustandsfunktion. Ihre extensiven Zustandsvariablen legen den Zustand eindeutig fest und damit auch $\mathcal{U}$. Die Masse eines abgeschlossenen Systems hängt insbesondere nicht vom Weg im Zustandsraum ab. Die Funktion $\mathcal{U}$ der Zustandsvariablen ist daher ein Potential und hat das totale Differential

$$d\mathcal{U} = \left(\frac{\partial \mathcal{U}}{\partial S}\right)_V dS + \left(\frac{\partial \mathcal{U}}{\partial V}\right)_S dV. \tag{9.9}$$

Die zu den extensiven Zustandsvariablen konjugierten Zustandsvariablen sind die *Temperatur*

$$T = T(S, V) = \left(\frac{\partial \mathcal{U}}{\partial S}\right)_V \tag{9.10}$$

und der *Druck*

$$\mathfrak{p} = \mathfrak{p}(S, V) = -\left(\frac{\partial \mathcal{U}}{\partial V}\right)_S = -\frac{\partial \mathcal{U}}{\partial V}. \tag{9.11}$$

Im letzten Ausdruck von Gl. 9.11 wurden die erläuternden Klammern $(\ldots)_S$ weggelassen. So werden wir das von nun an meist handhaben, wenn sowieso klar ist, welche Variablen bei der partiellen Ableitung konstant gehalten werden und eine Erläuterung daher überflüssig ist.

Mit der Einführung der Entropie müssen viele Begriffe der Mechanik nachgeschärft werden. Der Druck ist nun die partielle Ableitung der inneren Energie nach dem Volumen, *wobei die Entropie konstant zu halten ist.* Die Thermodynamik definiert ihn also explizit durch einen reversibel durchzuführenden Prozess. Die Definition des Drucks durch Gl. 9.11 ist ein wenig präziser als diejenige der Mechanik (Gl. 8.25), aber mit ihr konsistent.

9.2.1 Offene Systeme im Standardmodell der Thermodynamik

Offene Systeme können Energie in Form von Wärme Q oder Arbeit W mit der Umgebung austauschen. Zur Vereinfachung sei angenommen, dass infinitesimal kleine Mengen δQ bzw. δW ausgetauscht werden und dass dadurch die innere Energie differentiell um $dU = \delta Q + \delta W$ geändert wird. Ist die innere Energie in der Standardform mit extensiven unabhängigen Variablen dargestellt, so entsprechen die beiden partiellen Differentiale des totalen Differentials

$$d\mathcal{U} = T\,dS - \mathfrak{p}\,dV = \delta Q + \delta W \tag{9.12}$$

der inneren Energie eindeutig genau je einem der beiden Austauschmodi:

$$\begin{aligned} \delta Q &= T\,dS, \\ \delta W &= -\mathfrak{p}\,dV \end{aligned}$$

Wärmezufuhr erhöht die Entropie und damit die thermische Energie, und unabhängig davon erhöht eine Zufuhr von Arbeit die mechanische Energie, indem das Volumen verkleinert wird. Auch wegen dieser klaren Zuordnung zieht man es oft vor, bei Überlegungen zunächst von einem Ausdruck für die innere Energie auszugehen, der für die extensiven Zustandsvariablen formuliert ist. Ob einem System aber Wärme zugeführt wurde, können wir bis zu dieser Stelle unserer Überlegungen zunächst einmal noch nicht feststellen, denn die unabhängige Zustandsvariable S ist mechanisch nicht direkt sichtbar. Vorerst arbeiten wir in diesem Abschnitt weiterhin daran, nichts weiter als die Konsequenzen des theoretischen Modells aufzuklären.

9.2.2 Transformation von Zustandskoordinaten

Angenommen, uns ist die Temperatur durch einen expliziten mathematischen Ausdruck gegeben, der die Temperatur gemäß Gl. 9.10 als Funktion der beiden Variablen S und V angibt. In der Regel kann man Gl. 9.10 nach der Entropie auflösen. Wenn das möglich ist,[2] erhält man die Entropie

$$S = S(T, V) \tag{9.13}$$

als Funktion der Temperatur und des Volumens. Um schließlich auch die innere Energie in eine Funktion dieser beiden Variablen umzuschreiben, setzt man diese Funktion in die Fundamentalform der inneren Energie ein und erhält

$$\mathcal{U} = \mathcal{U}(S(T, V),\ V) = \mathcal{U}(T,\ V). \tag{9.14}$$

[2] Sie wissen ja: Die Natur ist nett zu den Physikern und beschenkt sie intervallweise mit bijektiven Funktionen. Alle anderen kriegen die Mathematiker.

Nach diesem Rezept kann man, wann immer es sich als nötig erweist, eine Zustandsvariable gegen eine andere Zustandsvariable austauschen und so eine Variablentransformation ausführen.

Auf Unvorsichtige lauert hierbei jedoch folgender Fallstrick: Wenn man nämlich die gemäß Gl. 9.14 und damit nicht im Standardmodell ausgedrückte innere Energie nach dem Volumen ableitet, erhält man keineswegs den Druck, weil bei der partiellen Ableitung nicht dieselben Variablen wie bei der definitorischen Gleichung des Drucks (Gl. 9.11) konstant gehalten werden. Es ist also

$$\mathfrak{p} \neq -\frac{\partial \mathcal{U}(T, V)}{\partial V}, \tag{9.15}$$

weil es einen Unterschied macht, ob man bei der partiellen Ableitung die Entropie oder die Temperatur konstant hält.

Mittels Gl. 9.11 kann man das Volumen analog gegen den Druck substituieren und so die innere Energie durch die Variablen Entropie und Druck ausdrücken, d. h., in die Form

$$\mathcal{U} = \mathcal{U}(S, \mathfrak{p}) \tag{9.16}$$

transformieren. Auch hier muss man im Auge behalten, dass

$$T \neq \frac{\partial \mathcal{U}(S, \mathfrak{p})}{\partial S}. \tag{9.17}$$

9.2.3 Nomenklatur thermodynamischer Prozesse

Wie sie an Gl. 9.10 und Gl. 9.17 gesehen haben, kommt es auf die Bedingungen an, unter denen thermodynamische Größen definiert sind, also z. B. ob man die durch eine Entropieänderung hervorgerufene Änderung der inneren Energie durch einen Prozess misst, bei dem das Volumen des physikalischen Systems konstant gehalten wird (dann ist es Temperatur) oder der Druck (dann ist es etwas anderes).

Bei materialphysikalischen Messungen unterwirft man eine Materialprobe unterschiedlichen Prozessen. Man ändert z. B. Volumen, Druck, Temperatur usw. und schaut sich die Änderungen der Materialeigenschaften an. Dabei wird oft Wärme und/oder Arbeit mit der Umgebung ausgetauscht, d. h., die Probe muss oft als *offenes* thermodynamisches System betrachtet werden. Jeden Prozess kann man sich als Abfolge von infinitesimalen Prozessschritten vorstellen, bei denen jeweils eine Zustandskoordinate differentiell geändert oder eine infinitesimale Wärmemenge δQ und/oder eine Arbeitsmenge δW unter bestimmten *Prozessbedingungen* ausgetauscht wird. Für das Standardmodell pflegt man sechs Prozesstypen zu unterscheiden:

Prozesstyp	Bedingung	Prozesstyp	Bedingung
isentrop	$dS = 0$	isotherm	$dT = 0$
isochor	$dV = 0$	isobar	$d\mathfrak{p} = 0$
diabatisch	$\delta W = 0$	adiabatisch	$\delta Q = 0$

Nur für das thermodynamische Standardmodell ist ein isochorer Prozess, d. h. ein bei konstantem Volumen ablaufender Prozess, zugleich ein diabatischer Prozess, d. h. ein Prozess, bei dem kein Arbeitsaustausch stattfindet. Ein isentroper Prozess ist hier zugleich ein adiabatischer Prozess, d. h. ein Prozess, bei dem kein Wärmeaustausch stattfindet.

9.2.4 Die Enthalpie im Standardmodell der Thermodynamik

Die Einführung des thermischen Energiebeitrags für die innere Energie zieht eine entsprechende Änderung der in der Mechanik durch Gl. 8.32 definierten Enthalpie (Abschn. 8.5) nach sich. Da $\mathcal{U}$ eine Zustandsfunktion ist und das als Verdrängungsarbeit bezeichnete Produkt $\mathfrak{p}V$ zweier Zustandsvariabler ebenfalls, ist auch die Enthalpie $\mathcal{H}$ eine Zustandsfunktion.

Wenn sich ein System im Druckgleichgewicht mit seiner Umgebung befindet, so ist die Zunahme der Enthalpie gleich der zugeführten Energie, egal ob sie in Form von Arbeit oder Wärme erfolgt. Die Enthalpie ändert sich differentiell um

$$d\mathcal{H} = \delta Q + \delta W \qquad \text{(für Prozesse im Druckgleichgewicht)}\,, \tag{9.18}$$

egal ob man eine infinitesimale Arbeit δW oder eine infinitesimale Wärme δQ zuführt; differentiell deshalb, weil $\mathcal{H}$ ein Potential im Sinne der Analysis (Abschn. 5.4) ist. Welcher Anteil der zugeführten Energie als Arbeit oder Wärme zugeführt wird, hängt vom Prozessweg ab. Für den Spezialfall rein mechanischer Systeme wird ausschließlich Arbeit zugeführt, und Gl. 9.18 reduziert sich auf Gl. 8.35.

Ausgehend von Gl. 8.32 und unter Verwendung von Gl. 9.12 ergibt sich für das Differential der Enthalpie

$$d\mathcal{H} = d\mathcal{U} + \mathfrak{p}\,dV + V\,d\mathfrak{p} = T\,dS + V\,d\mathfrak{p}. \tag{9.19}$$

Ist die Enthalpie als Funktion der Zustandsvariablen Entropie und Druck formuliert, also $\mathcal{H} = \mathcal{H}(S, \mathfrak{p})$, so hat sie andererseits das vollständige Differential

$$d\mathcal{H} = \left(\frac{\partial \mathcal{H}}{\partial S}\right)_{\mathfrak{p}} dS + \left(\frac{\partial \mathcal{H}}{\partial \mathfrak{p}}\right)_S d\mathfrak{p}. \tag{9.20}$$

Ein Vergleich von Gl. 9.19 und Gl. 9.20 zeigt:

$$T(S, \mathfrak{p}) = \left(\frac{\partial \mathcal{H}}{\partial S}\right)_{\mathfrak{p}}\,, \tag{9.21}$$

$$V(S, \mathfrak{p}) = \left(\frac{\partial \mathcal{H}}{\partial \mathfrak{p}}\right)_S \tag{9.22}$$

9.3 Kalorimetrie

Wir wollen uns nun der Frage der Messung thermischer Größen zuwenden. In diesem Abschnitt soll es um die Messung von Wärme gehen, d. h. um *Kalorimetrie*, und im nächsten um Temperaturmessungen, d. h. um *Thermometrie.* Zu Anfang eines jeden der beiden Abschnitte wollen wir zunächst alle Fakten besprechen, welche sich aus dem thermodynamischen Modell ergeben und die theoretische Grundlage der Messmethode bilden.

9.3.1 Der Äquivalenzsatz der Thermodynamik

Einem System kann man eine mechanisch abgemessene Menge an Arbeit zuführen (z. B. in Form von kinetischer Energie) und anschließend eine vollständige irreversible Umwandlung der aufgenommenen Energie per Dissipation zulassen. Eine so zugeführte Energie soll mit ΔW_{irr} bezeichnet werden, wobei „irr" auf die irreversible Umwandlung hinweisen soll. Alternativ kann man Wärme zuführen. Wenn beide Energiemengen gleich sind und infolgedessen auch die Änderungen der inneren Energie gleich sind, d. h., wenn

$$\Delta \mathcal{U} = \Delta W_{\text{irr}} = \Delta Q, \tag{9.23}$$

so folgt aus der Konstruktion des Modells der Thermodynamik bzw., genauer, aus dem Zweck, für den wir es konstruiert haben, dass die Änderung ΔS der Entropie für beide Prozesswege gleich groß ist. Auch wenn das offensichtlich ist, soll diese Tatsache explizit als Satz festgehalten werden:

Äquivalenzsatz der Energiezufuhr
Führt man eine bestimmte Energiemenge als Arbeit zu und lässt diese im System anschließend vollständig dissipieren, so erreicht man denselben Entropiezustand, wie wenn man die gleiche Energiemenge als Wärme zuführt.

9.3.2 Charakterisierung von Entropieänderungen

Wenn sich die Entropie ändert, kann es geschehen, dass sich dadurch auch die eine oder andere *intensive* mechanische Zustandsvariable ändert. Die Ursachen hierfür sind i. Allg. sehr komplex. Sie gehen auf materialspezifische thermomechanische Kopplungen zurück, worauf hier aber nicht weiter eingegangen werden soll. Im Standardmodell ist diese Möglichkeit für den Druck prinzipiell berücksichtigt, weil er gemäß Gl. 9.11 von der Entropie abhängen kann.

Wenn eine Probe in einen Behälter eingeschlossen ist, so dass sein Volumen konstant gehalten wird, so können Entropieänderungen also im Prinzip messbare

Druckänderungen zur Folge haben. Das ist nicht immer der Fall, aber es gibt Materialien, für welche dieses Phänomen deutlich in Erscheinung tritt. Das eröffnet die Möglichkeit, Entropieänderungen in diesen Materialien empirisch zu charakterisieren, indem man sie auf mechanischem Wege (mit einem Manometer, Abschn. 8.4.2) als Druckänderungen der Probe nachweist.

Beispielsweise kann man in Fluiden, die in einem Volumen V eingeschlossen sind, einen Rührer betreiben und so in ihnen mechanische Energie dissipieren. Gemäß Modell ist dies von einem Anwachsen der Entropie begleitet. Je nach Material hat das kleinere oder größere Druckänderungen zur Folge. Druckänderungen können aber auch dann auftreten, wenn man nach sorgfältiger Prüfung ausschließen kann, dass eine signifikante Energiemenge als Arbeit ins Medium geflossen sein kann. In diesem Fall interpretiert man die als Druckänderung erkennbare Entropiezunahme als Aufnahme von Wärme.

Wir machen uns den Zusammenhang noch einmal mit anderen Worten klar: Wärmeaufnahme ändert zunächst die Entropie und somit eigentlich eine mechanisch „unsichtbare" Zustandsvariable. Da diese jedoch die konjugierte Zustandsvariable des Volumens ändert, nämlich den Druck $\mathfrak{p}(S, V)$, werden Entropieänderungen nicht nur feststellbar, sondern mithilfe eines Manometers qualitativ charakterisierbar. Wenn z. B. die Entropie eines Mediums ursprünglich S_α war und nach reiner Wärmezufuhr bei konstantem Volumen V_0 auf S_Ω geklettert ist, dann hat sich dessen Druck von $\mathfrak{p}_\alpha = \mathfrak{p}(S_\alpha, V_0)$ nach $\mathfrak{p}_\Omega = \mathfrak{p}(S_\Omega, V_0)$ geändert. Entropieänderungen sind daher mithilfe eines Manometers (Abschn. 8.4.2) an der mechanischen Variablen Druck ablesbar!

9.3.3 Messprinzip der Kalorimetrie

Angenommen, einem System ist eine Wärmemenge Q entnommen worden. Dann hat seine Entropie und bei festgehaltenem Volumen auch sein Druck abgenommen. Um die entnommene Wärme zu bestimmen, kann man dem System von außen Arbeit W zuführen und dissipieren lassen, bis der Druck durch die irreversible Energiezufuhr

$$W_{\text{irr}} = W$$

wieder seinen Ausgangswert angenommen hat. Nun ist Arbeit ja prinzipiell mechanisch messbar. Wegen des Äquivalenzsatzes (Gl. 9.23) ist damit aber zugleich die vom System abgegebene Wärme gemessen.

Als System kann man sich konkret z. B. einen Behälter vorstellen, der eine Flüssigkeit umschließt und ihr Volumen konstant hält. Zur Druckmessung sei der Behälter an ein Manometer angeschlossen (z. B. ein U-Rohr-Manometer). Ferner befinde sich in ihm ein Rührwerk, das von außen mechanisch angetrieben werden kann. Nehmen wir nun an, dass das System eine Wärme Q abgegeben hat. Dadurch hat die Entropie und somit der Druck abgenommen. Durch Betreiben des Rührwerks kann man nun eine abgemessene kinetische Energie in das System deponieren und sorgt dafür, dass der Behälter nun keinen weiteren Wärmeaustausch mehr zulässt. Man wartet nun, bis die Flüssigkeitsbewegung im Behälter vollständig zur Ruhe gekommen ist. Damit ist die kinetische Energie bzw. die ursprünglich zugeführte Arbeit W im System vollständig dissipiert ($W_{\text{irr}} = W$). Wenn sich am Ende herausstellt, dass sich wieder der Ausgangsdruck eingestellt hat, der vor der Wärmeabgabe vorlag, dann ist die Wärme Q, die das System abgegeben hat, *gemessen*, denn es ist $Q = W_{\text{irr}} = W$.[3]

> Wärme ist mechanisch messbar, indem sie mit dissipierter Arbeit verglichen wird. Die für den Vergleich notwendige Feststellung der Gleichheit von Entropieänderungen kann mit einem Manometer bewerkstelligt werden.

9.4 Thermometrie

Messen beruht auf dem Vergleich mit einem Maßstab, auf dem der Messwert abgelesen werden kann. Maßstäbe für Temperaturen bezeichnet man als *Thermometer*. Die Geschichte der Temperaturmessung bzw. der *Thermometrie* ist lang. Die älteste uns bekannte Beschreibung eines Thermometers mit einer Temperaturskala stammt von Galenos von Pergamon (2. Jh.). Seine bedeutenden medizinischen Werke wurden im christlichen Europa vernichtet, im islamischen Kulturraum wiederentdeckt und kommen erst ein Jahrtausend später im Abendland der Renaissance zur Entfaltung. Die Thermometrie der Neuzeit beginnt mit der Wiederentdeckung des Thermometers durch Galileo Galilei. In diesem Abschnitt werden wir die thermodynamischen Grundlagen der Thermometrie erarbeiten.

9.4.1 Thermisches Gleichgewicht

Physikalische Prozesse können in einem abgeschlossenen System so lange ablaufen, bis die Entropie unter den gegebenen Bedingungen maximal geworden ist. Solange also keine Einschränkung verbietet, dass mechanische Energie abnimmt, wird die Entropie zunehmen. Hat sie ihr Maximum erreicht, ist Ruhe im Karton! Dann liegt thermisches Gleichgewicht vor. Mit den thermodynamischen Hauptsätzen kann man zwar nicht herausfinden, wie lange es dauert, bis thermodynamische Prozesse zum Erliegen kommen, wohl aber, wie die Zustandsvariablen aussehen werden, wenn der Gleichgewichtszustand erreicht worden ist.

Als einfaches Modell analysieren wir dazu ein abgeschlossenes thermodynamisches System, das aus zwei Teilsystemen (bzw. zwei Körpern) A und B besteht. Ihre Temperaturen seien mit T_{A} bzw. T_{B} bezeichnet. Durch Kontrolle der mechanischen Variablen sei sichergestellt, dass zwischen ihnen keine Arbeit ausgetauscht werden kann. Wenn überhaupt noch ein Energieaustausch stattfindet, so kann er dann nur in

[3] Einfacher geht es mit einem Tauchsieder: $Q = W_{\text{irr}} = W_{\text{el}} = UI\Delta T$, wobei U und I die elektrische Spannung bzw. Stromstärke sind und Δt die Zeitspanne, über welche das Gerät betrieben wird.

Form von Wärme geschehen. Gibt A eine infinitesimale Wärme $\delta Q_\mathrm{A} = T_\mathrm{A} dS_\mathrm{A}$ ab, so ist δQ_A negativ, und seine Entropie nimmt um dS_A ab. Nimmt A Wärme auf, so ist δQ_A positiv. Da die Wärme, die von einem Körper des abgeschlossenen Systems abgegeben wird, vom anderen aufgenommen werden muss, ist $\delta Q_\mathrm{A} = -\delta Q_\mathrm{B}$. Aus den genannten einfachen Tatsachen folgt für die Änderung der Gesamtentropie

$$dS = dS_\mathrm{A} + dS_\mathrm{B} = \frac{\delta Q_A}{T_A} + \frac{\delta Q_B}{T_B} = \frac{T_B - T_A}{T_A T_B} \delta Q_A. \tag{9.24}$$

Sie darf nach dem zweiten Hauptsatz nicht abnehmen. Wegen $dS \geq 0$ unterliegt ein reiner Wärmeaustausch daher der Bedingung

$$(T_B - T_A)\,\delta Q_A \geq 0. \tag{9.25}$$

Sind die Temperaturen gleich, so kann zunächst einmal ein reversibler Wärmeaustausch in beliebiger Menge und Richtung erfolgen. Andernfalls erfolgt der Wärmeaustausch irreversibel oder gar nicht. Wenn er aber stattfindet, so kann Wärme gemäß Modell bzw. Ungl. 9.25 nur vom Körper mit der höheren an jenen mit der niedrigeren Temperatur abgegeben werden.

Sind dissipative Prozesse möglich, so finden sie erfahrungsgemäß auch statt. Mit anderen Worten, Prozesse, bei denen die Entropie anwachsen kann, sind stets spontan möglich. Daher wird ein Körper A in Wärmekontakt mit einem Körper B sich so lange unter Wärmeabgabe irreversibel und damit spontan fortentwickeln, wie seine Temperatur höher ist als die von B. Sobald sich die Temperaturen jedoch angeglichen haben, ist kein weiterer irreversibler Austausch von Wärme mehr möglich. Wenn das Differential dS null wird, ist die maximale Entropie des Gesamtsystems erreicht, und die beiden Teilsysteme A und B sind im *thermischen Gleichgewicht*. Der Gleichgewichtszustand ist zeitlich stationär, d. h., er ändert sich nicht mehr.

Ist ein Wärmekontakt vorhanden, so strebt das Gesamtsystem dem thermischen Gleichgewicht zu. Es ist nur eine Frage der Zeit, bis es sich ihm so weit angenähert hat, dass es vom Gleichgewichtszustand experimentell nicht mehr unterscheidbar ist. Zwar gibt uns die Modellanalyse keine Auskunft darüber, wie schnell oder wie langsam dieser spontane Prozess abläuft, aber man kann folgende grundsätzliche Einsicht aus der Analyse ableiten:

> Körper in Wärmekontakt streben spontan und irreversibel dem thermischen Gleichgewichtszustand zu, bei dem ihre Temperaturen gleich sind. Wärme kann dabei nur vom Körper höherer zu dem mit niedrigerer Temperatur fließen.

9.4.2 Thermoskope und Grad-Thermometer

In der Praxis verwendet man leicht messbare temperaturabhängige Größen als Temperaturindikatoren, beispielsweise das Volumen eines Fluids wie Quecksilber oder

Alkohol, den elektrischen Widerstand von Platinmesswiderständen oder die Thermospannung von Thermoelementen. Auf der Basis dieser Phänomene kann man *Thermoskope* realisieren, d. h. qualitative Anzeigegeräte für die Temperatur. Mit einem Thermoskop kann man erst einmal nur qualitativ feststellen, ob die Temperatur gleich geblieben, zugenommen oder abgenommen hat. Die Änderung der als Temperaturindikator verwendeten Messgröße kann man nur heranziehen, um eine Temperaturänderung *dem Grad nach* zu charakterisieren, d. h., um zu charakterisieren, ob sich eine Temperatur mehr oder weniger stark geändert hat. Besonders günstig ist es, wenn man für solche Grad-Thermometer einen Temperaturindikator heranzieht, der sich später als eine monotone Funktion der Temperatur herausstellt.

Historisch wurden verschiedene solche Gradmaß-Thermometer vorgeschlagen und praktisch oft als Ausdehnungsthermometer realisiert. Die ersten Grad-Thermometer beruhten auf der Volumenänderung von Fluiden mit der Temperatur bei konstant gehaltenem Druck. Rein formal ist leicht zu verstehen, warum das prinzipiell möglich ist, denn Gl. 9.21 lässt sich formal nach der Entropie auflösen, und folglich lässt sich die Entropie als Funktion der Temperatur für einen festgehaltenen Druck $\mathfrak{p}_0$ ausdrücken, also durch die inverse Funktion $S = S(T, \mathfrak{p}_0)$. Setzt man dies in Gl. 9.22 ein und setzt dort $\mathfrak{p} = \mathfrak{p}_0$, dann erhält man das Volumen als eine Funktion, die nur von der Temperatur abhängt, also

$$V = V(T, \mathfrak{p}_0) = V(T) . \qquad (9.26)$$

Gemäß dem thermodynamischem Modell besteht daher die Möglichkeit, dass sich das Volumen eines Mediums mit der Temperatur ändert.Wenn man ein Material findet, das diesen Effekt ausreichend deutlich zeigt, kann man einen Temperaturindikator realisieren. Um das zu illustrieren, nehmen wir an, dass einem Fluid Rührarbeit zugeführt wird und man diese in ihm dissipieren lässt, also seine Entropie erhöht. Hält man dabei den Druck (statt des Volumens) konstant, so führt eine Änderung der Entropie $S = S(T, \mathfrak{p}_0)$ zu einer Temperaturänderung, die sich wiederum in einer Volumenänderung $V(T, \mathfrak{p}_0)$ niederschlägt. Diese ist aber mechanisch messbar, und man kann so herausfinden, ob sich das Fluid als Temperaturindikator prinzipiell eignet.

Im Regelfall dehnt sich das Volumen mit zunehmender Temperatur aus. Einem bestimmten Wert des Volumens entspricht dann i. Allg. ein bestimmter Wert der Temperatur. Als verlässlicher Temperaturindikator für den Alltag hat sich beispielsweise die Volumenausdehnung des Quecksilbers bei Atmosphärendruck bewährt. Im Wien der Jahrhundertwende (d. h. um 1900) waren Ausdehnungsthermometer in Gebrauch, auf denen der jeweilige Grad der Temperaturänderung auf der Celsius-Skala und der Réaumur-Skala abgelesen werden konnte (Abb. 9.1).

9.4.3 Thermodynamische Kreisprozesse

In diesem Abschnitt soll gezeigt werden, wie man das Verhältnis T_A/T_B der Temperaturen zweier Körper A und B abschätzen bzw. messen kann. Die Methode stützt sich auf die Eigenschaften thermodynamischer Kreisprozesse.

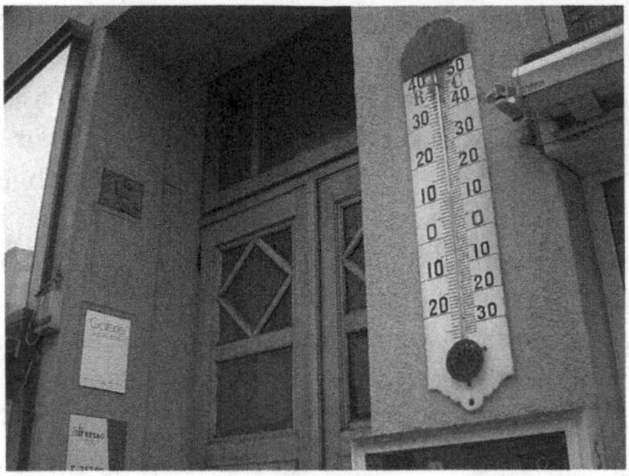

Abb. 9.1 Réaumur-Skala (links) und Celsius-Skala (rechts) an einem Ausdehnungsthermometer in Wien, Währingerstraße. Die beiden Temperaturgradskalen haben unterschiedliche Einteilung, aber denselben, durch einen Temperaturfixpunkt definierten Nullpunkt. (R. Rupp)

In thermodynamischen Prozessen durchläuft ein System C nacheinander verschiedene Zustände. Wenn es durch das Standardmodell beschrieben werden kann, genügen zwei unabhängige Zustände zur Beschreibung. Man kann daher den Ablauf eines Prozesses veranschaulichen, indem man die dabei durchlaufenen Zustände in ein zweidimensionales Zustandsdiagramm einzeichnet. Für Abb. 9.2 wurden z. B. Volumen und Temperatur als unabhängige Variable gewählt. Die Kurve stellt den Prozess in diesem V-T-Diagramm dar. In diesem Beispiel ist es eine geschlossene Kurve. Das bedeutet, dass ein Prozess, der in irgendeinem Ausgangszustand beginnt, nach Durchlaufen anderer Zustände wieder im selben Zustand endet. Solche Prozesse stellen thermodynamische *Kreisprozesse* dar. Im gezeichneten Beispiel besteht der Kreisprozess aus vier aneinander anschließenden Teilprozessen, nämlich zwei isothermen Prozessen, bei denen die Temperatur konstant bleibt, und zwei adiabatischen Prozessen, bei denen eine Wärmezufuhr unterbunden ist. Der isotherme Prozess ist i. Allg. irreversibel, kann im Grenzfall aber auch reversibel ausgeführt werden. Um wie viel sich der Druck bzw. die Entropie bei diesem Prozess ändert, hängt bei

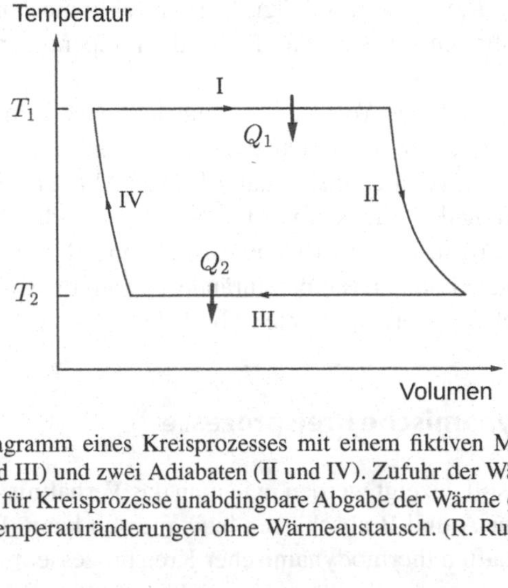

Abb. 9.2 Zustandsdiagramm eines Kreisprozesses mit einem fiktiven Medium. Er besteht aus zwei Isothermen (I und III) und zwei Adiabaten (II und IV). Zufuhr der Wärme Q_1 erfolgt bei der Temperatur T_1 und die für Kreisprozesse unabdingbare Abgabe der Wärme Q_2 bei T_2. Adiabatische Prozesse realisieren Temperaturänderungen ohne Wärmeaustausch. (R. Rupp)

konstanter Temperatur nur noch von der dabei auftretenden Volumenänderung ab. Adiabatische Prozesse können in der experimentellen Praxis meist nahezu isentrop realisiert werden. Isentrope Prozesse sind deshalb interessant, weil sie gestatten, die Temperatur durch eine Volumenänderung zu steuern. Diese Möglichkeit der Temperaturmanipulation durch isentrope (bzw. nahezu isentrope) Prozesse ist aus Gl. 9.10 sofort ersichtlich.

Jeder Prozess kann zu irreversiblen Zustandsänderungen führen. Diese erhöhen daher die Systementropie um ΔS_C. Außerdem kann dem System auf diabatischen Prozesspfaden Wärme zufließen. Wenn das System beispielsweise auf dem isothermen Prozesspfad I bei der Temperatur T_1 die Wärme $Q_1 = T_1 \Delta S_1$ aufnimmt, erhöht sich die Entropie zusätzlich um ΔS_1. Dissipationsfreie rein mechanische Modelle sind reversibel und daher sind auch Kreisprozesse möglich. Wie sind angesichts der genannten ungünstigen Umstände, insbesondere der „hausgemachten" Entropiezunahme um ΔS_C, thermodynamische Kreisprozesse dann aber möglich? Die Summe aller Entropieänderungen über den gesamten Kreisprozess muss ja exakt null sein! Der Grund ist, dass ein System auch eine Wärme $Q_2 = T_2 \Delta S_2$ nach außen abgeben kann. Dabei sind Q_2 und somit auch ΔS_2 negativ. Nur wegen dieser Möglichkeit der Wärmeabgabe sind thermodynamische Kreisprozesse überhaupt machbar. Ein adiabatischer thermodynamischer Kreisprozess existiert nur im rein mechanischen (dissipationsfreien) Grenzfall. Für thermodynamische Kreisprozesse gilt hingegen

$$\Delta S_1 + \Delta S_2 + \Delta S_C = 0$$

bzw.

$$\frac{T_1}{T_2} = -\frac{Q_1}{Q_2} - \frac{T_1 \Delta S_C}{Q_2} .$$

Die beiden Ausdrücke auf der rechten Seite sind positiv, weil Q_2, wie bereits gesagt, negativ sein muss. Die Abgabe der Wärme Q_2 ist in dem in Abb. 9.2 dargestellten Kreisprozess obligatorisch (außer im rein mechanischen Grenzfall). Wenn man aber auf dem isothermen Prozesspfad bei der Temperatur T_1 die Wärmemenge Q_1 aufgenommen hat (und dadurch Q_2 vergrößert), so kann man durch

$$\frac{T_1}{T_2} \geq \left| \frac{Q_1}{Q_2} \right|$$

eine Untergrenze für das Temperaturverhältnis der Isothermen eines Kreisprozesses abschätzen.

9.4.4 Messung des Verhältnisses zweier Temperaturen

In der Praxis kann das zuvor besprochene System C irgendein materielles Medium sein, zum Beispiel einfach irgendein Fluid, das man in einen Behälter einschließt, dessen Volumen man mit einem Kolben ändern kann, dessen Druck man mit einem daran angeschlossenen Manometer messen kann und bei dem man durch ein Thermoskop kontrollieren kann, ob ein Prozess isotherm abläuft oder nicht. Wenn das Medium nach Durchlaufen mehrerer unterschiedlicher Zustände schließlich wieder das gleiche Volumen hat und man am Manometer auch den gleichen Druck abliest, dann hat C einen Kreisprozess vollzogen. Klar ist, dass das Fluid dabei eine Wärme Q_2 auf der Isothermen mit der noch unbekannten Temperatur T_2 abgegeben hat. Das kann es nur durch thermischen Kontakt mit einem Körper B, dessen Temperatur T_B in der Praxis zumindest ein bisschen kleiner als T_2 sein muss. Wenn der Wärmeaustausch nur zwischen diesen beiden Systemen erfolgt, ist die von B aufgenommene Wärme Q_B gleich der von C abgegebenen, d. h. $Q_B = -Q_2$. Wir nehmen nun an, dass C von einem Körper A auch Wärme aufnimmt. Dazu muss T_1 ein wenig kleiner sein als die Temperatur T_A des Körpers A, und wenn der Wärmeaustausch auf der Isothermen alleine zwischen den beiden Systemen A und C erfolgt, gilt für die von A abgegebene Wärme $Q_A = -Q_1$. Daher gilt

$$\frac{T_A}{T_B} \geq \frac{T_1}{T_2} \geq \left|\frac{Q_1}{Q_2}\right| = \left|\frac{Q_A}{Q_B}\right| .$$

Robuste Experimentatoren werden das kalorimetrisch an A und B gemessene Verhältnis der Wärmebeträge einfach gleich dem Temperaturverhältnis der beiden Körper setzen, also $T_A/T_B \approx |Q_A/Q_B|$. Das ist damit bestimmt, Punkt aus! Sensible Experimentatoren werden versuchen, den dabei begangenen systematischen Fehler $T_1 \Delta S_C / |Q_2|$ abzuschätzen. Noch sensiblere Experimentatoren, werden sich um Korrekturen zum Ausgleich der durch die irreversiblen Prozesse verursachten systematischen Unterschätzung des Messwerts bemühen, alle Tricks anwenden, um einem reversiblen Kreisprozess möglichst nahezukommen, und versuchen, den Temperaturunterschied zwischen C und den beiden Körpern A und B während des Wärmeaustauschs möglichst klein zu halten. Bei der Messung des Temperaturverhältnisses besteht die Messkunst darin, den systematischen Fehler möglichst gut zu unterdrücken. Das Motto „Alles Messen ist ein Schätzen" und das Motto „Ausreichend genau gemessen, ist gemessen" gelten insbesondere für die Messung des Verhältnisses der Temperaturen zweier Körper. Wenn man es schafft, den systematischen Messfehler in den Bereich der zufallsbedingten Messunsicherheit zu drücken, kann man es jedenfalls gut sein lassen. Dann ist die kalorimetrisch gemessene untere Schranke Q_A/Q_B tatsächlich im Rahmen der Messunsicherheit gleich dem Messwert T_A/T_B.

9.4.5 Definition der Temperatureinheit

Für die Definition der thermodynamischen Temperaturskala fehlt noch ein physikalisches Phänomen, das nur bei einer bestimmten Temperatur auftritt und nach Möglichkeit gegenüber einer Zufuhr kleinerer Wärmemengen unempfindlich ist. Durch dieses Phänomen erhält die Temperaturskala ihren Temperaturfixpunkt.

Es gibt mehrere Phänomene, welche dafür geeignet sind. Wenn man ein Gemisch dreier koexistierender Phasen – einer gasförmigen, einer flüssigen und einer festen

Phase – vorliegen hat, so kann man sich mithilfe eines Thermoskops davon überzeugen, dass die Temperatur dieses Systems gegenüber einem Wärmeaustausch mit der Umgebung in gewissen Grenzen unveränderlich ist. Durch die Wärmezufuhr ändern sich nämlich lediglich die Mengenanteile der drei beteiligten Phasen. Die charakteristische, stabile Gleichgewichtstemperatur T_{III} für die Koexistenz dreier Phasen eines Stoffs wird als *Tripelpunkt* bezeichnet (Abschn. 10.7). Indem man einen Tripelpunkt heranzieht und ihm einen Zahlenwert und eine Einheit gibt, ist die Temperaturskala definiert. Da der Tripelpunkt materialspezifisch ist, muss man ihn zwecks Definition der Kelvin-Skala durch ein genau spezifiziertes Referenzmedium festlegen. Hierfür hat man das Wiener Standard-Ozean-Wasser, dessen Tripelpunkt mit $T_{\mathrm{III}} = 273.16\,\mathrm{Kelvin} = 273.16\,\mathrm{K}$ definiert wurde. Der ungewöhnliche Zahlenwert hat historische Gründe (und grübeln Sie besser nicht allzu lange darüber nach, aus welchem der in der unmittelbaren Nähe von Wien liegenden Ozeane man das Wasser wohl geschöpft haben könnte).

Wenn man also einen Kreisprozess mit einem thermischen Bezugssystem B experimentell realisiert, dessen Bezugstemperatur durch den Tripelpunkt $T_{\mathrm{B}} = T_{\mathrm{III}} = 273.16\,\mathrm{K}$ des Wiener Referenzmediums festgelegt und damit innerhalb gewisser Grenzen unabhängig von der abgeführten Wärmemenge Q_{B} fixiert ist (genau das meint man mit einem Temperaturfixpunkt), dann ergibt sich die Temperatur T_{A} aus der kalorimetrischen Messung der von A abgegebenen Wärme Q_{A} und der von B aufgenommenen Wärme Q_{B}. Damit ist das SI-Maß *Kelvin*

$$[T] = \mathrm{Kelvin} = \mathrm{K}$$

zur Messung der Temperatur T prinzipiell realisiert. Seit 2019 ist die Einheit Kelvin dadurch definiert, dass man, genauso wie bei der Raumzeitkonstanten c für das Meter, den Zahlenwert einer die Temperatureinheit Kelvin enthaltenden Naturkonstanten definiert hat, nämlich den der Boltzmann-Konstanten k_B (s. Band P2).

Das bis hierher geschilderte definitionsgemäße Messverfahren ist nicht besonders alltagstauglich. Es lässt sich nur mit der Expertise und ausgefeilten Messtechnik nationaler Eichbüros realisieren. Man kann es jedoch heranziehen, um einfacher handhabbare Thermoskope zu kalibrieren und so zu geeichten Thermometern zu machen. Beispielsweise kann ein elektrischer Messwiderstand als Thermoskop herangezogen werden, wobei sein Widerstandswert als Temperaturindikator dient. Wenn man die temperaturabhängigen Widerstandswerte in einem Eichbüro auf Temperaturen kalibriert, wird dieses Thermoskop zu einem Thermometer.

Celsius-Skala Neben dieser thermodynamischen Temperaturskala ist im Alltag noch eine Temperaturskala in Gebrauch, deren Nullpunkt der Temperatur $T = 273.15\,\mathrm{K}$ entspricht und die man als Celsius-Skala bezeichnet. Sie ist ebenfalls SI-konform. Für die physikalische Größe Temperatur wird in diesem Buch das Größensymbol ϑ_C verwendet, wenn sie sich auf die Celsius-Skala mit der Einheit Grad *Celsius* (°C) bezieht. Die Umrechnung zwischen einer Temperatur T, die gemäß der thermodynamischen Temperaturskala gegeben ist, und einer Temperatur ϑ_C in der

Celsius-Skala erfolgt gemäß

$$\vartheta_C = (T - 273.15\,\mathrm{K})^{\circ}\mathrm{C}/\mathrm{K}\,.$$

Der Unterschied ΔT bzw. $\Delta\vartheta_C$ zwischen der Temperatur, bei der Wasser bei einem vereinbarten Normaldruck $\mathfrak{p}_0$ gefriert und bei der es siedet, beträgt $\Delta T = 100.00\,\mathrm{K}$ bzw. $\Delta\vartheta_C = 100.00\,^{\circ}\mathrm{C}$, d. h., die Zahlenwerte für Temperaturdifferenzen sind für beide Skalen gleich. Beide Angaben sind äquivalent. Der *Normaldruck* beträgt $\mathfrak{p}_0 \approx 1.0\,\mathrm{bar} = 1.0 \cdot 10^5\,\mathrm{Pa}$.

9.5 Thermische Materialeigenschaften

Materie wird im Rahmen der phänomenologischen Thermodynamik durch das Kontinuumsmodell (Kap. 8) beschrieben. Thermische Materialeigenschaften müssen i. Allg. zunächst empirisch erforscht werden. Hier sollen diejenigen Eigenschaften vorgestellt werden, welche für die Aufstellung der allgemeinen Zustandsgleichung (Abschn. 9.6) benötigt werden.

9.5.1 Kompressibilität

Der Kompressionsmodul K bzw. die Kompressibilität $\kappa = 1/K$ wurde bereits im Rahmen der Kontinuumsmechanik eingeführt (Abschn. 8.1.3). Anstatt Gl. 8.8 wollen wir in der Thermodynamik für den Kompressionsmodul die etwas allgemeinere Definition

$$K = V\frac{\partial^2 \mathcal{U}}{\partial V^2} = -V\frac{\partial \mathfrak{p}}{\partial V} \tag{9.27}$$

heranziehen, die sich nunmehr auf die innere Energie bezieht.

In der Thermodynamik muss man die Definitionen mechanischer Materialeigenschaften jedoch nachschärfen. Um für Gl. 9.27 auf den letzten Ausdruck zu kommen, muss man von der inneren Energie im Standardmodell ausgehen. Aus Gl. 9.27 folgt mit dem Druck $\mathfrak{p}(S, V) = -\left(\frac{\partial \mathcal{U}}{\partial V}\right)_S$ dann der *adiabatische Kompressionsmodul*, d. h. der Kompressionsmodul

$$K_S = -V\left(\frac{\partial \mathfrak{p}}{\partial V}\right)_S \tag{9.28}$$

bei konstanter Entropie. Das ist die Größe, welche mit dem mechanischen Kompressionsmodul (Gl. 8.8) identifiziert werden kann.

Die Entropie ist für Materialuntersuchungen jedoch keine sehr praktische Kontrollvariable. In der Praxis hält man die Temperatur konstant und misst mit dem

Druck $\mathfrak{p}(T, V)$ den isothermen Kompressionsmodul

$$K_T = -V\left(\frac{\partial \mathfrak{p}}{\partial V}\right)_T . \tag{9.29}$$

Anders als in der Kontinuumsmechanik genügt es in der Thermodynamik i. Allg. nicht mehr, die Kompressibilität

$$\kappa = -\frac{1}{V}\frac{\partial V}{\partial \mathfrak{p}} \tag{9.30}$$

allein als abhängig vom Druck aufzufassen. Je nachdem, ob die Entropie oder die Temperatur konstant gehalten wird, erhält man die adiabatische oder die isotherme Kompressibilität. Insbesondere für Gase hängt die Kompressibilität sehr stark von den Prozessbedingungen ab, unter denen die Messungen durchgeführt werden. Die adiabatische Kompressibilität κ_S ist i. Allg. etwas kleiner als die isotherme Kompressibilität κ_T (Abschn. 9.6.4). Der durch Gl. 8.8 definierte Kompressionsmodul der Kontinuumsmechanik ist der adiabatische Kompressionsmodul, und daher ist auch die mechanische Kompressibilität gleich der adiabatischen Kompressibilität

$$\kappa_S = -\frac{1}{V}\left(\frac{\partial V}{\partial \mathfrak{p}}\right)_S . \tag{9.31}$$

Die einfacher messbare isotherme Kompressibilität

$$\kappa_T = -\frac{1}{V}\left(\frac{\partial V}{\partial \mathfrak{p}}\right)_T \tag{9.32}$$

ist i. Allg. nicht konstant, sondern eine Funktion der Temperatur. Wenn man Kompressibilitäten tabelliert, muss man daher sowohl den Druck als auch die Temperatur spezifizieren, bei denen sie gemessen wurden. In Tab. 9.1 sind typische Größenordnungen für die Kompressibilität unter *Standardbedingungen* angegeben. Damit meint man, dass sie bei einem Druck von $\mathfrak{p} = 1\,\text{bar} = 1 \times 10^5\,\text{Pa}$ und bei einer Temperatur von $\vartheta_C = 0\,°\text{C}$ gemessen wurden.

Die Tabelle zeigt, dass gasförmige Materie eine um mehrere Größenordnungen höhere Kompressibilität als kondensierte Materie (Flüssigkeiten und Festkörper) hat. Pro Pascal ändern Gase ihr Volumen um ca. 10 ppm. Die Bezeichnung „ppm" bedeutet „parts per million", also „ein Millionstel", und es ist 1 ppm $= 10^{-3}\,‰ = 10^{-4}\,\%$, wobei die Zeichen ‰ und % für Promille bzw. Prozent stehen. Vergleicht man die relative Volumenänderung von Gasen und von kondensierter Materie für gleiche Druckänderung, so ist sie für kondensierte Materie um fünf bis sechs Zehnerpotenzen kleiner. Aus diesem Grund kann man für letztere oft vom stark vereinfachten Modell einer *inkompressiblen Flüssigkeit* oder eines *inkompressiblen Festkörpers* ausgehen, bei dem man die durch eine Druckänderung zwar stets auftretende, aber extrem kleine Volumenänderung unberücksichtigt lässt. Die Bezeichnung „inkompressibel" ist leider etwas missverständlich gewählt, denn es bedeutet hier nicht, dass der elastische Beitrag zur inneren Energie eines Körpers bzw. Fluids vernachlässigt wird, sondern nur die damit verbundene Änderung des Volumens.

Tab. 9.1 Größenordnung der Kompressibilität κ und des thermischen Ausdehnungskoeffizienten γ_{th} unter Standardbedingungen

Aggregatzustand	Kompressibilität κ	Ausdehnungskoeffizient γ_{th}
fest	$10^{-11}\,\mathrm{Pa}^{-1}$	$10^{-5}\,\mathrm{K}^{-1}$
flüssig	$10^{-10}\,\mathrm{Pa}^{-1}$	$1\times10^{-3}\,\mathrm{K}^{-1}$
gasförmig	$10^{-5}\,\mathrm{Pa}^{-1}$	$3\times10^{-3}\,\mathrm{K}^{-1}$

9.5.2 Thermische Ausdehnung

Der isobare Koeffizient der thermischen Volumenausdehnung ist durch

$$\gamma_{th}(T, V) = \frac{1}{V}\left(\frac{\partial V}{\partial T}\right)_{\mathfrak{p}} \tag{9.33}$$

definiert und ist i. Allg. eine Funktion der Temperatur und des Volumens. Angelehnt an die Definitionsgleichung (Gl. 9.33) bestimmt man diese materialspezifische Größe experimentell näherungsweise gemäß

$$\gamma_{th} \approx \frac{\Delta V}{V \Delta T} \quad \text{für konstantes } \mathfrak{p},$$

indem man die von einer Temperaturänderung ΔT hervorgerufene relative Volumenänderung $\Delta V / V$ bei konstant gehaltenem Druck misst. Normalerweise ist γ_{th} positiv, d. h., die Ausdehnung nimmt mit der Temperatur zu. Typische Beispiele für die Größenordnung der thermischen Ausdehnung sind in Tab. 9.1 aufgeführt. Fluide (d. h. Gase und Flüssigkeiten) haben eine um ca. zwei Größenordnungen höhere thermische Ausdehnung als Festkörper. Für einige Materialien kann γ_{th} innerhalb gewisser Temperaturbereiche auch negativ sein. Das bekannteste Beispiel hierfür ist die in einem Temperaturbereich um 4 °C herum auftretende *Anomalie des Wassers.*

Für den alltags- und küchenrelevanten Temperaturbereich ist der Zusammenhang zwischen der relativen Volumenausdehnung des Quecksilbers und der Temperaturänderung ΔT in exzellenter Näherung linear und kann durch

$$\frac{\Delta V}{V} \approx \gamma_{th} \Delta T \tag{9.34}$$

mit einem in guter Näherung konstanten Faktor γ_{th} beschrieben werden. Gl. 9.34 ist auch für viele andere Materialien über gewisse Temperaturbereiche eine taugliche Näherung und die grundlegende Beziehung für die in Abschn. 9.4.2 bereits besprochenen Ausdehnungsthermometer.

Gase folgen der empirischen Beziehung

$$\gamma_{\text{th}}(T, V) \approx \frac{1 - V_{\text{min}}/V}{T} \tag{9.35}$$

mit einem materialspezifischen Parameter V_{min}, der das kleinstmögliche Volumen darstellt, auf das sich ein Fluid durch Temperaturerniedrigung zusammenziehen kann. Für sehr große Volumina, d. h. für $V \gg V_{\text{min}}$, nimmt der thermische Ausdehnungskoeffizient proportional zu $1/T$ und die relative Volumenänderung $\Delta V/V$ folglich proportional zur relativen Temperaturänderung $\Delta T/T$ ab. Für $V \to V_{\text{min}}$ geht der thermische Ausdehnungskoeffizient gegen null.

9.5.3 Wärmekapazität

Definition Da primär Messgeräte für Temperaturen zur Verfügung stehen (aber nicht für Entropien), geht man von Ausdrücken aus, bei denen die Variable S mithilfe der Zustandsgleichungen gegen die Variable T ausgewechselt wurde. Je nach Messbedingungen wählt man die Energie $\mathcal{U}(S, V)$ bzw. die Enthalpie $\mathcal{H}(S, \mathfrak{p})$ in der Standardform aus und setzt Gl. 9.13 bzw. den aus einer analogen Variablentransformation aus Gl. 9.21 folgenden Ausdruck $S(T, \mathfrak{p})$ ein:

$$\mathcal{U} = \mathcal{U}(S(T, V), V) = \mathcal{U}(T, V) \tag{9.36}$$

$$\mathcal{H} = \mathcal{H}(S(T, \mathfrak{p}), \mathfrak{p}) = \mathcal{H}(T, \mathfrak{p}) \tag{9.37}$$

Bildet man die totalen Differentiale

$$d\mathcal{U} = \left(\frac{\partial \mathcal{U}(T, V)}{\partial T}\right)_V dT + \left(\frac{\partial \mathcal{U}(T, V)}{\partial V}\right)_T dV \tag{9.38}$$

bzw.

$$d\mathcal{H} = \left(\frac{\partial \mathcal{H}(T, \mathfrak{p})}{\partial T}\right)_{\mathfrak{p}} dT + \left(\frac{\partial \mathcal{H}(T, \mathfrak{p})}{\partial \mathfrak{p}}\right)_T d\mathfrak{p}, \tag{9.39}$$

so definieren die Funktionen

$$\Gamma_V = \left(\frac{\partial \mathcal{U}(T, V)}{\partial T}\right)_V,$$

$$\Gamma_{\mathfrak{p}} = \left(\frac{\partial \mathcal{H}(T, \mathfrak{p})}{\partial T}\right)_{\mathfrak{p}}$$

die *isochore Wärmekapazität* Γ_V bzw. die *isobare Wärmekapazität* $\Gamma_{\mathfrak{p}}$. Wärmekapazitäten sind extensive Größen. Sie hängen von der Temperatur und je nachdem vom Volumen bzw. vom Druck ab. Für homogene Stoffe sind sie, wie andere stoffabhängige extensive Größen auch, proportional zur Stoffmenge. Dividiert man sie daher durch die Masse m, dem vorläufigen Maß der Stoffmenge, erhält man stoffspezifische Größen, nämlich die *spezifische isochore Wärmekapazität*

$$c_V = \frac{\Gamma_V}{m} \tag{9.40}$$

bzw. die *spezifische isobare Wärmekapazität*

$$c_{\mathfrak{p}} = \frac{\Gamma_{\mathfrak{p}}}{m} . \tag{9.41}$$

Messung Wir betrachten diabatische Prozesse, d. h. Prozesse, bei denen keine Arbeit, sondern nur Wärme ausgetauscht wird. Zur Vereinfachung soll die von außen zugeführte Wärmemenge ΔQ klein sein. Erfolgt die Wärmezufuhr isochor, so ist sie gleich einer Zunahme der inneren Energie um $\Delta\mathcal{U} = \Delta Q$, erfolgt sie isobar, so ist sie gleich einer Zunahme der Enthalpie um $\Delta\mathcal{H} = \Delta Q$. Zur Unterscheidung wird den beiden unter verschiedenen Prozessbedingungen zugeführten Wärmen ein Index zugefügt, der auf die konstant gehaltene Größe hinweist. Wir schreiben also ΔQ_V für isochore Wärmezufuhr und $\Delta Q_{\mathfrak{p}}$ für isobare Wärmezufuhr. Setzt man entsprechend den Prozessbedingungen $\Delta\mathcal{U} = \Delta Q_V$ sowie $dV = 0$ in Gl. 9.38 und $\Delta\mathcal{H} = \Delta Q_{\mathfrak{p}}$ sowie $d\mathfrak{p} = 0$ in Gl. 9.39 ein, so erhält man

$$\begin{aligned} \Gamma_V &= \left(\frac{\partial\mathcal{U}}{\partial T}\right)_V \approx \left(\frac{\Delta\mathcal{U}}{\Delta T}\right)_V = \frac{\Delta Q_V}{\Delta T} , \\ \Gamma_{\mathfrak{p}} &= \left(\frac{\partial\mathcal{H}}{\partial T}\right)_{\mathfrak{p}} \approx \left(\frac{\Delta\mathcal{H}}{\Delta T}\right)_{\mathfrak{p}} = \frac{\Delta Q_{\mathfrak{p}}}{\Delta T} \end{aligned} \tag{9.42}$$

Die isobare Wärmekapazität ist stets größer als die isochore, d. h., es ist stets $\Gamma_{\mathfrak{p}} \geq \Gamma_V$, weil die zugeführte Wärme im ersten Fall nicht nur die innere Energie erhöhen muss, sondern bei einer allfälligen Volumenzunahme auch die Verdrängungsarbeit gegen den konstanten Druck leisten muss. Mit anderen Worten: Führt man Wärme isobar zu, fällt die Temperaturzunahme geringer aus, als wenn man die gleiche Wärmemenge isochor zuführt.

Zur Vereinfachung der Schreibweise lassen wir nun die auf die jeweiligen Prozessbedingungen hinweisenden Indizes entfallen und schreiben ganz allgemein z. B. $\Delta Q = \Gamma \Delta T$. Wenn man die zugeführten Wärmemengen ΔQ und die Temperaturänderungen ΔT an einem Körper bestimmen kann, so ist das Verhältnis gleich seiner Wärmekapazität Γ. Das gilt selbstverständlich auch umgekehrt: Man kann auch die Temperaturabnahme an einem Körper messen, während er eine Wärmemenge ΔQ abgibt. Bei gleicher Temperaturabnahme gibt ein Körper dabei umso mehr Wärme ab, je größer seine Wärmekapazität ist. Von einem guten Wärmespeicher (beispielsweise von der Wärmeflasche, die Sie sich im Winter ins Bett legen) wünschen Sie sich daher eine möglichst hohe Wärmekapazität.

Absolutmessungen Das Feuerbohren ist eine schon seit Urzeiten bekannte Methode, um durch Reibung ein Feuer zu entzünden. Jeder, der mal einen stumpfen

Bohrer mit einer Bohrmaschine betrieben hat, weiß, dass er glühend heiß werden kann. Graf Rumford, ein James Bond des 18. Jahrhunderts, musste wegen seiner Spionagetätigkeit aus den USA fliehen. Der bayerische Kurfürst hatte eine Nase für Talente und fing ihn ab, bevor er in Wien in den Dienst des Kaisers treten und als Kriegsheld auf dem Balkan enden konnte. In München wurde der geniale Physiker zum großen Sozialrevolutionär: er baute Armenhäuser auf und erfand die Rumford-Suppe. Seine Frau war die Chemikerin Marie-Anne Lavoisier, Witwe des Mannes, der der Menschheit noch rechtzeitig den „Massenerhaltungssatzes" schenken konnte, bevor die Guillotine weiteres Nachdenken über die Naturgesetze unterband. Für seine Hinrichtung hatten die französischen Revolutionäre mehrere Gründe. Der weltliche war, dass die wissenschaftlichen Methoden, die er als Steuerpächter einführte, unbeliebt waren. Aber es gab auch einen thermodynamischen: Robespierre hatte den Physiker Marat politisch gegen den Chemiker Priestley durchgesetzt. Nun hatte Marat sich in seinem Buch über das Feuer für das Phlogiston entschieden, Antoine Lavoisier und Priestley, beides Sauerstoff-Freunde, jedoch dagegen. Antoine kritisierte nicht nur Marats wissenschaftliche Arbeit, schlimmer noch: Seine Frau Marie-Anne hatte Marat in ihrem Theaterstück über das Phlogiston öffentlich zur Lachnummer gemacht. Das verdross Marat. Der italienische Physiker Giuseppe Luigi Lagrangia aus Turin, er benannte sich später in Joseph-Louis Lagrange um, hatte daraufhin den Tod eines Freundes zu bejammern: „Sie brauchten nur einen Moment, um diesen Kopf abzuschlagen, aber vielleicht genügen hundert Jahre nicht, um einen solchen hervorzubringen". Aus der Physikgeschichte können Sie zuweilen etwas über das Leben lernen: Mit dem obersten Revolutionsführer legt man sich besser nicht an, vor allem nicht mit seinen Büchern über Optik, Mechanik und Thermodynamik.

Zurück zum zweiten Ehemann von Marie-Anne Lavoisier, besagtem Grafen Rumford. Die beiden werden sich im Bett nicht nur über die Theorie der Wärme ihrer Zeit ausgetauscht haben. Die Wärmeabgabe beim Kanonenbohren führte den Praktiker Rumford jedenfalls zu dem Schluss, dass Wärme eine Form der Energie sein musste. Das war wirklich revolutionär! Wenn man stumpfe Bohrer verwendete, dann wirkte nämlich ein Kanonenbohrer wie eine Maschine, die fortlaufend mechanische Energie (also Arbeit) aufnahm und Wärme abgab. Das physikalische Phänomen ist hier die Dissipation von kinetischer Energie durch Reibung. Sie tritt auf, wenn Teile eines physikalischen Systems, die in Kontakt miteinander sind, eine Relativbewegung gegeneinander aufweisen.

Mitte des 19. Jahrhunderts untersuchte James Prescott Joule dieses Phänomen. Als Bierbrauer verfügte er nicht nur über die dafür notwendigen praktischen Kenntnisse, sondern auch über die für thermodynamische Experimente unabdingbare Laborausstattung: Er betrieb einen Rührer in einem Behälter, der Wasser enthielt. Der Rührer wurde von außen mechanisch angetrieben. Daher konnte die zugeführte Arbeit ΔW auch mechanisch gemessen werden, weil man sie an den mechanischen Parametern des äußeren Antriebssystems ablesen konnte. Die kinetische Energie, die dem Wasser durch Rühren zugeführt wird, wird erfahrungsgemäß nach kurzer Zeit dissipiert. Sie erhöht somit die Entropie des Wasserbehälters und folglich dessen thermische Energie. Wenn eine Arbeitsmenge ΔW zugeführt und dabei zugleich vollständig dissipiert wird, dann ist dieser Vorgang äquivalent zur Zufuhr einer Wärme ΔQ.

Zwischen der Wirkung einer zugeführten und dissipierten Arbeit ΔW und einer gleich großen zugeführten Wärme ΔQ ist kein Unterschied. Das ist, wie bereits in Abschn. 9.3.3 dargestellt, das grundlegende Prinzip, auf dem die Kalorimetrie beruht.

Das Joulesche Experiment fand unter konstantem Druck statt. Gibt der Rührer die Arbeit ΔW in Form von kinetischer Energie an das Wasser ab und wird diese dissipiert, wird die Arbeit

$$\Delta W \overset{\substack{\text{Dissipation} \\ \downarrow}}{=} \Delta W_{\text{irr}} \equiv \Delta Q = \Delta \mathcal{H} = \int T\, dS \approx \Gamma_{\text{p}} \Delta T$$

in eine Enthalpieänderung umgesetzt, die zu einer Temperaturänderung führt. Die irreversibel zugeführte Arbeit ΔW_{irr} ist äquivalent zu einer gleich großen zugeführten Wärme, d. h. $\Delta Q \equiv \Delta W_{\text{irr}}$. Joule fand heraus, dass sich die Temperatur einer Stoffmenge von 1 kg Wasser um $\Delta T = 1$ K erhöht, wenn man eine irreversible Rührarbeit von $\Delta W \approx 4.2$ kJ verrichtet. Daraus folgt, dass 1 kg Wasser eine Wärmekapazität von $\Gamma_{\text{p}} = 4.2\,\text{kJ/K}$ bzw. eine spezifische Wärmekapazität $c_{\text{p}} \approx 4.2\,\text{kJ/kg K}$ hat.

Heute würde man es sich leichter machen und einen Tauchsieder ins Wasser eintauchen lassen. Indem man eine messbare elektrische Energie (Abschn. 11.5) zuführt und diese im Tauchsieder irreversibel in Wärme umwandelt, kann man dem Wasser eine abgemessene Wärme zuführen und durch Bestimmung der dabei auftretenden Temperaturdifferenz eine Absolutmessung der spezifischen Wärmekapazität durchführen.

Relativmessungen Wenn man zwei Körper A und B mit den Wärmekapazitäten Γ_{A} und Γ_{B} in Kontakt bringt, wobei ersterer zu Beginn die Temperatur T_{A} und der zweite die Temperatur T_{B} habe, und wenn nur diese beiden Körper Wärme miteinander austauschen, dann läuft der Vorgang so lange ab, bis beide am Ende des Prozesses die gleiche Temperatur T_m haben. Da die vom einen Körper abgegebene Wärme gleich der vom anderen aufgenommenen ist, gilt

$$\Gamma_{\text{A}}(T_{\text{A}} - T_m) = -\Gamma_{\text{B}}(T_{\text{B}} - T_m)\,. \tag{9.43}$$

Wie man aus Gl. 9.43 erkennt, kann man die Wärmekapazität eines Körpers allein durch Messen von Temperaturen bestimmen, wenn man die des anderen kennt und wenn die Wärmekapazitäten im Temperaturbereich der Untersuchung als näherungsweise konstant abgesehen werden können. Ist der Körper homogen und kennt man seine Masse m, so erhält man je nach den Rahmenbedingungen des Prozesses die isochore bzw. isobare spezifische Wärmekapazität $c_V = \Gamma_V/m$ bzw. $c_{\text{p}} = \Gamma_{\text{p}}/m$. Wegen der Verdrängungsarbeit ist die isobare Wärmekapazität, wie oben bereits ausgeführt, stets größer als die isochore. Der Unterschied $c_{\text{p}} - c_V$ ist über weite Temperaturbereiche in der Regel konstant und positiv. Anders als für Fluide ist dieser Unterschied für feste Materie jedoch vernachlässigbar klein. Aufgrund der sehr viel geringeren thermischen Ausdehnung (Tab. 9.1) gilt für den festen Aggregatzustand in guter Näherung $c_p \approx c_V$.

Wenn man spezifische Wärmekapazitäten nach der geschilderten Methode und unter Heranziehung von Gl. 9.43 sehr genau messen möchte, so muss man für geeignete Messbedingungen sorgen bzw. Korrekturen für thermische Verluste anbringen. Beispielsweise muss man dafür sorgen, dass das aus zwei Körpern bestehende System während der Zeitspanne, die für den Temperaturausgleich benötigt wird, möglichst wenig Wärme nach außen verliert, indem man die Messungen in einem geeigneten, gegen Verlust von Wärme isolierenden Gefäß ablaufen lässt, z. B. in einem Dewargefäß. Meist nimmt man Wasser mit der aus der obigen Absolutmessung bekannten spezifischen Wärmekapazität $c_p \approx 4.2\,\mathrm{kJ/kg\,K}$ als sehr praktikablen Vergleichsstandard.[4]

9.5.4 Joulescher Expansionskoeffizient

Der in Gl. 9.39 auftretende Koeffizient

$$\Upsilon = \left(\frac{\partial \mathcal{U}(T,V)}{\partial V}\right)_T \tag{9.44}$$

heißt *Joulescher Expansionskoeffizient*. Im Gegensatz zu den Wärmekapazitäten ist er eine intensive Größe. Um ihn für Gase zu messen, bestimmt man die bei einer freien Expansion auftretende Temperaturänderung eines geeigneten isolierten Systems. Dieses kann z. B. durch zwei Behälter A und B realisiert werden, die durch ein Ventil miteinander verbunden und gegen die Umgebung isoliert sind. Behälter A möge zu Beginn das Gas enthalten, während Behälter B vor Beginn evakuiert wurde. Nun öffnet man das Ventil und lässt das Gas frei, aber gedrosselt (also langsam, um eine Verfälschung der Messung durch Dissipation von kinetischer Energie zu vermeiden), von A nach B expandieren. Da das System isoliert ist, gilt

$$d\mathcal{U} = mc_V\,dT + \Upsilon\,dV = 0. \tag{9.45}$$

Bei bekannter spezifischer Wärmekapazität c_V des Gases folgt der Joulesche Expansionskoeffizient

$$\Upsilon \approx -\frac{mc_V\Delta T}{\Delta V} \tag{9.46}$$

durch Messung einer kleinen (aber endlichen) Volumenänderung ΔV und der beim Versuch beobachteten Temperaturänderung ΔT. Experimentell findet man in guter Näherung

$$\Upsilon \approx a\rho^2, \tag{9.47}$$

wobei a hier eine empirische Materialkonstante und $\rho = m/V$ die Dichte ist. Für stark verdünnte Gase geht der Joulesche Expansionskoeffizient gegen null.

[4] Konvention: Was hinter einem Bruchstrich folgt, steht unter ihm.

9.6 Zustandsgleichungen und Prozessgleichungen

9.6.1 Allgemeine thermische Zustandsgleichung

Für konstanten Druck findet man mit Gl. 9.19 und Gl. 9.38

$$d\mathcal{H} = \Gamma_{\mathfrak{p}}\, dT = d\mathcal{U} + \mathfrak{p}\, dV = \Gamma_V\, dT + \Upsilon\, dV + \mathfrak{p}\, dV.$$

Aus Gl. 9.33 ergibt sich ferner, dass $dV = \gamma_{\text{th}} V dT$ und somit

$$\Gamma_{\mathfrak{p}} - \Gamma_V = (\mathfrak{p} + \Upsilon)\, \gamma_{\text{th}} V.$$

Mit der Dichte $\rho = m/V$ ergibt sich somit folgender allgemeiner Zusammenhang zwischen den thermischen Materialeigenschaften:

Allgemeine thermische Zustandsgleichung

$$(\mathfrak{p} + \Upsilon)\, \frac{1}{\rho} = \left(c_{\mathfrak{p}} - c_V\right) \frac{1}{\gamma_{\text{th}}} \tag{9.48}$$

Alle auftretenden Materialgrößen, d. h. $c_{\mathfrak{p}}, c_V, \Upsilon, \gamma_{\text{th}}$ und ρ, sind i. Allg. Funktionen der Temperatur T und des Volumens V, so dass Gl. 9.48 den Zusammenhang der drei Zustandsvariablen $\mathfrak{p}$, T und V beschreibt. Eine solche Gleichung zwischen Zustandsvariablen bezeichnet man als *Zustandsgleichung*. Zwei wichtige Spezialfälle für Zustandsgleichungen spezieller Stoffe sollen nun exemplarisch vorgestellt werden.

9.6.2 Van-der-Waals-Zustandsgleichung für Fluide

Setzt man Gl. 9.35 und Gl. 9.47 in die allgemeine Zustandsgleichung (Gl. 9.48) ein, so erhält man die empirische Zustandsgleichung

$$(\mathfrak{p} + a\rho^2)(V - V_{\min}) = m(c_{\mathfrak{p}} - c_V)T. \tag{9.49}$$

Diese wird als *Van-der-Waals-Zustandsgleichung* bezeichnet. Sie ist sowohl für Gase als auch Flüssigkeiten eine gute Modellgleichung, d. h. ganz allgemein eine gute Zustandsgleichung für Fluide. Für ausreichend große Volumina kann man $V_{\min}$ gegen V vernachlässigen. Das ist für Gase eine gute Näherung.

Aus der Zustandsgleichung kann man weitere Materialeigenschaften ableiten. Beispielsweise erhält man durch partielles Differenzieren von Gl. 9.49 nach dem Druck (nach einiger Rechnerei) für die isotherme Kompressibilität von Van-der-Waals-Gasen den Ausdruck

$$\kappa_T(\mathfrak{p}, \rho) = -\frac{1}{V}\left(\frac{\partial V}{\partial \mathfrak{p}}\right)_T \approx \frac{1}{\mathfrak{p} - a\rho^2}. \tag{9.50}$$

Er impliziert, dass die Kompressibilität divergieren kann (Abschn. 10.7).

9.6.3 Zustandsgleichung für verdünnte Gase

Betrachtet man den Grenzfall für verschwindende Dichte ($\rho \to 0$) und verschwindendes Eigenvolumen ($V_{\text{min}} \to 0$), so erhält man aus Gl. 9.47, Gl. 9.35 und Gl. 9.50 für verdünnte Gase näherungsweise folgende Materialkonstanten:

$$\begin{aligned} \Upsilon &\approx \left(\frac{\partial \mathcal{U}(T,V)}{\partial V}\right)_T &= 0 \\ \gamma_{\text{th}} &\approx +\tfrac{1}{V}\left(\tfrac{\partial V}{\partial T}\right)_{\mathfrak{p}} &= \frac{1}{T} \\ \kappa_T &\approx -\tfrac{1}{V}\left(\frac{\partial V}{\partial \mathfrak{p}}\right)_T &= \frac{1}{\mathfrak{p}} \end{aligned} \tag{9.51}$$

Die Van-der-Waals-Zustandsgleichung (Gl. 9.49) vereinfacht sich damit zu

$$\mathfrak{p}V \approx m(c_{\mathfrak{p}} - c_V)T. \tag{9.52}$$

Das ist die *Zustandsgleichung verdünnter Gase.*

Mit $\Upsilon = 0$ folgt für $\mathcal{U}(T, V)$ aus Gl. 9.38 ferner, dass

$$d\mathcal{U} \approx mc_V dT,$$

d. h., dass die innere Energie vom Volumen überhaupt nicht abhängt und somit allein eine Funktion $\mathcal{U}(T, V) = \mathcal{U}(T)$ der Temperatur ist! Wenn man des Weiteren den empirischen Befund berücksichtigt, dass die spezifischen Wärmen c_V und $c_{\mathfrak{p}}$ für verdünnte Gase kaum von der Temperatur abhängen, ergibt sich für die innere Energie verdünnter Gase der einfache Zusammenhang

$$\mathcal{U}(T) \approx mc_V T. \tag{9.53}$$

Mit Gl. 9.52 ergibt sich für die Enthalpie

$$\mathcal{H} \approx \mathcal{U} + \mathfrak{p}V = mc_{\mathfrak{p}}T.$$

Wie Gl. 9.51 zeigt, ist der Druck bzw. die Energiedichte eines verdünnten Gases gleich dem isothermen Kompressionsmodul

$$K_T = \mathfrak{p}.$$

9.6.4 Adiabatische Prozessgleichungen für verdünnte Gase

Bei adiabatischen Prozessen tauscht ein System nur Arbeit mit seiner Umgebung aus, während der Austausch von Wärme durch geeignete Maßnahmen unterbunden ist. Wegen $\delta Q = 0$ und $\delta W = -\mathfrak{p} dV$ erhält man

$$d\mathcal{U} = \Gamma_V \, dT + \Upsilon \, dV \; = \; \delta W. \tag{9.54}$$

Aus Gl. 9.54 und Gl. 9.48 folgt für die Temperaturänderung:

$$dT = -\frac{1}{\Gamma_V}(\mathfrak{p} + \Upsilon) dV = -\frac{1}{\gamma_{\text{th}}}(c_{\mathfrak{p}}/c_V - 1)\frac{dV}{V}. \tag{9.55}$$

Für Gase kann es durch adiabatische Komprimierung des Volumens zu einer beträchtlichen Temperaturerhöhung kommen. Dieser Effekt ist die physikalische Grundlage des pneumatischen Feuerzeugs und der Zündung des Dieselmotors. Umgekehrt kann man durch Expansion die adiabatische Kühlung eines Gases erzielen. Da die Wärmeabgabe an eine auf anderer Temperatur befindliche Umgebung nicht perfekt ausgeschaltet werden kann, realisiert man die Temperaturänderungen in der Praxis durch eine schnell ablaufende Prozessführung (rasche Komprimierung bzw. Expansion), was näherungsweise einer adiabatischen Prozessführung entspricht.

Setzt man in Gl. 9.55 die Eigenschaften eines verdünnten Gases ein, so erhält man mit $\gamma_{\text{th}} = 1/T$

$$\frac{dT}{T} = (1 - c_{\mathfrak{p}}/c_V)\frac{dV}{V}.$$

Durch Integration beider Gleichungsseiten ergibt sich $\ln T = (1 - c_{\mathfrak{p}}/c_V) \ln V + k$ mit einer Integrationskonstante k und daraus die *Adiabatengleichung*

$$T V^{c_{\mathfrak{p}}/c_V - 1} = \text{const.}. \tag{9.56}$$

Adiabatengleichungen beschreiben die Abfolge von Zuständen verdünnter Gase bei einem adiabatischen Prozess. Gl. 9.56 ist also keine Zustandsgleichung, sondern eine *Prozessgleichung*. Wäre das fiktive Medium, dessen Kreisprozess in Abb. 9.2 skizziert wurde, beispielsweise ein verdünntes Gas, so würden die beiden Adiabaten Gl. 9.56 folgen, d. h. $T(V) \propto V^{1-c_{\mathfrak{p}}/c_V}$. Das wäre ein konkretes Beispiel für einen gemäß Gl. 9.10 möglichen Prozess, der bei konstanter Entropie abläuft.

Wenn man sie für andere Zustandsvariable aufstellen möchte, verwendet man die Zustandsgleichung, im vorliegenden Fall also die Zustandsgleichung des verdünnten Gases, um eine Variablentransformation durchzuführen. Aus Gl. 9.52 folgt beispielsweise $T/V \propto \mathfrak{p}$. Daher kann man die Temperatur in Gl. 9.56 leicht durch den Druck substituieren und erhält die adiabatische Prozessgleichung

$$\mathfrak{p} V^{c_{\mathfrak{p}}/c_V} = \text{const.}. \tag{9.57}$$

Differenziert man diese Gleichung partiell nach dem Druck (die Entropie ist bei der adiabatischen Zustandsgleichung konstant), so ergibt sich $V^{c_{\mathfrak{p}}/c_V} +$

$p\frac{c_p}{c_V}V^{c_p/c_V}\frac{1}{V}\left(\frac{\partial V}{\partial p}\right)_S = 0$. Daraus folgt für die adiabatische Kompressibilität verdünnter Gase

$$\kappa_S = -\frac{1}{V}\left(\frac{\partial V}{\partial p}\right)_S = \left(\frac{c_V}{c_p}\right)\frac{1}{p}. \tag{9.58}$$

Die Kompressibilität unter adiabatischen Prozessbedingungen ist um einen Faktor (c_V/c_p) kleiner als die Kompressibilität bei der Durchführung eines isothermen Prozesses (Gl. 9.51).

9.7 Geräte und Maschinen

Von der Haushaltstechnik bis zur industriellen Produktion sind primär nur makroskopische Zustandsvariable bzw. deren Energiebeiträge von praktischer Bedeutung. Bei jedem Gerät, jedem Motor und jeder Maschine geht es darum, eine makroskopische Wirkung zu erzielen, d. h., dass etwas makroskopisch „Sichtbares" bzw. Beschreibbares geschieht, und somit stehen für den Maschinenbauingenieur erst einmal die „sichtbaren" mechanischen Zustandsvariablen im Vordergrund seiner Überlegungen.

Geräte, Maschinen und Motoren dienen dazu, zur Verfügung stehende Energie in Energie einer solchen Form zu transformieren, die man gerade für einen bestimmten Zweck benötigt. Motoren wandeln beispielsweise potentielle oder elektrische Energie in Bewegungsenergie (kinetische Energie) für den Antrieb einer Uhr, eines Fahrzeugs oder einer Werkzeugmaschine um.

9.7.1 Wirkungsgrad

Wie bereits gesagt, dienen Geräte und Maschinen dazu, Energie in eine technisch zweckdienliche Energieform umzuwandeln. Diese wird etwas unscharf als *Nutzenergie* bezeichnet. Sie soll die gewünschte Änderung bestimmter Zustandsvariablen herbeiführen. In diesem Abschnitt wollen wir der Frage nachgehen, wie viel von der gewünschten Nutzenergie ein Ingenieur durch den Einsatz von Energie (ihm zur Verfügung stehende bzw. eingesetzte Energie) erzielen kann bzw. welchen *Wirkungsgrad*

$$\eta = \frac{\text{Nutzenergie}}{\text{eingesetzte Energie}}$$

die Maschine hat. Der Wertebereich des Wirkungsgrads liegt im Intervall

$$0 \leq \eta \leq 1,$$

denn der Beitrag einer Energieform zur Nutzenergie, die nichts nutzt, ist null, und wegen der Energieerhaltung kann man nicht mehr Nutzenergie herausbekommen als man einsetzt. In diesem Zusammenhang fällt manchmal das Wort „Energieverlust". Damit ist der Verlust des potentiell erreichbaren Nutzens für eine gewünschte Wirkung gemeint. Der technische Begriff „Energieverlust" kann leicht missverstanden werden, ist aber nichts weiter als eine Abkürzung für das Wort „Nutzenergieverlust“ und bezeichnet eine Schmälerung der Nutzenergie.

Nachfolgend wollen wir für einige Fälle analysieren, welche Wirkungsgrade prinzipiell erzielt werden können.

9.7.2 Heizgeräte

Wenn Wärme die Nutzenergie darstellt und man Arbeit als Energie einsetzen kann, dann kann man diese stets zu 100 % in Wärme umwandeln, d. h. mit einem Wirkungsgrad von 100 %, denn Dissipation geht immer. So lange man über Energie in egal welcher Form verfügt, kann man sie prinzipiell verheizen. Der Wirkungsgrad eines Gerätes fällt etwas geringer aus, wenn der Ingenieur auch noch kritisch hinterfragt, ob tatsächlich alle Wärme dort ankommt, wo sie hin soll. Wenn man das mit in Betracht zieht, hat ein Tauchsieder für das Erhitzen von Wasser beispielsweise einen höheren Wirkungsgrad als eine Herdplatte.

9.7.3 Maschinen

Maschinen sind Geräte, welche die gewünschte Änderung einer bestimmten Zustandsvariablen bewirken bzw. Energie in eine gewünschte Form von Arbeit umwandeln. Ihr Wirkungsgrad

$$\eta = \frac{\text{Nutzarbeit}}{\text{eingesetzte Energie}}$$

ist i. Allg. geringer als der von Heizgeräten.

In diesem Abschnitt sollen Maschinen analysiert werden, die im *zeitlich stationären* Betrieb laufen. Wir simulieren diesen Betriebsmodus, indem wir eine abstrakte Maschine C betrachten, deren Arbeitsmedium (z. B. ein Gas) fortwährend eine Reihe verschiedener Zustände entlang eines Kreisprozesses durchläuft. Im Zustandsdiagramm der Maschine C bzw. seines Arbeitsmediums wird dabei ein geschlossener Weg durchlaufen, der periodisch zum selben Zustand zurückführt, wie das z. B. in Abb. 9.3 idealisiert für den Stirling- und Ottomotor dargestellt ist.

Im Folgenden werden von C aufgenommene bzw. zufließende Energien positiv und abgegebene negativ bilanziert, d. h., ein Abfluss von Energie wird als negativer Zufluss gerechnet. Dann ist die Summe aller über eine Periode hinweg zugeflossenen Energien null. Desgleichen muss eine im stationären Betrieb laufende periodische Maschine am Ende eines Zyklus alle ihr zugeführten Entropien wieder losgeworden sein, aber zusätzlich auch noch jene Entropie ΔS_D, welche die Maschine während des Zyklus durch irreversible Prozesse (Dissipation) generiert. Diese beiden Aussagen formuliert man durch

$$\oint d\mathcal{U} = 0, \tag{9.59}$$

$$\oint dS = 0. \tag{9.60}$$

Das Symbol $\oint$ steht für eine Integration über den geschlossenen Weg des Kreisprozesses, bei dem alle infinitesimalen Beiträge zur inneren Energie bzw. Entropie aufsummiert werden.

In jedem Zyklus des hier betrachteten abstrakten Prozesses soll die Maschine insgesamt die Arbeit ΔW_1 und ΔW_2 zweier im Prinzip unterschiedlicher Formen 1 bzw. 2 mit der Umgebung austauschen können. Im ersten Fall wird dabei eine spezifische mechanische Zustandsvariable z_1 geändert (z. B. die Zustandsvariable eines potentiellen Energiebeitrags), und im zweiten Fall eine andere Zustandsvariable z_2 (z. B. die eines kinetischen Energiebeitrags).

Ferner soll die Maschine Wärme austauschen können. Um das Verständnis von Maschinen zu erleichtern, betrachten wir ein Modell, in dem das Arbeitsmedium von C mit idealisierten Medien wechselwirkt, die als *Wärmereservoire* bzw. Wärmebäder bezeichnet werden, und deren einzige Funktion es ist, Wärme abzugeben oder aufzunehmen. Ein *Wärmebad* ist per Definition ein Medium mit unendlicher Wärmekapazität, d. h., bei einem Wärmeaustausch bleibt seine Temperatur konstant. Wir betrachten hier ein simples Modell, bei dem der Wärmeaustausch mit nur zwei Wärmebädern A und B bei konstanter Temperatur T_A bzw. T_B geschieht. Aufgrund der so vereinfachten Beziehung zwischen den beiden Wegintegralen (Gl. 9.59 und Gl. 9.60) findet ein von den Entropieänderungen ΔS_A und ΔS_A begleiteter Austausch der Wärmemengen $\Delta Q_A = T_A \Delta S_A$ und $\Delta Q_B = T_B \Delta S_B$ auf zwei isothermen Prozessschritten statt.

Wir stellen nun die Energie- und Entropiebilanz für einen Umlauf des Kreisprozesses der Maschine C unter Berücksichtigung der Konvention auf, dass die Änderung durch *Zufuhr von außen positiv* und diejenige durch *Abgabe nach außen negativ* gerechnet wird.

Bei einem Kreisprozess ist die innere Energie nach Beendigung eines Zyklus dieselbe wie am Anfang, und damit gilt für ihre Änderung $\Delta\mathcal{U} = 0$, d. h., C nimmt so viel Energie auf, wie es wieder abgibt (Gl. 9.59). Für die Energiebilanz gilt daher:

$$\Delta Q_A + \Delta Q_B + \Delta W_1 + \Delta W_2 = 0 \tag{9.61}$$

Tauscht A die Wärme ΔQ_A mit C aus, so ist damit notwendigerweise ein Entropieaustausch von $\Delta S_A = \Delta Q_A / T_A$ verknüpft. Wird Wärme von A aufgenommen, ist ΔS_A positiv. Wird Wärme abgegeben, dann ist auch die Entropieänderung von C negativ. Wärme- und Entropieänderungen haben also das gleiche Vorzeichen. Entsprechendes gilt für den Austausch mit B. Darüber hinaus können dissipative Prozesse in der Maschine weitere Entropie generieren und eine Entropieänderung ΔS_D zur Bilanz beisteuern. Diese ist stets positiv, denn Dissipation kann (innerhalb einer abgeschlossenen Maschine) Entropie nur vergrößern, nie verkleinern. Für die Entropiebilanz des Kreisprozesses gilt daher:

$$\Delta S_A + \Delta S_B + \Delta S_D = 0 \tag{9.62}$$

Den reversiblen Grenzfall mit $\Delta S_D = 0$ kann man sich für spätere theoretische Gedankenspiele aufheben. Maschinen der Praxis sind jedoch makroskopische physikalische Systeme mit $\Delta S_D \neq 0$. Gl. 9.62 hat für reale Maschinen folglich nur dann eine Lösung, wenn ΔS_{A} oder ΔS_{B} negativ ist. Ohne Kühlung (d. h. eine Abfuhr von Wärme) werden Sie sich also kaum an einem stationären Betrieb Ihres Computers erfreuen können, denn aus Gl. 9.62 folgt:

Ohne Wärmeabfuhr ist der stationäre Betrieb von Maschinen unmöglich.

Jenes für den stationären Betrieb unverzichtbare Wärmebad, an das Entropie und damit notwendigerweise auch Wärme abgegeben wird, soll im Folgenden das mit B bezeichnete sein. Der Anteil der an B abgegebene Wärme muss durch Zufuhr von Arbeit oder Wärme wieder ausgeglichen werden. Er steht daher nicht für die Umwandlung in Nutzenergie zur Verfügung.

Mechanische Maschinen

Rein mechanische Maschinen arbeiten *ohne Wärmezufuhr*. Daher setzten wir in Gl. 9.61 $\Delta Q_{\mathrm{A}} = 0$ und in Gl. 9.62 $\Delta S_{\mathrm{A}} = 0$. Die von der Maschine exportierte Nutzenergie $\Delta W_{\mathrm{ex}} = \Delta W_2$ ist negativ und die für den Betrieb importierte Energie $\Delta W_{\mathrm{in}} = \Delta W_1$ positiv. Da *Wirkungsgrade* für die Energieumwandlung in Nutzarbeit als positive Größe interpretiert werden, definiert man ihn durch

$$\eta = -\frac{\Delta W_{\mathrm{ex}}}{\Delta W_{\mathrm{in}}}\,. \tag{9.63}$$

Mit $\Delta Q_{\mathrm{B}} = T_{\mathrm{B}} \Delta S_{\mathrm{B}} = -T_{\mathrm{B}} \Delta S_D$ ergibt sich mittels Gl. 9.61:

$$\eta = \frac{\Delta W_{\mathrm{in}} - T_{\mathrm{B}} \Delta S_D}{\Delta W_{\mathrm{in}}} = 1 - \frac{T_{\mathrm{B}} \Delta S_D}{\Delta W_{\mathrm{in}}} \tag{9.64}$$

Der Wirkungsgrad ist um so höher, je geringer dissipative Entropiezunahme ausfällt und je niedriger die Temperatur bei der Wärmeabgabe ist. Im reversiblen Grenzfall ist der Wirkungsgrad mechanischer Maschinen 100 %. Es ist jedoch unrealistisch zu erwarten, dass man diesen höchstmöglichen Wirkungsgrad mit realen mechanischen Maschinen tatsächlich erreichen kann.

Wärmekraftmaschinen

Bei einer reinen Wärmekraftmaschine wird keine Arbeit, sondern nur Wärme für den Betrieb der Maschine eingesetzt. Daher setzen wir in Gl. 9.61 $\Delta W_2 = 0$. Die exportierte Nutzenergie soll wieder mit $\Delta W_{\mathrm{ex}} \geq 0$ bezeichnet werden. Der Wirkungsgrad ist

$$\eta = -\frac{\Delta W_{\mathrm{ex}}}{\Delta Q_{\mathrm{in}}}\,. \tag{9.65}$$

Wird die Arbeit $\Delta W_{\text{ex}} = \Delta W_1$ exportiert und die Wärme $\Delta Q_{\text{in}} = \Delta Q_{\text{A}}$ importiert, dann ist (Gl. 9.61)

$$\eta = \frac{\Delta Q_{\text{A}} + \Delta Q_{\text{B}}}{\Delta Q_{\text{A}}} = 1 - (1 + \Delta S_D/\Delta S_{\text{A}})\frac{T_{\text{B}}}{T_{\text{A}}} . \tag{9.66}$$

Wegen $1 + \Delta S_D/\Delta S_{\text{A}} \geq 1$ können Wärmekraftmaschinen nur so lange Nutzarbeit abgeben, wie $T_{\text{A}} \geq T_{\text{B}}$, d. h., sie können nur laufen, wenn man ausnutzen kann, dass ein Wärmestrom von einem Wärmebad mit höherem Temperaturpotential zu einem Wärmebad mit niedrigerem Temperaturpotential fließen kann.

Auch die Effizienz von Wärmekraftmaschinen sinkt selbstverständlich, wenn die Entropie infolge dissipativer Prozesse um ΔS_D anwächst. Allerdings gibt es einen wichtigen Unterschied zwischen mechanischen Maschinen und Wärmekraftmaschinen: Erstere können im reversiblen Grenzall ($\Delta S_D = 0$) einen Wirkungsgrad von 100 % erreichen. Der maximale Wirkungsgrad von Wärmekraftmaschinen ist hingegen von vornherein schon durch den *Carnotschen Wirkungsgrad*

$$\eta_c = 1 - \frac{T_{\text{B}}}{T_{\text{A}}} . \tag{9.67}$$

begrenzt und damit prinzipiell kleiner. Die Ursache liegt darin, dass die mit der für die Umwandlung in Nutzarbeit importierten Wärme ΔQ_{A} zugleich Entropie importiert wird. Diese muss im Laufe des Zyklus eines Kreisprozesses wieder entfernt werden. Hierfür muss notwendigerweise ein Teil der einfließenden Wärme geopfert und zur Bereinigung der Entropiebilanz wieder ausgestoßen werden. Damit steht die zugeführte Wärme ΔQ_{A} nicht vollständig für die Umwandlung in Arbeit zur Verfügung, sondern nur die um $\Delta Q_{\text{B}} = T_{\text{B}} \Delta S_{\text{A}}$ verringerte Wärme.

Für ein Wärmebad mit $T_B = 0$ würde Gl. 9.67 zulassen, dass beliebig viel Wärme in Arbeit umgewandelt werden und somit Dissipation wieder vollständig rückgängig gemacht werden könnte. So etwas wird nicht beobachtet. Daher schließt der dritte Hauptsatz einen Zustand mit der Temperatur Null überhaupt aus.

Wenn es nur darum geht zu verstehen, wie eine technisch realisierbare Wärmekraftmaschinen prinzipiell funktioniert, kann man das zunächst einmal anhand stark idealisierter Modelle tun. In dieser vereinfachten Weise wollen wir hier zwei Beispiele für *Viertaktmotoren* besprechen: den Stirlingmotor und den Ottomotor. Viertaktmotoren sind Wärmekraftmaschinen, die vier thermodynamische Prozessschritte bzw. „Takte“ aufweisen. Die Zustandsdiagramme für die Kreisprozesse der beiden Wärmekraftmaschinen sind in Abb. 9.3 dargestellt.

Beispiel 9.1: Stirlingmotor

Der Stirlingmotor besteht aus einem Arbeitsgas, einem Arbeitskolben und einem *Regenerator*, der zur Zwischenspeicherung von Wärme dient. Wie im p-V-Diagramm gezeigt (Abb. 9.3a), besteht der Stirling-Prozess aus den folgenden vier Arbeitstakten:

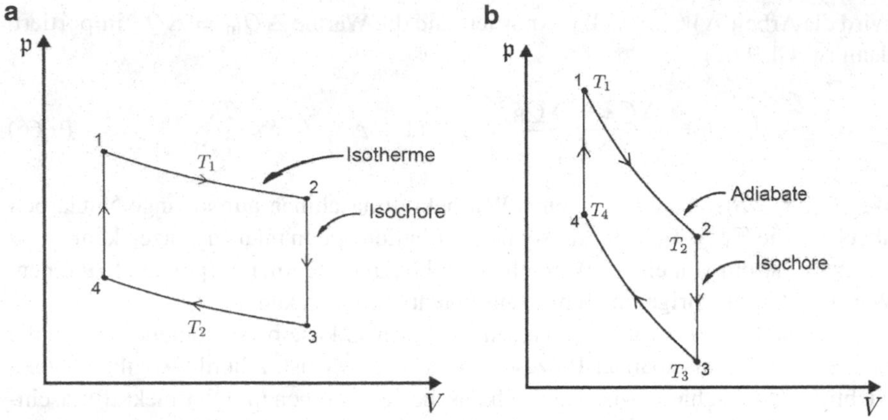

Abb. 9.3 p-V-Diagramme der Kreisprozesse von Wärmekraftmaschinen. (a) Stirlingmotor. (b) Ottomotor. (R. Rupp)

1. Vom Zustand (T_1, V_1) ausgehend, lässt man das Arbeitsgas bei einer höheren Temperatur T_1 isotherm von V_1 nach V_2 expandieren. Die Wärmemenge ΔQ_1 wird dem auf T_1 befindlichen Wärmebad entnommen, und der Arbeitskolben leistet im Optimalfall eine Arbeit $\Delta W_1 = -\Delta Q_1$.
2. Das Arbeitsgas wird isochor auf T_2 abgekühlt. Dabei wird die Wärme $\Delta Q_2 = \Delta \mathcal{U}_2$ (im Idealfall an den Regenerator) abgegeben.
3. Man komprimiert das Arbeitsgas bei der niedrigeren Temperatur T_2 isotherm von V_2 nach V_1. Dafür muss eine Arbeit $\Delta W_2 = -\Delta Q_3$ zugeführt werden.
4. Das Arbeitsgas wird isochor auf T_1 erhitzt. Dabei wird die Wärme $\Delta Q_2 = \Delta \mathcal{U}_4$ (im Idealfall vom Regenerator) entnommen und wieder der Ausgangszustand (T_1, V_1) erreicht. Damit ist der Zyklus des Kreisprozesses vollendet.

Der Betrieb des Stirlingmotors setzt bloß voraus, dass zwei Wärmereservoire auf unterschiedlicher Temperatur zur Verfügung stehen. Im Idealfall kann die im Prozessschritt 2 abgegebene und im Schritt 4 wieder aufgenommene Wärme durch den von genialen Ingenieuren erfundenen Regenerator ideal zwischengespeichert werden und hebt sich bei der Bilanz für den Kreisprozess heraus. Während der beiden isothermen Prozessschritte wird dem Wärmebad mit höherer Temperatur eine Wärme ΔQ_1 entzogen und die Wärme ΔQ_2 an das Wärmebad mit der niedrigeren Temperatur abgegeben. Dadurch wird insgesamt die Arbeit $\Delta W = \Delta W_1 + \Delta W_2$ abgegeben.[5]

Im theoretischen Grenzfall kann man mit dem Stirlingmotor prinzipiell den Carnotschen Wirkungsgrad erreichen. ◀

[5] ΔW_1 ist negativ, ΔW_2 positiv, ΔW also negativ, weil netto Arbeit vom Gas abgegeben wird.

Beispiel 9.2: Ottomotor

Im Gegensatz zum Stirlingmotor erfolgt die Wärmezufuhr beim Ottomotor nicht von außen, sondern geschieht durch einen Verbrennungsvorgang im Innenraum des Zylinders. Ferner wird das heiße Gas nicht abgekühlt und wieder neu verdichtet, sondern einfach ausgestoßen. (Die Entropie verduftet sozusagen durch den Auspuff.) Der Prozess ist in Abb. 9.3b skizziert.

1. Im ersten Takt wird das Arbeitsgas durch einen chemischen Verbrennungsvorgang isochor von T_4 auf T_1 erhitzt. Dabei wird chemische Energie in thermische Energie umgewandelt und infolgedessen die Entropie erhöht.
2. Man lässt das heiße Gas bei dem dann vorliegenden hohen Druck adiabatisch expandieren. Dabei wird Arbeit geleistet, und die Temperatur fällt.
3. Das mit der Temperatur T_2 immer noch recht warme Gas wird über ein Ventil ausgestoßen und durch neues kaltes Gas-Luft-Gemisch bei T_3 isochor ersetzt.
4. Das Gemisch wird adiabatisch verdichtet, d. h., sein Volumen wird unter Aufwendung von Arbeit verkleinert. Dazu benötigt man wegen des bei niedrigerer Temperatur geringeren Drucks weniger Arbeit, als im zweiten Schritt gewonnen wurde.

Durch den im ersten Takt erfolgenden Verbrennungsvorgang wird jene Entropie produziert, die durch den dritten Takt wieder ausgestoßen werden muss, damit keine Entropie im Motor verbleibt und so ein Kreisprozess gewährleistet ist. Im dritten Takt verzichtet man bewusst auf den langsamen Abkühlungsprozess durch Wärmeabfuhr und tauscht warmes Gas einfach gegen kaltes Gas aus. Mit dem austretenden warmen Abgas wird eine ungenutzte Wärmemenge ΔQ_2 samt der darin enthaltenen Entropie ausgestoßen. Aus diesem Grund können Ottomotoren den Carnotschen Wirkungsgrad prinzipiell nicht erreichen.

Den unerwünschten Schadstoffausstoß und den kleineren Wirkungsgrad nimmt man wegen der Zeitersparnis in Kauf, die man im Vergleich zu dem sonst erforderlichen Abkühlungsprozess erzielt, denn dieser verläuft recht langsam. Ferner verwirklicht man den zweiten und vierten Takt durch adiabatische Prozesse (Abschn. 9.6.4). Bei diesen findet im Idealfall keine Entropieänderung statt, d. h., sie könnten eigentlich nahezu reversibel realisiert werden. Aber darauf kommt es genau genommen nicht wirklich an, sondern nur darauf, dass adiabatische Prozessschritte recht schnell ablaufen können. Ottomotoren optimiert man nämlich darauf, mit hoher Geschwindigkeit zu laufen, und so eine höhere Leistung zu erzielen als mit dem Stirlingmotor möglich ist. Aufgabe der Maschinenbauingenieure ist es, einen guten Kompromiss zwischen Leistung, Energieeffizienz und Schadstoffausstoß zu finden. ◀

9.7.4 Wärmepumpen und Kälteanlagen

Wärmepumpen und Kälteanlagen sind Geräte, die von einem Wärmebad B bei einer niedrigen Temperatur T_B Wärme importieren und sie bei höherer Temperatur an ein

Wärmebad A exportieren. Der Vorgang kann nur dann als periodischer Kreisprozess ablaufen, wenn bei jedem Zyklus genauso viel Entropie abgegeben wird, wie der Pumpe durch die Wärmeaufnahme zugeflossen (ΔS_{B}) und zusätzlich durch irreversible Prozessschritte generiert worden ist (ΔS_D). Die Wärmepumpe muss daher die Entropie $\Delta S_{\mathrm{A}} = -(\Delta S_{\mathrm{B}} + \Delta S_D)$ loswerden und gibt im stationären Betrieb folglich die Wärme $\Delta Q_{\mathrm{A}} = -T_A(\Delta S_{\mathrm{B}} + \Delta S_{\mathrm{C}})$ ab. Wegen $T_{\mathrm{A}} > T_{\mathrm{B}}$ wird selbst im reversiblen Grenzfall (d. h. wenn $\Delta S_D = 0$) mehr Wärmeenergie abgegeben als mit $\Delta Q_{\mathrm{B}} = T_B \Delta S_{\mathrm{B}}$ zufloss. Andererseits muss die Pumpe wegen der Energieerhaltung insgesamt genauso viel Energie aufnehmen, wie sie wieder abgibt. Um die Differenz zwischen abgegebener und aufgenommener Wärme auszugleichen, muss zum Betrieb der Anlage pro Zyklus die Arbeit

$$\Delta W = -(\Delta Q_{\mathrm{A}} + \Delta Q_{\mathrm{B}} + T_{\mathrm{A}} \Delta S_{\mathrm{C}}).$$

zugeführt werden. Dafür gibt die Wärmepumpe die Wärme ΔQ_{A} bei der höheren Temperatur T_{A} ab bzw. nimmt die Wärme ΔQ_{B} bei der niedrigeren Temperatur T_{B} auf.

Für Wärmepumpen, die zu Heizungszwecken eingesetzt werden, ist die abgegebene Wärme der Nutzen und die dazu benötigte Arbeit der Aufwand. Man charakterisiert die Effizienz durch die *Leistungszahl*

$$\epsilon_H = -\frac{\Delta Q_{\mathrm{A}}}{\Delta W}$$

für das Heizen (deswegen mit dem Index H).

Mittels Energieumwandlung kann man im Haushalt durch den Einsatz von 1 kW elektrischer Leistung vom Elektromotor eines Staubsauger nur ca. 0.9 kW mechanischer Leistung erhalten, von einem Tauchsieder aber nahezu 1 kW Wärme. Nutzt man jedoch den Wärmetransport mit Hilfe einer Wärmepumpe aus, kann man für eine Fußbodenheizung mit derselben elektrischen Leistung mehr Wärme herausholen. Hat die Wärmepumpe beispielsweise eine Leistungszahl von 2, erhält man 2 kW Wärme.

In diesem Abschnitt wurden nur die theoretischen Rahmenbedingungen erörtert, die erfüllt sein müssen, damit eine Wärmepumpe überhaupt funktionieren kann. Technische Realisierungen gibt es viele. Eine dieser Möglichkeiten ist, einen Stirlingmotor den Kreisprozess in umgekehrter Reihenfolge durchlaufen zu lassen. Dann nimmt er Arbeit auf, um Wärme vom kalten zum warmen Bad zu pumpen, d. h., er arbeitet dann als Wärmepumpe. Eine andere Möglichkeit wird in Abschn. 10.7 erörtert.

Chemie

10

Chemische Energie ist ein Schlagwort für eine in der chemischen Substanz „eingefrorene Energie“ und konstituiert einen neuen Freiheitsgrad der Energie, der hier zunächst einmal etwas oberflächlich eingeführt wird. Eine vertiefte Betrachtung erfolgt ab Abschn. 10.4.

Beispiele für Substanzen, die von ihrer chemischen Energie abgeben können, sind *Treibstoffe*, mit denen man ein Kraftfahrzeug antreibt, oder *Brennstoffe*, die man verbrennt, um Wärme zu gewinnen, oder mit denen man mittels Brennstoffzellen elektrische Arbeit gewinnt. Die Energie, die bei einem chemischen Prozess freigesetzt wird, ist gleich der Änderung

$$\Delta\mathcal{H}_{\text{chem}} = \Gamma_{\text{chem}}\Delta m \tag{10.1}$$

der chemischen Enthalpie $\mathcal{H}_{\text{chem}}$. Sie ist der umgesetzten Stoffmenge Δm des Brenn- bzw. Treibstoffs proportional. Die Proportionalitätskonstante Γ_{chem} ist die für eine bestimmt chemische Reaktion spezifische *chemische Energiedichte*. Sie kann sehr groß ausfallen. Für den chemischen Umsatz der üblichen Treibstoffe (Benzin, Diesel etc.) mit Luft ergibt sich beispielsweise $\Gamma_{\text{chem}} \approx 4 \times 10^7\ \text{J/kg}$.

10.1 Chemische Grundgesetze

Mit der Zunahme der Kenntnisse der Alchemie kristallisierte sich zunächst einmal der Gedanke der *chemischen Elemente* heraus. Das sind Stoffe, die sich mit den damaligen Methoden nicht mehr in elementarere Stoffe zerlegen ließen. Schon diese Definition lässt erahnen, wie schwer es war, Elemente als solche zu identifizieren. Alle anderen Stoffe sind *chemische Verbindungen* dieser Elemente. Den chemischen Elementen wurden schon bald Symbole zugeordnet. Heute ordnet man z. B. dem Wasserstoff das Symbol H (Hydrogen), dem Sauerstoff das Symbol O (Oxygen) und dem Stickstoff das Symbol N (Nitrogen) zu. Die Unterscheidung von

R. Rupp, *Physik 1 – Eine unkonventionelle Einführung*,
https://doi.org/10.1007/978-3-662-64506-2_10

Elementen und Verbindungen schuf eine erste qualitative Ordnung für das Verständnis des Naturgeschehens, aber noch keine quantitative. Die kam erst Ende des 18. Jh. durch die Verwendung der Waage zur Bestimmung von Stoffmengen (Kap. 8). Der bei chemischen Reaktionen auftretende relative Massendefekt $\Delta m/m$ liegt in einer Größenordnung von ca. 10^{-9} und ist, wenn man nicht zu höchst aufwendigen Methoden mit außergewöhnlich hoher Massenauflösung greift, im Rahmen der in der Chemie üblichen Messgenauigkeit nicht feststellbar. Grundlage der Chemie sind dann folgende Erkenntnisse:

1. **Lavoisiersches Gesetz der „Massenerhaltung":**
   Der von Lavoisier im Jahr der französischen Revolution (1789) aufgestellte „*Massenerhaltungssatz*" besagt, dass die Summe der Massen aller Stoffe vor und nach einer chemischen Reaktion gleich sind. Wenn sich die Ausgangsstoffe A und B zu einem Produkt C mit der Masse m verbinden, so bleibt die Masse
   $$m = m_A + m_B \tag{10.2}$$
   erhalten. Aus relativistischer Sicht stellt Gl. 10.2 eine Näherung für niederenergetische Wechselwirkungen dar. Sie verträgt sich aber gut mit den Postulaten der phänomenologischen Physik.
2. **Gesetz der konstanten Proportionen:**
   Bei einer chemischen Reaktion setzen sich die Stoffe in charakteristischen Massenverhältnissen vollständig um. Es verbinden sich z. B. 1 kg Wasserstoff und 35.45 kg Chlor zu 36.45 kg Chlorwasserstoff. Die Massenverhältnisse des Gesetzes der konstanten Proportionen sind in der Regel nicht ganzzahlig.
3. **Gesetz der multiplen Proportionen:**
   Wenn sich mehrere unterschiedliche Verbindungen aus den gleichen chemischen Elementen zusammensetzen, dann stehen deren Massen überraschenderweise im Verhältnis kleiner natürlicher Zahlen. Beispielsweise sind mehrere Verbindungen des Stickstoffs mit Sauerstoff bekannt, die man als Stickstoffoxide bezeichnet. Wenn man sich für die fünf wichtigeren Stickstoffoxide stets auf dieselbe Stickstoffmasse bezieht, dann verhalten sich die Sauerstoffmassen dieser Verbindungen wie 1 : 2 : 3 : 4 : 5. Daraus lässt sich die Hypothese ableiten, dass die Sauerstoffmengen in exakt ganzzahligen Verhältnissen vorliegen. In heutiger Notation schreibt man diese Verbindungen deshalb als N_2O, NO, N_2O_3, NO_2 und N_2O_5. Diese Bezeichnung für die fünf Stickstoffoxide wurde so gewählt, dass sie zugleich Auskunft darüber gibt, in welchen Stoffmengenverhältnissen sie sich aus ihren beiden Elementen zusammensetzen.
4. **Das Avogadrosche Gesetz:**
   Wenn man die chemische Reaktion von Gasen miteinander vergleicht, dann stehen die Volumina der Ausgangsstoffe sowie der Endprodukte bei gleicher Temperatur und gleichem Druck im Verhältnis kleiner natürlicher Zahlen (*Avogadrosches Gesetz*). Wenn sich beispielsweise Wasserstoff und Chlor zu Chlorwasserstoff verbinden, dann verhalten sich die Volumina der Ausgangsstoffe wie 1:1, und wenn Wasserstoff und Sauerstoff sich zu Wasser verbinden, wie 2:1 (s. auch

Abschn. 11.4.2). Das Avogadrosche Gesetz unterstützt die Vermutung, dass unter gleichen thermodynamischen Bedingungen gleiche Stoffmengen von Gasen – unabhängig von ihrer chemischen Natur – das gleiche Volumen einnehmen.

10.2 Stoffmenge

Im Rahmen des Kontinuumsmodells der Materie legen die vier in Abschn. 10.1 genannten chemischen Gesetzmäßigkeiten nahe, die Masse als unser bis hierher vorläufiges Maß der Stoffmenge (Kap. 8) durch ein chemisch begründetes Maß der Stoffmenge abzulösen, indem wir folgende Hypothese aufstellen:

Hypothese der ganzzahligen Stoffmengenverhältnisse

Die Mengen der an einer chemischen Reaktion beteiligten Stoffe setzen sich in ganzzahligen Verhältnissen um.

Die so verstandene Stoffmenge wird mit dem Symbol n bezeichnet und ihre Einheit mit *Mol*:

$$[n] = \text{Mol}$$

Aus chemischen Experimenten gehen jedoch nur Verhältnisse von Stoffmengen hervor. Daher muss man die Masse irgendeines Stoffs als Maß festlegen, das die Einheit der Stoffmenge definiert. Ursprünglich war die Einheit Mol dadurch definiert, dass die Masse von 1 g des elementaren Wasserstoffs die Stoffmenge von einem Mol repräsentiert. Heute ist das Mol analog zu c über eine Zahl mit einer Einheit definiert, nämlich die Avogadro-Zahl N_A (s. RPK2).

Masse und Stoffmenge eines homogenen chemischen Stoffs sind einander proportional:

$$m = Mn \tag{10.3}$$

Den stoffspezifischen Proportionalitätsfaktor, die *spezifische Masse* $M = m/n$, bezeichnet man auch als *molare Masse* bzw. *Molmasse*. Für elementaren Wasserstoff ist der Proportionalitätsfaktor beispielsweise $M(\text{H}) \approx 1.0\,\text{g/Mol}$ und für Chlor $M(\text{Cl}) \approx 35.5\,\text{g/Mol}$. Bei einer chemischen Reaktion zu Chlorwasserstoff (HCl) setzt sich eine Stoffmenge n des Wasserstoffs mit derselben Stoffmenge n des Chlors zu einer Stoffmenge n des Stoffs HCl um, also im Verhältnis H : Cl : HCl von 1:1:1 bezüglich der (chemischen) Stoffmengen und folglich im Verhältnis von 1.0 : 35.5 : 36.5 bezüglich ihrer physikalischen Stoffmengen bzw. Massen. Im Folgenden wird der Begriff der Stoffmenge im Sinne des chemischen Stoffmengenbegriffs aufgefasst.

In ihrer neuen Formulierung gelten die historisch ursprünglich mit der Waage erforschten Gesetze nun auch dann, wenn, wie in der Teilchenphysik, enorm große

Massendefekte bei den Reaktionen auftreten. Wenn man nämlich die als „Massenerhaltung“ bezeichnete Lavoisiersche Erkenntnis als ein Gesetz über Stoffmengenumsätze interpretiert, dann erübrigt sich die in Abschn. 10.1 kurz angesprochene Problematik des Massendefekts. Im historischen Rückblick könnte man sogar salopp sagen, dass es ein großes Missverständnis war, die Lavoisiersche Erkenntnis als „Masseerhaltung“ zu bezeichnen. Besser wäre, von Stoffmengen- bzw. Substanzerhaltung zu sprechen.

10.3 Das ideale Gas

Mit dem chemischen Stoffmengenbegriff gelangt man zu einer erstaunlichen Erkenntnis über die spezifischen Wärmekapazitäten und die inneren Energien von Gasen, was schließlich zum *Modell des idealen Gases* führt.

Für chemisch unterschiedliche Stoffe ergeben sich zunächst keine erkennbaren Regelmäßigkeiten für die spezifischen Wärmen $c_\mathfrak{p}$ bei konstantem Druck bzw. c_V bei konstantem Volumen, und auch keine für ihre Differenzen $c_\mathfrak{p} - c_v$. Mit Gl. 10.3 kann man die spezifischen Wärmen von der physikalischen Stoffmengeneinheit m in Kilogramm auf die von den Chemikern favorisierte Stoffmenge n in der Einheit Mol umrechnen. Für diese *Molwärmen* $C_V = Mc_V$ und $C_\mathfrak{p} = Mc_\mathfrak{p}$ bei konstantem Volumen bzw. Druck kommt man zur verblüffenden Feststellung, dass ihre Differenzen $C_\mathfrak{p} - C_V$ mit abnehmender Dichte der Gase gegen denselben Grenzwert

$$\lim_{\rho\to 0}(C_\mathfrak{p} - C_V) = R \approx 8.3\,\text{J/Mol}\cdot\text{K} \tag{10.4}$$

konvergieren, und zwar unabhängig von der chemischen Beschaffenheit des Gases! Man bezeichnet diesen Grenzwert R daher als *universelle Gaskonstante*. Universell deswegen, weil diese Konstante nichts Stoffspezifisches ist. Das extrapolierte Verhalten von Gasen gemäß Gl. 9.52 und Gl. 10.4 legt man nun für ein als *ideales Gas* bezeichnetes Modellgas fest. Ein ein ideales Gas ist also ein theoretisches Modell, dem per Definition die Zustandsgleichung

$$\mathfrak{p}V = nRT \tag{10.5}$$

und die Eigenschaft

$$C_\mathfrak{p} - C_V = R \tag{10.6}$$

zugewiesen wurde. Dass die Zustandsgleichungen realer Gase unterschiedlichster chemischer Beschaffenheit im Grenzfall verschwindender Dichte tatsächlich einheitlich durch Gl. 10.5 modelliert werden können, ist ein äußerst erstaunlicher Sachverhalt.

Wenn man die Ergebnisse empirischer Untersuchungen zur Wärmekapazität auf den Grenzfall des verdünnten Gases hin extrapoliert, so konvergiert die Molwärme von Edelgasen und Metallgasen stoffunabhängig (!) auf den Wert

$$\lim_{\rho\to 0} C_V = \frac{3}{2}R.$$

Diesen Grenzwert legt man als Molwärme des idealen Gases fest, d. h., die Molwärme dieses theoretischen Modellgases erhält per Definition den Wert

$$C_V = \frac{3}{2} R. \tag{10.7}$$

Setzt man diesen Wert in Gl. 9.53 ein, so erhält man für die innere Energie des idealen Gases

$$\mathcal{U} = m c_V T = \frac{3}{2} n R T. \tag{10.8}$$

Gl. 10.6 bis Gl. 10.8 definieren die Eigenschaften des in thermodynamischen Gedankenspielen bzw. Gedankenexperimenten häufig verwendeten Modellgases, dem man deshalb den Namen „ideales Gas" gegeben hat, weil es keine chemisch spezifischen Eigenschaften mehr besitzt. Also nix Chemie! Einen theoretischen Physiker in spe können Sie infolgedessen daran erkennen, dass er nach dem Lesen dieses Abschnitts für den Rest seines Lebens beschließt, das Studium von Gasen lieber den Physikochemikern zu überlassen und sich nur noch der Thermodynamik des idealen Gases zu widmen.

Auch wenn man die erstaunliche Existenz der universellen Konstante R historisch durch empirische Untersuchungen an verdünnten Gasen entdeckt hat, so wissen wir heute, dass sie mit Gasen eigentlich nichts zu tun hat. Sie ist eine allgemeine Naturkonstante der Physik. Man sollte sie daher besser als die *universelle Stoffkonstante* R bezeichnen (und nicht als universelle Gaskonstante).

10.4 Chemisches Potential

Für Systeme, bei denen chemische Umsätze stattfinden oder Substanzen zu einem Gebiet mit einer anderen chemischen Umgebung transportiert werden, hängt die Änderung der inneren Energie von der Zu- oder Abnahme der Mengen der beteiligten Stoffe ab. Um diese energetischen Umsätze zu erfassen, wählt man die Stoffmengen als Zustandsvariable. Sie sind von Natur aus extensiv. Ist beispielsweise nur eine einzige Substanz im Spiel und wird ihre Stoffmenge mit n bezeichnet, dann erweitert man das Standardmodell um diese Zustandsvariable, d. h., sie ist damit durch drei Zustandsvariable bestimmt:

$$\mathcal{U} = \mathcal{U}(S, V, n)$$

Der neue Beitrag μdn, der im Differential

$$d\mathcal{U} = T dS - \mathfrak{p} dV + \mu dn \tag{10.9}$$

ergänzend auftritt, stellt den *chemischen Energiebeitrag* μdn dar (vgl. Vorgehensweise in Abschn. 8.3). Die zur Substanzmenge n konjugierte Variable

$$\mu = \left(\frac{\partial \mathcal{U}}{\partial n}\right)_{S,V} \tag{10.10}$$

ist eine intensive Größe und heißt *chemisches Potential*. Dieses Potential ist sowohl für Transportprozesse als auch für chemische Umwandlungsprozesse von Bedeutung.[1]

Transportprozesse Das chemische Potential kann in inhomogenen Medien mit dem Ort x variieren, d. h., es ist $\mu = \mu(x)$. Wenn zwischen zwei Orten x_1 und x_2 eine Potentialdifferenz $\Delta\mu = \mu(x_2) - \mu(x_1)$ auftritt, so kann durch Transport einer Stoffmenge dn von einem Ort x_2 mit dem höheren Potential zu einem Ort x_1 mit dem niedrigeren Potential eine potentielle Energie $[\mu(x_2) - \mu(x_1)]dn$ freigesetzt werden. Sie kann z. B. dissipiert werden und somit die Entropie des Gesamtsystems erhöhen. Folglich kann dieser Prozess spontan ablaufen. Solche Transportprozesse werden später noch ausführlicher besprochen (Diffusion; Abschn. 12.8). Hier bleibt erst einmal festzuhalten, dass ein zeitlich stationäres thermodynamisches Gleichgewicht, also ein Zustand mit maximaler Entropie, für eine gegebene Stoffspezies erst dann erreicht ist, wenn überall das gleiche chemische Potential vorliegt. Im thermodynamischen Gleichgewicht ist die chemische Spannung (= Potentialdifferenz) überall null bzw. $\mu = \text{const.}$ Für einen aus mehreren Phasen bestehenden Stoff gelangt man aufgrund der analogen Argumentation zum Schluss, dass das chemische Potential im thermodynamischen Gleichgewicht nicht nur an jedem Ort innerhalb einer Phase, sondern auch für alle Phasen gleich ist.

Umwandlungen Wenn keine effektiven Transportprozesse zur Verfügung stehen, etwa wenn das thermodynamische Gleichgewicht erreicht ist oder der Transport extrem langsam abläuft, dann können in einem einphasigen System keine weiteren Prozesse mehr stattfinden. Mehrphasige oder aus mehreren Stoffen bestehende Systeme haben hingegen immer noch die Option von lokal stattfindenden Umwandlungen. Als Beispiel betrachten wir hier nur den einfachsten Fall von Umwandlungen zwischen zwei Phasen oder zwei Stoffen A und B, welche gemäß der Reaktionsgleichung

$$\mathrm{A} \leftrightarrows \mathrm{B} \tag{10.11}$$

ablaufen. Umwandlungen dieser einfachsten Art liegen beispielsweise bei Übergängen zwischen verschiedenen Aggregatzuständen (fest, flüssig, gasförmig), unterschiedlichen Kristallstrukturen (z. B. ferromagnetisches α-Eisen und antiferromagnetisches γ-Eisen) oder unterschiedlichen allotropen Modifikationen (z. B. Sauerstoff und Ozon) vor. Für das einfachst mögliche Energiemodell des aus den beiden Teilsystemen A und B bestehenden Systems ändert sich die innere Energie um

$$d\mathcal{U} = d\mathcal{U}_\mathrm{A} + d\mathcal{U}_\mathrm{B}\,. \tag{10.12}$$

[1]Da die Stoffmenge eigentlich eine mechanische Variable ist, mag man sich fragen, warum man die chemische Energie nicht bereits in der Mechanik diskutiert. Der Grund ist die experimentelle Praxis. Zwischen Chemie und Thermodynamik besteht i. Allg. ein enger experimenteller Bezug.

Sie folgt aus den Änderungen

$$d\mathcal{U}_A = T_A\, dS_A - \mathfrak{p}_A\, dV_A + \mu_A\, dn_A,$$
$$d\mathcal{U}_B = T_B\, dS_B - \mathfrak{p}_B\, dV_B + \mu_B\, dn_B$$

der beiden Teilsysteme.

Die Zustandsvariablen n_A und n_B sind nicht unabhängig voneinander. Für Stoffumwandlungen gemäß Gl. 10.11 muss wegen der *Substanzerhaltung* nämlich noch die Bedingungsgleichung

$$dn_A = -dn_B \tag{10.13}$$

erfüllt werden, d. h., nimmt die Substanz B um dn_B zu, muss die Substanzmenge von A um dn_A abnehmen. Bei chemischen Reaktionen und physikalischen Stoffumwandlungen sind die Substanzen A und B außerdem i. Allg. in innigem Kontakt, und daher ist $T_A = T_B = T$ sowie und $\mathfrak{p}_A = \mathfrak{p}_B = \mathfrak{p}$. Mit der Variablen $dn = dn_A = -dn_B$ für den Stoffumsatz kann die Änderung der inneren Energie eines Zwei-Phasen- bzw. eine Zwei-Stoff-Systems daher durch

$$d\mathcal{U} = d\mathcal{U}_A + d\mathcal{U}_B = T dS - \mathfrak{p} dV + (\mu_A - \mu_B) dn$$

mit $S = S_A + S_B$ und $V = V_A + V_B$ beschrieben werden. Sie ist gleich der Wärme bzw. Arbeit, die mit der Umgebung ausgetauscht werden kann, d. h., wie zuvor ist $d\mathcal{U} = \delta Q + \delta W$.

10.5 Reaktionsenthalpie

In der experimentellen Praxis laufen Reaktionen und Stoffumwandlungen gewöhnlich in einem umgebenden Fluid ab, sehr häufig beispielsweise in Luft und unter Atmosphärendruck. Selbst bei einer isothermen Reaktion (bei der thermische Ausdehnung also keine Rolle spielt) muss man nun berücksichtigen, dass die verschwindende Substanz A und die gleichzeitig dabei entstehende Substanz B per se i. Allg. unterschiedliche Volumina einnehmen. Daher ist eine z. B. bei der Reaktion (in Form von Arbeit oder Wärme) abgegebene Energie nicht gleich der Abnahme der inneren Energie, sondern gleich der Abnahme der um die unterschiedliche Verdrängungsarbeit des umgebenden Fluids korrigierten inneren Energie, d. h. gleich der Enthalpieabnahme. Die Energie, die man im Druckgleichgewicht mit einem umgebenen Fluid als Wärme oder Arbeit austauschen kann, ist infolgedessen

$$\delta Q + \delta W = d\mathcal{H} = d\mathcal{U} + d(\mathfrak{p} V_A + \mathfrak{p} V_B). \tag{10.14}$$

Die Enthalpie $\mathcal{H} = \mathcal{H}(S_A, S_B, \mathfrak{p}, n)$ ist eine Zustandsfunktion, welche von den Zustandsvariablen $S_A, S_B, \mathfrak{p}$ und n abhängt. In ihrer Fundamentalform wird ihre Änderung durch

$$d\mathcal{H} = T(dS_A + dS_B) + (V_A + V_B) d\mathfrak{p} + (\mu_A - \mu_B) dn \tag{10.15}$$

beschrieben. Ist die Enthalpieänderung für die Prozessrichtung A $\rightarrow$ B negativ, so wird Energie nach außen abgegeben. Solche Reaktionen werden als *exotherm* bzeichnet. Ist die Enthalpieänderung hingegen positiv, dann ist die Reaktion *endotherm*. Da die Enthalpie eine Zustandsfunktion ist, ist eine in der Richtung A $\rightarrow$ B exotherme Reaktion in der umgekehrten Richtung B $\rightarrow$ A endotherm, und zwar wird im ersten Fall genauso viel Energie abgegeben, wie man für die Rückreaktion wieder zuführen muss.

Beispiel 10.1: Verdampfung und Kondensation

Die Enthalpieänderung bei der Verdampfung eines Stoffs, d. h. bei seiner Umwandlung von der flüssigen in die gasförmige Phase, bezeichnet man als *Verdampfungsenthalpie* und diejenige für den umgekehrten Prozess (Kondensation) als *Kondensationsenthalpie*. Da die Enthalpie eine Zustandsfunktion ist, sind beide Enthalpieänderungen betragsmäßig gleich, haben aber entgegengesetztes Vorzeichen. Verdampfung ist i. Allg. endotherm, d. h., man muss Energie zuführen, um einen Stoff zu verdampfen. Wenn das der Fall ist, dann ist die Kondensation dieses Stoffs eine exotherme Reaktion. Für die Erstarrungsenthalpie und Schmelzenthalpie eines Stoffs beim Übergang zwischen einer flüssigen und festen Phase gilt Entsprechendes.

Die bei einer chemischen Reaktion gemäß Gl. 10.14 ausgetauschte Energie wird je nach Ausführung des Prozesses i. Allg. mehr in Form von Arbeit oder mehr in Form von Wärme ausgetauscht. Wenn man die dabei auftretende Enthalpieänderung bestimmen möchte, so müsste man sowohl die bei einem Prozess anfallende Arbeit als auch die anfallende Wärme messen. Die Enthalpieänderung ist dann gleich der Summe der beiden. Das ist Chemikern einfach viel zu kompliziert. Sie wählen die exotherme Reaktionsrichtung und bestimmen mit einem Kalorimeter die Wärme $\Delta Q_{\text{max}} \equiv \Delta Q + \Delta W$, die man maximal aus der Reaktion herausholen kann (negativ). Man kann ein Experiment i. Allg. zwar praktisch nie so ausführen, dass die bei einer Enthalpieabnahme freigesetzte Energie vollständig in Arbeit umgesetzt wird, aber man kann es stets so ausführen, dass sie vollständig dissipiert wird. Frei werdende chemische Energie vollständig als Wärme abzuliefern, geht immer. Die maximale Wärme $\Delta Q_{\text{max}} = \Delta Q + \Delta W$ ist gleich der insgesamt abgegebenen Energie und somit gleich der Enthalpieabnahme

$$\Delta \mathcal{H} = \Delta Q_{\text{max}}.$$

◄

10.6 Freie Enthalpie (Gibbs-Enthalpie)

Um zu verstehen, warum man mit der Freien Enthalpie eine weitere thermodynamische Zustandsfunktion bzw. ein weiteres thermodynamisches Potential einführt, betrachten wir als Beispiel die exotherme Kondensation von Wasser. Da die Entropie des zuvor bestehenden gasförmigen Zustands größer ist als die Entropie des sich anschließend ergebenden flüssigen Zustands, nimmt die Entropie des Wassers bei der Kondensation ab. Das hat zur Folge, dass die durch die Enthalpieänderung frei werdende Energie nicht vollständig in Arbeit umgesetzt werden kann: Damit der zweite Hauptsatz nicht verletzt wird, muss nämlich von der frei werdenden Enthalpie mindestens so viel in Form von Wärme an die Umgebung transferiert werden, dass die Entropiezunahme der Umgebung (durch Aufnahme von Wärme) die Entropieabnahme des Wassers (aufgrund der Kondensation) mindestens ausgleicht. Für einen bei konstanter Kondensationstemperatur T ablaufenden Kondensationsprozess steht daher höchstens die Differenz

$$\Delta\mathcal{H} - T\Delta S \tag{10.16}$$

für die Abgabe von Arbeit zur Verfügung, wobei $\Delta S = \Delta S_{\mathrm{A}} + \Delta S_{\mathrm{B}}$ die Bilanz der Entropieänderungen des Wassergases (A) und des flüssigen Wassers (B) bezeichnet und $\Delta\mathcal{H} = \Delta\mathcal{H}_{\mathrm{A}} + \Delta\mathcal{H}_{\mathrm{B}}$ die Bilanz der Enthalpieänderungen ist.

Die unterschiedlichen Entropien der Substanzen, die an einer Reaktion beteiligt sind, lassen sich in energetischen Bilanzgleichungen elegant berücksichtigen, indem man die Funktion

$$\mathcal{G} = \mathcal{H} - TS \tag{10.17}$$

einführt. In den Variablen $\mathfrak{p}$ und T ist sie ein Potential und damit eine Zustandsfunktion. Sie wird als *Gibbs-Enthalpie* bzw. als *Freie Enthalpie* bezeichnet.

Wenn man die Gibbs-Enthalpie $\mathcal{G}$ und die Enthalpie $\mathcal{H}$ einander gegenüberstellt, so gibt die Änderung $\Delta\mathcal{G}$ der Freien Enthalpie die maximal mögliche Arbeit ΔW_{max} und die Änderung $\Delta\mathcal{H}$ der Enthalpie die maximal mögliche Wärme ΔQ_{max} an, welche durch eine *exotherme* chemische Reaktion freigesetzt werden kann:

$$\boxed{\begin{aligned}\Delta\mathcal{G} &= \Delta W_{\mathrm{max}}\,,\\ \Delta\mathcal{H} &= \Delta Q_{\mathrm{max}}\end{aligned}}$$

Dabei ist stets $|\Delta Q_{\mathrm{max}}| \geq |\Delta W_{\mathrm{max}}|$. Die unterschiedliche Verdrängungsarbeit $\mathfrak{p}V$ aller Substanzen, die an einer Reaktion im Druckgleichgewicht mit einem umgebenden Fluid beteiligt sind, ist selbstverständlich berücksichtigt, weil es sich bei den beiden Potentialen $\mathcal{G}$ und $\mathcal{H}$ um Enthalpien handelt.

Grundsätzlich gilt, dass nur solche Prozesse spontan ablaufen können, für welche die Gesamtentropie zunimmt. Das ist nur möglich, solange Arbeit abgegeben und irreversibel dissipiert werden kann. Folglich können nur solche chemischen Reaktionen spontan ablaufen, deren Änderung der Freien Enthalpien negativ ist:

$\Delta\mathcal{G} < 0$	Die Reaktion läuft spontan ab,
$\Delta\mathcal{G} = 0$	Es liegt eine Reaktion im chemischen Gleichgewicht vor,
$\Delta\mathcal{G} > 0$	Die Reaktion kann nicht spontan ablaufen.

Für isotherme Stoffumwandlungen lassen sich somit vier Fälle unterscheiden:

$\Delta\mathcal{G} = \Delta\mathcal{H} - T\Delta S$	$\Delta S < 0$	$\Delta S > 0$
$\Delta\mathcal{H} < 0$ möglich	nur bei ausreichend niedriger Temperatur spontan (enthalpiegetrieben)	immer spontan (instabil)
$\Delta\mathcal{H} > 0$	spontan ablaufende Reaktionen unmöglich	nur bei ausreichend hoher Temperatur spontan (entropiegetrieben)

Der Fall $\Delta\mathcal{H} > 0$ und $\Delta S > 0$ ist hier besonders interessant. Das auf den ersten Blick Verblüffende daran ist, dass dieser Prozess selbst dann ablaufen kann (im Prinzip sogar reversibel!), wenn die chemische Reaktion eigentlich ein endothermer Prozess ist. Der Grund ist, dass sich das System die fehlende Energie durch Aufnahme von Wärme aus der Umgebung besorgen kann. Dabei kann die Energie aufgrund der höheren Entropie des Reaktionsprodukts dort sogar reversibel abgespeichert werden, weil man den Prozess so gestalten kann, dass die Summe der Umgebungsentropie und der Systementropie exakt gleich bleibt. Damit ist er auch dann reversibel, wenn dem System erhebliche Wärmemengen aus der Umgebung zufließen. Der Antrieb dieses bei konstanter Temperatur ablaufenden Prozesses ist hier die höhere Entropie des Reaktionsprodukts. Ein Beispiel für einen solchen entropiegetriebenen Prozess ist die Verdampfung von Wasser. Sie kann erst dann ablaufen, wenn eine Temperatur von rund 373 K überschritten wird. Der Prozess liefert Wasser im gasförmigen Aggregatzustand ab, welcher eine höhere Entropie und zugleich eine höhere Enthalpie als flüssiges Wasser hat.

Das Differential der Gibbs-Enthalpie ergibt sich, indem man Gl. 10.15 in das Differential ihrer durch Gl. 10.17 gegebenen Definition einsetzt:

$$d\mathcal{G} = d\mathcal{G}_{\mathrm{A}} + d\mathcal{G}_{\mathrm{B}} \tag{10.18}$$

mit

$$\begin{aligned} d\mathcal{G}_{\mathrm{A}} &= T\,dS_{\mathrm{A}} + V_{\mathrm{A}}\,d\mathfrak{p} + \mu_{\mathrm{A}}\,dn_{\mathrm{A}} - d(TS_{\mathrm{A}}), \\ d\mathcal{G}_{\mathrm{B}} &= T\,dS_{\mathrm{B}} + V_{\mathrm{B}}\,d\mathfrak{p} + \mu_{\mathrm{B}}\,dn_{\mathrm{B}} - d(TS_{\mathrm{B}}). \end{aligned}$$

Mit $S = S_{\mathrm{A}} + S_{\mathrm{B}}$ und $V = V_{\mathrm{A}} + V_{\mathrm{B}}$ folgt daraus

$$d\mathcal{G} = -SdT + Vd\mathfrak{p} + (\mu_{\mathrm{A}} - \mu_{\mathrm{B}})dn. \tag{10.19}$$

Aus einem Vergleich mit dem Differential

$$d\mathcal{G} = \left(\frac{\partial\mathcal{G}}{\partial T}\right)_{\mathfrak{p},n} dT + \left(\frac{\partial\mathcal{G}}{\partial\mathfrak{p}}\right)_{T,n} d\mathfrak{p} + \left(\frac{\partial\mathcal{G}}{\partial n}\right)_{T,\mathfrak{p}} dn \tag{10.20}$$

der Gibbs-Enthalpie $\mathcal{G} = \mathcal{G}(T, \mathfrak{p}, n)$ als Funktion der Variablen T, $\mathfrak{p}$ und n ergibt sich:

$$\left(\frac{\partial \mathcal{G}}{\partial T}\right)_{\mathfrak{p},n} = -S,$$

$$\left(\frac{\partial \mathcal{G}}{\partial \mathfrak{p}}\right)_{T,n} = V,$$

$$\left(\frac{\partial \mathcal{G}}{\partial n}\right)_{T,\mathfrak{p}} = \mu_A - \mu_B$$

Für Prozesse, welche bei konstanter Temperatur ($dT = 0$) und bei konstantem Druck ($d\mathfrak{p} = 0$) ablaufen, ist daher

$$d\mathcal{G} = (\mu_A - \mu_B)dn. \tag{10.21}$$

Das ist gleich der Arbeit, welche dem chemischen Umwandlungsprozess $A \to B$ entnommen werden kann. Sie fällt umso größer aus, je größer die Potentialdifferenz ist.

Eine Stoffumwandlung zwischen A und B (Gl. 10.11) läuft, wie oben bereits begründet, genau dann im thermodynamischen Gleichgewicht ab, wenn dabei keine Arbeit frei werden kann, und somit nur dann, wenn $\Delta\mathcal{G} = 0$ gilt. Da dies für beliebig große Stoffmengenumsätze gilt, ist das insbesondere für infinitesimal kleine Stoffumsätze richtig, und somit kommt man mit Gl. 10.21 zur Feststellung, dass das chemische Potential überall und für jeden Stoff im thermodynamischen Gleichgewicht denselben Wert hat:

$$\boxed{\mu_A = \mu_B \quad \text{im thermodynamischen Gleichgewicht}} \tag{10.22}$$

10.7 Phasenumwandlungen und elementare chemische Reaktionen

Als Beispiel für die Umwandlungen zwischen zwei Stoffen betrachten wir wieder die Umwandlung zwischen zwei Aggregatzuständen, wie sie beispielsweise bei der Umwandlung des Wassers von der gasförmigen in die flüssige Phase auftritt. Die Ursache des Phänomens, dass für die gleichen Zustandsvariablen T und $\mathfrak{p}$ zwei unterschiedliche Phasen auftreten können, erkennt man bereits aus Gl. 9.50: Wenn man bei gleichem Druck und Volumen die Stoffmenge und somit die Dichte erhöht, wird die isotherme Kompressibilität

$$\kappa_T(\mathfrak{p}, \rho) \approx \frac{1}{\mathfrak{p} - a\rho^2}$$

für $\mathfrak{p} = a\rho^2$ unendlich. Wenn man das ernst nimmt, dann könnte man den Stoff ohne Energieaufwand auf das Volumen null zusammendrücken. Daher zeigt dieses

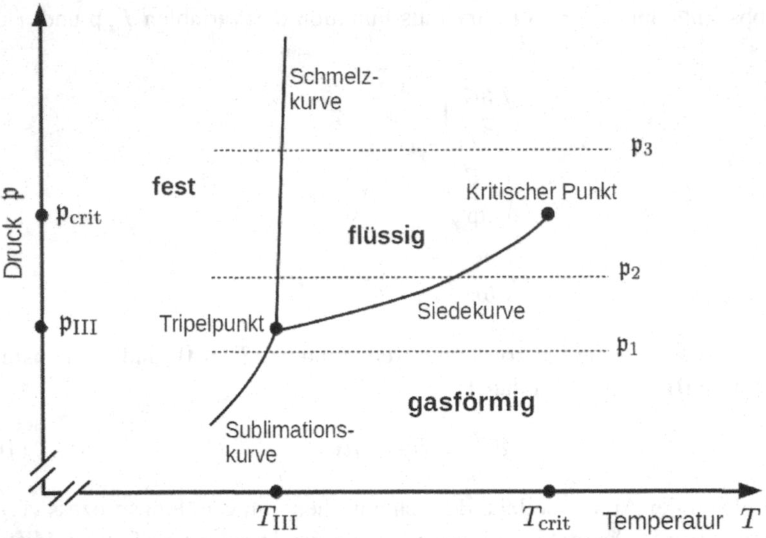

Abb. 10.1 $\mathfrak{p}$-T-Phasendiagramm mit den Zustandskoordinaten Druck $\mathfrak{p}$ und Temperatur T als Koordinatenachsen. Sublimation findet an der Grenze zwischen fester und gasförmiger Phase statt, Schmelzen an der flüssig-festen und Verdampfung bzw. Sieden an der flüssig-gasförmigen Zweiphasenlinie. Letztere endet im kritischen Punkt bei der Temperatur T_{crit}. Am Tripelpunkt T_{III} liegen alle drei Phasen gleichzeitig vor. Zu den gestrichelt gezeichneten Isobaren siehe Text. (R. Rupp)

absurde Ergebnis an, dass der Aggregatzustand, hier die Gasphase, instabil wird und ein *Phasenübergang* zu einer anderen Phase auftritt, hier zur flüssigen Phase. Diese ist für die gleichen Zustandsvariablen T und $\mathfrak{p}$ stabil, u. a. weil die Dichte einer Flüssigkeit sich von der eines Gases unterscheidet und damit auch das Produkt $a\rho^2$.

Die Van-der-Waals-Gleichung (Gl. 9.49) beschreibt sowohl die flüssige als auch die gasförmige Phase in akzeptabler Näherung. Die Parameter a, V_{min} und $c_\mathfrak{p} - c_V$ unterscheiden sich für die flüssige und die gasförmige Phase jedoch erheblich. Deshalb gibt es i. Allg. auch große Unterschiede zwischen den Kompressibilitäten entlang der Koexistenzzustände $(T, \mathfrak{p})$ beider Aggregatzustände, d. h. für jene Zustände, wo beide Phasen im thermodynamischen Gleichgewicht stehen. Die Koexistenzzustände kann man in ein T-$\mathfrak{p}$-Zustandsdiagramm eintragen, wie es in Abb. 10.1 gezeigt ist.

Die Umwandlung von der festen zur gasförmigen Phase heißt *Sublimation* (Beispiel: Trockeneis bei Normaldruck). Die Zustände, für welche eine reversible Umwandlung zwischen diesen beiden Phasen stattfinden kann, liegen auf der *Sublimationskurve* (Sublimation/Resublimation). Die *Schmelzkurve* besteht aus jenen Zuständen, für welche die feste und flüssige Phase reversibel ineinander übergehen können (Schmelzen/Erstarren). Entsprechend sind die auf der *Siedekurve* liegenden Punkte jene Zustände, für welche der Übergang (Sieden/Kondensieren) zwischen flüssiger und gasförmiger Phase reversibel stattfindet.

Wir betrachten hier, wie bereits gesagt, die Umwandlung zweier Phasen, die mit A und B bezeichnet sein sollen, und uns als ein Beispiel für eine elementare (chemische)

Reaktion gemäß der Reaktionsgleichung

$$A \leftrightarrows B \tag{10.23}$$

dienen soll.

Nehmen wir an, dass die Phase A homogen ist und ein Volumen V_A einnimmt sowie die Entropie S_A und die Enthalpie $\mathcal{H}_A$ hat. Wenn man weiß, dass sie aus einer Stoffmenge n_A besteht, dann lassen sich folgende stoffspezifische Größen definieren:

$$\begin{aligned} \mathfrak{v}_A &= V_A/n_A && \text{spezifisches Volumen} \\ \mathfrak{s}_A &= S_A/n_A && \text{spezifische Entropie} \\ \mathfrak{h}_A &= \mathcal{H}_A/n_A && \text{spezifische Enthalpie} \end{aligned}$$

Selbstverständlich kann man solche stoffspezifischen Größen in der gleichen Weise auch für die Phase B definieren, also die Größen $\mathfrak{v}_B$, $\mathfrak{s}_B$ und $\mathfrak{h}_B$. Spezifische Enthalpien von an chemischen Reaktionen beteiligten Stoffen sind meist für *Standardbedingungen* tabelliert, d. h. für $\vartheta_C = 0\,°\mathrm{C}$ und $\mathfrak{p} = 1\,\mathrm{bar}$. Ausgehend von solchen Standardenthalpien kann man die Enthalpien für andere Umgebungsbedingungen ausrechnen, indem man die geänderte Verdrängungsenergie in Rechnung stellt. Aus diesen Werten kann man spezifische Gibbs-Standardenthalpien $\mathfrak{g}$ berechnen. Für chemische Redoxreaktionen (Reduktions-Oxidations-Reaktionen) liegen sie z. B. in einer Größenordnung von

$$\mathfrak{g} = \mathfrak{h} - T\mathfrak{s} \approx 100\,\mathrm{kJ/Mol}. \tag{10.24}$$

Die spezifischen Schmelzenthalpien $\mathfrak{h}$ bzw. Schmelzentropien $\mathfrak{s}$ beziehen sich hingegen auf atmosphärischen Druck und die dabei vorliegende Schmelztemperatur.

Es zeigt sich, dass zwei Phasen A und B, die für einen auf den Koexistenzlinien liegenden Zustand koexistieren, sich im Hinblick auf die oben genannten spezifischen Materialeigenschaften i. Allg. drastisch unterscheiden. Betrachten wir beispielsweise zwei aneinandergrenzende Volumenbereiche, deren Druck und Temperatur ausgeglichen sind, von denen einer mit der Phase A und der andere mit der Phase B ausgefüllt ist. Wenn man von einem Volumenbereich zum anderen wechselt, so stellt man an der räumlichen Grenzfläche i. Allg. eine sprunghafte Änderung der oben genannten spezifischen Materialeigenschaften fest. Liegt der Koexistenzzustand auf der Siedekurve, so bezeichnet man diejenige Phase, für welche das spezifische Volumen, die spezifische Enthalpie sowie die spezifische Entropie kleiner sind. als die *flüssige Phase*. Analog unterscheidet man die Phasen, deren Zustände auf den anderen Koexistenzlinien liegen.

Nur im Tripelpunkt, der bei einem ganz bestimmten Druck $\mathfrak{p}_{III}$ und einer ganz bestimmten Temperatur T_{III} auftritt, koexistieren drei Phasen mit drei sich deutlich voneinander unterscheidenden Enthalpien. Die materialspezifischen Tripelpunkte sind daher besonders geeignet, um Referenzpunkte für die Temperaturskala festzulegen (Abschn. 9.4.5).

Betrachten wir nun drei Isobaren, die in Abb. 10.1 gestrichelt eingezeichnet sind. Die Isobare $\mathfrak{p}_1$ liegt unter dem Druck $\mathfrak{p}_{III}$ des Tripelpunkts, Isobare $\mathfrak{p}_2$ zwischen $\mathfrak{p}_{III}$ und dem kritischen Druck $\mathfrak{p}_{crit}$ und Isobare $\mathfrak{p}_3$ oberhalb des kritischen Drucks. Durchläuft man die Isobaren mit zunehmender Temperatur, so liegt entlang aller drei bei tiefen Temperaturen zunächst eine einheitliche Phase mit niedriger spezifischer Enthalpie vor. Das ist gewöhnlich die feste Phase. Exakt auf dem Schnittpunkt mit der Schmelzkurve tritt eine zweite Phase auf, welche mit der ersten nur in diesem Schnittpunkt koexistiert und eine höhere Enthalpie hat. Das ist die flüssige Phase. Sobald die Schmelztemperatur überschritten ist, liegt wieder eine einheitliche Phase vor. Dort, wo die gestrichelte Linie auf die Siedekurve trifft, entsteht eine neue Phase mit noch höherer Enthalpie, die man zwecks Unterscheidung von der flüssigen Phase als gasförmige Phase bezeichnet.

Wenn man die Temperatur entlang der ersten gestrichelten Linie erhöht, deren konstant gehaltener Druck $\mathfrak{p}_1$ kleiner ist als der Druck des Tripelpunkts, so fällt einer der drei Phasenübergänge aus: Man überquert nur noch eine Koexistenzlinie, nämlich von der festen Phase zu einer fluiden Phase.

Auch wenn man für einen Druck $\mathfrak{p}_3$, der oberhalb des Drucks $\mathfrak{p}_{crit}$ des *kritischen Punkts* $(T_{crit}, \mathfrak{p}_{crit})$ liegt, mit zunehmender Temperatur die Zustände entlang der gestrichelt gezeichneten Linie durchläuft, überquert man nur eine Koexistenzlinie, nämlich ebenfalls von der festen Phase zu einer fluiden Phase. Der Grund dafür, dass kein Phasenübergang zwischen den beiden fluiden Phasen auftreten kann, liegt darin, dass die Kompressibilität eines Gases oberhalb des kritischen Drucks $\mathfrak{p}_{crit}$ nicht mehr negativ werden kann. Folglich tritt auch keine Instabilität mehr auf, und damit fällt der Phasenübergang zwischen der flüssigen und der gasförmigen Phase aus. Am kritischen Punkt selbst gibt es keinen Unterschied zwischen der flüssigen und gasförmigen Phase mehr, weil beide Phasen instabil sind. Das äußert sich darin, dass die Kompressibilität am kritischen Punkt um einige Zehnerpotenzen höher sein kann als in den stabilen Phasenbereichen, was zu enormen lokalen Dichtefluktuationen am kritischen Punkt führen kann.

Wenn bei einer gegebenen Temperatur und einem gegebenen Druck eine Stoffumwandlung $A \leftrightarrows B$ stattfindet, wird eine Stoffmenge $\Delta n_A = \Delta n$ in eine Stoffmenge $\Delta n_B = -\Delta n$ umgesetzt. Die dadurch stattfindende Änderung $\Delta\mathcal{G}$ der Gibbs-Enthalpie kann man durch die spezifischen Größen ausdrücken:

$$\begin{aligned}\Delta\mathcal{G} &= \mathfrak{h}_A \Delta n_A + \mathfrak{h}_B \Delta n_B - T(\mathfrak{s}_A \Delta n_A + \mathfrak{s}_B \Delta n_B) \\ &= [(\mathfrak{h}_A - \mathfrak{h}_B) - T(\mathfrak{s}_A - \mathfrak{s}_B)]\, \Delta n \end{aligned} \tag{10.25}$$

Da Phasenumwandlungen an jenen Zuständen auftreten, die im Phasendiagramm (Abb. 10.1) auf den Koexistenzkurven liegen, ist dort $\Delta\mathcal{G} = 0$, denn reversibel sind Umwandlungen genau dann, wenn dabei keine Arbeit frei (und folglich auch nichts dissipiert) werden kann. Für reversible Phasenumwandlungen unterliegen alle drei Koexistenzkurven daher der Bedingung

$$\Delta\mathcal{G} = 0. \tag{10.26}$$

Für Umwandlungen einer Stoffmenge Δn von einer Phase in die andere folgt dann aus Gl. 10.25, dass

$$(\mathfrak{h}_A - \mathfrak{h}_B) - T(\mathfrak{s}_A - \mathfrak{s}_B) = 0. \tag{10.27}$$

Da im thermodynamischen Gleichgewicht überall das gleiche chemische Potential vorliegt (Gl. 10.22), folgt ferner, dass $(\mu_A - \mu_B)dn = 0$. Somit ergibt sich aus Gl. 10.19 für die Beziehung zwischen differentiellen Änderungen des Drucks und der Temperatur, dass

$$d\mathcal{G} = -S\,dT + V\,d\mathfrak{p}.$$

Wenn man eine reversible Umwandlung des Stoffs A nach Stoff B ausführt und sich die Stoffmenge dabei um Δn ändert, so gilt für diese wegen Gl. 10.26 die differentielle Beziehung:

$$d\Delta\mathcal{G} = -\Delta S\,dT + \Delta V\,d\mathfrak{p} = 0$$

bzw.

$$-(\mathfrak{s}_A - \mathfrak{s}_B)dT + (\mathfrak{v}_A - \mathfrak{v}_B)d\mathfrak{p} = 0 \tag{10.28}$$

für alle Zustände entlang der Koexistenzlinie zweier Phasen.

Aus Gl. 10.27 und Gl. 10.28 folgt dann die *Clausius-Clapeyron-Gleichung*:

$$\frac{d\mathfrak{p}}{dT} = \frac{\mathfrak{s}_A - \mathfrak{s}_B}{\mathfrak{v}_A - \mathfrak{v}_B} = \frac{\mathfrak{h}_A - \mathfrak{h}_B}{T(\mathfrak{v}_A - \mathfrak{v}_B)} \tag{10.29}$$

Sie beschreibt die Steigung der Koexistenzkurven bzw., wie sich der Druck entlang der Koexistenzkurve mit der Temperatur ändert. Beispielsweise ergibt sich aus Gl. 10.29, dass die Steigung der Koexistenzkurve für den Übergang fest–flüssig (d. h. die Steigung der Schmelzkurve) wesentlich steiler ansteigt als die Kurve für den Übergang flüssig–gasförmig (d. h. die Siedekurve), weil sich die spezifischen Volumina der festen und der flüssigen Phase nur wenig unterscheiden, diejenigen für die flüssige und gasförmige Phase hingegen sehr stark. Normalerweise hat die Schmelzkurve, so wie in Abb. 10.1 gezeigt, eine positive Steigung, weil die Entropie der flüssigen Phase größer als die der festen Phase und zugleich das spezifische Volumen größer ist. Wasser ist eine der wenigen Ausnahmen, bei denen die Schmelzkurve eine negative Steigung hat. Das liegt daran, dass das spezifische Volumen von Eis größer als dasjenige des flüssigen Wassers ist (sog. Anomalie des Wassers).

Beispiel 10.2: Technische Realisierung von Kondensationswärmepumpen

In Wärmepumpen nach dem Kondensationsprinzip läuft folgender Kreisprozess ab: Beginnend mit einem Gas bei niedriger Temperatur, erhöht man zuerst seine Temperatur, indem man es adiabatisch komprimiert. Infolge der Druckerhöhung (Kompressor) kann bei dafür geeigneten Gasen die Siedekurve überschritten werden (Abb. 10.1), und es setzt eine Kondensation ein. Durch die Phasenumwandlung erniedrigt sich Enthalpie (Verdampfungsenthalpie). Dadurch wird Wärme freigesetzt, die das Medium bei einer Temperatur T_A im Kondensator an die Umgebung exportieren kann. Anschließend lässt man die Flüssigkeit zur Erniedrigung des Drucks mit einer Drossel entspannen. Dabei sinkt die Temperatur auf $T_B < T_B$. Sobald es durch die Druckerniedrigung wieder die Siedekurve erreicht, saugt das Medium im Verdampfer von der Umgebung wieder Wärme auf (Verdampfungsenthalpie), und der Zyklus kann von neuem beginnen. ◀

Elektrizität

11

11.1 Reibungselektrizität

Die Tribologie untersucht Phänomene, bei denen Grenzflächen eng miteinander in Kontakt gebracht werden. Hierzu gehören die Grenzflächenenergie (Abschn. 8.2.1), das Haften (Abschn. 8.2.2) und die Gleitreibung (Abschn. 8.2.3). Sie treten nur so lange in Erscheinung, wie die Grenzflächen in engem Kontakt zueinander verbleiben. Vor mehr als 2500 Jahren berichtete Thales von Milet jedoch erstmals, dass an geriebenem Bernstein auch nach der Trennung des Grenzflächenkontakts eine fortdauernde Wirkung zu beobachten ist. Sie äußert sich u. a. in einer über einige Distanz wirksamen Anziehung bzw. Abstoßung anderer Gegenstände. Diese Erscheinung wurde nach dem altgriechischen Wort „elektron" für den Bernstein als *Elektrizität* bezeichnet. Wenn man betonen will, dass sie durch Reibung hervorgerufen wurde, spricht man von *Reibungselektrizität* bzw. *Triboelektrizität*.

Reibt man einen Luftballon an der Kleidung oder einen Glas- oder Kunststoffstab an einem Stück Fell, kann man mit den so *elektrisierten* Objekten Wirkungen über eine gewisse Entfernung auslösen (z. B. im Meterbereich). In dieser Hinsicht ähnelt das Phänomen der Gravitation, jedoch treten im Unterschied dazu nicht nur anziehende, sondern auch abstoßende Wirkungen auf. Geht man von einem Glasstab aus, der mit einem Fell elektrisiert wurde, so lässt sich die Elektrizität aller anderen elektrisierten Objekte danach einteilen, ob sie von einem elektrisierten Glasstab abgestoßen oder angezogen werden. Die Elektrizität der ersten Gruppe wurde zunächst *électricité vitreuse* (Glaselektrizität) genannt. Heute klassifiziert man sie als *positiv*

R. Rupp, *Physik 1 – Eine unkonventionelle Einführung*,
https://doi.org/10.1007/978-3-662-64506-2_11

Abb. 11.1 Benjamin Franklin (1706–1790) auf der 100-Dollar-Note. (https://commons.\protect\penalty-\@Mwikimedia.org/wiki/File:Usdollar100front.jpg | Urheber: Government Of The United States Of America)

und die andere als *negativ.* Diese Konvention geht auf Benjamin Franklin[1] zurück (Abb. 11.1).

11.2 Ladung und Potential

Einige Aspekte der Elektrizität lassen sich mit einem sehr einfachen Instrument untersuchen, dem *Elektroskop*. Abb. 11.2 zeigt eine der vielfältigen technischen Realisierungsmöglichkeiten. Seine wesentlichen Elemente sind ein unbeweglicher Metallstab, der durch eine nichtmetallische Durchführung gehaltert ist. Daran ist ein kleiner Metallzeiger drehbar befestigt, dessen Ausschlag man auf einer Skala ablesen kann. In seinem natürlichen Gleichgewichtszustand hängt der Zeiger aufgrund der Schwerkraft nach unten.

Wenn sich ein elektrisiertes Objekt, z. B. ein elektrisierter Stab, einem Elektroskop ohne es zu berühren nähert, schlägt der Zeiger aus. Die Größe des Zeigerausschlags betrachten wir als unser vorläufiges qualitatives Maß für die Stärke der Wechselwirkung zwischen elektrisiertem Objekt und Elektroskop. Entfernt man das Objekt wieder, dann geht der Zeigerausschlag wieder gegen null. Dieses Phänomen demonstriert augenfällig, dass elektrische Wechselwirkungen durch die Luft hindurch über eine beträchtliche Entfernung wirksam sein können, aber auch, dass die Stärke der Wechselwirkung mit der Entfernung abnimmt.

Dass die Wechselwirkung langreichweitig ist, ist ein neuer Aspekt. Elektrische Phänomene unterscheiden sich darin signifikant von solchen, wie sie bei chemischen Umwandlungen auftreten. Die Untersuchung der Abhängigkeit elektrischer Wirkung

[1]Benjamin Franklin, befreundet mit Antoine und Marie Lavoisier (S. 271), setzte sich für Demokratie, Bürgerfreiheiten und die amerikanische Unabhängigkeitsbewegung ein. Als Freigeist und Freimaurer war er ein Vorkämpfer gegen die Sklaverei und religiöse Intoleranz. Durch die Erfindung des Blitzableiters und seine Initiative zur Gründung der Freiwilligen Feuerwehr verbannte er die Brandgefahr aus den Städten.

Abb. 11.2 Elektroskop. Nach einer Elektrisierung ist, wie hier gezeigt, ein permanenter Zeigerausschlag zu sehen. (Mit freundlicher Erlaubnis durch N. Welsch, Welsch & Partner, scientific multimedia, Tübingen)

von der Entferung werden wir allerdings erst einmal verschieben und später fortsetzen (s. Band P2). In diesem Kapitel soll es zunächst einmal nur um das Phänomen gehen, dass ein permanenter Zeigerausschlag zurückbleibt, wenn der nach außen geführte Metallstab des Elektroskops durch einen elektrisierten Stab berührt wird. Er bleibt bestehen, auch wenn man den elektrisierten Stab anschließend so weit entfernt, dass keine von ihm herrührenden entfernungsabhängigen Wirkungen mehr feststellbar sind. Selbst wenn man den Zeigerausschlag über einige Stunden hinweg beobachtet, so bleibt er nahezu unverändert. Wenn man mit dem Metallstab eines Elektroskops, das von einem elektrisierten Körper berührt worden ist, den Metallstab eines zweiten Elektroskops berührt, tritt auch dort ein permanenter Zeigerausschlag auf. Das Erstere verhält sich also so wie ein elektrisierter Körper, und daher können wir den Zeigerausschlag als Folge einer Elektrisierung interpretieren. Ein Elektroskop, das elektrisiert worden ist, kann anschließend durch Berührung andere Körper elektrisieren.

An einer Reihe von Indikatoren kann man ablesen, dass Elektrisierung ein energetisches Phänomen ist: Wenn ein Elektroskop elektrisiert wird, setzt sich beispielsweise der Zeiger in Bewegung (kinetische Energie); dabei ändert sich seine potentielle Energie der Schwere, denn er wird angehoben. Man macht die Erfahrung, dass er um eine gewisse Gleichgewichtslage oszilliert und erst nach einiger Zeit zur Ruhe kommt (Dissipation). Es kann also kein Zweifel daran bestehen, dass die innere Energie $\mathcal{U}$ des Elektroskops durch das Elektrisieren zugenommen hat. Man hat es also mit einem neuen Freiheitsgrad der Energie zu tun, dessen Beitrag man mit dem Schlagwort *elektrische Energie* umschreibt. Man beschreibt ihn in der bewährten Weise, nämlich durch eine extensive und eine dazu konjugierte intensive Zustandsvariable. Erstere wird als *elektrische Ladungsmenge* q bezeichnet und letztere (analog zum chemischen Potential μ) als *elektrisches Potential* φ. Im Folgenden lassen wir den

Hinweis „menge" weg und bezeichnen q einfach als Ladung. Wenn man ein energetisches Modell mit thermischer, elastischer, chemischer und elektrischer Energie konzipiert, so hat die Änderung der Energie $\mathcal{U} = \mathcal{U}(S, V, n_1, n_2, \ldots, q_1, q_2, \ldots)$ die Form

$$d\mathcal{U} = T\,dS - p\,dV + \sum \mu_i\,dn_i + \sum \varphi_i\,dq_i \tag{11.1}$$

mit dem neuen Beitrag $\varphi_i\,dq_i$ für die elektrische Energie der i-ten geladenen Stoffspezies. Wenn man nur mit einer einzigen Ladungsspezies zu tun hat, ist

$$d\mathcal{U} = T\,dS - p\,dV + \sum \mu_i\,dn_i + \varphi\,dq\,.$$

Hier ist q die Ladung und

$$\varphi = \frac{\partial \mathcal{U}}{\partial q} \tag{11.2}$$

das elektrische Potential.

Benjamin Franklin erkannte, dass die Ladung einem Erhaltungssatz unterliegt. Das zentrale Postulat der *Ladungserhaltung* hat für die Elektrodynamik den gleichen bedeutenden Rang wie z. B. die Impulserhaltung für die Mechanik (Gl. 4.24) oder die Substanzerhaltung für die Chemie (Gl. 10.2).

Postulat der Ladungserhaltung
Die elektrische Ladung ist eine invariante Erhaltungsgröße.

In einem abgeschlossenen System laufen alle physikalischen Vorgänge stets so ab, dass die Ladung q erhalten bleibt. Trotz der gewaltigen Zahl an Experimenten und Anwendungen, in denen Elektrizität eine Rolle spielt, und auch nach mehr als einem Jahrhundert der Prüfung hat sich nie ein Widerspruch zur Hypothese der Ladungserhaltung ergeben. Vergleicht man die Ladung mit der Masse (invariant, aber nicht erhalten) und der Energie (erhalten, aber nicht invariant), so sind die Anforderungen an die Ladung strenger: Von ihr wird nicht nur gefordert, dass sie erhalten ist, sondern auch, dass sie invariant ist. Sie ist wie die Raumzeitkonstante c ein Lorentz-Skalar und nicht wie die Energie E einfach nur ein Skalar.

Wenn A und B zwei Teilsysteme mit den Ladungen q_A und q_B sind, dann besitzt das Gesamtsystem G wegen der Additivität, die jeder extensiven Größe zukommt, die Ladung $q = q_A + q_B$. Wenn irgendein physikalischer Prozess stattfindet und die Teilsysteme anschließend die Ladungen $\tilde{q}_A$ und $\tilde{q}_B$ besitzen, so verlangt die Ladungserhaltung, dass

$$q_A + q_B = q = \tilde{q}_A + \tilde{q}_B\,. \tag{11.3}$$

Wenn die Ladung also zu Beginn eines Prozesses null war, d. h., wenn A und B elektrisch ungeladen waren ($q_A = 0$ und $q_B = 0$), so haben sie nach dem Prozess entgegengesetzt gleich große Ladung: $\tilde{q}_A = -\tilde{q}_B$. Das Postulat der Ladungserhaltung hat weitreichende Konsequenzen: Egal, aus wie vielen Einzelteilen ein abgeschlossenes System vor und nach dem Prozess besteht, und völlig egal, ob im Prozess Teile generiert oder vernichtet werden: Wenn man die Summe der Ladungen aller vor dem Prozess vorhandenen Teile bildet und jene aller Teile nach dem Prozess, dann ist die Summe gleich. So weit verhält es sich mit der Ladungserhaltung ähnlich wie mit der Impulserhaltung. Der Unterschied ist jedoch (neben der Tatsache, dass die Ladung kein Vektor ist) die Invarianz der Ladung. Führt man die Beobachtungen in einem Galilei-System S′ aus, das sich relativ zu S mit der Geschwindigkeit v bewegt, so ist im Unterschied zum Impuls wegen der Invarianz der Ladung $q_A = q'_A$ usw., d. h., die Ladungen sind die gleichen – egal in welchem Bezugssystem man sie misst. Wenn also Gl. 11.3 in S gilt, so gilt dort nicht einfach nur die Erhaltungsaussage

$$q'_A + q'_B = q' = \tilde{q}'_A + \tilde{q}'_B , \qquad (11.4)$$

sondern jede der in dieser Gleichung auftretenden Größen hat den gleichen Zahlenwert wie in Gl. 11.3, d. h., Gl. 11.3 und Gl. 11.4 sind identisch. Insbesondere ist $q' = q$.

Makroskopische Objekte tragen üblicherweise eine Ladung $q = 0$, d. h., sie begegnen uns in der Regel zunächst als ungeladene Objekte. Wurde ein zuvor ungeladenes Objekt elektrisiert, sagt man auch, dass es anschließend elektrisch geladen ist. Werden Ladungen aus ungeladener Materie „generiert“, so muss bei der Elektrisierung stets genauso viel positive wie negative Ladung entstehen, d. h., der Prozess der „Ladungserzeugung“ ist letztendlich immer eine *Ladungstrennung*.

Beispielsweise sei A ein zunächst ungeladenes Stück Fell und B ein ungeladener Glasstab. Die Summe der Ladungen, d. h. die Gesamtladung, ist anfangs $q_A + q_B = q = 0$, weil sich auf beiden Objekten die Ladung $q_A = q_B = 0$ befindet. Nachdem man die beiden Objekte in Kontakt gebracht hat, hat der Glasstab infolge der triboelektrischen Wechselwirkung anschließend eine positive Ladung $\tilde{q}_A = +q_0$. Folglich muss auf dem Fell anschließend eine gleich große entgegengesetzte Ladung $\tilde{q}_B = -q_0$ sein. Das kann man durch folgendes Experiment auf die Probe stellen: Auf ein Elektroskop steckt man einen Metallbecher auf. Man nimmt einen ungeladenen Glasstab und ein ungeladenes Fell und elektrisiert sie, indem man sie aneinander reibt. Anschließend steckt man beide Objekte in den Becher. Der Zeigerausschlag bleibt null, denn obwohl durch das Elektrisieren Ladungen getrennt wurden, ist die im Becher steckende Summe der getrennten Ladungen null. Wenn man den Glasstab herauszieht und dadurch eine positive Ladungsmenge q_0 entfernt, schlägt der Zeiger des Elektroskops auf einen bestimmten Wert aus, weil das Elektroskop durch die verbleibende negative Ladung $-q_0$ elektrisiert wird. Steckt man den Stab wieder zurück, geht der Ausschlag wieder auf null zurück. Nun kann man ja auch umgekehrt das Fell und damit zugleich die daran haftende negative Ladung herausziehen. Das führt wieder zu einem Zeigerausschlag. Der interessante Punkt ist nun, dass beide Zeigerausschläge (vorausgesetzt, es gelingt, das Experiment ausreichend perfekt durchzuführen) gleich sind, d. h., man stellt fest, dass die Zeigerausschläge für gleich große positive wie negative Ladung gleich groß sind.

Aus diesem Resultat kann man auch noch eine interessante Einsicht zur funktionalen Abhängigkeit des Potentials von der Ladung gewinnen: Zwischen einem Elektroskop, auf dem eine positive Ladung sitzt, und einem Elektroskop, auf dem eine betragsmäßig gleich große negative Ladung sitzt, lässt sich kein Unterschied feststellen: Sie weisen die gleichen Zeigerausschläge auf. Das legt den Schluss nahe, dass auch die auf ihnen deponierte elektrische Energie gleich groß ist, d. h., wenn man die Ladung auf dem positiv geladenen Elektroskop um dq und entsprechend die Ladung auf einem negativ geladenen Elektroskop um $-dq$ verändert, dann sind die Energieänderungen $d\mathcal{U}_+$ bzw. $d\mathcal{U}_-$ auf beiden Elektroskopen gleich. Aus

$$d\mathcal{U}_+ = \varphi(q)\,dq = d\mathcal{U}_- = \varphi(-q)(-dq)$$

folgt dann, dass das Potential eine ungerade Funktion der Ladung ist, d. h.

$$\varphi(q) = -\varphi(-q)\,. \tag{11.5}$$

11.3 Thermoelektrische Energieumwandlungen

Thermoelektrische Phänomene beschreibt man am einfachsten, indem man die Freie Energie $\mathcal{G}$ eines Systems betrachtet, denn sie ist gleich der maximalen Arbeit, die das System abgeben kann. Hier sollen die elektrischen Phänomene im Vordergrund stehen, und daher sei für die nachfolgende Diskussion $dT = 0$ und $d\mathfrak{p} = 0$ angenommen.

11.3.1 Spontane Richtung des Ladungstransports

Wenn ein physikalisches System aus zwei Teilsystemen A und B besteht, so gilt für die Änderung der elektrischen Energie

$$d\mathcal{G} = \varphi_\mathrm{A}\,dq_\mathrm{A} + \varphi_\mathrm{B}\,dq_\mathrm{B}\,.$$

Die Arbeit, welche das System abgeben kann, ist gleich der Änderung der Gibbs-Enthalpie. Wegen der Ladungserhaltung muss ferner noch die Bedingung

$$dq_\mathrm{A} = -dq_\mathrm{B}$$

berücksichtigt werden. Da für spontan ablaufende Prozesse $d\mathcal{G} < 0$ sein muss, ist die Abgabe positiver Ladung von A (dann ist dq_A negativ!) an das Teilsystem B nur dann möglich, wenn das Potential φ_A höher ist als φ_B, d. h., wenn die Potentialdifferenz $\varphi_\mathrm{A} - \varphi_\mathrm{B}$ bzw. die *elektrische Spannung*

$$U = U_{AB} = \varphi_\mathrm{A} - \varphi_\mathrm{B} \tag{11.6}$$

positiv ist. Spontan kann sich positive Ladung nur vom höheren Potential zum niedrigeren Potential bewegen und negative Ladung nur vom niedrigeren Potential zum höheren. Die umgekehrten Vorgänge würden den zweiten Hauptsatz der Thermodynamik verletzen.

Wenn man drei Systeme mit den Potentialen $\varphi_A > \varphi_B > \varphi_C$ vorliegen hat und eine positive Ladung dq von A nach B nach C transportiert wird, so wird im ersten Schritt eine elektrische Arbeit abgegeben, welche gleich der Änderung $d\mathcal{G}_{AB} = U_{AB}dq$ der Gibbs-Enthalpie ist, und im zweiten Schritt eine, welche gleich $d\mathcal{G}_{BC} = U_{BC}dq$ ist. Insgesamt wird eine Arbeit abgegeben, welche gleich der Summe der Änderungen der beiden Gibbs-Enthalpien entspricht, d. h., es ist $d\mathcal{G}_{AC} = d\mathcal{G}_{AB} + d\mathcal{G}_{BC}$. Das ist gleichbedeutend mit der Feststellung, dass sich die elektrischen Spannungen addieren:

$$U_{AC} = U_{AB} + U_{BC} \tag{11.7}$$

Aus dem zweiten Hauptsatz der Thermodynamik folgt somit:

Hintereinander geschaltete Spannungen addieren sich.

11.3.2 Potentialausgleich

Im elektrischen Gleichgewicht ist $d\mathcal{G} = 0$ und somit

$$\varphi_A = \varphi_B \,. \tag{11.8}$$

Elektrische Prozesse laufen demnach so lange unter Abnahme der freien Enthalpie ab, bis ein *Potentialausgleich* erreicht,und eine anfängliche vorhandene Spannung U zwischen zwei Teilsystemen A bzw. B auf null gefallen ist.

Im elektrischen Gleichgewicht sind alle miteinander wechselwirkenden Körper auf gleichem elektrischen Potential.

Beispiel 11.1

A und B seien zwei gleich aufgebaute Elektroskope. Zu Anfang sei B ungeladen (Zeigerausschlag null), während auf A eine positive Ladung q_0 aufgebracht wird, was einen entsprechenden Zeigerausschlag hervorruft. Bringt man die Elektroskope miteinander in Kontakt, erkennt man an der Abnahme des Zeigerausschlags von A und der Zunahme des Zeigerausschlags von B, dass ein thermodynamischer Prozess abläuft. Am Ende wird der Zeigerausschlag beider Elektroskope gleich hoch sein. Beide Elektroskope befinden sich somit im gleichen Zustand, haben die gleiche Ladung, nämlich jeweils $q_0/2$, die gleiche elektrische Energie und befinden sich auf gleichem Potential. Die Summe der beiden Gibbs-Enthalpien nach dem Prozess ist allerdings kleiner als die Summe vor dem Prozess. Die Differenz wurde in Form von Arbeit und/oder Wärme nach außen abgegeben. Bei dieser Betrachtung ist zu beachten, dass Druck und Temperatur mit der Umgebung im

Gleichgewicht sind, d. h., wenn die elektrische Energie im Systeminneren dissipiert wird, wird sie durch thermischen Kontakt in Form von Wärme nach außen geführt. ◀

Die Geschwindigkeit der Aufnahme bzw. Abgabe von Ladungen durch ein Teilsystem A an ein anderes kann man in weiten Grenzen variieren: Man kann den Potentialausgleich sehr rasch oder auch extrem langsam ablaufen lassen. Es ist sogar möglich, ihn kinetisch nahezu völlig zu blockieren, d. h. so weit hinauszögern, dass innerhalb der experimentellen Beobachtungszeit keine Potentialänderung beobachtet wird. Analog zur thermischen Isolation spricht man dann von *elektrischer Isolation* des Teilsystems A. Wenn ein geladenes Elektroskop beispielsweise von Luft umgeben ist, so ist es hervorragend gegen einen Ladungsverlust isoliert und kann somit auch so gut wie nichts von seiner elektrischen Energie abgeben. Man kann aber auch den Kontakt zwischen zwei Körpern mit einer Spannung $U \neq 0$ so herstellen, dass U sehr rasch auf null fällt, beispielsweise indem man sie mit einem metallischen Draht verbindet. Das soll uns als vorläufige Information genügen. Nähere Einzelheiten zum Ladungstransport und damit zu den kinetischen Aspekten, wie elektrische Systeme dem thermodynamischen Gleichgewicht zustreben, werden in Kap. 12 untersucht. In diesem Kapitel soll die Untersuchung der *Elektrostatik* im Vordergrund stehen.

11.3.3 Elektrische Heizung

Nehmen wir an, dass sich zu Anfang auf zwei identischen Elektroskopen A und B eine betragsmäßig gleich große Ladung $q_A = -q_B$ entgegengesetzten Vorzeichens befindet. Die Potentiale sind dann entgegengesetzt gleich (Gl. 11.5), d. h., es ist $\varphi_A = -\varphi_B$, und beide Instrumente zeigen den gleichen Zeigerausschlag an. Lässt man, beispielsweise durch einen metallischen Kontakt, einen Austausch von Ladungen zu, so fällt die anfangs vorhandene Spannung $U = 2\varphi_A$ auf null, und die Ladungen kompensieren sich dabei vollständig zu null. Die anfangs vorliegende elektrische freie Enthalpie $\Delta\mathcal{G} = qU$ mit $q = q_A$ fällt auf null und gibt die gleich große Arbeit nach außen ab. Wenn diese nicht z. B. einen Elektromotor antreibt, sondern in einer elektrischen Heizung bzw. einem Tauchsieder vollständig dissipiert wird, so wird die Wärme

$$\Delta Q = \Delta\mathcal{G} = qU \tag{11.9}$$

abgegeben. Bei einem Tauchsieder, der beidseitig an eine elektrische Ladungsquelle angeschlossen ist, wird die durch Rekombination „verbrauchte" positive bzw. negative Ladung fortlaufend nachgeliefert, so dass durch den Tauchsieder permanent elektrische in thermische Energie umgesetzt wird. Diese Umsetzung geschieht in der lokalen Umgebung, in der die Rekombination der Ladungen konkret stattfindet. Wenn man dem System die Wärme nicht entnimmt, wenn der Rekombinationsprozess also adiabatisch abläuft, dann kommt es dort zu einer quasilokalen Temperaturerhöhung. Den umgekehrten Vorgang, bei dem die Entropie im Tauchsieder abnimmt und positive und negative Ladungen auf unterschiedlichem Potential erzeugt werden, schließt der zweite Hauptsatz der Thermodynamik aus.

11.3.4 Thermoelektrische Generatoren und Thermoelemente

Ähnlich wie man durch isotherme Wärmezufuhr von außen eine Druckerhöhung bewirken und damit Arbeit gewinnen kann, kann man (allerdings nur in bestimmten Materialien) durch Wärmezufuhr eine Ladungstrennung bewirken und damit eine elektrische Spannung hervorrufen. Dieses Phänomen heißt *Pyroelektrizität* und kann zur Erzeugung elektrischer Energie durch Wärmezufuhr herangezogen werden. Pyroelektrische Sensoren finden beispielsweise technische Anwendung bei Bewegungsmeldern. Mit diesem Phänomen kann man aber wegen des zweiten Hauptsatzes genauso wenig wie in Wärmekraftmaschinen eine fortdauernde bzw. periodische Umwandlung von Wärme in elektrische Energie bzw. Arbeit erzielen. Das elektrische Pendant zu den Wärmekraftmaschinen (Abschn. 9.7) sind die *thermoelektrischen Generatoren.* Mit ihnen kann fortlaufend elektrische Energie aus Wärmeenergie gewonnen werden, indem Wärme aus einem Wärmereservoir A mit höherer Temperatur T_A so aufgenommen und an ein Wärmereservoir B bei der Temperatur T_B abgegeben wird, dass ein Kreisprozess stattfindet, bei dem im Idealfall keine Entropie im Generator verbleibt. Ein einfaches Beispiel dafür ist ein *Thermoelement*. Es besteht aus zwei unterschiedlichen metallischen Materialien, die miteinander in engem Kontakt, beispielsweise miteinander verschweißt, sind. Hält man eine Kontaktstelle A auf der Temperatur T_A und die andere auf der Temperatur T_B, so tritt zwischen den Enden eine elektrische Spannung auf (*Thermospannung*, *Seebeck-Effekt*). Entnimmt man elektrische Energie, so wird Wärme vom Bad mit höherer Temperatur zum Bad mit niedrigerer Temperatur transportiert (eine Wärme austauschende Umgebung mit unendlich großer Wärmekapazität nennt man Wärmebad). Da die Verbindung zwischen den Kontaktstellen metallisch ist, um elektrische Leitung zuzulassen, sind die Wärmebäder A und B metallisch verbunden und thermisch nur schlecht voneinander isoliert. Daher sind die Wirkungsgrade thermoelektrischer Generatoren deutlich kleiner als der Carnot'sche Wirkungsgrad. Trotz dieses Nachteils werden sie manchmal für spezielle Anwendungen eingesetzt. Beispielsweise wird die elektrische Energie für Sonden, die außerhalb des Sonnensystems operieren, durch thermoelektrische Generatoren erzeugt, bei denen die höhere Temperatur durch den Zerfall eines radioaktiven Mediums gehalten wird.

Führt man umgekehrt einem thermoelektrischen Generator elektrische Energie zu, so kann Wärme von einem Wärmereservoir niedrigerer Temperatur an eines mit höherer Temperatur transportiert werden, d. h., er arbeitet als Wärmepumpe (Peltier-Effekt). Solche Peltier-Elemente werden z. B. zur Kühlung von Prozessoren in Computern eingesetzt. Die Thermospannung eines Thermoelements kann man für die Messung der Temperatur T_A eines Systems A relativ zur Temperatur eines Systems B heranziehen, beispielsweise indem man Kontaktstelle B in Wasser am Tripelpunkt eintauchen lässt.

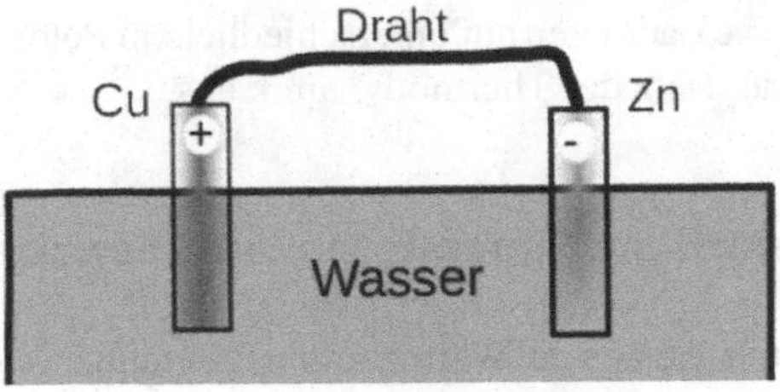

Abb. 11.3 Galvanische Zelle. An den beiden in Wasser eintauchenden Kupfer- und Zinkelektroden wird chemische Energie in elektrische Energie umgewandelt. Ohne Draht würde eine elektrische Spannung zwischen den Elektroden auftreten. Die elektrische Energie wird im Draht in Wärme umgewandelt. (R. Rupp)

11.4 Elektrochemische Energieumwandlungen

Um elektrochemische Energieumwandlungen zu verstehen, müssen einige Begriffe vorausgeschickt werden, die thematisch eigentlich zu den Transportphänomenen gehören (Kap. 12). Der Transport von Ladungen zwischen zwei Systemen kann auf zwei Arten erfolgen, nämlich verbunden mit einem chemischen Stofftransport, dann heißt er *elektrolytisch*, oder ohne chemischen Stofftransport, dann heißt er *elektronisch*. Elektrolytischen Ladungstransport beobachtet man z. B. in Säuren, Basen, Salzlösungen oder Salzschmelzen. Diese Leiter bezeichnet man als *Elektrolyte*. Der Ladungstransport in Metallen erfolgt ausschließlich elektronisch. In einen Elektrolyten eintauchende Metalloberflächen wirken sich wie eine semipermeable (halbdurchlässige) Membran aus, welche für elektronische, nicht aber für elektrolytische Ladung durchlässig ist. Elektronische Leiter mit dieser Grenzschichteigenschaft bezeichnet man als *Elektroden*.

11.4.1 Galvanische Zelle

Die Umwandlung von chemischer Energie in elektrische Energie geschieht in *galvanischen Zellen, Batterien, Akkumulatoren* oder *Brennstoffzellen*. Dabei laufen elektrochemische Reaktionen ab, d. h. Reduktions- oder Oxidationsvorgänge. Eine galvanische Zelle erhält man bereits, indem man wie im nachfolgenden Beispiel einfach zwei chemisch unterschiedliche Metallstäbe in ein Medium steckt, das als Elektrolyt fungieren kann:

Beispiel 11.2

Steckt man ein Kupferblech (Cu) und ein Zinkblech (Zn) einfach in Wasser (Abb. 11.3), so findet an jeder der beiden Elektrodenoberflächen eine elektrochemische Reaktion statt, die zu einem elektrochemischen Gleichgewicht führt (Helmich 2020). Damit liegt zwischen Elektrolyt (hier das Wasser; für das prinzipielle Verständnis spielt es keine Rolle, dass Wasser ein sehr schlechter Elektrolyt ist) und Elektrode jeweils eine für die elektronischen Leiter Cu bzw. Zn charakteristische Potentialdifferenz vor. Da der Elektrolyt dafür sorgt, dass beide Seiten praktisch auf gleichem Potential sind, führt das schlussendlich zu einer Spannungsdifferenz zwischen den chemisch unterschiedlichen Elektroden. Verbindet man die beiden Elektroden mit einem Draht, so dass ein (äußerer) elektronischer Ladungstransport stattfinden kann, wird Zink oxidiert, und an der Kupferelektrode entsteht durch Reduktion Wasserstoff. Die aus den chemischen Reaktionen an den Elektroden hervorgehende Änderung $\Delta\mathcal{G}$ der Freien Enthalpie führt über den Zwischenschritt der elektrischen Energie zur Abgabe von Wärme über die Drahtoberfläche. ◀

Mehrere solcher galvanischen Zellen lassen sich durch Hintereinanderschaltung zu einer Batterie kaskadieren. Auf diese Weise lässt sich eine leistungsstarke Ladungsquelle realisieren. Galvanische Zellen, an denen ein technisch nicht umkehrbarer Vorgang abläuft, nennt man *Primärzellen*. Eine galvanische Zelle, bei der die Umwandlung von elektrischer Energie in chemische Energie bidirektional vonstattengehen kann, nennt man eine *Sekundärzelle* bzw. einen *Akkumulator*. Die Elektrode, bei welcher eine Reduktion stattfindet, ist per definitionem die Kathode, und diejenige, bei welcher eine Oxidation stattfindet, ist die Anode. Daher wechseln Kathode und Anode die Seiten, wenn man vom Ladevorgang zum Entladevorgang eines Akkumulators übergeht.

11.4.2 Elektrolyse

Mit der in Abb. 11.4 gezeigten Apparatur kann man die *Elektrolyse* von Wasser beobachten, d. h. seine chemische Zersetzung. Die beiden Elektroden können aus dem chemisch gleichen Metall bestehen. Indem man Wasser ein wenig ansäuert, wird es zu einem guten Elektrolyten. Schließt man die in das Wasser eintauchenden Metallelektroden an eine Gleichstromquelle an, kommt es an den Kontaktflächen zu einer chemischen Reaktion. Von den Elektroden steigen Gasbläschen auf. An der positiven Elektrode (rotes Kabel) entsteht Sauerstoff, an der negativen (schwarzes Kabel) Wasserstoff. Den Wasserstoff identifiziert man z. B. durch die Knallgasprobe, den Sauerstoff durch das Aufflammen einer glimmenden Zigarette. Die Gase entstehen im H_2/O_2-Volumenverhältnis von 2 : 1, d. h. im Stoffmengenverhältnis der chemischen Reaktion $2H_2O \rightarrow 2H_2 + O_2$. Die beiden chemischen Produkte kann man z. B. wieder miteinander reagieren lassen und mit der dabei frei werdenden chemischen Energie beispielsweise heizen oder einen Verbrennungsmotor laufen lassen. Kurzum: Bei der Elektrolyse wird elektrische Energie in chemische Energie umgewandelt. Da Wasser das chemische Produkt einer Verbrennung bzw. Oxidation des Wasserstoffs ist und diese an der positiven Elektrode abläuft, ist das die Anode. An der negativ angeschlossenen Elektrode findet der umgekehrte Vorgang statt. Dort wird der Wasserstoff reduziert. Daher ist das die *Kathode*. Diese Bezeichnungen für die Elektroden wurden von Michael Faraday eingeführt, der als einer der Ersten diesen unerwarteten Zusammenhang zwischen Chemie und Elektrizität untersuchte. Faraday entdeckte bei der Abscheidung von Stoffen an den Elektroden, dass deren

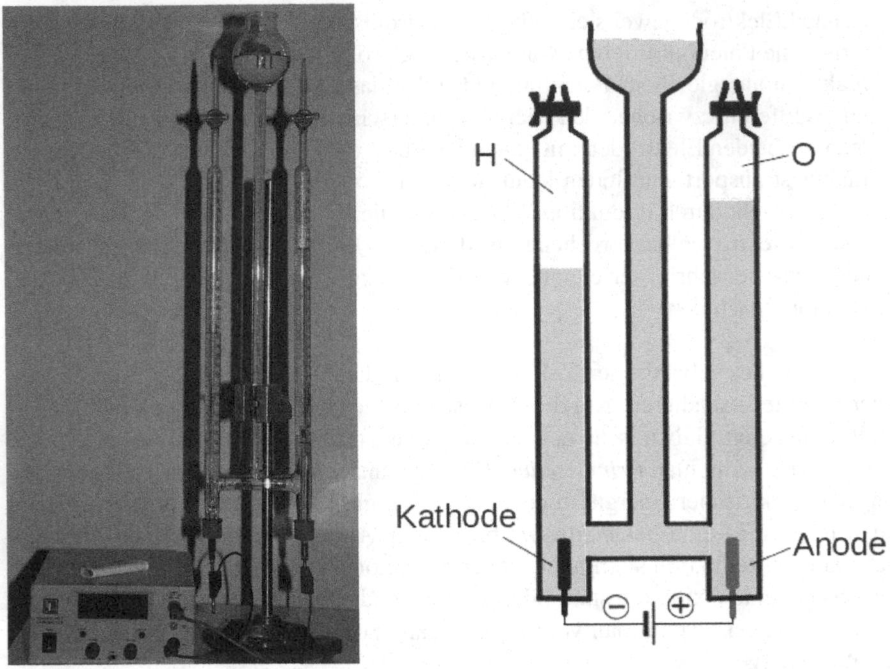

Abb. 11.4 Apparatur zur Untersuchung der Elektrolyse von Wasser. An der Kathode entsteht Wasserstoffgas (H), an der Anode Sauerstoffgas (O). (E. Partyka-Jankowska/R. Rupp)

Menge bzw. Masse proportional zur transportierten Ladungsmenge zunimmt. Das kann man bei der Elektrolyse des Wassers gut beobachten, wo die dabei entstehende Gasmenge mit der transportierten Ladungsmenge q zunimmt, d. h., der chemische Umsatz ist proportional zur Ladungsmenge.[2]

Ähnliche Beobachtungen macht man, wenn man Metallstäbe in eine Salzschmelze oder eine wässrige Salzlösung eintaucht und eine bestimmte Ladungsmenge hindurchfließen lässt. An den Elektroden läuft wieder eine *Redoxreaktion*[3] ab. Leitet man beispielsweise durch eine Silbernitratlösung einen elektrischen Strom, dann wird an der Kathode Silber abgeschieden.

11.5 Elektrische Maßeinheiten

Mit dem Elektroskop ist ein Vergleich von Ladungsmengen möglich und damit prinzipiell auch eine Messmethode für Ladungen vorhanden. Sie soll daher von nun an

[2]Da man durch Verbrennen von Wasserstoff und Sauerstoff nutzbare Energie gewinnen kann, muss diese elektrisch aufgebracht worden sein. Daraus folgt, dass der Vorgang erst abläuft, wenn eine bestimmte Mindestspannung an den Elektroden überwunden wird.

[3]Reduktions-Oxidations-Reaktion.

als gegeben vorausgesetzt werden. Was für Ladungsmessungen noch fehlt, ist die Definition einer Einheit.

In diesem Abschnitt wird dargelegt, wie das alte, auf der damaligen Basiseinheit Coulomb beruhende *elektrische SI-System* festgelegt wurde. Aus Konsistenzgründen werden wir es für diesen ersten Band als provisorisches Einheitensystem heranziehen.

Die Einheit Coulomb Wenn man elektrische Ladungen über einen Elektrolyten entlädt, dann zeigt sich experimentell, dass die Ladung q, die transportiert wurde, proportional zur Stoffmenge n ist, die dabei an einer Elektrode abgeschieden wurde. Es ist also $q = k\,n$ mit einer Proportionalitätskonstante k. Vergleicht man unterschiedliche Stoffe, so erweist sich die Konstante k stets als gangzzahliges Vielfaches einer Naturkonstanten F, die man als *Faraday-Konstante* bezeichnet, d. h. $k = \nu F$ mit $\nu = \pm 1, \pm 2, \ldots$ (Wertigkeit). Stoffe mit $\nu = +1$ heißen einwertig. Die Elektrolyse folgt also dem Gesetz

$$q = \nu F\,n\,. \tag{11.10}$$

Die Stoffmenge kann man durch eine Wägung ermitteln. Daher kann man die elektrische Ladungseinheit dadurch definieren, dass man einen bestimmten chemischen Stoff als Referenz wählt und die Ladungseinheit durch eine bestimmte Stoffmenge festlegt. Als Referenz hat man Silber gewählt. Entlädt man Ladung über eine Silbernitratlösung, so wird das Silber an der Kathode abgeschieden, und somit ist ν positiv. Vergleicht man mit anderen Stoffen, so zeigt sich, dass es zur Gruppe der einwertigen Stoffe gehört, genauer, zu denen mit $\nu = +1$. Die Ladungseinheit *Coulomb* hatte man schlussendlich folgendermaßen festgelegt:

Ein Coulomb ist diejenige Ladungsmenge, bei der eine Menge von 1.118 mg Silber aus einer Silbernitratlösung abgeschieden wird.

Diese Definition war bis 1948 in Gebrauch, und das Coulomb war so lang auch die elektrische Basiseinheit des SI-Systems. Heute ist die grundlegende SI-Einheit jedoch nicht mehr das Coulomb, sondern das Ampere. Die Gründe hierfür kann man aber erst begreifen, wenn man sich erstens auch einen Überblick über die magnetischen Erscheinungen verschafft hat und zu einem Verständnis der Vereinigung der elektrischen und der magnetischen Theorie zur Theorie des Elektromagnetismus vorgestoßen ist. Da das SI-System seit 2019 auf einer Definition des Zahlenwerts der Elementarladung e beruht, muss man zweitens wissen, dass die Ladung quantisiert ist. Elektromagnetismus und Atomismus werden aber erst in Band P2 besprochen. Um die Elektrizitätslehre in diesem ersten Band jedoch konsistent darlegen zu können, gehen wir vorläufig von der elektrischen Basiseinheit Coulomb und ihrer bis 1949 gültigen Definition aus. Sie hat auch den Vorzug, sehr anschaulich zu sein.

Setzt man in $q = Fn$ die Ladung $q = 1\,\text{C}$ und für Silber mit der Molmasse $M = 107.9\,\text{g}$ die Stoffmenge $n = 1.118\,\text{mg}/(107.9\,\text{g/mol})$ der Coulomb-Definition ein, so erhält man für die Faraday-Konstante

$$F = 1\,\mathrm{C}\,\frac{107.9\,\mathrm{g/mol}}{1.118\,\mathrm{mg}} \approx 100\,\mathrm{kC/mol}\,,$$

wobei kC hier für Kilocoulomb steht.

Beispiel 11.3 Batteriespannung

Die Größenordnung typischer Batteriespannungen lässt sich aus der Faraday-Konstante F und der typischen spezifischen Gibbs-Enthalpie $\mathfrak{g} \approx 100\,\mathrm{kJ/Mol}$ für Redoxreaktionen (Gl. 10.24) abschätzen. Wenn die chemische Reaktion in der Batteriezelle zwischen einwertigen Stoffen erfolgt und dabei eine Stoffmenge Δn umgesetzt wird, so wird dadurch eine Ladung $\Delta q = \Delta n\, F$ getrennt und eine Gibbs-Enthalpie von $\Delta\,\mathcal{G} = \Delta n \mathfrak{g}$ in eine gleich große elektrische Energiemenge $\Delta q U$ umgesetzt (Abschn. 11.3). Mit $\Delta n \mathfrak{g} = U \Delta q$ erhält man für die typische Größenordnung der Spannung U einer einzelnen Batteriezelle daher

$$U \approx \frac{\mathfrak{g}}{F} \approx \frac{100\,\mathrm{kJ/Mol}}{100\,\mathrm{kC/Mol}} = 1\,\mathrm{V}\,.$$

◀

Coulombmeter Das Messverfahren einer Ladungsmenge durch Wägung der an der Kathode abgeschiedenen Silbermenge realisiert zugleich ein Coulombmeter, also ein Messgerät für Ladungsmengen. Mit diesem kann man auf anderen Prinzipien beruhende Coulombmeter kalibrieren. Beispielsweise könnte man die Anzeige eines Elektrometers entsprechend kalibrieren und es so zu einem Coulombmeter für die auf ihm gespeicherte Ladung machen. Dazu bräuchte man nur das auf einen bestimmten Wert geladene Elektrometer, dessen Ladungsmenge qualitativ durch die Zeigeranzeige gegeben ist, jeweils über eine Silbernitratlösung entladen und die abgeschiedene Silbermenge zu bestimmen.

Die Einheit Volt Die Einheit der Spannung heißt *Volt*:

$$[U] = \mathrm{Volt} = \mathrm{V} = \mathrm{J/C}$$

Ein primäres Messprinzip für die Spannung U einer Spannungsquelle lässt sich nach Gl. 11.2 folgendermaßen etablieren: Man befüllt ein Dewargefäß oder ein anderes thermisch gut isolierendes Gefäß) mit einer Wassermenge der Masse m der spezifischen Wärmekapazität c_p und stellt einen Tauchsieder hinein. Diesen schließt man an die Spannungsquelle an und bestimmt die von der Spannungsquelle abgegebene Ladungsmenge Δq sowie die bei dem Prozess abgegebene Wärme $\Delta Q = m c_\mathrm{p} \Delta T$ aus der Temperaturerhöhung ΔT des mit dem Tauchsieder erwärmten Wassers. Die elektrisch abgegebene Arbeit ist gleich der Änderung der Gibbs-Enthalpie $\Delta\mathcal{G}$, und diese ist nach Dissipation äquivalent zur abgegebenen Wärme, d. h.

$$\Delta\mathcal{G} = U \Delta q = \Delta Q\,.$$

Daraus ergibt sich die Spannung

$$U = \frac{mc_p \Delta T}{\Delta q}.$$

Voltmeter Mit dem gerade geschilderten Messprinzip ist ein primäres Voltmeter gegeben. Durch *Parallelschalten* eines primären Voltmeters und eines zweiten zur Spannungsmessung geeigneten Anzeigeinstruments kann man letzteres kalibrieren und so *Voltmeter* realisieren, die auf anderen Prinzipien beruhen. Beispielsweise kann man das mit einem Elektroskop (Abb. 11.2) tun. Dieses wird damit zu einem elektrostatischen Voltmeter. Meist hat man den Wunsch, Voltmeter so zu bauen, dass sie die zu messende Spannung möglichst wenig beeinflussen (Abschn. 11.6.1).

Sobald erst einmal primäre Messgeräte für elektrische Messungen zur Verfügung stehen, ist es möglich, elektrische Messgeräte zu kalibrieren, die auf anderen Phänomenen beruhen. Die Messprinzipien der Geräte und die Methoden, mit denen sie kalibriert werden, unterscheiden sich in der Genauigkeit, mit der sie realisiert werden können. Sie beruhen oft auf ausgeklügelten messtechnischen Überlegungen. Darauf soll hier nicht weiter eingegangen, sondern auf Speziallehrbücher dazu verwiesen werden. Die Messverfahren, die bis hierher exemplarisch diskutiert wurden, sind weit von der messtechnischen Eleganz käuflich erwerbbarer Coulomb- und Voltmeter entfernt. Sie wurden hier nur geschildert, um das prinzipielle Vorgehen zu erläutern und eine Ausgangsbasis für das Verständnis der Elektrizitätslehre zu bieten. Für welche technische Lösung, d. h. für welches Messgerät, man sich bei einem konkreten Messproblem dann tatsächlich entscheidet, kann von vielen Faktoren abhängen, z. B. von der Zweckmäßigkeit, der Bequemlichkeit, der erforderlichen Genauigkeit oder den Kosten. Wir wollen ab hier einfach davon ausgehen, dass uns geeignete Messgeräte für die grundlegenden Messungen von Ladung und Spannung im Labor zur Verfügung stehen.

11.6 Kapazität

Zwei metallische Körper A und B seien durch ein elektrisch isolierendes Medium, ein sogenanntes *Dielektrikum*, voneinander getrennt. Körper A werde an den positiven und B an den negativen Pol einer Batterie angeschlossen. Im elektrischen Gleichgewicht liegt zwischen den beiden Körpern eine positive Spannung $U = \varphi_A - \varphi_B$ vor, welche gleich der Batteriespannung ist. Wenn man die Anschlüsse entfernt, bleibt diese Spannung erhalten. Auf dem Körper, der positiv angeschlossen worden ist, findet man eine positive Ladung q. Auf dem anderen ist eine betragsmäßig gleich große negative Ladung gespeichert. Sobald man beide Körper elektrisch leitend verbindet, werden Spannung und Ladung auf null abgebaut. Die auf A gespeicherte Ladung q kann man dabei messen. Es zeigt sich, dass sie proportional zur Spannung ist:

$$q = CU \tag{11.11}$$

Die offensichtlich positive Proportionalitätskonstante C heißt *elektrische Kapazität* und hat die Einheit *Farad*:

$$[C] = \text{Farad} = \text{F} = \text{C/V}$$

Beachten Sie, dass das Symbol C (kursiv) hier die Größe Kapazität bezeichnet und das nicht kursiv geschriebene Symbol C die Einheit Coulomb.

Plattenkondensator Im einfachsten Fall können die beiden metallischen Körper ebene Platten mit der Fläche A sein, die sich in einem Fluid befinden (z. B. Luft) und sich in einem Abstand d gegenüberstehen. Durch Messung von Ladung und Spannung findet man (wegen des Plattenrandes im Grenzfall $\sqrt{A} \gg d$), dass die Kapazität proportional zur Fläche und umgekehrt proportional zum Abstand ist, also dem empirischen Gesetz

$$C = \epsilon \frac{A}{d} \tag{11.12}$$

folgt. Die Proportionalitätskonstante ϵ bezeichnet man als *Dielektrizitätskonstante* oder *Permittivität*. Es zeigt sich, dass sie vom Material des Dielektrikums abhängt, d. h. vom Material, das die metallischen Flächen voneinander isoliert. Für Luft, einen recht guten Isolator, ergibt sich unter Normalbedingungen beispielsweise

$$\epsilon \approx 8.9 \times 10^{-12}\,\text{F/m}\,. \tag{11.13}$$

Kugelkondensator Kondensatoren mit sphärischen Flächen werden Kugelkondensatoren genannt. Die Radien ihrer inneren und äußeren Fläche seien r_A bzw. r_B (Abb. 11.5). In Gl. 11.12 setzt man für den Abstand $d = r_\text{B} - r_\text{A}$ und für die Fläche den geometrische Mittelwert[4]

$$A = \sqrt{A_\text{A} A_\text{B}}$$

der Innen- und Außenfläche A_A bzw. A_B ein. Der randlose Plattenkondensator ist ein Spezialfall des Kugelkondensators. Multipliziert man die sich ergebende Kapazitätsformel

$$\frac{1}{C} = \frac{1}{4\pi\epsilon r_\text{A}} - \frac{1}{4\pi\epsilon r_\text{B}}\,.$$

des Kugelkondensators mit der Ladung q und vergleicht mit Gl. 11.11, so ist die Spannung $U = \varphi_\text{A} - \varphi_\text{B}$ gleich der Differenz von

$$\varphi_\text{A} = \frac{1}{4\pi\epsilon}\frac{q}{r_\text{A}} \quad \text{und} \quad \varphi_\text{B} = \frac{1}{4\pi\epsilon}\frac{q}{r_\text{B}}\,.$$

[4] Akzeptieren Sie es hier als empirischen Befund.

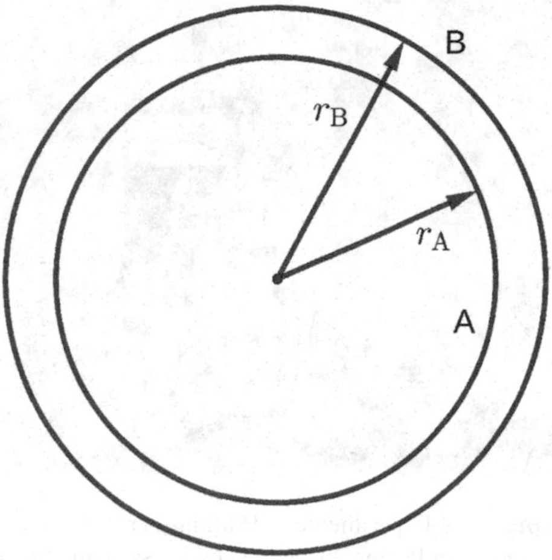

Abb. 11.5 Skizze für einen Kugelkondensator. (E. Partyka-Jankowska/R. Rupp)

Wenn man zwei Kondensatoren mit den Kapazitäten C_1 und C_2 parallel schaltet, dann ist die zwischen ihren Endpunkten liegende Spannung gleich. Die Gesamtladung ist hingegen die Summe der auf beiden Kondensatoren befindlichen Ladungen:

$$q = q_1 + q_2 = C_1 U + C_2 U$$

Für die Gesamtkapazität $C = q/U$ folgt daraus

$$C = C_1 + C_2 \qquad \text{(Parallelschaltung)}\,. \tag{11.14}$$

Wenn man hingegen zwei Kondensatoren, auf denen die gleiche Ladung q deponiert wurde, in Serie schaltet, addieren sich die Spannungen:

$$U = U_1 + U_2 = q/C_1 + q/C_2$$

Für die Gesamtkapazität $C = q/U$ folgt dann

$$\frac{1}{C} = \frac{1}{C_1} + \frac{1}{C_2} \qquad \text{(Serienschaltung)}\,. \tag{11.15}$$

11.6.1 Korrektur elektrischer Messungen

Bei Messungen ist manchmal die Rückwirkung des Messinstruments auf das Messresultat nicht vernachlässigbar und muss durch eine Korrektur berücksichtigt werden. Das Problem und seine Behebung sollen anhand von Kapazitätsmessungen an einem Plattenkondensator exemplarisch erläutert werden.

Wenn man eine Ladung q auf einen Plattenkondensator aufgebracht hat und den Plattenabstand d verändert, sollte sich die Spannung U gemäß Gl. 11.11 und Gl. 11.12

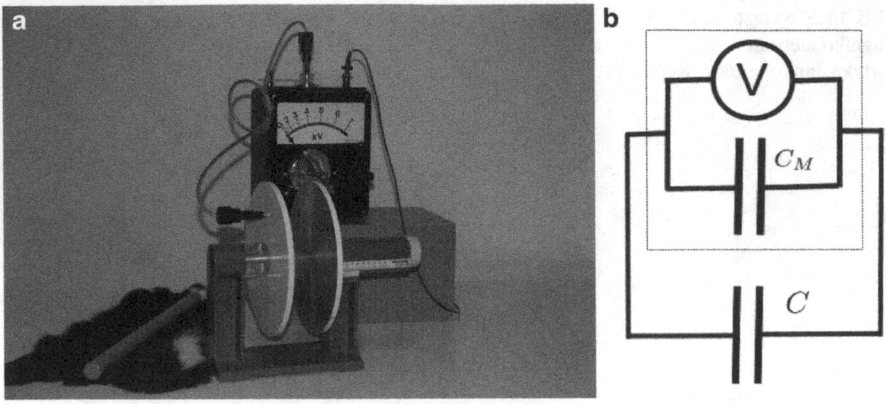

Abb. 11.6 Experimentelle Prüfung der erwarteten Beziehung $U \propto d$. (a) Kondensator mit veränderbarem Plattenabstand angeschlossen an ein elektrostatisches Voltmeter. Die „Ladungserzeugung" geschieht durch Reibung eines Plastikstabs, an einem Katzenfell. (b) Zugehöriges Ersatzschaltbild. (P. Dangl/H. Kabelka/R. Rupp)

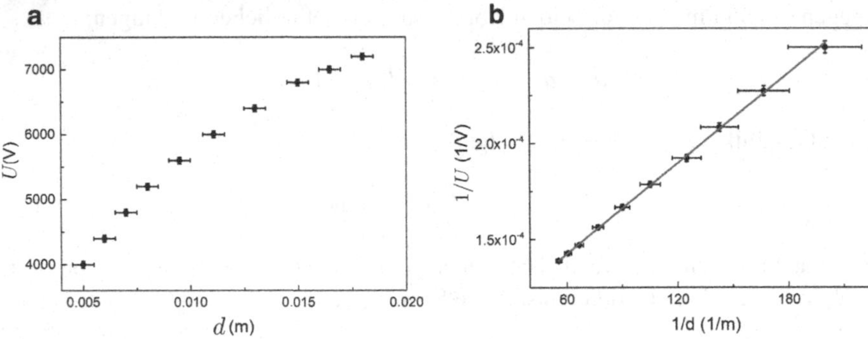

Abb. 11.7 Einfluss der Eigenkapazität eines elektrostatischen Voltmeters bei der Messung der Spannung. (a) Auftragung von U gegen d. (b) Auftragung von $1/U$ gegen $1/d$. (E. Partyka-Jankowska/R. Rupp)

proportional zu d verändern, d. h., die Spannung an einem Kondensator erhöht sich proportional zum Plattenabstand. Wenn man beide Größen misst und gegeneinander aufträgt, würde man daher eine Gerade erwarten. Der Zusammenhang zwischen U und d kann mit der in Abb. 11.6a gezeigten Messanordnung überprüft werden, bei der der Plattenabstand des Kondensators veränderbar ist. (Weltweit dürfte eine sehr große Zahl von Katzen ihr Leben im Dienst der physikalischen Lehre gelassen haben. Das Verhältnis der Katzen zu Physikern ist also nicht erst seit Erwin Schrödinger ein getrübtes.). Dabei ergeben sich die in Abb. 11.7a gezeigten Messresultate. Sie zeigen, dass die Spannung U nicht linear, sondern sublinear mit d ansteigt.

Der Grund hierfür ist die *Eigenkapazität* des für die Messung verwendeten elektrostatischen Voltmeters. Wie im Schaltbild gezeigt (Abb. 11.6b), kann man das reale Voltmeter durch ein Ersatzschaltbild (gepunkteter Rahmen in Abb. 11.6b) modellieren, bei dem die idealisierte reine Messfunktion des Voltmeters (mit Eigenkapazität null) durch das Symbol für ein Voltmeter dargestellt wird, und seine Eigenkapazität durch das dazu parallel geschaltete Kondensatorsymbol mit der Kapazität C_M. Für die Spannung am Messgerät gilt daher die Beziehung

$$\frac{q}{U} = C_M + C = C_M + \epsilon \frac{A}{d} \tag{11.16}$$

Solange die Kapazität C_M des Messgeräts vernachlässigbar klein bleibt, gilt näherungsweise $U \propto d$. Mit $d \to \infty$ wird C jedoch vernachlässigbar klein, und man erhält $U = q/C_M = \text{const}$. Der in Abb. 11.7a skizzierte prinzipielle Verlauf von U als Funktion von d zeigt, wie das Messgerät die Messung am Plattenkondensator umso mehr beeinflusst, je kleiner dessen Kapazität mit zunehmendem Plattenabstand wird. Wenn man jedoch, wie in Abb. 11.7b gezeigt, $1/U$ als Funktion von $1/d$ aufträgt, erhält man, wie nach Gl. 11.16 zu erwarten, eine Gerade. Aus dem Achsenabschnitt kann man C_M/q und aus der Steigung $\varepsilon A/q$ entnehmen und bei bekannter Plattenfläche A sowohl die Eigenkapazität C_M als auch die Ladung q ermitteln.

11.6.2 Elektrische Energie eines Kondensators

Es soll die elektrische Energie E_{el} berechnet werden, die in einem Kondensator der Kapazität C gespeichert ist, wenn sich darauf eine Ladung q_0 befindet. Man erhält sie, indem man die Energiebeträge $dE_{\text{el}} = U dq = q dq/C$ aufintegriert, die mit einer Ladungsmenge dq zugeführt wird:

$$E_{\text{el}} = \int_0^{q_0} q dq/C = \frac{1}{2} q_0^2/C = \frac{1}{2} q_0 U = \frac{1}{2} C U^2 \tag{11.17}$$

Hier ist $U = q_0/C$ die Spannung am geladenen Kondensator. Aus der Sicht der Relativitätstheorie hat sich durch die Aufnahme elektrischer Energie auch die Masse des Kondensators erhöht, d. h., ein geladener Kondensator ist ein bisschen schwerer als ein ungeladener. Doch die Zunahme der Masse bzw. der inneren Energie ist mit den heutigen experimentellen Möglichkeiten weder für mechanische noch für elektrische Energiebeiträge valide nachweisbar.

Transport 12

Das Ziel dieses Kapitels ist es, einige Grundlagen der Nichtgleichgewichtsthermodynamik zu vermitteln und *Transportphänomene* zu beleuchten. Die hier hauptsächlich zu klärenden Fragen sind, mit welcher Geschwindigkeit und auf welche Weise Übergänge zum Gleichgewichtszustand ablaufen. Der wesentlich neue Parameter, der damit ins Spiel kommt, ist die Zeit t.

12.1 Ströme

Das einfachste Modellsystem, das man zur Nichtgleichgewichtsthermodynamik untersuchen kann, besteht aus einem abgeschlossenen Gesamtsystem, das aus zwei Teilsystemen bzw. zwei Knoten besteht, die über einen Transportpfad miteinander verbunden sind, wie beispielsweise K_I und K_{II} in Abb. 12.1a. Die Teilsysteme sollen dabei zu Anfang nicht im Gleichgewicht sein, beispielsweise weil sie eine elektrische Potentialdifferenz $\Delta\varphi$ oder eine Temperaturdifferenz ΔT aufweisen. Sobald man die Restriktionen beseitigt, die den Ausgleich bis dahin verhindert haben, treten Transportphänomene auf, die dazu führen, dass diese Differenzen abgebaut werden. Die Geschwindigkeit des Ausgleichsprozesses hängt von den Eigenschaften des Transportpfads ab. In diesem Abschnitt sollen drei exemplarische Beispiele betrachtet werden: der *elektrische Ladungstransport,* der *Wärmetransport* und der *Stofftransport* bzw. Transport von Materie.

Im Rahmen der Vorstellung des Kontinuumsmodells der Materie kann z. B. Wasser von K_I nach K_{II} fließen. Dann findet ein kontinuierlicher Stofftransport statt. Handelt es sich um erwärmtes Wasser, dann ist der Stofftransport mit einem Wärmetransport verknüpft, und wenn das Wasser ionisiert wurde, dann ist das Wasser zugleich ein elektrischer Ladungsträger, und es findet auch ein kontinuierlicher Ladungstransport statt.

R. Rupp, *Physik 1 – Eine unkonventionelle Einführung,*
https://doi.org/10.1007/978-3-662-64506-2_12

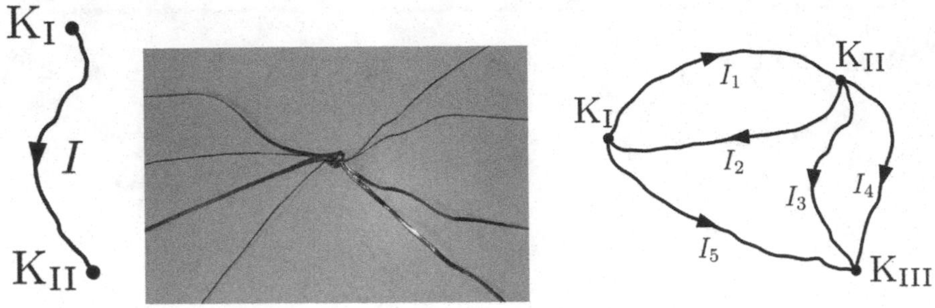

Abb. 12.1 (**a**) Schematische Darstellung zweier durch einen Transportpfad verbundener Knoten. (**b**) Mehrere metallische Drähte sind durch einen Knoten leitend miteinander verbunden. (**c**) Knoten, Pfade und Stromstärken in einem Transportnetzwerk. (P. Dangl/H. Kabelka/R. Rupp)

Die einem System bzw. Knoten pro Zeiteinheit zufließende oder abfließende Stoff-, Wärme- oder Ladungsmenge stellt einen materiellen, thermischen oder elektrischen *Strom* dar. Wenn Ladungsmengen, Wärmemengen, Stoffmengen oder Energiemengen (Abschn. 5.3) von einem Knoten zum anderen fließen, werden extensive bzw. mengenartige Größen transportiert. Die Stärke eines Stroms auf einem Transportpfad charakterisiert man durch die *Stromstärke* I. Sie ist eine positive skalare Größe. Ob ein Stoff aus einem Knoten herausfließt oder in einen Knoten hineinfließt, ergibt sich in Abb. 12.1a aus der Richtung des eingezeichneten Pfeils. Für dieses Beispiel würde also ein Stoff aus dem Knoten K_I mit der Stromstärke I hinausfließen und mit der gleichen Stärke in den Knoten K_{II} hineinfließen.

Der Zusammenhang zwischen der Rate der Massenänderung in einem Knoten und der (Massen-)Stromstärke I_{ex} des herausfließenden sowie der Stromstärke I_{in} des hineinfließenden (Massen-)Stroms wird durch die *integrale Kontinuitätsgleichung*

$$\frac{dm}{dt} + I_{ex} - I_{in} = 0 \tag{12.1}$$

hergestellt. Die Stromstärken der einfließenden Ströme tragen also positiv, die der abfließenden Ströme negativ zur Bilanz bei. Sind N Pfade mit einem Knoten verbunden, über die Massen zufließen, und bezeichnet $I_{in,i}$ die Stromstärke eines über den i-ten Pfad (mit $(i = 1, \ldots, N)$) einfließenden Stroms, so ist

$$I_{in} = \sum_{i=1}^{N} I_{in,i}$$

die Stärke des einfließenden Gesamtstroms, weil die Masse eine extensive (additive) Größe ist.

Die integrale Kontinuitätsgleichung für die elektrische Ladung q ist analog

$$\frac{dq}{dt} + I_{ex} - I_{in} = 0. \tag{12.2}$$

Hier bezeichnen I_{ex} und I_{in} *elektrische Stromstärken,* und dq ist die von einem Knoten in der differentiellen Zeit dt aufgenommene differentielle (elektrische) Ladungsmenge. Ist sie negativ, dann nimmt die Ladung q im Knoten ab. Die Masse ist stets positiv, die Ladung kann bekanntlich auch negativ sein. Der Zustrom negativer Ladung wirkt sich so aus wie ein Abfluss positiver Ladung. Da es nicht zwingend notwendig ist, verzichte ich auf eine zusätzliche Kennzeichnung des Symbols für die Stromstärke, denn auf welchen Begriff (Masse, Ladung oder Wärme) sich die jeweiligen Stromstärken bezieht, geht fast immer aus dem Kontext hervor. Die Kontinuitätsgleichung des Wärmestroms lautet

$$\frac{dQ}{dt} + \Delta I = 0.$$

Hier bezeichnet $\frac{dQ}{dt}$ die Rate der in den Knoten eintretende Wärme und

$$\Delta I = I_{ex} - I_{in},$$

wie aus dem Kontext hervorgeht, dann die Bilanz der Stromstärken I_{ex} und I_{in} des Wärmestroms.

Ist von Energieströmen die Rede, wird der Begriff der Leistung mit dem Symbol P verwendet. Wenn von der elektrischen Stromstärke I die Rede ist, so geht es um den Transport elektrischer Ladungen, und wenn man über eine elektrische Leistung P spricht, ist der Transport elektrischer Energie gemeint.

Über einen Knoten können mehrere Transportpfade miteinander verbunden sein. Beispielsweise zeigt Abb. 12.1b einen Knoten mehrerer metallischer Drähte, über die elektrische Ströme oder Wärmeströme in den Knoten hinein- (I_{in}) oder aus ihm herausfließen (I_{ex}) können.

Abb. 12.1c zeigt ein Netzwerk, das aus drei Knoten bzw. Teilsystemen K_I, K_{II} und K_{III} besteht. Diese sind durch fünf Transportpfade miteinander verknüpft, auf denen Ströme mit den Stromstärken $I_1, \ldots, I_5$ fließen. Die Transportpfade können technisch zum Beispiel durch Straßen, Drähte, Eisenbahnschienen oder Rohre realisiert sein.

Die Stromstärke hat keine räumliche Richtung. Sie ist, wie oben bereits erläutert, kein Vektor, sondern ein Skalar. Ob eine Stromstärke I des Transportpfads in der Kontinuitätsgleichung positiv oder negativ zu bilanzieren ist, hängt vom Knoten ab und zeigt lediglich an, ob Masse, Ladung oder Wärme vom Knoten abfließt ($I = I_{ex}$) oder ihm zufließt ($I = I_{in}$). Aus der Sicht einer Bank ist die Stromstärke eines Finanztransfers analog zu einem übertragenen Geldbetrag. Hinsichtlich der Gebühren spielt es z. B. für die Bank keine Rolle, in welche Richtung sich der Transfer abspielt. Ob sich der Geldbetrag in Ihrer Geschäftsbilanz positiv oder negativ auswirkt, hängt davon ab, ob Sie der Empfänger sind oder der Geber.

Ist die Bilanz der über die Pfade ein- bzw. ausfließenden Ströme für einen Knoten ausgeglichen, d. h., gilt für die Summe der zu- und abfließenden Ströme

$$\Delta I = I_{ex} - I_{in} = 0,$$

so ist $\frac{dq}{dt} = 0$, und es liegt der zeitlich stationäre Fall vor, bei dem die Ladung q konstant bleibt. Ist sie hingegen nicht ausgeglichen, so nimmt die Ladung im Knoten ab, oder sie nimmt zu. Der Knoten agiert im ersten Fall als „Quelle" und im zweiten Fall als „Senke" für die Ladung.

Die Bilanz für den Knoten K_{I} in Abb. 12.1c laute beispielsweise

$$\frac{dq}{dt} = I_2 - (I_1 + I_5). \tag{12.3}$$

Die zwischen der Zeit t_1 und t_2 zugeflossene Ladungsmenge Δq ergibt sich daraus durch Integration:

$$\Delta q = q(t_2) - q(t_1) = \int_{t_1}^{t_2} [I_2(t) - I_1(t) - I_5(t)]\, dt. \tag{12.4}$$

Beispiel 12.1

Die Drähte für verschiedene elektrische Bauelemente oder Geräte seien in einem Knotenpunkt miteinander verdrahtet (Abb. 12.1b). Für die zu- und abfließenden Ströme im Knotenpunkt gilt im stationären Fall dann die *Kirchhoffsche Knotenregel:*

$$\Delta I = \sum_i I_{\mathrm{ex},i} - \sum_j I_{\mathrm{in,j}} = 0.$$

Hierbei soll der erste Term die Summe der Stromstärken aller Transportpfade sein, bei denen die Ströme aus dem Knoten herausführen, und der zweite Term entsprechend die Summe für die hineinführenden Ströme sein. ◄

Beispiel 12.2

Ein „Knotenpunkt" habe eine Wärmekapazität $\Gamma = dQ/dT$. Für die Rate der Wärmezufuhr gilt dann

$$\frac{dQ}{dt} = \Gamma \frac{dT}{dt} = -\Delta I.$$

Folglich ändert sich die Temperatur T mit der Rate

$$\frac{dT}{dt} = -\Delta I/\Gamma.$$

Die Temperatur ändert sich umso langsamer, je kleiner der Betrag $|\Delta I|$ der Bilanz ist, die sich aus den Stromstärken aller Pfade ergibt, und je größer die Wärmekapazität Γ des Knotens ist. ◄

Beispiel 12.3

Auf eine kalte Fensterscheibe fließe ein Strom von Luft, welche gasförmiges Wasser enthält. Das Wasser kondensiert dort, d. h., es geht in die flüssige Phase über. Die Fensterscheibe ist hier der „Knoten“ und wirkt wegen der Umsetzung von gasförmigem zu flüssigem Wasser als Senke für das transportierte gasförmige Wasser. Der Partialstrom des gasförmigen Wassers (d. h. jener Anteil des Stroms, der sich spezifisch auf den Zustrom von Wasser und nicht Luft bezieht) habe die Stärke $I_{\text{in}}(t)$. Für die in der Zeitspanne zwischen t_1 und t_2 auf der Fensterscheibe kondensierte Wassermenge m gilt dann gemäß Gl. 12.1

$$m = \int_{t_1}^{t_2} I_{\text{in}}(t)dt.$$

◀

Beispiel 12.4

Durch einen Hahn fließe ein Wasserstrom der Stärke I_1 in eine Badewanne und über einen Ausfluss ein Strom der Stärke I_2 ab. Solange genauso viel zu- wie abfließt, bleibt kein Wasser in der Wanne. Wenn jedoch mehr zu- als abfließt, d. h., $I_1 - I_2 > 0$, steigt der Wasserpegel. Damit die Wanne nicht überläuft, gibt es einen zweiten, höher gelegenen Ausfluss. Der sorgt dafür, dass ein Strom der Stärke I_3 einsetzt, sobald der entsprechende Pegel erreicht ist. Der dritte Transportpfad soll gewährleisten, dass $I_1 - (I_2 + I_3) = 0$. ◀

Ströme können mit dem Transport eines chemischen Stoffs verknüpft sein oder nicht. Ein stoffgebundener Wärmetransport wird als *Wärmekonvektion* bezeichnet und der dazu analoge stoffgebundene Transport elektrischer Ladung als *elektrolytischer Ladungstransport.* Diese Transportprozesse unterscheiden sich i. Allg. vom Typus des Wärmetransports durch Wärmeleitung oder Wärmestrahlung bzw. durch elektronischen Ladungstransport.

Amperemeter Ein Messgerät für die Stromstärke wird als *Amperemeter* bezeichnet. Eine Realisierung, die das grundsätzliche Messprinzip eines primären Amperemeters demonstriert, besteht darin, dass man eine Silbernitratlösung in einen Strompfad schaltet und die pro Zeiteinheit abgeschiedene Silbermasse misst. Die Stromstärke der auf dem Pfad fließenden elektrischen Ladung ergibt sich direkt aus der Definition der Ladungseinheit Coulomb.

Schaltet man ein zweites Strommessgerät in den Stromkreis hinein (in *Serienschaltung*), kann man dieses mit dem ersteren kalibrieren, denn sowohl der durch das erste als auch durch das zweite Amperemeter fließende Strom hat die gleiche Stromstärke I. Ausgehend von einem primärem Amperemeter kann man also jedes auf anderen Prinzipien beruhende Amperemeter kalibrieren, und daher soll ab hier davon ausgegangen werden, dass uns Amperemeter zur Verfügung stehen.

12.2 Leistungsabgabe und Stromstärke

Der Zusammenhang zwischen Leistungsabgabe und der in einem Transportpfad fließenden Stromstärke soll hier durch die nachfolgenden beiden Beispiele veranschaulicht werden.

Beispiel 12.5 Pumpspeicherkraftwerk

Ein Pumpspeicherkraftwerk habe ein oberes Speicherbecken auf der Höhe h_2, von dem aus Wasser über eine Druckleitung zu einer Turbine auf der Höhe h_1 mit einem angeschlossenen unteren Speicherbecken gelangt. Die Turbine soll dabei einen elektrischen Generator antreiben.
Fließt eine differentiell kleine Wassermenge dm vom oberen zum unteren Becken, so wird dabei eine mechanische Energie $dE_{pot} = Hdm$ frei, wobei $H = g(h_2 - h_1)$ die mechanische Potentialdifferenz bzw. die „mechanische Spannung“bezeichnet. Diese Situation ist schematisch in Abb. 12.1a dargestellt. Dabei entspricht das obere Becken dem Knoten K_{I}, die Druckleitung dem Transportpfad, die Turbine mit Generator einem Energiewandler und das untere Speicherbecken dem Knoten K_{II}.
Die mechanische Leistung, die das Kraftwerk maximal zur Verfügung stellen kann, ist

$$P_{\mathrm{mech}} = -\frac{dE_{\mathrm{pot}}}{dt} = -H\frac{dm}{dt}.$$

Gemäß der Kontinuitätsgleichung $\frac{dm}{dt} = -I$ ist aber die im oberen Knoten auftretende Abnahme der Masse pro Zeitspanne dt gerade gleich der im Druckrohr fließenden Stromstärke. Somit erhält man für die mechanische Leistung

$$P_{\mathrm{mech}} = HI,$$

d. h., sie ist gleich dem Produkt aus Spannung und Stromstärke. ◄

Beispiel 12.6 Kondensator

Eine Platte eines Kondensators sei auf dem elektrischen Potential φ_{II} und über ein Kabel mit einem Elektromotor verbunden. Von dort führe ein weiteres Kabel zur zweiten Platte des Kondensators, welche auf dem Potential φ_{I} ist. Wird von der ersten Platte eine differentielle Ladungsmenge dq abgegeben und von der zweiten aufgenommen, so wird dabei eine elektrische Energie $dE_{el} = Udq$ frei, wobei $U = \phi_2 - \phi_1$ die elektrische Spannung zwischen den beiden Kondensatorplatten ist. Diese elektrische Energie kann z. B. durch einen Elektromotor in mechanische Energie umgewandelt werden. Die elektrische Leistung, die vom Kondensator abgegeben wird, hängt von der Ladungsmenge ab, die von der ersten Platte pro Zeiteinheit abfließt, und ist daher

$$P = -\frac{dE_{el}}{dt} = -U\frac{dq}{dt}.$$

Wieder kann man über die Kontinuitätsgleichung $\frac{dq}{dt} = -I$ einen Zusammenhang zur (elektrischen) Stromstärke herstellen und erhält so

$$P = UI, \tag{12.5}$$

d. h., die Leistung erweist sich wieder gleich dem Produkt der Spannung U über dem Transportpfad und der im Transportpfad fließenden Stromstärke I. Wenn die vom Kondensator abgegebene Leistung nicht durch einen Elektromotor in mechanische Energie umgewandelt wird, wird sie auf dem Transportpfad dissipiert, d. h. in Wärme umgesetzt. ◄

12.3 Widerstand

Sobald zwei Teilsysteme bzw. zwei Knotenpunkte K_I und K_{II} nicht im thermodynamischen Gleichgewicht miteinander sind, etwa weil sie einen Temperaturunterschied, einen elektrischen oder einen chemischen Potentialunterschied aufweisen, können Ströme auftreten. Weisen zwei Knoten nämlich einen Unterschied in einem ihrer intensiven Größen auf und wird eine bestimmte Menge der dazu konjugierten extensiven Größe von einem Knoten zum anderen transportiert, so wird Energie frei. Diese kann als Arbeit nach außen abgegeben oder aber dissipiert werden. Wenn beim Transport nutzbringende Arbeit verrichtet werden soll, so setzt das voraus, dass entsprechende Elemente (Motoren, Turbinen usw.) in den Transportpfad eingebaut werden. Dissipation ist aber immer möglich, und in allen realen Systemen findet sie auch bis zu einem gewissen Grade statt. Wenn das geschieht, läuft das Gesamtsystem einem Zustand höherer Entropie bzw. dem thermodynamischen Gleichgewicht zu. Am Ende stellt sich ein Zustand ein, bei dem die intensive Größe überall den gleichen Wert hat. Die „Antriebskraft“ für den thermodynamischen Ausgleich ist daher die Differenz der intensiven Größen zwischen verschiedenen Knoten, d. h., die Stromstärken sind eine Funktion dieser Differenz.

Transporte erfolgen mit unterschiedlicher Stromstärke und manchmal auch gar nicht. Die Materialgrenzfälle sind der *ideale Isolator* und der *ideale Leiter*. Bei dem in Abb. 11.2 gezeigten Elektroskop sind Stab und Zeiger beispielsweise aus Metall, also einem Leiter, damit der elektrische Zustand rasch auf diese Elemente übertragen wird. Halterung bzw. Durchführung für den Metallstab und die Füße des Gehäuses sind hingegen aus isolierenden Materialien. Sie sorgen mit der isolierenden Luft dafür, dass die auf das Instrument aufgebrachte Elektrizität nicht sofort wieder verloren geht. Für die Alltagspraxis gehört die Luft übrigens zu den wichtigsten Isolatoren. Ohne ihre isolierenden Eigenschaften würden viele elektrostatische Experimente nicht funktionieren. Elektrostatische Demonstrationsexperimente schlagen beispielsweise fehl, wenn die Luftfeuchtigkeit zu hoch wird und die isolierende Wirkung der Luft reduziert ist. Gase sind sowohl für Wärme als auch Elektrizität bemerkenswert gute Isolatoren. Der beste Isolator für Wärme und Elektrizität ist allerdings das Vakuum.

Die Kinetik des Transportpfads hängt von seinen Materialeigenschaften ab. Beispielsweise kann man verschiedene Stäbe in die Hand nehmen und mit ihnen ein geladenes Elektrometer berühren. Für Metallstäbe geht der Zeigerausschlag des Elektrometers in Sekundenschnelle zurück, mit einem Stück Tafelkreide kann es Minuten dauern, und bei einem Glasstab ist die Abnahme so langsam, dass man sie auch innerhalb eines Tags noch nicht wahrnehmen kann. Ist ein Material ein guter Wärmeleiter, so ist es meist auch ein guter elektrischer Leiter, wie das z. B. bei Metallen der Fall ist. Gute elektrische Isolatoren, z. B. Styropor und andere Kunststoffe, Gläser und viele Nichtmetalle, sind zugleich auch gute Wärmeisolatoren. Es gibt aber durchaus Ausnahmen, also Stoffe, die exzellente elektrische Leiter, aber sehr schlechte Wärmeleiter sind, und umgekehrt. In elektrischen Experimenten hängt die Kinetik des Transportvorgangs auch davon ab, ob das Fließen von Elektrizität an die Bewegung eines chemischen Stoffs geknüpft ist (elektrolytischer Ladungstransport) oder nicht (elektronischer Ladungstransport). Für die Wärmeleitung kann man analoge Beobachtungen machen. In Metallen findet die Leitung in beiden Fällen ohne Stofftransport statt, d. h., Metalle sind i. Allg. sowohl gute elektronische Leiter und als auch gute Wärmeleiter. Das Analogon zur elektrolytischen Leitung ist der Wärmetransport durch Konvektion.

- **Wärmewiderstand.** Wenn zwei Teilsysteme (bzw. Knoten) K_I und K_{II} einen Temperaturunterschied $\Delta T = T_I - T_{II}$ aufweisen, dann kommt es zu einem Wärmetransport vom Zustand mit höherer Temperatur zu dem mit niedrigerer Temperatur. Ist K_I der Ort mit der höheren Temperatur, so ist ΔT positiv. Aber auch die Stromstärkebilanz ΔI ist für diesen Knoten positiv. Empirische Daten zur Stärke des ausgehenden Wärmestroms $I = I_{ex} = I_{ex}(\Delta T)$ werden i. Allg. durch eine Potenzreihe beschrieben. Wenn die lineare Näherung genügt, erhält man das empirische Gesetz

$$I = \frac{1}{R_Q} \Delta T.$$

  Die Größe R_Q heißt *Wärmewiderstand.*
- **Elektrischer Widerstand.** Wenn zwei Knoten eine elektrische Potentialdifferenz $U = \Delta\varphi = \varphi_I - \varphi_{II}$ aufweisen, so liegt ebenfalls ein Nichtgleichgewichtszustand vor. Er kann durch einen Transport von Ladungen abgebaut werden. Auch hier ist die Ursache des Transportprozesses das Streben nach maximaler Entropie. Häufig findet man, dass die lineare Näherung

$$I = \frac{1}{R} \Delta\varphi \tag{12.6}$$

  bzw. das *Ohmsche Gesetz*

$$U = RI \tag{12.7}$$

  für die Beschreibung des Zusammenhangs zwischen der Stromstärke $I_{ex} = I$, die vom Knoten mit dem höheren Potential ausgeht, und der elektrischen Spannung

$U = \Delta\varphi$ eine zufriedenstellende Näherung ist. Die Maßeinheit des *elektrischen Widerstands R* heißt *Ohm:*

$$[R] = \text{Ohm} = \Omega = \text{V/A}. \tag{12.8}$$

Die Größe R ist stets positiv. Für die Stromstärkebilanz ΔI und die Potentialdifferenz $\Delta\varphi$ gilt

$$U = \Delta\varphi = R\Delta I.$$

Die Bilanz der Stromstärke für einen Knoten ist positiv, wenn er das höhere elektrische Potential hat und positive elektrische Ladung zu einem Knoten auf niedrigerem Potential transportiert wird oder diesem Knoten negative Ladung zufließt. Vorgänge können nur in dieser Richtung „freiwillig" ablaufen, weil nur dann Energie zur Dissipation zur Verfügung steht bzw. die Entropie anwachsen kann.

Der Wärmewiderstand R_Q bzw. der elektrische Widerstand R ist ein Charakteristikum des Transportpfads. Jeder elektrische Transportpfad, für den das Ohmsche Gesetz gilt, stellt einen *Ohmschen Widerstand R* dar. Ein Transportpfad ist also ein Ohmscher Widerstand, wenn die Stärke des durch ihn fließenden Stroms der an den Knotenpunkten anliegenden Spannung U proportional ist.

Wenn der Transportpfad durch einen Stirlingmotor oder einen Elektromotor mit idealen, nichtdissipativen Zufuhrleitungen realisiert ist, oder wenn Wasser über ein Druckgefälle durch eine Turbine fließt, dann wird zumindest ein Teil der frei werdenden Energie als Arbeit abgegeben. Ist das nicht der Fall, dann wird die Energie einfach dissipiert, was man meist anhand der Erwärmung des Transportpfads oder des Endknotens feststellen kann. Wenn man also beispielsweise eine Batterie einfach kurzschließt, dann erwärmen sich die Zuleitungen und die Batterie, denn irgendwo muss die durch den Transport freigesetzte Energie ja hin.

Das Schaltkreissymbol für einen dissipativen elektrischen Widerstand als elektrisches (bzw. elektronisches) Bauelement ist in Abb. 12.2a gezeigt. Meist lässt man die nähere Bestimmung, elektrisch und dissipativ zu sein, weg und spricht einfach nur von einem Widerstand.

Wenn man mehrere Widerstände R_n mit $n = 1, 2, 3, \ldots, N$ hintereinanderschaltet, wie in Abb. 12.2b für drei Widerstände gezeigt, dann steht jeder einzelne Widerstand dafür, dass in ihm pro Zeiteinheit eine gewisse Energie dissipiert wird. Da alle Widerstände von einem Strom der gleichen Stromstärke I durchflossen werden, ist die in jedem Widerstand dissipierte Leistung

$$P_n = -U_n I = -R_n I^2,$$

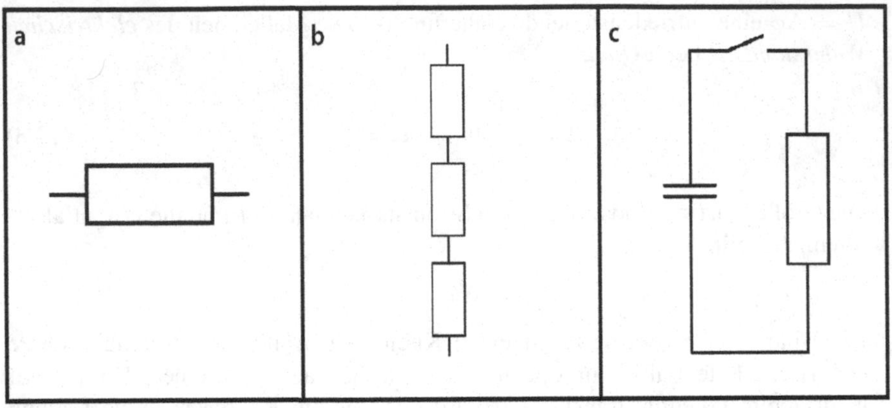

Abb. 12.2 (**a**) Schaltsymbol für einen (dissipativen) elektrischen Widerstand. (**b**) Hintereinanderschaltung von drei Widerständen. (**c**) Ein aus einem Widerstand und einem Kondensator bestehender Schaltkreis. Neben den Symbolen für Widerstand und Kondensator tritt hier ein Symbol für einen elektrischen Schalter auf. (H. Kabelka)

wobei U_n die zwischen seinen Anschlüssen liegende Spannung ist. Das negative Vorzeichen steht für die Leistungsabgabe. Die insgesamt abgegebene Leistung

$$P = -RI^2 = \sum_{n=1}^{N} P_n = -I^2 \sum_{n=1}^{N} R_n$$

ist die Summe aller dissipierten Teilleistungen, und daraus folgt bei Serienschaltung der Widerstände

$$R = \sum_{n=1}^{N} R_n.$$

Wenn sich ein Strom verzweigen kann und mehrere Widerstände von einem Verzweigungspunkt zu einem anderen führen, dann ist die Stromstärke des Gesamtstroms

$$I = \frac{U}{R} = \sum_{n=1}^{N} I_n = U \sum_{n=1}^{N} \frac{1}{R_n},$$

denn die Spannung U zwischen den beiden Verzweigungspunkten ist die gleiche. Für parallel geschaltete Widerstände folgt daraus

$$\frac{1}{R} = \sum_{n=1}^{N} \frac{1}{R_n}.$$

12.3.1 Messung elektrischer Widerstände

Kalibrierte Messgeräte für elektrische Widerstände nennt man *Ohmmeter*. Im Folgenden sollen zwei grundsätzliche Messverfahren besprochen werden:

- **Kleine Widerstände**
  Die einfachste und daher am häufigsten angewandte Messmethode beruht auf Gl. 12.7. Wie in Abb. 12.3 gezeigt, misst man dazu die über einen Widerstand abfallende Spannung mit einem Voltmeter und die Stärke des durchlaufenden Stroms mit einem Amperemeter. Für extrem große Widerstände können die Stromstärken jedoch unmessbar klein werden. Dann versagt diese Methode.
- **Große Widerstände**
  Um das Messverfahren für große Widerstände zu verstehen, betrachtet man die in Abb. 12.2c gezeigte, aus einem Kondensator und einem Widerstand bestehende Schaltung. Der Spannungsabfall $-U_R = RI$ am Widerstand ist betragsmäßig gleich der Spannung U_C am Kondensator. Es gilt also

$$U_C - U_R = q/C + RI = q/C + R\dot{q} = 0.$$

Dies stellt eine lineare Differentialgleichung erster Ordnung dar. Sie hat die Lösung

$$q(t) = q_0 \exp(-t/\tau). \tag{12.9}$$

Die Zeitkonstante

$$\tau = RC \tag{12.10}$$

der Entladung kann in elektronischen Schaltkreisen zur Steuerung zeitlicher Abläufe bzw. für die Zeitmessung herangezogen werden.

Um z. B. den elektrischen Widerstand von Tafelkreide zu messen, kann man ein Elektrometer bekannter Kapazität C mit einer Ladung q_0 aufladen und, wie in Abb. 12.4a gezeigt, entladen. Mithilfe einer Stoppuhr schätzt man die Zeit ab, zu welcher die Ladung auf ungefähr 10 % abgefallen ist. Setzt man Zeit und Kapazität in Gl. 12.10 ein, so ergibt sich für ein Kreidestück (Durchmesser 1 cm, Länge 8 cm) ein Widerstand R von größenordnungsmäßig $6 \times 10^{12}\ \Omega$.

12.3.2 Messbereichserweiterung

Der Messbereich eines Voltmeters ist beschränkt auf einen bestimmten Maximalausschlag. Wenn eine größere Spannung gemessen werden soll, als der Messbereich zulässt, kann man die in Abb. 12.5b gezeigte Schaltskizze verwenden. Man schließt zwei in Reihe geschaltete Widerstände R_1 und R_2 an und misst die Spannung (den Spannungsabfall) am Messwiderstand R_1.

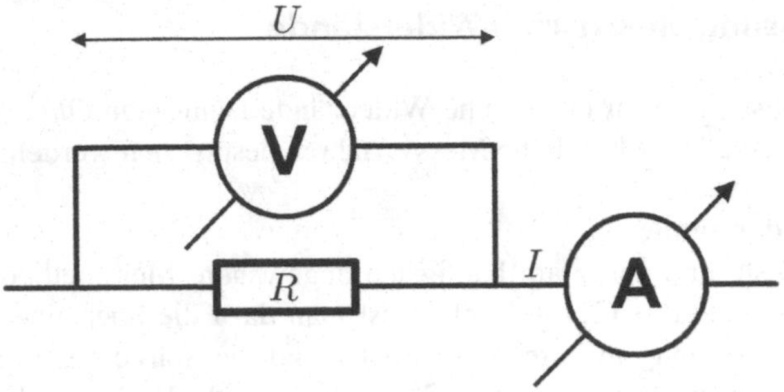

Abb. 12.3 Schaltskizze zur Messung von Widerständen. (H. Kabelka/R. Rupp)

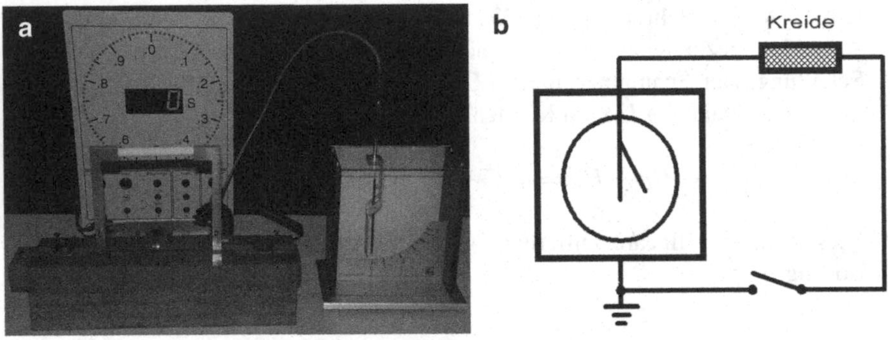

Abb. 12.4 Messung des Widerstandes von Tafelkreide. **a**) Experimentelle Anordnung. Der Zeitverlauf wird mit der im Hintergrund gezeigten Uhr gemessen. **b**) Schaltskizze. (H. Kabelka/E. Partyka-Jankowska/R. Rupp)

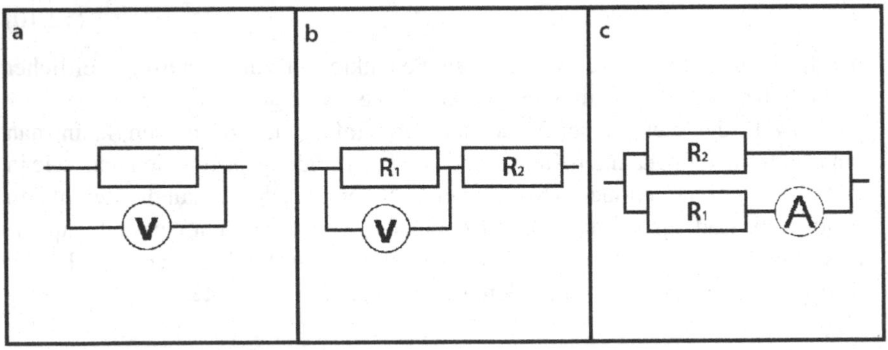

Abb. 12.5 **a**) Realisierung eines Amperemeters durch ein Voltmeter und einen Messwiderstand. **b**) Messbereichserweiterung für ein Voltmeter. **c**) Messbereichserweiterung für ein Amperemeter. (H. Kabelka/R. Rupp)

Mit hochgenau bekannten Widerständen *(Messwiderständen)* kann man aus einem guten Voltmeter ein gutes Amperemeter machen. Wie in Abb. 12.5a gezeigt, misst man dazu den Spannungsabfall ΔU über dem Messwiderstand und eicht die Anzeige auf die Stromstärke. Wegen $\Delta U = RI$ erhält man bei bekanntem R die Stärke I des durch die Leitung geflossenen Stroms.

Der Messbereich eines Amperemeters lässt sich, wie in Abb. 12.5c gezeigt, erweitern, indem man durch einen zum Amperemeter parallel geschalteten Widerstand R_2 einen Teil des Stroms am Amperemeter vorbeifließen lässt und nur die Stromstärke des durch R_1 fließenden Teilstroms misst. Aus den bekannten Werten der beiden Widerstände kann man auf die Stärke des Gesamtstroms zurückschließen.

12.4 Felder im Eindimensionalen

Felder sind ein zentrales Konzept der Kontinuumsphysik. Dabei stellt ein Bezugssystem mit seinen Ereigniskoordinaten (t, x) den festen Orientierungsrahmen dar, bezüglich dessen alle Feldgrößen definiert sind. Ganz allgemein bezeichnet man eine Funktion

$$f : (t, x) \mapsto f(t, x) \tag{12.11}$$

der Ereigniskoordinaten (t, x) als ein *Feld,* d. h., jedem Ereignispunkt x ist zu jeder Zeit t der Wert der Feldgröße f zugeordnet. Wenn nur der räumliche Aspekt betrachtet wird, dann spielt die Zeit bloß die Rolle eines Parameters mit einem konstanten Wert. In diesem Fall werden wir das Zeitargument t in der Regel unterdrücken, d. h., das Feld wird nur in der Form $f(x)$ angegeben und die Zeitkoordinate weggelassen. Jede thermodynamische Größe eines kontinuierlichen Mediums kann als eine von den Ereigniskoordinaten abhängige Feldgröße aufgefasst werden.

12.4.1 Skalarfelder

Wenn der Wert der Funktion f durch einen Skalar beschrieben wird, d. h. durch einen Wert, der für beliebige Transformationen des räumlichen Koordinatensystems unverändert bleibt, handelt es sich um ein *Skalarfeld.* In Tab. 12.1 sind einige Beispiele für Skalarfelder aufgeführt. Wenn aus dem Zusammenhang sowieso klar ist, dass ein Feld gemeint ist, lässt man den Zusatz „feld" beim *elektrischen Potentialfeld* $\varphi = \varphi(t, x)$ oft weg und spricht nur vom *elektrischen Potential.*

Tab. 12.1 Beispiele für Skalarfelder

Skalarfeld		Skalarfeld	
Dichtefeld	$\rho(t, x)$	Temperaturfeld	$T(t, x)$
Druckfeld	$\mathrm{p}(t, x)$	Elektrisches Potential	$\varphi(t, x)$

Berechnung der Masse eines Körpers
Die Dichte ρ eines Körper variiere nur entlang einer bestimmten Raumrichtung. Entlang dieser Richtung legen wir die x-Achse des Koordinatensystems. Das Dichtefeld $\rho = \rho(t, x)$ hängt dann neben der Zeit nur noch von der x-Koordinate ab. Das ist die Situation, die wir der Einfachheit halber hier zunächst betrachten. (Felder im Dreidimensionalen behandelt Band P2.)

Wenn die Dichte innerhalb eines Körpers mit $\rho(x) = \rho_0$ konstant ist, so ist die Masse m_K eines Körpers gleich dem Produkt aus Dichte ρ_0 und Volumen V: $m_K = \rho_0 V$. Wenn das nicht der Fall ist, geht man folgendermaßen vor: Man zerlegt den Körper in differentielle Volumenelemente dV und integriert die differentiell kleinen lokalen Massenelemente

$$dm = \rho(x)\, dV \tag{12.12}$$

auf. Zur Schreibweise von Gl. 12.12 ist zu sagen, dass man zu dm und dV kein Argument x dazuschreibt, weil sowieso klar ist, dass es sich hier um eine lokal am Ort x gültige Beziehung handelt. Auch das Zeitargument t für ein Dichtefeld $\rho(t, x)$ wird üblicherweise weggelassen, denn es ist für die Rechnung unerheblich (es ist hier ein konstant gehaltener Parameter). Die Masse

$$m_K = \int_0^{m_K} dm = \int_0^{V_K} \rho(x)\, dV \tag{12.13}$$

des Körpers ergibt sich aus dem bestimmten Integral über die Masse bzw. das Volumen V_K des Körpers. Da die Integralgrenzen hier selbstverständlich sind und auch keine Verwechslung des unbestimmten mit dem bestimmten Integral möglich ist, schreibt man sie oft nicht explizit an. Für Gl. 12.13 schreibt man dann einfach nur

$$m = \int dm = \int \rho\, dV\,. \tag{12.14}$$

Wenn die Querschnittsfläche A entlang der x-Achse variiert und durch die Funktion $A(x)$ beschrieben ist, kann man Scheiben der infinitesimalen Dicke dx mit dem infinitesimalen Volumen $dV = A(x)|dx|$ betrachten und geht genauso vor wie bei der Berechnung des Volumens:

$$m(t) = \int_0^{V_K} \rho(t, x)\, dV = \int_{x_\alpha}^{x_\Omega} \rho(t, x) A(x)\, dx. \tag{12.15}$$

Für das letztere Integral wird $x_\Omega > x_\alpha$ vorausgesetzt, damit $dx = |dx|$ positiv ist. Man kann das Integral folgendermaßen numerisch berechnen: Man zerlegt die Strecke zwischen der Anfangskoordinate x_α und der Endkoordinate x_Ω des Körpers in N_1 Teilstrecken Δx_j mit $j = 1, \ldots, N_1$. Innerhalb jeder Teilstrecke bestimmt

Abb. 12.6 Darstellung eines eindimensionalen Geschwindigkeitsfelds eines Fluids. Die Richtung der Vektorpfeile zeigt die Strömungsrichtung an, die Pfeillänge die Größe des Geschwindigkeitsbetrags. Die Darstellung ist folgendermaßen zu interpretieren: Wenn man sich die Orte auf der x-Achse von links nach rechts anschaut, kommt das Fluid zunächst mit hoher Geschwindigkeit von links, wird immer langsamer, wechselt dann die Richtung und kommt mit immer höherer Geschwindigkeit von rechts. (R. Rupp)

man irgendeinen darin liegenden Koordinatenwert x_j und berechnet das Volumen $\Delta V_j = A(x_j)|\Delta x_j|$ der zugehörigen Scheibe. Indem man die N_1 Beiträge $\rho(x_j)\Delta V_j$ aufsummiert (das kann z. B. ein Computer erledigen), erhält man mit

$$\sum_{j=1}^{N_1} \rho(x_j)\Delta V_j$$

einen ersten Näherungswert für das Integral. Um einen besseren Näherungswert zu erhalten, macht man dasselbe mit einer feineren Zerlegung von $N_2 > N_1$ Teilintervallen (d. h. mit kleineren und somit mehr Teilintervallen) noch einmal. Das wiederholt man so lange mit immer mehr Teilintervallen, bis der Unterschied zum Ergebnis des nächstfolgenden Iterationsschritts im Rahmen der zu erwartenden Messunsicherheit nicht mehr relevant für die physikalische Fragestellung ist. Dann kann man aufhören und das numerische Ergebnis als zufriedenstellenden Näherungswert für das Integral ansehen.

12.4.2 Vektorfelder

Vektorfelder sind Zuordnungen zwischen einem Ereignis (t, x) und einem Vektor, d. h. eine Größe, welche bei einer Rauminversion das Vorzeichen wechselt. Wenn in Gl. 12.11 die Größe f also ein Vektor ist, dann liegt ein Vektorfeld vor. Beispielsweise ist das *Geschwindigkeitsfeld*

$$v : (t, x) \longmapsto v(t, x) \tag{12.16}$$

eines strömenden Gases ein Vektorfeld, welches zu jedem Zeitpunkt einem bestimmten Ortspunkt die lokale Geschwindigkeit des Gases zuordnet. Wie in Abb. 12.6 gezeigt, kann man das Vektorfeld der Geschwindigkeit dadurch veranschaulichen, dass man an einigen Ortspunkten x des Felds Vektorpfeile zeichnet, deren Längen proportional zum lokalen Geschwindigkeitsbetrag sind.

12.5 Gradient und Divergenz (M5)

Während partielle Zeitableitungen den Charakter eines Felds unverändert lassen, führen Ableitungen nach dem Ort zu dramatischen Änderungen. Man unterscheidet zwischen Gradient und Divergenz. Der *Gradient* ist eine mathematische Operation, bei der aus einem Skalarfeld ein Vektorfeld entsteht, während umgekehrt die *Divergenz* aus einem Vektorfeld ein Skalarfeld macht. Im Eindimensionalen macht es keinen rechentechnischen Unterschied, ob man den Gradienten oder die Divergenz auszurechnen hat: In beiden Fällen leitet man einfach partiell nach der Ortskoordinate x ab. Im Hinblick auf die spätere Erweiterung der beiden Begriffe auf den dreidimensionalen Raum (s. Band P2) sollten Sie sich dennoch darum bemühen, die beiden Operationen begrifflich auseinanderzuhalten.

12.5.1 Gradient

Die Funktion $\rho(t, x)$ der beiden Variablen t und x sei ein Skalarfeld und habe das Differential

$$d\rho = \frac{\partial \rho}{\partial x} \cdot dx + \frac{\partial \rho}{\partial t} dt\,. \tag{12.17}$$

Uns interessiert das Verhalten des räumlichen Anteils, d. h. das Verhalten der mit dem Symbol „grad“ bzw. „∇“ notierten Funktion

$$\mathrm{grad}\rho(t, x) = \nabla \rho(t, x) = \frac{\partial \rho(t, x)}{\partial x}. \tag{12.18}$$

Man nennt diese Funktion den *Gradienten* des Skalarfelds. Da der Skalar ρ invariant unter einer Inversion ist, ererbt der Gradient von der vektoriellen Größe x das Verhalten eines Vektors: Bei einer Rauminversion bzw. einer Umkehrung der Richtung der x-Achse transformiert sich der Gradient gemäß

$$\nabla \rho \to -\nabla \rho,$$

d. h., der Gradient einer skalaren Funktion hat nach einer Rauminversion – und damit nach einem Vorzeichenwechsel der x-Koordinate ($x \to -x$) – ein negatives Vorzeichen.

Da die Zeitkoordinate t bei der partiellen Ableitung konstant gehalten wird, spielt sie bei der Bildung des Gradienten nur die Rolle eines stillen Parameters. Es genügt, wenn Sie die Zeitvariable leise in Ihr Herz einschließen, aber es ist nicht nötig, sie jedes Mal explizit hinzuschreiben. Statt wie in Gl. 12.18 die Zeit t mitzuschleppen, lässt man sie weg. Da klar ist, dass man partiell nach dem Ort differenziert, schreibt man auch die Ortskoordinate oft nicht explizit hin und schreibt bei Rechnungen die einem Skalarfeld zugeordnete Gradientenfunktion oft nur symbolisch an durch

$$\mathrm{grad}\rho = \nabla \rho = \frac{\partial \rho}{\partial x}. \tag{12.19}$$

Beispiel 12.7

Mit a sei ein konstanter Vektor bezeichnet. Das Produkt $a \cdot x$ mit dem Vektor x ergibt eine skalare Größe und wird deshalb als Skalarprodukt bezeichnet (Abschn. 3.4). Für den Gradienten des zeitunabhängigen Skalarfelds $\rho(t, x) = a \cdot x$ ergibt sich

$$\nabla \rho = \frac{\partial (a \cdot x)}{\partial x} = a \,. \tag{12.20}$$

Ist beispielsweise $\rho(x) = |x| = e \cdot x$ mit einem Einheitsvektor e in Richtung des Vektors x, so ergibt die Ableitung den Einheitsvektor e. ◀

Beispiel 12.8

Mit x' sei ein konstanter Vektor bezeichnet. Aus dem Skalarfeld $\rho(x) = |x - x'|^{-1}$ entsteht durch Bildung des Gradienten

$$\begin{aligned} \nabla \left(\frac{1}{|x - x'|} \right) &= \frac{\partial}{\partial x} (x^2 - 2x \cdot x' + x'^2)^{-1/2} \\ &= (-1/2)(x^2 - 2x \cdot x' + x'^2)^{-3/2} (2x - 2x') \end{aligned}$$

das Vektorfeld

$$\nabla \left(\frac{1}{|x - x'|} \right) = - \frac{x - x'}{|\, x - x' \,|^3} \,. \tag{12.21}$$

◀

12.5.2 Divergenz

Liegt ein Vektorfeld $j = j(t, x)$ vor, dann bezeichnet man das durch partielle Differentiation entstehende Skalarfeld

$$\operatorname{div} j(t, x) = \nabla \cdot j(t, x) = \frac{\partial j(t, x)}{\partial x} \tag{12.22}$$

als die *Divergenz* dieses Vektorfelds. Auch hier lässt man zur Vereinfachung der Schreibweise das Zeitargument gewöhnlich unter den Tisch fallen und schreibt kürzer

$$\operatorname{div} j = \nabla \cdot j = \frac{\partial j}{\partial x} .$$

Eine Rauminversion führt zur Transformation

$$\frac{\partial j}{\partial x} \to \frac{\partial (-j)}{\partial (-x)} = \frac{\partial j}{\partial x} .$$

Die Divergenz eines Vektorfelds zeigt offensichtlich das Verhalten eines Skalarfelds. Symbolisch wird die Operation, die aus einem Vektorfeld ein Skalarfeld macht, mit „div" bezeichnet.

Bildet man die Divergenz des Gradienten eines Skalarfelds ρ, so läuft das im Eindimensionalen auf die Bildung der zweiten partiellen Ableitung nach x hinaus:

$$\text{div grad } \rho = \frac{\partial^2 \rho}{\partial x^2} \tag{12.23}$$

Für ein Skalarfeld ist die Operation dasselbe wie die Bildung des *Laplace-Operators.* Man bezeichnet ihn durch das Symbol „∇^2". Für Skalarfelder ist also

$$\text{div grad } \rho = \nabla^2 \rho\,. \tag{12.24}$$

Für Vektorfelder kann man die Operation „div grad" selbstverständlich nicht bilden, weil die Bildung des Gradienten nur für Skalarfelder definiert ist.

12.5.3 Gaußscher Integralsatz (eindimensional)

Ein Volumen V habe entlang der x-Achse eine konstante Querschnittsfläche A und erstrecke sich von x_1 bis x_2. Für die Berechnung von Volumenintegralen kommt man dann mit einer Integration über eine Raumdimension aus. Mit $dV = Adl$ seien scheibenförmige Volumenelemente der infinitesimalen Dicke $dl = |dx|$ betrachtet. Gefragt ist das Volumenintegral

$$\int_V \text{div} j(x)\, dV = \int_{x_1}^{x_2} \frac{dj}{dx}\frac{dV}{dx} \cdot dx = \int_{x_1}^{x_2} \frac{dj}{dx} A \frac{|dx|}{dx} \cdot dx = \int_{x_1}^{x_2} \frac{dj}{dx} A\, e_x \cdot dx$$

für ein allgemeines Vektorfeld $j(x)$. Hier ist e_x der Einheitsvektor in Richtung von dx. Orientiert man die x-Achse so, dass $x_2 > x_1$, so ist e_x einfach gleich dem Einheitsvektor entlang der x-Achse, und man erhält

$$\begin{aligned} \int_V \text{div} j(x)\, dV &= Ae_x \cdot \int_{x_1}^{x_2} \frac{dj}{dx} dx = Ae_x \cdot [j(x_2) - j(x_1)] \\ &= Ae(x_1) \cdot j(x_1) + Ae(x_2) \cdot j(x_2), \end{aligned}$$

wobei $e(x_1)$ bzw. $e(x_2)$ die vom Volumeninneren nach außen zeigenden Richtungseinheitsvektoren an den Grenzflächen des Volumens im Punkt x_1 bzw. x_2 sind und x_1 daher in die negative Richtung der x-Achse zeigt. Das Ergebnis ist der *Gaußsche Integralsatz*

$$\int_V \text{div} j(x)\, dV = Ae(x_1) \cdot j(x_1) + Ae(x_2) \cdot j(x_2). \tag{12.25}$$

Für die dreidimensionale Version des Gaußschen Integralsatzes sei auf Band P2 verwiesen. Gl. 12.25 ist der eindimensionale Grenzfall davon.

12.6 Die differentielle Kontinuitätsgleichung

Wenn Abweichungen vom thermodynamischen Gleichgewicht wie z. B. Druck- oder Dichteunterschiede entlang der x-Achse vorliegen, treten Ströme auf (mehr darüber in Abschn. 12.8). Die räumliche Richtung des Transports wird durch den Vektor j der Stromdichte beschrieben. Ist j positiv bezüglich eines eindimensionalen Koordinatensystems, so ist die Transportrichtung in Richtung der x-Achse, und ist j negativ, so ist sie entgegengesetzt dazu. Mit dem Begriff der Stromdichte kann man z. B. den räumlich eindimensionalen Transport von Energie, Materie oder Ladungen beschreiben. Wir können z. B. einen entlang der x-Richtung verlaufenden Flüssigkeitsstrom durch ein Rohr oder einen elektrischen Strom durch einen metallischen Draht betrachten. In beiden Fällen soll die Querschnittsfläche A des leitenden Transportpfads konstant und das strömende Medium über diese Fläche homogen verteilt sein. Die Wände des Transportpfads sollen undurchlässig sein, so dass nur ein Fließen entlang der x-Achse möglich ist (Abb. 12.7). Um ein anschauliches Beispiel vor Augen zu haben, betrachten wir nachfolgend zwar meist ein Gas, das durch ein Rohr fließt, aber die Begriffe, die in diesem Abschnitt erörtert werden, gelten ganz allgemein.

Für das Vektorfeld $j(t, x)$ der Stromdichte postulieren wir die Gültigkeit der *differentiellen Kontinuitätsgleichung.* Sie gehört zu den allerwichtigsten Gleichungen der Physik, und daher wollen wir sie hier extra herausstreichen:

Differentielle Kontinuitätsgleichung

$$\frac{\partial \rho}{\partial t} + \operatorname{div} j = 0 \tag{12.26}$$

Ihre jeweilige physikalische Bedeutung geht aus dem betrachteten Dichtefeld $\rho(t, x)$ hervor. Wenn dieses die elektrische Ladungsdichte ist, dann ist $j(t, x)$ die elektrische Stromdichte, und wenn dieses die Dichte eines Fluids ist, dann ist j seine Massenstromdichte.

Ausgehend von Gl. 12.26 soll nun eine integrale Kontinuitätsgleichung abgeleitet werden. Diese wird anschließend mit den bereits aus Abschn. 12.1 bekannten integralen Kontinuitätsgleichungen verglichen werden. Aus dem Vergleich ergibt sich die Beziehung zwischen dem Vektor j der Stromdichte und dem Skalar ΔI der Stromstärkebilanz.

Wir betrachten dazu einen von x_1 bis x_2 (mit $x_1 < x_2$) reichenden Abschnitt eines Rohrs, durch das ein Gas fließt. Dessen Dichteverteilung sei durch das Dichtefeld $\rho(t, x)$ gegeben, und j ist als Stromdichtevektor des Gasstroms aufzufassen. Integriert man Gl. 12.26 über das Volumen $V = |x_2 - x_1| A$ des Rohrabschnitts, so erhält

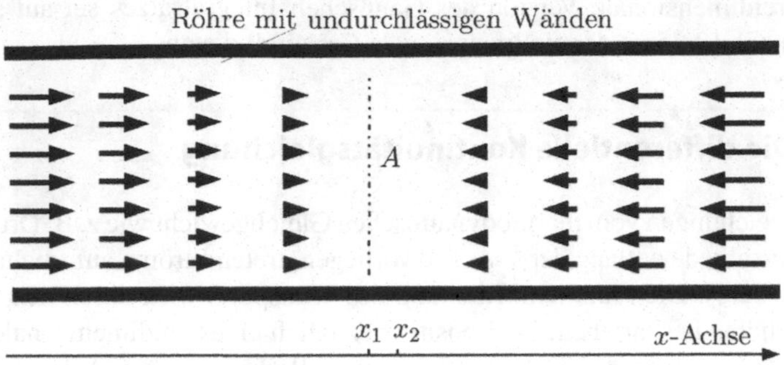

Abb. 12.7 Erläuterung zur Kontinuitätsgleichung. (R. Rupp)

man

$$\int_V \frac{\partial \rho}{\partial t} dV + \int_V \operatorname{div} j \, dV = 0. \tag{12.27}$$

Wegen

$$\int \frac{\partial}{\partial t} \rho(t, x) dV = \frac{d}{dt} \int \rho(t, x) dV = \frac{dm}{dt}$$

ist der erste Summand gleich der zeitlichen Änderung der im Volumen V befindlichen Gasmasse. Zum ersten Schritt der Rechnung ist Folgendes anzumerken: Wenn man die Masse $m(t)$ differenziert, also

$$\frac{dm}{dt} = \frac{d}{dt} \int \rho(t, x) \, dV$$

berechnet, dann ist klar, dass sich die Differentiation nur auf eine Differentiation nach t bezieht. Will man die zeitliche Ableitung daher in das Integral hineinziehen, so muss man das deutlich machen, indem man die Ableitung als partielle Ableitung nach der Zeit schreibt, und daher ist

$$\frac{dm}{dt} = \frac{d}{dt} \int \rho(t, x) dV = \int \frac{\partial}{\partial t} \rho(t, x) dV. \tag{12.28}$$

Aus dem Gaußschen Satz (Gl. 12.25) folgt für den zweiten Summanden

$$\int_V \operatorname{div} j \, dV = Ae(x_1) \cdot j(x_1) + Ae(x_2) \cdot j(x_2).$$

Durch Vergleich mit der integralen Kontinuitätsgleichung

$$\frac{dm}{dt} + \Delta I = 0 \tag{12.29}$$

für die sich aus zwei Beiträgen zusammensetzende Bilanz $\Delta I = I_{\text{ex}} - I_{\text{in}}$ folgt

$$\Delta I = Ae(x_1) \cdot j(x_1) + Ae(x_2) \cdot j(x_2).$$

Ist z. B. $j(x_1) = 0$ und $e(x_2) = +1$, dann ist der erste Beitrag null und der zweite Beitrag positiv, wenn die Stromdichte $j(x_2)$ in Richtung der x-Achse verläuft, und negativ, wenn der Stromdichtevektor entgegengesetzt ist. Im ersten Fall ist $I_{\text{ex}} = Ae(x_2) \cdot j(x_2)$ die Stärke des aus dem Volumen V hinausfließenden Stroms.

Die Stromstärkebilanz $\Delta I(x)$ an einer im Punkt x befindlichen Grenzfläche eines betrachteten Volumens ist

$$\Delta I(x) = Ae(x) \cdot j(x). \tag{12.30}$$

Das in Gl. 12.30 auftretende Produkt zweier vektorieller Größen garantiert, dass auf beiden Gleichungsseiten ein Skalar steht und sich die beiden Größen bei einer Rauminversion identisch transformieren (nämlich gar nicht). Oft zieht man den Skalar A der Fläche und den Einheitsvektor e zu einem *Flächenvektor* Ae zusammen. Gl. 12.30 besagt u. a., dass der Betrag der Stromdichte eines eindimensional in x-Richtung verlaufenden Stroms gleich dem Betrag der Stromstärke I geteilt durch die Querschnittsfläche ist:

$$|j(x)| = I/A.$$

Mit der differentiellen Kontinuitätsgleichung (Gl. 12.26) begegnet uns erstmals eine Gleichung, welche Änderungen von Feldgrößen in Raum und Zeit miteinander verknüpft. Es ist eine sehr mächtige allgemeine Gleichung, welche i. Allg. einen Erhaltungssatz (z. B. Energieerhaltung, Massenerhaltung, Ladungserhaltung) in differentieller Form formuliert. Sie spielt in sehr vielen Gebieten der Physik eine wichtige Rolle, beispielsweise in der Elektrodynamik und der Quantenphysik, und gehört zu den wichtigsten Gleichungen der Physik überhaupt.

12.6.1 Stromdichte- und Geschwindigkeitsfeld

In diesem Abschnitt geht es darum, den Zusammenhang zwischen Stromdichte- und Geschwindigkeitsfeld abzuleiten. Ein entlang der x-Achse liegendes Rohr mit konstanter Querschnittsfläche A werde von einem Fluid durchflossen, dessen Dichtefeld $\rho(t, x)$ und Geschwindigkeitsfeld $v(t, x)$ gegeben seien. Wir betrachten darin ein kleines Volumenelement, dessen Zentrum an irgendeiner Stelle x liege. Die Position seiner linken Grenzfläche liege an der Stelle $x_1 = x - \Delta x/2$ und die seiner rechten an der Stelle $x_2 = x + \Delta x/2$. Zu- bzw. Abfluss von Masse über die Grenzflächen führt zu einer zeitlichen Änderung der Dichte an der Stelle x. Sie wird hier zu einem bestimmten Zeitpunkt t untersucht (und daher wird im Folgenden zur Vereinfachung der Notation das Zeitargument für die Felder nicht mehr explizit mit aufgeführt).

Wenn Masse bzw. Ladung eine differentielle Zeitspanne dt lang mit einer Geschwindigkeit $v(x_1)$ über die bei x_1 befindliche Grenzfläche ein- oder ausfließt, so ist Materie im Umfang des Volumens $Ae(x_1) \cdot v(x_1)dt$ mit der Dichte $\rho(x_1)$ in das Volumenelement ein- oder ausgetreten. Zur Änderung der Masse in dem durch Grenzflächen eingeschlossenen Volumen trägt dies mit

$$dm_1 = -\rho(x_1)Ae(x_1) \cdot v(x_1)dt$$

bei. Ob Masse über die Grenzfläche abgeflossen oder zugeflossen ist, hängt davon ab, ob der Geschwindigkeitsvektor parallel oder antiparallel zum Richtungseinheitsvektor $e(x_1)$ ist, der per Definition stets vom Volumeninneren nach außen orientiert ist und hier speziell die Richtung von innen nach außen für die Stelle x_1 anzeigt.

Andererseits folgt aus der Kontinuitätsgleichung, dass

$$dm_1 = -Ae(x_1) \cdot j(x_1)\, dt.$$

Aus einem Vergleich der beiden Gleichungen ergibt sich $j(x_1) = \rho(x_1)v(x_1)$. Da man dieses Resultat an jedem beliebigen Ortspunkt x_1 ableiten kann, gilt ganz allgemein für die Massenstromdichte

$$j(t, x) = \rho(t, x)v(t, x). \tag{12.31}$$

Die Überlegungen kann man genauso für die elektrische Stromdichte ausführen. Gl. 12.31 gilt daher analog für den elektrischen Ladungstransport, wobei allerdings j dann die Bedeutung der elektrischen Stromdichte hat und ρ die der Ladungsdichte.

12.6.2 Impulsdichte und kinetische Energiedichte eines Fluids

Die Masse eines an der Stelle x befindlichen Massenelements vom Volumen dV ist

$$dm(t, x) = \rho(t, x)\, dV$$

und sein Impuls daher

$$dp(t, x) = v(t, x)\, dm(t, x) = v(t, x)\rho(t, x)\, dV.$$

Der lokale Impuls pro Volumeneinheit,

$$\frac{dp}{dV} = \rho(t, x)v(t, x),$$

definiert das Vektorfeld der *Impulsdichte* des Fluids. Ein Vergleich mit Gl. 12.31 zeigt, dass die Vektorfelder der Stromdichte j und der Impulsdichte $\frac{dp}{dV}$ eines Fluids identisch sind.

Das oben betrachtete Massenelement dm eines Fluids hat die kinetische Energie

$$dE_{\text{kin}}(t, x) = \frac{1}{2}\, v^2(t, x)\, dm = \frac{1}{2}\rho(t, x)\, v^2(t, x)\, dV.$$

Die kinetische Energie pro Volumeneinheit

$$\mathscr{E}_{\text{kin}} = \frac{dE_{\text{kin}}}{dV} = \frac{1}{2}\rho v^2 = \frac{1}{2} v \cdot j$$

definiert die Dichte $\mathscr{E}_{\text{kin}}(t, x)$ der kinetischen Energie. Sie ist ein Skalarfeld, das gleich dem halben Skalarprodukt der beiden Vektorfelder für die Geschwindigkeit und die Stromdichte ist. Das Differential der kinetischen Energiedichte ist

$$d\mathscr{E}_{\text{kin}} = \frac{1}{2} j \cdot dv + \frac{1}{2} v \cdot dj \,. \tag{12.32}$$

12.6.3 Transport in Stoffgemischen

Konzentration Stoffgemische und Lösungen bestehen aus mehreren Stoffkomponenten. Der Gehalt eines Stoffs in der Lösung bzw. Mischung wird durch die *Konzentration*

$$\rho_i(x) = \frac{dn_i}{dV} \tag{12.33}$$

charakterisiert. Die Konzentration wird dabei stets auf das Volumen dV der Lösung bezogen und nicht auf das Volumen des Lösungsmittels, d. h., die Konzentration ist das Verhältnis des Stoffmengenelementes dn_i der Stoffkomponente $i = A, B, \ldots$ zum (infinitesimalen) Volumen $\mathrm{d}V$ der Lösung bzw. des Stoffgemischs. Die Summe der Konzentrationen bzw. *Partialdichten* aller Stoffkomponenten ist gleich der Dichte der Lösung:

$$\rho = \sum_i \rho_i$$

Falls nur eine einzige Stoffkomponente vorliegt, ist die Konzentration trivialerweise identisch mit der Dichte des Stoffs.

Generationsrate Bei chemischen Reaktionen interessiert man sich beispielsweise für die Geschwindigkeit, mit welcher sich die Mengen bzw. Konzentrationen der beteiligten Stoffe ändern. Für die Reaktion $A + B \to C$ kann man die Kinetik der Bildung des Stoffs C verfolgen, indem man für ein gegebenes Volumen die zunehmende Stoffmenge $n_C(t)$ bzw. die Konzentration $\rho_C(t)$ des Stoffs C als Funktion der Zeit untersucht. Die Größe

$$g_C(t) = \frac{d\rho_C}{dt} \tag{12.34}$$

ist die *Reaktionsgeschwindigkeit* bzw. *Reaktionsrate* bzw. *Generationsrate.* Die Begriffe „Rate“ und „Geschwindigkeit“ zur Charakterisierung zeitlicher Änderungen werden synonym verwendet.

Die Reaktionsrate ist i. Allg. eine Funktion, die von der Konzentration der Stoffkomponente C abhängt und empirisch durch eine Potenzreihe

$$\dot{\rho}_C = \alpha_0 + \alpha_1 \rho_C + \alpha_2 \rho_C^2 + \cdots$$

beschrieben werden kann. Wenn eines der Glieder dominiert, erhält man ein reines Potenzgesetz und spricht von Kinetik nullter, erster, zweiter usw. Ordnung.

Kontinuitätsgleichung für einzelne Stoffkomponenten Wenn eine Stoffkomponente i fließen kann, dann braucht man zur Beschreibung der Kinetik noch die Stromdichte j_i der Stoffkomponente i, d. h., die pro Zeiteinheit und orthogonal durch eine Fläche tretende Menge des Stoffs i. Treten keine chemischen Stoffumsätze auf und sind die Komponenten voneinander unabhängig, dann gilt die Kontinuitätsgleichung getrennt für jede einzelne Stoffkomponente, denn die Stoffmenge n_i jeder Stoffkomponente bleibt für sich erhalten (Substanzerhaltung). Sei beispielsweise der Stoff mit der Bezeichnung C herausgegriffen, d. h. $i = \mathrm{C}$, so gilt

$$\frac{\partial \rho_C}{\partial t} + \operatorname{div} j_C = 0 \,. \tag{12.35}$$

Dies besagt, dass sich die Konzentration in einem Volumenelement nur dadurch ändern kann, dass der Nettozufluss in das Volumenelement von null verschieden ist[1]. Wenn ein chemischer Umsatz hinzukommt, bei dem der Stoff C chemisch erzeugt wird, so muss die Kontinuitätsgleichung noch um einen Generationsterm ergänzt werden. Sie lautet dann

$$\frac{\partial \rho_C}{\partial t} + \operatorname{div} j_C = g_C \,. \tag{12.36}$$

Gl. 12.36 ist eine Verallgemeinerung der Kontinuitätsgleichung (Gl. 12.35). Sie besagt, dass die Konzentration ρ_C des Stoffs C aus zwei Gründen zunehmen kann: Entweder der Stoff C wird lokal durch eine chemische Reaktion aus anderen Stoffen erzeugt (g_C), oder er fließt von außen zu (j_C). Falls der Stoff C nicht fließen kann, beispielsweise ein Feststoff ist, so reduziert sich Gl. 12.36 auf Gl. 12.34.

12.7 Bernoulli-Gleichung und Euler-Gleichung

In diesem Abschnitt wird ein stark vereinfachtes Energiemodell für sich bewegende Materie im Rahmen der Kontinuumshypothese besprochen. Dissipation wird nicht beachtet, d. h., es handelt sich um ein Modell für *ideale Fluide.* Beiträge aufgrund von Dichteänderungen werden vernachlässigt, d. h., die Materie ist in erster Näherung inkompressibel (Dies ist bis hinauf zur Schallgeschwindigkeit eine zufriedenstellende Näherung).

[1] Den Abfluss kann man als negativen Zufluss beschreiben.

Üblicherweise denkt man sich die Materie in sehr kleine (im Grenzfall infinitesimal kleine) Materieelemente der Masse $\Delta m = \rho \Delta V$ zerlegt. Wir nehmen eines davon heraus und betrachten sein Schicksal (vielleicht malen Sie dieses eine Massenelement blau an und lassen es in einem Meer roter Materie herumstreunen). Das energetische Modell muss also erst einmal seinen kinetischen Energiebeitrag $\frac{1}{2}(v \cdot j)\Delta V$ enthalten (Gl. 12.32). Als weiteren Beitrag wählen wir noch seinen volumenelastischen Energiebeitrag $\mathfrak{p}\Delta V$ und lassen es mit diesen beiden Beiträgen hier bewenden. Das „blaue" Massenelement soll im lokalen Gleichgewicht mit dem Druck $\mathfrak{p}$ der unmittelbaren Umgebung stehen. Dieser ändert sich entlang seines Bewegungspfads. Da nur diese beiden Energiebeiträge eine relevante Rolle spielen sollen, ist ihre Summe konstant und folglich gilt (mit $j = \rho v$)

$$\frac{1}{2}\rho v^2 + \mathfrak{p} = \mathfrak{p}_s \,. \tag{12.37}$$

Die Konstante $\mathfrak{p}_s$ kann man durch die Anfangsbedingung $\mathfrak{p}_s = \mathfrak{p}(v = 0)$ festlegen. Man bezeichnet $\mathfrak{p}_s$ dann als *(hydro-)statischen Druck.*

Gl. 12.37 heißt *Bernoulli-Gleichung.* Sie beschreibt den Austausch zwischen elastischer und kinetischer Energie, der in dem markierten („blauen") Massenelement stattfindet, während es sich mit dem kontinuierlichen Medium bewegt. Der Druck $\mathfrak{p}$ ist dort am höchsten, wo die Geschwindigkeit am kleinsten ist, und umgekehrt, was einfach daran liegt, dass die Erhöhung der kinetischen Energie auf Kosten der volumenelastischen Energie und umgekehrt geschieht.

Durch die Bernoulli-Gleichung kann man beispielsweise das sogenannte *hydrodynamische Paradoxon* aufklären. Auf diese Gleichung beruft man sich aber auch bei der Methode der Messung der Strömungsgeschwindigkeit mithilfe der Prandtlsonde. Dabei misst man die Druckdifferenz zwischen der angeströmten Frontseite der Sonde im Staupunkt (d. h. $\mathfrak{p}_0$) und einer seitlichen Öffnung, wo der Druck $\mathfrak{p}(v)$ herrscht. Aus Gl. 12.37 folgt die Strömungsgeschwindigkeit (Bunsensches Ausströmungsgesetz)

$$v = \sqrt{2\Delta\mathfrak{p}/\rho}$$

dann dadurch, dass man den Differenzdruck $\Delta\mathfrak{p} = \mathfrak{p}_s - \mathfrak{p}(v)$ bestimmt. Diese kurzen Anmerkungen zu den Stichwörtern „hydrodynamisches Paradoxon" und „Prandtlsonde" mögen hier genügen, denn dieses Buch wurde als Lehrbuch konzipiert und nicht geschrieben, um Sie mit lexikalischem Wissen zu füttern. Wenn Sie sich für Details zu den gelegentlich hier und dort eingestreuten Stichwörtern interessieren, so müssen Sie sich diese anderweitig erarbeiten (Fachbücher, Wikipedia usw.).

Will man die Bernoulli-Gleichung nach der Zeit differentieren, so muss man beachten, dass der Druck sich für ein stationäres Druckfeld $\mathfrak{p} = \mathfrak{p}(x)$ mit dem Ort ändert. Da das Massenteilchen seinen Ort im Laufe der Zeit mit $x(t)$ ändert und somit für das Teilchen $\mathfrak{p} = \mathfrak{p}(x(t))$ ist, ergibt sich wegen der Kettenregel $\frac{d\mathfrak{p}}{dt} = \frac{dx}{dt} \cdot \frac{d}{dx}\mathfrak{p}$ die Gleichung $v \cdot \frac{dj}{dt} = -v \cdot \frac{d}{dx}\mathfrak{p}$ und somit

$$\frac{dj}{dt} = -\frac{d\mathfrak{p}}{dx} \tag{12.38}$$

bzw.

$$\frac{\partial v}{\partial t} + v \cdot \nabla v = -\frac{1}{\rho} \nabla \mathfrak{p}. \tag{12.39}$$

Die letztgenannte Gleichung für das Geschwindigkeitsfeld $v(t, x)$ ist eine vereinfachte Form der *hydrodynamischen Euler-Gleichung*. Im Rahmen der Kontinuumsmechanik ist sie das Pendant zur Newtonschen Bewegungsgleichung $\frac{dp}{dt} = -\nabla E_{\text{pot}}$, denn die Stromdichte j haben wir oben bereits als Impulsdichte identifiziert.

Wegen des Ausdrucks $v \cdot \frac{\partial}{\partial x} v$ ist die Euler-Gleichung nichtlinear. Daher ist es oft nicht so einfach, hierfür Lösungen zu finden. Wenn die Geschwindigkeiten jedoch klein genug sind, kann man den nichtlinearen Beitrag vernachlässigen, und man erhält die linearisierte Gleichung

$$\frac{\partial j}{\partial t} = -\nabla \mathfrak{p}. \tag{12.40}$$

Zum Abschluss der Herleitung von Gl. 12.39 sei hervorgehoben, dass sie sich nicht nur auf Fluide bezieht, sondern auch auf Festkörper. Sie gilt also beispielsweise auch, wenn das betrachtete Massenelement sich nur um eine fixe Stelle x_0 herum bewegt, also in der Nähe von x_0 verbleibt und sich nicht wie beim Fließen eines Fluids beliebig weit bewegen kann.

12.8 Stromdichten als Folge von Gradienten skalarer Felder

Abweichungen vom thermodynamischen Gleichgewicht rufen Ströme hervor. Als Beispiele sollen hier die thermodynamischen Größen Temperatur T, elektrisches Potential φ und chemisches Potential μ_C eines chemischen Stoffs C betrachtet werden. Wenn diese in einem Medium lokal nicht im Gleichgewicht sind, sind ihre Werte nicht überall gleich. Sie haben örtlich unterschiedliche Werte und müssen daher durch Felder beschrieben werden. Durch die lokale Abweichung vom Gleichgewicht kommt es zu Transportphänomenen, für unsere drei Beispiele zu einem Transport von Wärme, Ladung bzw. Materie. Der jeweilige Transport wird durch die entsprechenden Stromdichten beschrieben.

Thermodyn. Größe	Felder	Transportgröße	Lokale Ströme	Stromdichten
Temperatur	$T(t, x)$	Wärme Q	Wärmestrom	$j_Q(t, x)$
Chem. Potential	$\mu_C(t, x)$	Chem. Stoff C	Materiestrom	$j_C(t, x)$
Elektr. Potential	$\varphi(t, x)$	Ladung q	Elektr. Strom	$j(t, x)$

Auch die Stromdichten variieren mit dem Ort und sind daher Felder. Die durch das lokale Nichtgleichgewicht auftretenden Ströme trachten danach, die thermodynamischen Größen überall gleich zu machen. Wenn beispielsweise die Temperatur $T(x)$ mit dem Ort x variiert, kommt es zu Wärmeströmen, welche bestrebt sind,

Tab. 12.2 Beispiele empirischer Gesetze für Stromdichten und ihre zugehörigen materialspezifischen Konstanten

Empirisches Gesetz		Materialspez. Konstante	
Fouriersches Gesetz	$j_Q = -\lambda \nabla T$	*Wärmeleitfähigkeit*	λ
Ficksches Gesetz	$j_C = -\sigma_C \nabla \mu_C$	*Stoffleitfähigkeit*	σ_C
Ohmsches Gesetz	$j = -\sigma \nabla \varphi$	*Elektr. Leitfähigkeit*	σ

die Temperaturunterschiede auszugleichen. Sobald das Gleichgewicht erreicht ist, verschwinden die Ströme.

Die lokalen Stromdichten fallen umso größer aus, je größer die lokale Abweichung der sie betreffenden Skalarfelder ist. In vielen Fällen zeigen experimentelle Untersuchungen, dass die Stromdichten proportional zum lokalen Feldgradienten sind. Die den drei obigen Beispiele entsprechenden typischen materialspezifischen Gesetze sind in Tab. 12.2 aufgelistet.

Alle drei Beispiele beschreiben Transportprozesse, die durch lokale Abweichungen thermodynamischer Größen vom thermodynamischen Gleichgewicht hervorgerufen werden, und durch die sich die Entropie des Systems (hier des Mediums) erhöht. Sie laufen so lange ab, bis unter den gegebenen Zwangsbedingungen das Maximum der Entropie erreicht ist. Es sind also irreversible Prozesse, die eine Zeitrichtung beinhalten: Sie verlaufen so, dass Abweichungen vom thermodynamischen Gleichgewicht abgebaut werden. Man hat sich für die Konvention entschieden, dass diese Tendenz des Prozessverlaufs in den Gesetzen dadurch eingearbeitet wird, dass man auf der rechten Gleichungsseite explizit ein Minuszeichen herauszieht und somit alle drei materialspezifischen Konstanten als positive Skalare definiert.

Während die in Abschn. 12.6 vorgestellte Kontinuitätsgleichung ein fundamentales Gesetz der Physik ist, sind die in Tab. 12.2 angeführten Gesetze phänomenologische Beschreibungen, die vom Material und vom Typus des Stromtransports abhängen. Dass die Stromdichte proportional zum Gradienten des Skalarfelds einer thermodynamischen Größe ist, wird zwar experimentell sehr häufig beobachtet, ist aber nicht die einzige in der Natur mögliche materialspezifische Gesetzmäßigkeit.

Fouriersches Gesetz Die im *Fourierschen Gesetz*

$$j_Q = -\lambda \nabla T \tag{12.41}$$

auftretende positive Materialkonstante λ heißt *Wärmeleitfähigkeit* und hat die physikalische Einheit

$$[\lambda] = \mathrm{J}/(\mathrm{K} \cdot \mathrm{m} \cdot \mathrm{s}) \,.$$

Ficksches Gesetz Der durch das phänomenologische Ficksche Gesetz

$$j_C = -\sigma_C \nabla \mu_C \tag{12.42}$$

beschriebene Transport von Materie, hier eines Stoffs C, wird als *Diffusion* bezeichnet. Der Gradient des chemischen Potentials ist näherungsweise proportional zum Gradienten der Konzentration und somit der Partialdichte ρ_C des Stoffs C. Daher kann man die Diffusion in meist ausreichender Genauigkeit auch durch das äquivalente *Ficksche Gesetz* in der Form

$$j_C = -D_C \operatorname{grad} \rho_C \tag{12.43}$$

mit einer anderen Proportionalitätskonstanten D_C beschreiben. Es besagt, dass so lange ein Materialtransport stattfindet, bis im thermodynamischen Gleichgewicht ein *Konzentrationsausgleich* erzielt worden ist. Wenn die Konzentration bzw. Dichte ρ_C des Stoffs C schließlich überall im Medium gleich ist, fällt der *Diffusionsstrom* j_C auf null. Die Diffusionskonstante D_C des Stoffs C ist ein materialspezifischer positiver Skalar mit der physikalischen Einheit

$$[D_C] = \mathrm{m}^2/\mathrm{s}\,. \tag{12.44}$$

Das negative Vorzeichen in Gl. 12.43 trägt, wie bereits erwähnt, der Tatsache Rechnung, dass die Konzentrationsunterschiede durch Diffusion abnehmen, und zwar so lange, bis überall die gleiche Konzentration ρ_C vorliegt.

Ohmsches Gesetz Liegt überall in einem Medium das gleiche elektrische Potential $\varphi(x) = \varphi_0 = \text{const.}$ vor, so ist der Leiter im thermodynamischen Gleichgewicht, und damit gibt es auch keine Ströme. Im Nichtgleichgewichtszustand kommt es zu elektrischen Strömen von Orten höheren Potentials zu solchen mit niedrigerem Potential. Diese bauen das Ungleichgewicht ab.

Analog zu den vorhergehenden Phänomenen wird der elektrische Ladungstransport im Rahmen der Kontinuumsvorstellungen meist durch den Gradienten des Potentialfelds $\varphi(x)$ angetrieben:

$$j = -\sigma \nabla \varphi \tag{12.45}$$

Die materialspezifische Größe σ heißt *elektrische Leitfähigkeit* und ist ein positiver Skalar. Sie kann eine Funktion aller systemrelevanten thermodynamischen Variablen sein und hängt insbesondere oft deutlich von der Temperatur T ab, d. h., oft ist man mit einer deutlichen Abhängigkeit $\sigma = \sigma(T)$ konfrontiert. Gl. 12.45 heißt *Ohmsches Gesetz* und ist für viele Materialien eine exzellente Beschreibung. Die Materialklasse, für welche sie gilt, bezeichnet man als *Ohmsche Leiter.* Das Ohmsche Gesetz ist ein Modellgesetz, das von vielen Materialien befolgt wird, von einigen wichtigen Materialien und elektronischen Bauteilen aber auch nicht.

Der negative Gradient des elektrischen Potentials $\varphi(t, x)$,

$$E(t, x) = -\nabla \varphi(t, x)\,, \tag{12.46}$$

Tab. 12.3 Größenordnungsmäßige Werte des spezifischen Widerstands ρ für Leiter, Halbleiter und Nichtleiter

Material	Spezifischer Widerstand ρ
Leiter	$10^{-7}\ \Omega\mathrm{m}$
Halbleiter	$1\ \Omega\mathrm{m}$
Nichtleiter	$10^{16}\ \Omega\mathrm{m}$

definiert ein Vektorfeld, welches im Rahmen der Elektrostatik als *elektrisches Feld* bezeichnet wird. Es ist für das Auftreten von Strömen bzw. für die Bewegung elektrischer Ladungen verantwortlich. Das Ohmsche Gesetz (Gl. 12.45) lässt sich damit auch in der Form

$$j = \sigma E$$

formulieren. Die Stromdichte j beschreibt hier einen Driftstrom. Das ist ein Strom, bei dem die pro zurückgelegtem Pfad elektrisch abgegebene Leistung vollständig in thermische Energie dissipiert wird. Dies führt zu einem stationären elektrischen Strom.

Wenn man einen homogenen Draht der Länge l mit dem Querschnitt A betrachtet, so ist $\nabla\varphi$ wegen der Homogenität konstant und somit die Spannung zwischen den Enden des Drahts $U = l\,|\nabla\varphi|$. Ferner gilt für die Stromstärke $I = |A||j|$. Aus Gl. 12.45 und $U = RI$ folgt dann für den Widerstand

$$R = \rho\frac{l}{A}\,, \tag{12.47}$$

wobei

$$\rho = 1/\sigma$$

hier den *spezifischen Widerstand* bezeichnet. Er hat die Einheit

$$[\rho] = \Omega\mathrm{m}$$

und heißt so, weil er materialspezifisch ist. Je nachdem, welche Werte der spezifische Widerstand eines Materials hat, kategorisiert man es als elektrischen Leiter, Halbleiter oder Nichtleiter. Letztere Bezeichnung ist ein wenig irreführend: Ein Nichtleiter wird nicht so genannt, weil er gar nicht leitet, sondern deshalb, weil er nur sehr wenig leitend ist (cum grano salis: fast (!) nicht leitet). Typische Werte sind in Tab. 12.3 aufgeführt. Wie man sieht, variiert der spezifische Widerstand über viele Größenordnungen.

12.9 Osmose, Dialyse und Brennstoffzellen

In zwei durch eine Röhre miteinander verbunden Behältern werden zwei unterschiedliche Fluide eingeschlossen. Hinsichtlich des Stoffaustauschs zwischen den Behältern unterscheidet man drei prinzipielle Fälle:

1. Er ist für jede Stoffkomponente unterbunden (beispielsweise durch eine in der Röhre sitzende dicke Trennwand oder ein geschlossenes Absperrventil). Dann ist jeder Behälter bezüglich des Stoffaustausches ein abgeschlossenes System, in dem sich nichts mehr ändert.
2. Der Stoffaustausch ist für jede Stoffkomponente möglich (Absperrventil offen). Dann kommt es zu einem Diffusionsprozess, der im einfachsten Fall durch den Konzentrationsgradienten einer der Stoffkomponenten angetrieben wird. Er ist rein dissipativ. Das wurde in Abschn. 12.8 untersucht.
3. Der Stoffaustausch ist nur für bestimmte Stoffkomponenten möglich. Das kann man durch eine über den Querschnitt der Röhre gespannte Membrane erreichen, die gewissermaßen für einige Stoffkomponenten wie ein geschlossenes Absperrventil und für andere wie ein offenes Absperrventil wirkt. Dies führt zu einer selektiven Diffusion. Man bezeichnet sie als Osmose, wenn nur der Stoff eines Lösungsmittels diffundiert, und als Dialyse, wenn andere Stoffkomponenten (z. B. Salze) selektiv diffundieren.

Membrane sind semipermeable Trennwände. Im einfachsten Fall sind sie nur für eine Stoffkomponente durchdringbar bzw. permeabel. Beispiele für Membrane sind die extrem dünnen Trennwände pflanzlicher oder tierischer Zellen. Die wichtige Aufgabe der Membrane ist die Verhinderung eines Druckausgleichs bzw., im Fall elektrischer Phänomene, eines elektrischen Potentialausgleichs.

Ein einfaches Modell für die Dialyse ist eine einzelne permeable Stoffkomponente C, welche im ersten Behälter die Partialdichte $\rho_{C1} = n_{C1}/V_1$ und im zweiten Behälter die Partialdichte $\rho_{C2} = n_{C2}/V_2$ hat, und mit den anderen Fluidbestandteilen mit der Ausnahme von Wärmeaustausch nicht wechselwirkt. Diese Stoffkomponente ist im thermischen Gleichgewicht mit allen anderen Stoffkomponenten und kann im idealen Grenzfall daher wie ein von den anderen Komponenten unabhängiges ideales Gas behandelt werden.

Zunächst untersuchen wir den stationären Gleichgewichtszustand. Im thermischen Gleichgewicht folgt aus der idealen Gasgleichung $\bar{\mathfrak{p}} = \rho RT$ für die Druckdifferenz $\Delta\mathfrak{p}_{\text{osm}} = \bar{\mathfrak{p}}_2 - \bar{\mathfrak{p}}_1$ zwischen den Behältern:[2]

$$\Delta\mathfrak{p}_{\text{osm}} = RT\,\Delta\rho\,. \tag{12.48}$$

Im Zusammenhang mit osmotischen Phänomenen wird diese Druckdifferenz als *osmotischer Druck* bezeichnet. In Flüssigkeiten als Lösungsmittel kann eine erheb-

[2]Der übergestellte Querstrich soll dabei anzeigen, dass es sich um den jeweiligen Druck im stationären thermodynamischen Gleichgewicht handelt.

lich höhere Dichtedifferenz erreicht werden, als sie zwischen Luft unter Standardbedingungen und Vakuum vorliegt. Daher kann der osmotische Druck den Schweredruck der Luft, der ungefähr gleich dem Schweredruck einer Wassersäule von 10 m entspricht, bei Weitem übersteigen.

Nun betrachten wir noch kurz das Nichtgleichgewicht. Ist der Druck $\mathfrak{p}_2$ im zweiten Behälter kleiner als die Summe des Drucks im ersten Behälter zuzüglich des osmotischen Drucks, d. h., ist $\mathfrak{p}_2 < \mathfrak{p}_1 + \Delta\mathfrak{p}_{\mathrm{osm}}$, dann findet ein diffusiver Stofftransport vom ersten zum zweiten Behälter statt, bei dem sich die Konzentration allmählich angleicht. Im entgegensetzten Fall erfolgt der Transport in der umgekehrten Richtung und kann zur Aufkonzentration verwendet werden *(Umkehrosmose)*.

Der osmotische Druckunterschied lässt sich zur Leistung von Arbeit nutzen. In *Osmosekraftwerken* wird dieses Konzept durch Verwendung von polymeren Membranen in großtechnischem Maßstab umgesetzt. Wenn man die Arbeit, die aufgrund der Osmose geleistet werden kann, wie bei den Diffusionsprozessen ungenutzt verpuffen lässt, verläuft der Prozess irreversibel.

Bei Brennstoffzellen diffundieren selektiv Ionen durch eine Membran. Durch diesen entropiegetriebenen Ladungstransport baut sich (neben einem i. Allg. kleinen Druckunterschied) ein elektrischer Potentialunterschied auf, der nicht durch einen direkten Strom in der Gegenrichtung abgebaut werden kann, weil die Membran das unterbindet. Lässt man auf der Gegenelektrode eine elektrochemische Reaktion ablaufen, so bewirkt der Potentialunterschied im äußeren Stromkreis einen elektronischen Strom. Das ist das Grundprinzip der Brennstoffzellen, die sich auf diese Weise technisch als Energiequelle nutzen lassen.

Perturbationen 13

Dieses Kapitel soll Sie in die grundlegende Physik der Ausbreitung von Perturbationen einführen. Unter Perturbationen versteht man Störungen bzw. Abweichungen vom thermodynamischen Gleichgewichtszustand. Sie werden durch die Abweichung einer thermodynamischen Variablen vom Gleichgewichtswert beschrieben, die man auch als ihre *Amplitude* bzw. *Auslenkung* bezeichnet. Solche Perturbationen können z. B. durch eine lokale Energiezufuhr angestoßen werden und beschreiben dann z. B. die Energieausbreitung durch eine phänomenologische Variable.

Als vereinfachte einführende Modellfälle für Propagationsgleichungen wurden für dieses Kapitel die lineare Diffusionsgleichung (Gl. 13.2) und die lineare Wellengleichung (Gl. 13.6) ausgewählt. In beiden Fällen handelt es sich um *partielle Differentialgleichungen,* weil sie eine Beziehung zwischen partiellen Ableitungen der Zeit und der Raumkoordinaten herstellen. Gemeinsamer Ausgangspunkt für ihre Herleitung ist die differentielle Kontinuitätsgleichung

$$\frac{\partial \rho}{\partial t} + \operatorname{div} j = 0. \tag{13.1}$$

Sie stellt den Zusammenhang zwischen lokalen zeitlichen und räumlichen Änderungen her, d. h. die Kopplung eines lokalen zeitlichen Ereignisses mit örtlich benachbarten Ereignissen.

13.1 Lineare Diffusionsgleichungen

Diffusionsprozesse folgen im Eindimensionalen einer partiellen Differentialgleichung der allgemeinen mathematischen Form

$$\frac{\partial \xi}{\partial t} - D\nabla^2 \xi = 0. \tag{13.2}$$

R. Rupp, *Physik 1 – Eine unkonventionelle Einführung*,
https://doi.org/10.1007/978-3-662-64506-2_13

Sie wird als *Diffusionsgleichung* bezeichnet, und D wird *Diffusionskonstante* genannt. Die *Amplitude* ξ steht für die Auslenkung einer thermodynamischen Größe aus dem Gleichgewicht. Im Gleichgewicht ist die Auslenkungsamplitude null, d. h. $\xi = 0$. Diffusionsgleichungen wie z. B. Gl. 13.2 beschreiben Diffusionsprozesse in Raum und Zeit.

Wie man durch eine Analyse der Einheiten leicht nachvollziehen kann, hat die Diffusionskonstante für egal welche Art von thermodynamischen Diffusionsprozessen stets die Einheit (Gl. 12.44)

$$[D] = m^2/s.$$

Der dissipative bzw. irreversible Charakter der Diffusionsgleichung drückt sich darin aus, dass ungerade Ableitungen nach der Zeit auftreten. Dadurch ist die Gleichung gegenüber einer *Zeitspiegelung* $t \to -t$ nicht mehr invariant. Gl. 13.2 ist der einfachst mögliche Fall, weil hier nur eine erste Ableitung nach der Zeit auftritt.

Beispiel 13.1 Stoffdiffusion

Die Diffusionsgleichung eines chemischen Stoffs C erhält man, indem man das Ficksche Gesetz (Gl. 12.43) in die Kontinuitätsgleichung (Gl. 13.1) einsetzt. Das Resultat ist die *Diffusionsgleichung*

$$\frac{\partial \rho_C}{\partial t} - D_C \operatorname{div} \operatorname{grad} \rho_C = 0 \tag{13.3}$$

bzw.

$$\frac{\partial \rho_C}{\partial t} - D_C \frac{\partial^2 \rho_C}{\partial x^2} = 0.$$

Die Amplitude ist hier die Abweichung von der Gleichgewichtsdichte des Stoffs C. ◀

Beispiel 13.2 Wärmediffusion

Setzt man das Fouriersche Gesetz (Gl. 12.41) in die Kontinuitätsgleichung ein, so folgt

$$\frac{\partial \rho_Q}{\partial t} - \lambda \frac{\partial^2 T}{\partial x^2} = 0. \tag{13.4}$$

Hier ist $\rho_Q = Q/V$ die einem homogenen Medium pro Volumen V zugeflossene Wärme Q. Anders als im Fall der Diffusion erhält man mit Gl. 13.4 zunächst noch keine partielle Differentialgleichung. Um eine solche zu erhalten, benötigt man noch den Zusammenhang zwischen der pro Zeiteinheit zugeführten Wärmemenge $\frac{dQ}{dt}$ und der dadurch bewirkten Rate $\frac{dT}{dt}$ der Temperaturänderung. Sie ergibt sich aus Gl. 9.42: $\frac{dQ}{dt} = m\, c_V \frac{dT}{dt} = \rho V\, c_V \frac{dT}{dt}$, wobei c_V hier die spezifische Wärmekapazität ist. Setzt man $\frac{\partial \rho_Q}{\partial t} = \frac{\partial (Q/V)}{\partial t} = \rho c_V \frac{\partial T}{\partial t}$ in Gl. 13.4 ein, so erhält man die *Wärmeleitungsgleichung*

$$\frac{\partial T}{\partial t} - D_Q \frac{\partial^2 T}{\partial x^2} = 0 \tag{13.5}$$

mit dem *Wärmediffusionskoeffizienten* $D_Q = \lambda / \rho c_V$. ◄

13.2 Lineare Wellengleichungen

Die Wellenausbreitung ist das reversible Gegenstück zu den irreversiblen Diffusionsprozessen. Ihre bekannteste Propagationsgleichung ist die *lineare Wellengleichung*

$$\frac{\partial^2 \xi}{\partial t^2} - v^2 \frac{\partial^2 \xi}{\partial x^2} = 0. \tag{13.6}$$

Die Größe ξ, welche i. Allg. die Abweichung einer thermodynamischen Größe vom Gleichgewicht ist, bezeichnet man als *Amplitude* der Welle. Beispielsweise kann ξ eine Dichteamplitude oder eine Druckamplitude sein. Den reversiblen Charakter der Gleichung erkennt man daran, dass sie keine ungerade Ableitung enthält, sondern nur eine zweite Ableitung nach der Zeit. Damit ist sie gegenüber einer Zeitspiegelung $t \to -t$ invariant. Folglich ist die Wellenausbreitung im Prinzip reversibel. Eine Einheitenanalyse ergibt, dass die Konstante v^2 stets die physikalische Dimension des Quadrats einer Geschwindigkeit hat.

Als Beispiel soll nachfolgend plausibel gemacht werden, wie man für den Schall eine lineare Wellengleichung herleiten kann: Leitet man die Kontinuitätsgleichung (Gl. 13.1) partiell nach der Zeit ab, so erhält man

$$\frac{\partial^2 \rho}{\partial t^2} + \frac{\partial}{\partial t} \operatorname{div} j = \frac{\partial^2 \rho}{\partial t^2} + \frac{\partial}{\partial t} \frac{\partial}{\partial x} j = 0.$$

Die partiellen Ableitungen nach Ort und Zeit darf man vertauschen (die Natur ist gnädig zu ihren Physikern und erfüllt meist alle hierzu nötigen Wünsche der Mathematiker), d. h., man darf $\frac{\partial}{\partial t}\left(\frac{\partial}{\partial x} j\right) = \frac{\partial}{\partial x}\left(\frac{\partial}{\partial t} j\right)$ verwenden.

Hier setzen wir nun eine linearisierte Version der hydrodynamischen Euler-Gleichung (Gl. 12.40) ein, bei der eine Modellsituation betrachtet wird, für die man sich ein Material und geeignete Begleitumstände aussucht für welche der nichtlineare Ausdruck in der Euler-Gleichung vernachlässigt werden kann. Damit ergibt sich schließlich

$$\frac{\partial^2 \rho}{\partial t^2} - \frac{\partial^2 \mathfrak{p}}{\partial x^2} = 0. \tag{13.7}$$

Wir betrachten nun (infinitesimal) kleine Dichte- und Druckamplituden $\delta\rho$ bzw. $\delta\mathfrak{p}$ um die konstanten (bzw. nur schwach orts- und zeitveränderlichen) Gleichgewichtswerte ρ_0 und $\mathfrak{p}_0$ herum:

$$\rho(t, x) = \rho_0 + \delta\rho(t, x)$$
$$\mathfrak{p}(t, x) = \mathfrak{p}_0 + \delta\mathfrak{p}(t, x)$$

Das Symbol „δ" soll hier anzeigen, dass eine infinitesimal kleine Variation aus dem Gleichgewichtszustand betrachtet wird. Für den Zusammenhang zwischen beiden Amplituden erhält man aus der Definitionsgleichung der Kompressibilität (Gl. 9.30) für kleine Amplituden näherungsweise

$$\delta\mathfrak{p} \approx -\frac{1}{\kappa}\frac{\delta V}{V} = \frac{1}{\kappa\rho_0}\delta\rho.$$

Da die Masse konstant ist, folgt aus $\rho = m/V$ nämlich

$$\delta\rho = \rho_0 V \delta\left(\frac{1}{V}\right) \approx \rho_0\left(-\frac{\delta V}{V}\right).$$

Sind die Amplituden klein, führen die Überlegungen schlussendlich von Gl. 13.7 auf die lineare partielle Differentialgleichung

$$\frac{\partial^2\rho}{\partial t^2} - v^2\frac{\partial^2\rho}{\partial x^2} = 0 \tag{13.8}$$

für die Ausbreitung von Dichteperturbationen bzw. alternativ auf die lineare Wellengleichung

$$\frac{\partial^2\mathfrak{p}}{\partial t^2} - v^2\frac{\partial^2\mathfrak{p}}{\partial x^2} = 0 \tag{13.9}$$

für die Ausbreitung von Druckperturbationen mit der Konstanten

$$v^2 = \frac{1}{\kappa\rho_0} \tag{13.10}$$

und der Auslenkung $\xi = \delta\rho$ bzw. $\xi = \delta\mathfrak{p}$. Die Geschwindigkeit v wird sich für den hier betrachteten Spezialfall als die Ausbreitungsgeschwindigkeit des Schalls bzw. die *Schallgeschwindigkeit* herausstellen (mehr dazu in Abschn. 13.7).

Oben wurde mehrfach von der Näherung Gebrauch gemacht, dass die Abweichungen der thermodynamischen Größen von ihren Gleichgewichtswerten bzw. Mittelwerten klein sind. Die in Gl. 13.10 auftretende Dichte ρ_0 ist daher die mittlere Dichte bzw. die Gleichgewichtsdichte. Indem man nur kleine Abweichungen vom Gleichgewicht betrachtet, macht man eine an und für sich nichtlineare Differentialgleichung näherungsweise zu einer linearen. Das ist eine oft verwendete Analysestrategie, wenn man auf ein physikalisches Problem stößt, das auf eine nichtlineare Differentialgleichung führt. Diese Strategie nennt man *Linearisierung.*

Ich möchte hier nicht verhehlen, dass es eigentlich egal ist, welche Gründe man sich ausdenkt, um eine lineare Wellengleichung zu erhalten. Fakt ist, dass alle oben aufgeführten Näherungen und Grenzfälle physikalisch nicht verboten sind. Ziel der ganzen Argumentation ist, dass man auf dem dargestellten Weg eine *lineare akustische Wellengleichung* plausibel herleiten kann. Das genügt uns vorerst.

Alternative Verkleidungen von Gl. 13.9 sind

$$\frac{\partial^2 \mathfrak{p}}{\partial t^2} - v^2 \operatorname{div} \operatorname{grad} \mathfrak{p} = 0$$

(mit Gl. 12.23) bzw.

$$\frac{\partial^2 \mathfrak{p}}{\partial t^2} - v^2 \nabla^2 \mathfrak{p} = 0$$

(mit dem Laplace-Operator gemäß Gl. 12.24). Das sind vorerst nur Formalitäten, weil sie im Eindimensionalen alle äquivalent sind.

13.3 Lösungen linearer Perturbationsgleichungen

13.3.1 Allgemeine Lösung für die lineare Wellengleichung

Durch Nachrechnen kann man sich leicht davon überzeugen, dass jede beliebige Funktion der Struktur

$$\xi(t, x) = \xi(\omega t - kx) \tag{13.11}$$

mit $\omega = \pm vk$ eine Lösung der Wellengleichung ist. Mit $g(t, x) = \omega t - kx$ folgt nämlich für $\xi(g(t, x))$ nach der Kettenregel: $\frac{\partial \xi}{\partial t} = \frac{d\xi}{dg}\frac{\partial g}{\partial t} = \omega \frac{d\xi}{dg}$ und entsprechend $\frac{\partial \xi}{\partial x} = \frac{d\xi}{dg}\frac{\partial g}{\partial x} = -k\frac{d\xi}{dg}$. Wenn man nach dem gleichen Schema die Ableitungen zweiter Ordnung bildet, folgt daraus obige Behauptung.

Denkt man sich also eine völlig beliebige Funktion aus und setzt im Argument $\omega t - kx$ ein, dann ist das eine Lösung der Wellengleichung! Das ist ganz schön verrückt und eine Besonderheit, welche nur die lineare Wellengleichung aufweist. Die Diffusionsgleichung hat diese Eigenschaft beispielsweise nicht. Wir wollen nun eine Methode darstellen, die sowohl für Wellen- als auch Diffusionsgleichungen zu Lösungen führt.

13.3.2 Lösungsstrategie für Wellen- und Diffusionsgleichungen

Abgesehen von der physikalischen Bedeutung der Größen sind die Wärmeleitungsgleichung und die Diffusionsgleichung von gleicher mathematischer Struktur. Daher sind die mathematischen Lösungen der einen partiellen Differentialgleichung identisch mit denen der anderen. Aber auch zwischen den beiden Diffusionsgleichungen und der Wellengleichung gibt es einige Gemeinsamkeiten. Allesamt sind sie partielle Differentialgleichungen, deren Lösung die räumliche und zeitliche Ausbreitung skalarer thermodynamischer Variabler beschreiben. Die Lösungen der Gleichungen für die Perturbationsausbreitung sollen daher hier gemeinsam diskutiert werden.

Im Rahmen der Newtonschen Mechanik wurden die gewöhnlichen Differentialgleichungen für Dissipationsvorgänge und Schwingungen untersucht:

$$\frac{d\xi}{dt} + \gamma_D \xi = 0 \quad \text{Dissipationsgleichung,} \tag{13.12}$$

$$\frac{d^2\xi}{dt^2} + \omega^2 \xi = 0 \quad \text{Schwingungsgleichung} \tag{13.13}$$

Wir vergleichen sie mit den partiellen Differentialgleichungen aus Abschn. 13.1 und 13.2:

$$\frac{\partial \xi}{\partial t} - D\frac{\partial^2 \xi}{\partial x^2} = 0 \quad \text{Diffusionsgleichung,} \tag{13.14}$$

$$\frac{\partial^2 \xi}{\partial t^2} - v^2 \frac{\partial^2 \xi}{\partial x^2} = 0 \quad \text{Wellengleichung} \tag{13.15}$$

In den ersten beiden Fällen ist $\xi = \xi(t)$ eine allgemeine Funktion der Zeit, und in den letzten beiden Fällen ist $\xi = \xi(t, x)$ ein allgemeines Feld. Bei diesem Vergleich geht es nur um die rein mathematische Struktur. Je nach physikalischem Problem hat ξ unterschiedliche Bedeutungen:

- **Dissipations- und Schwingungsgleichung.** Bei der Dissipationsgleichung kann ξ beispielsweise die Geschwindigkeit bedeuten (wie in Gl. 7.11) und bei der Schwingungsgleichung beispielsweise die Auslenkung eines Oszillators. Da es sich bei $\xi = \xi(t)$ allein um Funktionen der Zeit handelt, tritt in Gl. 13.12 und 13.13 nur eine gewöhnliche Differentiation auf, und somit handelt es sich um *gewöhnliche Differentialgleichungen.*
- **Diffusions- und Wellengleichung.** Bei der Diffusionsgleichung kann ξ beispielsweise die Konzentration eines Stoffs oder die Temperatur bedeuten und bei der Wellengleichung die Dichte oder den Druck. Es handelt sich bei $\xi = \xi(t, x)$ um Felder, die von der Zeit und einer Ortskoordinate abhängen. Deshalb treten in Gl. 13.14 und 13.15 partielle Ableitungen nach Zeit und Ort auf, d. h., es handelt sich um *partielle Differentialgleichungen.*

Allen vier Gleichungen ist gemein, dass es sich um homogene und lineare Differentialgleichungen handelt. Homogen bedeutet, dass die Funktion $\xi = 0$ stets eine Lösung darstellt. Linear bedeutet, dass, wenn ξ_1 und ξ_2 zwei Lösungsfunktionen sind, auch $a\xi_1 + b\xi_2$ mit beliebigen Skalaren a und b eine Lösung ist. Lösungen der Dissipationsgleichung und der Schwingungsgleichung sind uns aus der Mechanik bereits bekannt:

$$\xi(t) = a\exp(-\gamma t) \quad \text{für die Dissipationsgleichung,} \tag{13.16}$$

$$\xi(t) = a\cos\omega t + b\sin\omega t \quad \text{für die Schwingungsgleichung} \tag{13.17}$$

Eine gemeinsame Strategie, mit der man Lösungen für Diffusions- und Wellengleichungen auffinden kann, besteht darin, den Fall der Diffusionsgleichung auf den Fall der Dissipationsgleichung zurückzuführen und den Fall der Wellengleichung auf die Schwingungsgleichung. Dazu löst man in beiden Fällen im ersten Schritt die gewöhnliche Differentialgleichung

$$\frac{d^2\xi}{dx^2} + k^2\xi = 0, \tag{13.18}$$

wobei k eine noch frei wählbare Konstante ist. Das ist eine Differentialgleichung vom Typ einer Schwingungsgleichung. Ihre Lösung

$$\xi(x) = \xi_3 \cos(kx) + \xi_4 \sin(kx) = A\cos(kx + \phi) \tag{13.19}$$

kann man Tab. 6.1 entnehmen. Wenn man die freien Koeffizienten dieser Lösung als Funktionen der Zeit ansetzt, also beispielsweise $\xi_3 = \xi_3(t)$ bzw. $\xi_4 = \xi_4(t)$ oder $\phi = \phi(t)$, dann hat man das Problem der Lösung der partiellen Differentialgleichung auf das Problem der Lösung einer gewöhnlichen Differentialgleichung zurückgeführt – und damit eine Lösung gefunden. Mit diesem Verfahren findet man vielleicht nicht sofort alle Lösungen, aber zumindest einige. Das soll hier an zwei Beispielen erläutert werden.

Beispiel 13.3

Setzt man in Gl. 13.19 $\xi_3 = \xi_3(t)$ und $\xi_4 = 0$, so erhält man durch Einsetzen in Gl. 13.14

$$\xi(x, t) = \xi_0 \exp(-Dk^2 t)\cos(kx) \tag{13.20}$$

als eine der möglichen Lösungen der Diffusionsgleichung. Es handelt sich hier um eine Lösung, die bezüglich der Raumkoordinate periodisch ist, und zwar mit der räumlichen Periode $\Lambda = 2\pi/k$. ◄

Beispiel 13.4

Man kann den Ansatz machen, die freie Konstante ϕ in Gl. 13.19 durch eine zeitabhängige Funktion $\phi = \phi(t)$ zu ersetzen. Setzt man diesen Ansatz (bei konstantem A) in Gl. 13.15 ein, so erhält man

$$-\left[\left(\frac{\partial\phi}{\partial t}\right)^2 \cos(kx + \phi(t)) + \left(\frac{\partial^2\phi}{\partial t^2}\right)\sin(kx + \phi(t))\right] \\ + k^2 v^2 \cos(kx + \phi(t)) = 0.$$

Da Kosinus- und Sinusfunktionen linear unabhängig sind, muss $\frac{\partial^2\phi}{\partial t^2} = 0$ gelten. Daher setzt man $\frac{\partial\phi}{\partial t} = \omega$ als eine Konstante an und erhält Lösungen unter der Bedingung, dass die Beziehung

$$\omega = \pm vk \tag{13.21}$$

erfüllt ist, nämlich

$$\xi(x, t) = A\cos(\omega t \pm kx). \tag{13.22}$$

Sie stellen harmonische Wellen dar, deren zeitliche Periode $T = 2\pi/\omega$ ist. Die räumliche Periode $\lambda = 2\pi/k$ heißt *Wellenlänge.* Man bezeichnet ω als Kreisfrequenz und $k = 2\pi/\lambda$ als *Kreiswellenzahl.* ◄

13.3.3 Superpositionsprinzip

Alle Differentialgleichungen aus Abschn. 13.3.2 sind homogene lineare Differentialgleichungen mit konstanten Koeffizienten. Für diese Differentialgleichungen gilt das Überlagerungs- bzw. *Superpositionsprinzip:*

Superpositionsprinzip

Sind ξ_A und ξ_B zwei Lösungen einer homogenen linearen Differentialgleichungen, so ist auch jede Linearkombination $\xi = a\xi_A + b\xi_B$ mit zwei beliebigen Konstanten a und b eine Lösung.

Gewöhnliche lineare homogene Differentialgleichungen Jede lineare homogene gewöhnliche Differentialgleichung n-ter Ordnung hat genau n unabhängige Lösungen $\xi_1, \ldots, \xi_n$, aus denen sich jede Lösung durch eine Linearkombination

$$\xi = a_1\xi_1 + \ldots + a_n\xi_n$$

mit n Konstanten $a_1, \ldots, a_n$ darstellen lässt. Lineare Unabhängigkeit der n Funktionen $\xi_1, \ldots, \xi_n$ bedeutet, dass es für $\xi = 0$ nur die eindeutige Lösung mit $a_1 = \ldots = a_n = 0$ gibt. Die Dissipationsgleichung hat daher nur eine linear unabhängige Lösung, die Schwingungsgleichung deren zwei.

Partielle lineare Differentialgleichungen Partielle lineare Differentialgleichungen haben unendlich viele unabhängige Lösungen:

- **Diffusionsgleichung:** Die Diffusionsgleichung ist eine partielle Differentialgleichung erster Ordnung. Jede der durch Gl. 13.20 gegebenen Lösungen stellt für ein beliebiges reelles k eine von den anderen unabhängige Lösung dar. Daher ist auch die durch das Integral

$$\xi(t, x) = \int_{-\infty}^{\infty} \tilde{\xi}(k) \exp(-Dk^2 t) \cos(kx) dk \tag{13.23}$$

dargestellte Superposition aller Lösungen von Gl. 13.20 mit einer beliebigen Funktion $\tilde{\xi}(k)$ eine mögliche Lösung.

- **Wellengleichung:** Auch für die Wellengleichung ist jede lineare Überlagerung der durch Gl. 13.22 gegebenen Lösungen mit unterschiedlichem reellen k eine Lösung und daher auch

$$\xi(t,x) = \int_{-\infty}^{\infty} \tilde{\xi}(k)\cos(kx - \omega t)dk. \tag{13.24}$$

Diese Lösung hat die gemäß Gl. 13.11 geforderte Form.

13.3.4 Anfangs- und Randbedingungen

Es stellt sich die dringliche Frage, nach welchen Kriterien aus der Vielfalt der Lösungsmöglichkeiten die tatsächlich in der Natur auftretenden Lösungen auszuwählen sind. Die Physik ist schließlich keine reine Mathematik. Für die Physik ist die Frage nach der Auswahl der richtigen Lösung essentiell.

Für gewöhnliche homogene lineare Differentialgleichungen kann man eine spezielle Lösung festlegen, indem man so viele Bedingungen zusätzlich festlegt, wie freie Koeffizienten bzw. Skalare in der Lösung auftreten. Bei einer Differentialgleichung n-ter Ordnung sind das also n Bedingungen. Meist legt man sie für den Zeitpunkt $t = 0$ fest und spricht dann von *Anfangsbedingungen.*

Bei der überabzählbar unendlichen Lösungsmenge der hier betrachteten partiellen Differentialgleichungen genügt das Festlegen einer endlichen Zahl von Anfangsbedingungen nicht. Das Pendant ist die Festlegung eines speziellen Profils $\xi(t = 0, x)$ zum Zeitpunkt $t = 0$ als Anfangsbedingung. Beispielsweise kann man vorschreiben, dass die Lösung von Gl. 13.23 zur Zeit $t = 0$ ein Rechteckprofil hat:

$$\xi(0,x) = \int \tilde{\xi}(k)\cos(kx)dk = \begin{cases} \xi_0 & \text{für } x \leq 0 \\ 0 & \text{für } x > 0 \end{cases} \tag{13.25}$$

Daraus folgt eine ganz bestimmte Funktion $\tilde{\xi}(k)$ und damit eine ganz bestimmte Lösung für ein spezifisches Diffusionsproblem.

Ein zweiter Typ der Lösungsauswahl besteht darin, dass bestimmte Werte an bestimmten Stellen *für alle Zeiten* (!) vorgeschrieben werden. Das sind meist zwei Punkte an den Rändern eines betrachteten Systems; man spricht daher auch von *Randbedingungen.* Beispielsweise kann man von den Lösungen der Wellengleichung fordern, dass der Wert von ξ bei $x = 0$ und $x = L$ für alle Zeiten null ist, also $\xi(t,0) = \xi(t,L) = 0$. Das ist eine typische Randbedingung. Die Randbedingungen müssen nicht unbedingt in einer Festlegung von Nullstellen der Funktion liegen, aber es ist ein häufig vorkommender Fall. Für die Wellengleichung lässt dies aus der als Beispiel angegebenen überabzählbar unendlichen Menge von Lösungen, die durch Gl. 13.22 gegeben sind, nur noch die abzählbar unendliche Lösungsmenge

$$\xi_n(x,t) = \xi_0 \sin(\omega_n t)\sin(k_n x) \tag{13.26}$$

mit $k_n = 2\pi n/L$, $n = 1, 2, \ldots$ und $\omega_n = v k_n$ zu.

Eine andere Randbedingung wäre, die Bedingung $\xi(t, 0) = \xi_0 \cos \omega t$ am Rand vorzuschreiben. Dies selektiert aus den überabzählbar unendlich vielen Lösungen in Gl. 13.22 genau zwei mögliche Lösungen aus, nämlich die *harmonischen Wellen*

$$\xi(x, t) = \xi_0 \cos(\omega t \pm kx) \tag{13.27}$$

mit

$$\omega = vk\,. \tag{13.28}$$

Das tritt beispielsweise auf, wenn bei $x = 0$ ein harmonischer Oszillator als Erreger der Welle positioniert ist. Von dort ausgehend breitet sich die Welle dann mit der räumlichen Periode $\lambda = 2\pi/k$ aus.

13.3.5 Der Begriff der Welle

Der Wellenbegriff wird oft sehr schwammig eingeführt, oder der Begriff wird so extrem erweitert, dass er mit der intuitiven Vorstellung einer Welle nichts mehr zu tun hat. Ich möchte hier folgende Begriffsabgrenzungen einführen:

- **Feld:** Eine allgemeine Funktion $\xi(t, x)$ der Ereigniskoordinaten bezeichnet man als *Feld.*
- **Perturbation:** Eine allgemeine Funktion $\xi(t, x)$, welche die Auslenkung einer thermodynamischen Größe ξ aus dem Gleichgewicht beschreibt, ist eine *Perturbation.*
- **Schwingungen:** Unter dem Begriff *Schwingung* versteht man eine Funktion $\xi(t)$ der Zeit, bei welcher der Begriff der Periode T bzw. der Frequenz $\nu = \omega/2\pi$ einen Sinn macht. Beispiel: $\xi(t) = \xi_0 \cos \omega t$.
- **Gitter:** Unter dem Begriff *Gitter* versteht man eine Funktion $\xi(x)$ des Orts, bei welcher der Begriff der räumlichen Periode Λ (Gitterkonstante) bzw. der Raumfrequenz $K = 2\pi/\Lambda$ einen Sinn macht. Beispiel: $\xi(x) = \xi_0 \cos Kx$.
- **Welle:** Unter dem Begriff *Welle* versteht man eine Funktion $\xi(t, x)$ des Orts und der Zeit, die sowohl hinsichtlich der Zeit eine Periodizität wie eine Schwingung als auch hinsichtlich des Orts eine Periodizität wie ein Gitter aufweist. Ein Beispiel hierfür ist die durch Gl. 13.27 gegebene Welle

$$\xi(x, t) = \xi_0 \cos(\omega_0 t \pm k_0 x)$$

der Frequenz $\nu_0 = \omega_0/2\pi$ und der Wellenlänge $\lambda_0 = k_0/2\pi$.
- **Stehende Welle:** Eine Lösung der Form

$$\xi(x, t) = \xi_0 \cos(\omega_0 t) \cos(k_0 x) \tag{13.29}$$

bezeichnet man als stehende Welle. Sie kann als Überlagerung zweier in entgegengesetzter Richtung propagierender Wellen aufgefasst werden: $2\xi_0 \cos(\omega_0 t) \cos(k_0 x) = \xi_0 \cos(\omega_0 t + k_0 x) + \xi_0 \cos(\omega_0 t - k_0 x)$.

- **Soliton:** Eine Funktion $\xi(vt \pm x)$ heißt Soliton, wenn die Perturbation mit einer konstanten Geschwindigkeit v propagiert, ohne dass sich die Form (d. h. die Einhüllende) der Perturbation ändert. Wie aus der Diskussion von Gl. 13.11 hervorgeht, sind alle Lösungen der eindimensionalen linearen Wellengleichung Solitonen. Für *nichtlineare* partielle Differentialgleichungen gibt es nur spezielle solitonische Lösungen.

Ähnlich wie in Gl. 13.25 eine allgemeine Funktion des Orts als Überlagerung unendlich vieler Gitter dargestellt werden kann, kann man auch jede allgemeine Funktion der Zeit als Überlagerung von Schwingungen darstellen, und entsprechend kann jede Perturbation durch eine Überlagerung von Wellen als ein sogenanntes *Wellenpaket* dargestellt werden.

Wellen können nicht nur als Lösungen der Wellengleichung auftreten, sondern auch als Lösung vieler anderer partieller Differentialgleichungen. Beispielsweise hat die Diffusionsgleichung

$$\frac{\partial \xi}{\partial t} - D\frac{\partial^2 \xi}{\partial x^2} = 0$$

u. a. die Lösung

$$\xi(t, x) = \xi_0 e^{-kx} \cos(\omega t - kx). \tag{13.30}$$

Dies stellt eine gedämpfte Welle mit der frequenzabhängigen Dämpfungskonstanten $k = \sqrt{\omega/2D}$ dar, d. h., die Welle folgt der Dispersionsrelation

$$\omega = 2Dk^2 . \tag{13.31}$$

Andererseits sind nicht alle Lösungen der Wellengleichung Wellen. Wie oben bereits diskutiert, stellt jede beliebige Funktion $\xi(vt \pm x)$ eine solitonische Lösung der eindimensionalen Wellengleichung dar. Dieses Soliton beliebiger Form, das auch als ein *Wellenpaket* aufgefasst werden kann, propagiert ohne Formänderung mit einer konstanten Geschwindigkeit v. Die harmonische Welle (Gl. 13.27) ist nur ein Spezialfall dieses allgemeineren Falls, d. h., sie ist eine spezielle solitonische Lösung.

13.4 Schwebung und Interferenz

Dass man diejenigen Lösungen einer homogenen linearen Differentialgleichung, die Schwingungen oder Wellen darstellen, superponieren und so neue Lösungen der Wellengleichungen finden kann, ist trivial, denn das Superpositionsprinzip gilt schließlich für alle Typen homogener und linearer Differentialgleichungen. Für Schwingungen und Wellen treten bei der Superposition aber bestimmte Phänomene auf, die bei den Experimenten geradezu ins Auge stechen und die wir deshalb hier näher betrachten wollen, nämlich die Phänomene *Schwebung* und *Interferenz*. Die Schwebung ist ein Phänomen in der Domäne der Zeit und die Interferenz ein analoges Phänomen in der Domäne des Orts. Die Physik dahinter ist eigentlich ganz einfach, nämlich schon erklärt, wenn man sich die Winkeladdition für trigonometrische Funktionen hinschreibt:

$$\cos\alpha + \cos\beta = 2\cos((\alpha - \beta)/2)\cos((\alpha + \beta)/2)$$

Wie Sie sehen, stellt sich die Überlagerung zweier Schwingungen mit $\alpha = \omega_1 t$ und $\beta = \omega_2 t$ dann als eine Schwingung mit dem arithmetischen Mittelwert der beiden Frequenzen und einer Amplitude dar, die mit der halben Differenzfrequenz periodisch moduliert ist. Dies ist das Phänomen der *Schwebung*.

Beispiel 13.5 Gekoppelte Pendel

Gekoppelte Schwingungen wurden bereits in der Mechanik untersucht (Abschn. 6.4.5). Wenn man zu Anfang einen der Oszillatoren auslenkt und den anderen in der Ruhelage belässt, so beobachtet man eine periodische Energieübertragung zwischen den gekoppelten Oszillatoren. Sie geht letztlich auf eine Überlagerung der *Eigenschwingungen* beider Oszillatoren zurück. Die Amplituden $\xi_1(t)$ und $\xi_2(t)$ der beiden Oszillatoren lauten

$$\xi_1(t) = A\cos\omega_1 t + A\cos\omega_2 t = 2A\cos(\Delta\omega\, t/2)\cos(\omega t)\,,$$
$$\xi_2(t) = A\cos\omega_1 t - A\cos\omega_2 t = 2A\sin(\Delta\omega\, t/2)\sin(\omega t)$$

mit $\Delta\omega = \omega_2 - \omega_1$ und $\omega = (\omega_1 + \omega_2)/2$. ◄

Beispiel 13.6 Schwebung beim Hören zweier Schallquellen

Das Phänomen der Schwebung kann man hörbar demonstrieren, indem man das Signal zweier Schallquellen mit leicht unterschiedlicher Frequenz aussendet. Man kann das resultierende Signal auch mit einem Mikrofon aufnehmen und die Form dieser Schwingung mit einem Oszillographen sichtbar machen. ◄

Wenn man zwei Gitter mit großem, aber leicht unterschiedlichem K überlagert, kommt es ebenfalls zu einem Muster, das einerseits aus einem „hochfrequenten"[1] Träger und andererseits einem sehr auffälligen „niederfrequenten" *Interferenzmuster* besteht. Die Interferenz tritt auch für Wellen gleicher Frequenz, aber leicht unterschiedlichem $k_1 \neq k_2$ auf. Die Überlagerung ergibt

$$\cos(\omega t - k_1 x) + \cos(\omega t - k_1 x) = 2\cos(\Delta k\, x/2)\cos(\omega t - kx) \tag{13.32}$$

mit $\Delta k = k_2 - k_1$ und $k = (k_1 + k_2)/2$. Die Amplitude der Welle wird also räumlich periodisch moduliert.

[1] Hier ist gemeint: hohe Raumfrequenz.

Beispiel 13.7 Moiré-Muster

Die Interferenz zweier Gitter kann man beispielsweise am Moiré-Muster zeigen. Interessant ist dabei, dass man das Moiré-Muster auch dann sehen kann, wenn man das feinere Grundgitter nicht mehr wahrnehmen kann. ◂

Beispiel 13.8 Interferenz von Wasserwellen

In einer Wellenwanne kann man sehr leicht die charakteristischen Minima und Maxima zweier sich überlagernder Wasserwellen beobachten. ◂

Beispiel 13.9 Interferenz durch eine Stimmgabel

Von beiden Zinken einer Stimmgabel gehen Schallwellen aus. Sie interferieren und rufen daher ein charakteristisches, richtungsabhängiges Muster hervor. Das kann aufgezeichnet werden, wenn man die Stimmgabel relativ zu einem Mikrofon dreht. ◂

13.5 Anregungsenergie nichtdissipativer Perturbationen

Wir betrachten einen in x-Richtung liegenden Stab und eine Perturbation, die in einer sehr kleinen Auslenkung seiner infinitesimalen Massenelemente dm orthogonal zur Stabrichtung bestehe. Die Auslenkung sei mit ξ bezeichnet und genüge der Wellengleichung

$$\frac{\partial^2 \xi}{\partial t^2} - v^2 \frac{\partial^2 \xi}{\partial x^2} = 0.$$

Wie bereits erläutert, ist jede Funktion $\xi(t, x) = \xi(\omega t - kx)$ mit einer beliebigen Amplitudenfunktion ξ eine Lösung der Wellengleichung, wenn $\omega = vk$ erfüllt ist. Jede Perturbation stellt eine Abweichung vom Gleichgewichtszustand dar und enthält damit Energie. Sie soll hier für die spezielle Lösung

$$\xi(x, t) = \xi_0 \cos(\omega t - kx)$$

einer mit der Geschwindigkeit v in x-Richtung laufenden harmonischen Welle berechnet werden. An jedem Ort x schwingt hier ein Massenelement dm so wie ein harmonischer Oszillator mit der Frequenz ω. Seine Oszillatorenergie ist die Summe seiner kinetischen und potentiellen Energie und damit gleich

$$\begin{aligned} d\mathcal{U} &= \frac{1}{2} dm \left[\dot{\xi}^2 + \omega^2 \xi^2\right] = \frac{1}{2} \omega^2 \xi_0^2 dm \left[\sin^2(\omega t - kx) + \cos^2(\omega t - kx)\right] \\ &= \frac{1}{2} \omega^2 \xi_0^2 dm. \end{aligned}$$

Wenn auf einem Stab der Masse m eine Welle mit der Frequenz ω läuft, so hat die Anregung auf dem Stab die Anregungsenergie

$$\mathcal{U} = \frac{1}{2} m\omega^2 \xi_0^2 \tag{13.33}$$

gespeichert. Sie wächst proportional zum Quadrat der Amplitude ξ_0 der Perturbation und zum Quadrat der Frequenz.

Bei der Diskussion wurde bis hierher ein Bezugssystem S zugrunde gelegt, in dem der Stab ruht. Es ist recht instruktiv, wenn man die Welle von einem Bezugssystem S′ aus betrachtet, das sich entlang der x-Achse mit der Geschwindigkeit v relativ zum Stab bewegt. In diesem Bezugssystem „ruht“ die Welle, während sich der Stab mit der Geschwindigkeit $-v$ relativ zu S′ bewegt. Die Auslenkung in diesem Bezugssystem ist gleich der potentiellen Energie. Hinzu kommt aber, dass die sich bewegenden Massenelemente der Auslenkungsbahn folgen müssen. Sie bewegen sich senkrecht zur x-Achse und tragen so zur kinetischen Energie im System S′ genauso bei wie im Bezugssystem S. Beide Beiträge ergeben wieder die in Gl. 13.33 berechnete Gesamtenergie $\mathcal{U}$ der Anregung. Damit ist $\mathcal{U}$ gleich der Energie der Anregung in seinem Ruhesystem bzw. gleich seiner inneren Energie.

13.6 Energie- und Impulstransport durch Wellen

Für die Anregungsenergie $\mathcal{U}$ im vorherigen Abschnitt war es unerheblich, mit welcher Geschwindigkeit v die Perturbation infolge der Kopplungen zwischen den Massenelementen fortschreitet. Ohne Kopplung bekäme man das gleiche Ergebnis, nämlich Gl. 13.33. Die Geschwindigkeit v geht in das Ergebnis für $\mathcal{U}$ nämlich nicht ein!

Das „Energiepaket“ $\mathcal{U}$ ist die innere Energie der Anregung und verhält sich so wie ein Teilchen der Masse $m^* = \mathcal{U}/c^2$. Im Ruhesystem des Stabs bewegt sich eine Perturbation daher ähnlich wie ein Teilchen dieser Masse mit der Geschwindigkeit v. Relativistisch gesehen hat die Anregung daher eine kinetische Energie

$$E_{\text{kin}} = \mathcal{U}(\gamma - 1)$$

und einen Impuls

$$p = (\mathcal{U}/c^2)v\gamma.$$

Hier ist $\gamma = (1 - v^2/c^2)^{-1/2}$ der Lorentz-Faktor. Obwohl bei der Welle keine Masse über eine makroskopische Distanz bewegt wird, verhält sich die Welle im Ruhesystem des Stabs wie ein Teilchen mit der kinetischen Energie E_{kin} und dem Impuls p. Wenn ein Sender also eine Welle abstrahlt, muss er neben der inneren Energie $\mathcal{U}$ der Welle noch die kinetische Energie der Anregung bereitstellen. Ferner erfährt der Sender bei der Emission der Welle einen Rückstoßimpuls von $-p$ in die Gegenrichtung. Der Sender strahlt reine kinetische Energie ab, ohne dass es zu einem tatsächlichen Transport von Masse kommt. Solange die Geschwindigkeit v der Welle im nichtrelativistischen Bereich verbleibt, ist $E_{\text{kin}} \ll \mathcal{U}$ und der Effekt vernachlässigbar klein. Er wird erst für Wellen mit relativistischen Wellengeschwindigkeiten relevant.

13.7 Schallwellen

Sich ausbreitende Dichte- bzw. Druckschwankungen werden als *Schall* bezeichnet. Gemessen wird meist der Schalldruck. Die in der elastischen Wellengleichung (Gl. 13.8) auftretende Ausbreitungsgeschwindigkeit (Gl. 13.10) ist die *Schallgeschwindigkeit.* Sie soll hier mit

$$v_S = \sqrt{1/\kappa\rho_0} \tag{13.34}$$

bezeichnet werden. In einem rein mechanischen (und damit dissipationsfreien) Modell ist in Gl. 13.34 die mechanische Kompressibilität und somit die adiabatische Kompressibilität $\kappa = \kappa_S$ einzusetzen (Abschn. 9.5.1). Für Luft ist $\kappa_S = \frac{c_V}{c_p}\frac{1}{\mathrm{p}} \approx \frac{5}{7}\frac{1}{\mathrm{p}}$. Bei einem atmosphärischen Druck von 1 bar $=$ 100 kPa und einer Luftdichte von 1.2 kg/m³ ergibt sich daher eine Schallgeschwindigkeit von ca. 340 m/s. Sie kann mit der Temperatur, der Höhe und der Luftfeuchte variieren. Die Kompressibilität kondensierter Materie ist um ca. fünf bis sechs Zehnerpotenzen kleiner als die der Gase, aber die Dichte ist um ca. vier Zehnerpotenzen größer. Infolgedessen ist die Schallgeschwindigkeit in kondensierter Materie mit 1000 m/s bis 3000 m/s deutlich höher.

Für harmonische Wellen (Gl. 13.27) besteht zwischen Frequenz und Wellenlänge der Zusammenhang

$$\omega = v_S k,$$
$$\nu\lambda = v_S.$$

Für die *Akustik* ist insbesondere der für Menschen wahrnehmbare Schall relevant. Seine Grenzen liegen zwischen 20 Hz und 20 kHz. Darunter liegt der *Infraschall* und darüber der *Ultraschall.* Die Vorsilbe „infra" bedeutet „unterhalb", und die Vorsilbe „ultra" bedeutet „oberhalb". Infraschall ist also z. B. ein Frequenzbereich unterhalb des Schallbereichs. Die Bezeichnungen für Licht sind analog: An den für den Menschen sichtbaren Bereich schließt sich bei niedrigeren Frequenzen der Infrarotbereich an und bei höheren Frequenzen der Ultraviolettbereich.

Anmerkungen zur Musik *Töne* sind monofrequente harmonische Wellen, die sich durch eine bestimmte Frequenz auszeichnen. So hat z. B. der Kammerton *a* eine Frequenz von 440 Hz. Neben der *Grundfrequenz* werden bei einer Anregung stehender Wellen auch Vielfache der Grundfrequenz angeregt. Das Spektrum besteht dann aus dieser Grundfrequenz und den *höheren Harmonischen.* Dies macht die charakteristische Klangfarbe bzw. den *Klang* eines musikalischen Instruments aus. Ihre Ursache liegt einerseits im Modus der Anregung und ist zum anderen dadurch begründet, dass die reale Wellengleichung nichtlinear ist.

Ein *Akkord* besteht aus mehreren Klängen. In unserer Musik sind bestimmte *Tonintervalle* gebräuchlich, die in einem bestimmten rationalen Verhältnis mit kleinen ganzen Zahlen zueinander stehen. Beispielsweise hat die Terz ein Frequenzintervall von 5:4 (große Terz) bzw. 6:5 (kleine Terz) und die Oktave ein Verhältnis von 2:1.

Wenn man einen Ton vorgibt, kann man die Töne eines Musikinstruments mit vordefinierten Tönen[2] nach den Zahlenverhältnissen der Akkorde stimmen und damit die Akkorde einer Tonart festlegen. Geht man aber von einem der daraus resultierenden Töne aus, denn liegen die übrigen Töne nicht mehr in den gleichen Akkordverhältnissen, d. h., man kann die Tonart nicht wechseln. Hier behilft man sich mit einem Kompromiss, nämlich der temperierten Stimmung, bei der alle Halbtöne im Verhältnis $\sqrt[12]{2} \approx 1.06$ stehen. Der Umfang einer Oktave mit $(\sqrt[12]{2})^{12} : 1 = 2 : 1$ ist exakt, während derjenige der anderen Frequenzverhältnisse nur näherungsweise korrekt ist.

13.8 Lichtwellen

> Licht (soll) das mechanische Vibrieren, oder gar Undulieren, eines Imaginären und zu diesem Zweck postulierten Aethers sein, welcher, wenn angelangt, auf der Retina trommelt, wo dann z.B. 483 Billionen Trommelschläge in der Sekunde Rot, und 727 Billionen Violett geben u.s.f.: die Farbeblinden wären dann wohl solche, welche die Trommelschläge nicht zählen können: nicht wahr? Schopenhauer (1818)

Bis Mitte des 19. Jahrhunderts ging die Physik davon aus, dass Licht eine Welle ist – eine Schallwelle, um genau zu sein. Licht war gewissermaßen Hochfrequenzakustik, dessen Trägermedium als Lichtäther bezeichnet wurde. Mit dem Huygens-Fresnelschen Prinzip, das besagt, dass jeder von einer Lichtwelle erreichte Punkt zum Ausgangspunkt einer Kugelwelle wird, und mit dem Superpositionsprinzip lassen sich viele Phänomene erklären, insbesondere Beugung und Interferenz. Die *Doppelbrechung* sowie das Verhalten von Licht an Grenzflächen durch die 1823 aufgestellten *Fresnelschen Gleichungen* ließen sich zwanglos unter der Annahme ableiten, dass Licht eine transversal polarisierte Schallwelle ist. Mit diesem kurzen historischen Rückblick wollen wir es bewenden lassen. Mehr zum Wellenmodell des Lichts folgt in Band P2.

Falls der Betrag der Schallgeschwindigkeit gleich der Raumzeitkonstanten wird, also $|v_S| = c$, wird die lineare Wellengleichung

$$\frac{\partial^2 \xi}{\partial t^2} - c^2 \frac{\partial^2 \xi}{\partial x^2} = 0$$

des „Lichtschalls“ (Gl. 13.9) zu einer relativistisch invarianten Gleichung. Wenn Licht sich tatsächlich als eine Schallwelle mit der Ausbreitungsgeschwindigkeit c herausgestellt hätte, so wäre das Michelson-Morley-Experiment folglich auch nicht anders ausgegangen, als es ist. Der Ausgang dieses Experiments ist einfach eine Folge des relativistischen Gesetzes der Geschwindigkeitstransformation.

[2] Vordefiniert sind z. B. Klarinette oder Klavier. Bei der Geige sind die Töne hingegen nicht vordefiniert.

14 Anhang

14.1 Optische Systeme mit zwei dünnen Linsen

Ein optisches System bestehe aus zwei koaxial im Abstand $|d|$ zueinander angeordneten dünnen Linsen L_I und L_{II} mit den Hauptebenen H_I bzw. H_{II}. Die *bildseitigen* (Vorsicht! In diesem Abschnitt habe ich die bildseitigen Koordinaten der Brennweiten nicht durch einen zusätzlichen Strich gekennzeichnet.) Koordinaten ihrer Brennebenen seien f_I bzw. f_{II}. Die Abbildungsgleichungen lauten

$$\frac{1}{a_I} - \frac{1}{b_I} = -\frac{1}{f_I} \tag{14.1}$$

$$\frac{1}{a_{II}} - \frac{1}{b_{II}} = -\frac{1}{f_{II}} \tag{14.2}$$

Die Bezugsebene für die Koordinaten der ersten Zeile ist H_I. Für die der zweiten Zeile ist es H_{II}. Die Koordinate der Bezugsebene H_{II} relativ zu H_I sei d. Die Bildebene der ersten Linse ist die Objektebene der zweiten Linse. Die Koordinatentransformation zwischen den Koordinaten, die diese Ebene bezüglich der beiden Bezugsebenen hat, lautet

$$a_{II} = b_I - d\,. \tag{14.3}$$

Skalierungsfaktor Die Wirkung des Gesamtsystems entsteht durch zwei aufeinander folgende Abbildungen: L_I bildet von der Objektebene mit der Koordinate a_I (relativ zur Bezugsebene H_I) auf eine Ebene mit der Koordinate b_I (Gl. 14.1) und der Skalierung V_I ab. Diese Ebene hat relativ zur Bezugsebene H_{II} die Koordinate $a_{II} = b_I - d$ und wird mit der Skalierung V_{II} auf die Bildebene des Gesamtsystems

R. Rupp, *Physik 1 – Eine unkonventionelle Einführung*,
https://doi.org/10.1007/978-3-662-64506-2_14

mit der Koordinate b_{II} (relativ zur Bezugsebene $\mathrm{H_{II}}$) abgebildet (Gl. 14.2). Insgesamt entwirft das zweistufig abbildende System dadurch ein um den Faktor

$$V = V_{\mathrm{I}} V_{\mathrm{II}} \tag{14.4}$$

skaliertes Bild.

Brennebene Fällt ein Bündel paralleler Strahlen auf $\mathrm{L_I}$ ein, so werden sie auf einen Punkt fokussiert, welcher in der Brennebene von $\mathrm{L_I}$ liegt. Relativ zum Bezugssystem $\mathrm{H_I}$ hat diese Brennebene die Koordinate $b_{\mathrm{I}} = f_{\mathrm{I}}$ und relativ zum Bezugssystem $\mathrm{H_{II}}$ die Koordinate $a_{\mathrm{II}} = f_{\mathrm{I}} - d$. Die sich daraus ergebende Bildebene b_{II} stellt die bildseitige Fokusebene des Gesamtsystems dar. Ihre Koordinate relativ zu $\mathrm{H_{II}}$ bezeichnen wir daher mit F_{II}. Setzt man in Gl. 14.2 $b_{\mathrm{II}} = F_{\mathrm{II}}$ ein, so folgt:

$$\frac{1}{f_{\mathrm{I}} - d} - \frac{1}{F_{\mathrm{II}}} = -\frac{1}{f_{\mathrm{II}}}$$

und daraus die Koordinate

$$F_{\mathrm{II}} = f_{\mathrm{II}} \frac{f_{\mathrm{I}} - d}{f_{\mathrm{I}} + f_{\mathrm{II}} - d}$$

der bildseitigen Brennebene.

Brennweite Wenn Strahlen von einem in der objektseitigen Brennebene der Linse $\mathrm{L_I}$ liegenden Punkt ausgehen, d. h. von einem Punkt mit der z-Koordinate $a_{\mathrm{I}} = -f_{\mathrm{I}}$, entsteht hinter der Hauptebene $\mathrm{H_I}$ ein paralleles Lichtbündel. Diese Parallelstrahlen werden hinter $\mathrm{H_{II}}$ auf einen Punkt in der bildseitigen Fokalebene von $\mathrm{L_{II}}$ abgebildet. Die Koordinate der Fokalebene ist $b_{\mathrm{II}} = f_{\mathrm{II}}$. Wie man aus Abb. 14.1 für die beiden zueinander parallelen, durch die beiden Linsen gehenden Mittelpunktstrahlen ersieht, erfolgt die Abbildung dabei mit dem Skalierungsfaktor $V = -f_{\mathrm{II}}/f_{\mathrm{I}}$.

Da sich das zweilinsige Gesamtsystem i. Allg. nicht mehr durch das Modell einer dünnen Linse beschreiben lässt, ziehen wir nun das allgemeine Projektionsmodell einer treuen Kollineation (Abschn. 2.2.4) mit zwei unterschiedlichen Hauptebenen H und H′ heran. Setzt man in Gl. 2.17 den Skalierungsfaktor ein, so erhält man

$$-\frac{f_{\mathrm{II}}}{f_{\mathrm{I}}} = 1 - b'/f', \tag{14.5}$$

wobei b' die Koordinate des Bildpunkts relativ zur (noch unbekannten) Hauptebene H' ist. Koordinatendifferenzen sind gegen Verschiebungen des Koordinatensystems invariant. Sie hängen also nicht davon ab, ob man von der Bezugsebene H′ des Systems oder von der Bezugsebene $\mathrm{H_{II}}$ der Linse $\mathrm{L_{II}}$ ausgeht. Wegen dieser Invarianz gilt für die Koordinatendifferenz zwischen Bild- und Fokalebene $b' - f' = b_{\mathrm{II}} - F_{\mathrm{II}}$, und somit ist

$$f' = \frac{f_I}{f_{\mathrm{II}}}(b_{\mathrm{II}} - F_{\mathrm{II}})$$

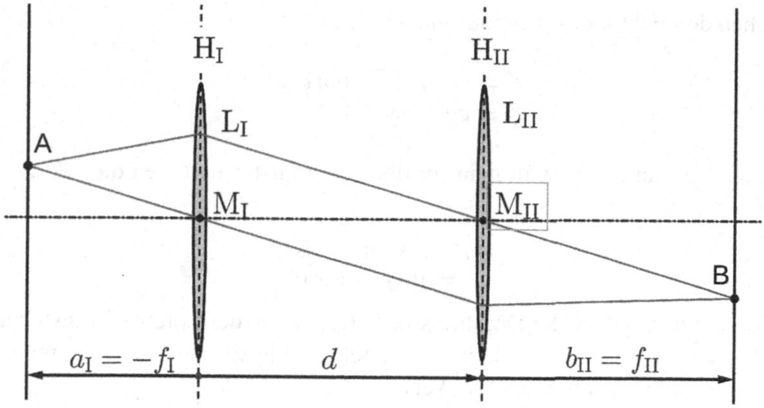

Abb. 14.1 Konstruktion der Brennweite für ein aus zwei Linsen L_I und L_{II} bestehendes Linsensystem. (R. Rupp)

Wenn man hier $b_{II} = f_{II}$ und Gl. 14.1 einsetzt, erhält man

$$f' = \frac{f_I f_{II}}{f_I + f_{II} - d}$$

und schließlich

$$\frac{1}{f'} = \frac{1}{f_I} + \frac{1}{f_{II}} - \frac{d}{f_I f_{II}} . \tag{14.6}$$

Hauptebene Die mit $(H')_{II}$ bezeichnete Koordinate der Hauptebene H' des Gesamtsystems bezüglich des Scheitelpunkts der zweiten Linse (d.h. bezüglich der Hauptebene H_{II}) ist $(H')_{II} = F_{II} - f'$, und somit ist

$$(H')_{II} = -\frac{f_{II}\, d}{f_I + f_{II} - d} . \tag{14.7}$$

Die Hauptebenen H und H′ eines zweilinsigen Systems können also u. U. beträchtlich von den Hauptebenen der beiden Linsen L_I und L_{II} abweichen. Erwartungsgemäß fällt die Hauptebene H′ mit H_{II} zusammen, wenn $d = 0$ oder $f_I \to \infty$.

14.2 Geometrie der Raumzeit

Drehungen im euklidischen Raum Die Gleichungen der Koordinatentransformationen für Drehungen im euklidischen Raum (Gl. 3.17) lauten

$$\begin{aligned} x' &= \cos\varphi\, x + \sin\varphi\, y, \\ y' &= \cos\varphi\, y - \sin\varphi\, x. \end{aligned} \tag{14.8}$$

Wir ziehen den Faktor $\cos\varphi$ heraus und erhalten

$$\begin{aligned} x' &= \cos\varphi\,(x + \tan\varphi\, y),\\ y' &= \cos\varphi\,(y - \tan\varphi\, x). \end{aligned} \tag{14.9}$$

Setzt man $v = \tan\varphi$, so erhält man für die Drehtransformationen die Gleichungen in der Form

$$\begin{aligned} x' &= \gamma\,(x + v\, y),\\ y' &= \gamma\,(y - v\, x). \end{aligned} \tag{14.10}$$

Beim formalen Vergleich der Drehtransformationen mit der Lorentz-Transformation (Gl. 3.44) setzen wir dort $c = 1$ (jaja, skrupellose Physiker machen das manchmal so, also vor allem theoretische Physiker):

$$\begin{aligned} x_0' &= \gamma\,(x_0 - v \cdot x_1),\\ x_1' &= \gamma\,(x_1 - v\, x_0). \end{aligned} \tag{14.11}$$

Dann fällt einem der Unterschied sofort ins Auge: Bei erster haben die zweiten Summanden entgegengesetztes Vorzeichen, bei letzterer gleiches Vorzeichen. Das bringt es mit sich, dass sich die Geometrie der Raumzeit von derjenigen des euklidischen Raums unterscheidet. Es hat u. a. die Folge, dass für den euklidischen Raum

$$\gamma = \frac{1}{\sqrt{1+v^2}} \le 1,$$

für den Ereignisraum hingegen

$$\gamma = \frac{1}{\sqrt{1-v^2}} \ge 1.$$

Die „Länge" einer Weltlinie Den aus Ereigniskoordinaten (t, x) gebildeten zweidimensionalen Raum kann man mathematisch-abstrakt als einen Ereignisraum auffassen. Physik spielt sich dort ab, wo die Zeitordnung der Kausalität gilt. Differentielle Ereignisintervalle $ds = \sqrt{c^2dt^2 - dx^2} = \sqrt{dx_0^2 - dx_1^2}$ sind für alle kausal zusammenhängenden Ereignisse positiv (das impliziert, dass ihre Zahlenwerte reell sind). Es sind also positive Invarianten des Ereignisraums. Daher kann man sie als „Längenelemente" im Ereignisraum auffassen. Das ist zugegebenermaßen eine recht abstrakte Erweiterung des uns aus dem zweidimensionalen euklidischen Raum bekannten Längenbegriffs, und um Sie nicht zu beunruhigen, habe ich es hier in Anführungszeichen gesetzt. Als Ereignisraum wählen wir nun Ereigniskoordinaten relativ zu einem Galilei-Koordinatensystem[1] und beschreiben den Pfad eines

[1] Analog beschreiben wir die Koordinaten eines euklidischen Raums durch kartesische Koordinaten. Die Koordinaten eines Galilei-Koordinatensystems sind sozusagen die „kartesischen Koordinaten der Raumzeit".

Objekts in diesem Ereignisraum (und damit relativ zu einem Galilei-System). Der Pfad kann z. B. aussehen wie die Weltlinie D in Abb. 3.4(a). Dann ist die „Länge“ des von einem Ereignis A zu einem Ereignis B zurückgelegten Ereignisweges durch

$$s = \int_A^B ds = \int_A^B \sqrt{dx_0^2 - dx_1^2} = c \int_A^B \sqrt{1 - \left(\frac{dx_1}{dx_0}\right)^2}\, dt$$

gegeben. Die in der Klammer auftretende erste Ableitung ist eine Funktion des Zeitparameters t. Hierfür schreiben wir:

$$\frac{dx_1}{dx_0} = \frac{1}{c} v(t)$$

und somit ist die Länge des Weges im Ereignisraum

$$s = c \int_A^B \sqrt{1 - v^2(t)/c^2}\, dt$$

bzw.

$$\tau = \int_{t_A}^{t_B} \sqrt{1 - v^2(t)/c^2}\, dt = \int_{t_A}^{t_B} \frac{1}{\gamma(v(t))} dt,$$

wobei $\tau = s/c$ als *Eigenzeit* bezeichnet wird. Sie ist die Zeit, die auf einer mit dem Objekt mitbewegten Uhr registriert wird und ist gleich der für das Objekt abgelaufenen Lebenszeit. Diese ist stets kürzer als die Zeit

$$t = \int_{t_A}^{t_B} dt,$$

die im Galilei-System vergeht, d. h. bezüglich des Bezugssystems, in dem die Bewegung des Objekts beschrieben wird. Dieses Phänomen wird als Zeitdilatation bezeichnet.

14.3 Legendre-Transformation

Die Legendre-Transformation spielt meist erst im Kontext von Funktionen mehrerer Variabler eine Rolle. Zur Vereinfachung werden wir sie hier aber für Funktionen mit nur einer Variablen diskutieren.

Mit f sei eine Funktion bezeichnet, welche einer Variablen $x \in L$ einer Definitionsmenge L einen Funktionswert $f(x)$ zuordnet: $f : x \mapsto f(x)$, und g sei eine Funktion, welche einer Variablen $s \in M$ einer anderen Definitionsmenge M einen Funktionswert $g(s)$ zuordnet: $g : s \mapsto g(s)$.

Zunächst besteht weder eine Beziehung zwischen den Variablen x und s noch zwischen den Funktionen f und g. Nun führen wir durch die Forderung

$$s = s(x) = \frac{df(x)}{dx}$$

eine Beziehung zwischen den Variablen x und s ein. Diese Gleichung stellt eine Koordinatentransformation dar, welche besagt, wie man die Koordinate s aus der Definitionsmenge M erhält, wenn die Koordinate x gegeben ist. Wir wollen annehmen, dass diese Koordinatentransformation bijektiv ist, d. h., dass genauso gut für jeden Wert s der Wert $x = x(s)$ eineindeutig berechnet werden kann. Das ist z. B. für konvexe Funktionen erfüllt. Durch die Funktion f wird die zu x *konjugierte Variable* s etabliert.

Immer noch ist für $g(s)$ eine beliebige Funktion möglich. Mit ihr lässt sich durch

$$y = y(s) = \frac{dg(s)}{ds}$$

ebenfalls eine zu s konjugierte Variable y etablieren. Wegen der Beliebigkeit der Funktion g ist klar, dass i. Allg. $y \neq x$. Nur wenn man eine ganz spezielle Funktion $g(s)$ wählt, werden x und s gegenseitig konjugierte Variablen sein.

Die Forderung, dass x und s gegenseitig konjugierte Variable sein sollen, läuft also auf die Forderung hinaus, dass der Funktion f eine ganz spezielle (konjugierte) Funktion g zugeordnet wird. Eine Zuordnung $T : f \mapsto g$, die dem kompletten Graphen f den Graphen der Funktion g zuordnet, stellt eine Transformation auf dem Funktionenraum dar. Im vorliegenden Fall wird diese Transformation als *Legendre-Transformation* bezeichnet. Sie gehört neben der Fourier-Transformation und der Laplace-Transformation zu den wichtigsten Transformationen auf dem Funktionenraum, die in sehr vielen Gebieten der Physik eine Anwendung finden.

Wenn zwischen zwei Funktionen $f(x)$ und $g(s)$ die symmetrische Beziehung

$$f(x) + g(s) = xs \tag{14.12}$$

besteht, dann sind sie Legendre-Transformierte zueinander. Die Variable s ist bezüglich der Funktion f die konjugierte Variable zu x, und umgekehrt ist die Variable x bezüglich g die konjugierte Variable zu s, d. h., es besteht folgende symmetrische Beziehung:

$$s = s(x) = \frac{df(x)}{dx} \tag{14.13}$$

$$x = x(s) = \frac{dg(s)}{ds} \tag{14.14}$$

Das kann man folgendermaßen einsehen: Sei s z. B. die zu x konjugierte Variable. Dann erhält man durch Differentiation von Gl. 14.12 nach x:

$$\begin{aligned} \frac{df(x)}{dx} + \frac{dg(s(x))}{dx} &= s + x\frac{ds}{dx} \\ s + \frac{dg}{ds}\frac{ds}{dx} &= s + x\frac{ds}{dx} \\ x &= \frac{dg}{ds} \end{aligned}$$

Daraus folgt, dass umgekehrt auch x die zu s konjugierte Variable ist. Das bedeutet, dass x und s ein Paar von konjugierten Variablen darstellen, wenn f und g ein Paar von Funktionen sind, die zueinander Legendre-transformiert sind, d. h. die Gl. 14.12 gegebenen Beziehung haben.

Innere Energie und Enthalpie Die innere Energie $\mathcal{U}(S, V)$ und die Enthalpie $\mathcal{H}(S, \mathfrak{p})$ (Abschn. 9.2.4) sind Legendre-Transformierte bezüglich der konjugierten Variablen Volumen V und Druck $\mathfrak{p}$. Die Variable Entropie ist hierbei von der Legendre-Transformation nicht betroffen. Alle thermodynamischen Potentiale (nicht nur die innere Energie und die Enthalpie) sind in ihren natürlichen Zustandsvariablen äquivalent, d. h., sie liefern die gleichen thermodynamischen Aussagen.

Literatur

Boltzmann, L.: Über eine These Schopenhauers (1905). In: Populäre Schriften, S. 243. Vieweg+Teubner Verlag (1979)

Close, F.: Neutrino, S. 20ff und 160. Oxford University Press, New York (2010)

Einstein, A.: Über die spezielle und allgemeine Relativitätstheorie, 24. Aufl., S. 7 f., Nachdruck v. 1920, Springer Verlag (2009)

Galilei, G.: aus *Dialog über die beiden hauptsächlichsten Weltsysteme, das Ptolemäische und das Kopernikanische* (1632), hier nur auszugsweise und redigiert wiedergegeben

Helmich, U.: http://www.u-helmich.de/index.html (2020)

Hertz, H.: Die Prinzipien der Mechanik, S. 67 (1894)

Jammer, M.: Das Problem des Raumes, S. 164 (1960)

Kant, I.: Kritik der reinen Vernunft, 2. Aufl., S. 243 (1787)

Kant, I.: Prolegomena zu einer jeden künftigen Metaphysik, die als Wissenschaft wird auftreten können, S. 62 f. (1783)

Lenin, W.I.: Die Krise der modernen Physik in Materialismus und Empiriokritizismus, S. 334 f. (1909)

Mach, E.: Die Mechanik in ihrer Entwicklung (1883)

Newton, I.: Philosophiæ Naturalis Principia Mathematica (1687)

Penrose, R.: The Road to Reality, S. 422 (2004)

Schaefer, C., Päsler, M.: Einführung in die theoretische Physik, Bd. 1 (1970)

Schlichting, H. J.: Sonnentaler – Abbilder der Sonne. Praxis der Naturwissenschaften – Physik **43/4**, 19 (1995)

Schopenhauer, A.: Die Welt als Wille und Vorstellung, Bd. 1, §24 (1818)

Smith, A. M.: Ptolomy's Theory of Perception(1996), Trans. Am. Phil. Soc. **86** (1996)

Zia, R.K.P., Redish, E.F., McKay, S.R.: Making sense of the Legendre Transform. arXiv:0806.1147v2 (2009)

R. Rupp, *Physik 1 – Eine unkonventionelle Einführung*,
https://doi.org/10.1007/978-3-662-64506-2

Stichwortverzeichnis

R. Rupp, *Physik 1 – Eine unkonventionelle Einführung*,
https://doi.org/10.1007/978-3-662-64506-2

Printed in the United States
by Baker & Taylor Publisher Services

Printed in the United States
by Baker & Taylor Publisher Services